安徽省首批“十四五”普通高等教育本科省级规划教材

一流本科专业一流本科课程建设系列教材

2023 年度安徽省高等学校本科教学质量与教学改革工程规划教材

# 土木工程施工技术与组织管理

第 2 版

主　编　陈云钢

副主编　方金苗　刘百国　宗志芳

参　编　桑卓伟　周天旭　任安琪

机 械 工 业 出 版 社

本书依据“土木工程施工”课程教学大纲的基本要求编写，介绍了土木工程施工技术和施工组织的基本规律、施工工艺、施工方法，力求反映当前先进的施工技术和施工组织方法。全书共13章，主要内容包括土方工程、基础工程、砌筑工程与脚手架工程、混凝土结构工程、预应力混凝土工程、建筑钢结构工程、结构安装工程、防水工程、装饰工程、流水施工原理、网络计划技术、施工组织设计、施工组织课程设计案例等。

本书体系完整、内容精练、图文并茂，引用了大量土木工程施工中会应用到的规范、标准，同时加入了阅读材料以及思考题和习题。

本书配有学习目标、教学课件、习题答案、教学大纲等教学资源，教师可登录机械工业出版社教育服务网（www.cmpedu.com），注册后下载。

本书可作为普通高等院校土木工程、工程管理专业及其他相关专业的本科生教材，也可作为相关工程技术及管理人员的参考书。

**图书在版编目（CIP）数据**

土木工程施工技术与组织管理 / 陈云钢主编.
2版. -- 北京 : 机械工业出版社，2024. 8. --（一流本科专业一流本科课程建设系列教材）（2023年度安徽省高等学校本科教学质量与教学改革工程规划教材）.
ISBN 978-7-111-76352-9

Ⅰ. TU7

中国国家版本馆CIP数据核字第2024DM2042号

机械工业出版社（北京市百万庄大街22号　邮政编码100037）
策划编辑：林　辉　　　责任编辑：林　辉　宫晓梅　舒　宜
责任校对：曹若菲　李　婷　　封面设计：严娅萍
责任印制：刘　媛
唐山三艺印务有限公司印刷
2025年1月第2版第1次印刷
184mm×260mm · 24.75印张 · 2插页 · 608千字
标准书号：ISBN 978-7-111-76352-9
定价：79.00元

电话服务
客服电话：010-88361066
010-88379833
010-68326294

网络服务
机　工　官　网：www.cmpbook.com
机　工　官　博：weibo.com/cmp1952
金　书　网：www.golden-book.com
机工教育服务网：www.cmpedu.com

# 第2版前言

中国共产党第二十次全国代表大会报告中指出，实施科教兴国战略，强化现代化建设人才支撑。教育、科技、人才是全面建设社会主义现代化国家的基础性、战略性支撑。必须坚持科技是第一生产力、人才是第一资源、创新是第一动力。“土木工程施工技术与组织管理”作为土木工程、工程管理和工程造价专业的一门必修专业课，在帮助学生掌握土木工程施工基本知识与基本技能，培养学生的独立思考能力和创新能力等方面起着重要的作用。

“土木工程施工技术与组织管理”课程有其独特的特点，它涉及面广、实践性强、与社会经济发展联系紧密且发展迅速。伴随着土木工程朝着信息化和智能化方向发展，土木工程施工技术与组织管理也在不断地发展。新的施工技术、工艺、设备、材料、管理理念不断涌现。

本次修订以《高等学校土木工程本科指导性专业规范》《高等学校工程管理本科指导性专业规范》为标准，并兼顾土木工程施工课程教学大纲和本课程的教学基本要求。

本书以安徽工业大学陈云钢主持的2021年教育部工程管理和工程造价专业教学指导分委员会教学研究项目：“面向工程管理和工程造价专业的思政课程教材改革与实践——以‘土木工程施工技术与组织管理’教材为例”为契机，在内容上注重体系完整、精练，图文并茂，并引入了大量土木工程施工项目的现场照片，结合新技术、新工艺、新方法，以培养学生的科学素养、工匠精神等，作为在课程思政立德树人方面的尝试和探索。

本书根据现行国家施工规范、规程及验收规范编写。本书引入了大量工程施工中的图片以增加可读性和趣味性。考虑到学生的自主学习特点，本书在章末提供了阅读材料、思考题和习题，以巩固所学知识，并且提供了部分习题的答案供学生参考。

本书可作为普通高等学校土木工程、工程管理和工程造价专业及其他相关专业的本科生教材，也可作为相关工程技术及管理人员的学习参考书。

陈云钢担任本书主编，皖西学院方金苗、安徽铜陵学院刘百国、安徽工业大学宗志芳担任副主编。安徽工业大学桑卓伟、周天旭，马鞍山学院任安琪参与了编写工作。具体编写分工如下：

陈云钢、任安琪编写第5、13章，方金苗编写第2、6、7章，刘百国编写第1、4章，宗志芳编写第10、11章，桑卓伟编写第3、9章，周天旭编写第8、12章。

为便于教学，本书配有教学大纲、PPT课件、习题答案等资源，需要的教师可登录机械工业出版社教育服务网（www.cmpedu.com）下载。另外，本书还配有28讲教学视频，读者可扫描右侧二维码观看。

本书参考了许多专家、学者的著作及相关资料，在此对相关作者表示衷心的感谢！由于编者水平有限，时间仓促，书中不妥之处在所难免，衷心希望广大读者批评指正。

**编　者**

# 第1版前言

土木工程是一门涉及范围很广的综合性学科，在我国的工程建设中发挥着重要的作用。“土木工程施工”课程作为土木工程专业的一门必修专业课，在培养学生具备独立思考能力，掌握土木工程施工技术与组织管理的基本知识和基本技能方面起着重要的作用。

“土木工程施工”课程有其独特的特点，它涉及面广、实践性强、发展迅速。本书依据“土木工程施工课程教学大纲”的基本要求编写，并与国家现行施工及验收规范等紧密联系。作为一门应用性和实践性很强的课程，土木工程施工研究的内容大多是现有的工程实践。伴随着土木工程的发展，土木工程施工技术也不断发展，新的施工技术、施工工艺、新材料、新方法不断涌现。

本书在编写时，参照了现行的施工及验收规范，将大量工程施工中的图片引入书中。考虑到学生的自主学习特点，本书在章末提供了阅读材料、思考题和习题，以巩固所学知识。本书可作为普通高等学校土木工程、工程管理和工程造价专业及其他相关专业的本科生教材，也可作为相关工程技术及管理人员的参考书。

安徽工业大学陈云钢任本书主编，并编写第5、13章，安徽铜陵学院刘百国任副主编，并编写第1、4章，皖西学院方金苗任副主编，并编写第2章，安徽工业大学宗志芳任副主编，并编写第10、11章，安徽工业大学于清缘编写第6、7章，桑卓伟编写第3、9章，周天旭编写第8、12章。

本书在编写过程中，参考了许多专家、学者的著作及相关资料，在此表示衷心的感谢！由于编者水平有限，时间仓促，不妥之处在所难免，衷心希望广大读者批评指正。

编　者

# 目录

# 第1章　土方工程

学习目标

掌握土方工程施工的基本原理，包括场地设计标高的确定、场地平整土方量计算、土方施工机械的选择、土方开挖及回填压实、土方的调配、基坑支护、基坑降水排水的设计计算及施工技术等。

## 1.1　概述

土方工程是土木工程施工的主要工程之一。常见土方工程内容有：场地平整，基坑（槽）与管沟开挖及回填，路基开挖与填筑，人防工程开挖，地下建筑物或构筑物的土方开挖及回填，地坪填土与碾压等分项工程，以及排水、降水、土壁支护等辅助工程。

### 1.1.1　土方工程施工的特点

土方工程施工往往具有工程量大、劳动繁重和施工条件复杂等特点，且受气候、水文、地质、场地限制、地下障碍等因素的影响，施工难度大。根据上述特点，在土方工程施工前，应详细分析与核对各项技术资料（如地形图，工程地质和水文地质勘察资料，地下管道、电缆和地下地上构筑物情况，以及土方工程施工图等），进行现场调查并根据现有施工条件，制定出技术可行、经济合理的施工方案。土方工程尽可能采用机械化施工，以降低劳动强度。

### 1.1.2　土的工程分类及性质

土的种类繁多，分类方法各异。按开挖的难易程度将土分为八类（表 1-1）。土的开挖难易程度直接影响土方工程的施工方案、劳动量消耗和工程费用。

土的工程性质对土方工程的施工方法及工程量大小有直接影响，主要包括土的可松性、渗透性、含水量及质量密度。

1. 土的可松性

自然状态下的土经开挖后，其体积因松散而增加，称为土的最初可松性；以后虽经回填

表 1-1　土的工程分类

| 土的分类 | 土的名称 | 开挖方法及工具 | 可松性系数 | |
|---|---|---|---|---|
| | | | $K_s$ | $K'_s$ |
| 一类土（松软土） | 砂、粉土、冲积砂土层 | 用锹、锄头开挖，少许用脚蹬 | 1.08～1.17 | 1.01～1.03 |
| | 疏松的种植土、淤泥（泥炭） | | 1.20～1.30 | 1.03～1.04 |
| 二类土（普通土） | 粉质黏土，潮湿的黄土，夹有碎石、卵石的砂，粉土混卵（碎）石，种植土，填土 | 用锹、锄头挖掘，少许用镐翻松 | 1.14～1.28 | 1.02～1.05 |
| 三类土（坚土） | 软及中等密实黏土，重粉质黏土，砾石土，干黄土，粉质黏土，压实的填土 | 主要用镐，少许用锹、锄头，部分用撬棍 | 1.24～1.30 | 1.04～1.07 |
| 四类土（砾砂坚土） | 重黏土及含碎石、卵石的黏土，密实的黄土，粗卵石，天然级配砂石 | 先用镐、撬棍，然后用锹挖掘，部分使用风镐 | 1.26～1.32 | 1.06～1.09 |
| | 软泥灰岩及蛋白石 | | 1.33～1.37 | 1.11～1.15 |
| 五类土（软石） | 硬质黏土，中密的页岩、泥灰岩、白垩土，胶结不紧的砾岩，软石灰岩及贝壳石灰岩 | 用镐或撬棍、大锤，部分用爆破方法 | 1.30～1.45 | 1.10～1.20 |
| 六类土（次坚石） | 泥岩，砂岩，砾岩，坚硬的页岩、泥灰岩，密实的石灰岩，风化花岗岩、片麻岩及正常岩 | 用爆破方法，部分用风镐 | 1.30～1.45 | 1.10～1.20 |
| 七类土（坚石） | 大理石，辉绿岩，玢岩，粗、中粒花岗岩，坚实的白云岩、砾岩、砂岩、片麻岩、石灰岩，微风化的安山岩，玄武岩 | 用爆破方法 | 1.30～1.45 | 1.10～1.20 |
| 八类土（特坚石） | 安山岩，玄武岩，花岗片麻岩，坚实的细粒花岗岩、闪长岩、石英岩、辉长岩、辉绿岩、玢岩、角闪岩 | 用爆破方法 | 1.45～1.50 | 1.20～1.30 |

压实，但仍不能恢复到原来的体积，称为土的最终可松性。土的可松性程度用可松性系数表示，即

$$K_s = \frac{V_2}{V_1} \tag{1-1}$$

$$K'_s = \frac{V_3}{V_1} \tag{1-2}$$

式中　$K_s$——土的最初可松性系数；

$K'_s$——土的最终可松性系数；

$V_1$——土在自然状态下（原状土）的体积（$m^3$）；

$V_2$——原状土经开挖后的松散体积（$m^3$）；

$V_3$——松散土经填筑压实后的体积（$m^3$）。

由于土方工程量是依据自然状态时土的体积计算的，所以在土方调配、计算土方机械生产率及运输工具数量时，必须考虑土的可松性。

2. 土的渗透性

土的渗透性是指土体具有被水透过的性能，以渗透系数表示。渗透系数一般由试验确定，它表示单位时间内水穿透土层距离的能力。岩土体中水渗流呈层流状态时，其流速 $v$ 与水力梯度 $I$ 成正比关系（$v=KI$），比例系数 $K$ 即为渗透系数的取值，单位为 m/d 或 cm/s。常见土的渗透系数见表 1-2。渗透系数是确定降水方案、计算涌水量和确定填土铺填顺序的

重要参数。

表 1-2　常见土的渗透系数

| 土的名称 | 渗透系数 K/(m/d) | 土的名称 | 渗透系数 K/(m/d) |
| --- | --- | --- | --- |
| 黏土 | <0.005 | 粗砂 | 20~50 |
| 粉质黏土 | 0.005~0.1 | 均质粗砂 | 60~75 |
| 粉土 | 0.1~0.5 | 圆砾 | 50~100 |
| 黄土 | 0.25~0.5 | 卵石 | 100~500 |
| 粉砂 | 0.5~1.0 | 无充填物卵石 | 500~1000 |
| 细砂 | 1.0~5 | 稍有裂隙岩石 | 20~60 |
| 中砂 | 5~20 | 裂隙多的岩石 | >60 |
| 均质中砂 | 35~50 | | |

#### 3. 土的含水量

土的含水量 $w$ 是土中的水与固体颗粒之间的质量比，以百分数表示，计算公式为

$$w=\frac{m_w}{m_s}\times 100\% \tag{1-3}$$

式中　$m_w$——土中水的质量（g）；

$m_s$——土中固体颗粒的质量（g）。

土的含水量会影响土方开挖、边坡稳定和回填土夯实等的施工方法选择。在一定压实条件下，土达到最大干密度时的含水量为最佳含水量。

#### 4. 土的质量密度

土的质量密度是指单位体积土的质量，分为天然密度和干密度。天然密度是土在天然状态下单位体积的质量，用 $\rho$ 表示。干密度是单位体积土中所含固体颗粒成分的质量，用 $\rho_d$ 表示，它是检验填土压实质量的控制指标。

## 1.2　土方工程量计算及场地土方调配

在土方工程施工之前，通常需要计算土方工程量，以便拟定土方工程的施工方案。土方工程量计算主要有场地平整土方量计算、开挖土方量计算和土方调配量计算。一般情况下，可将土方以一定的几何形状划分，使计算具有一定的精度。

### 1.2.1　场地平整土方量计算

场地平整就是将建筑范围内的自然地面改造成工程所要求的设计平面。场地设计标高应满足总体规划、生产施工工艺、交通运输及排水等要求，并尽量使土方挖填平衡，以减少运土量和重复挖运。由设计平面的标高和自然地面的标高之差可以得到场地各点的施工高度，据此可计算场地平整土方量。

场地平整土方量的计算方法通常有方格网法和断面法。方格网法适用于地形较为平坦的地区，断面法多用于地形起伏变化较大的地区。下面以方格网法为例，介绍场地平整土方量的计算步骤。

1. 场地设计标高的确定

场地设计标高需考虑以下因素：满足生产工艺和运输的要求；尽量利用地形，以减少挖方量；场地以内的挖方与填方能达到相互平衡以降低土方运输费用；要有一定的泄水坡度（≥0.2%），以满足排水要求；考虑最高洪水位的要求。

场地设计标高一般应在设计文件上有所规定，当设计文件无规定时，可采用挖、填土方量平衡法或最佳设计平面法来确定。最佳设计平面法既能满足土方工程量最小的要求，又能满足平整前后土方量相等（即挖、填土方量平衡）的要求，但此方法计算较复杂。挖、填土方量平衡法概念直观，计算简便，精确度能够满足施工要求，实际施工时常采用此方法，但此法不能保证总土方量最小。采用挖、填土方量平衡法计算场地设计标高的步骤如下：

（1）初步计算场地设计标高　在地形图上划分若干个边长为 20～40m 方格的方格网，如图 1-1a 所示，每个方格的角点标高，一般根据地形图上相邻两等高线的标高，用插入法求得；当无地形图或场地地形起伏较大时，可先用木桩在地面上打好方格网，然后用仪器直接测出标高。

为使场地达到挖、填土方量平衡，如图 1-1b 所示，场地设计标高可按下式计算：

$$H_0 = \sum\left(\frac{H_{11}+H_{12}+H_{21}+H_{22}}{4N}\right) \tag{1-4}$$

式中　$H_0$——计算的场地设计标高（m）；

$N$——方格个数；

$H_{11}$、$H_{12}$、$H_{21}$、$H_{22}$——任一个方格的四个角点的标高（m）。

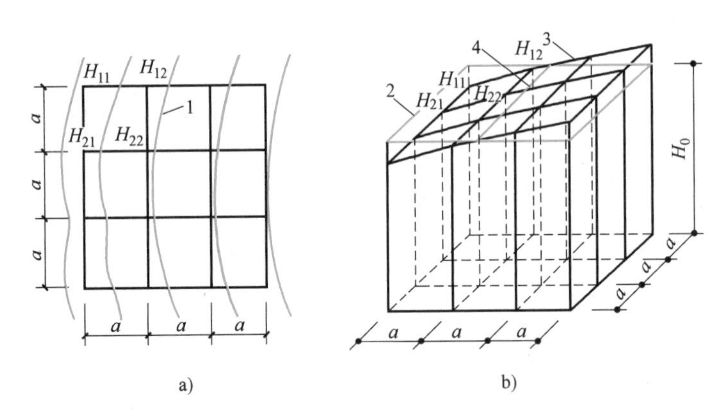


图 1-1　场地设计标高计算简图

a）地形图上划分的方格　b）设计标高示意图

1—等高线　2—设计标高平面　3—自然地面　4—零线

从图 1-1 中可看出，$H_{11}$ 为一个方格的角点标高，$H_{12}$ 和 $H_{21}$ 均为两个方格公共的角点标高，$H_{22}$ 则为四个方格公共的角点标高。如果将所有方格的四个角点标高相加，那么，类似 $H_{11}$ 这样的角点标高加了 1 次，类似 $H_{12}$ 和 $H_{21}$ 的角点标高加了 2 次，而类似 $H_{22}$ 的角点标高则加了 4 次。因此，式（1-4）可改写为

$$H_0 = \frac{\sum H_1 + 2\sum H_2 + 3\sum H_3 + 4\sum H_4}{4N} \tag{1-5}$$

式中 $H_1$、$H_2$、$H_3$、$H_4$——一个方格、两个方格、三个方格、四个方格所共有的角点标高（m）。

（2）计算场地设计标高的调整值

1）由于土具有可松性，必要时应相应地提高场地设计标高。如图 1-2 所示，设 $\Delta h$ 为因考虑土的可松性而引起的场地设计标高的增加值，则场地设计标高调整后的总挖方体积 $V'_W$ 应为调整前的总挖方体积 $V_W$ 减去 $A_W\Delta h$，即

$$V'_W = V_W - A_W\Delta h \tag{1-6}$$

式中 $A_W$——场地设计标高调整前的挖方区总面积（$m^2$）。

场地设计标高调整后，总填方体积变为

$$V'_T = V'_W K'_s = (V_W - A_W\Delta h)K'_s \tag{1-7}$$

式中 $V'_T$——场地设计标高调整后的总填方体积（$m^3$）；

$K'_s$——土的最终可松性系数；

填方的标高提高 $\Delta h$，即

$$V'_T = V_T + A_T\Delta h \tag{1-8}$$

式中 $V_T$——场地设计标高调整前的总填方体积；

$A_T$——场地设计标高调整前的填方区总面积。

当 $V_W = V_T$ 时，由式（1-7）和式（1-8）得

$$\Delta h = \frac{V_W(K'_s - 1)}{A_T + A_W K'_s} \tag{1-9}$$

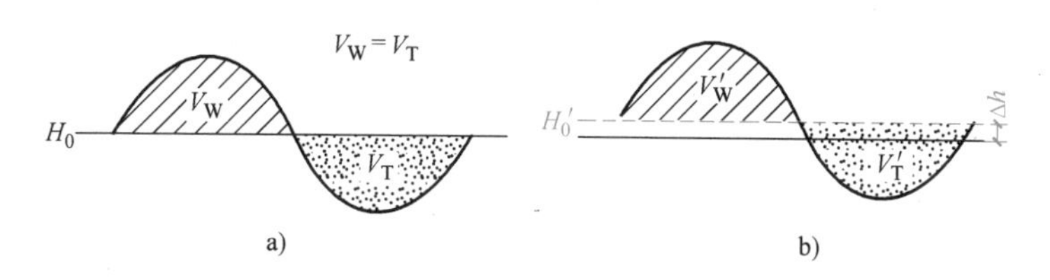


图 1-2 土的可松性对场地设计标高调整计算示意图

a）理论场地设计标高 b）调整场地设计标高

场地设计标高以上的各种填方工程用土量（如填筑路基）会影响场地设计标高的降低。场地设计标高以下的各种挖方工程（如开挖水池等）会影响场地设计标高的提高。边坡挖、填土方量不等（特别是坡度变化大时）会影响场地设计标高的增减。根据经济情况比较结果，将部分挖方就近弃土于场外，或将部分填方就近取土于场外，会引起挖、填土的变化。以上所述情况均需要调整场地设计标高。

2）考虑泄水坡度对场地设计标高的影响。如图 1-3 所示，设场地中心点的标高为 $H_0$，则场地内任意一角点的设计标高为

$$H_n = H_0 \pm l_x i_x \pm l_y i_y \tag{1-10}$$

式中 $H_n$——场地内任意一角点的场地设计标高（m）；

$l_x$、$l_y$——计算角点沿 $x$、$y$ 方向距场地中心点的距离（m）；

$i_x$、$i_y$——场地在 $x$、$y$ 方向的泄水坡度（当设计无要求时，不小于 0.2%）；

“±”——由场地中心点沿 $x$、$y$ 方向指向计算点时，若其方向与 $i_x$、$i_y$ 反向取“+”号，

同向取“-”号。

例如，图 1-3 所示场地内 $H_{42}$ 角点的场地设计标高为

$$H_{42}=H_0-1.5ai_x-0.5ai_y$$

单向泄水时（$i_x=0$ 或 $i_y=0$），图 1-4 所示场地内 $H_{52}$ 角点的设计标高为

$$H_{52}=H_0-1.5ai$$

2. 场地平整土方量的计算方法

首先根据每个方格角点的自然地面标高和实际采用的设计标高，算出相应的角点填挖高度；然后计算每一个方格的土方量，并算出场地边坡的土方量；最后将场地上所有方格和边坡的挖、填土方量分别求和得到整个场地的挖、填土方总量。

（1）计算各方格角点的施工高度（即挖、填高度）　各方格角点的施工高度 $h_n$ 的计算公式为

$$h_n=H_n-H_n' \tag{1-11}$$

式中　$h_n$——角点的施工高度（m），以“+”为填方，“-”为挖方；

$H_n$——角点的场地设计标高（m）；

$H_n'$——角点的自然地面标高（m）。

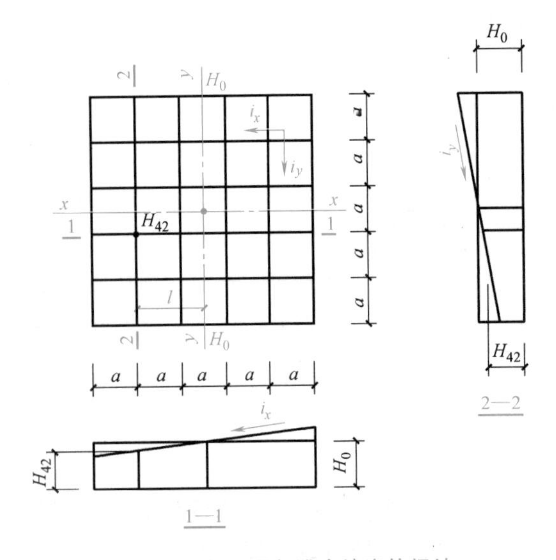


图 1-3　双向泄水坡度的场地

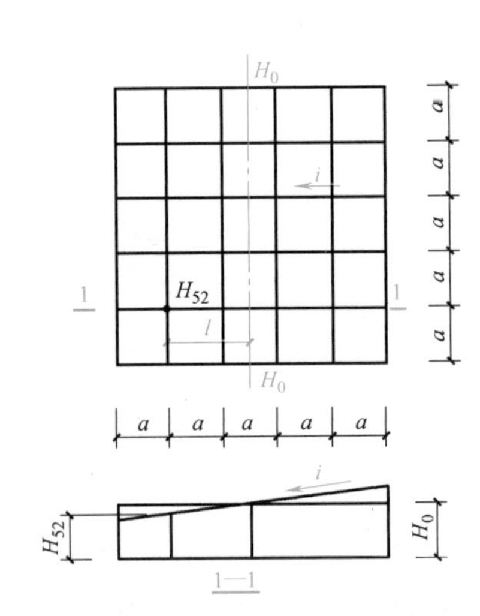


图 1-4　单向泄水坡度的场地

（2）计算零点位置　当在一个方格网内同时有填方和挖方时，要先算出方格网边的零点位置，并标注于方格网上。连接零点便可得到零线。零线是填方区与挖方区的分界线。零点分布在相邻两角点施工高度分别为“+”“-”的方格线上，如图 1-5 所示。零点位置可采用下式确定：

$$x_1=\frac{h_1}{h_1+h_2}a \qquad x_2=\frac{h_2}{h_1+h_2}a \tag{1-12}$$

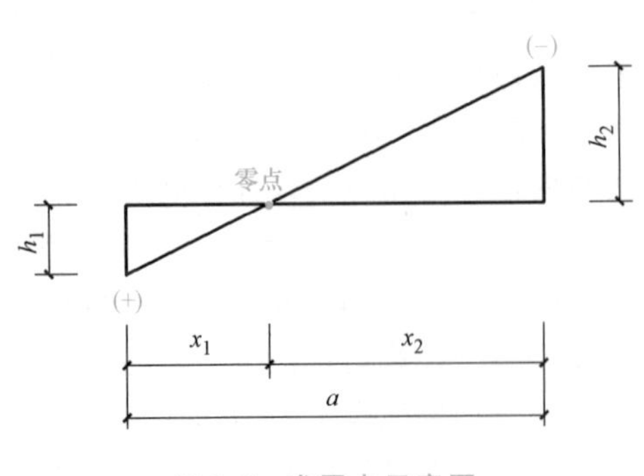


图 1-5　求零点示意图

式中　$x_1$、$x_2$——角点至零点的距离（m）；

$h_1$、$h_2$——相邻两角点的施工高度（m），以绝对值代入；

$a$——方格网的边长（m）。

（3）计算方格土方量　一般可将场地各方格的土方量分为全挖或全填、两挖两填、三挖（填）一填（挖）三种类型进行计算。

1）全挖或全填。方格四角点均为填或挖，如图1-6所示，其土方量为

$$V=\frac{a^2}{4}(h_1+h_2+h_3+h_4) \tag{1-13}$$

式中　$V$——填方或挖方的土方量（$m^3$）；

$h_1$、$h_2$、$h_3$、$h_4$——方格四个角点的施工高度（m），以绝对值代入；

$a$——方格网的边长（m）。

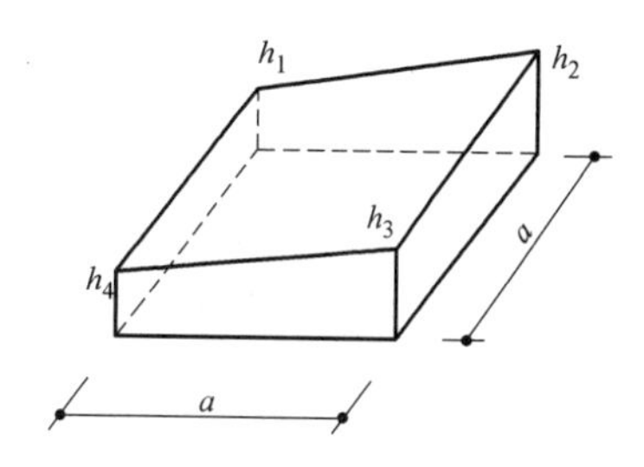


图1-6　全挖或全填方格

2）两挖两填。方格的相邻两角点为挖方，另外两角点为填方，如图1-7所示，其挖方部分的土方量为

$$V_{12}=\frac{a^2}{4}\left(\frac{h_1^2}{h_1+h_4}+\frac{h_2^2}{h_2+h_3}\right) \tag{1-14a}$$

填方部分的土方量为

$$V_{34}=\frac{a^2}{4}\left(\frac{h_3^2}{h_2+h_3}+\frac{h_4^2}{h_1+h_4}\right) \tag{1-14b}$$

3）三挖（填）一填（挖）。方格的三个角点为挖方（或填方），如图1-8所示，其一个角点部分的土方量为

$$V_4=\frac{a^2}{6}\frac{h_4^3}{(h_1+h_4)(h_3+h_4)} \tag{1-15a}$$

三个角点部分的土方量为

$$V_{1,2,3}=\frac{a^2}{6}(2h_1+h_2+2h_3-h_4)+V_4 \tag{1-15b}$$

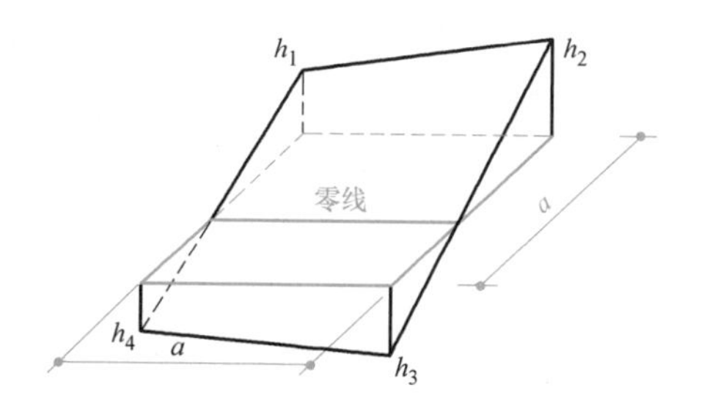


图1-7　两挖两填方格

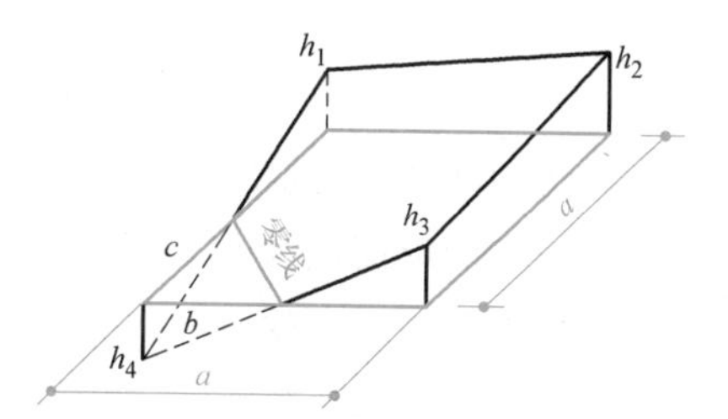


图1-8　三挖一填或三填一挖方格

（4）边坡的土方量计算　为了保持土体的稳定和施工安全，挖方区和填方区的边沿均应做成具有一定坡度的边坡（图1-9）。边坡坡度的表示方法为1∶$m$，即

$$土方边坡坡度=\frac{h}{b}=\frac{1}{b/h}=1:m$$

式中　$m$——坡度系数，当边坡高度已知为 $h$ 时，其边坡宽度等于 $mh$。

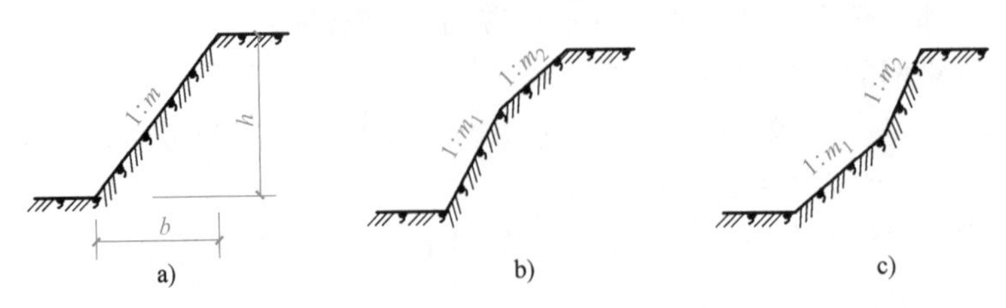


图 1-9　土方边坡

a）直线边坡　b）折线边坡（上缓下陡）　c）折线边坡（上陡下缓）

边坡的土方量可划分成三棱锥体和三棱柱体两种近似的几何形体。如图 1-10 所示，体积①~③，体积⑤~⑦即为三棱锥体，体积④即为三棱柱体。

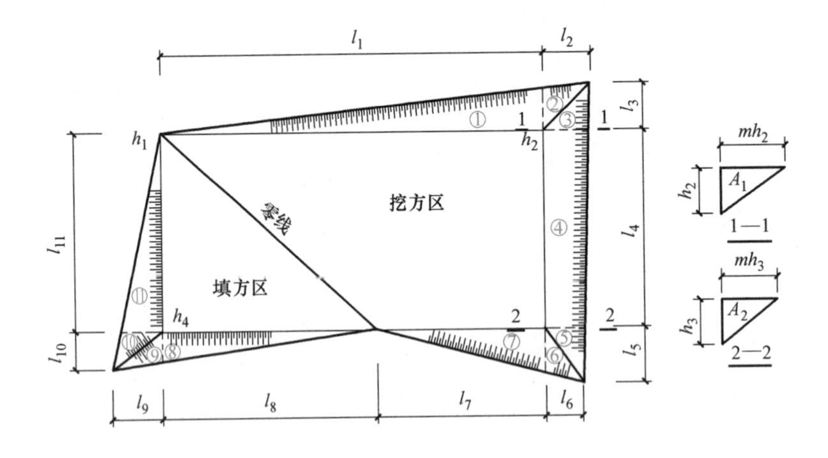


图 1-10　场地边坡平面

1）三棱锥体边坡体积计算公式为

$$\begin{cases} V=\dfrac{1}{3}Al \\ A=\dfrac{mh^2}{2} \end{cases} \tag{1-16}$$

式中　$l$——边坡的长度（m）；

$A$——边坡的端面积（$m^2$）；

$h$——角点的施工高度（m）；

$m$——边坡的坡度系数。

2）三棱柱体边坡体积近似计算公式为

$$V=\frac{A_1+A_2}{2}l \tag{1-17a}$$

当 $A_1$ 与 $A_2$ 相差很大时，得

$$V=\frac{l}{6}(A_1+4A_0+A_2) \tag{1-17b}$$

式中　$A_1$、$A_2$、$A_0$——边坡两端面及中间断面的横断面面积（$m^2$）。

（5）计算挖、填土方总量　将挖方区或填方区所有方格计算的土方量和边坡土方量汇总，即得该场地挖方或填方的土方总量。由于计算误差，挖、填一般不会绝对平衡，但误差不大，实际施工时可适当加大边坡，使挖、填平衡。

### 1.2.2　开挖土方量计算

基坑、基槽开挖土方量计算可按立体几何中的拟柱体（由两个平行面做底的一种多面体）体积公式计算。

#### 1. 基坑土方量

基坑是指为进行建（构）筑物地下部分的施工，由地面向下开挖出的空间（图 1-11），其土方量近似计算公式为

$$V=\frac{H}{6}(A_1+4A_0+A_2) \tag{1-18}$$

式中　$V$——基坑土方量（$m^3$）；

$A_1$、$A_2$、$A_0$——基坑顶面、底面、中截面面积（$m^2$）；

$H$——基坑深度（m）。

#### 2. 基槽土方量

基槽通常先根据其形状（曲线、折线、变截面等）划分成若干计算段，并分段计算土方量；然后再累加求得总的土方量。基槽第 $i$ 段如图 1-12 所示，其土方量计算公式为

$$V_i=\frac{L_i}{6}(A_{i1}+4A_{i0}+A_{i2}) \tag{1-19a}$$

将各段土方量相加即得基槽总土方量

$$V=\sum V_i \tag{1-19b}$$

式中　$V$——基槽总土方量（$m^3$）；

$V_i$——第 $i$ 段基槽土方量（$m^3$）；

$A_{i1}$、$A_{i2}$、$A_{i0}$——基槽长度方向前后两侧面、中截面的面积（$m^2$）；

$L_i$——第 $i$ 段基槽长度（m）。

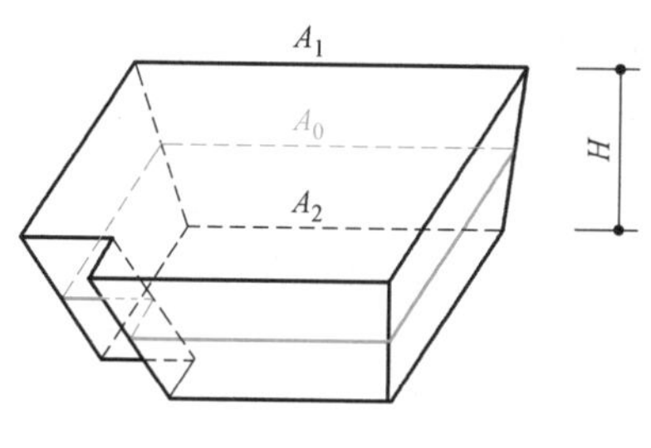


图 1-11　基坑土方量计算

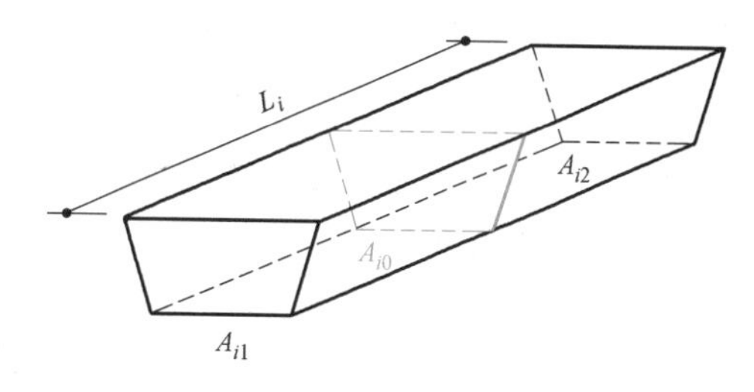


图 1-12　基槽土方量计算

【例 1-1】　某场地地形图和方格网（$a=20m$）布置如图 1-13 所示。该场地是亚黏土，设计泄水坡度 $i_x=3‰$，$i_y=2‰$。试确定场地设计标高（不考虑土的可松性影响，余土加宽边坡），并计算挖、填土方量。

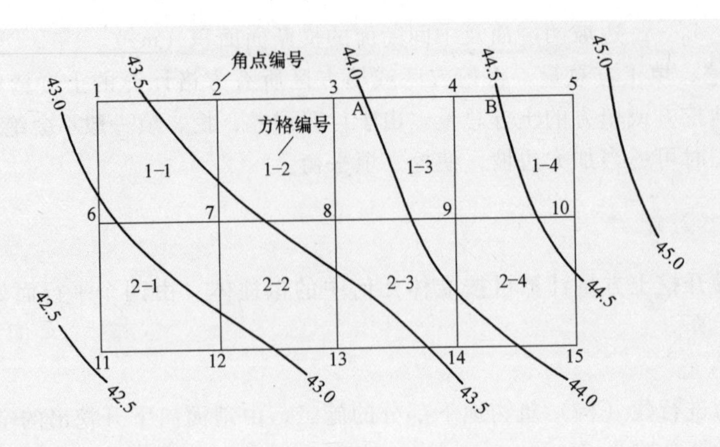


图 1-13　某场地地形图和方格网布置

解：1）根据等高线，用插入法求出各方格角点的地面标高（计算过程略），计算结果如图 1-14 所示。

2）计算场地设计标高 $H_0$：

$$\sum H_1=(43.24+44.80+44.17+42.58)\text{m}=174.79\text{m}$$

$$2\sum H_2=2\times(43.67+43.94+44.34+44.67+43.67+43.23+42.90+42.94)\text{m}=698.72\text{m}$$

$$4\sum H_4=4\times(43.35+43.76+44.17)\text{m}=525.12\text{m}$$

则
$$H_0=\frac{\sum H_1+2\sum H_2+4\sum H_4}{4N}=\frac{174.79+698.72+525.12}{4\times 8}\text{m}=43.71\text{m}$$

3）根据要求的泄水坡度计算方格角点的设计标高。以场地中心点角点 8 为 $H_0$，其余各角点设计标高为

$$H_1=H_0-40\text{m}\times 3‰+20\text{m}\times 2‰=43.63\text{m}$$

$$H_2=H_1+20\text{m}\times 3‰=43.69\text{m}$$

$$H_6=H_0-40\text{m}\times 3‰=43.59\text{m}$$

$$H_7=H_6+20\text{m}\times 3‰=43.65\text{m}$$

$$H_{11}=H_0-40\text{m}\times 3‰-20\text{m}\times 2‰=43.55\text{m}$$

$$H_{12}=H_{11}+20\text{m}\times 3‰=43.61\text{m}$$

其他角点标高计算略，结果如图 1-14 所示。

4）计算各角点的施工高度（以“+”号表示填方，“-”号表示挖方）：

$$h_1=(43.63-43.24)\text{m}=+0.39\text{m}$$

$$h_2=(43.69-43.67)\text{m}=+0.02\text{m}$$

$$h_3=(43.75-43.94)\text{m}=-0.19\text{m}$$

其他角点施工高度计算略，结果如图 1-14 所示。

5）标出“零线”。由式（1-12）确定零点的位置。以 2-3 线为例：

$$x_1=[h_1/(h_1+h_2)]\times a=[0.02/(0.02+0.19)]\times 20\text{m}=1.90\text{m}$$

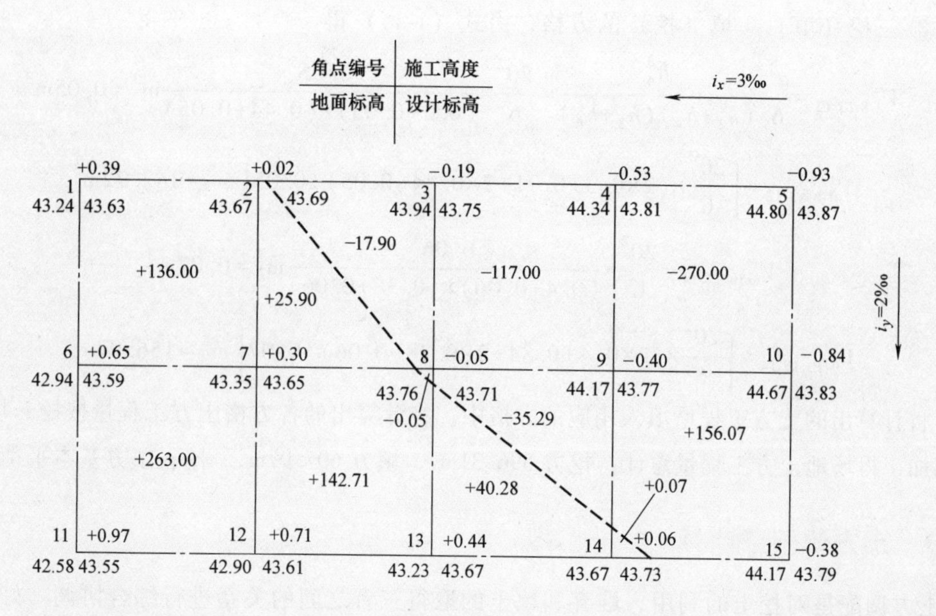


图 1-14　某场地计算土方工程量图

2-3 线上的零点距角点 2 的距离为 1. 90m。其他零点的计算略，将相邻的零点连接起来即为零线，如图 1-14 所示。

6）计算各方格土方工程量（以“+”号表示填方，“−”号表示挖方）。

① 全挖或全填的方格，由式（1-13）得

$$V^{+}_{1\text{-}2\text{-}7\text{-}6}=\frac{20^2}{4}\times(0.39+0.02+0.30+0.65)\,\mathrm{m}^3=136\mathrm{m}^3$$

$$V^{+}_{6\text{-}7\text{-}12\text{-}11}=\frac{20^2}{4}\times(0.65+0.30+0.71+0.97)\,\mathrm{m}^3=263\mathrm{m}^3$$

$$V^{-}_{3\text{-}4\text{-}9\text{-}8}=\frac{20^2}{4}\times(0.19+0.53+0.40+0.05)\,\mathrm{m}^3=117\mathrm{m}^3$$

$$V^{-}_{4\text{-}5\text{-}10\text{-}9}=\frac{20^2}{4}\times(0.53+0.93+0.84+0.40)\,\mathrm{m}^3=270\mathrm{m}^3$$

② 两挖两填的方格，由式（1-14）得

$$V^{+}_{2\text{-}3\text{-}8\text{-}7}=\frac{a^2}{4}\left(\frac{h_1^2}{h_1+h_4}+\frac{h_2^2}{h_2+h_3}\right)=\frac{20^2}{4}\times\left(\frac{0.02^2}{0.02+0.19}+\frac{0.3^2}{0.3+0.05}\right)\mathrm{m}^3=25.90\mathrm{m}^3$$

$$V^{-}_{2\text{-}3\text{-}8\text{-}7}=\frac{a^2}{4}\left(\frac{h_3^2}{h_2+h_3}+\frac{h_4^2}{h_1+h_4}\right)=\frac{20^2}{4}\times\left(\frac{0.19^2}{0.02+0.19}+\frac{0.05^2}{0.3+0.05}\right)\mathrm{m}^3=17.90\mathrm{m}^3$$

$$V^{+}_{8\text{-}9\text{-}14\text{-}13}=\frac{20^2}{4}\times\left(\frac{0.44^2}{0.44+0.05}+\frac{0.06^2}{0.4+0.06}\right)\mathrm{m}^3=40.28\mathrm{m}^3$$

$$V^{-}_{8\text{-}9\text{-}14\text{-}13}=\frac{20^2}{4}\times\left(\frac{0.05^2}{0.05+0.44}+\frac{0.4^2}{0.4+0.06}\right)\mathrm{m}^3=35.29\mathrm{m}^3$$

③ 三挖（填）一填（挖）的方格，由式（1-15）得

$$V^{-}_{7\text{-}8\text{-}13\text{-}12}=\frac{a^2}{6}\frac{h_4^3}{(h_1+h_4)(h_3+h_4)}=\frac{20^2}{6}\times\frac{0.05^3}{(0.3+0.05)\times(0.44+0.05)}\text{m}^3=0.05\text{m}^3$$

$$V^{+}_{7\text{-}8\text{-}13\text{-}12}=\left[\frac{20^2}{6}\times(2\times0.3+0.71+2\times0.44-0.05)+0.05\right]\text{m}^3=142.72\text{m}^3$$

$$V^{+}_{9\text{-}10\text{-}15\text{-}14}=\frac{20^2}{6}\times\frac{0.06^3}{(0.4+0.06)\times(0.38+0.06)}\text{m}^3=0.07\text{m}^3$$

$$V^{-}_{9\text{-}10\text{-}15\text{-}14}=\left[\frac{20^2}{6}\times(2\times0.4+0.84+2\times0.38-0.06)+0.07\right]\text{m}^3=156.07\text{m}^3$$

将计算出的土方工程量填入相应的方格中。将计算出的各方格土方工程量按挖、填方分别相加，得场地土方工程量总计：挖方 596.31m$^3$，填方 607.97m$^3$。挖、填方基本平衡。

### 1.2.3　土方调配量计算

土方调配是对挖土的利用、堆弃和填土的取得三者之间的关系进行综合协调。好的土方调配方案既能使土方运输量或费用达到最小，又能方便施工。

#### 1. 土方调配原则

1）土方调配应力求达到挖、填平衡和运距最短。

2）土方调配应考虑近期施工与后期利用相结合。

3）土方调配应采取分区与全场相结合。

4）土方调配应尽可能与大型地下建筑物的施工相结合。

5）合理布置挖、填方分区线，选择恰当的调配方向、运输线路，使土方机械和运输车辆的性能得到充分发挥。

#### 2. 土方调配图表的编制

场地土方调配需要编制土方调配图表，编制方法如下：

（1）划分调配区　首先在场地平面图上划出挖、填区的分界零线，然后根据地形及地理条件，把挖方区和填方区适当地划分为若干调配区，如图 1-15 所示。调配区的大小应满足土方机械的操作要求，如调配区的大小应大于或等于机械的铲土长度。

（2）计算土方量　计算各调配区土方量，并标明在土方工程量图上，如图 1-15 所示。

（3）求出每对调配区之间的平均运距　平均运距即挖方区土方重心至填方区土方重心的距离。因此，需求出每个调配区的重心。取场地或方格网中的纵横两边为坐标轴，分别求出各区土方的重心位置，即

$$\overline{X}=\frac{\sum(Vx)}{\sum V}\qquad\overline{Y}=\frac{\sum(Vy)}{\sum V}\tag{1-20}$$

式中　$\overline{X}$、$\overline{Y}$——某调配区的重心坐标（m）；

$V$——该调配区内各方格的土方量（m$^3$）；

$x$、$y$——该调配区内各方格的重心坐标（m）。

有时因地形复杂，重心的计算颇为烦琐，所以工程中常用作图法近似地求出形心位置以代替重心位置。在分别求出挖方区土方重心和填方区土方重心后，先将它们标于相应的调配

区图上，然后计算出（或用比例尺量出）每对调配区之间的平均运距。当填、挖方调配区之间的平均运距较远，采用汽车、自行式铲运机或其他运土工具沿工地道路或规定线路运土时，其运距应按实际计算。

每对调配区之间的平均运距可近似地按下式计算：

$$L_0=\sqrt{(x_{0T}-x_{0W})^2+(y_{0T}-y_{0W})^2} \tag{1-21}$$

式中　$L_0$——平均运距（m）；

$x_{0T}$、$y_{0T}$——填方区的重心坐标（m）；

$x_{0W}$、$y_{0W}$——挖方区的重心坐标（m）。

（4）确定土方调配方案　可以根据每对调配区的平均运距，制定多个调配方案，比较不同方案的总运输量 $Q'=\sum VL_0$，以 $Q'$最小者为经济调配方案。土方调配可采用线性规划方案中的表上作业法进行，该方法直接在土方量平衡表上进行调配，简便科学，可求得最优调配方案。

（5）绘出最优调配方案的土方平衡图和土方调配图　如图 1-15 所示，已知某场地有四个挖方区，分别填至三个填方区。各挖方区和填方区编号及平均运距见表 1-3。用表上作业法求解的土方最优调配图如图 1-16 所示，先在运距表中找到最小运距值 971，使此处填方量最大（取 2373）；然后在剩余运距中重复找最小运距值，重复上述步骤，依次确定其余填方量值，土方调配平衡表见表 1-4。

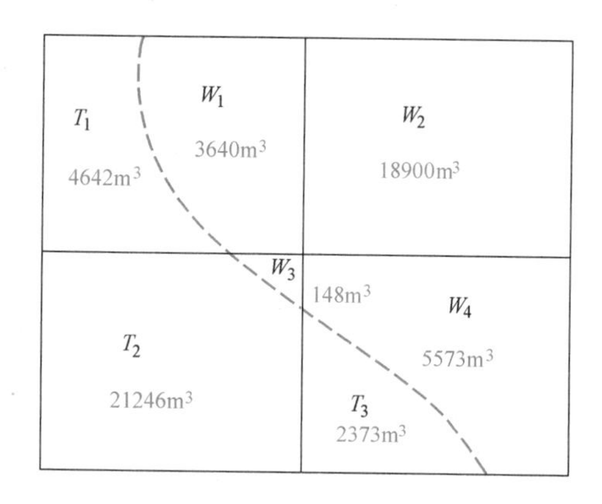

图 1-15　土方工程量图

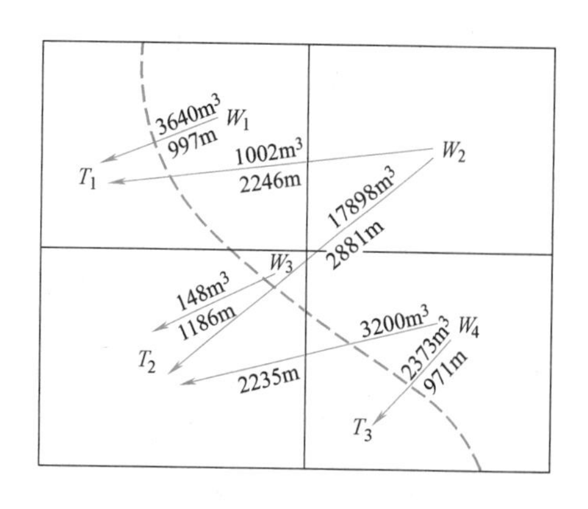


图 1-16　土方最优调配图

表 1-3　各挖方区和填方区编号及平均运距 $L_0$

| 挖方区编号 | 填方区编号及平均运距 $L_0$/m | | | 各区挖方量/m³ |
|---|---|---|---|---|
| | $T_1$ | $T_2$ | $T_3$ | |
| $W_1$ | 997 | 2267 | 2948 | 3640 |
| $W_2$ | 2246 | 2881 | 2569 | 18900 |
| $W_3$ | 1356 | 1186 | 1570 | 148 |
| $W_4$ | 3061 | 2235 | 971 | 5573 |
| 各区填方量/m³ | 4642 | 21246 | 2373 | ∑28261 |

表 1-4　某工程土方调配平衡表

| 挖方区编号 | 土方量/$m^3$ | 填方区编号及填方量/$m^3$ | | | |
|---|---|---|---|---|---|
| | | $T_1$ | $T_2$ | $T_3$ | 合计 |
| $W_1$ | 3640 | 3640 | — | — | 3640 |
| $W_2$ | 18900 | 1002 | 17898 | — | 18900 |
| $W_3$ | 148 | — | 148 | — | 148 |
| $W_4$ | 5573 | — | 3200 | 2373 | 5573 |
| 合计 | 28261 | 4642 | 21246 | 2373 | 28261 |

## 1.3　排水与降水

在土方开挖过程中，当基坑（或沟槽）底面标高低于地下水位时，由于土的含水层被切断，地下水会不断渗入坑内，积水将影响施工，雨期施工时，地面水也会流入坑内。为保证土方及后续工程施工的顺利进行，应采取降水措施及时排走流入坑内的地下水、地面水，以保证开挖土体的干燥。

排走地面水（包括雨水、施工用水、生活污水等）通常采用设置排水沟（疏）、截水沟（堵）或修筑土堤（挡）等方法，并尽量利用原有的排水系统，使临时性排水设施与永久性排水设施相结合。

基坑降水的方法有集水明排法和井点降水法。集水明排法一般适用于降水深度较小且土层为粗粒土层或渗水量小的黏性土层。当采用井点降水法仍有局部地区降水深度不足时，可辅以集水明排法。当降水深度较大或地层为细砂、粉砂、软土时，宜采用井点降水法。无论采用何种降水方法，降水工作都要持续到基础施工完毕且土方回填完成后方可停止降水。

### 1.3.1　集水明排法

集水明排法是先在基坑的两侧或四周设置排水沟，在基坑四角或每隔 30~40m 设置集水井，使基坑渗出的地下水通过排水沟汇集于集水井内，然后用水泵将其排出基坑外（图 1-17）。抽出的水应予以引开，以防倒流。雨期施工时应在基坑四周或水的上游，开挖截水沟或修筑土堤，以防地面水流入坑内。排水沟宜布置在拟建建筑基础边 0.4m 以外，沟边缘离开边坡坡脚应不小于 0.3m。

1. 集水井设置

集水井应设置在基础范围以外、地下水走向的上游。集水井的截面尺寸一般为（0.6m×0.6m）~(0.8m×0.8m)，集水井底面应保持低于挖土面 0.8~1.0m。井壁可用砖、木板或钢筋笼等简易加固。当挖至坑底后，井底宜低于坑底 1.0m。坑底铺设碎石滤水层，以免抽水时将泥砂抽出，并防止坑底土被搅动。

当基坑开挖的土层由多种土组成、中部夹有透水性的砂类土、基坑侧壁出现分层渗水时，可在基坑边坡上按不同高度分层设置排水沟和集水井构成明排水系统，分层阻截和排除上部土层中的地下水，避免上层地下水冲刷基坑下部边坡造成塌方，如图 1-18 所示。

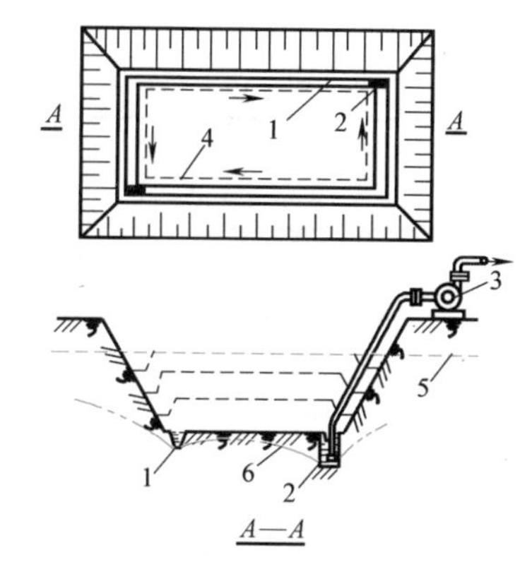


图 1-17　排水沟、集水井排水方法
1—排水沟　2—集水井　3—离心式水泵
4—设备基础或建筑物基础边线　5—原地下水位线　6—降低后地下水位线

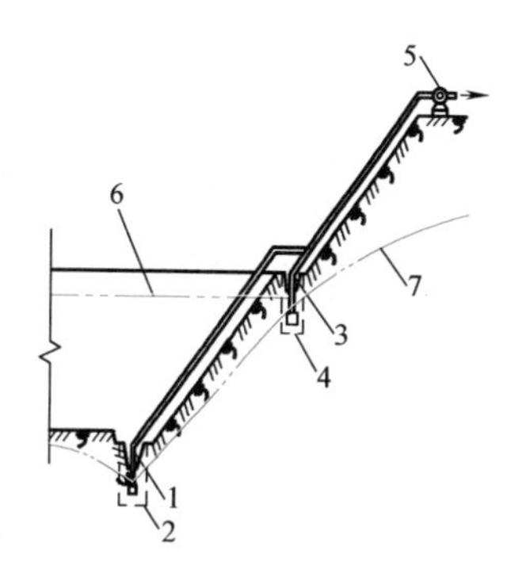


图 1-18　分层明排水法
1—底层排水沟　2—底层集水井　3—二层排水沟
4—二层集水井　5—水泵　6—原地下水位线
7—降低后地下水位线

2. 水泵选用

集水明排法常用的水泵有潜水泵、离心泵和泥浆泵，水泵的排水量一般选为基坑涌水量的 1.5~2.0 倍，水泵的功率 $N$ 按下式计算

$$N=\frac{K_1QH}{75\eta_1\eta_2}$$

式中　$K_1$——安全系数，一般取 2；

$Q$——基坑涌水量（$m^3/d$）；

$H$——包括扬水、吸水及由各种阻力所造成的水头损失在内的总高度（m）；

$\eta_1$——水泵系数，取 0.4~0.5；

$\eta_2$——动力机械系数，取 0.75~0.85。

3. 流砂及其防治

当地下水位以下的土质为细砂土或粉砂土时，如果采用集水井降低基坑工程的地下水位，基坑下的土有时会形成流动状态，并随着地下水流入基坑，这种现象称为流砂现象。出现流砂现象时，土完全丧失承载力，土体边挖边冒，使施工条件恶化，基坑难以挖到设计深度，严重时会引起基坑边坡塌方，邻近建筑因地基被掏空而出现开裂、下沉、倾斜甚至倒塌。

（1）产生流砂现象的原因　产生流砂现象的原因有内因和外因。内因取决于土壤的性质。当土的孔隙率大、含水量大、黏粒含量少、粉粒多、渗透系数小、排水性能差时均容易产生流砂现象。发生流砂现象还应具备一定的外因条件，即地下水及其产生动水压力的大小。流动中的地下水对土颗粒产生的压力称为动水压力，其性质可通过图 1-19 所示的试验说明。

如图 1-19a 所示，水由左端高水位 $h_1$，经过长度为 $L$、断面面积为 $A$ 的土体，流向右端低水位 $h_2$。水在土中渗流时受到土颗粒的阻力 $T$，同时水对土颗粒作用一个动水压力 $G_d$，二者大小相等，方向相反。作用在土体左端Ⅰ—Ⅰ截面处的静水压力 $\rho_w h_1 A$（$\rho_w$ 为水的密度），其方向与水流方向一致。作用在土体右端Ⅱ—Ⅱ截面处的静水压力 $\rho_w h_2 A$，其方向与

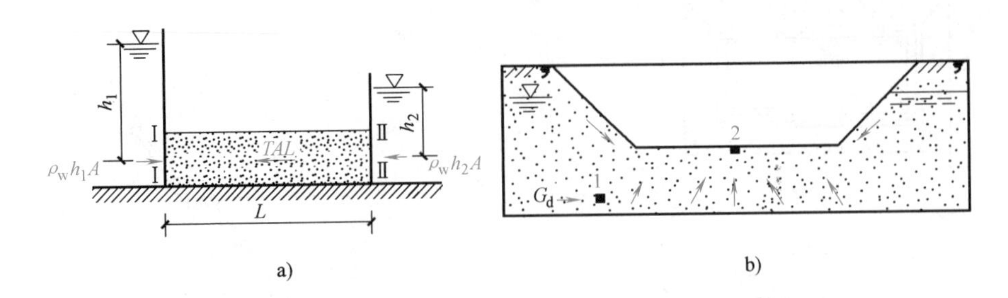


a)　　b)

图 1-19　动水压力原理试验

a）水在土中渗流的力学现象　b）动水压力对地基土的影响

1、2—土颗粒

水流方向相反。水渗流时受到土颗粒的阻力为 $TAL$（$T$ 为单位土体的阻力）。根据静力平衡条件得

$$\rho_w h_1 A - \rho_w h_2 A - TAL = 0$$

$$T = \frac{h_1 - h_2}{L}\rho_w = i\rho_w \tag{1-22}$$

式中　$i$——水力坡度。

由于单位土体阻力与水在土中渗流时对单位土体的压力大小相等，方向相反，所以动水压力为

$$G_d = -T = -i\rho_w \tag{1-23}$$

由式（1-22）和式（1-23）可知，动水压力 $G_d$ 与水力坡度 $i$ 成正比，水位差越大，动水压力越大，而渗透路程越长，动水压力越小。产生流砂现象主要是由于地下水的水力坡度大，即动水压力大，而且动水压力的方向与土的重力方向相反，土不仅受水的浮力，而且受动水压力的作用，有被向上举的趋势，如图 1-19b 所示。当浸水重力密度大于或等于土的浸水密度时，土颗粒处于悬浮状态，并随地下水一起流入基坑，即发生流砂现象。流砂现象一般发生在细砂、粉砂及亚砂土中。在粗大砂砾中，因孔隙大，水在其间流过时阻力小，动水压力也小，不易出现流砂现象。而在黏性土中，由于土粒间黏聚力较大，不会发生流砂现象，但有时在承压水作用下会出现整体隆起现象。

（2）流砂防治方法　在细颗粒、松散、饱和的非黏性土中是否发生流砂现象的主要条件是动水压力的大小和方向。当动水压力方向向上且足够大时，土转化为流砂，而当动水压力方向向下时，又可将流砂转化成稳定土。因此，在基坑开挖中，防治流砂的原则是“治流砂必先治水”。防治流砂的主要途径有：减少或平衡动水压力；设法使动水压力方向向下；截断地下水流。具体方法有：

1）枯水期施工法。枯水期地下水位较低，基坑内外水位差小，动水压力小，不易产生流砂。

2）抢挖并抛大石块法。分段抢挖土方，使挖土速度超过冒砂速度，在挖至标高后立即铺竹、芦席，并抛大石块，以平衡动水压力，将流砂压住。此法适用于治理局部的或轻微的流砂。

3）设止水帷幕法。将连续的止水支护结构（如连续板桩、深层搅拌桩、密排灌注桩等）打入基坑底面以下一定深度，形成封闭的止水帷幕，从而使地下水只能从支护结构下端向基坑渗流，增加地下水从坑外流入基坑内的渗透路程，减小水力坡度，从而减小动水压力，防止流砂产生。

4）水下挖土法。采用不排水施工，使基坑内外水压平衡，防止流砂发生。此法在沉井施工中经常采用。

5）人工降低地下水位法。采用井点降水法，将地下水位降低至基坑底面以下，使地下水的渗流向下，进而使动水压力的方向也向下，从而水不能渗流入基坑内。此法可有效地防止流砂的发生。因此应用比较广泛。

此外，采用地下连续墙、压密注浆法、土壤冻结法等阻止地下水流入基坑，也可以防止流砂。

### 1.3.2 井点降水法

井点降水法就是在基坑开挖前，预先在基坑四周埋设一定数量的滤水管（井），利用抽水设备从中抽水，使地下水位降落到坑底以下。在基坑开挖过程中不断抽水，从根本上防止了流砂发生，改善了工作条件。同时，土内水分排出后，边坡可改陡，以减少挖土量，还可以防止基底隆起并加速地基固结，提高工程质量。但需要注意的是，在降低地下水位的过程中，基坑附近的地基土会产生一定的沉降，施工时应考虑这一因素的影响。

井点降水法的井点类别有轻型井点、喷射井点、管井井点、深井井点以及电渗井点等，可根据土的渗透系数、降低水位的深度等，参照表1-5进行选择。实际工程中轻型井点和管井井点应用较广。

表1-5 各类井点的适用范围

| 项次 | 井点类别 | 土的渗透系数 | 降低水位的深度/m |
| --- | --- | --- | --- |
| 1 | 单级轻型井点 | $10^{-5}$～$10^{-2}$cm/s(0.1～80m/d) | 3～6 |
| 2 | 多级轻型井点 | $10^{-5}$～$10^{-2}$cm/s(0.1～80m/d) | 6～12 视井点级数定 |
| 3 | 电渗井点 | <$10^{-6}$cm/s(<0.1m/d) | 宜配合其他形式降水使用 |
| 4 | 管井井点 | 20～200m/d | 3～5 |
| 5 | 喷射井点 | $10^{-6}$～$10^{-3}$cm/s(0.1～50m/d) | 8～20 |
| 6 | 深井井点 | ≥$10^{-5}$cm/s(10～80m/d) | >10 |

注：表中数值取自《建筑施工手册》第五版。

#### 1. 轻型井点

轻型（真空）井点就是沿基坑的四周将许多直径较小的井点管埋入地下蓄水层内，井点管的上端通过弯联管与总管相连接，利用抽水设备将地下水从井点管内不断抽出，如图1-20所示。

（1）轻型井点设备　轻型井点设备由管路系统和抽水设备组成。管路系统包括滤管、井点管、弯联管及总管等。井点管为直径38～55mm的钢管，其长度为5～7m，井点管水平间距一般为1.0～2.0m。滤管的直径与井点管相同，长度为1.0～1.5m，管壁上钻有直径为12～18mm的小圆孔，外包两层滤网（图1-21）。网孔过小，则阻力大，容易堵塞，网孔过大，则易进入泥沙。因此，内层滤网宜采用30～80目的金属网或尼龙网，外层滤网宜采用

3~10 目的金属网或尼龙网。为使水流畅通，避免滤孔淤塞时影响水流进入滤管，在管壁与滤网之间用金属丝绕成螺旋形将二者隔开。滤网外面再包一层粗金属丝保护网。滤管下端装一个锥形铸铁头。弯联管一般采用橡胶软管或透明塑料管，宜装有阀门，以便检修井点。采用透明塑料管，能随时看到井点管的工作情况。总管宜采用直径为 75~110mm 的钢管分节连接，每节长 4m，其上每隔 0.8~1.6m 设有一个与井点管连接的接头。

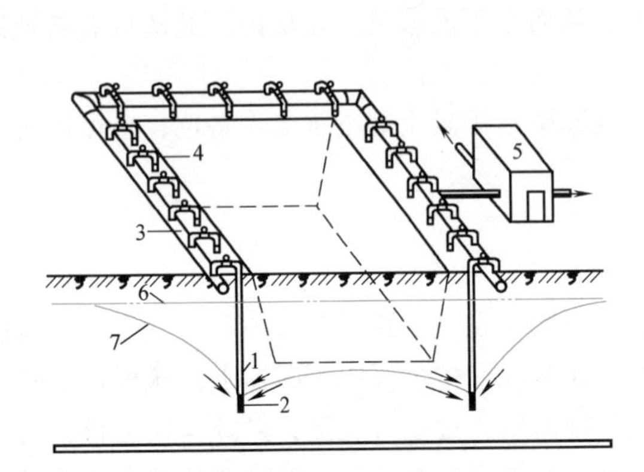


图 1-20　轻型井点法降低地下水位全貌图

1—井点管　2—滤管　3—总管　4—弯联管　5—水泵房　6—原有地下水位线　7—降低后地下水位线

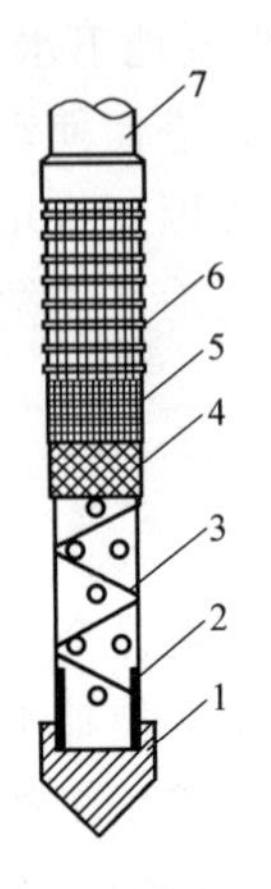


图 1-21　滤管构造

1—塞头　2—钢管　3—金属丝　4—内层滤网　5—外层滤网　6—粗金属丝保护网　7—井点管

根据抽水机组的不同，真空井点分为真空泵真空井点、射流泵真空井点和隔膜泵真空井点，常用者为前两者。

真空泵真空井点由真空泵、离心式、水气分离器等组成（图 1-22），有定型产品供应。这种真空井点真空度高（67~80kPa），带动井点数多，降水深度较大（5.5~6.0m），但设备复杂，维修管理困难，耗电多，适用于较大的工程降水。

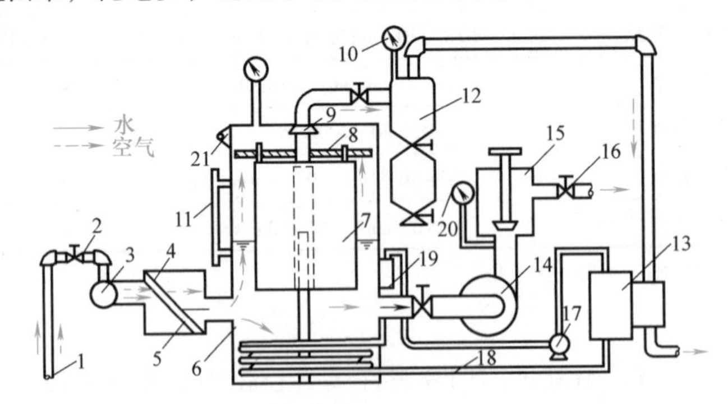


图 1-22　真空泵真空井点抽水设备工作简图

1—井点管　2—弯联管　3—集水总管　4—过滤箱　5—过滤网　6—水气分离器　7—浮筒　8—挡水布　9—阀门　10—真空表　11—水位计　12—副水气分离器　13—真空泵　14—离心泵　15—压力箱　16—出水管　17—冷却泵　18—冷却水管　19—冷却水箱　20—压力表　21—真空调节阀

射流泵真空井点设备由离心水泵、射流器（射流泵）、水箱等组成，如图 1-23 所示，它由高压水泵供给工作水，经射流泵后产生真空，引射地下水流，设备构造简单，易于加工制造，操作维修方便，耗能少，应用日益广泛。

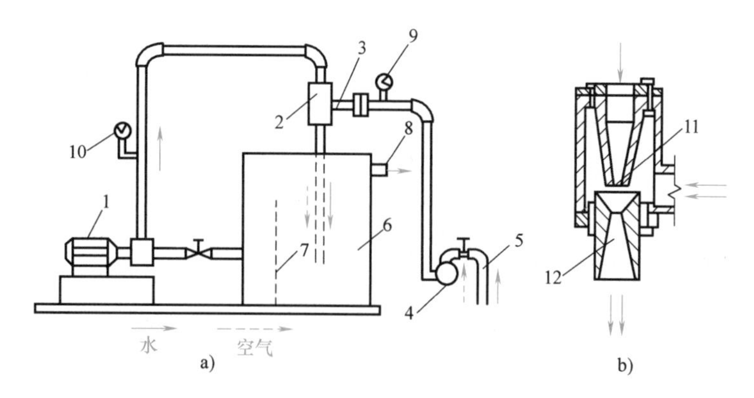


图 1-23　射流泵真空井点设备工作简图

a）工作简图　b）射流器构造

1—离心泵　2—射流器　3—进水管　4—集水总管　5—井点管　6—循环水箱

7—隔板　8—泄水口　9—真空表　10—压力表　11—喷嘴　12—喉管

（2）轻型井点布置　轻型井点布置应根据基坑平面形状及尺寸、基坑深度、土质、地下水位高低与流向、降水深度要求等而定。井点布置得是否恰当，对井点施工进度、使用效果影响较大。

1）平面布置。当基坑或沟槽宽度 $B$ 小于 6m，且降水深度不超过 6m 时，一般可采用单排线状井点，布置在地下水流的上游一侧，其两端的延伸长度一般不小于坑（槽）宽（图 1-24）。如基坑宽度大于 6m 或土质不良，则宜采用双排井点。当基坑面积较大时，宜采用环形井点（图 1-25），有时为了施工需要，可留出一段（地下水流下游方向）不封闭或布置成 U 形。井点管距离基坑壁一般不宜小于 0.7~1.0m，以防局部发生漏气。井点管间距应根据土质、降水深度、工程性质等通过计算或根据经验确定，一般为 0.8~1.6m，不宜超过 2m，在总管拐弯处或靠近河流处，井点管应适当加密，以保证降水效果。

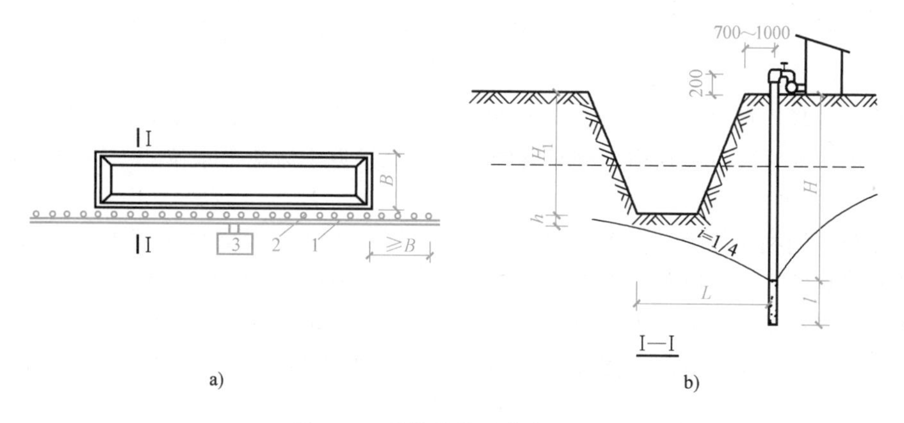


图 1-24　单排线状井点布置简图

a）平面布置　b）高程布置

1—总管　2—井点管　3—抽水设备

一套机组携带的总管最大长度：真空泵不宜超过 100m，射流泵不宜超过 80m，隔膜泵不宜超过 60m。当主管过长时，可采用多套抽水设备；井点系统可以分段，各段长度应大致

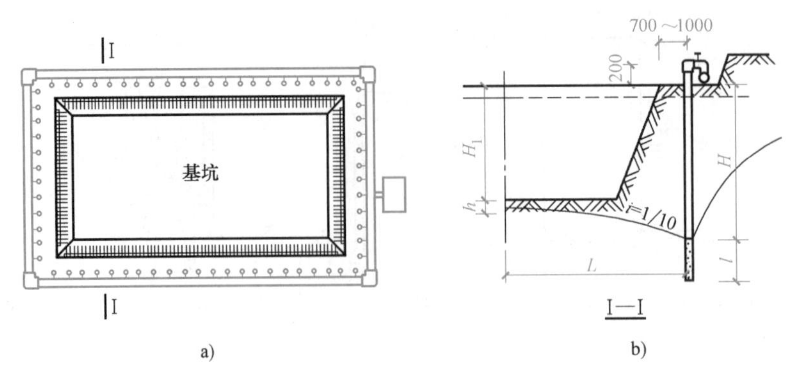


图 1-25　环形井点布置简图

a）平面布置　b）高程布置

相等，宜在拐角处分段，以减少弯头数量，提高抽吸能力；分段宜设阀门，以免管内水流紊乱，影响降水效果。泵宜设置在各段总管的中部，使泵两边水流平衡。采用环形井点时，应在泵对面（即环圈一半处）的总管上装设阀门。

2）高程布置。从理论上说，利用真空泵抽吸地下水时，其降水深度可达 10.3m。但由于井点管与水泵在实际制造过程中和使用时都会产生水头损失，因此，在实际布置井点管时，管壁处（不包括滤管）降水深度以不超过 6m 为宜。在确定井点管的埋置深度时，还要考虑井点管的标准长度，使井点管露出地面 0.2～0.3m。在任何情况下，滤管必须埋在透水层内。

井点管的埋置深度 $H$（不包括滤管）的计算公式为

$$H \geqslant H_1 + h + iL \tag{1-24}$$

式中　$H_1$——井点管的埋置面至基坑底面的距离（m）；

$h$——基坑中心线底面至降低后的地下水位线的距离（m），一般取 0.5～1.0m；

$i$——水力坡度，环形井点取 1/10，单排线状井点取 1/4；

$L$——井点管至基坑中心（环形井点）或基坑对边（单排线状井点）的水平距离（m）。

根据式（1-24）算出的 $H$ 值，如大于井点管长度，则应降低井点管的埋置面，以满足降水深度要求，通常可事先挖槽，使总管的布置标高接近于原地下水位线，以满足降水深度的要求。

为了充分利用抽吸能力，总管的布置标高宜接近原有地下水位线（要事先挖槽），水泵轴心标高宜与总管齐平或略低于总管。总管应具有 0.25%～0.5%的坡度，坡向泵房。在降水深度不大，真空泵抽吸能力富裕时，总管与抽水设备也可放在天然地面上。

当一级轻型井点达不到降水深度要求时，可视土质情况，先用其他方法（如集水明排法）排水，然后挖去干土，将总管安装在原有地下水位线以下，以增加降水深度，或采用二级（甚至多级）轻型井点（图 1-26），即先挖去第一级井点所疏干的土，然后再在其底部装设第二级井点。

（3）轻型井点计算　轻型井点的计算内容包括涌水量计算、井点管数量与井距的确定等。井点计算由于受水文地质和井点设备等因素影响，算出的数值只是近似值。有些单位，常参照过去实践中积累的资料，并不计算。但对于非标准设备的井点、渗透系数大的土中的井点、近河岸的井点及多级井点等，计算工作更为重要。

水井根据地下水有无压力，分为无压井和承压井（图1-27）。若抽吸的地下水是无压潜水（即地下水面为自由水面），则该井称为无压井；若抽吸的地下水是承压水（即地下水面承受不透水性土层的压力），则该井称为承压井。水井根据井底是否达到不透水层，又分为完整井和非完整井。井底达到不透水层的，称为完整井，否则称为非完整井。各类井的涌水量计算方法均不同，其中完整井的理论较为完善。环形井点涌水量计算简图如图1-28所示。

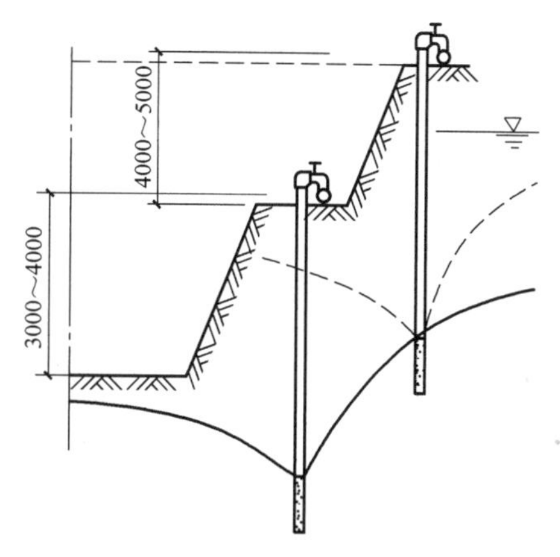


图1-26　二级轻型井点

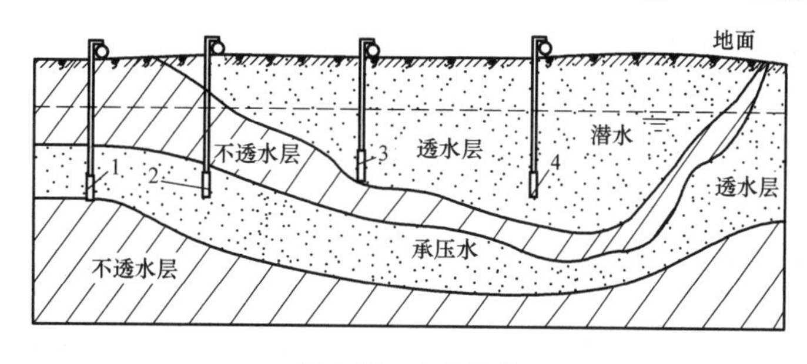


图1-27　水井种类

1—承压完整井　2—承压非完整井　3—无压完整井　4—无压非完整井

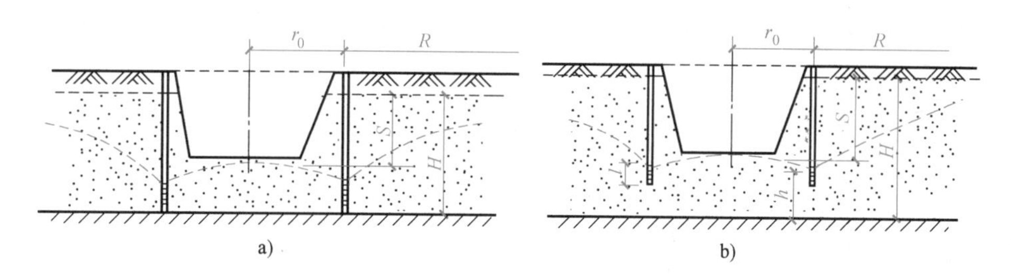


图1-28　环形井点涌水量计算简图

a）无压完整井涌水量计算　b）无压非完整井涌水量计算

1）涌水量计算。无压完整井单井开始抽水后，井中水位逐步下降，周围含水层中的水流向该水位降低处。经过一定时间的抽水，井周围原有水位由水平面变成向井倾斜的弯曲面。最后弯曲面渐趋稳定，形成水位降落漏斗，如图1-29所示。自井轴线至漏斗外缘（该处原有水位不变）的水平距离称为抽水影响半径 $R$。

根据渗透定律，无压完整井的涌水量 $Q$ 的计算公式为

$$Q = KAi \tag{1-25}$$

式中　$K$——土的渗透性系数（m/d）；

$A$——地下水流的过水断面面积（$m^2$），可近似地看成是铅直线绕井轴旋转的旋转面（圆柱体侧面面积），距井轴 $x$ 处的过水断面面积为 $A = 2\pi xy$；

$i$——水力坡度，距井轴 $x$ 处为 $i=\frac{dy}{dx}$。

所以

$$Q=2\pi Kxy\frac{dy}{dx}$$

分离变量，两边积分得

$$\int_h^H 2y\,dy=\int_r^R \frac{Q}{\pi K}\frac{dx}{x}$$

即

$$H^2-h^2=\frac{Q}{\pi K}\ln\frac{R}{r}$$

移项，并以常用对数代替自然对数，得

$$Q=1.366K\frac{H^2-h^2}{\lg\frac{R}{r}} \tag{1-26a}$$

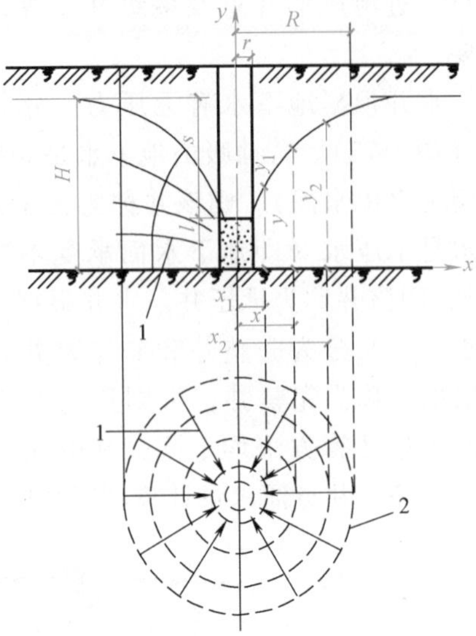

图 1-29　无压完整井单井涌水量计算简图

1—流向线　2—水位降落漏斗截面

式中　$H$——含水层厚度（m）；

$h$——井内水深（m）；

$R$——抽水影响半径（m）；

$r$——单井半径（m）。

设水井内的水位降低深度为 $S$，则 $S=H-h$，即 $h=H-S$，代入式（1-26a）得

$$Q=1.366K\frac{(2H-S)S}{\lg R-\lg r} \tag{1-26b}$$

式（1-26b）即为无压完整井单井涌水量计算公式。同样可导出承压完整井单井涌水量计算公式为

$$Q=2.73K\frac{MS}{\lg R-\lg r} \tag{1-27}$$

式中　$H$——承压水头高度（m）；

$M$——含水层厚度（m）；

$S$——井中水位降低深度（m）。

轻型井点系统是由许多井点同时抽水，各个单井水位降落漏斗彼此干扰，其涌水量比单独抽水时要小，所以总涌水量不等于各单井涌水量之和。井点系统总涌水量计算时，可把由各井点管组成的群井系统视为一口大的单井，设该井为圆形的，即环形井点系统可换算为一个假想半径为 $r_0$ 的圆形井点系统进行分析，$r_0$ 称为基坑等效半径。

对于无压完整井的环形井点系统（图 1-28a），涌水量计算公式为

$$Q=1.366K\frac{(2H-S)S}{\lg(R+r_0)-\lg r_0}=1.366K\frac{(2H-S)S}{\lg\left(1+\frac{R}{r_0}\right)} \tag{1-28}$$

式中　$Q$——基坑涌水量（$m^3$）；

$K$——土的渗透系数（m/d）；

$H$——潜水含水层厚度（m）；

$S$——基坑水位降低深度（m）；

$R$——抽水影响半径（m），宜通过试验或根据当地经验确定。

当基坑安全等级为二、三级时，对于潜水层，$R$ 可按下式计算：

$$R=2S\sqrt{KH} \tag{1-29a}$$

对于承压含水层，$R$ 可按下式计算：

$$R=10S\sqrt{K} \tag{1-29b}$$

当基坑为圆形时，$r_0$ 取圆半径；当基坑为非圆形时，对矩形基坑，$r_0$ 按下式计算：

$$r_0=0.29(a+b) \tag{1-30a}$$

式中　$a$、$b$——基坑的长、短边（m）。

对于不规则形状的基坑，$r_0$ 按下式计算：

$$r_0=\sqrt{\frac{A}{\pi}} \tag{1-30b}$$

式中　$A$——环形井点系统所包围的面积（$m^2$）。

当矩形基坑长宽比大于 5 时，或基坑宽度大于抽水影响半径的两倍时，需将基坑分块，使其符合计算公式的适用条件，然后按块计算涌水量，将其相加即为总涌水量。

在实际工程中往往会遇到无压非完整井的井点系统，如图 1-28b 所示。这时地下水不仅从井的侧面流入，还从井底渗入。因此涌水量要比完整井大。为了简化计算，仍可采用式（1-28）。但要将式中的 $H$ 换成有效影响深度 $H_0$，即

$$Q=1.366K\frac{(2H_0-S)S}{\lg\left(1+\frac{R}{r_0}\right)} \tag{1-31}$$

在非完整井中抽水，影响不到含水层的全深度范围，在一定深度以下，地下水不受扰动。$H_0$ 可查表 1-6 确定，表中 $S$ 为井点系统中心处水位降低深度（m），$S'$为井点管处水位降低深度（m），$l$ 为滤管长（m）。当 $H_0>H$ 时，则取 $H_0=H$。

表 1-6　有效影响深度

| $S/(S'+l)$ | 0.2 | 0.3 | 0.5 | 0.8 |
|---|---|---|---|---|
| $H_0$ | $1.3(S'+l)$ | $1.5(S'+l)$ | $1.7(S'+l)$ | $1.85(S'+l)$ |

注：中间值采用线性内插。

同理，承压完整井环形井点系统涌水量 $Q(m^3/d)$ 计算公式为

$$Q=2.73K\frac{MS}{\lg\left(1+\frac{R}{r_0}\right)} \tag{1-32}$$

式中符号意义同前。

2）井点管数量与井距的确定。

① 单井最大出水量。单井的最大出水量 $q(m^3/d)$，主要取决于土的渗透系数、滤管的构造与尺寸，按下式确定：

$$q=65\pi dl\sqrt[3]{K} \tag{1-33}$$

式中　$d$——滤管直径（m）；

　　　$l$——滤管长度（m）。

② 最少井点管根数。井点管的最少根数 $n$，按下式计算：

$$n_{\min}=1.1\frac{Q}{q} \tag{1-34}$$

③ 最大井距。最大井距 $D_{\max}$ 按下式计算：

$$D_{\max}=\frac{L}{n_{\min}} \tag{1-35}$$

式中　$L$——总管长度（m）。

确定井点管间距时，还应注意：井距过小时，彼此干扰大，影响出水量，因此井距必须大于15倍管径（$D>15d$）；在渗透系数小的土中，井距宜小些，否则水位降落时间过长；靠近河流处，井点宜适当加密；井距应能与总管上的接头间距相配合，常取0.8m、1.2m、1.6m、2.0m等。最后，根据实际采用的井点管间距，确定所需要的井点管根数。

（4）轻型井点施工　轻型井点系统的施工主要包括施工准备、井点系统安装与使用、井点拆除。

准备工作包括井点设备、动力、水源及必要材料的准备，开挖排水沟，观测附近建筑物标高以及实施防止附近建筑物沉降的措施等。

埋设井点的程序是：挖井点沟槽→排放总管→埋设井点管→接通井点与总管→安装抽水设备。

井点管的埋设可以采用以下方法：利用冲水管冲孔后埋设井点管、钻孔后沉放井点管、直接利用井点管水冲下沉、采用带套管的水冲法或振动水冲法成孔后沉放井点管。

采用冲水管冲孔有冲孔与埋管两个过程（图1-30）。冲孔时，先用起重设备将冲管吊起并插在井点的位置上，然后开动高压水泵，将土冲松，边冲边沉。冲孔直径一般为300mm，以保证井点管四周有一定厚度的砂滤层，冲孔深度宜比滤管底深0.5m左右，以防冲管拔出时，部分土颗粒沉于底部而触及滤管底部。

井孔冲成后，立即拔出冲管，插入井点管，并在井点管与孔壁之间迅速填灌砂滤层，以防孔壁塌土。砂滤层的填灌质量是保证轻型井点顺利抽水的关键，一般宜选用干净粗砂，填灌均匀，并填至滤管顶上1～1.5m，以保证水流畅通。

井点填砂后，在地面以下0.5～1.0m范围内须用黏土封口，以防漏气。

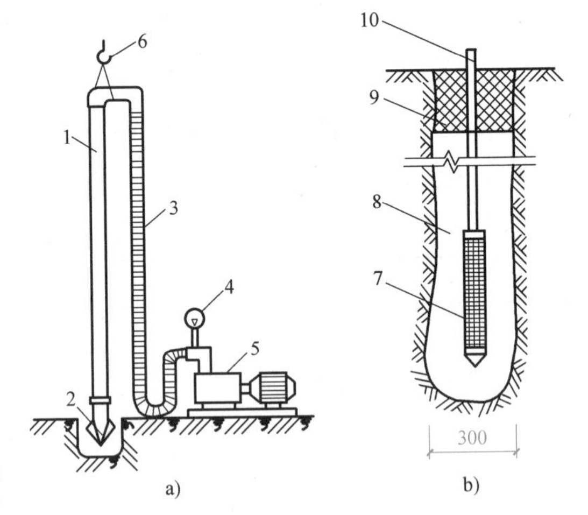


图1-30　井点管埋设

a）井点管冲孔　b）井点管埋设

1—冲管　2—冲嘴　3—胶皮管　4—压力表　5—高压水泵　6—起重吊钩　7—滤管　8—填砂　9—封口黏土　10—井点管

井点管埋设完毕，应接通总管与抽水设备进行试抽水，检查有无漏水、漏气，出水是否正常，有无淤塞等现象。如有异常情况，应检修好后方可使用。

井点管使用时，应保证连续不断地抽水，并准备双电源，按照正常出水规律操作。抽水时需要经常观测真空度以判断井点系统工作是否正常。真空度一般应不低于55.3~66.7kPa，并检查观测井中水位下降情况。当有较多井点管发生堵塞，影响降水效果时，应逐根用高压水反向冲洗或拔出重埋。

轻型井点使用时，一般应连续抽水，特别是开始阶段。时抽时停，滤网易堵塞，也容易抽出土粒，使出水混浊，并会引起附近建筑物由于土粒流失而沉降开裂；同时由于中途停抽，地下水回升，也会导致土方边坡坍塌等事故。

轻型井点的正常出水规律是“先大后小，先混后清”，否则应立即检查纠正。必须经常观测真空度，如发现过低，则应立即检查井点系统有无漏气并采取相应的措施。

在抽水过程中，应调节离心泵的出水阀以控制出水量，使抽吸排水保持均匀，并应检查有无死井，即井点管淤塞（正常工作的井点管，用手探摸时，有“冬暖夏凉”的感觉）。当死井太多，严重影响降水效果时，应逐个用高压水反向冲洗或拔出重埋。

井点降水工作结束后所留的井孔，必须用砂砾或黏土填实。

采用轻型井点降水时，还应对附近建筑物进行沉降观测，必要时应采取防护措施。

【例1-2】 某基础工程需要开挖图1-31所示的基坑，基坑底宽为10m，长为15m，基坑底面标高为-1.50m，天然地面标高为+5.60m。根据地质勘察报告，地面至+5.10m为黏土层，+5.10~-2.30m为极细砂层，-2.30m以下为不透水的黏土层，地下常水位标高

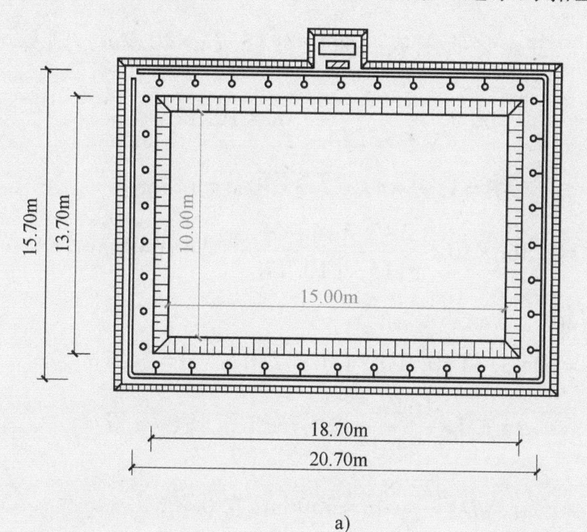


a)

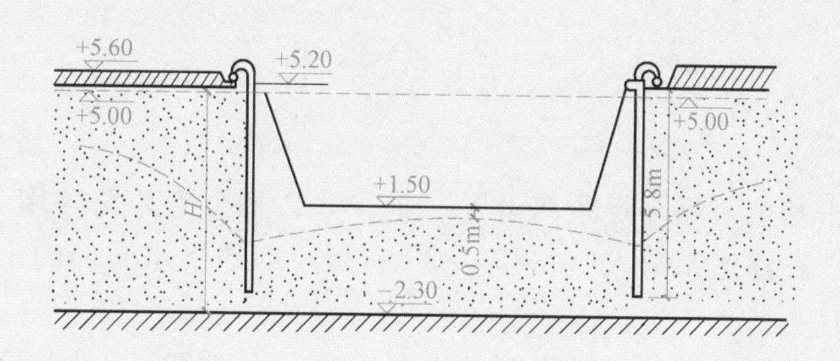


b)

图1-31 某基础工程基坑轻型井点系统布置

a）平面布置 b）高程布置图

为+5.00m，经试验测定，极细砂层的渗透系数 $K=30\text{m/d}$。因场地较为宽裕，所以基坑放坡开挖，边坡坡度为 1∶0.5。试按轻型井点系统设计。

解：（1）轻型井点系统布置　基坑水位降低深度 $S=(5.00-1.50+0.5)\text{m}=4\text{m}$，所以采用一级轻型井点。总管选用直径为 127mm；井点管选用长度为 6m、直径为 38mm；滤管选用长度为 1.0m。井点管外露 0.2m，则 6m 长的标准管埋入土中为 5.8m。表层为黏土，为使总管接近地下水位，可挖去 0.4m，在+5.20m 标高处布置井点系统。

因 $[10+2\times0.5\times(5.20-1.50)]\text{m}=13.7\text{m}$，$[15+2\times0.5\times(5.20-1.50)]\text{m}=18.7\text{m}$，所以基坑上口尺寸为 13.7m×18.7m，长宽比小于 5，按一个环形井点布置（图 1-31a）。

井点管距离坑壁为 1.0m，则总管长度为 $2\times(13.7+2+18.7+2)\text{m}=72.8\text{m}$。

井点管需要的埋深 $H=H_1+h+iL=[(5.2-1.5)+0.5+(1/10)\times15.7/2]\text{m}=4.99\text{m}$，小于实际埋深 5.8m，所以高程布置符合要求（图 1-31b）。

（2）有效影响深度　由于在+5.20m 标高处布置井点系统，地下常水位标高为+5.00m，标准管埋入土中为 5.8m，所以井点管中水位降低深度 $S'=5.60\text{m}$，又因为基坑水位降低深度 $S=4\text{m}$，则 $S/(S'+l)=4/(5.60+1)=0.6$，查表 1-6，$H_0=1.75\times(5.60+1)\text{m}=11.55\text{m}$，但实际含水层 $H=[5.10+2.30-(5.10-5.00)]\text{m}=7.30\text{m}$，所以取 $H_0=7.30\text{m}$，按无压完整井计算涌水量。

（3）总涌水量计算　井点管所围成的面积为 15.7m×20.7m，则基坑的等效半径 $r_0$ 为

$$r_0=\sqrt{\frac{15.7\times20.7}{3.14}}\text{m}=10.17\text{m}$$

抽水影响半径

$$R=1.95\times4\times\sqrt{7.3\times30}\text{m}=115\text{m}$$

总涌水量

$$Q=1.366\times30\times\frac{(2\times7.3-4)\times4}{\lg115-\lg10.17}\text{m}^3/\text{d}=1649.5\text{m}^3/\text{d}$$

（4）计算井点管数量

$$q=65\times3.14\times0.038\times1.0\times\sqrt[3]{30}\text{m}^3/\text{d}=24.1\text{m}^3/\text{d}$$

井点管数量

$$n=1.1\times\frac{1649.5}{24.1}\text{根}=75.3\text{根，取 76 根}$$

井点管的平均间距

$$D=\frac{72.8}{76}\text{m}=0.96\text{m，取 0.8m}$$

则实际井点管数量

$$n=\frac{72.8}{0.8}\text{根}=91\text{根}$$

### 2. 管井井点

管井井点就是沿基坑每隔一定距离设置一个管井，每个管井单独用一台水泵不断抽水，从而降低地下水位。在渗透系数大（$K=20\sim200\text{m/d}$）或地下水充沛的土层中，适宜采用管井井点进行降水。

管井井点的设备主要由管井、吸水管及水泵组成（图 1-32）。管井可用钢管、混凝土管及焊接钢筋骨架管等。钢管管井的管身直径为 150～250mm，其过滤部分（滤管）采用钢筋焊接骨架（密排螺旋箍筋）外包细、粗两层滤网，长度为 2～3m。混凝土管井的内径为 400mm，管身为实管，滤管的孔隙率为 20%～25%。焊接钢筋骨架管直径可达 350mm，管身为

实管或与滤管相同（上下皆为滤管，透水性好）。

管井的间距一般为20~50m，深度为8~15m。管井的中心距基坑边缘的距离要求如下：当采用泥浆护壁钻孔法成孔时，不小于3m；当采用泥浆护壁冲击钻成孔时，不小于0.5m。

管井井管的沉设可采用钻孔法成孔（泥浆护壁或套管成孔）。钻孔的直径应比井管外径大200mm，深度宜比井管长0.3~0.5m。下井管前应先进行清孔，然后沉放井管并随即用粗砂或5~15mm的小砾石填充井管周围至含水层顶以上3~5m作为过滤层，过滤层之上井管周围改用黏土填充密封，长度不小于2m。

管井沉设中的最后一道工序是洗井。洗井的作用是清除井内泥砂和过滤层淤塞，使井的出水量达到正常要求。常用的洗井方法有水泵洗井法、空气压缩机洗井法等。

管井井口应设置防护盖板或围栏，并设有明显的警示标志。降水完成后，应及时将井孔填实。

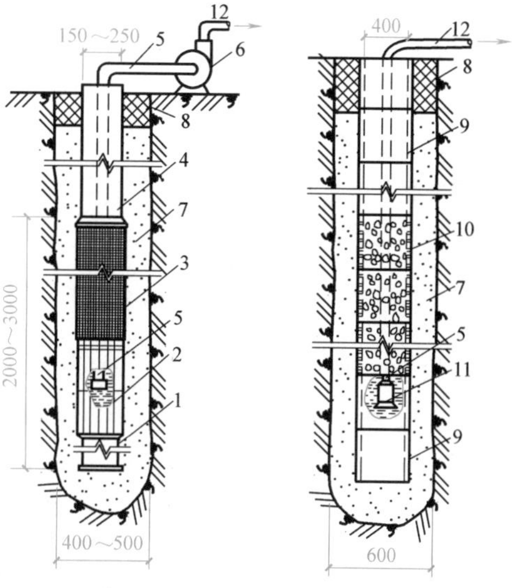

a）　　b）

图1-32　管井井点

a）钢管管井　b）混凝土管管井

1—沉砂管　2—钢筋焊接骨架　3—滤网　4—管身　5—吸水管　6—离心泵　7—小砾石过滤层　8—黏土封口　9—混凝土实管　10—混凝土过滤管　11—潜水泵　12—出水管

### 3. 喷射井点

当基坑开挖较深，降水深度较大时，可采用喷射井点降水。其降水深度较大（8~20m），可用于渗透系数为0.1~50m/d的砂土、淤泥质土层。

喷射井点设备由喷射井管、高压水泵、进水管路、排水管路组成（图1-33）。

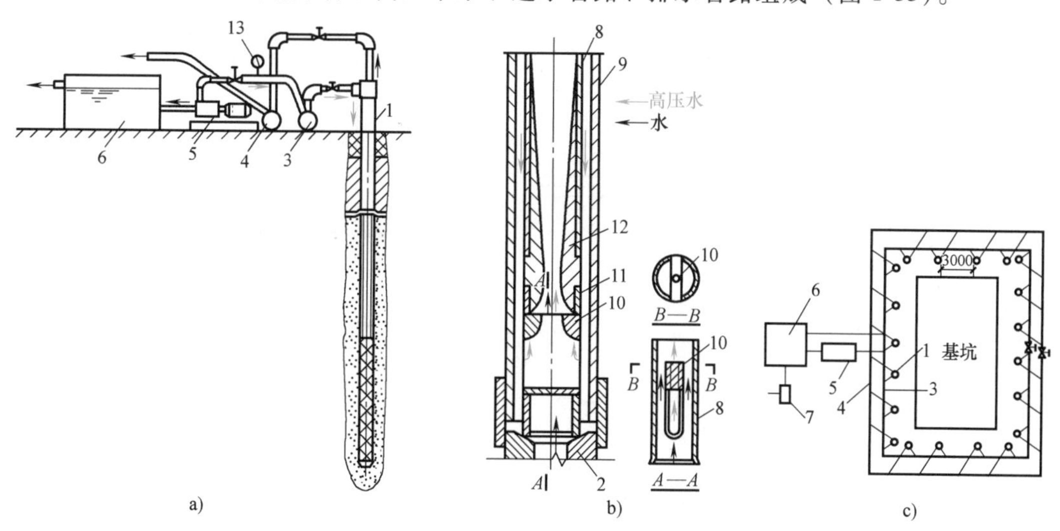


图1-33　喷射井点设备、喷射扬水器及喷射井点平面布置图

a）喷射井点设备简图　b）喷射扬水器原理图　c）喷射井点平面布置

1—喷射井管　2—滤管　3—进水总管　4—排水总管　5—高压水泵　6—集水池　7—水泵　8—内管　9—外管　10—喷嘴　11—混合室　12—扩散管　13—压力表

当基坑宽度小于10m时，喷射井点可单排布置；大于10m时，喷射井点可双排布置；面积较大时，喷射井点可环形布置（图1-33c）。井点间距一般采用1.5~3m。

施工顺序：安装水泵及泵的进出水管路；敷设进水总管和回水总管；沉设井点管并灌填砂滤料，接进水总管后及时进行单根井点试抽，检验；全部井点管沉设完毕后，接通回水管，全面试抽，检查整个降水系统的运转情况及降水效果；让工作水（喷射井点的进水管路中的水）进行正式工作。

### 1.3.3　降水对周围环境的影响及采取的措施

在软土中进行井点降水时，地下水位下降，使土层中黏性土含水量减少产生固结、压缩；土层中夹入的含水砂层因浮托力减小而产生压密作用；由于土层的不均匀性和形成的水位呈漏斗状，地面沉降多为不均匀沉降，可能导致周围的建筑物倾斜、下沉、道路开裂或管线断裂。因此，井点降水时必须采取相应措施，以防造成危害。

在基坑开挖过程中，为防止降水影响周围环境或损害降水范围内的地面结构（包括建筑物、地面及地下管线等），可采取以下措施：

（1）减缓降水速度　具体做法是增加降水井点长度，减缓降水速度（调小离心泵阀），并根据土的粒径改换滤网，加大砂滤层厚度，防止在抽水过程中带出土粒。

（2）设置止水帷幕　在降水区和既有建筑物之间的土层中设置一道止水帷幕，即在基坑周围设一道封闭的止水帷幕，使基坑外地下水的渗流路径延长，以保持水位。止水帷幕可结合挡土支护结构共同设置或单独设置。常用的止水帷幕的做法有深层搅拌法、压密注浆法、密排灌注桩法、冻结法等。

（3）回灌井点法　在降水井点系统与需要保护的建筑物之间埋置一道回灌井点，向回灌井点中灌入足够多的水，以形成一道隔水帷幕，使既有建筑物下的地下水位保持不变或降低较少，从而阻止建筑物下地下水的流失，进而减小沉降，甚至不发生沉降（图1-34）。

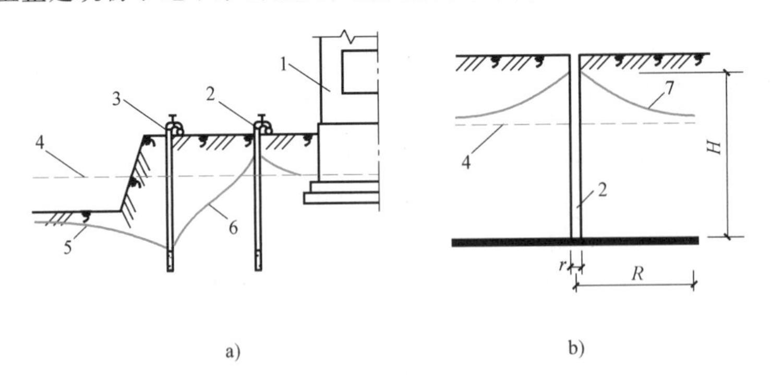


图1-34　回灌井点

a）回灌井点布置示意图　b）回灌井点水位图

1—既有建筑物　2—回灌井点管　3—降水井点管　4—原有水位线

5—降低后的水位线　6—回灌井点管与降水井点管间水位线　7—回灌后水位线

回灌井点法是防止井点降水损害周围建筑物的一种经济、简便、有效的办法，它能将井点降水对周围建筑物的影响降到最低。为确保基坑施工的安全和回灌的效果，回灌井点与降水井点之间应保持一定的距离，一般不宜小于6m。为了观测降水及回灌后四周建筑物、管线的沉降情况及地下水位的变化情况，必须设置沉降观测点及水位观测井，并定时测量记录，以便及时调节灌水、抽水量，使灌水、抽水基本达到平衡，确保周围建筑物或管线等的安全。

## 1.4 土方边坡与支护

土方边坡的稳定主要是靠土体的内摩阻力和黏结力来平衡土体的下滑力。一旦土体失去平衡，基坑（槽）边坡土方就会发生局部或大面积塌落或滑塌。边坡塌方不仅会妨碍基坑开挖或基础施工，有时还会危及附近的建筑物，甚至会发生伤亡事故。

边坡塌方的主要原因有基坑（槽）开挖较深、边坡过陡且土体本身的稳定性不够。土质差、开挖深、体量大的坑槽常会发生边坡塌方的情况。在有地表水、地下水作用的土层开挖基坑（槽）时，须采取有效的降、排水措施，以防土层湿化，黏聚力降低。否则，在重力作用下土体易失去稳定而引起塌方。边坡顶部堆载过大或受车辆、施工机械等外力振动等易使边坡土体中所产生的剪应力超过土体的抗剪强度进而导致塌方。

为了防止塌方，保证施工安全，在基坑（槽）开挖深度超过一定限度时，土壁应做成有斜率的边坡，或者对土壁进行支护以保持边坡土壁的稳定。

### 1.4.1 土方边坡放坡

土方边坡的大小，应根据土质条件、挖方深度（或填方高度）、地下水位高低、排水情况、施工方法、边坡留置时间、边坡上部荷载情况及相邻建筑物情况等因素综合确定。

当无地下水时，在天然湿度的土中开挖基坑，边坡可做成直立壁而不放坡，但开挖深度不宜超过下列数值：

1）密实、中密的砂土和碎石类土（充填物为砂土）：1.0m。

2）硬塑、可塑的粉质黏土及粉土：1.25m。

3）硬塑、可塑的黏土和碎石类土（充填物为黏性土）：1.5m。

4）坚硬的黏土：2.0m。

若挖方深度大于以上数值，则应放坡或做成直立壁加支撑。临时性挖方边坡值可参考表1-7。

表1-7 临时性挖方边坡值

| 土的类别 | | 边坡值(高：宽) |
|---|---|---|
| 砂土(不包括细砂、粉砂) | | 1：1.50~1：1.25 |
| 一般黏性土 | 硬 | 1：1.00~1：0.75 |
| | 硬塑 | 1：1.25~1：1.00 |
| | 软 | 1：1.50或更缓 |
| 碎石类土 | 充填坚硬、硬塑黏性土 | 1：1.00~1：0.50 |
| | 充填砂土 | 1：1.50~1：1.00 |

在边坡整体稳定条件下，坡度允许值应根据当地经验，参照同类土层的稳定坡度确定。当土质良好且均匀，无不良地质现象，地下水不丰富时，可按表1-8确定。

表 1-8　土质边坡坡度允许值

| 土的类别 | 密实度或状态 | 坡度允许值(高：宽) | |
|---|---|---|---|
| | | 坡高在 5m 以内 | 坡高为 5~10m |
| 碎石土 | 密实 | 1：0.50~1：0.35 | 1：0.75~1：0.50 |
| | 中密 | 1：0.75~1：0.50 | 1：1.00~1：0.75 |
| | 稍密 | 1：1.00~1：0.75 | 1：1.25~1：1.00 |
| 黏性土 | 坚硬 | 1：1.00~1：0.75 | 1：1.25~1：1.00 |
| | 硬塑 | 1：1.25~1：1.00 | 1：1.50~1：1.25 |

注：1. 表中碎石土的充填物为坚硬或硬塑状态的黏性土。
2. 对于砂土填充或充填物为砂石的碎石土，其边坡坡度允许值应按自然休止角确定。

边坡开挖时，应采取排水措施，边坡的顶部应设置截水沟。在任何情况下不应在坡脚及坡面上积水。边坡开挖时，应由上往下开挖，依次进行。弃土应分散处理，不得将弃土堆置在坡顶及坡面上。当必须在坡顶及坡面上设置弃土转运站时，应进行坡顶稳定性验算，严格控制堆置的土方量。边坡开挖后，应立即对边坡进行防护处理。

永久性挖方边坡坡度应符合设计要求。当工程地质与设计资料不符，需修改边坡坡度或采取加固措施时，应由设计单位确定。对于永久性场地，当坡度无设计规定时，按表 1-9 选用。

表 1-9　永久性挖方边坡坡度

| 挖土性质 | 边坡坡度(高：宽) |
|---|---|
| 天然湿度、层理均匀、不易膨胀的黏土、粉质黏土和砂土(不包括细砂、粉砂)，挖方深度不超过 3m | 1：1.25~1：1.00 |
| 土质同上，深度为 3~12m | 1：1.50~1：1.25 |
| 干燥地区内、结构未经破坏的干燥黄土及类黄土，深度不超过 12m | 1：1.25~1：0.10 |
| 碎石土和泥灰岩土，深度不超过 12m，深度可根据土的性质、层理特性确定 | 1：1.50~1：0.50 |
| 在风化岩内的挖方，深度可根据岩石特性、风化程度、层理特性确定 | 1：1.50~1：0.20 |
| 在微风化岩内的挖方，岩石无裂缝且无倾向挖方坡脚的岩层 | 1：0.10 |
| 在未风化的完整岩石的挖方 | 直立的 |

使用时间较长的临时性填方边坡坡度允许值：当填方高度小于或等于 10m 时，可采用 1：1.50；当高度超过 10m 时，可做成折线形，上部采用 1：1.50，下部采用 1：1.75。

填方的边坡坡度应按设计规定施工，当设计无规定时可按表 1-10 采用。

表 1-10　永久性填方边坡的高度限值

| 土的种类 | 高度限值/m | 边坡坡度(高：宽) |
|---|---|---|
| 黏土类土、黄土、类黄土 | 6 | 1：1.50 |
| 粉质黏土、泥灰岩土 | 6~7 | 1：1.50 |
| 中砂或粗砂 | 10 | 1：1.50 |
| 砾石或碎石类土 | 10~12 | 1：1.50 |
| 易风化的岩土 | 12 | 1：1.50 |

（续）

| 土的种类 | 高度限值/m | 边坡坡度（高：宽） |
|---|---|---|
| 轻微易风化，尺寸25cm以内的石料 | 6以内 | 1：1.33 |
| | 6~12 | 1：1.50 |
| 轻微易风化，尺寸大于25cm的石料，边坡用最大石块、分排整齐铺砌 | 12以内 | 1：1.75~1：1.50 |
| 轻微易风化，尺寸大于40cm的石料，其边坡分排整齐 | 5以内 | 1：0.50 |
| | 5~10 | 1：0.65 |
| | >10 | 1：1.00 |

当基坑放坡高度较大，施工期和暴露时间较长，或岩土质较差时，边坡土体易风化、疏松或滑坍。为了防止基坑边坡土体因气温变化或失水过多而风化、松散，也为了防止坡面土体受雨水冲刷而产生溜坡现象，应根据土质情况和实际条件采取边坡保护措施。

### 1.4.2 土壁支护

当基坑或沟槽开挖受场地的限制而不能放坡，或放坡所增加的土方量很大，或有防止地下水渗入基坑要求的情况时，可通过设置土壁支撑或支护来保证施工的顺利进行和安全，并减少对相邻既有建筑物的不利影响。

支护结构有多种形式。根据受力状态可分为非重力式和重力式支护结构；根据结构形式可分为排桩、地下连续墙、水泥土墙、逆作拱墙、土钉墙或上述形式的组合。

#### 1. 基坑（槽）和管沟的支撑方法

基坑（槽）和管沟的支撑方法见表1-11。

表1-11 基坑（槽）和管沟的支撑方法

| 支撑方式 | 简图 | 支撑方法及适用条件 |
|---|---|---|
| 间断式水平支撑 | 木楔 横撑 水平挡土板 | 两侧挡土板水平放置，用工具式或木横撑借木楔顶紧，挖一层土，支顶一层<br>适于能保持立壁的干土或天然湿度的黏土类土，地下水很少、深度在2m以内 |
| 断续式水平支撑 | 竖方木 横撑 木楔 水平挡土板 | 挡土板水平放置，中间留出间隔，并在两侧同时对称立竖方木，再用工具式或木横撑上下顶紧<br>适于能保持直立壁的干土或天然湿度的黏土类土，地下水很少、深度在3m以内 |
| 连续式水平支撑 | 竖方木 横撑 木楔 水平挡土板 | 挡土板水平连续放置，不留间隙，然后两侧同时对称立竖方木，上下各顶一根横撑，端头加木楔顶紧<br>适于较松散的干土或天然湿度的黏土类土，地下水很少、深度为3~5m |

（续）

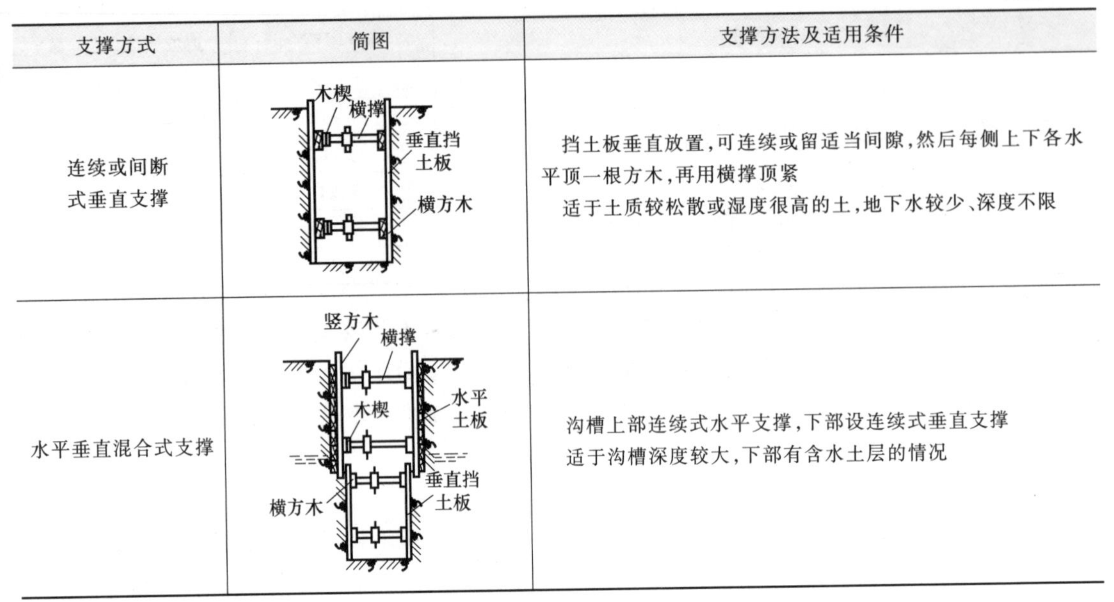

| 支撑方式 | 简图 | 支撑方法及适用条件 |
| --- | --- | --- |
| 连续或间断式垂直支撑 | 木楔 横撑 垂直挡土板 横方木 | 挡土板垂直放置，可连续或留适当间隙，然后每侧上下各水平顶一根方木，再用横撑顶紧<br>适于土质较松散或湿度很高的土，地下水较少、深度不限 |
| 水平垂直混合式支撑 | 竖方木 横撑 木楔 水平土板 垂直挡土板 横方木 | 沟槽上部连续式水平支撑，下部设连续式垂直支撑<br>适于沟槽深度较大，下部有含水土层的情况 |

2. 基坑支护

（1）板桩支护　板桩作为一种支护结构，既挡土又防水。当开挖的基坑较深、地下水位较高且有出现流砂的危险时，如未采用降低地下水位的方法，则可将板桩打入土中，使地下水在土中渗流的路线延长，减小水力坡度，从而防止流砂产生。当靠近既有建筑物开挖基坑时，为了防止和减少既有建筑物下沉，也可打钢板桩支护。钢板桩由于一次性投资大，施工中多以租赁方式租用，用后拔出归还。

1）钢板桩支护。钢板桩的种类很多，常见的有 U 形钢板桩、Z 形钢板桩和 H 形钢板桩，如图 1-35 所示。钢板桩的优点是材料质量可靠，在软土地区打设方便，施工速度快而且简便，有一定的挡水能力，可多次重复使用，一般费用较低。其缺点是一般的钢板桩刚度不够大，用于较深的基坑时支撑（或拉锚）工作量大，否则变形较大；在透水性较好的土层中不能完全挡水；拔除时易带土，如处理不当会引起土层移动，可能危害周围的环境。

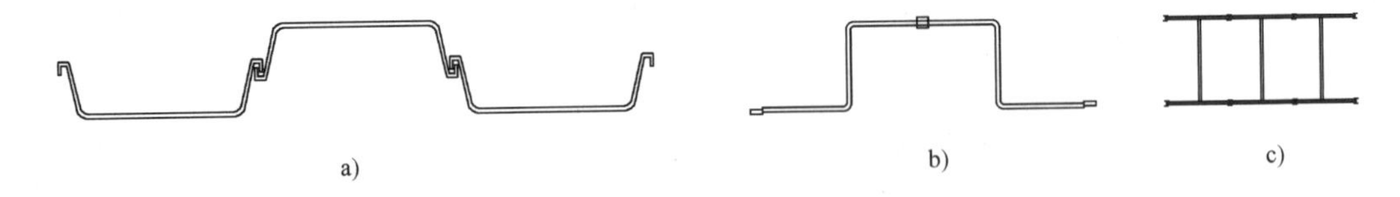


图 1-35　常见钢板桩

a）U 形钢板桩　b）Z 形钢板桩　c）H 形钢板桩

U 形钢板桩支护多用于周围环境要求不高、深 5~8m 的基坑，视支撑（拉锚）加设情况而定，如图 1-36 所示。

钢板桩根据有无锚桩结构，分为无锚板桩（也称悬臂式板桩）和有锚板桩两类。无锚板桩用于较浅的基坑，依靠入土部分的土压力来维持板桩的稳定。有锚板桩是在板桩墙后设柔性系杆（如钢索、土锚杆等）或在板桩墙前设刚性支撑杆（如大型钢、钢管）加以固定，可用于开挖较深的基坑，该种板桩用得较多。

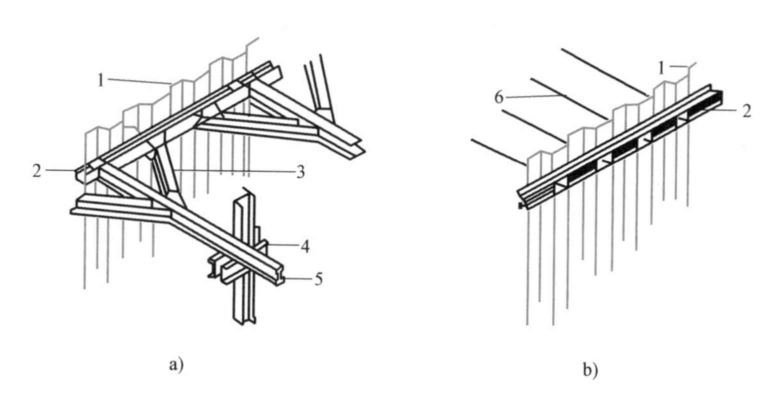


图 1-36　U 形钢板桩支护结构

a）内撑方式　b）锚拉方式

1—钢板桩　2—围檩　3—角撑　4—立柱与支撑　5—支撑　6—锚拉

2）型钢横挡板支护。型钢横挡板支护结构如图 1-37 所示。这种支护结构由工字钢（或 H 型钢）桩、横挡板（也称衬板）、围檩、支撑等组成。施工时先按一定间距打设工字钢（或 H 型钢）桩，然后在开挖土方时边挖边加设横挡板。施工结束拔出工字钢（或 H 型钢）桩，并在安全条件下尽可能回收横挡板。

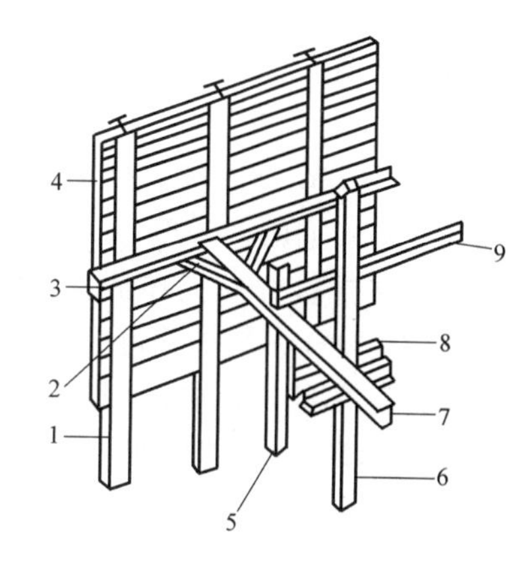


图 1-37　型钢横挡板支护结构

1—工字钢（H 型钢）　2—八字撑　3—腰梁　4—横挡板　5—垂直连系杆件　6—立柱　7—横撑　8—立柱上的支撑件　9—水平连系杆

横挡板直接承受土压力和水压力，由横挡板传给工字钢（或 H 型钢）桩，再通过围檩传至支撑或拉锚。横挡板长度取决于工字钢（或 H 型钢）桩的间距和厚度，由计算确定，多用厚度为 60mm 的木板或预制钢筋混凝土薄板。

型钢横挡板围护墙多用于土质较好、地下水位较低的地区。

（2）灌注桩支护　灌注桩作为深基坑开挖时的土壁支护结构具有布置灵活、施工简便、成桩快和价格低等优点。灌注桩施工可采用人工挖孔灌注桩、干挖孔灌注桩、钻孔（泥浆护壁）灌注桩、螺旋钻孔灌注桩和沉管灌注桩等。

排桩式围护结构是把单个桩体，如钻孔灌注桩、人工挖孔灌注桩及其他混合式桩等并排连续形成的地下挡土结构。它是以排桩作为主要承受水平力的构件，并以水泥土搅拌桩、压密注浆和高压旋喷桩等作为防渗止水措施的围护结构形式。图 1-38 列举了几种常见的排桩式围护结构形式。当基坑不考虑防水（或已采取降水措施）时，钻孔灌注排桩可按一字形间隔排列（图 1-38a）或相切排列（图 1-38b、c）形成排桩。间隔排列的间距常为 2.5~3.5 倍的桩径。土质较好时可利用桩侧土拱作用适当扩大桩距。当基坑考虑防水时，可按一字形搭接排列（图 1-38d），也可按间隔或相切排列，并设止水帷幕。搭接排列时，搭接长度宜为保护层厚度。间隔或相切排列需要另设隔水帷幕时（图 1-38e），桩体净距可根据桩径、桩长、开挖深度、垂直度和扩径情况来确定，一般为 100~150mm。

近年来通过大量的基坑工程实践，以及防渗技术的提高，钻孔灌注排桩适用深度范围不

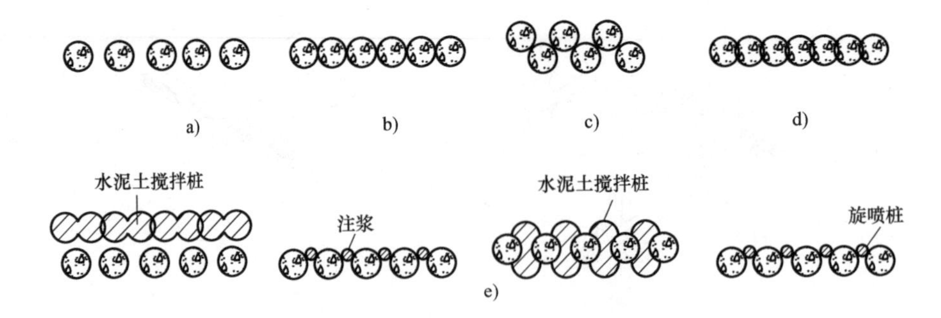


图 1-38　几种常见的排桩式围护结构形式

a）间隔排列　b）一字形相切排列　c）交错相切排列　d）一字形搭接排列　e）间隔排列的防水措施

断被突破并取得了较好的效果。钻孔灌注排桩应用于深基坑支护中，可减少开挖工程量，避免基坑施工对周边环境的影响。同时也缩短了前期的施工工期，节省了工程投资。钻孔灌注排桩施工噪声及振动小、无挤土、刚度大、抗弯能力强、变形较小，几乎在全国都有应用。钻孔灌注排桩的主要支护形式如图 1-39 所示。

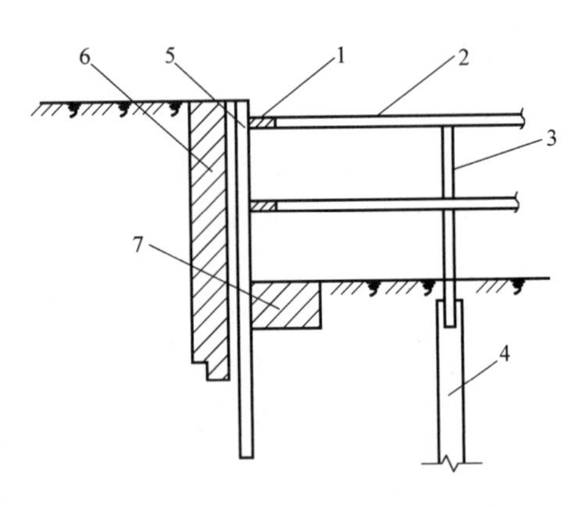


图 1-39　钻孔灌注排桩的主要支护形式

1—围檩　2—支撑　3—立柱　4—工程桩
5—钻孔灌注桩围护墙　6—水泥土搅拌桩止水帷幕　7—坑底水泥土搅拌桩加固

钻孔灌注排桩中桩径和桩长应根据地质和环境条件计算确定，一般桩径可取 500～1000mm。密排式钻孔灌注排桩每根桩的中心线间距一般应为桩径加 100～150mm，即两根桩的净间距为 100～150mm，以免钻孔时碰到邻桩。分离式钻孔灌注排桩的中心距应根据实际受力情况确定。桩的埋入深度根据结构受力、基坑底部稳定及环境要求确定。

钻孔灌注排桩施工前必须试成孔，且数量不得少于 2 个。以便核对地质资料、检验所选的设备、机具、施工工艺以及技术是否适宜。如果孔径、垂直度、孔壁稳定和沉淤等检测指标不能满足设计要求，则应拟定补救措施，或重新选择施工工艺。

钻孔灌注排桩要承受地面超载和侧向水土压力，其配筋量往往比工程桩大。当挖土面及其背面配筋不同时，施工必须严格按受力要求采取技术措施保证钢筋笼位置正确。非均匀配筋排桩的钢筋笼在绑扎、吊装和埋设时，应保证钢筋笼的安放方向与设计方向一致。

钻孔灌注排桩施工时要采取间隔跳打、隔桩施工的方法，并应在灌注混凝土 24h 后进行邻桩成孔施工，防止由于土体扰动对已浇注的桩带来影响。

钻孔灌注排桩顶部一般设一道顶圈梁，以使排桩形成整体，便于开挖时整体受力和满足控制变形的要求。在开挖时需要根据支撑设置围檩以构成整体受力。围檩要有一定的刚度，防止由于围檩和支撑发生变形而导致围护结构变形过大或失稳破坏。

（3）水泥土墙（深层搅拌桩）支护　水泥土墙是采用水泥作为固化剂，通过特制的深层搅拌机械，在地基深处就地将软土和水泥强制搅拌形成水泥土，利用水泥和软土之间所产生的一系列物理化学反应，使软土硬化成整体性的并具有一定强度的挡土、防渗墙。

水泥土墙施工工艺可分为喷浆式深层搅拌法（湿法施工工艺）、喷粉式深层搅拌法（干法施工工艺）和高压喷射注浆法（也称高压旋喷法）。

在水泥土墙中采用湿法施工工艺施工时注浆量较易控制，成桩质量较为稳定，桩体均匀性好。迄今为止，绝大部分水泥土墙都采用湿法施工工艺，无论在设计方面还是施工方面都积累了丰富的经验，故一般应优先考虑湿法施工工艺。

干法施工工艺虽然能使水泥土强度较高，但其喷粉量不易控制，难以搅拌均匀，桩身强度离散较大，出现事故的概率较高，目前已很少使用。

水泥土墙也可采用高压喷射注浆成桩工艺，它利用高压水、气切削土体并将水泥与土搅拌形成水泥土桩。该工艺施工简便，喷射注浆施工时，只需在土层中钻一个 50~300mm 的小孔，便可在土中喷射成直径为 0.4~2m 的加固水泥土桩，因而能在狭窄施工区域或贴近已有基础施工，但该工艺水泥用量大，造价高。一般在场地受到限制，湿法机械无法施工时，或一些特殊场合下可选用高压喷射注浆成桩工艺。

水泥土墙适用于淤泥、淤泥质土、素填土、软-可塑黏性土、松散-中密粉细砂、稍密-中密粉土、松散-稍密中粗砂和砾砂、黄土等土层，不适用于含大孤石或障碍物较多且不易清除的杂填土、硬塑及坚硬的黏性土、密实的砂类土以及地下水渗流影响成桩质量的土层。当地基土的含水量小于 30%（黄土含水量小于 25%）或大于 70%时不应采用干法施工。

1）水泥土墙（湿法施工工艺）施工。深层搅拌桩机是用于湿法施工的水泥土桩机，它由深层搅拌机、机架及配套机械等组成（图 1-40）。我国生产的深层搅拌机主要有两种型号，即 SJB-1 型双搅拌头中心注浆式（图 1-41）及 GZB-600 型单钻头叶片注浆式。

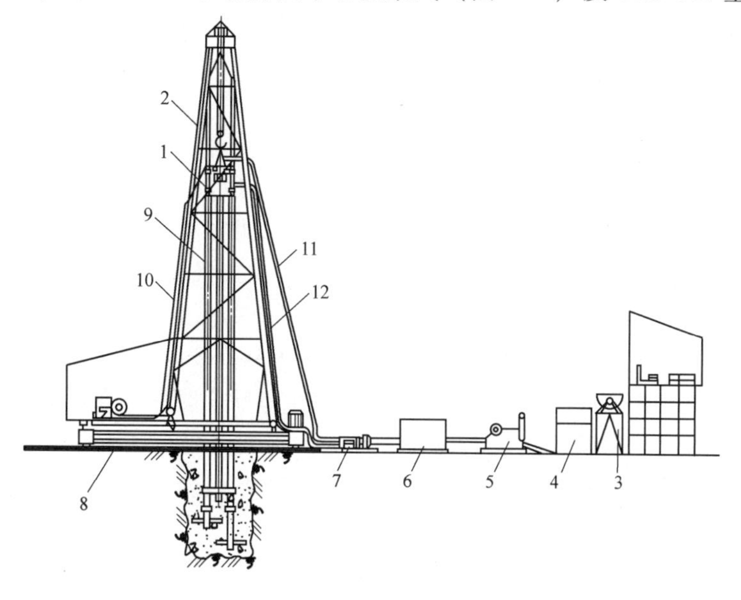


图 1-40　深层搅拌桩机机组

1—深层搅拌桩　2—塔架式机架　3—灰浆拌制机　4—集料斗　5—灰浆泵　6—储水池　7—冷却水泵　8—道轨　9—导向管　10—电缆　11—输浆管　12—水管

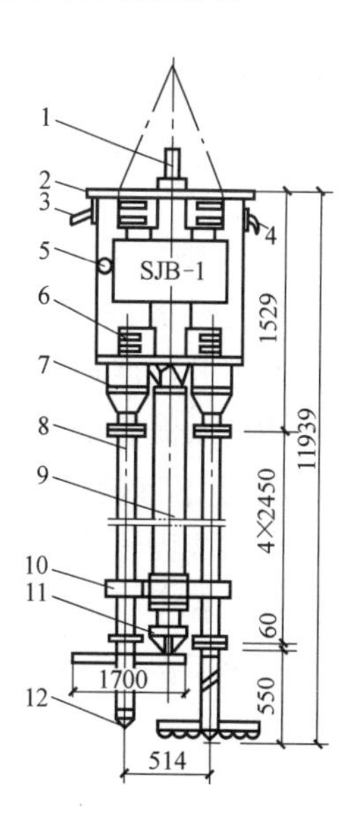


图 1-41　SJB-1 型双搅拌头中心注浆式深层搅拌机

1—输浆管　2—外壳　3—出水口　4—进水口　5—电动机　6—导向滑块　7—减速器　8—搅拌轴　9—中心管　10—横向系杆　11—球形阀　12—搅拌头

2）水泥土墙施工工艺。搅拌桩成桩工艺可采用“一次喷浆、二次搅拌”或“二次喷浆、三次搅拌”工艺，主要依据水泥掺入比及土质情况而定。一般当水泥掺量较少，土质较松时，可用前者，反之则用后者。深层搅拌桩施工流程如图1-42所示。

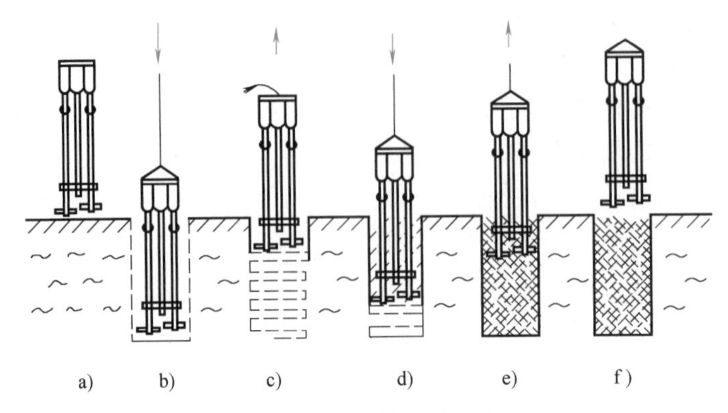


图1-42　深层搅拌桩施工流程

a）就位　b）预搅下沉　c）提升喷浆搅拌　d）重复下沉搅拌　e）重复提升搅拌　f）成桩结束

① 就位。深层搅拌桩机开行达到指定桩位、对中。当地面起伏不平时，应调整机架的垂直度。

② 预搅下沉。深层搅拌机运转正常后，起动搅拌机电动机。放松起重机的钢丝绳，使搅拌机沿导向架切土搅拌下沉，下沉速度控制在0.8m/min左右（可通过电动机的电流监测表控制）。工作电流不应大于10A。如遇硬黏土等搅拌机下沉速度太慢，可以用输浆系统适当补给清水以利于钻进。

③ 制备水泥浆。深层搅拌机预搅下沉到一定深度后，开始拌制水泥浆，待压浆时倾入集料斗中。

④ 提升喷浆搅拌。深层搅拌机下沉到达设计深度后，开启灰浆泵将水泥浆压入地基土中。此后边喷浆、边旋转、边提升深层搅拌机，直至设计桩顶标高。在此过程中，应注意喷浆速率与提升速度相协调，以确保水泥浆沿桩长均匀分布。还要求在搅拌机提升至桩顶时，集料斗中的水泥浆正好排空。搅拌提升速度一般应控制在0.5m/min。

⑤ 重复下沉搅拌。再次沉钻进行复搅，复搅下沉速度应控制在0.5~0.8m/min。当水泥掺量比较多或因土质较密在提升过程中不能将应喷入土中的水泥浆全部喷完时，可在重复下沉搅拌的过程中予以补喷，即采用“二次喷浆、三次搅拌”工艺，但此时仍应注意喷浆的均匀性。第二次喷浆量不宜过少，可控制在单桩总喷浆量的30%~40%，因为过少的水泥浆很难做到沿全桩均匀分布。

⑥ 重复提升搅拌。边旋转、边提升，重复搅拌至桩顶标高，并将钻头提出地面，以便移机施工新的桩体。至此，完成一根桩的施工。

⑦ 移位。开行深层搅拌桩机（履带式机架也可进行转向、变幅等作业）至新的桩位，重复①~⑥步骤，进行下一根桩的施工。

⑧ 清洗。当一施工段成桩完成后，应即时进行清洗。清洗时向集料斗中注入适量的清水，开启灰浆泵，将管道中的残存水泥浆冲洗干净并将附于搅拌头上的土清洗干净。

（4）加筋水泥土桩法（SMW工法）支护　加筋水泥土桩法是在水泥土桩中插入大型H

型钢，由H型钢承受土的侧压力，而水泥土则具有良好的抗渗性，因此SMW墙具有挡土与止水的双重作用。除了插入H型钢外，还可插入钢管和拉森板桩等。由于插入了型钢，故也可设置支撑。

施工机械为水泥土搅拌桩机和液压压（拔）桩机。

大型H型钢压入与拔出一般采用液压压（拔）桩机，H型钢的拔出阻力较大，比压入力大好几倍，主要是由于水泥硬结后与H型钢的黏结力大大增加，此外，H型钢在基坑开挖后受侧向土压力的作用往往有较大变形，使拔出受阻。水泥土与型钢的黏结力可通过在型钢表面涂刷减摩剂来解决。

加筋水泥土桩的施工要点如下：

1）开挖导沟、设置围檩导向架。沿SMW墙体位置开挖导沟，并设置围檩导向架。导沟可使搅拌机施工时产生的涌土不致冒出地面。围檩导向是确保搅拌桩及H型钢插入位置的准确，这对设置支撑的SMW墙尤为重要。围檩导向架应由型钢做成。导向围檩间距比型钢宽度大20~30mm，导向桩间距为4~6m，长度为10m左右。围檩导向架施工时应控制好轴线与标高。

2）搅拌桩施工。搅拌桩施工工艺与水泥土墙施工工艺相同，但应注意水泥浆液中宜适当掺入木质素磺酸钙，也可掺入一定量的膨润土，利用其吸水性提高水泥土的变形能力，以防墙体开裂，同时也能提高SMW墙的抗渗性能。

3）型钢的压入与拔出。压入型钢采用液压压桩机并辅以起重设备。H型钢应平直光滑、无弯曲、无扭曲，焊缝质量应达到要求。

当拔出力作用于型钢端部时，首先是型钢与水泥土之间的黏结发生破坏，这种破坏由上部逐渐向下部扩展，接触面间微量滑移，减摩材料剪切破坏，拔出阻力转变为静止摩擦阻力。在拔出力达到总静止摩擦阻力之前，拔出位移很小；拔出力大于总静摩阻力后，型钢拔出位移加快，拔出力迅速减小。此后摩擦阻力由静止摩擦阻力转化为滑动摩擦阻力和滚动摩擦阻力，接触面处水泥土破碎，产生小颗粒，充填于破裂面中，这在后期有利于减小摩擦阻力；当拔出力减小至一定程度，摩擦阻力转变为滚动摩擦阻力。

当基坑开挖深度$D \leqslant 10$m时，设计中可考虑H型钢的完整回收，在施工前应做好拔出试验，以确保H型钢顺利回收。涂刷减摩材料是减小拔出阻力的有效方法。

（5）土钉墙支护　土钉墙是在土体内放置一定长度和具有一定分布密度的土钉体，与土共同作用，以弥补土体强度的不足。土钉墙不仅提高了土体的整体刚度，还弥补了土体的抗拉和抗剪强度低的缺点，通过与土相互作用，使土体结构强度的潜力得到了充分发挥，改变了边坡变形和破坏的性状，显著提高了整体稳定性。土钉墙技术是一种原位加固土的技术。土钉墙支护示意图如图1-43所示。土钉通常可采用钢筋、钢管和型钢等。按土钉置入方式可分为钻孔注浆型、直接打入型和打入注浆型。面层通常采用钢筋混凝土结构，可采用喷射工艺或现浇工艺。面层与土钉通过连接件进行连接，连接件一般采

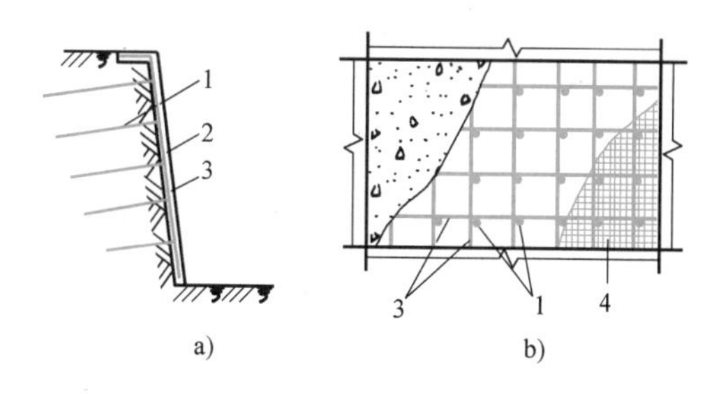


图1-43　土钉墙支护示意图

a）土钉墙剖面　b）土钉面层喷锚

1—土钉　2—喷射混凝土面层　3—加强钢筋　4—钢筋网

用钉头筋或垫板，土钉之间的连接一般采用加强筋。

土钉墙适用于地下水位低于土坡开挖段或经过降水后使地下水位低于开挖层的情况。为了保证土钉墙的施工，土层在分阶段开挖时，应能保持自立稳定。为此，土钉墙适用于有一定黏结性的杂填土、黏性土、粉性土、黄土类土及含有30%以上黏土颗粒的砂土边坡。此外，当采用喷射混凝土面层或坡面浅层注浆等稳定坡面措施，能够保证每一边坡台阶的自立稳定时，也可采用土钉支护体系作为稳定砂土边坡的方法。

土钉墙的施工工艺如下：

1）基坑开挖。基坑要按设计要求严格分层分段开挖，在完成上一层作业面土钉与喷射混凝土面层达到设计强度的70%以前，不得进行下一层土层的开挖。每层开挖最大深度取决于在支护投入工作前土壁可以自稳而不发生滑动破坏的能力，实际工程中常取基坑每层挖深与土钉竖向间距相等。每层开挖的水平分段宽度也取决于土壁自稳能力，且与支护施工流程相互衔接，一般长为10~20m。当基坑面积较大时，允许在距离基坑四周边坡8~10m的基坑中部自由开挖，但应注意与分层作业区的开挖相协调。

挖方要选用对坡面土体扰动小的挖土设备和方法，严禁边壁出现超挖或造成边壁土体松动。坡面经机械开挖后要采用小型机械或铲锹进行切削清坡，以使坡度及坡面平整度达到设计要求。

2）喷射第一道面层。每层开挖后应尽快做好面层，即对修整后的边壁立即喷上一层薄混凝土或砂浆。若土层地质条件好，则可省去该道面层。

3）设置土钉。可以采用专门设备将土钉钢筋击入土体，但是通常的做法是先在土体中成孔，然后置入土钉钢筋并沿全长注浆。

钻孔前，应根据设计要求定出孔位并做出标记及编号。当成孔过程中遇到障碍物需调整孔位时，不得损害支护结构设计原定的安全程度。成孔过程中应由专人做成孔记录，按土钉编号逐一记载取出土体的特征、成孔质量、事故处理等，并将取出的土体及时与初步设计所认定的土质加以对比，若发现有较大的偏差，则要及时修改土钉的设计参数。

土钉钻孔的质量应符合：孔距允许偏差为±100mm；孔径允许偏差为±5mm；孔深允许偏差为±30mm；倾角允许偏差为±1°。

插入土钉钢筋前要进行清孔检查，若孔中出现局部渗水、塌孔或掉落松土，则应立即处理。土钉钢筋置入孔中前，要先在钢筋上安装对中定位支架，以保证钢筋处于孔位中心且注浆后其保护层厚度不小于25mm。支架沿钉长的间距可为2~3m，支架可用金属或塑料件制成，以不妨碍浆体自由流动为宜。

注浆前要验收土钉钢筋安设质量是否达到设计要求。

一般可采用重力、低压（0.4~0.6MPa）或高压（1~2MPa）注浆，水平孔应采用低压或高压注浆。压力注浆时应在孔口或规定位置设置止浆塞，注满后保持压力3~5min。重力注浆以满孔为止，但在浆体初凝前需补浆1~2次。对于向下倾角的土钉，注浆采用重力或低压注浆时宜采用底部注浆方式，注浆导管底端应插至距孔底250~500mm处，在注浆同时将导管匀速缓慢地撤出。注浆过程中注浆导管口始终埋在浆体表面以下，以保证孔中气体能全部逸出。

注浆时要采取必要的排气措施。对于水平土钉的钻孔，应用口部压力注浆或分段压力注浆，此时需配排气管并与土钉钢筋绑扎牢固，在注浆前与土钉钢筋同时送入孔中。向孔内注入的浆体的充盈系数必须大于1。每次向孔内注浆时，宜预先计算所需要的浆体体积并根据注浆泵的冲程数计算出实际向孔内注入的浆体体积，以确保实际注浆量超过孔内容积。

注浆材料宜用水泥浆或水泥砂浆。水泥浆的水胶比宜为0.5；水泥砂浆的配合比宜为1：2~1：1（质量比），水胶比宜为0.38~0.45。需要时可加入适量速凝剂，以促进早凝和控制泌水。水泥浆、水泥砂浆应拌和均匀，随拌随用，一次拌和的水泥浆、水泥砂浆应在初凝前用完。注浆前应将孔内残留或松动的杂土清除干净。注浆开始或中途停止超过30min时，应用水或稀水泥浆润滑注浆泵及其管路。用于注浆的砂浆强度用70mm×70mm×70mm立方体试块经标准养护后测定。每批至少留取3组（每组3块）试件，给出3d和28d强度。为提高土钉抗拔能力，还可采用二次注浆工艺。

4）喷第二道面层。在喷混凝土之前，先按设计要求绑扎、固定钢筋网。面层内的钢筋网片应牢固固定在边壁上并符合设计规定的保护层厚度要求。钢筋网片可用插入土中的钢筋固定，但在喷射混凝土时不应出现振动。

钢筋网片通过焊接或绑扎而成，网格允许偏差为±10mm。铺设钢筋网时每边的搭接长度应不小于一个网格边长或200mm，如为搭焊则焊接长度不小于网片钢筋直径的10倍。网片与坡面间隙不小于20mm。

土钉与面层钢筋网可通过垫板、螺母及土钉端部螺纹杆固定。垫板钢板厚8~10mm，尺寸为（200mm×200mm）~（300mm×300mm）。垫板下空隙须先用高强水泥砂浆填实，待砂浆达到一定强度后方可旋紧螺母以固定土钉。土钉钢筋也可通过井字加强钢筋直接焊接在钢筋网上，焊接强度要满足设计要求。

喷射混凝土的配合比应通过试验确定，粗集料最大粒径不宜大于12mm，水胶比不宜大于0.45，并应通过外加剂来调节早强时间。当采用干法施工时，应事先对操作人员进行技术考核，以保证喷射混凝土的水胶比和质量达到设计要求。

喷射混凝土前，应对机械设备、水管路和电路进行全面检查和试运转。

为保证喷射混凝土厚度均匀，可在边壁上隔一定距离打入垂直短钢筋段作为厚度标志。喷射混凝土的射距宜为0.6~1.0m，并使射流垂直于壁面。在有钢筋的部位可先喷钢筋的后方以防止钢筋背面出现空隙。喷射混凝土的路线可从壁面开挖层底部逐渐向上进行，但底部钢筋网搭接长度范围以内先不喷混凝土，待与下层钢筋网搭接绑扎之后再与下层壁面同时喷混凝土。混凝土面层接缝部分做成45°角斜面搭接。当设计面层厚度超过100mm时，混凝土应分两层喷射，一次喷射厚度不宜小于40mm，且接缝错开。混凝土接缝在继续喷射混凝土之前应清除浮浆碎屑，并喷少量水润湿。

面层喷射混凝土终凝后2h应喷水养护，养护时间宜为3~7d，养护视当地环境条件采用喷水、覆盖浇水或喷涂养护剂等方法。

喷射混凝土强度可用边长为100mm的立方体试块进行测定。制作试块时，将试模底面紧贴边壁，从侧向喷射混凝土，每批至少留取3组（每组3块）试件。

5）排水设施的设置。水是土钉支护结构最为敏感的因素，不但要在施工前做好降排水工作，还要充分考虑土钉支护结构工作期间地表水及地下水的处理，设置排水构造设施。

基坑四周地表应加以修整并构筑明沟排水，严防地表水向下渗流。可将喷射混凝土面层延伸到基坑周围地表构成喷射混凝土护顶，并在土钉墙平面范围内地表做防水地面（图1-44），以防止地表水渗入土钉加固范围的土体中。

当基坑边壁有透水层或渗水土层时，混凝土面层上要做泄水孔，按间距1.5~2.0m均布长0.4~0.6m、直径不小于40mm的塑料排水管，外管口略向下倾斜，管壁上半部分可钻些透水孔，管中填满粗砂或圆砾作为滤水材料，以防止土颗粒流失。

为了排除积聚在基坑内的渗水和雨水，应在坑底设置排水沟和集水井。排水沟应离坡脚0.5~1m，严防冲刷坡脚。排水沟和集水井宜用砖衬砌并用砂浆抹内表面以防止渗漏。坑中积水应及时排除。

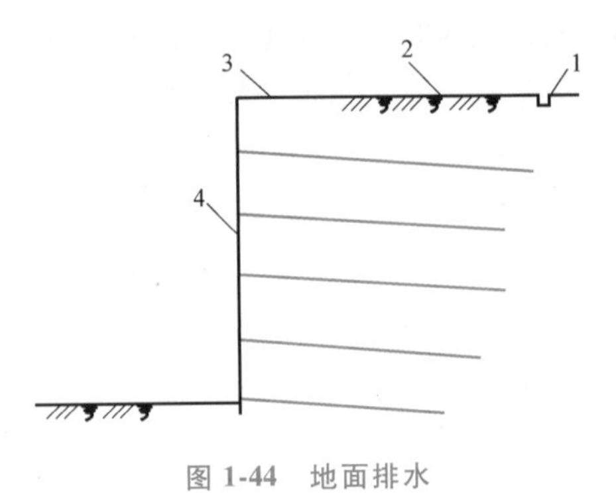


图1-44　地面排水
1—排水沟　2—防水地面
3—喷射混凝土护顶　4—喷射混凝土面层

## 1.5　土方机械化施工

### 1.5.1　土方机械的选择及施工

土方机械化开挖应根据基础形式、工程规模、开挖深度、地质条件、地下水情况、土方量、运距、现场和机具设备条件、工期要求以及土方机械的特点等合理选择挖土机械，以充分发挥机械效率，节省机械费用，加快工程进度。

土方机械化施工常用机械有推土机、铲运机、挖掘机（包括正铲、反铲、拉铲、抓铲等）、装载机等。在土木工程施工中，尤以推土机、铲运机和单斗挖掘机应用最广。现将这几种机械的基本作业方法和适用情况进行介绍。

1. 推土机

（1）作业方法　推土机开挖的基本作业是切土、运土和卸土三个工作行程和一个空载回驶行程。切土时应根据土质情况，尽量采用最大切土深度在最短距离（6~10m）内完成，以便缩短低速运行时间，然后直接推运到预定地点。回填土和填沟渠时，铲刀不得超出土坡边沿。上下坡坡度不得超过35°，横坡不得超过10°。几台推土机同时作业，前后距离应大于8m。

（2）提高生产率的方法

1）下坡推土法。在斜坡上，推土机顺下坡方向切土与堆运（图1-45），借机械向下的重力作用切土，增大切土深度和运土数量，可提高生产率30%~40%，但坡度不宜超过15°，避免后退时爬坡困难。

2）槽形推土法。推土机重复多次在一条作业线上切土和推土，使地面逐渐形成一条浅槽（图1-46），反复在沟槽中进行推土，以减少土从铲刀两侧漏散量，可增加10%~30%的推土量。槽的深度以1m左右为宜，槽与槽的间距约50m。该方法适于运距较远、土层较厚的情况。

3）并列推土法。用2~3台推土机并列作业（图1-47），以减少土体漏失量。铲刀相距150~300mm，一般采用两机并列推土，可增大推土量15%~30%。该方法适于大面积场地平整及运送土。

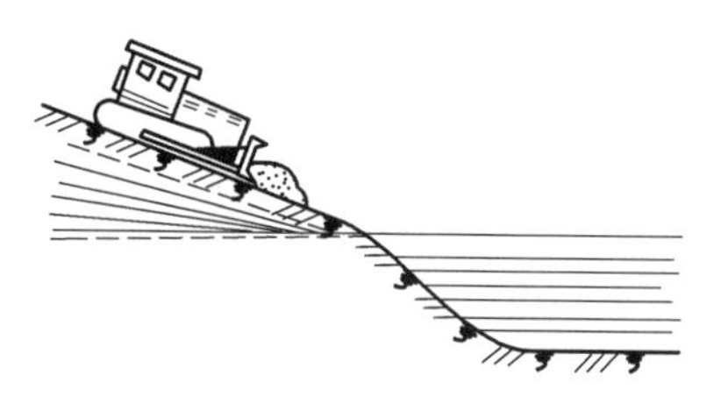
图 1-45　下坡推土法

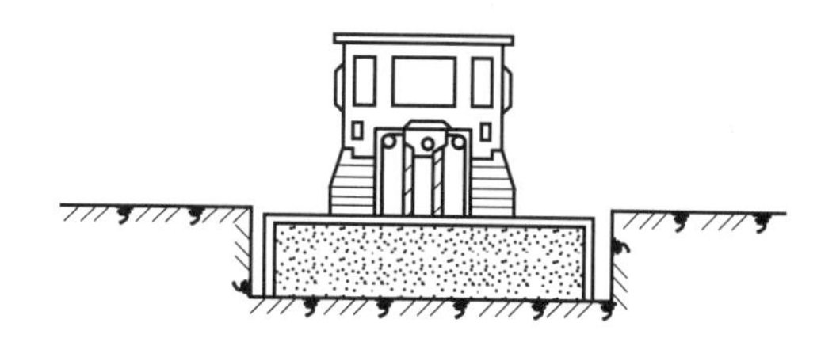
图 1-46　槽形推土法

4）分堆集中，一次推送法。在硬质土中，切土深度不大，可将土先积聚在一个或数个中间点，然后再整批推送到卸土区，使铲斗保持满载（图 1-48）。堆积距离不宜大于 30m，推土高度以 2m 内为宜。本法能提高生产率 15%左右，适用于运送距离较远而土质又比较坚硬，或长距离分段送土。

当运送疏松土壤且运距较大时，可在铲刀两边加装侧板，以增加铲刀前的土方体积和减少推土漏失量。

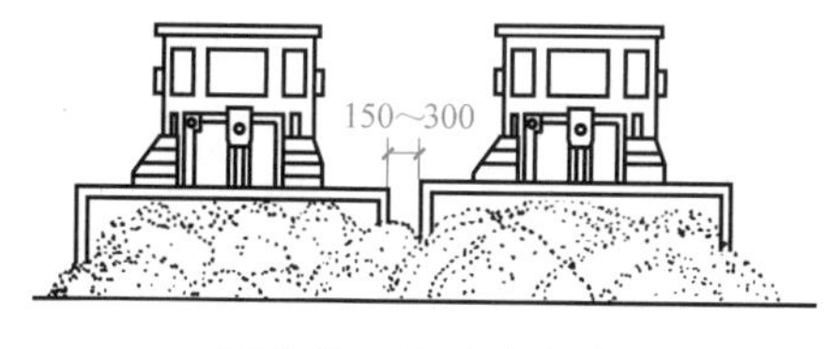

图 1-47　并列推土法

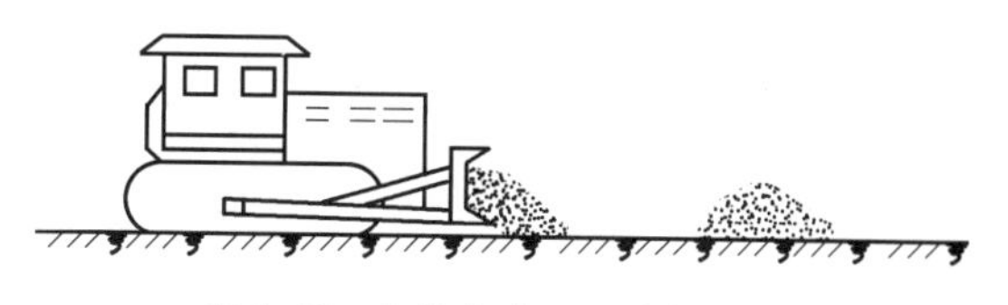
图 1-48　分堆集中，一次推送法

2. 铲运机

（1）作业方法　铲运机的基本作业是铲土、运土、卸土三个工作行程和一个空载回驶行程。在施工中，由于挖填区的分布情况不同，为了提高生产率，应根据不同施工条件（工程大小、运距长短、土的性质和地形条件等），选择合理的开行路线和施工方法。

1）椭圆形开行路线（图 1-49a）。它适用于长 100m 以内、填土高 1.5m 以内的路堤、路堑及基坑开挖、场地平整等工程。

2）“8”字形开行路线。装土、运土和卸土时按“8”字形运行，一个循环完成两次挖土和卸土作业（图 1-49b）。沿直线开行时进行装土和卸土，转弯时刚好把土装完或倾卸完毕，但两条路线间的夹角 $\alpha$ 应小于 60°。本法可减少转弯次数和空车行驶距离，提高生产率。此外，一个循环中两次转变方向不同，可避免机械行驶部分单侧磨损，适于在开挖管沟、沟边卸土或取土坑较长（300~500m）的侧向取土、填筑路基以及场地平整等工程中采用。

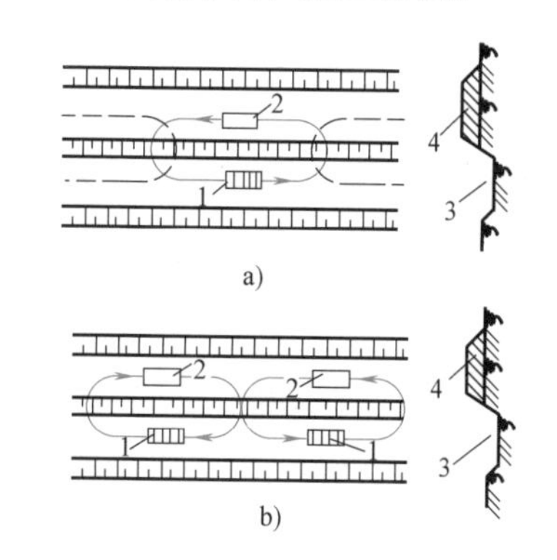

图 1-49　椭圆形及“8”字形开行路线
a）椭圆形开行路线　b）“8”字形开行路线
1—铲土　2—卸土　3—取土坑　4—路堤

3）大环形开行路线。从挖方到填方均按封闭的环形路线回转。当挖土和填土交替，而刚好填土区在挖土区的两端时，可采用大环形开行路线（图 1-50a），其优点是一个循环能完成多次铲土和卸土，减少铲运机的转弯次数，提高生产率，本法也应常调换方向行驶，以避免机械行驶部分的单侧磨损，适于在工作面很短（50~

100m）和填方不高（0.1～1.5m）的路堤、路堑、基坑以及场地平整等工程中采用。

4）连续式开行路线。铲运机在同一直线段连续地进行铲土和卸土作业（图1-50b）。本法可消除跑空车现象，减少转弯次数，提高生产率，同时还可使整个填方区域得到均匀压实，适用于大面积场地整平填方和挖方轮次交替进行的地段。

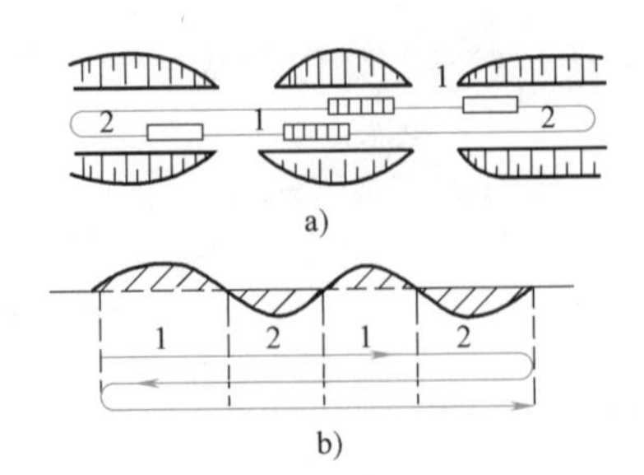

图1-50　大环形及连续式开行路线
a）大环形开行路线　b）连续式开行路线
1—铲土　2—卸土

（2）提高生产率的方法

1）下坡铲土法。铲运机顺地势（坡度一般3°～9°）下坡铲土（图1-51），借机械往下运行重力产生的附加牵引力来增加切土深度和充盈数量，可提高生产率25%左右，最大坡度不应超过20°，铲土厚度以20cm为宜，平坦地形可将取土地段的一端先铲低，保持一定坡度向后延伸，创造下坡铲土条件，一般铲满铲斗的工作距离为15～20cm。在大坡度上应放低铲斗，低速前进。本法适用于斜坡地形大面积场地平整或推土回填沟渠。

2）跨铲法。在较坚硬的地段挖土时，宜采用跨产法铲土（图1-52）。土埂两边沟槽深度以不大于0.3m、宽度在1.6m以内为宜。本法铲土埂时增加了两个自由面，阻力减小，可缩短铲土时间和减少向外撒土量，比一般方法效率高。它适用于较坚硬土层的铲土回填或场地平整。

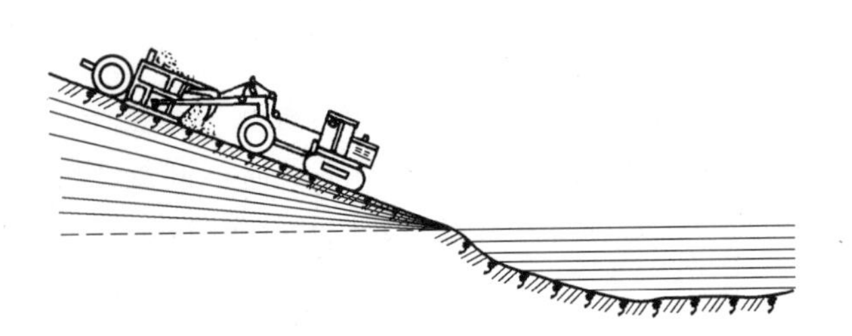
图1-51　下坡铲土法

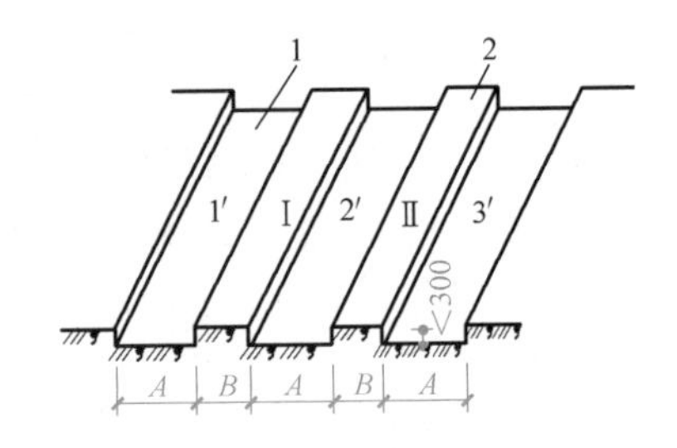

图1-52　跨铲法
1—沟槽　2—土埂
A—铲斗宽　B—不大于拖拉机履带净距

3. 挖掘机

（1）正铲挖掘机

1）作业方法。正铲挖掘机的挖土特点是“前进向上，强制切土”。根据开挖路线与运输汽车相对位置的不同，一般有以下两种：

①正向开挖，侧向装土法。正铲向前进方向挖土，汽车位于正铲的侧向装车（图1-53a、b）。本法铲臂卸土回转角度最小（<90°），装车方便，循环时间短，生产率高。当开挖工作面较大以及深度不大的边坡、基坑（槽）、沟渠和路堑时，常用该法。

②正向开挖，后方装土法。正铲向前进方向挖土，汽车停在正铲的后面（图1-53c）。本法开挖工作面较大，但铲臂卸土回转角度较大（在180°左右），且汽车要侧向行车，增加工作循环时间，生产效率降低（回转角度为180°，效率约降低23%，回转角度为130°，约降低13%）。该方法用于开挖工作面较小且较深的基坑（槽）、管沟和路堑等。

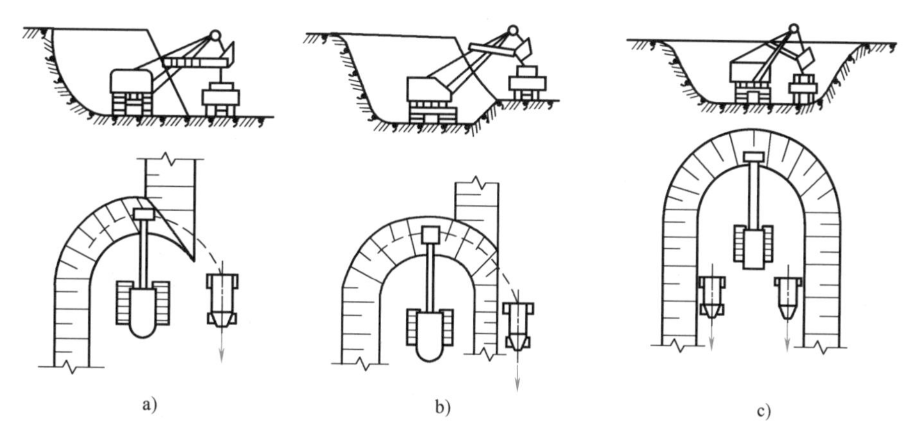


图 1-53　正铲挖掘机开挖方法

a)、b) 正向开挖，侧向装土　c) 正向开挖，后方装土

2) 提高生产率的方法

① 分层开挖法。将开挖面按机械的合理高度分为多层开挖（图 1-54a）；当开挖面高度不能成为一次挖掘深度的整数倍时，则可在挖方的边缘或中部先开挖一条浅槽（又称先锋槽）作为第一次挖土运输的线路（图 1-54b），然后再逐次开挖直至基坑底部。该方法用于开挖大型基坑或沟渠（工作面高度大于机械挖掘的合理高度）。

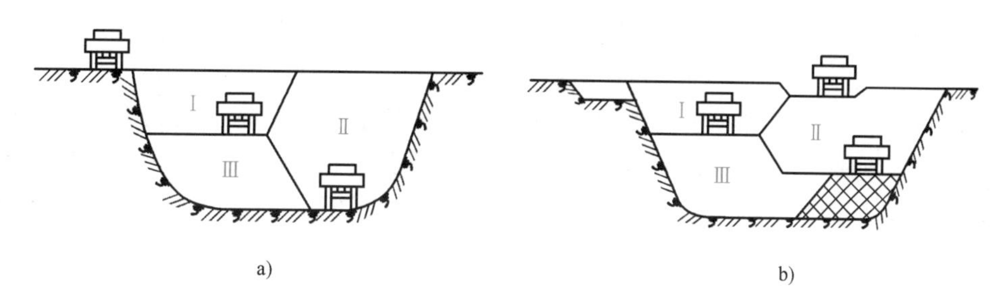


图 1-54　分层开挖法

a) 分层开挖法　b) 设先锋槽分层开挖法

② 多层开挖法。将开挖面按机械的合理开挖高度分为多层同时开挖，以加快开挖速度，土方可以分层运出，也可分层递送，至最上层（或下层）用汽车运出（图 1-55）。但两台挖掘机沿前进方向，上层应先开挖，与下层保持 30~50m 距离。该方法适于开挖高边坡或大型基坑。

③ 中心开挖法。正铲先在挖土区的中心开挖，当向前挖至回转角度超过 90°时，则转向两侧开挖，运土汽车按“八”字形停放装土（图 1-56）。本法开挖移位方便，回转角度小（<90°）。挖土区宽度宜在 40m 以上，以便于汽车靠近正铲装车。该方法适用于开挖较宽的山坡地段或基坑、沟渠等。

(2) 反铲挖掘机　反铲挖掘机的挖土特点是“后退向下，强制切土”。根据挖掘机的开挖路线与运输汽车的相对位置不同，一般有以下两种开挖法：

1) 沟端开挖法。反铲停于沟端，后退挖土，同时往沟一侧弃土或装汽车运走（图 1-57a）。挖掘宽度可不受机械最大挖掘半径的限制，臂杆回转角度仅为 45°~90°，同时可挖

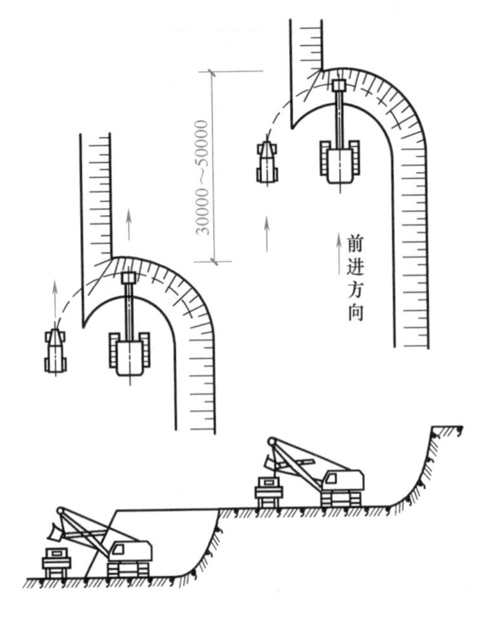


图 1-55　多层开挖法

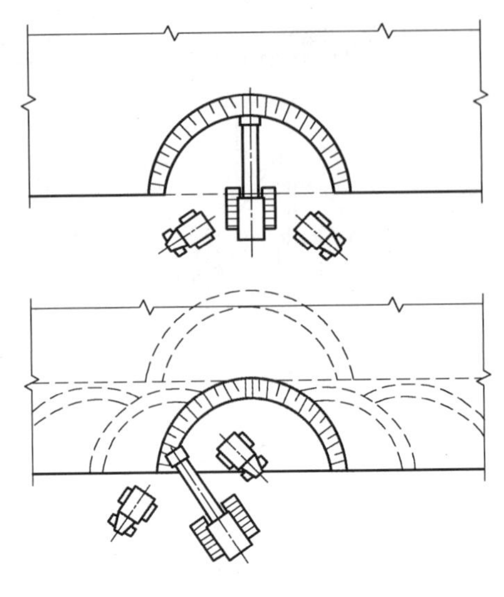

图 1-56　中心开挖法

到最大深度。对较宽的基坑可采用图 1-57b 所示的方法，其最大一次挖掘宽度为反铲有效挖掘半径的两倍，但汽车须停在机身后面装土，生产效率降低。也可采用几次沟端开挖法完成作业。该方法适用于一次成沟后退挖土，挖出土方随即运走时采用，或就地取土填筑路基或修筑堤坝等。

2）沟侧开挖法。反铲停于沟侧沿沟边开挖，汽车停在机旁装土或往沟一侧卸土（图 1-57c）。本法铲臂回转角度小，能将土弃于距沟边较远的地方，但挖土宽度比挖掘半径小，边坡不好控制，同时机身靠沟边停放，稳定性较差。该方法适用于横挖土体和需将土方甩到离沟边较远的距离。

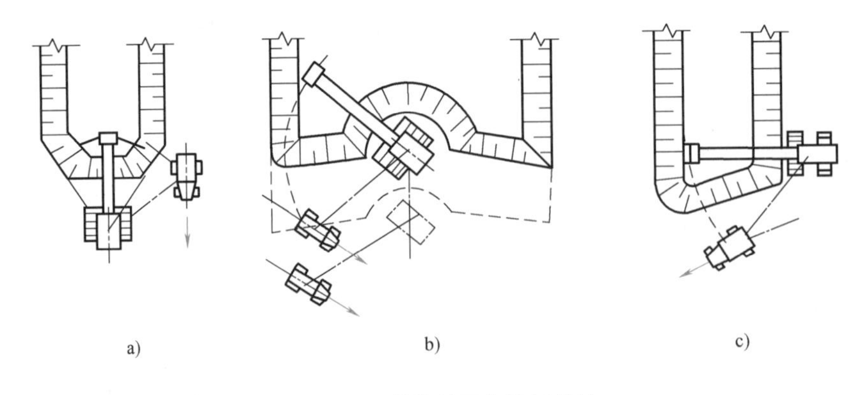


图 1-57　反铲沟端及沟侧开挖法

a）、b）沟端开挖法　c）沟侧开挖法

（3）拉铲挖掘机　拉铲挖掘机的挖土特点是“后退向下，自重切土”。拉铲挖掘机大多将土直接卸在基坑（槽）附近堆放，或配备自卸汽车装土运走，工效较低（图 1-58）。

拉铲挖土时，吊杆倾斜角度应在 45°以上。先挖两侧然后挖中间，分层进行，保持边坡整齐，距边坡的安全距离应不小于2m。开挖方式与反铲挖掘机相似，也可分为沟端开挖和沟侧开挖。

（4）抓铲挖掘机　抓铲挖掘机的挖土特点是“直上直下，自重切土”。抓铲能在回转半径范围内开挖基坑上任何位置的土方，并可在任何高度上卸土（装车或弃土）。

对小型基坑，抓铲立于一侧抓土；对较宽的基坑，则在两侧或四侧抓土。抓铲应离基坑边一定距离，土方可直接装入自卸汽车运走（图1-59），或堆弃在基坑旁或用推土机推到远处堆放。挖淤泥时，抓斗易被淤泥吸住，应避免用力过猛，以防翻车。

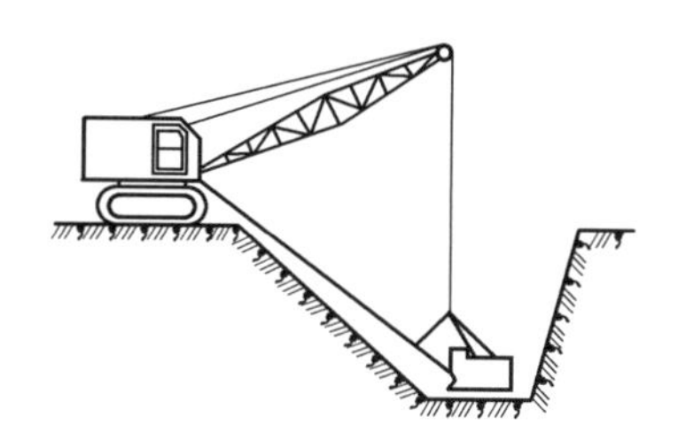

图1-58　拉铲挖掘机挖土示意图

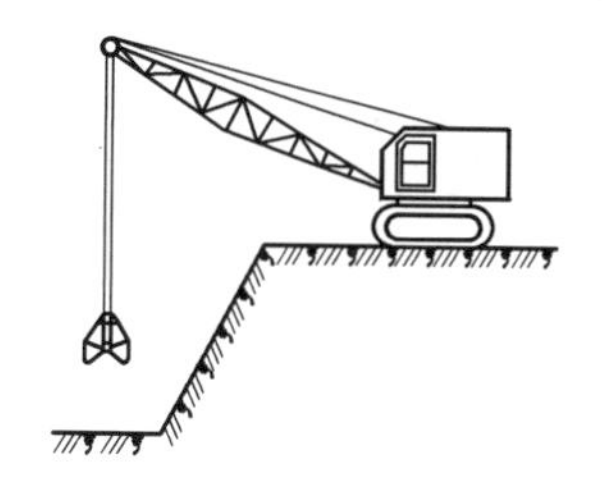

图1-59　抓铲挖掘机挖土示意图

4. 挖土机械的配套计算

采用单斗挖掘机进行土方施工时，一般需要自卸汽车配合卸土，将挖出的土及时运走。因此，要充分发挥挖掘机的生产率，不但要正确选择挖掘机，而且要使所选择的运土车辆的运土能力与之相协调。为保证挖掘机连续工作，运土车辆的载重量应与挖掘机的斗容量保持一定的倍率关系（一般为每斗土重的3~5倍）并保持足够的运土车辆。

（1）挖掘机数量确定　挖掘机的数量$N$（台），应根据土方量的大小、工期长短及合理的经济效果，按下式计算：

$$N=\frac{Q}{P}\cdot\frac{1}{TCK} \tag{1-36}$$

式中　$Q$——土方量（$m^3$）；

$P$——挖掘机生产率（$m^3$/台班）；

$T$——工期（工作日）；

$C$——每天工作班数；

$K$——时间利用系数，取0.8~0.9。

挖掘机生产率$P$（$m^3$/台班），可查定额手册或按下式计算：

$$P=\frac{8\times3600}{t}q\frac{K_c}{K_s}K_B \tag{1-37}$$

式中　$t$——挖掘机每次作业循环延续时间（s）；

$q$——挖掘机斗容量（$m^3$）；

$K_c$——土的充盈系数，可取0.8~1.1；

$K_s$——土的最初可松性系数；

$K_B$——工作时间利用系数，一般为0.7~0.9。

（2）自卸汽车配套计算　自卸汽车的数量$N$（辆），应保证挖掘机连续工作，可按下式计算：

$$N=\frac{T_s}{t_1} \tag{1-38}$$

$$T_s=t_1+\frac{2L}{v_c}+t_2+t_3 \tag{1-39}$$

式中　$T_s$——自卸汽车每一工作循环的延续时间（min）；

$t_1$——自卸汽车每次装车时间（min），$t_1=nt$，其中 $n$ 为自卸汽车每车装土次数；

$L$——运土距离（m）；

$v_c$——重车与空车的平均速度（m/min），一般取 20~30km/h；

$t_2$——卸车时间，一般为 1min；

$t_3$——操纵时间（包括停放待装、等车和让车等），取 2~3min；

自卸汽车每车装土次数 $n$ 按下式计算：

$$n=\frac{Q_1}{q\frac{K_c}{K_s}\gamma} \tag{1-40}$$

式中　$Q_1$——自卸汽车的载重量（kN）；

$\gamma$——实土密度，一般取 $17kN/m^3$。

### 1.5.2　土方的填筑与压实

#### 1. 土料的选择与含水量控制

填方土料应符合设计要求，保证填方的强度和稳定性，当设计无要求时，应符合以下规定：

1）碎石类土、砂土和爆破石渣（粒径不大于每层铺土厚的 2/3），可用于表层下的填料。

2）含水量符合压实要求的黏性土，可作为各层填料。

3）淤泥和淤泥质土，一般不能用作填料，但在软土地区，经过处理，含水量符合压实要求的，可用于填方中的次要部位。

填土土料含水量的大小直接影响到夯实（碾压）质量，在夯实（碾压）前应先试验，以得到符合密实度要求条件下的最佳含水量和最少夯实（碾压）遍数。含水量过小，夯压（碾压）不实；含水量过大，则易成橡皮土。黏性土料施工含水量与最佳含水量之差可控制在±2%范围内。

土料含水量一般以手握成团，落地开花为适宜。当含水量过大时，应采取翻松、晾干、风干、换土回填、掺入干土或其他吸水性材料等措施；如土料过干，则应预先洒水润湿。

当含水量小时，也可采取增加压实遍数或使用大功率压实机械等措施。在气候干燥时，须采取加速挖土、运土、平土和碾压过程，以减少土中水分散失，当土料为碎石类土（充填物为砂土）时，碾压前应充分洒水湿透，以提高压实效果。

#### 2. 填筑方法

填方应尽量采用同类土填筑。当填方中采用两种透水性不同的土料时，应分层填筑，上层宜填筑透水性较大的土料，下层宜填筑透水性较小的土料。各种土料不得混杂使用，以免在填方内形成水囊。

填方施工应接近水平地分层填土、分层压实，每层的厚度根据土的种类及选用的压实机械而定。应分层检查填土压实质量，符合设计要求后，才能填筑土层。当填方位于倾斜的地面时，应先将斜坡挖成阶梯状，然后分层填筑，以防填土横向滑移。

压实填土的施工缝各层应错开搭接。在施工缝的搭接处，应适当增加压实遍数。

3. 填土压实方法

填土压实方法有碾压法、夯实法及振动压实法。

（1）碾压法　碾压法是利用机械滚轮的压力压实土壤，使之达到所需要的密实度。碾压机械有平碾及羊足碾等。平碾（光碾压路机）是一种以内燃机为动力的自行式压路机，质量为6~15t。羊足碾单位面积的压力比较大，土壤压实的效果好。羊足碾一般用于碾压黏性土，不适用于砂性土，因在砂土中碾压时，土的颗粒受到羊足较大的单位压力后会向四面移动而使土的结构破坏。

松土碾压宜先用轻碾压实，再用重碾压实。碾压机械压实填方时，行驶速度不宜过快，一般平碾不应超过2km/h，羊足碾不应超过3km/h。

（2）夯实法　夯实法是利用夯锤自由下落的冲击力来夯实土壤，土体孔隙被压缩，土粒排列得更加紧密。人工夯实所用的工具有木夯、石夯等；机械夯实常用的有内燃夯土机、蛙式打夯机和夯锤等。夯锤是借助起重机悬挂一重锤，提升到一定高度，自由下落，重复夯击基土表面。夯锤锤重1.5~3t，落距为2.5~4m。强夯法是在重锤夯实法的基础上发展起来的，其锤重8~30t，落距为6~25m，其强大的冲击能可使地基深层得到加固。强夯法适用于黏性土、湿陷性黄土、碎石类填土地基的深层加固。

（3）振动压实法　振动压实法是将振动压实机放在土层表面，在压实机振动作用下，土颗粒发生相对位移而达到紧密状态。振动碾是一种振动和碾压同时作用的高效能压实机械，比一般平碾功效高1~2倍，可节省动力30%。用这种方法振实土料为爆破石渣、碎石类土、杂填土和轻亚黏土等非黏性土效果较好。

4. 影响填土压实的因素

（1）压实功的影响　填土压实后的干密度与压实机械在其上施加的压实功有一定的关系。在开始压实时，土的干密度急剧增加，待到接近土的最大干密度时，压实功虽然增加许多，但土的干密度几乎没有变化。因此，在实际施工中，不要盲目过多地增加压实遍数。压实遍数参考数据见表1-12。

表1-12　填方每层铺土厚度和压实遍数

| 压实机具 | 每层铺土厚度/mm | 每层压实遍数/遍 |
|---|---|---|
| 平碾 | 250~300 | 6~8 |
| 振动压实机 | 250~350 | 3~4 |
| 柴油打夯机 | 200~250 | 3~4 |
| 人工打夯 | 不大于200 | 3~4 |

（2）含水量的影响　在同一压实功条件下，填土的含水量对压实质量有直接影响。较为干燥的土，由于土颗粒之间的摩阻力较大，因而不易压实。当土具有适当含水量时，水起了润滑作用，土颗粒之间的摩阻力减小，从而易压实。各种土壤都有其最佳含水量。土在最佳含水量的条件下，使用同样的压实功进行压实可得到最大干密度。各种土的最佳含水量和

所能获得的最大干密度，可由击实试验取得。

（3）铺土厚度的影响 土在压实功的作用下，压应力随深度增加而逐渐减小，其影响深度与压实机械、土的性质和含水量等有关。铺土厚度应小于压实机械压土时的作用深度，但其中还有最优土层厚度问题：铺得过厚，要压很多遍才能达到规定的密实度；铺得过薄，要增加机械的总压实遍数。适当的铺土厚度（表1-12）能使土方压实且机械的功耗费最少。

5. 填土压实的质量控制与检验

1）填土施工过程中应检查排水设施、每层填筑厚度、含水量控制和压实程序。

2）对有密实度要求的填方，在夯实或压实之后，要对每层回填土的质量进行检验，一般采用环刀法（或灌砂法）取样测定土的干密度，求出土的密实度，或用触探仪直接通过锤击数来检验干密度和密实度，符合设计要求后，才能填筑上层。

3）基坑和室内填土，每层按100～500$m^2$取样1组；场地平整填方，每层按400～900$m^2$取样1组；基坑和管沟回填每20～50m取样1组，但每层均不少于1组，取样部位在每层压实后的下半部。用环刀法取样应为每层压实后的全部深度。

4）填土压实后的干密度应有90%以上符合设计要求，其余10%的最低值与设计值之差，不得大于0.08$t/m^3$且不应集中。

5）填方施工结束后应检查标高、边坡坡度、压实度等。

## 阅读材料

### 基坑开挖施工方案实例

某工程位于经济开发区内，北侧和东侧为道路，南侧和西侧紧邻其他建筑。该工程为高层综合楼，地下1层，地上22层，基坑呈矩形状，长为98.0m，宽为40.20m，地下水位距地面1.50m左右，基坑开挖深度为6.00m。该工程所处地区地下水位高，地质条件差，属冲积-海积平原，填垫前为盐田，现用耕植土填起。主要土层为淤泥质粉质黏土和淤泥质黏土层，含水量在50%左右，孔隙比为1.2～1.6，土的压缩性高，抗剪强度低，在外荷载作用下，地基承载力低，变形大，不均匀沉降也大。近年来，在基坑施工中由于开挖不慎，造成基坑塌陷的事故屡有出现，对周围建筑、道路、管线等造成很大破坏，从而影响了工程进度，给人们生活带来不便，造成不好的社会影响。本工程基坑土方开挖要确保施工安全并尽量减少对周围环境的影响。

该工程土层为淤泥质粉质黏土层和淤泥质黏土层，土质已饱和、流塑性大，土方开挖容易引起周围建筑物及道路的变形开裂，因此在土方开挖前必须制定严谨可行的施工方案，才能进行开挖。

（1）支护结构的设置 该基坑支护结构采用$\phi$700mm@900mm钢筋混凝土灌注桩，水平支撑体系采用800mm×1200mm钢筋混凝土环梁和对撑、斜撑体系，在基坑外侧设置一道$\phi$600mm@800mm单排头水泥搅拌桩止水帷幕墙，在基坑止水帷幕内进行降水，基坑降水采用大口井降水。

（2）土方开挖 土方开挖准备。根据本工程的地质勘察报告及基础支护设计图总说明，基坑开挖前应进行10d以上的全面降水，将地下水降至开挖面以下500mm、待帽梁混凝土达到设计强度的90%以上方可挖土。

施工方法。该工程采用了 $\phi$50m 的圆形基坑开挖方案，分四步，每步分层，在两环梁圆孔内由基坑外围向基坑中心同时对称开挖施工。

第一步挖土：由地面挖至环梁上表面处，在两环梁圆孔内分别布置一大、一小共 4 台挖掘机同时进行第二步的挖土，挖土深度不大于 1.50m。

第二步挖土：在两环梁圆孔中间南侧各设置一坡道，从两环梁圆孔内对称由北向南同时退挖，挖土深度不大于 1.50m。

第三步、第四步挖土：在每个环梁圆孔内，分别再增加一台小型挖掘机，先分层对称开挖基坑四周的土方，开挖到基坑底标高以上 30cm 处，留下 30cm 人工清土，然后用大型挖掘机配合小型挖掘机把基坑中心的土方一同挖出。

由于该工程土质已饱和、流塑性大，因此在施工过程中，土方不要堆在基坑边，要及时运走。

（3）变形观测及沉降观测　开挖过程中对邻近建筑物、道路及管线进行变形观测（监测）。深基坑一经开挖，基坑开挖面上就进入卸荷的过程。卸荷引起土体产生向上的位移（即基坑底部隆起），同时在支护结构两侧土体内产生压力差，基坑内土体也产生由边缘向中心的水平位移。支护结构的变形也使围护墙外侧土体产生位移。因此，必须根据观测数据，及时调整开挖速度及位置，保护邻近建筑物、道路及管线不因土体底面位移的过大而遭破坏，以利于工程顺利进行。

另外除了仪器观测外，还要派有经验的工程师按期进行巡检工作。很多影响基槽侧向位移、不利于侧向稳定的因素，如支护结构的施工质量、施工条件的变化、槽边堆载的变化、管道渗漏和施工用水不适当的排放，乃至气候条件的改变等，都可在巡检工作中被及时发现。此外，某些工程事故隐患，如基槽周围的地面开裂、支护结构工作失常、邻近结构及设施的裂缝、流土或局部管涌现象更可通过巡检早期发现，使出现的问题能得到及时处理，将大大减少可能出现的事故。

支护结构的变形观测。在基础土方未开挖之前，建立平面轴线控制点时，应在浇筑的环梁上建立环梁位移变形控制点，依托纵横轴线控制点，对设置在环梁上的控制点进行帽梁水平位移和支护桩身变形观测，并做好原始记录，同时要密切观测止水帷幕是否漏水。

变形观测的周期和次数。以既能系统反映变形的变化过程，又不遗漏其变化时刻为原则，根据观测目的、单位时间内形变量大小、变形速度及外界因素等影响综合考虑确定。在施工中如发现变形异常，如沉降量大、边坡水平变形大、不均匀下沉显著、出现建筑物倾斜或裂缝等，除应及时向有关部门提供信息外，还要增加观测次数，缩短观测周期，以便全面准确地反映变形程度和规律。

（4）支护结构的维护、拆除、控制堆载施工　支护结构的维护。开挖基础土方时，挖掘机严禁碰撞围护桩、支撑、环梁和斜撑等基坑围护结构。围护桩支撑柱、环梁斜撑处，应尽量选用小型挖掘机开挖，边缘处应用人工配合开挖施工。

支护结构严禁被用作其他物体或结构的力作用点。

土方开挖时测量员应配合施工，对围护结构周围建筑物道路等进行监测，若发现异常情况，应先停止土方开挖施工，上报相关部门，分析原因采取处理措施后方能继续施工。

拆除环梁、控制堆载施工。根据基坑围护情况，在支护桩与底板之间打设 150mm 厚混凝土垫层，保证支护桩根部的稳固，待垫层强度达到设计强度的 90%后方可拆除对撑及环梁。

本工程采用机械破碎为主、人工拆除为辅的拆除方案。机械拆除时按要求由东向西逐步拆除。拆除前后环梁基坑围护桩上部和边缘一定范围内不得堆放材料和土方。派专人对周围围护桩、周围建筑物、道路等进行检查观测，发现情况应停止拆除，待异常情况分析解决后，方能继续拆除。

## 思考题

1. 什么是土的可松性？土的可松性对土方工程施工的影响有哪些？
2. 确定场地设计标高时应考虑哪些因素？
3. 如何计算沟槽和基坑的土方量？
4. 土方调配应遵循哪些原则？调配区如何划分？如何确定平均运距？
5. 试分析土壁塌方的原因和预防塌方的措施。
6. 试述轻型井点、管井井点的构造和适用范围。
7. 试述防治流砂的途径和方法。
8. 如何提高推土机、铲运机和挖掘机的生产率？
9. 影响填土压实的主要因素有哪些？如何检查填土压实的质量？
10. 简述降低地下水位对周围环境的影响及预防措施。

## 习题

**1. 填空题**

（1）按照土________的分类，称为土的工程分类。

（2）土经开挖后的松散体积与原自然状态下的体积之比，称为__________。

（3）在基坑开挖中，防治流砂的主要途径是减小、平衡________，或改变其方向。

（4）按基坑（槽）的宽度及土质性质不同，轻型井点的平面布置形式有__________、__________、__________三种。

（5）轻型井点设备主要是由井点管、弯联管、________、________及抽水设备组成。

（6）当沟槽采用横撑式土壁横撑，对湿度小的黏性土，开挖深度小于3m时，水平挡土板可设置为______；对松散土和湿度大的土，水平挡土板可设置为______。

（7）填土压实的方法有__________、_________和__________三种。

（8）若回填土所用的土料渗透性不同，则回填时不得掺杂，应将渗透系数小的土料填在______部，以防止出现水囊现象。

**2. 单项选择题**

（1）作为检验填土压实质量控制指标的是（　　）。

A. 土的干密度　　B. 土的压实度　　C. 土的压缩比　　D. 土的可松比

（2）土的含水量是指土中的（　　）。

A. 水与湿土的质量之比的百分数　　B. 水与干土的质量之比的百分数

C. 水重与孔隙体积之比的百分数　　D. 水与干土的体积之比的百分数

（3）场地平整的方格网上，各方格角点施工高度为该角点（　　）。

A. 自然地面标高与设计标高的差值　　B. 挖方高度与设计标高的差值

C. 设计地面标高与自然标高的差值　　D. 自然地面标高与填方高度的差值

(4) 集水井排水法最不宜用于边坡为（　　）的工程。

A. 黏土层　　B. 砂卵石层　　C. 粉细砂土层　　D. 粉土层

(5) 以下选项中，不作为确定土方边坡坡度依据的是（　　）。

A. 土质及开挖方式　B. 使用期　　C. 坡上荷载情况　　D. 工程造价

(6) 以下挡土结构中，无止水作用的是（　　）。

A. 地下连续墙　　B. H 型钢桩加横挡板

C. 密排桩间加注浆桩　　D. 深层搅拌水泥土桩挡墙

(7) 正铲挖掘机适宜开挖（　　）。

A. 停机面以上的一~四类土的大型基坑　　B. 独立柱基础的基坑

C. 停机面以下的一~四类土的大型基坑　　D. 有地下水的基坑

(8) 在基坑（槽）的土方开挖时，不正确的说法是（　　）。

A. 当边坡陡、基坑深和地质条件不好时，应采取加固措施

B. 当土质较差时，应采用“分层开挖，先挖后撑”的开挖原则

C. 应采取措施，防止扰动地基土

D. 在地下水位以下的土，应经降水后再开挖

**3. 多项选择题**

(1) 土的最初可松性系数 $K_s$ 应用于（　　）。

A. 场地平整设计标高的确定　　B. 计算开挖及运输机械的数量

C. 回填用土的挖土工程量计算　　D. 计算回填用土的存放场地

E. 确定土方机械的类型

(2) 在基坑开挖中，可以防治流砂的方法包括（　　）。

A. 采取水下挖土　　B. 挖前打设钢板桩或地下连续墙

C. 抢挖并覆盖加压　　D. 采用集水井排水

E. 采用井点降水

(3) 挖方边坡的坡度，主要应根据（　　）确定。

A. 土的种类　　B. 边坡高度

C. 坡上的荷载情况　　D. 使用期

E. 工程造价

(4) 在基坑周围打设板桩可起到（　　）的作用。

A. 防止流砂产生　　B. 防止滑坡塌方

C. 防止邻近建筑物下沉　　D. 增加地基承载力

E. 方便土方的开挖与运输

(5) 填方工程应由下至上分层铺填，分层厚度及压实遍数应根据（　　）确定。

A. 压实机械　　B. 密实度要求　　C. 工期

D. 土料种类　　E. 土料的含水量

(6) 正铲挖掘机的开挖方式有（　　）。

A. 定位开挖　　B. 正向挖土，侧向卸土

C. 正向挖土，后方卸土　　D. 沟端开挖

E. 沟侧开挖

(7) 对土方填筑与压实施工的要求有（　　）。

A. 填方必须采用同类土填筑

B. 应在基础两侧或四周同时进行回填压实

C. 从最低处开始，由下向上按整个宽度分层填压

D. 填方由下向上一层完成

E. 当天填土，必须当天压实

(8) 影响填土压实质量的主要因素有（　　）。

A. 基坑深度　　B. 机械的压实功　　C. 每层铺土厚度

D. 土质　　E. 土的含水量

**4. 计算题**

(1) 某基坑底长为85m，宽为60m，深为8m，四边放坡，边坡坡度为1∶0.5。

① 试计算土方开挖的工程量。

② 若混凝土基础和地下室占有体积为21000$m^3$，则应预留多少回填土（以自然体积计算）?

③ 若多余土方外运，现用斗容量为3.5$m^3$的汽车外运，则需要多少辆汽车（已知土的最初可松性系数为$K_s$=1.14，土的最终可松性系数为$K_s'$=1.05)?

(2) 某工程基坑坑底平面尺寸为40.5m×16.5m，底面标高为-7.00m（地面标高为±0.500m)。已知地下水位面为-3m，土层渗透系数为$K$=18m/d，-14m以下为不透水层，基坑边坡为1∶0.5。拟用轻型井点降水，井管长度为6m，滤管长度待定，管径为38mm，总管直径为100mm，每节长为4m，与井点管接口的间距为1m。试进行降水设计。

# 第2章 基础工程

学习目标

掌握桩基础的分类和构造，熟悉预制桩的制作和各种灌注桩的施工工艺，掌握常用桩型的施工方法和质量控制要点，了解相应的桩基础专项施工方案。

## 2.1 基础类型

基础是指将建筑荷载传递给地基的建筑下部结构。作为承受建筑物荷载的地基，必须不能发生强度破坏和失稳，同时，必须控制基础的沉降不超过地基的变形允许值。在满足上述要求的前提下，尽量采用相对埋深（埋深与基础宽度之比）不大，只需要普通的施工程序（明挖、排水）就可建造起来的基础类型，即尽量采用天然地基上的浅基础。若地基不能满足上述条件，则应进行地基处理，见表 2-1。在处理后的地基上建造的基础，称为人工地基上的浅基础。

表 2-1　地基处理方法分类

<table>
<tr><th>序号</th><th>地基处理方法</th><th>地基处理原理</th><th colspan="2">施工手段</th><th>适用范围</th></tr>
<tr><td rowspan="8">1</td><td rowspan="8">排水固结法</td><td rowspan="8">软黏性土地基在荷载作用下，土中空隙水排出，孔隙比减小，地基固结变形，超静水压力消散，土的有效应力增大，地基土强度提高</td><td colspan="2">堆载预压法</td><td>软黏土地基</td></tr>
<tr><td rowspan="3">砂井法</td><td>袋装砂井</td><td rowspan="4">透水性低的软弱黏性土</td></tr>
<tr><td>塑料排水板</td></tr>
<tr><td>塑料管</td></tr>
<tr><td colspan="2">砂井堆载预压法</td></tr>
<tr><td colspan="2">降低地下水位法</td><td>饱和粉细砂地基</td></tr>
<tr><td colspan="2">真空预压法</td><td>软黏土地基</td></tr>
<tr><td colspan="2">电渗法</td><td>饱和软黏土地基</td></tr>
<tr><td rowspan="2">2</td><td rowspan="2">振密、挤密法</td><td rowspan="2">采用一定的手段，通过振动、挤压使地基土体孔隙比减小，地基土强度提高</td><td colspan="2">表面压实法</td><td>浅层疏松黏性土、松散砂性土、湿陷性黄土及杂填土</td></tr>
<tr><td colspan="2">重锤夯实法</td><td>天然含水量接近于最佳含水量的浅层土</td></tr>
</table>

（续）

| 序号 | 地基处理方法 | 地基处理原理 | 施工手段 | 适用范围 |
| --- | --- | --- | --- | --- |
| 2 | 振密、挤密法 | 采用一定的手段，通过振动、挤压使地基土体孔隙比减小，地基土强度提高 | 强夯法 | 非黏性土、杂填土、非饱和黏性土及湿陷性黄土等 |
| | | | 振冲、挤密法 | 砂性土，尺寸小于 0.005mm 的黏粒含量小于 10% |
| | | | 土桩和灰土桩 | 湿陷性黄土、人工填土、非饱和黏性土 |
| | | | 砂桩 | 松砂或杂填土 |
| 3 | 置换及拌入法 | 以砂、碎石等材料置换软弱地基，或在部分土体内掺入水泥、石灰等形成加固体，与未加固部分形成复合地基，从而提高地基承载力，减小压缩量 | 垫层法 | 浅层地基处理 |
| | | | 置换法 | |
| | | | 振冲置换法（碎石桩） | 软弱黏性土地基 |
| | | | 高压喷射注浆法（旋喷桩） | 黏性土、冲填土、粉细砂、砂砾石等地基 |
| | | | 深层搅拌法 | 软弱黏性土 |
| | | | 石灰桩法 | |
| | | | 褥垫法 | 地基软土层深浅不一 |
| 4 | 灌浆法 | 用气压、液压或电化学原理把某些能固化的浆液注入各种介质的裂缝或孔隙，以改善地基物理力学性质 | 渗入灌浆法 | 砂及砂砾地基、湿陷性黄土地基、黏性土地基 |
| | | | 劈裂灌浆法 | |
| | | | 压密灌浆法 | |
| | | | 电动化学灌浆法 | |
| 5 | 加筋法 | 通过在土层中埋设强度较大的土工聚合物、拉筋、受力杆件等，达到提高地基承载力、减小沉降的目的 | 土工聚合物 | 软弱地基，或用作反滤、排水和隔离材料 |
| | | | 锚固技术（土钉墙） | 天然地层或人工填土 |
| | | | 加筋土 | 人工填筑的砂性土 |
| | | | 树根桩法 | 软弱黏性土、杂填土 |
| 6 | 冷热处理法 | 通过人工冷却，使地基冻结，或在软弱黏性土地基的钻孔中加热，通过焙烧使周围地基土含水量减少，提高强度，减少压缩量 | 冻结法 | 饱和的砂土或软黏性土层中的临时性措施 |
| | | | 烧结法 | 软黏土、湿陷性黄土 |

当上述地基基础形式均不能满足要求时，则应考虑借助特殊的施工手段置入相对埋深较大的基础形式，即深基础（常用桩基），以求把荷载更多地传到深部的坚实土层中去。本章主要研究建筑基础施工常见的浅基础、桩基础施工技术，包括垫层施工、预制桩沉桩施工、灌注桩施工。

## 2.2　浅基础工程施工

### 2.2.1　垫层施工

为了使基础与地基有较好的接触面，并将基础承受的上部结构荷载比较均匀地传递给地基，常在基础底部设置垫层。常用的垫层材料有灰土、碎砖（或碎石、卵石）三合土、砂或砂石以及低强度等级的混凝土等。

垫层施工前，应检查基坑（槽）的位置、尺寸和标高是否符合设计要求，基坑（槽）壁是否稳定，并保证基坑（槽）内没有浸水。垫层的施工方法、分层铺填厚度和每层压实遍数等宜通过试验确定。一般情况下，垫层的分层铺填厚度为200~300mm。垫层竣工验收合格后，应及时进行基础施工与基坑回填。

1. 灰土垫层施工

基坑（槽）在铺垫灰土前必须先进行验槽。如发现基坑（槽）内有局部软弱土层或孔穴，则应将其挖除并用素土或灰土分层填实，或通知设计单位确定处理办法。

灰土垫层是用石灰和黏土拌和均匀，分层填筑、分层夯实而成的。石灰宜用新鲜的消石灰，氧化钙、氧化镁的含量越高越好，使用前1~2d消解并过筛，其颗粒不得大于5mm，且不应夹有未熟化的生石灰块粒及其他杂质，也不得含有过多的水分。灰土的体积配合比是3∶7或2∶8，常用3∶7，因此称为三七灰土。三七灰土垫层具有就地取材、造价低廉和施工简便等优点，一般适用于地下水位较低，基槽经常处于较为干燥状态的基础。灰土垫层施工时，应适当控制含水量。工地检验标准是以用手将灰土紧握成团，两指轻捏即碎为宜，当土料水分过多或不足时，应晾干或洒水润湿。灰土应拌和均匀，颜色一致。拌好后及时摊铺夯实，不得隔日夯打。灰土垫层施工完毕后，应及时进行基础施工，并及时完成基础回填。夯实后的灰土，在3d内不得受水浸泡。

2. 砂或砂石垫层施工

砂或砂石垫层材料宜采用颗粒级配良好，质地坚硬的中砂、粗砂、砾砂、卵石和碎石，也可采用细砂，但宜掺入一定量的卵石或碎石，其掺量按设计规定。此外，如石屑或工业废料经试验合格后也可作为垫层材料。所用砂石材料均不得含有草根、垃圾等杂质，含泥量不宜超过3%，石子最大粒径不宜大于5cm。

铺筑前，应先进行验槽。浮土应清除，边坡必须稳定，防止塌方。基坑（槽）两侧附近如有低于地基的孔洞、沟、井和墓穴等，应在未做地基前，加以填实。

砂石垫层应注意级配必须良好，人工级配的砂、石（体积比为1∶2~1∶1）拌和均匀后，方可铺填捣实。垫层底面宜铺设在同一标高上，如深度不同，垫层面应挖成踏步搭接，施工时，应先深后浅，搭接处应注意捣实。分段施工接头应做成斜坡，每层错开0.5~1.0m，并充分捣实。砂石垫层的捣实方法应根据不同条件选用振实、夯实或压实等方法。

3. 碎砖三合土垫层施工

碎砖三合土垫层是由消石灰、粗砂和碎砖按1∶2∶4或1∶3∶6的比例拌和而成的。石灰用未熟化的块灰，临时加水熟化；砂用粗砂或中砂；碎砖用断砖打碎，粒径为2~6cm。这三种材料加水拌和均匀后，倒入基坑（槽）中，与灰土相同，需分层夯实。虚铺的厚度第一层为22cm，以后每层为20cm，分别夯实至15cm，直至设计高度为止。打夯至少三遍，碎砖三合土垫层完成后，在最后一遍夯打时，宜浇浓灰浆，最好曝晒一天，等灰浆略干再在上面薄铺一层粗砂，并夯实平整，以利于基础施工的弹线工作。夯打完的碎砖三合土，当因雨水冲淋或积水破坏表层灰浆时，可在排除积水后，重新浇浆夯打坚实。

### 2.2.2　浅基础施工

浅基础是指基础埋置深度小于基础的宽度或埋置深度小于5m的基础工程。按照受力状态不同，浅基础可分为刚性基础和柔性基础（图 2-1）。刚性基础是指用抗压极限强度比较大，而受弯、受拉极限强度较小材料所建造的基础。常见的刚性基础有用混凝土、毛石混凝土、毛石（或石块）、砖、碎砖（或碎石）三合土和灰土等建成的基础。刚性基础一般用于 5 层及 5 层以下（三合土基础不宜超过 4 层）的房屋建筑。这类基础主要承受压力，不配置钢筋，但对基础的宽高比 $B/H$ 或刚性角有一定限制，即基础的挑出部分（从砖墙边缘至基础边缘）不宜过大。柔性基础是指用抗拉、抗压、抗弯、抗剪均较好的钢筋混凝土材料做成的基础（不受刚性角的限制），如钢筋混凝土基础，其抗压、抗弯和抗拉强度都很大，主要适用于建筑物上部结构荷载较大、地基较软的情况。

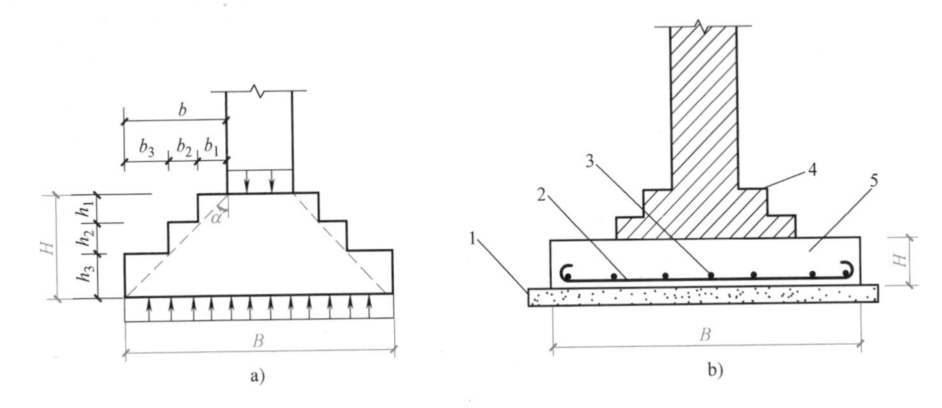


图 2-1　浅基础

a）刚性基础　b）柔性（钢筋混凝土）基础

1—垫层　2—受力钢筋　3—分布钢筋　4—基础砌体的扩大部分　5—底板

α—刚性角　B—基础宽度　H—基础高度

1. 毛石基础施工

毛石基础是用爆破法开采出的不规则石块与砂浆砌筑而成的，如图 2-2 所示。一般在山区建筑中用得较多。

用于砌筑基础的毛石的强度应满足设计要求。块体大小一般以宽和高为 20~30cm，长为 30~40cm 较为合适。常用的砌筑砂浆有水泥砂浆和混合砂浆，强度等级按设计要求选用。

施工时，放出基础轴线、边线，在适当位置立上皮数杆，拉上准线，如图 2-3 所示。毛

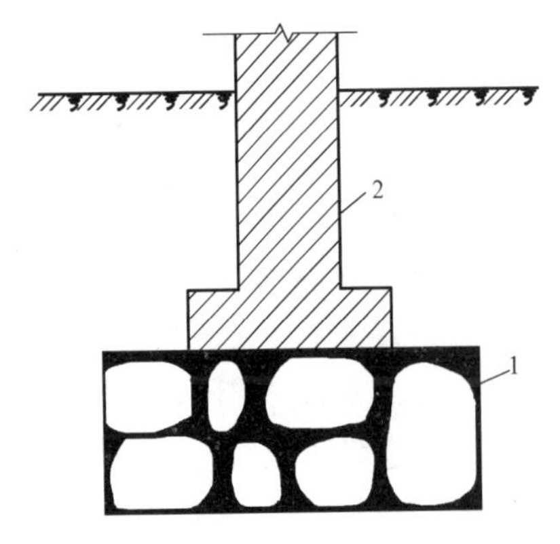


图 2-2　毛石基础

1—毛石基础　2—基础墙

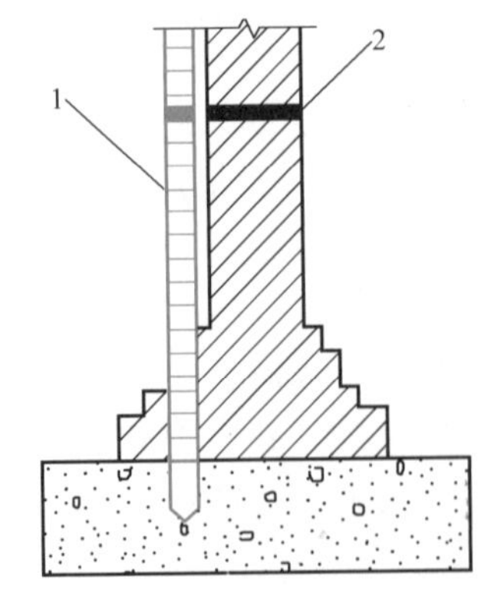


图 2-3　基础皮数杆（小皮数杆）

1—皮数杆（小皮数杆）　2—防潮层

石应根据皮数杆上的准线分层砌筑（一般两层30cm左右）。先砌转角处的角石，角石砌好后将准线移到角石上，再砌里外两面的面石，面石要表面方正，并使方正面外露。最后砌中间部分的腹石，腹石要按石块形状交错放置，使石块间的缝隙最小。

砌筑时，第一层应选较大的且较平整的石块铺平，并使平整面着地。砌第二层及以上各层时，每砌一块石，都应先铺好砂浆，再铺石块。上下两层石块的竖缝要互相错开，并力求丁顺交错排列，避免通缝，毛石基础的临时间断处，应留阶梯形斜槎，其高度不应超过1.2m。基础砌好后，对于毛石外露部分应进行抹灰或勾缝。

毛石基础施工的质量要求：

1）砌体砂浆应密实饱满，组砌方法应正确，不得有通缝。墙面每0.7$m^2$内，应砌入丁字石一块，水平距离不应大于2m。

2）砂浆的平均强度不得低于设计要求的强度等级，任意一组试块的强度最低不得低于设计强度等级的75%。

3）砌体的允许偏差应在规范规定的范围内。

2. 砖基础施工

砖基础由垫层、基础砌体的扩大部分（俗称大放脚）和基础墙三部分组成，一般适用于土质较好，地下水位较低的地基。基础墙下砌成台阶形，其扩大部分有二皮一收的等高式和一皮一收与两皮一收的间隔式，如图2-4所示。

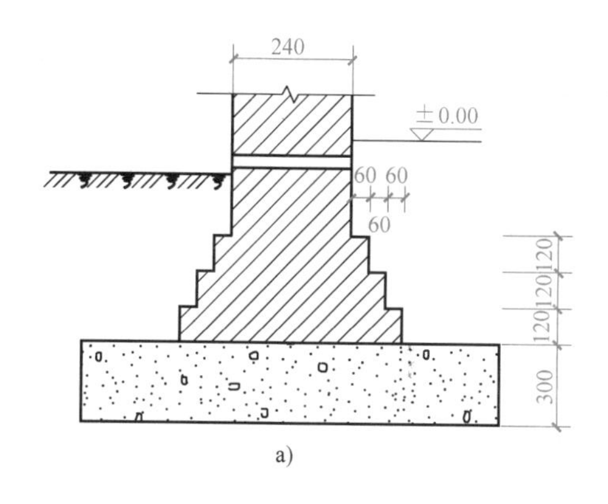


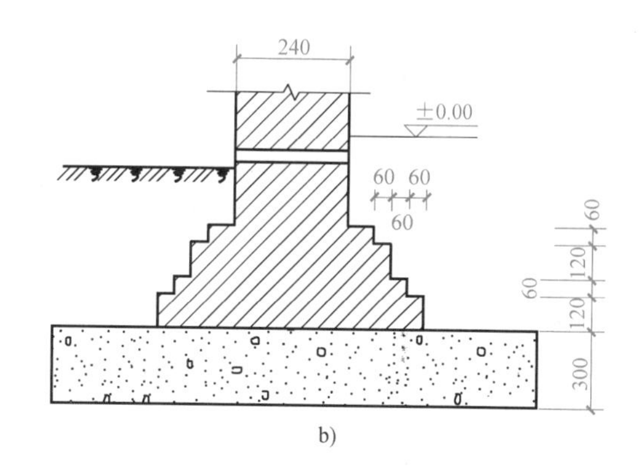


图2-4　砖基础

a）等高式　b）间隔式

施工时先在地层上弹出端基轴线和基础砌体的扩大部分边线，然后在转角处、丁字墙基交接处、十字墙基交接处及高低踏步处立基础皮数杆。皮数杆应立在规定的标高处，因此立皮数杆时要利用水准仪进行抄平。

砌筑前，应先用干砖试摆，以确定排砖方法和错缝的位置。砖砌体的水平灰缝厚度和竖向灰缝宽度一般控制在8~12mm。

砌筑时，砖基础的砌筑高度是用皮数杆来控制的。砌筑大放脚时，先砌好转角端头，然后以两端为标准拉好线绳进行砌筑。砌筑不同深度的基础时，应先砌深处，后砌浅处。在基础高低处要砌成踏步式，踏步长度不小于1m，高度不大于0.5m。基础中的洞口和管道等应按设计要求留出和预埋。

砖基础施工的质量要求：

1）砌筑砂浆必须密实饱满，水平灰缝的砂浆饱满度不得低于80%。

2）砂浆的平均强度不得低于设计要求的强度等级，任意一组试块的强度最低值不得低于设计强度等级的75%。

3）组砌方法应正确，不应有通缝，转角处和交接处的斜槎和直槎应通顺密实。直槎应按规定加拉结钢筋。

4）预埋件和预留洞应按设计要求留置。

5）砖基础的允许偏差应在规范规定的范围以内。

### 3. 混凝土与毛石混凝土基础施工

混凝土与毛石混凝土基础（图2-5）适用于层数较高（三层以上）的房屋，特别是地基潮湿或地下水位较高的情况。

基槽经检验后，弹出基础的轴线和边线，即可进行基础施工。基础混凝土应分层浇筑，使用插入式振捣器捣实。阶梯形基础，每一阶梯内应分层浇筑捣实。锥形体基础，其斜面部分的模板要逐步地随浇捣随安装，并应注意边角处混凝土的捣实。独立基础一般应连续浇捣完毕，不能分数次浇捣，当基础上有插筋时，在浇捣过程中要保持插筋位置固定，不得在浇捣混凝土时发生位移。

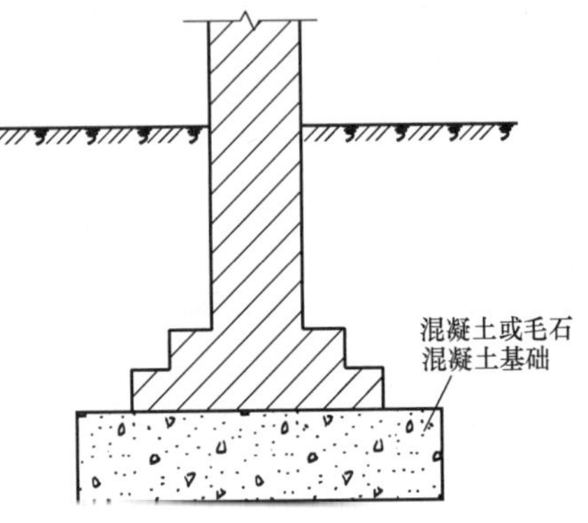


图2-5　混凝土与毛石混凝土基础

为了节约水泥，在浇筑混凝土时，可投入30%（毛石与混凝土的体积比）左右的毛石，这种基础称为毛石混凝土基础。投石时，注意毛石周围应包有足够的混凝土，以保证毛石混凝土的强度。混凝土浇捣完毕，水泥终凝后，混凝土外露部分要加以覆盖，浇水养护。

### 4. 钢筋混凝土基础施工

钢筋混凝土基础适用于上部结构荷载大、地基较软弱、需要较大底面尺寸的情况。钢筋混凝土基础施工主要包括支模、扎筋、浇筑混凝土、养护和拆模等工序。

（1）条形基础　钢筋混凝土条形基础一般用于混合结构民用房屋的承重墙下，是由素混凝土垫层、钢筋混凝土底板和大放脚组成的，如图2-6所示。当土质较好且较干燥时，也可不用垫层，而将钢筋混凝土底板直接做在夯实的土层上。

钢筋混凝土条形基础的主筋（受力钢筋）沿墙体横向放置在基础底面，直径一般为8～16mm，分布筋沿纵向布置。混凝土保护层可采用35mm（有垫层时）或70mm（无垫层时）厚。

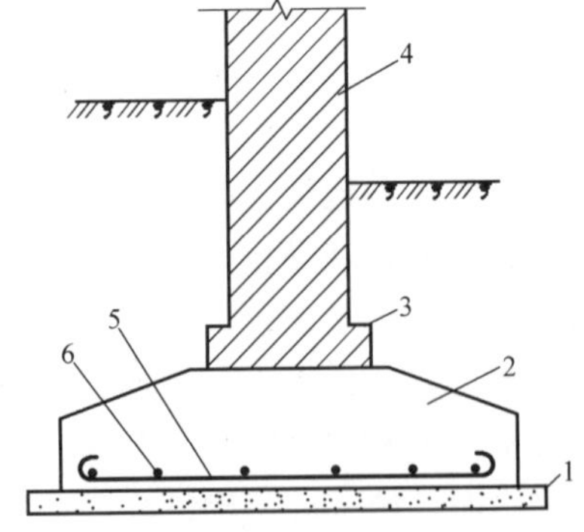


图2-6　条形基础

1—素混凝土垫层　2—钢筋混凝土底板

3—大放脚　4—基础墙

5—受力筋　6—分布筋

垫层干硬以后，即可进行弹线、绑扎钢筋等工作。钢筋绑扎好后，要用水泥块垫起（水泥块的厚度即为混凝土保护层厚度）。安装模板时，应先核对纵横轴线和标高，模板支撑要求严密牢固。浇筑混凝土前，模板和钢筋上的垃圾、泥土和油污等物应清除干净，模板要浇水润湿。混凝土应分层捣实，每层厚度不得超过 30cm。基础上有插筋时，应保证插筋的位置正确。混凝土浇筑完毕，终凝以后，表面应加以覆盖和浇水养护，浇水次数视气温情况而定，只要使混凝土具有足够的湿润状态即可。普通水泥和矿渣水泥养护不得少于 7 昼夜。

（2）杯形基础　杯形基础主要用于装配式钢筋混凝土柱基础，如图 2-7 所示。钢筋混凝土柱与杯口接头采用细石混凝土灌缝。

钢筋混凝土杯形基础施工中应注意以下几点：

1）混凝土一般应按台阶高度分层浇筑，并用插入式振动器振实。

2）浇捣杯口混凝土时，应特别注意杯口模板尺寸和位置的准确性，以利于柱子的安装。

3）杯形基础在浇筑时，应注意杯底混凝土面比设计标高降低 50mm 左右，以在柱子制作长度有误差时便于调整。

4）在基础拆除模板或基坑回填土后，应根据轴线控制桩在杯口上表面弹出柱子中心线位置，以作为柱子安装时固定及校正位置的依据。在杯口内侧弹一标高控制线（杯口水平线、高程线），用作控制杯口底抄平的标高。

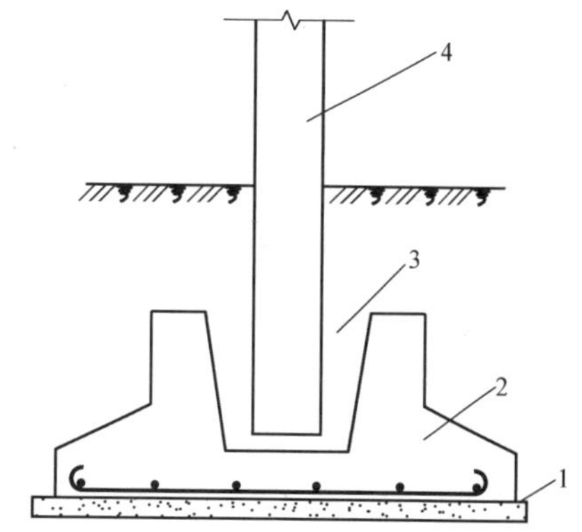


图 2-7　杯形基础
1—垫层　2—杯形基础
3—杯口　4—钢筋混凝土柱

（3）筏形基础　筏形基础是由底板和梁等整体组成的。当上部结构荷载较大、地基承载力较小时，可采用筏形基础。筏形基础在外形和构造上像倒置的钢筋混凝土楼盖，分为梁板式和平板式两类，如图 2-8 所示。前者用于荷载较大的情况，后者一般在荷载不大、柱网较均匀且间距较小的情况下采用。由于筏形基础的整体刚度较大，能有效地将各柱子的沉降调整得较为均匀，故在多层和高层建筑中被广泛采用。其施工操作程序如下：

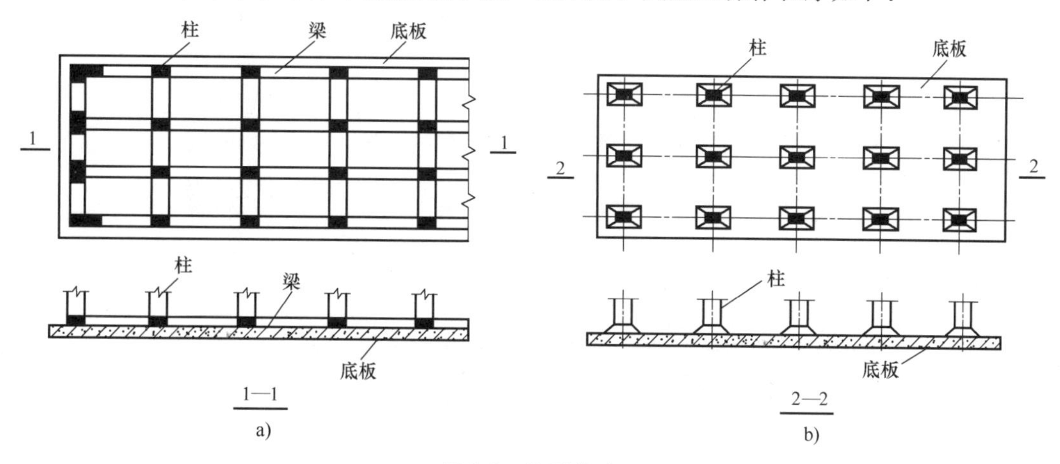


图 2-8　筏形基础
a）梁板式　b）平板式

1）基坑开挖时，若地下水位较高，应采取人工降低地下水位法使地下水位降至基坑底面以下不少于 500mm，保证基坑在无水情况下开挖施工。

2）混凝土浇筑前，应清理基坑、支设模板和铺设钢筋。木模板要浇水湿润，钢模板面要涂刷隔离剂。

3）混凝土浇筑方向应平行于次梁长度方向，对于平板式筏形基础则应平行于基础长边方向。

4）混凝土应一次浇筑完成。若不能整体浇筑完成，则应留设垂直施工缝，并用木板挡住。施工缝留设位置：

① 当平行于次梁长度方向浇筑时，应留在次梁中部 1/3 跨度范围内。

② 对平板式可留设在任何位置，但施工缝应平行于底板短边且不应在柱脚范围内。在施工缝处浇筑混凝土时，应将施工缝的表面清扫干净，清除水泥薄层和松动石子等，并浇水湿润，铺上一层水泥浆或与混凝土成分相同的水泥砂浆，继续浇筑混凝土。

③ 对于梁板式筏形基础，梁高出底板部分应分层浇筑，每层浇筑厚度不宜超过 200mm。当底板上或梁上有立柱时，混凝土应浇筑到柱脚顶面，留设水平施工缝，并预埋连接立柱的插筋。水平施工缝处理与垂直施工缝相同。

5）混凝土浇筑完毕，在基础表面应覆盖草帘和洒水养护，并不少于 7d。待混凝土的强度达到设计强度的 25%以上时，即可拆除梁的侧模。

6）当混凝土的强度达到设计强度的 30%时，应进行基坑回填。

（4）箱形基础　箱形基础是主要由钢筋混凝土底板、顶板、侧墙及一定数量纵横墙构成的封闭箱体，如图 2-9 所示。它是多层和高层建筑中广泛采用的一种基础形式，以承受上部结构荷载，并将其传递给地基。箱形基础中部可在内隔墙开门洞做地下室。这种基础整体性和刚度较好，调整不均匀沉降的能力及抗震能力较强，可消除因地基变形引起的建筑物开裂。它适用于软土地基，当非软土地基出于人防、抗震考虑和设置地下室时，也常采用箱形基础。

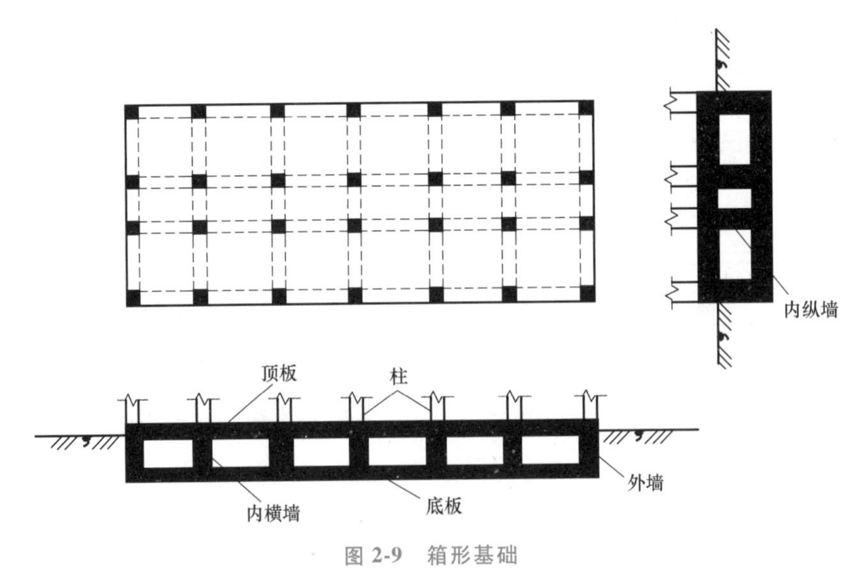


图 2-9　箱形基础

箱形基础的深基坑开挖工程应在认真研究建筑场地、工程地质和水文地质资料的基础上编制施工组织设计。箱型基础的施工操作必须遵照有关规范执行。

1）箱形基础的基坑开挖应验算边坡稳定性，并注意对基坑邻近建筑物的影响。验算时，应考虑坡顶堆载、地表积水和邻近建筑物的影响等不利因素，必要时采取支护。支护结构常用钢板桩或槽钢打入土中一定深度，或设置围檩，由立柱和挡板构成一个体系替代钢板桩和槽钢；也可以采用地下连续墙、深层搅拌桩或钻孔桩组成排桩式的挡墙作为支护结构（该法常用在埋置相对浅一些的箱形基础的基坑中）。

2）基坑开挖如有地下水，应采用明沟排水或井点降水等方法，以保持作业现场的干燥。

3）箱形基础的基底直接承受全部建筑物的荷载，必须是土质良好的持力层。因此，地基土的原状结构，尽可能不被扰动。在采用机械挖土时，应根据土的软硬程度，在基坑底面设计标高以上，保留200~400mm厚的土层，采用人工开挖。基坑不得长期暴露，更不得积水。在基坑验槽后，应立即进行基础施工。

4）箱形基础的底板、顶板及内外墙的支模和浇筑，可采用内外墙和顶板分次支模浇筑方法施工。外墙接缝应设榫接或止水带。

5）箱形基础的底板、顶板及内外墙宜连续浇筑。对于大型箱形基础工程，当基础长度超过40m时，宜设置一道不小于700mm的后浇带，以防产生温度收缩裂缝。后浇带应设置在柱距三等分的中间范围内，宜四周兜底贯通顶板、底板及墙板。后浇带的施工须待顶板浇捣后至少两周以上，使用比原设计强度等级提高一级的混凝土。在混凝土继续浇筑前，应将施工缝及后浇带的混凝土表面凿毛，清除杂物，表面冲洗干净，注意接缝质量，然后浇筑混凝土，并加强养护。

6）箱形基础底板的厚度，一般都超过1.0m，整个箱形基础的混凝土体积常达数千立方米。因此，箱形基础的混凝土浇筑属于大体积钢筋混凝土的浇筑问题。

7）箱形基础施工完毕，应抓紧做好基坑回填工作，尽量缩短基坑暴露时间。回填前要做好排水工作，使基坑内始终保持干燥状态。回填土应分层夯实。

8）当筏形基础与箱形基础的长度超过40m时，应设置永久性的沉降缝和温度收缩缝。当设计没有设置永久性的沉降缝和温度收缩缝时，应采取设置沉降后浇带、温度后浇带、诱导缝或用微膨胀混凝土、纤维混凝土浇筑基础等措施。

## 2.3　桩基础施工

近年来，在土木工程建设中，大型建筑物和构筑物日益增多，对基础承载力要求随之提高，为了满足承载力的要求，桩基础被广泛应用到土木工程中。桩基础是一种常用的深基础形式，当天然地基上的浅基础沉降量过大或地基承载力不能满足设计荷载要求时，往往采用桩基础。

桩基础由桩身和承台组成，桩身全部或部分埋入土中，顶部由承台或承台梁连成一体，在承台上修筑上部建（构）筑物，从而保证建筑物的稳定性和减少地基沉降。

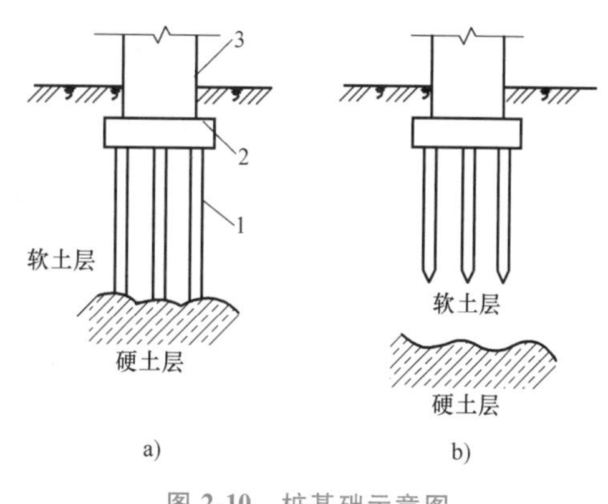


图2-10　桩基础示意图

a）端承桩　b）摩擦桩

1—桩　2—承台　3—上部结构

按桩的承载性质不同，桩可分为端承桩和摩擦桩，如图2-10所示。按桩身的材料不同，桩可分为木桩、混凝土桩（包括钢筋混凝土桩、预应力混凝土桩）、钢桩、砂石桩和灰土桩等。按成桩的方法不同，桩可分为非挤土桩、部分挤土桩和挤土桩。按桩的制作工艺不同，桩可分为预制桩和现场灌注桩。

桩的种类很多，应根据建筑结构类型、荷载性质、桩的使用功能、穿越土层、桩端持力层土类、地下水位、施工设备、施工环境和制桩材料供应等条件因素，选择经济合理、安全适用的桩型和成桩工艺。下面介绍一些常用桩型的施工工艺。

## 2.3.1　预制桩施工

预制桩包括钢筋混凝土预制桩和钢桩，本节只介绍钢筋混凝土预制桩。

### 1. 预制桩的制作、起吊、运输和堆放

（1）制作

1）预制混凝土实心桩。预制混凝土实心桩大多做成方形截面，断面尺寸一般为(200mm×200mm)~(500mm×500mm)。较短的预制混凝土实心桩多在预制场制作，单根桩的长度一般在12m以内为宜；考虑运输的不方便，较长的预制混凝土实心桩一般在施工现场附近就地预制，长度不宜超过30m。预制混凝土实心桩的接头不宜超过2个。

2）预应力管桩。预应力管桩即PC桩，一般为外径400~500mm的空心圆柱形截面，壁厚80~100mm，在工厂采用“离心法”制作，分节长度8~10m，用法兰连接，接头不宜超过4个，底端可设桩尖，也可开口。预应力管桩多采用先张法预应力工艺。具体参考图集《预应力混凝上管桩》（10C409）。

钢筋混凝土预制桩的质量检验标准应符合《建筑地基基础工程施工质量验收标准》（GB 50202—2018）的规定，见表2-2和表2-3。

表2-2　锤击预制桩质量检验标准

<table>
<tr><th rowspan="2">项目</th><th rowspan="2">序号</th><th rowspan="2" colspan="2">检查项目</th><th colspan="2">允许值或允许偏差</th><th rowspan="2">检查方法</th></tr>
<tr><th>单位</th><th>数值</th></tr>
<tr><td rowspan="2">主控项目</td><td>1</td><td colspan="2">承载力</td><td colspan="2">不小于设计值</td><td>静载试验、高应变法等</td></tr>
<tr><td>2</td><td colspan="2">桩身完整性</td><td colspan="2">—</td><td>低应变法</td></tr>
<tr><td rowspan="12">一般项目</td><td>1</td><td colspan="2">成品桩质量</td><td colspan="2">表面平整，颜色均匀，掉角深度小于10mm，蜂窝面积小于总面积的0.5%</td><td>检查产品合格证</td></tr>
<tr><td>2</td><td colspan="2">桩位</td><td colspan="2">见表2-4</td><td>用全站仪或钢尺量</td></tr>
<tr><td>3</td><td colspan="2">焊条质量</td><td colspan="2">设计要求</td><td>检查产品合格证</td></tr>
<tr><td rowspan="6">4</td><td rowspan="3">接桩：焊缝质量</td><td>咬边深度</td><td>mm</td><td>≤0.5</td><td>用焊缝检查仪</td></tr>
<tr><td>加强层高度</td><td>mm</td><td>≤2</td><td>用焊缝检查仪</td></tr>
<tr><td>加强层宽度</td><td>mm</td><td>≤3</td><td>用焊缝检查仪</td></tr>
<tr><td colspan="2">电焊结束后停歇时间</td><td>min</td><td>≥8(3)</td><td>用表计时</td></tr>
<tr><td colspan="2">上下节平面偏差</td><td>mm</td><td>≤10</td><td>用钢尺量</td></tr>
<tr><td colspan="2">节点弯曲矢高</td><td colspan="2">同桩体弯曲要求</td><td>用钢尺量</td></tr>
<tr><td>5</td><td colspan="2">收锤标准</td><td colspan="2">设计要求</td><td>用钢尺量或检查沉桩记录</td></tr>
<tr><td>6</td><td colspan="2">桩顶标高</td><td>mm</td><td>±50</td><td>水准测量</td></tr>
<tr><td>7</td><td colspan="2">垂直度</td><td colspan="2">≤1/100</td><td>经纬仪测量</td></tr>
</table>

注：括号中为采用二氧化碳气体保护焊时的数值。

表 2-3　静压预制桩质量检验标准

| 项目 | 序号 | 检查项目 | | 允许值或允许偏差 | | 检查方法 |
|---|---|---|---|---|---|---|
| | | | | 单位 | 数值 | |
| 主控项目 | 1 | 承载力 | | 不小于设计值 | | 静载试验、高应变法等 |
| | 2 | 桩身完整性 | | — | | 低应变法 |
| 一般项目 | 1 | 成品桩质量 | | 表面平整，颜色均匀，掉角深度小于 10mm，蜂窝面积小于总面积的 0.5% | | 检查产品合格证 |
| | 2 | 桩位 | | 见表 2-4 | | 用全站仪或钢尺量 |
| | 3 | 焊条质量 | | 设计要求 | | 检查产品合格证 |
| | 4 | 接桩：焊缝质量 | 咬边深度 | mm | ≤0.5 | 焊缝检查仪 |
| | | | 加强层高度 | mm | ≤2 | 焊缝检查仪 |
| | | | 加强层宽度 | mm | ≤3 | 焊缝检查仪 |
| | | 电焊结束后停歇时间 | | min | ≥6(3) | 用表计时 |
| | | 上下节平面偏差 | | mm | ≤10 | 用钢尺量 |
| | | 节点弯曲矢高 | | 同桩体弯曲要求 | | 用钢尺量 |
| | 5 | 终压标准 | | 设计要求 | | 现场实测或检查沉桩记录 |
| | 6 | 桩顶标高 | | mm | ±50 | 水准测量 |
| | 7 | 垂直度 | | ≤1/100 | | 经纬仪测量 |
| | 8 | 混凝土灌芯 | | 设计要求 | | 检查灌注量 |

注：电焊结束后停歇时间项括号中为采用二氧化碳气体保护焊时的数值。

（2）起吊、运输和堆放　预制桩达到设计强度的 70%后方可起吊，达到设计强度的 100%后方可运输。如提前起吊，必须经验算合格。预制桩在起吊和搬运时，吊点应符合设计规定，当无吊环，设计又未规定时，应以起吊附加弯矩最小的原则确定吊点位置，如图 2-11 所示。起吊时钢丝绳与预制桩之间应加衬垫，以免损坏棱角。起吊时应平稳提升，避免摇晃、撞击和振动，各吊点要同时离地。

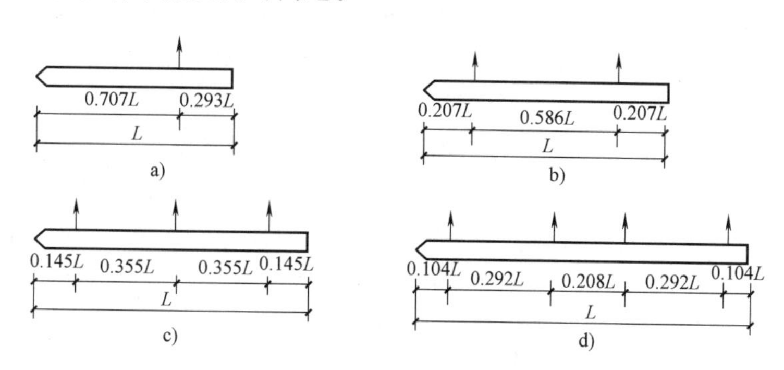


图 2-11　吊点的合理位置

a）1 个吊点　b）2 个吊点　c）3 个吊点　d）4 个吊点

预制混凝土桩堆放时，地面必须平整、坚实，垫木间距应根据吊点确定，各层垫木应位于同一垂直线上，最下层的垫木应适当加宽，堆放层数不宜超过 4 层。不同规格的桩应分别堆放。

2. 预制桩沉桩工艺

（1）沉桩前的准备　桩基础工程在施工前，应根据工程规模和复杂程度来编制整个分部工程的施工组织设计或施工方案。在沉桩前，现场准备工作的内容有处理障碍物、平整场地、抄平放线、敷设水电管网、沉桩机械设备的进场和安装以及预制桩的供应等。

1）处理障碍物。沉桩前，宜先向城市管理、供水、供电、供气、电信和房管等有关单位提出要求，认真处理高空、地上和地下的障碍物。然后对现场周围（一般为10m以内）的建筑物、驳岸和地下管线等做全面检查，必须予以加固，或采取隔振措施，或拆除，以免沉桩过程中由于振动而对其产生不利影响。

2）平整场地。沉桩场地必须平整、坚实，必要时宜铺设道路，经压路机碾压密实，场地四周应挖排水沟以利于排水。

3）抄平放线。在沉桩现场附近设水准点，其位置应不受沉桩影响，数量不得少于2个，用以抄平场地和检查桩的入土深度。要根据建筑物的轴线控制桩定出桩基础的每个桩位，可用小木桩标记。在正式沉桩之前，应对桩基的轴线和桩位复查一次，以免因小木桩的挪动、丢失而影响施工。

预制桩的桩位偏差应符合《建筑地基基础工程施工质量验收标准》（GB 50202—2018）的规定，见表2-4。

表2-4　预制桩（钢桩）的桩位允许偏差

| 序号 | 检查项目 | | 允许偏差/mm |
|---|---|---|---|
| 1 | 带有基础梁的桩 | 垂直基础梁的中心线 | ≤100+0.01$H$ |
| | | 沿基础梁的中心线 | ≤150+0.01$H$ |
| 2 | 承台桩 | 桩数为1~3根桩基中的桩 | ≤100+0.01$H$ |
| | | 桩数大于或等于4根桩基中的桩 | ≤1/2桩径+0.01$H$或1/2边长+0.01$H$ |

注：$H$为桩基施工面至设计桩顶的距离。

4）进行沉桩试验。施工前应做不少于2根桩的沉桩试验，用以了解桩的沉入时间、最终沉入度、持力层的强度、桩的承载力以及施工过程中可能出现的各种问题和反常情况等，以便检验所选的沉桩设备和施工工艺是否符合设计要求。

5）确定沉桩顺序。沉桩顺序直接影响到桩基础的质量和施工速度，应根据桩的密集程度（桩距大小）、规格、长短、设计标高、工作面布置和工期要求等综合考虑，合理确定沉桩顺序。根据桩的密集程度，沉桩顺序一般分为逐段单向沉设、由中间向两侧沉设和自中部向四周沉设三种，如图2-12所示。当桩的中心距不大于4倍桩的直径或边长时，应从中间向两侧对称沉设，或由中间向四周沉设。当桩的中心距大于4倍桩的直径或边长时，可采用上述两种方法，或逐段单向沉设。

根据基础的设计标高和桩的规格，宜按先深后浅、先大后小、先长后短的顺序进行沉桩。

6）桩帽、垫衬和送桩设备机具准备。

（2）工艺流程　预制桩沉桩工艺流程如图2-13所示。

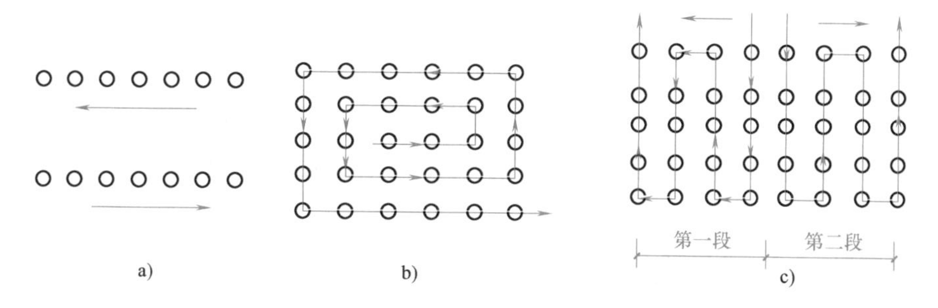


图 2-12 常用的沉桩顺序示意图

a）逐段单向沉设 b）自中间向四周沉设 c）自中间向两侧沉设

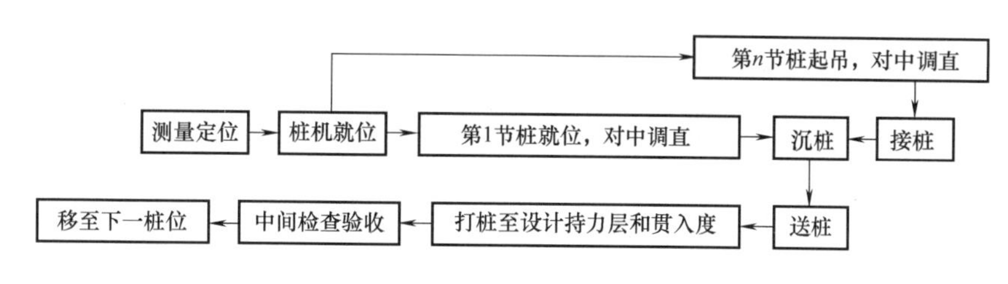


图 2-13 预制桩沉桩工艺流程图

1）测量定位。根据设计图编制工程桩测量定位图，保证轴线控制点不受沉桩时振动和挤土的影响，以及控制点的准确性。根据实际沉桩线路图，按施工区域划分测量定位控制网，一般一个区域内根据每天施工进度放样 10~20 根桩位，在桩位中心点地面上打入一根直径为 6mm、长为 30~40cm 的钢筋，并用红油漆标示。桩机移位后，应进行第二次核样，根据轴线控制点所标示工程桩位坐标点（$X$，$Y$），采用极坐标法进行核样，保证工程桩位偏差值小于 10mm，并以工程桩位点为中心，用白灰按桩径大小画一个圆圈，以方便插桩和对中。工程桩在施工前，应根据施工桩长在匹配的工程桩身上画出以米为单位的长度标记，并按从下至上的顺序标明桩的长度，以便观察桩的入土深度。

2）桩机就位。为保证桩机下地表土受力均匀，防止不均匀沉降，保证沉桩机械施工安全，应采用厚度为 2~3cm 的钢板铺设在桩机履带下，钢板宽度比桩机宽 2m 左右，以保证桩机行走和沉桩的稳定性。根据桩机桩架下端的角度计初调桩架的垂直度，并用线坠由桩帽中心点吊下与地上桩位点初对中。

3）沉桩。桩插入土中时的垂直度偏差不应超过 0.5%，固定沉桩设备和桩帽，使桩、桩帽和沉桩设备在同一铅垂线上，确保桩能垂直下沉。沉桩过程中，如遇桩身倾斜、桩位位移、贯入度剧变、桩顶或桩身产生严重裂缝或破碎等异常情况，应暂停沉桩，处置后再进行施工。当桩顶设计标高低于自然地面时，可采用送桩法将桩送入土中，桩与送桩器应在同一轴线上，拔出送桩杆后，桩孔应及时回填。

4）接桩。当管桩需接长时，接头个数不宜超过 3 个且尽量避免在厚黏性土层中接桩。常用的接桩方法有焊接、法兰连接或硫黄胶泥锚接。前两种方法适用于各类土层，后一种方法适用于软土层。焊接接桩时，钢板宜用低碳钢，焊条宜用 E43，先四角点焊固定，再对称焊接；法兰接桩时，钢板和螺栓也宜用低碳钢并紧固牢靠；硫黄胶泥锚接接桩时的硫黄胶泥配合比应通过试验确定。

3. 预制桩的沉桩方法

预制桩的沉桩方法有锤击沉桩、静力压桩、振动沉桩和射水沉桩等。

(1) 锤击沉桩　锤击沉桩是预制桩最常用、最传统的沉桩方法，是利用桩锤下落产生的冲击能量将桩打入土中，也叫打入法。该法施工速度快、机械化程度高、适应范围广、现场文明程度高，但施工时噪声大并有较大的振动，对周边建筑物有一定的负面影响，在城市中心和夜间施工时有所限制。

锤击沉桩所用的机具设备主要包括桩锤、桩架及动力装置三部分。桩锤的作用是对桩施加冲击力，将桩打入土中；桩架的作用是支撑桩身和桩锤，并在沉桩过程中作为桩的导向架，保证桩锤沿着所要求的方向冲击；动力装置包括卷扬机、锅炉和空气压缩机等。

1) 桩锤。桩锤有落锤、汽锤、柴油锤和振动锤等。

① 落锤由一般生铁铸成。落锤利用重力坠落到桩头上，逐渐将桩打入土中。落锤的质量为1~5t，构造简单，使用方便，故障少。它适用于在普通黏性土和含砾石较多的土层中打桩。但打桩速度较慢（每分钟锤击6~12次），效率低。提高落锤的落距，可以增加冲击能，但落距太高又会击坏桩头，故落距一般以1~2m为宜。

② 汽锤是以高压蒸汽或压缩空气为动力的打桩机械，有单动汽锤和双动汽锤两种。

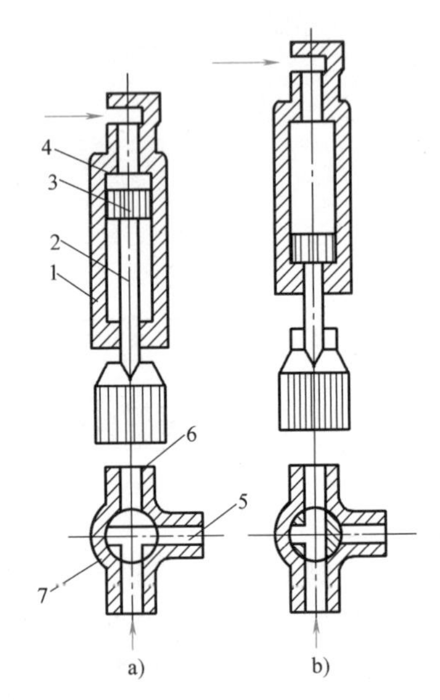


图 2-14　单动汽锤

a）气缸升起　b）气缸下落

1—气缸　2—活塞杆　3—活塞

4—活塞提升室　5—进汽口

6—排汽口　7—换向阀门

单动汽锤，如图2-14所示，结构简单、落距小，设备和桩头不易损坏，打桩速度及冲击力比落锤大，效率较高，每分钟锤击60~80次，一般适用于各种桩在各类土中施工，最适用于套管法打就地灌注混凝土桩，锤的质量为0.5~5t。

双动汽锤，如图2-15所示，打桩速度快，冲击频率高，每分钟锤击100~120次，一般打桩工程都可使用，并能用于打钢板桩、水下桩、斜桩和拔桩，但设备笨重、移动较困难，锤的质量为0.6~6.0t。

③ 柴油锤是利用燃油爆炸来推动活塞往返运动进行锤击打桩的。柴油锤与桩架、动力设备配套组成柴油打桩机。柴油锤分导杆式和筒式两种。锤的质量为0.6~0.7t，设备轻便，效率较高，每分钟锤击40~80次，常用于打木桩、钢板桩和混凝土预制桩。它是目前应用较广的一种桩锤，但在松软土中打桩时易熄火。

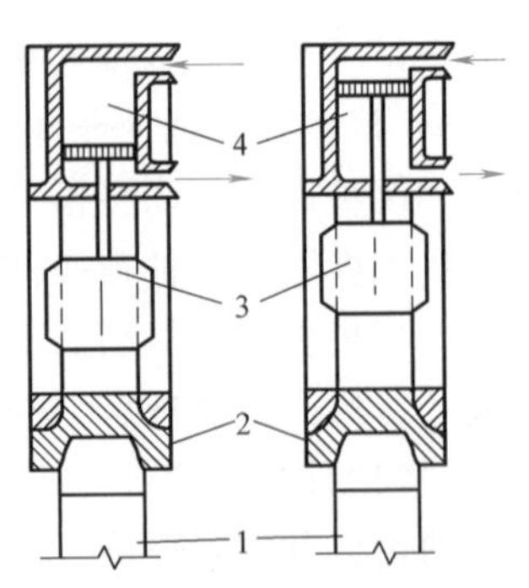


图 2-15　双动汽锤

1—桩　2—垫座

3—冲击部分　4—蒸汽缸

④ 振动锤是利用机械强迫振动，通过桩帽传到桩上使桩下沉。振动锤沉桩速度快，适用性强，施工操作简易安全，能帮助卷扬机拔桩。适于打钢板桩、钢管桩和长度在15m以内的人工灌注桩，但不适于打斜桩。振动锤适于粉质黏土、松散砂土、黄土和软土，不宜用于岩石、砾石和密实的黏性土地基，

在砂土中打桩最有效。

桩锤的类型应根据施工现场情况、机具设备条件及工作方式和工作效率等条件来选择。在做功相同而锤重与落距乘积相等的情况下，宜选用重锤低击，此种方法桩锤动量大且冲击回弹能量消耗小。如果桩锤过重，则所需要的动力设备大，能量消耗大，不经济；如果桩锤过轻，则在施打时必定增大落距，使桩身产生回弹，桩不宜沉入土中，常常打坏桩头或使桩混凝土保护层脱落，严重时甚至使桩身断裂。

2）桩架。桩架一般由底盘、导向杆、起吊设备和撑杆等组成。根据桩的长度、桩锤的高度及施工条件等选择桩架和确定桩架高度。

桩架高度=桩长+桩锤高度+滑轮组高度+桩帽高度+起锤工作高度(1~2m)

桩架的形式多种多样，通用桩架有两种：一种是沿轨道行驶的多功能桩架；另一种是装在履带底盘上的履带式桩架。

多功能桩架由立柱、斜撑、回转工作台、底盘及传动机构组成。它的机动性和适应性很大，在水平方向可360°回转，导架可以伸缩和前后倾斜，底座下装有铁轮，底盘在轨道上行走。这种桩架适用于各种预制桩及灌注桩的施工。它的缺点是机构比较庞大，现场组装和拆迁比较麻烦。

履带式桩架，如图2-16所示，以履带式起重机为主机，配备桩架工作装置。它操作灵活、移动方便，适用于各种预制桩和灌注桩的施工，目前应用最多。

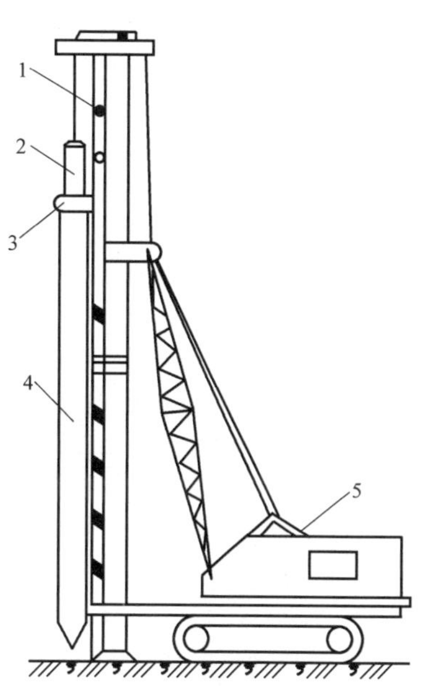

图2-16　履带式桩架

1—导架　2—桩锤　3—桩帽
4—桩　5—起重机

3）动力装置。打桩机械的动力装置是根据所选桩锤而定的。当选用空气锤时，应配备空气压缩机；当选用蒸汽锤时，应配备蒸汽锅炉和绞盘。

打桩过程包括场地准备（三通一平和清理地上、地下障碍物）、定桩位、桩机就位、吊桩、定桩、打桩、接桩、送桩和截桩。

在桩机就位后即进行吊桩，利用桩架上的卷扬机将桩吊成垂直状态送入导向杆内，对准桩位中心，缓缓放下，插入土中。桩插入时垂直度偏差不得超过0.5%。桩就位后，先在桩顶安上桩帽，然后放下桩锤轻轻压住桩帽。桩锤、桩帽和桩身中心线应在同一垂直线上。在桩的自重和锤重的作用下，桩向土中沉入一定深度而达到稳定，这时再校正一次桩的垂直度，即可进行打桩。为了防止击碎桩顶，应在混凝土桩的桩顶与桩帽之间、桩锤与桩帽之间放上硬木、粗草纸或麻袋等桩垫作为缓冲层。

打桩时重锤低击可取得良好效果。桩开始打入时，桩锤落距宜低，一般为0.6~0.8m，使桩能正常沉入土中。待桩入土一定深度（1~2m），桩尖不易产生偏移时，可适当增大落距，并逐渐提高到规定的数值，连续锤击。

打桩过程应做好测量和记录。用落锤、单动汽锤或柴油锤打桩时，从开始即需统计桩身每沉落1m所需要的锤击数。当桩下沉接近设计标高时，应以一定落距测量其每阵（10击）

的沉落值（贯入度），使其达到设计承载力所要求的最小贯入度。用双动汽锤时，从开始就应记录桩身每下沉 1m 所需要的工作时间，以观察其沉入速度。当桩下沉接近设计标高时，应测量桩每分钟的下沉值，以保证桩的设计承载力。

为保证打桩质量，应遵循以下停打原则：摩擦桩，以控制桩端设计标高为主，贯入度作为参考；端承桩以控制贯入度为主，桩端设计标高作为参考；当贯入度已达到而桩端标高未达到时，应继续锤击 3 阵，按每阵 10 击的贯入度不大于设计规定的数值加以确认。必要时施工控制贯入度应通过试验与有关单位会商确定。

（2）静力压桩　静力压桩是在软土地基上，利用静力压桩机以无振动的静压力（自重和配重）将预制桩压入土中的一种沉桩工艺。这种沉桩方法在我国沿海软土地基上已较为广泛地采用。与普通的打桩和振动沉桩相比，静力压桩可以消除噪声和振动的公害。

静力压桩机，如图 2-17 所示，是利用安置在桩架上的卷扬机、钢丝绳和滑轮，牵引压梁将整个机身的自重（800~1500kN）反压于桩顶，以克服桩身下沉时的摩擦力，迫使预制桩沉入土中。桩架高一般为 16~20m，每节桩长 6~10m，当第一节桩顶离地面 2m 左右时，即将第二节桩接上，然后继续压入。

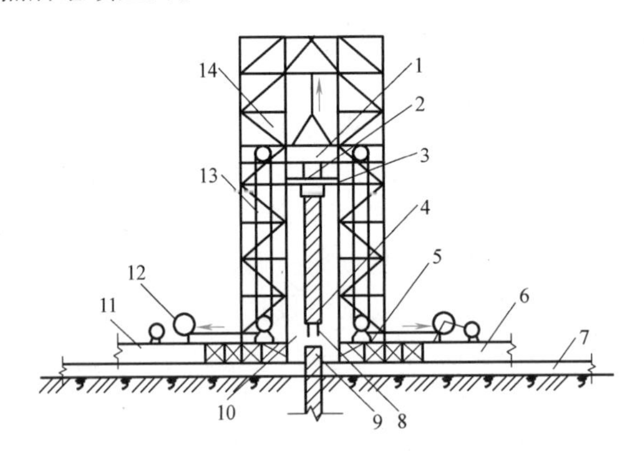


图 2-17　静力压桩机示意图

1—活动压梁　2—油压表　3—桩帽　4—上段桩　5—加压物仓　6—底盘　7—轨道　8—上段接桩锚筋　9—下段桩　10—导笼口　11—操作平台　12—卷扬机　13—加压钢丝绳滑轮组　14—桩架

静力压桩施工设备自重（含配重）较大，一般为极限压桩力的 1.2~1.5 倍，故应验算地面垫木和地表土强度。若不能满足要求，则应对地表土加以处理，以防机身沉陷。压同一根（节）桩时，应缩短停歇时间和接桩时间，以防桩周土固结，压桩力骤增，造成压桩困难。

（3）振动沉桩　振动沉桩的原理是借助固定于桩头上的振动沉桩机所产生的振动力，以减小桩与土颗粒之间的摩擦力，使桩在自重与机械力的作用下沉入土中。

振动沉桩主要适用于砂土、碎石土、黄土、软土和亚黏土，在含水砂层中的效果更为显著，但在砂砾层中和黏土地区效果差。

（4）射水沉桩　射水沉桩就是利用高压水流冲刷桩尖下面的土壤，以减小桩表面与土壤之间的摩擦力和桩下沉时的阻力，使桩身在自重或锤击作用下，很快沉入土中（图 2-18）。射水停止后，冲松的土壤沉落，又可将桩身压紧。

射水沉桩的设备，除桩架和桩锤外，还需要高压水泵和射水管。施工时应使射水管的末端处于桩尖以下0.3~0.4m处。当桩沉落至最后1~2m时，不宜再用水冲，应通过锤击将桩打至设计标高，以免冲松桩尖的土壤，影响桩的承载力。

射水沉桩适用于砂土、砾石或其他较坚硬土层，特别是对打设较重的混凝土桩更为有效。但在附近有建（构）筑物时，则由于水流的冲刷将会引起它们的沉陷，故在未采取措施前，不得采用此法。

4. 预制桩施工质量的检查验收

预制桩施工质量应符合检查验收规范要求，见表2-2和表2-3。

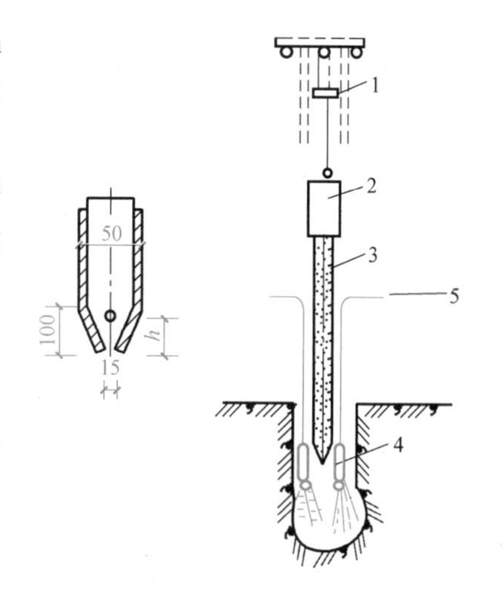

图2-18　射水沉桩

1—桩架　2—桩锤　3—桩

4—射水管　5—高压水

## 2.3.2　灌注桩施工

灌注桩是直接在施工现场桩位上成孔，然后在孔内安放钢筋笼，浇筑混凝土成桩。与预制桩相比，灌注桩具有不受地层变化的限制，不需要接桩和截桩，施工噪声低、振动小、桩长和直径可按设计要求变化自如、桩端能可靠地进入持力层或嵌入岩层、单桩承载力大、挤土影响小和含钢量低等特点。但成桩工艺较复杂、成桩速度较预制桩慢、成桩质量与施工好坏有密切关系（如出现吊脚桩、缩颈、断裂等）。灌注桩按成孔方法分为干作业成孔灌注桩、泥浆护壁成孔灌注桩、套管成孔灌注桩、爆扩成孔灌注桩、人工挖孔灌注桩等。

灌注桩适用范围见表2-5。另外，灌注桩的桩径、垂直度及桩位允许偏差应符合表2-6的规定。

表2-5　灌注桩适用范围

| 项次 | 项目 | | 适用范围 |
|---|---|---|---|
| 1 | 干作业成孔灌注桩 | 螺旋钻 | 地下水位以上的黏性土、砂土及人工填土 |
| | | 钻孔扩底 | 地下水位以上的坚硬、硬塑的黏性土及中密以上的砂土 |
| | | 机动洛阳铲 | 地下水位以上的黏性土，稍密及松散的砂土 |
| 2 | 泥浆护壁成孔灌注桩 | 冲抓钻 | 碎石土、砂土、黏性土及风化岩石 |
| | | 冲击钻 | |
| | | 回旋钻 | |
| | | 潜水钻 | 黏性土、淤泥、淤泥质土及砂土 |
| 3 | 套管成孔灌注桩 | 锤击振动 | 可塑、软塑、流塑的黏性土，稍密及松散的砂土 |
| 4 | 爆扩成孔灌注桩 | | 地下水位以上的黏性土、黄土、碎石土及风化岩石 |

表2-6　灌注桩的桩径、垂直度及桩位允许偏差

| 序号 | 成孔方法 | | 桩径允许偏差/mm | 垂直度允许偏差 | 桩位允许偏差/mm |
|---|---|---|---|---|---|
| 1 | 泥浆护壁成孔灌注桩 | $D<1000$mm | ≥0 | ≤1/100 | ≤70+0.01$H$ |
| | | $D\geqslant1000$mm | | | ≤100+0.01$H$ |

（续）

| 序号 | 成孔方法 | | 桩径允许偏差/mm | 垂直度允许偏差 | 桩位允许偏差/mm |
|---|---|---|---|---|---|
| 2 | 套管成孔灌注桩 | $D<500$mm | ≥0 | ≤1/100 | ≤70+0.01$H$ |
| | | $D\geqslant500$mm | | | ≤100+0.01$H$ |
| 3 | 干作业成孔灌注桩 | | ≥0 | ≤1/100 | ≤70+0.01$H$ |
| 4 | 人工挖孔灌注桩 | | ≥0 | ≤1/200 | ≤50+0.005$H$ |

注：1. $H$ 为桩基施工面至设计桩顶的距离（mm）。
2. $D$ 为设计桩径（mm）。

### 1. 干作业成孔灌注桩

干作业成孔灌注桩是先用钻机在桩位处进行钻孔，然后将钢筋骨架放入桩孔内，再灌注混凝土而成的桩。干作业成孔灌注桩的施工工艺流程如图 2-19 所示，常用螺旋钻成孔。螺旋钻孔机是利用动力旋转钻杆，向下切削土壤，削下的土壤沿整个钻杆上升涌入孔外，成孔直径一般为 300~600mm，钻孔深度为 8~20m。

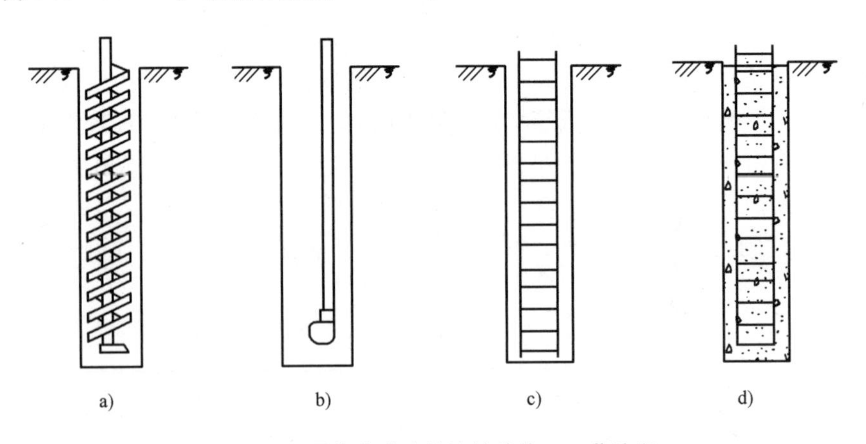


图 2-19　干作业成孔灌注桩的施工工艺流程

a）钻孔　b）空钻清土后掏土　c）放入钢筋骨架　d）灌注混凝土

螺旋钻开始钻孔时，应保持钻杆垂直，位置正确，防止因钻杆晃动引起孔径扩大及孔底虚土增加。在钻孔过程中，要随时清理孔口积土。如发现钻杆跳动、机架晃动、钻杆不进尺或钻头发出响声时，说明钻机有异常情况，应立即停机，研究处理。当遇到地下水、塌孔和缩孔等情况时，应会同有关单位研究处理。当钻孔钻到预定深度后，先在原处空钻清土，然后停钻提起钻杆。

桩孔成形并清孔后，吊放钢筋骨架，灌注混凝土。混凝土浇筑时应随浇随振，每次灌注高度不得大于 1.5m。

### 2. 泥浆护壁成孔灌注桩

在地下水位较高的软土地区，采用干作业成孔灌注桩施工成孔困难，容易发生塌孔和缩颈等质量事故。为保证成孔质量，可采用泥浆护壁成孔灌注桩。泥浆护壁成孔是利用原自然土造浆或人工造浆浆液进行护壁，通过循环泥浆将被钻头切下的土渣携带排出孔外成孔，然后安放绑扎好的钢筋笼，采用导管法水下灌注混凝土成桩。

泥浆在成孔过程中所起的作用是护壁、携渣、冷却和润滑。

1）护壁。泥浆的密度比水的密度大，当孔内泥浆液面高于地下水位时，泥浆对孔壁产生的静水压力相当于一种水平方向的液体支承，可以稳固孔壁、防止塌孔；另外具有较大压力的泥浆在孔壁上会形成一层低透水性的泥皮，避免孔内水分漏失，稳定护筒内的泥浆液面，保持孔内壁的静水压力，以达到护壁的目的。

2）携渣。泥浆有较高的黏性，通过循环泥浆可将切削破碎的土渣悬浮起来，随同泥浆排出孔外，起到携渣排土的作用。

3）冷却和润滑。循环的泥浆对钻具起着冷却和润滑的作用，减轻钻具的磨损。

（1）施工的工艺流程　泥浆护壁成孔灌注桩的施工工艺流程如图2-20所示。

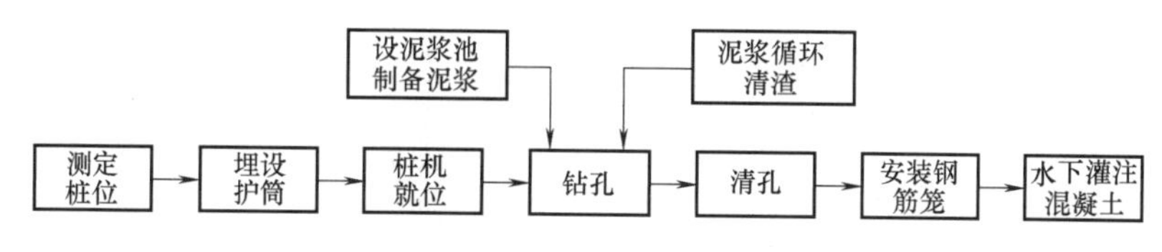


图2-20　泥浆护壁成孔灌注桩的施工工艺流程

（2）施工准备

1）埋设护筒。护筒是用厚4~8mm的钢板制成的圆筒，其内径应至少比钻头直径大100mm，其上部宜开设1~2个溢浆孔。

在埋设护筒时，先挖去桩孔处表土，将护筒埋入土中，保证其准确、稳定。护筒中心与桩位中心偏差不大于50mm，护筒与坑壁之间用黏土填实，以防漏水。护筒的埋设深度，在黏土中不宜小于1.0m，在砂土中不宜小于1.5m。护筒顶面应高出地面0.4~0.6m，并保持孔内泥浆面高出地下水位1m以上，当受水位涨落影响时，泥浆面应高出最高水位1.5m以上。

护筒的作用是固定桩孔位置，防止地面水流入，保护孔口，增高桩孔内水压力，防止塌孔和在成孔时引导钻头方向。

2）制备泥浆。在黏性土中成孔时，可在孔中注入清水，当钻机旋转时，切削土屑与水旋拌，即用原土造浆，泥浆相对密度应控制在1.1~1.2。在其他土中成孔时，泥浆制备应选用高塑性黏土或膨润土。在砂土和较厚的夹砂层中成孔时，泥浆相对密度应控制在1.3~1.5。施工中应经常测定泥浆相对密度，并定期测定黏度、含砂率和胶体率等指标。对施工中废弃的泥浆和渣土应按环境保护的有关规定处理。

（3）钻孔　泥浆护壁成孔灌注桩的成孔方法有潜水钻机成孔、回旋钻机成孔、冲击钻机成孔和冲抓锥成孔等。

1）潜水钻机成孔。潜水钻机的工作部分由封闭式的防水电动机、减速机和钻头组成。工作部分潜入水中，如图2-21所示。这种钻机体积小，质量小，桩架轻便，移动灵活，钻进速度快，噪声小，钻孔直径为600~1500mm，钻孔深度可达50m。它适用于在地下水位高的淤泥质土、黏性土和砂土等土层中成孔。

2）回旋钻机成孔。回旋钻机由动力装置带动钻机的回旋装置转动，从而使钻杆带动钻头转动，由钻头切削土壤。这种钻机性能可靠、噪声和振动小、效率高、质量好，适用于松散土层、黏性土层、砂砾层和硬土层。

回旋钻机成孔根据泥浆循环方式的不同，分为正循环回转钻机成孔和反循环回转钻机成孔。

① 正循环回转钻机成孔的工艺原理如图2-22所示。它是在空心钻杆内部通入泥浆或高压水，从钻杆底部喷出，携带钻下的土渣沿孔壁向上流动，由孔口将土渣带出流入泥浆池。

② 反循环回转钻机成孔的工艺原理如图2-23所示。泥浆带渣流动的方向与正循环回转钻机成孔的方向相反。反循环工艺的泥浆上流的速度较快，能携带较大的土渣。

3）冲击钻机成孔。冲击钻机通过机架和卷扬机把带刃的重钻头（冲击锤）提高到一定高度，靠自由下落的冲击力切削破碎岩层或冲击土层成孔（图2-24）。部分碎渣和泥浆挤压进孔壁，大部分碎渣用掏渣筒掏出（或泥浆循环排出）。此法设备简单、操作方便，对于有孤石的砂卵石岩、坚质岩和岩层均可成孔。

冲击钻头的形式有十字形、工字形和人字形等，一般常用十字形冲击钻头（图2-25）。在钻头锥顶与提升钢丝绳间设有自动转向装置，冲击锤每冲击一次转动一个角度，从而保证将桩孔冲成圆孔。

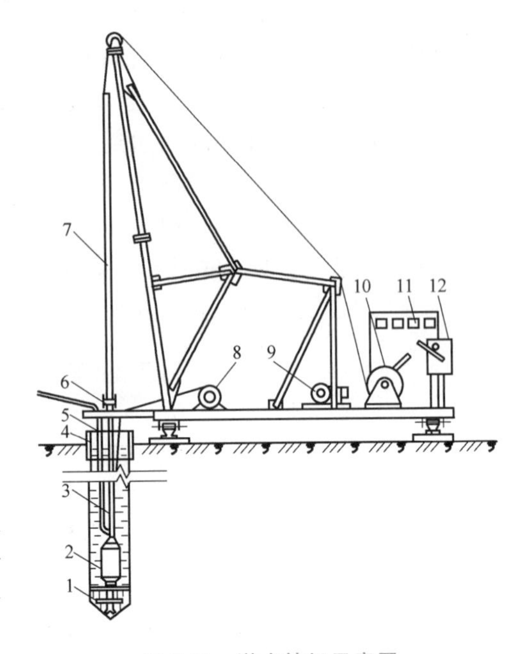


图2-21 潜水钻机示意图

1—钻头 2—潜水钻机 3—电缆 4—护筒 5—水管 6—滚轮支点 7—钻杆 8—电缆盘 9—卷扬机 10—控制箱 11—电流电压表 12—启动开关

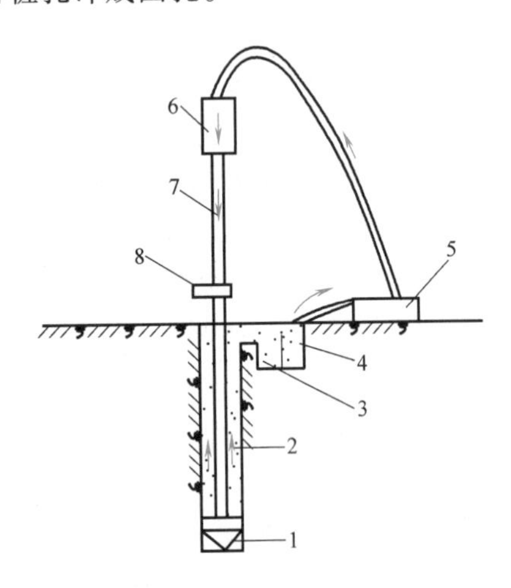


图2-22 正循环回转钻机成孔的工艺原理

1—钻头 2—泥浆循环方向 3—沉淀池 4—泥浆池 5—循环泵 6—水龙头 7—钻杆 8—钻机回转装置

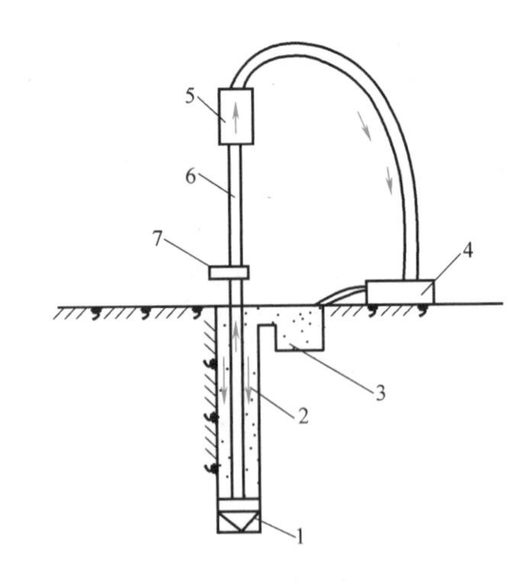


图2-23 反循环回转钻机成孔的工艺原理

1—钻头 2—新泥浆流向 3—沉淀池 4—砂石泵 5—水龙头 6—钻杆 7—钻杆回转装置

冲孔前应埋设钢护筒，并准备好护壁材料。若表层为淤泥和细砂等软土，则在筒内加入小块片石、砾石和黏土；若表层为砂砾卵石，则投入小颗粒砂砾石和黏土，以便冲击造浆，并挤密实孔壁。

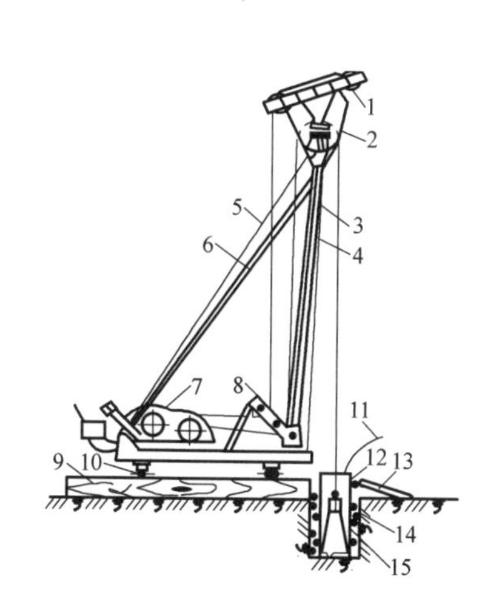


图 2-24　简易冲击钻机示意图

1—副滑轮　2—主滑轮　3—主杆　4—前拉索
5—后拉索　6—斜撑　7—双滚筒卷扬机
8—导向轮　9—垫木　10—钢管　11—供浆管
12—溢流口　13—泥浆渡槽　14—护筒回填土　15—钻头

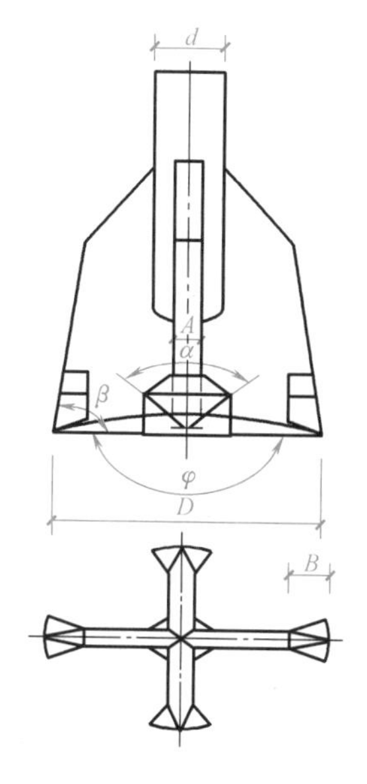


图 2-25　十字形冲击钻头示意图

冲击钻机就位后，校正冲锤中心对准护筒中心，在冲程 0.4~0.8m 的范围内应低提密冲，并及时加入石块进行泥浆护壁，直至护筒下沉 3~4m 以后，冲程可以提高到 1.5~2.0m，转入正常冲击，随时测定并控制泥浆的相对密度。

施工中，应经常检查钢丝绳的损坏情况、卡机的松紧程度和转向装置是否灵活，以免掉钻。如果冲孔发生偏斜，应回填片石（厚为 300~500mm）后重新冲孔。

4）冲抓锥成孔。冲抓锥成孔是先将冲抓锥头提升到一定高度，锥斗内有压重铁块和活动抓片，下落时抓片张开，钻头自由下落冲入土中；然后开动卷扬机拉升钻头，此时抓片闭合抓土，将冲抓锥整体提升至地面卸土，依次循环成孔，如图 2-26 所示。它适用于松散土

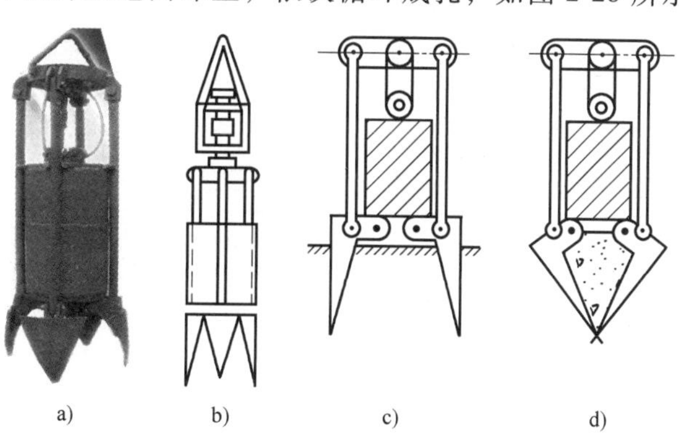


图 2-26　冲抓锥

a）实物图　b）原理图　c）抓土　d）提土

层，如腐殖土、砂土和黏土等。

（4）清孔　当钻孔达到设计要求深度后，应进行成孔质量的检查和清孔，清除孔底沉渣和淤泥，以减小桩基的沉降量，保证成桩的承载力。清孔可采用泥浆循环法或抽渣筒排渣法。当孔壁土质较好不易塌孔时，也可用空气吸泥机清孔。

当在黏土中成孔时，清孔后泥浆相对密度应控制在 1.1 左右，土质较差时应控制在 1.15~1.25。在清孔过程中必须随时补充足够的泥浆，以保持浆面的稳定，一般应高于地下水位 1.0m 以上。当桩以摩擦力为主时，沉渣允许厚度不得大于 300mm；当桩以端承力为主时，沉渣允许厚度不得大于 100mm。套管成孔的灌注桩不得有沉渣。清孔满足要求后，应立即安放钢筋笼，灌注混凝土。

（5）水下灌注混凝土　泥浆护壁成孔灌注桩混凝土的灌注是在泥浆中进行的，故为水下灌注混凝土，最常用的方法是导管法。水下灌注混凝土如图 2-27 所示。

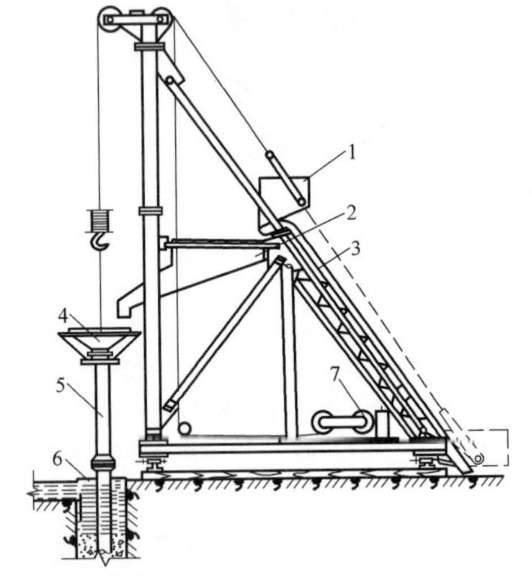

图 2-27　水下灌注混凝土示意图
1—上料斗　2—送料斗　3—滑道　4—漏斗　5—导管　6—护筒　7—卷扬机

水下灌注混凝土的施工工艺如下：

1）用直径为 200mm 的导管灌注水下混凝土。导管每节长度为 3~4m。导管使用前应试拼，并做封闭水试验（0.3MPa），以 15min 不漏水为宜。仔细检查导管的焊缝。

2）导管安装时，导管底部应高出孔底 300~400mm。导管埋入混凝土内的深度为 2~3m，最深不超过 4m，最浅不小于 1m，导管提升速度要慢。

3）开管的混凝土量应满足导管埋入混凝土深度的要求，开管前要备足相应的混凝土。

4）混凝土的坍落度为 18~22cm，以防堵管。

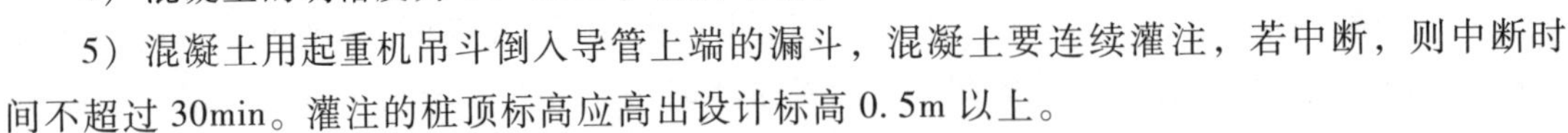

5）混凝土用起重机吊斗倒入导管上端的漏斗，混凝土要连续灌注，若中断，则中断时间不超过 30min。灌注的桩顶标高应高出设计标高 0.5m 以上。

6）混凝土灌注桩钢筋笼质量检验标准及泥浆护壁成孔灌注桩质量检验标准见表 2-7 及表 2-8。

表 2-7　混凝土灌注桩钢筋笼质量检验标准

| 项目 | 序号 | 检查项目 | 允许偏差或允许值/mm | 检查方法 |
|---|---|---|---|---|
| 主控项目 | 1 | 主筋间距 | ±10 | 用钢尺量 |
| | 2 | 长度 | ±100 | 用钢尺量 |
| 一般项目 | 3 | 钢筋材质检验 | 设计要求 | 抽样送检 |
| | 4 | 箍筋间距 | ±20 | 用钢尺量 |
| | 5 | 直径 | ±10 | 用钢尺量 |

表 2-8 泥浆护壁成孔灌注桩质量检验标准

| 项目 | 序号 | 检查项目 | | 允许偏差或允许值 | | 检查方法 |
|---|---|---|---|---|---|---|
| | | | | 单位 | 数值 | |
| 主控项目 | 1 | 承载力 | | 不小于设计值 | | 静载试验 |
| | 2 | 孔深 | | 不小于设计值 | | 用测绳或井径仪测量 |
| | 3 | 桩身完整性 | | — | | 钻芯法、低应变法、声波透射法 |
| | 4 | 混凝土强度 | | 不小于设计值 | | 28d 试块强度或钻芯法 |
| | 5 | 嵌岩深度 | | 不小于设计值 | | 取岩样或超前钻孔取样 |
| 一般项目 | 1 | 垂直度 | | 见表 2-6 | | 用超声波或井径仪测量 |
| | 2 | 孔径 | | 见表 2-6 | | 用超声波或井径仪测量 |
| | 3 | 桩位 | | 见表 2-6 | | 用全站仪或钢尺量，开挖前量护筒，开挖后量桩中心 |
| | 4 | 泥浆指标 | 相对密度（黏土或砂性土中） | 1.0~1.25 | | 用比重计测量，清孔后在孔底 500mm 处取样 |
| | | | 含砂率 | % | ≤8 | 洗砂瓶 |
| | | | 黏度 | s | 18~28 | 黏度计 |
| | 5 | 泥浆面标高（高于地下水位） | | m | 0.5~1.0 | 目测法 |
| | 6 | 钢筋笼质量 | | 见表 2-7 | | 见表 2-7 |
| | 7 | 沉渣厚度 | 端承桩 | mm | ≤50 | 用沉渣仪或重锤测 |
| | | | 摩擦桩 | mm | ≤150 | |
| | 8 | 混凝土坍落度 | | mm | 180~220 | 坍落度仪 |
| | 9 | 钢筋笼安装深度 | | mm | +100<br>0 | 用钢尺量 |
| | 10 | 混凝土充盈系数 | | ≥1.0 | | 实际灌注量与计算灌注量的比 |
| | 11 | 桩顶标高 | | mm | +30<br>-50 | 水准测量，需扣除桩顶浮浆层及劣质桩体 |
| | 12 | 后注浆 | 注浆终止条件 | 注浆量不小于设计要求 | | 查看流量表 |
| | | | | 注浆量不小于设计要求 80%，且注浆压力达到设计值 | | 查看流量表，检查压力表读数 |
| | | | 水胶比 | 设计值 | | 实际用水量与水泥等胶凝材料的质量比 |
| | 13 | 扩底桩 | 扩底直径 | 不小于设计值 | | 井径仪测量 |
| | | | 扩底高度 | 不小于设计值 | | |

### 3. 套管成孔灌注桩

套管成孔灌注桩是利用锤击或振动的方法，将带有桩靴（桩尖）的桩管（钢管）沉入土中成孔。当桩管打到要求深度后，放入钢筋笼，边灌注混凝土，边拔出桩管而成桩，其施工工艺如图 2-28 所示。套管成孔灌注桩使用的机具设备与预制桩的机具设备基本相同。

（1）桩靴与桩管　桩靴可分为钢筋混凝土预制桩靴和活瓣式桩靴两种，如图 2-29 所示，其作用是阻止地下水及泥砂进入桩管。因此，桩靴应具有足够的强度，开启灵活，并与桩管贴合紧密。桩管一般采用无缝钢管，直径为270～600mm，其作用是形成桩孔。因此，桩管应具有足够的刚度和强度。

（2）成孔　常用的成孔机械有振动沉管机和锤击沉桩机。由于成孔不排土，靠沉管时把土挤压密实，所以群桩基础或桩中心距小于3～3.5倍的桩径，应制定合理的施工顺序，以免影响相邻桩的质量。

（3）混凝土灌注和拔管　灌注混凝土和拔起桩管是保证成桩质量的重要环节。当桩管沉到设计标高后，停止振动或锤击，检查管内无泥浆或水进入后，即放入钢筋笼，边灌注混凝土边拔管，拔管时必须边振（打）边拔，以确保混凝土振捣密实，必须严格控制拔管速度。当采用振动沉桩时，桩靴为预制的，拔管速度不宜大于4m/min；当采用活瓣桩靴时，拔管速度不宜大于2.5m/min；当采用锤击沉管时，拔管速度宜控制在0.8～1.2m/min。

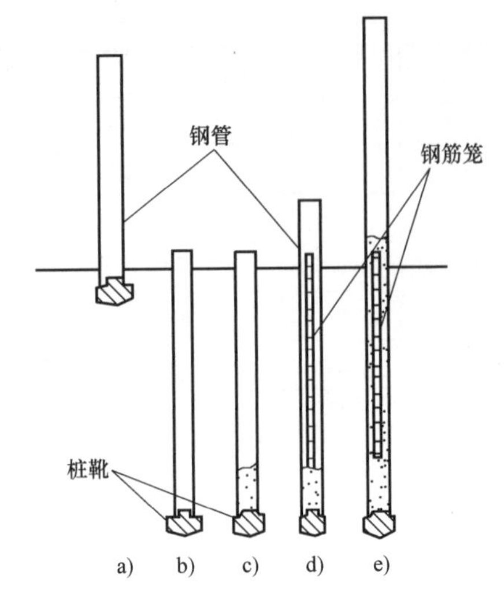

图2-28　套管成孔灌注桩施工工艺
a）就位　b）沉管桩　c）初灌混凝土
d）放钢筋笼、灌注混凝土　e）拔管成桩

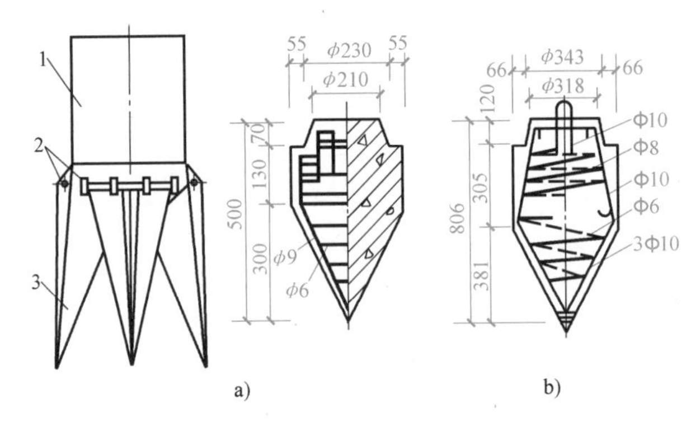

图2-29　桩靴示意图
a）活瓣式桩靴　b）钢筋混凝土预制桩靴
1—桩管　2—销轴　3—活瓣

根据承载力的要求不同，拔管可分别采用单打法、复打法和反插法。

1）单打法，即一次拔管法，拔管时每提升0.5～1.0m，振动5～10s后，再拔管0.5～1.0m，如此反复进行，直至全部拔管完毕为止。

2）复打法，是在同一桩孔内进行两次单打，或根据需要进行局部复打，如图2-30所示。复打法施工程序为：在第一次沉管，灌注混凝土，拔管完毕后，清除桩管外壁上的污泥，立即在原桩位上再次安设桩靴，进行第二次复打沉管，使第一次灌注未凝固的混凝土向四周挤压以扩大桩径，然后再灌注第二次混凝土，拔管方法与单打桩相同。施工时应注意：两次沉管轴线应重合；复打法施工必须在第一次灌注的混凝土初凝以前，完成第二次混凝土的灌注和拔管工作；钢筋笼应在第二次沉管后放入桩管内。

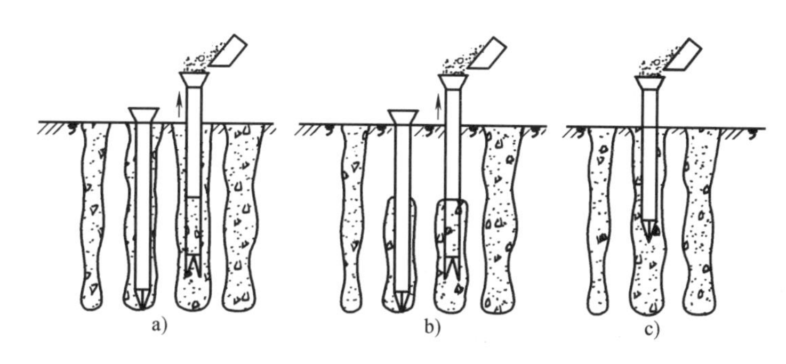


图 2-30　复打法示意图

a）全部复打法　b）、c）局部复打法

3）反插法，即将桩管每提升 0.5~1.0m，再下沉 0.3~0.5m，在拔管过程中分段灌注混凝土，使管内混凝土始终不低于地表面，或高于地下水位 1.0~1.5m，如此反复进行，直至拔管完毕。拔管速度不应超过 0.5m/min。

套管成孔灌注桩的承载力比同等条件的钻孔灌注桩高 50%~80%。单打桩截面比沉入的钢管扩大 30%，复打桩截面比沉入的钢管扩大 80%，反插桩截面比沉入的钢管扩大 50%左右。因此，套管成孔灌注桩具有采用小钢管浇筑出大断面桩的效果。

### 4. 人工挖孔灌注桩

人工挖孔灌注桩（以下简称人工挖孔桩）是指先采用人工挖掘的方法进行成孔，然后安放钢筋笼，灌注混凝土，成为支承上部结构的桩。目前，人工挖孔灌注桩施工工法属于限制淘汰类施工工艺。

人工挖孔桩的优点是：设备简单；施工现场较干净；噪声小，振动小，对施工现场周围的既有建筑物影响小；施工速度快，可按施工进度要求决定同时开挖桩孔的数量，必要时，各桩孔可同时施工；土层情况明确，可直接观察到地质变化情况；桩底沉渣能清除干净；施工质量可靠。当高层建筑采用大直径的混凝土灌注桩时，人工挖孔比机械成孔具有更好的适应性，特别在施工现场狭窄的市区修建高层建筑时，更显示其特殊的优越性。人工挖孔桩施工时，工人在井下作业，施工安全应予以重视，要求严格按操作规程施工并制订可靠的安全措施。人工挖孔桩的直径除能满足设计承载力的要求外，还应考虑施工操作的要求，故桩径不宜小于 800mm，桩底根据设计需要可扩大。当采用现浇混凝土护壁时，人工挖孔桩的构造如图 2-31 所示。护壁厚度一般不小于 $D/10+$ 50mm（其中 $D$ 为桩径），每步高 1m，并有 100mm 放坡。

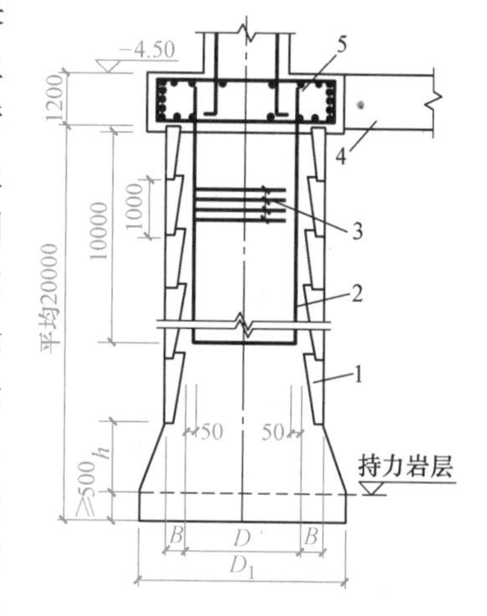


图 2-31　人工挖孔桩的构造图

1—护壁　2—主筋　3—箍筋
4—地梁　5—桩帽

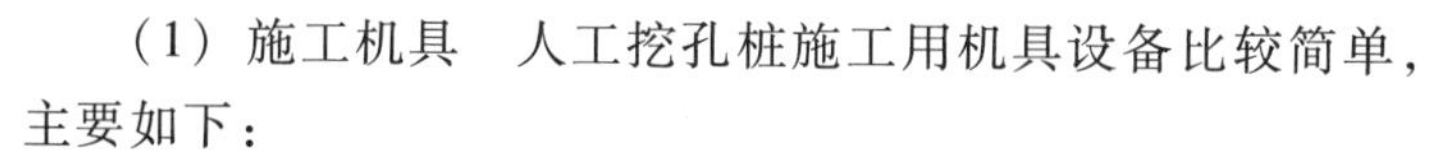
（1）施工机具　人工挖孔桩施工用机具设备比较简单，主要如下：

1）电动葫芦和提土桶，用于施工人员上下，以及材料与弃土的垂直运输。

2）潜水泵，用于抽出桩孔中的积水。

3）鼓风机和输风管，用于向桩孔强制送入新鲜空气。

4）镐、锹和土筐等挖土工具，若遇到坚硬的泥土或岩石，还需要准备风镐等。

5）照明灯、对讲机和电铃等。

（2）施工工艺　为了确保人工挖孔桩施工过程的安全，必须采取防止土体坍滑的支护措施。支护的方式很多，如可采用现浇混凝土护壁、喷射混凝土护壁、型钢或木板桩工具式护壁和沉井等，下面以现浇混凝土分段护壁为例说明人工挖孔桩的施工工艺流程。

1）按设计图放线和定桩位。

2）开挖土方。采取分段开挖，每段开挖高度取决于土壁保持直立状态的能力，一般0.5~1.0m为一个施工段，开挖直径等于设计桩径加护壁的厚度。

3）支设护壁模板。模板高度取决于开挖土方施工段的高度，一般为1m，由4~8块活动钢模板（或木模板）组合而成。

4）在模板顶放置操作平台。平台可与角钢和钢板制成半圆形，两个半圆合起来即为一个整圆，用来临时放置混凝土和灌注混凝土用。

5）灌注护壁混凝土。护壁混凝土要注意捣实，其具有防止土壁塌陷与防水的双重作用。第一节护壁厚宜增加100~150mm，上下节护壁用钢筋拉结。

6）拆除模板继续下一段的施工。当护壁混凝土的强度达到1MPa时，常温下约24h后方可拆除模板开挖下一段土方，再支模灌注护壁混凝土，如此循环，直至挖到设计要求的深度。

7）排除孔底积水，灌注桩身混凝土。当混凝土灌注至钢筋笼的底面设计标高时，再安放钢筋笼，继续灌注桩身混凝土。灌注混凝土时，混凝土必须通过溜槽；当高度超过3m时，应采用串筒，串筒末端离孔底高度不宜大于2m，宜采用插入式振动器捣实混凝土。

（3）人工挖孔桩施工中应注意的几个问题

1）必须保证桩孔的质量要求。根据人工挖孔桩的受力特性，桩孔中心线的平面位置偏差要求不宜超过50mm，桩的垂直度偏差要求不超过0.5%，桩径不得小于设计直径。为了保证桩孔的平面位置和垂直度符合要求，在每开挖一个施工段，安装护壁模板时，可将十字架放在孔口上方预先标定好的轴线标记位置处，在十字架交叉中点悬吊垂球以对中，使每一段护壁符合轴线要求，以保证桩身的垂直度。桩孔的挖掘长度应由设计人员根据现场土层实际情况决定，不能按设计图提供的桩长参考数据来终止挖掘。对于重要工程，挖到比较完整的持力层后，再用小型钻机向下钻一深度不小于桩底直径3倍的深孔取样鉴别，确认无软弱下卧层及洞隙后才能终止挖掘。

2）防止土壁坍落及流砂事故。在开挖过程中，当遇到特别松散的土层或流砂层时，为防止土壁坍落及流砂，可采用钢护筒或预制混凝土沉井等作为护壁，高度超过地面标高300~500mm，待穿过松软层或流砂层后，再按一般方法边挖掘边灌注混凝土护壁，继续开挖桩孔。流砂现象严重时可采用井点降水。

3）灌注桩身混凝土时，应注意清孔及防止积水。桩身混凝土宜一次连续灌注完毕，不留施工缝。灌注前，应认真清除干净孔底的浮土和石碴。

4）必须制订好安全措施。人工挖孔桩施工时，工人在孔下作业，施工安全应予以重视，要严格按操作规程施工，制订可靠的安全措施。例如，施工人员进入孔内必须戴安全帽；孔内有人时，孔上必须有人监督防护；护壁要高出地面150~200mm，孔周围要设置

0.8m 高的安全防护栏杆；孔下照明要用安全电压；开挖深度超过 10m 时，应设置鼓风机，排除有害气体等。

桩基工程施工完成后，要进行桩基工程验收，验收时需要提供以下资料：

1）桩位测量放线图。

2）工程地质勘察报告。

3）材料试验记录。

4）桩的制作和打入记录。

5）桩位的竣工平面图（基坑开挖至设计标高的桩位图）。

6）桩的静载荷和动载荷试验的资料、桩的完整性资料和确定桩贯入度的记录。

## 阅读材料

某灌注桩基础工程属于安徽省某市的政府安置房工程，B 标段工程共设计冲孔桩 474 根，桩径分别为 800mm、1000mm、1100mm、1200mm、1300mm、1400mm、1500mm，桩端要求进入中风化砂岩层不小于 300mm。桩身混凝土 C30（水下），钢筋采用 HPB300，桩纵筋采用焊接接头，保护层厚度为 50mm。施工场地桩位如图 2-32 所示。

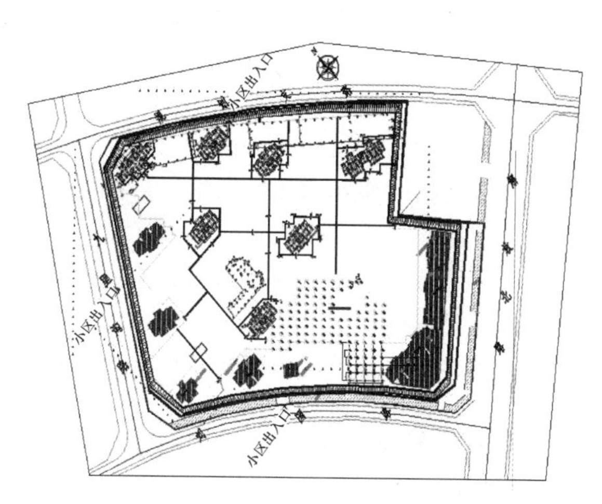


图 2-32　施工场地桩位图

### 1. 施工准备

（1）施工测量　开挖前应根据场区实行二级控制点，定出单体轴线控制点，作为轴线控制和放样的依据。

（2）边坡支护及止水帷幕准备　施工地块紧邻路边且有水渠，桩基顶设计标高位于地面下 4.5m 处，地质勘探，地面下 10m 内为砂土层，基坑开挖采用有边坡支护的放坡开挖，坡度设为 1∶0.8，土钉墙支护，在边坡外侧及水渠内侧设置止水帷幕，防止水流渗透到基坑中。

### 2. 冲孔桩成孔施工

（1）施工流程　冲孔（或抽水）→清孔壁、校核垂直度和桩径→泥浆护壁→桩成孔验收→钢筋笼制作安装→桩身混凝土灌注。

（2）成孔施工方法　冲孔桩成孔施工方法如图2-33所示。

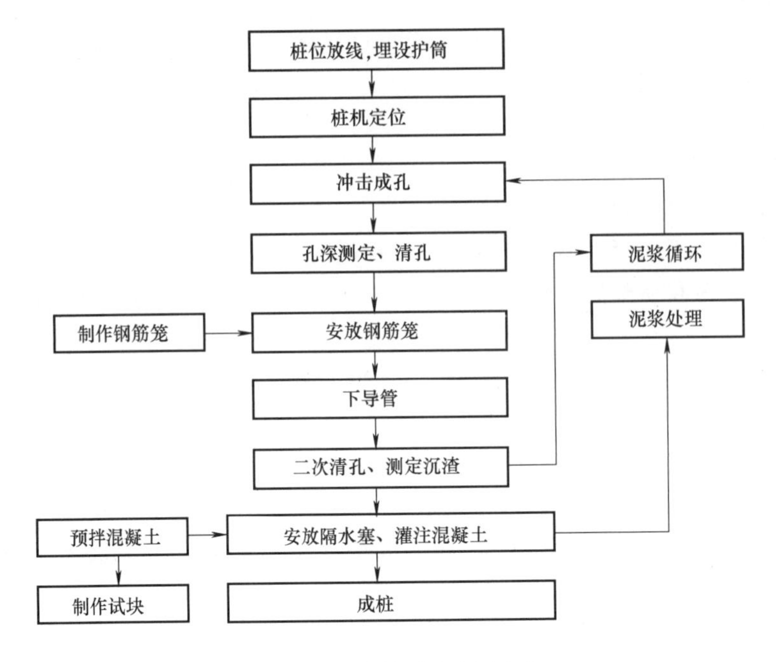


图2-33　冲孔桩成孔施工方法

（3）施工方法及技术措施　针对本工程的地质情况，决定采用冲击成孔。冲击成孔对软弱、易塌土层可投放填充物冲击造壁。冲孔灌注桩采用泥浆护壁，冲击钻进成孔、正循环清孔，泥浆采用正循环系统，泥浆循环系统由出浆管、泥浆沉淀池、储浆池、泥浆泵、进浆管五大部分组成，冲孔过程中经常进行泥浆参数指标的测定并及时调整循环泥浆的指标。现场制作、安放钢筋笼，水下混凝土灌注成桩。

（4）测量定位　用全站仪测放桩位，桩位中心插一根钢筋，四周各打一根控制桩来控制桩位中心，用砂浆固定控制桩，经复核合格后，进入下道工序。

（5）埋设护筒　护筒采用8mm厚的钢板加工制成，高度为1.5m，内径（$D$）为1.3m，护筒上部开设1个溢浆孔；校核桩位中心后，在护筒四周用黏土分层回填夯实，护筒采用人工挖埋及锤击方法埋设，入土深度4m以上，护筒上部高出地下水位或孔外最高水位2m以上，并高出地面0.3m。护筒中心应与桩中心重合，平面偏位允许误差小于5cm，倾斜度的偏差小于1%。

（6）冲击成孔　护筒埋设好后，桩机就位，使冲击锤中心对准护筒中心，要求偏差不大于±20mm。开始应低锤密击，锤高0.4~0.6m，并及时加片石、砂砾和黏土泥浆护壁，使孔壁挤压密实，直至孔深达护筒底以下3~4m后，才可加快速度，将锤提高至2~3.5m转入正常冲击。冲孔时应及时将孔内残渣排出，每冲击1~2m，应排渣一次，并定时补浆，直至设计深度。每冲击1~2m要检查一次成孔的垂直度，当发生斜孔、塌孔或护筒周围冒浆时，应停机。待采取相应措施后再进行施工。在黏土中钻进时，采用原土造浆；在较厚的砂层中钻进时，采用膨润土制备泥浆或在孔中投入黏土造浆。为使泥浆有较好的技术性能，可适当掺加碳酸钠等分散剂，其掺量为加水量的0.5%左右。

（7）冲击成孔的施工要点（表 2-9）

表 2-9 冲击成孔的施工要点

| 项目 | 施工要点 | 备注 |
| --- | --- | --- |
| 在护筒脚下 2m 以内 | 小冲程 1m 左右，泥浆相对密度 1.2~1.45，软弱层投入黏土块夹小片石 | 土层不好时，宜提高泥浆相对密度或加黏土块 |
| 黏土或粉质黏土层 | 中、小冲程 1~2m，泵入清水或稀泥浆，经常清除钻头上的泥块 | 防黏钻，可投片石 |
| 粉砂或中粗砂 | 中冲程 2~3m，泥浆相对密度 1.2~1.5，投入黏土块，勤清渣 | |
| 基岩 | 高冲程 3~4m，泥浆相对密度 1.3 左右，勤清渣 | 如遇基岩面倾陡，回填块石至岩面以上 30~50cm，先低锤密击待形成平面后正常冲击；如遇溶洞，采用回填黏土夹片石，低锤密击冲击造壁或压入钢护筒护壁 |
| 软弱土层或塌孔回填重钻 | 小冲程反复冲击，加黏土块夹小片石，泥浆相对密度 1.3~1.5 | |

（8）检孔　钻进中应用检孔器检孔。检孔器用钢筋笼做成，其外径等于设计孔径，长度约为孔径的 5 倍。每钻进 5m 左右或者通过易缩孔土层以及更换钻锥前都应进行检孔，当检孔器不能沉到原来钻达的深度，或者拉紧时的钢丝绳偏离了护筒中心，应考虑可能发生了斜孔、弯孔或者缩孔等情况，如不严重，可调整钻机位置继续钻孔，不得用钻锥修孔，以防卡钻。

（9）终孔、清孔　钻孔到设计标高，并达到设计要求嵌岩深度后，停止进尺，稍提冲击锤以小冲程（50~100cm）反复冲击扰动桩底沉渣，采用泥浆净化器和泥浆泵反循环置浆法清孔，直至沉渣厚度、泥浆相对密度和含砂率符合规范要求为止。钢筋笼安装后还应进行二次清孔，直至孔底沉渣厚度达到小于 3cm 的要求，此时应注意及时补充泥浆，保持稳定的水头高度，孔内水位保持在地下水位或地表水位以上 1.5~2m，以防止钻孔发生任何坍陷。清孔后泥浆相对密度一般控制在 1.10~1.20，含砂率小于 4%，黏度为 17~20Pa·s。

（10）验收　钢筋笼安装完毕时，应会同建设单位、监理单位对该项进行隐蔽工程验收，合格后应及时灌注水下混凝土。

（11）安放导管　导管采用壁厚 7.5mm 的无缝钢管制作，直径 280mm。导管必须具有良好的密封性能，使用前应进行水密承压和接头抗拉试验，进行水密试验的水压不应小于孔内水 1.3 倍的压力，也不应小于导管壁和焊缝可能承受灌注时最大压力的 1.3 倍。导管吊放时应居中且垂直，下口距孔底 0.3~0.5m，最下一节导管长度应大于 4m。导管接头用法兰或双螺纹方扣快速接头。

（12）清孔　本工程采用正循环工艺清孔，一次清孔采用橡胶管，一次清孔降低泥浆浓度，防止二次清孔因沉淤过厚而难以清理，以及保证钢筋笼下放顺利；二次清孔在导管下放后，利用导管进行，二次清孔泥浆相对密度控制在 1.15~1.2，黏度≤28Pa·s，含砂率≤8%，孔底沉渣厚度≤50mm。清孔过程中，必须及时补给足够的泥浆，并保持孔内浆液面的稳定和高度。清孔完毕后，必须在 30min 内灌注混凝土。

（13）水下混凝土灌注施工　水下混凝土灌注是成桩过程的关键工艺，施工人员应从思想上高度重视，做好准备工作和技术措施后，才能开始灌注。本工程采用商品混凝土，水下混凝土的强度等级为C30，用混凝土搅拌运输车运至现场，采用导管进行水下混凝土灌注。

## 思　考　题

1. 简述钢筋混凝土预制桩的制作、起吊、运输与堆放等环节的主要工艺要求。
2. 桩锤有哪些类型？工程中如何选择锤重？
3. 简述打桩方法与质量控制标准。
4. 预制桩的沉桩方法有哪些？
5. 泥浆护壁钻孔灌注桩的泥浆有何作用？泥浆循环有哪两种方式？其效果如何？
6. 套管成孔灌注桩的施工流程是什么？复打法应注意哪些问题？
7. 回旋钻机成孔时，泥浆正、反循环的主要差别是什么？分别适用于什么条件？

## 习　　题

**1. 单项选择题**

(1) 当混凝土预制桩的设计间距大于4倍桩直径（或边长）时，宜采用的打桩顺序为（　　）。

A. 逐排打设　B. 自中间向四周打设　C. 自四周向中间打设　D. ABC均可

(2) 摩擦桩型的预制桩在沉桩时，主要的质量控制指标是（　　）。

A. 最后贯入度　B. 设计标高　C. 垂直度　D. 平面位置

(3) 在周围建筑物密集的狭窄场地施工大直径混凝土灌注桩，较宜采用（　　）。

A. 钻孔灌注桩　B. 沉管灌注桩
C. 人工挖孔灌注桩　D. 爆扩灌注桩

(4) 混凝土灌注桩按成孔方法可分为以下四类：①钻孔灌注桩。②沉管灌注桩。③人工挖孔灌注桩。④爆扩灌注桩。其中，属于挤土成孔的为（　　）。

A. ①和②　B. ③和④　C. ①和③　D. ②和④

(5) 锤击沉桩法所用锤质量的选择，一般要考虑的因素有（　　）。

A. 地质条件　B. 桩身质量　C. 桩群密集程度　D. ABC

(6) 桥梁墩台基础遇到砂夹卵石层的地层时，其桩体的施工方法是（　　）。

A. 射水沉桩　B. 锤击沉桩　C. 振动沉桩　D. 静力压桩

(7) 地下连续墙施工技术所具有的优点是（　　）。

A. 土方量小　B. 施工技术要求低
C. 接头质量较易控制　D. 墙面较平整

(8) 主要用于砂土、砂质黏土和亚黏土层，在含水砂层中效果更为显著的是（　　）。

A. 射水沉桩　B. 钻孔灌注桩　C. 振动沉桩　D. 静力压桩

(9) 可以用来打桩拔桩的锤是（　　）。

A. 柴油桩锤　B. 单动汽锤　C. 双动汽锤　D. 振动汽锤

**2. 多项选择题**

(1) 与预制桩相比，灌注桩的优点有（　　）。

A. 节省材料、降低成本　B. 可消除打桩对邻近建筑物的有害影响
C. 桩身质量好、承载力高　D. 有利于在冬期施工
E. 施工工期明显缩短

（2）下列叙述不正确的有（　　）。

A. 双动汽锤可以打斜桩　　B. 轻型井点一级可降水 10m

C. 板桩是一种既挡土又挡水的结构

D. 在土层渗透系数大、地下出水量大的土层中宜采用管井井点降水

E. 在松散的干土层中挖较宽的基坑可采用横撑式支撑

（3）当混凝土预制桩的设计间距小于或等于 4 倍桩直径（或边长）时，宜采用的打桩顺序为（　　）。

A. 逐排打设　　B. 自中间向四周打设

C. 自中间向两侧打设　　D. 自两侧向中间打设　　E. ABCD 均可

（4）以下关于套管成孔灌注桩的说法，正确的是（　　）。

A. 适用范围广，除软土和新填土外，其他各种土层均适用

B. 单打法、复打法和反插法三种方法打设的桩承载力依次上升

C. 套管成孔灌注桩的承载力比同等条件下的钻孔灌注桩高

D. 其施工方法是先用落锤将桩管打入土中成孔，然后放入钢筋笼，灌注混凝土，拔出桩管成桩

E. ABCD 均正确

**3. 填空题**

（1）泥浆护壁成孔灌注桩成孔施工时，泥浆的作用是______________。

（2）钢筋混凝土预制桩的打桩顺序一般有________________、______________、______________。

（3）桩锤锤重可按以下几个因素来选择______________、______________、______________。

（4）预制桩的垂直度偏差应控制在______________以内。

（5）入土深度控制对摩擦桩应以______________________为主，以__________作为参考。端承桩应以______________为主。

（6）钻孔灌注桩钻孔时的泥浆循环工艺有____________、______________两种，其中____________工艺的泥浆上流速度快，携土能力强。

（7）打入桩施工时，当桩间距________时，一定要确定合理的打桩顺序。

（8）按施工方法不同，预制桩可划分为________________、________________、________________、______________。

（9）预制桩吊点设计的原则是__________________________。

（10）桩架的作用是______________、______________、____________________。

（11）预制桩接桩的方法有______________、__________、________________。

（12）打入桩施工时，宜采用的打桩方法为__________________。

（13）套管成孔灌注桩施工时，为提高桩的质量和承载力，经常采用__________。

（14）水下浇筑混凝土经常采用的方法是____________________。

（15）混凝土预制桩应在混凝土达到设计强度的____________________后方可起吊，达到设计强度的100%后，方可________________和________________。

# 第3章 砌筑工程与脚手架工程

学习目标

掌握砖砌体和砌块砌体的施工方法与施工要求，熟悉砌体工程砌筑所使用的材料和垂直运输机械，了解石砌体施工，了解脚手架的种类和搭设基本要求，掌握各类脚手架的构造组成、搭设要求和适用范围，了解脚手架的安全要求和措施。

砌筑工程是指普通砖、石和各类砌块的砌筑。砖砌体在我国有着悠久的历史。它取材容易、造价低、施工简单，至今仍在各类建筑物和构筑物中广泛采用；其缺点是自重大、砌筑劳动强度高、生产效率低，且烧砖多占用农田，难以适应现代建筑工业化发展的需要，是墙体材料改革的重点。

## 3.1 砌筑工程

常用的砌筑材料有砖、石、砌块和砂浆。

### 3.1.1 砌筑用砖

砌筑用砖按所用原材料分为黏土砖、页岩砖、煤矸石砖、粉煤灰砖、灰砂砖和炉渣砖等；按生产工艺分为烧结普通砖和非烧结砖，其中非烧结砖又可分为压制砖、蒸养砖和蒸压砖等；按有无孔洞分为空心砖和实心砖。烧结普通砖是指以黏土、页岩、煤矸石或粉煤灰为主要原料，经焙烧而成的普通实心砖，包括黏土砖（N）、页岩砖（Y）、煤矸石砖（M）、粉煤灰砖（F）等多种。我国墙体材料的主要原料已由黏土逐步转向煤矸石和粉煤灰等工业废料，同时由实心向多孔、空心发展，由烧结向非烧结方向发展。

1. 多孔砖（承重空心砖）

多孔砖的孔洞率超过25%、孔尺寸小而多且为竖向孔。多孔砖根据抗压强度平均值和抗压强度标准值（或抗压强度最小值）分为MU30、MU25、MU20、MU15、MU10共5个强度等级。并根据强度等级、尺寸偏差、外观质量和耐久性指标划分为优等品（A）、一等品（B）和合格品（C）。多孔砖使用时孔洞方向平行于受力方向；多孔砖常用作6层及以下的承重砌体；根据其尺寸规格分为 M 型和 P 型两类。

2. 空心砖（非承重空心砖）

空心砖的孔洞率大于 35%，孔尺寸大而少，且为水平孔。空心砖根据大面和条面抗压强度分为 10.0、7.0、5.0、3.5 四个强度等级，同时按表观密度分为 800、900、1000、1100 四个密度级别。根据尺寸偏差、外观质量、强度等级和耐久性等分为优等品（A）、一等品（B）和合格品（C）三个等级。空心砖常用于非承重砌体，其孔洞垂直于受力方向。

3. 蒸压粉煤灰砖

蒸压粉煤灰砖是以粉煤灰、石灰为主要原料，掺加适量石膏和骨料，经胚料制备、压制成型、蒸压养护而成的。根据抗压强度和抗折强度不同，分为 MU20、MU15、MU10、MU7.5 四级；根据尺寸偏差、外观质量、强度等级及抗冻性等分为优等品（A）、一等品（B）和合格品（C）三个等级。蒸压粉煤灰砖不得用于长期受热 200℃以上、受极冷极热和有酸性介质侵蚀的建筑部位，可用于基础及其他建筑部位。

4. 砌块

砌块代替黏土砖作为建筑物墙体材料，是墙体改革的一个重要表现。按使用目的，砌块可以分为承重砌块与非承重砌块；按是否有孔洞，砌块可以分为实心砌块与空心砌块；按砌块大小，砌块可以分为小型砌块（块材高 180～350mm）和中型砌块（块材高 360～900mm）。砌块的种类主要有混凝土小型空心砌块、加气混凝土砌块、石膏砌块等。砌块分为普通混凝土小型空心砌块、轻集料混凝土小型空心砌块、加气混凝土砌块。

（1）普通混凝土小型空心砌块　普通混凝土小型空心砌块是以水泥、砂、石等普通混凝土材料制成的混凝土砌块。普通混凝土小型空心砌块为竖向方孔，分为 MU20、MU15、MU10、MU7.5、MU5.0 共 5 个强度等级，空心率为 25%～50%，主要规格尺寸为 390mm×190mm×190mm，适合人工砌筑。

普通混凝土小型空心砌块强度高，自重轻，耐久性好，外形尺寸规整，有些还具有美化饰面以及良好的保温隔热性能，适用范围广泛。

（2）轻集料混凝土小型空心砌块　轻集料混凝土小型空心砌块是以浮石、火山渣、煤渣、自然煤矸石、陶粒为集料制作的混凝土空心砌块，简称轻集料混凝土小砌块。其质量轻，隔声和保温效果好，砌筑速度快，建筑使用面积大，综合造价低，是主要用于保温的维护结构。

（3）加气混凝土砌块　加气混凝土砌块规格较多，一般长度为 600mm，高度有 200mm、240mm、300mm，宽度有 200mm、250mm 等，其强度等级分为 MU7.5、MU5.0、MU3.5、MU2.5、MU1.0。

### 3.1.2　砌筑砂浆

砌筑砂浆主要有水泥砂浆、水泥混合砂浆及石灰砂浆。砌筑砂浆按强度可分为 M15、M10、M7.5、M5 和 M2 五个等级。

1. 原材料的使用要求

（1）水泥　砌筑使用水泥时，应注意水泥的品种、性能及适用范围，宜选用普通硅酸盐水泥或矿渣硅酸盐水泥，不宜选用强度等级太高的水泥。混合砂浆宜选用水泥强度等级不大于 42.5 级的水泥。对不同厂家、品种、强度等级的水泥应分别储存，不得混合使用。

(2) 砂　砂浆宜选用中砂，其中毛石砌体宜选用粗砂。砂浆用砂不得含有有害杂质。砂浆用砂的含泥量应满足下列要求：对水泥砂浆和强度等级不小于M5的水泥混合砂浆，不应超过5%；对强度等级小于M5的水泥混合砂浆，不应超过10%；人工砂、山砂及特细砂，应经试配，满足砌筑砂浆技术条件要求后方可使用。

(3) 石灰膏　不得采用脱水硬化的石灰膏。消石灰粉不得直接用于砌筑砂浆中。

(4) 外加剂　凡在砂浆中掺入的有机塑化剂、早强剂、缓凝剂、防冻剂等，经检验符合要求后方可使用。有机塑化剂应有砌体强度的型式检验报告。

2. 砂浆的技术要求

现场拌制砂浆时，各组分材料应采用质量计量。水泥及各种外加剂配料的偏差应控制在±2%以内，砂、粉煤灰、石灰膏应控制在±5%以内。拌制水泥砂浆，应先将砂与水泥干拌均匀，再加水拌和均匀；拌制水泥混合砂浆，应先将砂与水泥干拌均匀，再加掺合料（石灰膏、黏土膏）和水拌和均匀。砌筑砂浆应采用机械搅拌，自开始加水算起，水泥砂浆和水泥混合砂浆搅拌时间不得少于2min；水泥粉煤灰砂浆和掺用外加剂的砂浆搅拌时间不得少于3min。

砂浆应随拌随用，水泥砂浆和水泥混合砂浆必须在拌成后3h和4h内使用完毕；当施工期间最高气温超过30℃时，必须在拌成后2h和3h内使用完毕。严禁使用过夜砂浆。

砌筑砂浆的稠度见表3-1。

表3-1　砌筑砂浆的稠度

| 砌体种类 | 砂浆稠度/mm |
| --- | --- |
| 烧结普通砖砌体、蒸压粉煤灰砖砌体 | 70~90 |
| 混凝土实心砖、混凝土多孔砖砌体<br>普通混凝土小型空心砌块砌体<br>蒸压灰砂砖砌体 | 50~70 |
| 烧结多孔砖、空心砖砌体<br>轻集料混凝土小型空心砌块砌体<br>蒸压加气混凝土砌块砌体 | 60~80 |
| 石砌体 | 30~50 |

配制水泥石灰砂浆时，不得采用脱水硬化的石灰膏。消石灰粉不得直接用于砌筑砂浆中。砌筑砂浆应通过试配确定配合比。当砌筑砂浆的组成材料有变更时，其配合比应重新确定。施工中当采用水泥砂浆代替水泥混合砂浆时，应重新确定砂浆强度等级。

对湿拌砂浆，施工现场宜配备湿拌砂浆储存容器，不同品种、不同强度等级的湿拌砂浆应分别存放在不同的储存容器中，并应对储存容器进行标识，标识内容应包括砂浆的品种、强度等级和使用时限等。拌制好的砂浆应防止水分蒸发，夏季应采取遮阳、防雨措施，冬季应采取保温措施。湿拌砂浆储存地点的环境温度宜为5~35℃。

湿拌砂浆应先存先用，在储存及使用过程中不应加水。砂浆存放过程中，当出现少量泌水时，应拌和均匀后使用。砂浆用完后，应立即清理其储存容器。

3. 砂浆的强度检验

砌筑砂浆试块强度验收时，其强度必须符合下列规定：

1) 同一验收批砂浆试块抗压强度平均值必须大于或等于设计强度等级所对应的立方体

抗压强度。

2）同一验收批砂浆试块抗压强度的最小一组平均值必须大于或等于设计强度等级所对应的立方体抗压强度的3/4。

3）砌筑砂浆的验收批，同一类型、强度等级的砂浆试块应不少于3组。当同一验收批只有一组试块时，该组试块抗压强度的平均值必须大于或等于设计强度等级所对应的立方体抗压强度。

4）砂浆强度应以标准养护下，龄期为28d的试块抗压试验结果为准。

5）抽检数量：每一检验批且不超过250$m^3$砌体中的各种类型及强度等级的砌筑砂浆，每台搅拌机应至少抽查一次。

6）检验方法：在砂浆搅拌机出料口随机取样制作砂浆试块（同盘砂浆只应制作一组试块），最后检查试块强度试验报告单。

7）当施工中或验收中出现下列情况，可采用现场检验方法对砂浆和砌体强度进行原位检测或取样检测，并判定其强度：砂浆试块缺乏代表性或试块数量不足；对砂浆试块的试验结果有怀疑或有争议；砂浆试块的试验结果不能满足设计要求。

## 3.2　砌筑施工工艺

### 3.2.1　砖砌体施工

砖的品种、强度等级必须符合设计要求。砖墙依其墙面装饰程度分为清水墙和混水墙。清水墙的墙面不抹灰，混水墙是要抹灰的。用于清水墙面的砖应无裂纹、掉角、缺棱和翘曲等严重现象。砖的品种、强度等级必须符合设计要求，并应规格一致。不同品种的砖不得在同一楼层混砌。

砖应提前1~2d适度湿润，严禁采用干砖或处于吸水饱和状态的砖砌筑，块体湿润程度宜符合下列规定：烧结类块体的相对含水量为10%~15%；混凝土多孔砖及混凝土实心砖不需要浇水湿润，但在气候干燥炎热的情况下，宜在砌筑前对其喷水湿润。

#### 1. 普通砖墙的组砌形式

普通砖墙有一顺一丁、三顺一丁、梅花丁等组砌形式，此外还有全顺式（120mm）、全丁式（240mm）和两平一侧式（180mm或300mm）等砌筑形式。

（1）一顺一丁　一顺一丁砌法是指一皮中全部顺砖与一皮中全部丁砖相互间隔砌筑，上下皮间的竖缝相互错开1/4砖长，如图3-1a所示。在砖墙的转角处，为了使各皮间竖缝相互错开，必须在外角处砌七分砖，七分头的顺面方向依次砌顺砖，丁面方向依次砌丁砖。砖墙的十字接头处，应分皮相互砌通，立角处的竖缝相互错开1/4砖长。这种砌法效率较高，但是当砖的规格不一致时，竖缝很难看。

（2）三顺一丁　三顺一丁砌法是指三皮中全部顺砖与一皮中全部丁砖间隔砌筑，上下皮顺砖与丁砖间竖缝错开1/4砖长，上下皮顺砖间竖缝错开1/2砖长，如图3-1b所示。这种砌法由于顺砖较多，砌筑效率较高，适用于砌一砖半以上的墙。

（3）梅花丁　梅花丁砌法又称沙包式、十字式，是每皮中丁砖与顺砖相隔，上皮丁砖坐中于下皮顺砖，上下皮间竖缝相互错开1/4砖长，如图3-1c所示。这种砌法比较美观，

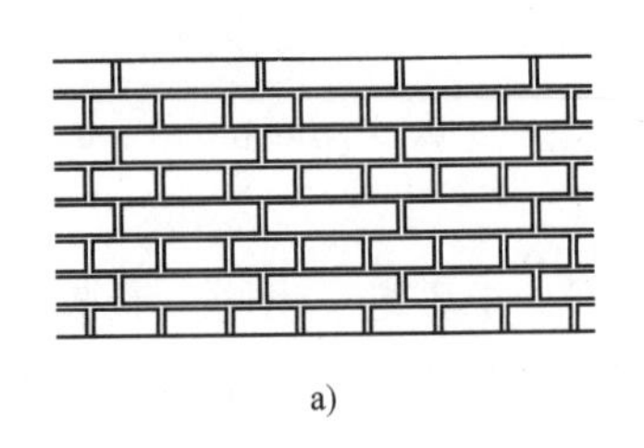

a)

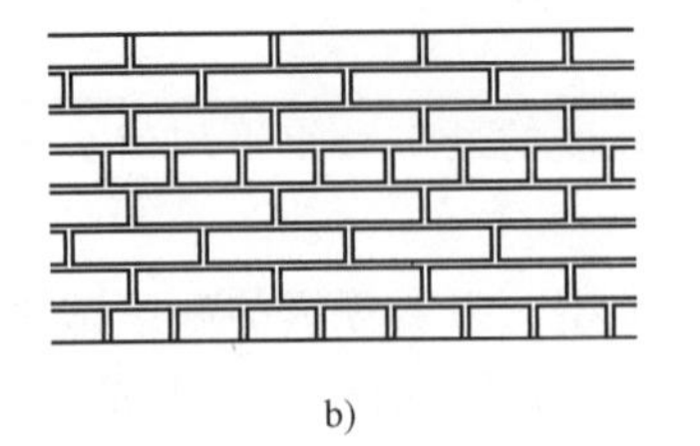

b)

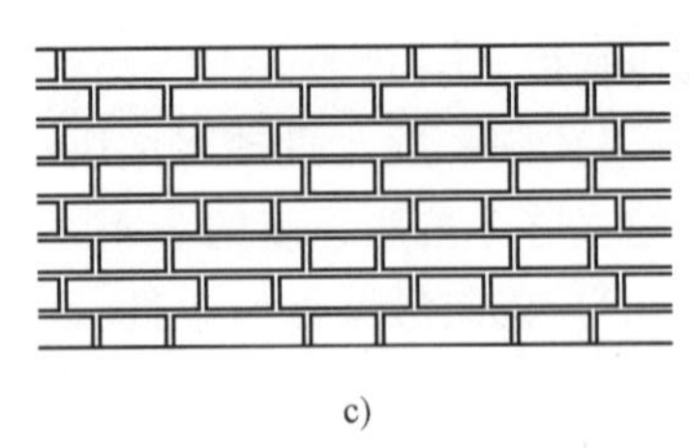

c)

图 3-1　砖墙组砌形式

a）一顺一丁　b）三顺一丁　c）梅花丁



灰缝整齐，但是砌筑效率较低，宜用于砖的规格不一致时。

（4）两平一侧式　两平一侧式砌法是指两皮平砌砖与一皮侧砌的顺砖相隔砌筑。当墙厚为 3/4 砖时，平砌砖均为顺砖，上下皮竖缝相互错开 1/2 砖长；当墙厚为 1 砖时，平砌砖用一顺一丁砌法，顺砖层与侧砖层之间相互错缝。这种砌法比较费工，但是节省砖量。

砖砌体的组砌要求：

上下错缝，内外搭接，以保证砌体的整体性，同时组砌要有规律，少砍砖，以提高砌筑效率，节省材料。

为了使砖墙转角处各皮砖间竖缝相互错开，必须在外角处砌七分头砖（即 3/4 砖长）。当采用一顺一丁砌法时，七分头的顺面方向依次砌顺砖，丁面方向依次砌丁砖，如图 3-2 所示。砖墙的丁字接头处，应分皮相互砌通，内角相交处的竖缝应错开 1/4 砖长，并在横墙端头处加砌七分头砖，如图 3-3 所示。砖墙的十字接头处，应分皮相互砌通，立角处的竖缝相互错开 1/4 砖长，如图 3-4 所示。

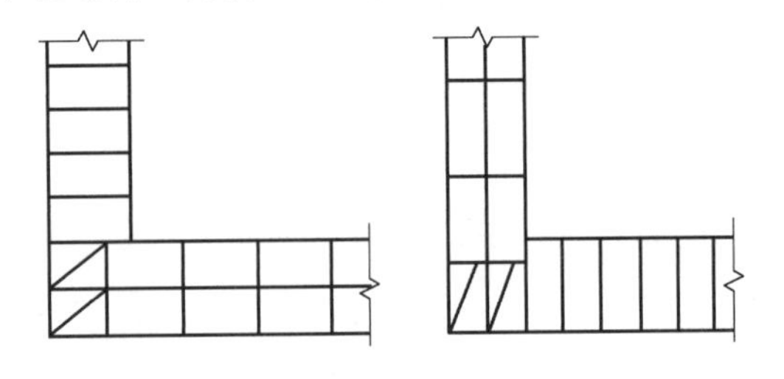

图 3-2　一砖墙转角（一顺一丁）

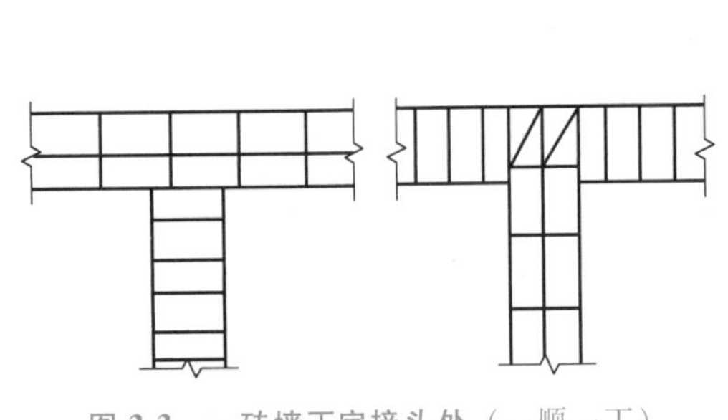

图 3-3　一砖墙丁字接头处（一顺一丁）

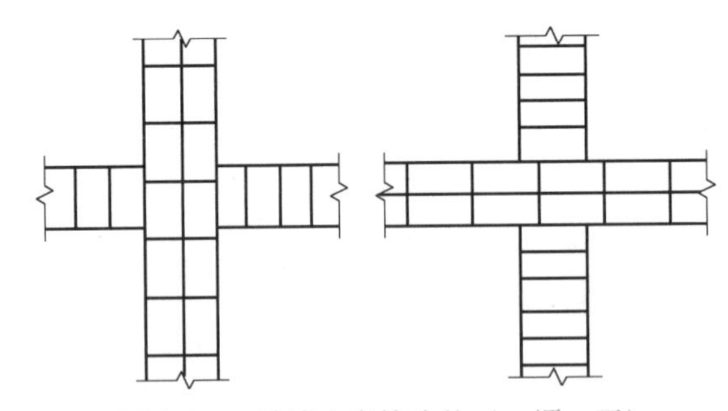

图 3-4　一砖墙十字接头处（一顺一丁）

2. 砌筑施工工艺

砌体的施工过程一般包括抄平、放线、摆砖、立皮数杆、盘角挂线、砌砖、勾缝（或划缝）和清扫墙面等过程。

（1）抄平　砌墙前应在基础防潮层或楼面上定出各层标高，并用 M7.5 水泥砂浆或 C15 细石混凝土找平，使各段砖墙底部标高符合设计要求。

（2）放线　找平层具有一定的强度后，根据龙门板上给定的轴线及图样上标注的墙体尺寸，在基础顶面用墨线弹出墙的轴线和墙的宽度线，并定出门窗洞口的位置线。在楼层上，可以用经纬仪或锤球将墙的轴线引上，并弹出各墙的宽度线，画出门窗洞口的位置线。

（3）摆砖　摆砖是指在放线的基面上按选定的组砌方式用干砖试摆（生摆，即不铺灰）。一般在房屋外纵墙方向摆顺砖，在山墙方向摆丁砖，摆砖由一个大角摆到另一个大角，砖与砖之间留 10mm 缝隙。摆砖的目的是为了核对所放的墨线在门窗洞口和附墙垛等处是否符合砖的模数，以尽可能减少砍砖。

摆砖样在清水墙砌筑中尤为重要。

（4）立皮数杆　皮数杆是画有每皮砖和砖缝厚度以及门窗洞口、过梁、楼板、梁底和预埋件等标高位置的一种木制标杆，用以控制每皮砖砌筑的竖向尺寸，使铺灰和砌砖的厚度均匀，保证砖皮水平。皮数杆立于墙的转角处，其基准标高用水准仪校正。如墙很长，则可每隔 10~20m 立一根，如图 3-5 所示。

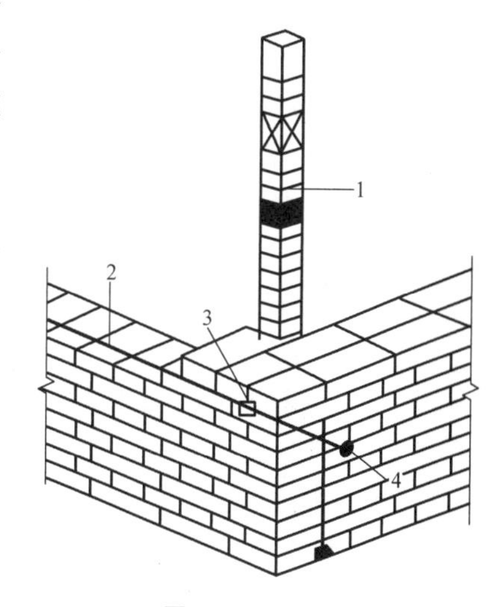


图 3-5　立皮数杆

1—皮数杆　2—准线　3—竹片　4—圆钢钉

（5）盘角挂线　盘角又称头角，即墙角，是砌墙挂线确定墙面横平竖直的主要依据。准线按皮挂，砌一皮砖，升一次线。对一砖墙（墙厚 240mm）单面挂线即可，对一砖半墙（墙厚 370mm）及以上的墙，应双面挂线。

（6）砌砖　砖砌体的砌筑方法有“三一”砌砖法、挤浆法、刮浆法和满口灰法。其中，“三一”砌砖法和挤浆法最为常用。

1）“三一”砌砖法即一块砖、一铲灰、一揉压并随手将挤出的砂浆刮去的砌筑方法。这种砌砖法的优点是灰缝容易饱满，黏结性好，墙面整洁。实心砖砌体宜采用“三一”砌砖法。

2）挤浆法是用灰勺、大铲或铺灰器在墙顶上铺一段砂浆，将砖挤入砂浆中一定厚度之后把砖放平，达到下齐边、上齐线、横平竖直的要求。这种砌砖法的优点是可以连续挤砌多块砖，减少烦琐的动作，平推平挤可使灰缝饱满，效率高，保证砌筑质量。

砌筑过程中应三皮一吊、五皮一靠，保证墙面垂直平整。采用铺浆法砌筑砌体，铺浆长度不得超过 750mm，当施工期间气温超过 30℃时，铺浆长度不得超过 500mm。

对砌体的砌筑顺序，当基底标高不同时，应从低处砌起，并应由高处向低处搭接，当设计无要求时，搭接长度不应小于基础扩大部分的高度；砌体的转角处和交接处应同时砌筑，当不能同时砌筑时，应按规定留槎、接槎；出檐砌体应按层砌筑，同砌筑层应先砌墙身后砌出檐；当房屋相邻部分的高差较大时，宜先砌筑高度较大的部分，后砌筑高度较小的部分。

（7）勾缝　清水墙砌完后，要进行墙面修整及勾缝。墙面勾缝应横平竖直，深浅一致，搭接平整，不得有丢缝、开裂和黏结不牢等现象。砖墙勾缝宜采用凹缝或平缝，凹缝深度一般为 4~5mm。勾缝完毕后，应及时清理墙面、柱面和落地灰。

### 3. 砌筑质量要求

砌筑工程质量应该达到灰缝横平竖直、砂浆饱满、灰缝均匀、上下错缝、内外搭砌、接槎牢固的要求，以保证墙体有足够的强度和稳定性。

（1）灰缝横平竖直　砖砌体抗压性能好，而抗剪性能差。为使砌体受压均匀，不产生剪切水平推力，砌体灰缝应横平竖直，具体要求为砖呈水平，墙体垂直，墙面平整，水平灰缝应平直，竖向灰缝应垂直对齐，不得游丁走缝。如果砖放得不平，在竖向荷载作用下，沿砂浆与砖块结合面会产生剪应力，当剪应力超过抗剪强度时，灰缝受剪破坏，随之对相邻的砖块形成推力或是挤压力，致使砌体结构受力情况恶化。砖砌体各位置的允许偏差及检验方法见表3-2。

表 3-2　砖砌体各位置的允许偏差及检验方法

| 项次 | 项目 | | | 允许偏差/mm | 检验方法 |
| --- | --- | --- | --- | --- | --- |
| 1 | 轴线位移 | | | 10 | 用经纬仪和尺检查,或用其他测量仪器检查 |
| 2 | 垂直度 | 每层 | | 5 | 用2m托线板检查 |
| | | 全高 | ≤10m | 10 | 用经纬仪或吊线和尺检查,或用其他测量仪器检查 |
| | | | >10m | 20 | |

（2）砂浆饱满、灰缝均匀　为保证砖块均匀受力和紧密结合，要求水平灰缝砂浆饱满，厚薄均匀。上面砌体的重力主要通过砌体之间的水平灰缝传递给下面的砌体，水平灰缝不饱满往往会使砖块折断。因此，规定实心砖砌体水平灰缝的砂浆饱满度不得低于80%。

（3）上下错缝、内外搭砌　为提高砌体的整体性、稳定性和承载力，砖块应按照选定的组砌方式，遵守上下错缝、内外搭砌的原则进行排列砌筑，以保证砌体的整体性及稳定性，不允许出现通缝。在垂直荷载作用下，砌体会由于通缝丧失整体性而影响砌体强度。

（4）接槎牢固　砖砌体的转角处和交接处应同时砌筑，严禁将无可靠措施的内外墙分砌施工。在抗震设防烈度为8度及以上的地区，对不能同时砌筑而又必须留置的临时间断处应砌成斜槎，普通砖砌体斜槎水平投影长度不得小于高度的2/3，斜槎的高度不得超过一步脚手架高，如图3-6所示。

非抗震设防及抗震设防烈度为6度、7度地区的临时间断处，当不能留斜槎时，除转角处外，可留直槎（图3-7），但直槎必须做成凸槎。留直槎处应加设拉结钢筋，拉结钢筋的数量为每120mm墙厚放置1Φ6拉结钢筋（当墙厚为120mm时应放置2Φ6拉结钢筋），间距沿墙高不应超过500mm；埋入长度从留槎处算起每边均不应小于500mm，对抗震设防烈度为6度、7度的地区，不应小于1000mm；末端应有90°弯钩。

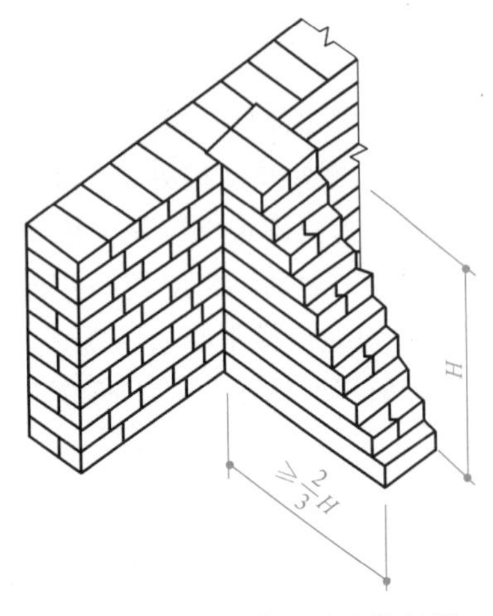


图 3-6　烧结普通砖砌体斜槎

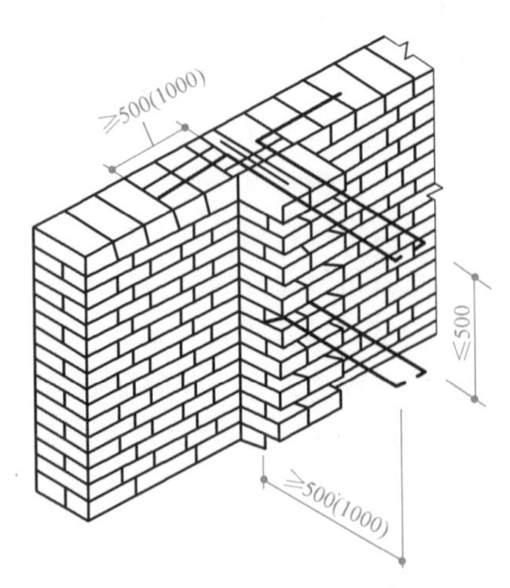


图 3-7　烧结普通砖砌体直槎

当隔墙（仅起隔离作用而不承重的墙）与砌块墙与后砌块墙交接处墙不能同时砌筑时，可在墙中引出凸槎，并在墙的灰缝中预埋拉结钢筋，其构造与上述相同，但每道不少于2根。

（5）预留脚手眼和施工洞口　在下列墙体或部位中不得留设脚手眼：

1）空斗墙、半砖墙和砖柱。

2）砖过梁上过梁净跨的1/2高度范围内的墙体，以及与过梁成60°角的三角形范围内的墙体。

3）宽度小于1m的窗间墙。

4）梁或梁垫下及其左右各500mm的范围内。

5）砖砌体的门窗洞口两侧200mm和转角处450mm的范围内。

施工脚手眼补砌时，灰缝应填满砂浆，不得使用干砖填塞。外墙脚手眼补砌时，要采取防渗漏措施。

砖墙临时间断处补砌时，必须将接槎表面清理干净，浇水润湿，填实砂浆，保持灰缝平直。在墙上留置的临时施工洞口，其侧边离交接处的墙面不应小于500mm，洞口净宽不应超过1m。抗震设防烈度为9度地区建筑物的临时施工洞口的位置，应会同设计单位研究决定。临时施工洞口应做好补砌。

#### 4. 混凝土构造柱施工

构造柱应沿整个建筑物高度对正贯通，在层与层之间构造柱不应相互错位。突出屋顶的楼梯和电梯间，构造柱应伸到顶部，并与顶部圈梁连接。

（1）构造柱的构造　构造柱最小截面可采用240mm×180mm。纵向钢筋可采用4Φ12，箍筋间距不宜大于250mm，且在柱上下端适当加密；当抗震设防烈度为7度、建筑超过6层，或抗震设防烈度为8度、建筑超过5层，或抗震设防烈度为9度时，构造柱的纵向钢筋宜采用4Φ14，箍筋间距不应大于200mm。

（2）构造柱施工

1）钢筋混凝土构造柱应遵循“先砌墙、后浇筑”的程序进行施工。施工程序为：绑扎钢筋→砌砖墙→支模板→浇筑混凝土→拆模。

2）设置构造柱的多层砖房，所用的普通砖的强度等级不低于MU10，砌筑砂浆等级不应低于M5，当配置钢筋时砂浆强度等级不应低于M7.5。构造柱的混凝土强度等级不应低于C20，钢筋宜用Ⅱ级钢筋。

3）构造柱浇筑混凝土前，必须将砌体留槎部位和模板浇水湿润，将模板内的落地灰、砖渣和其他杂物清理干净，并在结合面处注入适量与构造柱混凝土相同的水泥砂浆。振捣时，应避免触碰墙体，严禁通过墙体传振。

4）设有钢筋混凝土构造柱的抗震多层砖房，应先绑扎钢筋，再砌砖墙，最后浇筑混凝土。构造柱与墙体的连接处应砌成马牙槎，马牙槎应先退后进，如图3-8所示。预留的拉结钢筋应位置正确，施工中不得任意弯折。每个马牙槎沿高度方向的尺寸都不宜超过300mm；凹凸尺寸以60mm为宜。砌筑时砌体与构造柱间应设拉结钢筋。

5）构造柱的混凝土浇筑可以分段进行，每段高度不宜大于2m。在施工质量较好并能确保混凝土浇筑的密实度时，也可一次性浇筑。构造柱与砖墙连接的马牙槎内的混凝土和砖墙灰缝的砂浆都必须密实饱满。砖墙水平灰缝砂浆饱满度不得低于80%，构造柱内的混凝土保护层厚度宜为20mm，且不小于15mm。

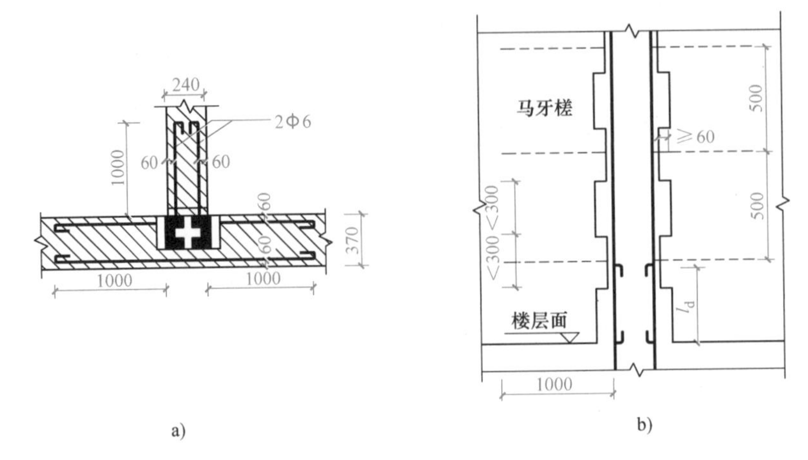


图 3-8 构造柱的拉结钢筋及马牙槎布置

a）平面图 b）立面图

### 3.2.2 混凝土小型空心砌块砌体施工

1. 砌块排列方法和要求

由于小砌块的单块体积比普通黏土砖要大得多，且砌筑时必须整块使用，不能像普通黏土砖那样根据需要砍砖，因此，小砌块在砌筑前应先绘制砌块排列图。施工时按砌块排列图进行砌筑。对小砌块进行排列时，应注意以下事项：

1）尽量采用主规格砌块，减少辅助规格砌块的种类与数量，避免采用异型砌块，以便减少块数，提高砌体的整体性。

2）砌块排列图应按每片纵横墙分别绘制。其绘制方法是先按 1∶30 或 1∶50 的比例绘出纵横墙，然后将圈梁、过梁、楼板、大梁、楼梯和孔洞等在墙面上标出，将各纵横墙的高度除以砌块高度加灰缝厚度，计算出砌块的皮数，画出水平灰缝线并保证砌体平面尺寸和高度是块体加灰缝厚度的倍数，再按照砌块错缝搭接的要求和竖缝大小进行排列。空心砌块墙接头和转角砌法如图 3-9 所示。

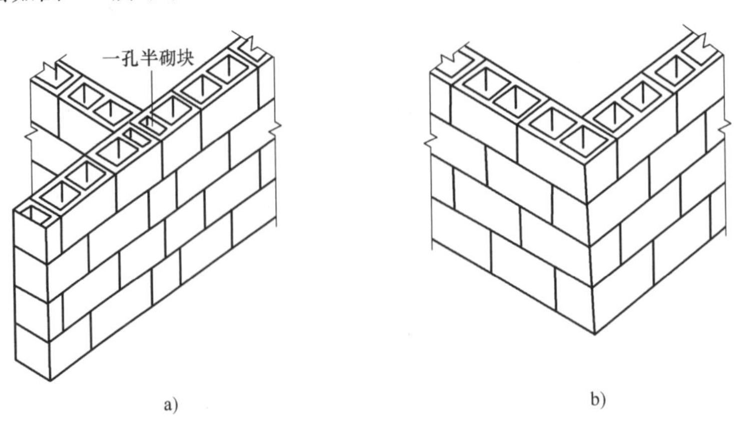


图 3-9 空心砌块墙接头和转角砌法示意图

a）无芯柱 T 形接头处砌法 b）外墙转角处砌法

3）应尽量减少镶砖，局部必须镶砖时，应尽可能分散布置。

2. 施工要点及质量要求

1）墙体的水平灰缝厚度和竖向灰缝宽度宜为10mm，但不应大于12mm，也不应小于8mm。

2）砌体水平灰缝的砂浆饱满度，应按净面积计算不得低于90%；竖向灰缝的砂浆饱满度不得低于80%。竖缝凹槽部位应用砌筑砂浆填实，不得出现瞎缝和透明缝。抽检数量：每检验批不应少于3处。

3）墙转角处和纵横墙交接处应同时砌筑。临时间断处应砌成斜槎，斜槎水平投影长度不应小于高度的2/3。如留斜槎有困难，除外墙转角处及抗震设防地区，砌体临时间断处不应留直槎外，施工洞口可预留直槎，从砌体面伸出200mm砌成阴阳槎，并沿砌体高每三皮砌块设拉结筋或钢筋网片，接槎部位宜延至门窗洞口。在洞口砌筑和补砌时，应在直槎上下搭砌的小砌块孔洞内用强度等级不低于C20的混凝土浇筑，如图3-10所示。

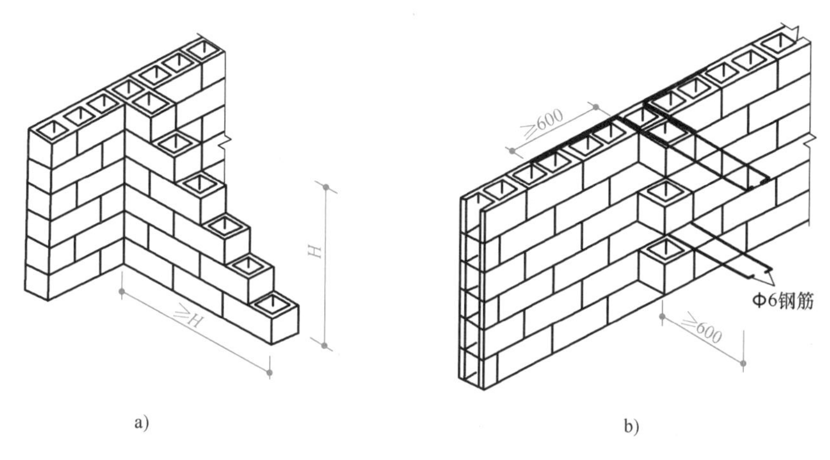


图3-10　空心砌体墙面留槎示意图

a）墙体留斜槎　b）墙体留直槎

4）施工时所用的混凝土小型空心砌块的产品龄期不应小于28d。

5）砌筑小砌块时，应清除表面污物以及芯柱和小砌块孔洞底部的毛边，剔除外观质量不合格的小砌块。

6）底层室内地面以下或防潮层以下的砌体，应采用强度等级不低于C20的混凝土浇筑小砌块的孔洞。

7）在天气炎热的情况下，可提前洒水湿润小砌块；对轻集料混凝土小砌块，可提前浇水湿润。当小砌块表面有浮水时，不得施工。

8）小砌块应底面朝上反砌于墙上。

9）承重墙严禁使用断裂的小砌块。

10）小砌块墙体应对孔错缝搭砌，搭接长度不应小于90mm。当墙体的个别部位不能满足上述要求时，应在灰缝中设置拉结钢筋或钢筋网片，但竖向通缝不能超过两皮小砌块。

11）浇筑芯柱的混凝土宜选用专用的小砌块灌孔混凝土。当采用普通混凝土时，其坍落度不应小于90mm。

12）砂浆应随铺随砌，每次铺灰长度不宜超过两块主规格砌块的长度。水平灰缝应满铺下皮小砌块的全部壁肋或单排、多排孔小砌块的封底面；竖向灰缝宜将小砌块一个端面朝上满铺砂浆，上墙应挤紧，并须加浆插捣密实。灰缝应横平竖直，铺填砂浆饱满。

13）浇筑芯柱混凝土时，应遵循下列规定：

① 清除洞内的砂浆杂物，并用水冲洗。

② 当砌筑的砂浆强度大于 1MPa 时，方可浇筑混凝土。

③ 在浇筑芯柱混凝土前，应先浇筑与芯柱混凝土相同的去石水泥砂浆，再浇筑混凝土。芯柱应该随砌随灌随捣实。



### 3.2.3　石砌体施工

石砌体是指用乱毛石、平毛石砌成的砌体。乱毛石是指形状不规则的石块；平毛石是指形状不规则，但有两个平面大致平行的石块。石砌体采用的石材应质地坚实，无风化剥落和裂纹。用于清水墙和柱表面的石材还应色泽均匀。砌筑前应清除干净石材表面的泥垢和水锈等杂质。

石材和砌筑砂浆的强度等级应符合设计要求。砂浆常用水泥砂浆或水泥混合砂浆。砂浆的饱满度应不低于 80%，每步脚手架抽查不应少于 1 处。

石砌体的组砌形式应符合下列规定：

1）内外搭砌，上下错缝，拉结石、丁砌石交错设置。

2）毛石墙拉结石每 0.7$m^2$ 墙面不应少于 1 块。检查数量：外墙，按楼层（或 4m 高以内）每 20m 抽查 1 处，每处 3m 长，且不应少于 3 处；内墙，应按有代表性的自然间抽查 10%，且不应少于 3 间。

3）石砌体每日的砌筑高度不宜超过 1.2m。

4）石砌体的灰缝厚度：毛料石和粗料石砌体不宜大于 20mm；细料石砌体不宜大于 5mm。

5）砂浆应饱满，石块间较大的空隙应先填塞砂浆再用碎石块嵌实，不得采用先摆碎石后塞砂浆或干填碎石块的方法。

6）毛石砌体的转角处或交接处应同时砌筑，当不能同时砌筑时，应留斜槎。

7）石砌体的轴线位置及垂直度允许偏差应符合表 3-3 的规定。

表 3-3　石砌体的轴线位置及垂直度允许偏差

<table>
<tr><th rowspan="4">项次</th><th rowspan="4" colspan="2">项目</th><th colspan="7">允许偏差/mm</th><th rowspan="4">检验方法</th></tr>
<tr><th colspan="2">毛石砌体</th><th colspan="5">料石砌体</th></tr>
<tr><th rowspan="2">基础</th><th rowspan="2">墙</th><th colspan="2">毛料石</th><th colspan="2">粗料石</th><th>细料石</th></tr>
<tr><th>基础</th><th>墙</th><th>基础</th><th>墙</th><th>墙、柱</th></tr>
<tr><td>1</td><td colspan="2">轴线位置</td><td>20</td><td>15</td><td>20</td><td>15</td><td>15</td><td>10</td><td>10</td><td>用经纬仪和尺检查，或用其他测量仪器检查</td></tr>
<tr><td rowspan="2">2</td><td rowspan="2">墙面垂直度</td><td>每层</td><td></td><td>20</td><td></td><td>20</td><td></td><td>10</td><td>7</td><td rowspan="2">用经纬仪、吊线和尺检查，或用其他测量仪器检查</td></tr>
<tr><td>全高</td><td></td><td>30</td><td></td><td>30</td><td></td><td>25</td><td>20</td></tr>
</table>

1. 石基础的砌筑

石基础的断面形式有阶梯形和梯形。基础的顶面宽度应比墙厚大 200mm，即每边宽出 100mm，每阶高度一般为 300~400mm，并至少砌两皮毛石。砌筑毛石基础的第一皮石块应坐浆，并将大面朝下。毛石基础的最上一皮，宜选用较大的毛石砌筑。基础的第一皮及转角处、交接处、洞口处，应选用较大的平毛石砌筑。砌筑料石基础的第一皮石块应采用丁砌层坐浆砌筑。上级阶梯的石块应至少压砌下级阶梯石块的 1/2，相邻阶梯的石块应相互错缝搭砌。

2. 毛石挡土墙的砌筑

毛石挡土墙应符合下列规定：每砌 3~4 皮为一个分层高度，每个分层高度应找平一次；露面的灰缝厚度不得大于 40mm，两个分层高度间分层处的错缝不得小于 80mm。对于料石挡土墙，当中间部分用毛石砌筑时，丁砌料石伸入毛石部分的长度不应小于 200mm。

毛石挡土墙在转角处，应采用有直角边的角石砌在墙角一面，并根据长短形状纵横搭接砌入墙体内。丁字接头处，要选取较为平整的长方形石块，长短纵横砌入墙内，使其在墙中上下皮能相互咬槎。

挡土墙的泄水孔当设计无规定时，施工应符合下列规定：泄水孔应均匀设置，在每米高度上间隔 2m 左右设置一个泄水孔；泄水孔与土体间铺设长宽各为 300mm、厚 200mm 的卵石或碎石作为疏水层。挡土墙内侧回填土必须分层夯填，分层松土厚度应为 300mm。墙顶土面应有适当坡度使流水流向挡土墙外侧面。

砂浆初凝后，如果再移动已砌筑的石块，则砂浆的内部及砂浆与石块的黏结面的黏结力会被破坏，使砌体产生内伤，降低砌体的强度和整体性。因此应将原砂浆清理干净，重新铺浆砌筑。

### 3.2.4　砌体工程冬期施工

当室外日平均气温连续 5d 稳定低于 5℃时，砌体工程应采取冬期施工措施。气温可根据当地气象资料确定。在冬期施工期限以外，如果当日最低气温低于 0℃，则也应按冬期施工考虑。砌体工程冬期施工应有完整的冬期施工方案。

1. 冬期施工措施

（1）冬期施工材料的规定

1）砖、石和砌体在砌筑前，应清除表面的污物和冰雪等，不得使用遭水浸、受冻后表面结冰、被污染的砖或砌块。

2）砂浆宜采用普通硅酸盐水泥拌制，不得使用无水泥拌制的砂浆。砂浆拌制应在暖棚中进行，拌制砂浆温度不低于 5℃。

3）拌制砂浆所用的砂，不得含有冰块和直径大于 10mm 的冻结块。

4）石灰膏和电石膏等材料应有保温措施，如遭冻结，应融化后使用。

5）拌和砂浆时，水的温度不得超过 80℃；砂的加热温度不得超过 40℃，且水泥不得与 80℃以上的热水直接接触。砂浆稠度应较常温适当增大，且不得二次加水调整砂浆的和易性。

6）当基土无冻胀性时，基础可在冻结的地基上砌筑；当基土有冻胀性时，应在未冻结的地基上砌筑。在施工期间和回填土前，均应防止地基遭受冻结。

7）普通砖、多孔砖和空心砖在气温高于0℃条件下砌筑时，应浇水湿润。在气温低于或等于0℃条件下砌筑时，可不浇水，但必须增大砂浆稠度。对于抗震设防烈度为9度的建筑物，当普通砖、多孔砖和空心砖无法浇水湿润时，如不采取特殊措施，不得砌筑。

（2）砌筑间歇时间　冬期砌筑时，宜及时在砌体表面进行保护性覆盖，砌体面层不得留有砂浆。继续砌筑前，应将砌体表面清理干净。

（3）施工日记　施工日记应记录大气温度、暖棚内温度、砌筑时砂浆温度和外加剂掺量等有关信息。



#### 2. 砂浆使用温度及养护

冬期施工时砂浆使用温度应符合规定：当采用外加剂法、氯盐砂浆法或暖棚法时，不应低于5℃。

砌筑工程冬期施工宜选用外加剂法、氯盐砂浆法、暖棚法、冻结法。可选用氯盐或亚硝酸钠等外加剂拌制砂浆。

为了保证砌筑过程中砂浆能保持良好的流动性，从而可得到较好的砂浆饱满度和黏结强度，使砌体中砂浆具有一定温度以利于其强度增长：采用冻结法时，当室外温度分别为-10~0℃、-25~-11℃、-25℃以下时，砂浆使用最低温度分别为10℃、15℃、20℃；采用暖棚法施工时，块材在砌筑时的温度不应低于5℃，距离所砌的结构底面0.5m处的棚内温度也不应低于5℃。

在冻结法施工的解冻期间，应经常对砌体进行观测和检查，如发现裂缝、不均匀下沉等情况，应立即采取加固措施。

在解冻期间，砌体中的砂浆基本无强度或强度较低，可能会因不均匀沉降造成砌体裂缝，为保证建筑物安全，在发现裂缝、不均匀下沉时应立即采取加固措施。

当采用氯盐砂浆法施工时，宜将砂浆强度等级按常温施工的强度等级提高一级，提高后，砌体强度及稳定性可不验算。为了避免氯盐对砌体中钢筋的腐蚀，配筋砌体不得采用氯盐砂浆法施工。

## 3.3　脚手架工程

脚手架是土木工程施工必须使用的重要设施，是为保证高处作业安全、顺利进行施工而搭设的工作平台或作业通道。因此，脚手架在砌筑工程、混凝土工程、装修工程中有着广泛的应用。

### 3.3.1　脚手架的作用、分类和搭设要求

在结构施工、装修施工和设备管道的安装施工中，当达到一定的高度时都要按操作要求搭设脚手架。考虑到砌墙的工作效率及施工组织等因素，每次搭设脚手架的高度一般在1.2m左右，称为一步架高，也叫作墙体的可砌高度，即当砌筑到1.2m时停止砌筑，搭设脚手架后再继续砌筑。

按搭设位置分，脚手架分为外脚手架和里脚手架；按构造形式分，脚手架分为多立杆式、碗扣式、方塔式、附着式升降脚手架及悬吊脚手架等；按搭设高度分，脚手架分为高层脚手架和普通脚手架；按用途分，脚手架分为砌筑脚手架、装饰脚手架和混凝土脚手架

（包括模板支撑架）等。

脚手架的基本搭设要求如下：

1）其宽度应满足工人操作、材料堆放及运输的要求，脚手架的宽度一般为1.5~2m，一步架高为1.2~1.4m。

2）结构简单，坚固稳定，装拆方便，能多次周转使用。

3）应有足够的强度、刚度及稳定性，保证施工期间在荷载（规定限值）的作用下不变形、不倾斜、不摇晃。

4）满足由垂直运输转入水平运输的需要。

5）要因地制宜，就地取材，尽量节约脚手架用料。

### 3.3.2　多立杆式外脚手架

外脚手架是指搭设在外墙外面的脚手架，其主要结构形式有钢管扣件式、碗扣式、方塔式、附着式升降脚手架和悬吊脚手架。

多立杆式外脚手架是我国目前使用最为普遍的脚手架，由钢管杆件和扣件连接而成，主要杆件有立杆、大横杆、小横杆、斜杆和底座等，如图3-11所示。它具有工作可靠、装拆方便和适用性强等优点。它的基本形式有双排式和单排式两种。

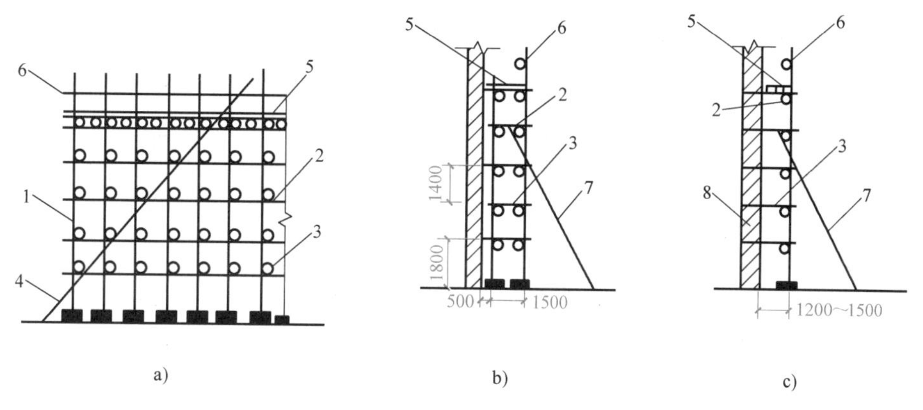


图3-11　多立杆式外脚手架

a）立面　b）侧面（双排）　c）侧面（单排）

1—立杆　2—大横杆　3—小横杆　4—剪刀撑　5—脚手板　6—栏杆　7—斜杆　8—墙体

#### 1. 多立杆式外脚手架的组成

（1）钢管杆件　钢管杆件一般是外径48mm、壁厚3.5mm的焊接钢管或无缝钢管。用作立杆、大横杆和斜杆的钢管最大长度不宜超过6.5m，最大重力不宜超过250N，以便适合人工搬运。用于小横杆的钢管长度宜为1.5~2.5m，以适应脚手板的宽度。

脚手架必须设置纵、横向扫地杆，纵向扫地杆应通过直角扣件固定在距底座上皮不大于200mm处的立杆上。横向扫地杆也应通过直角扣件固定在紧靠纵向扫地杆下方的立杆上，脚手架底层步距不应大于2m。立杆接长除顶层顶步可采用搭接外，其余各层各步接头必须采用对接扣件连接。

（2）扣件　用锻铸铁铸造或用钢板压成，共3种形式：回转扣件、直角扣件和对接扣件，如图3-12所示。

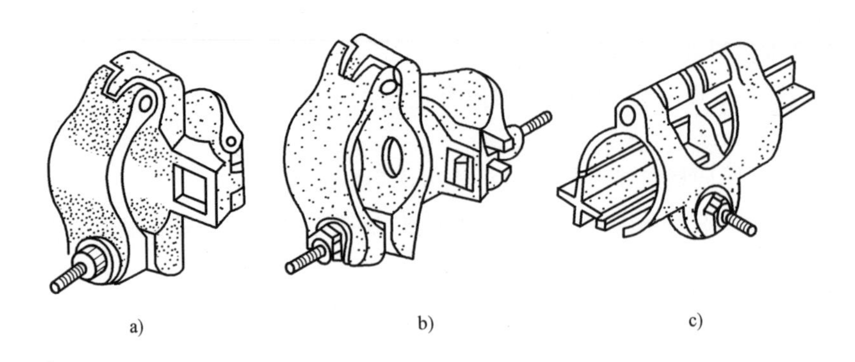

图 3-12　扣件形式

a）回转扣件　b）直角扣件　c）对接扣件

1）两根任意角度相交钢管连接采用回转扣件。

2）两根垂直相交钢管连接采用直角扣件。

3）两根对接钢管连接采用对接扣件。

（3）脚手板　作业层脚手板应铺满、铺稳，离开墙面 120～150mm。脚手板可采用厚 2mm 的钢板压制，长为 2～4m，宽为 250mm，表面有防滑措施，也可采用厚度不小于 50mm 的杉木板或松木板，长为 3～6m，宽为 200～250mm，还可采用竹脚手板，有竹笆板和竹片板两种形式。脚手板两端与脚手架应可靠固定，严防倾翻。冲压钢脚手板、木脚手板和竹脚手板的铺设可采用对接平铺，也可采用搭接铺设。脚手板对接平铺时，接头处必须设两根横向水平杆，脚手板外伸 130～150mm，两块脚手板外伸长度的和不应大于 300mm；脚手板搭接铺设时，接头必须支在横向水平杆上，搭接长度应大于 200mm，其伸出横向水平杆的长度不应小于 100mm。

（4）连墙件　连墙件的作用是将立杆与主体结构连接在一起，可用钢管、型钢或粗钢筋等。连墙件布置最大间距见表 3-4。

表 3-4　连墙件布置最大间距

| 搭设方法 | 高度/m | 竖向间距/步 | 水平间距/跨 | 每根连墙件覆盖面积/$m^2$ |
|---|---|---|---|---|
| 双排落地 | ≤50 | 3 | 3 | ≤40 |
| 双排悬挑 | >50 | 2 | 3 | ≤27 |
| 单排 | ≤24 | 3 | 3 | ≤40 |

（5）底座　底座一般用厚 8mm、边长 150～200mm 的钢板作为底板，上焊 150～200mm 高的钢管。底座的形式有内插式和外套式两种（图 3-13），内插式的外径 $D_1$ 比立杆内径小 2mm，外套式的内径 $D_2$ 比立杆外径大 2mm。

（6）大横杆　大横杆宜设置在立杆内侧，其长度不宜小于 3 跨。大横杆接长宜采用对接扣件连接，也可采用搭接。

（7）小横杆

1）主节点处必须设置一根横向水平杆，用直角扣件扣接，且严禁拆除。主节点处两个直角扣件的中心距不应大于 150mm。

2）作业层上非主节点处的小横杆宜根据支承脚手板的需要等间距设置，最大间距不应

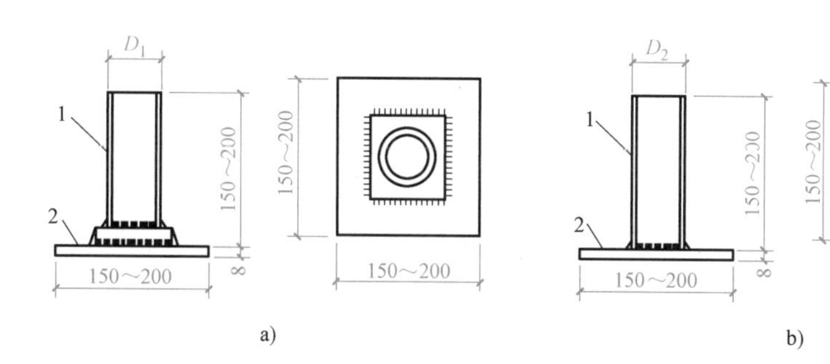


图 3-13　扣件钢管架底座

a）内插式底座　b）外套式底座

1—承插钢管　2—钢板底板

大于纵距的 1/2。

3）当使用冲压钢脚手板、木脚手板和竹脚手板时，双排脚手架的横向水平杆两端均应采用直角扣件固定在纵向水平杆上；单排脚手架的横向水平杆的一端，应用直角扣件固定在纵向水平杆上，另一端应插入墙内，插入长度不应小于 180mm。

（8）剪刀撑

1）高度在 24m 以下的单、双排脚手架均须在外侧立面的两端各设置一道剪刀撑，并应由底至顶连续设置；中间各道剪刀撑之间的净距不应大于 15m。

2）高度在 24m 以上的双排脚手架应在外侧立面的整个长度和高度范围内连续设置剪刀撑。

3）剪刀撑斜杆的接长宜采用搭接；剪刀撑斜杆应用旋转扣件固定在与之相交的横向水平杆的伸出端或立杆上，旋转扣件中心线至主节点的距离不宜大于 150mm。

2. 多立杆式外脚手架搭设要求

1）地基平整坚实，设置底座和垫板，可靠排水，防止积水浸泡地基。

2）立杆之间的纵向间距：当为单排设置时，立杆离墙 1.2~1.4m；当为双排设置时，内排立杆离墙 0.4~0.5m，内外排立杆之间的间距为 1.5m 左右。相邻立杆接头要错开，对接时需要用对接扣件连接，也可用长度为 400mm、外径等于立杆内径、中间焊法兰的钢套管连接。立杆垂直偏差不大于架高的 1/200。

3）上下两层相邻大横杆之间的间距为 1.8m 左右。大横杆的连接位置应错开，并宜采用对接扣件，如采用搭接连接，则搭接长度不应小于 1m，并用 3 个回转扣件扣牢。大横杆与立杆应用直角扣件连接，纵向水平高差不应大于 50mm。

4）小横杆的间距不大于 1.5m。当为单排设置时，小横杆的一头搁入墙内不少于 240mm，一头搁在大横杆上，并至少伸出 100mm；当为双排设置时，小横杆的端头离墙距离为 50~100mm。小横杆与大横杆之间用直角扣件连接。每隔三步架小横杆应加长，并注意与墙的拉结。

5）纵向支撑的斜杆与地面的夹角宜为 45°~60°。斜杆搭设时，利用回转扣件将一根斜杆扣在立杆上，另一根斜杆扣在小横杆的伸出部分上，这样可以避免两根斜杆相交时把钢管别弯。

6）斜杆用扣件与脚手架扣紧的连接接头距脚手架节点（即立杆和横杆的交点）不大于200mm。

7）为保证脚手架的稳定，斜杆最下面一个连接点距地面不宜大于500mm。斜杆的接长宜采用对接扣件对接连接，当采用搭接时，搭接长度不小于400mm，并用两只回转扣件扣牢。

3. 多立杆式外脚手架及其基础的检查与验收

脚手架及其基础在下列情况下应进行检查与验收：①基础完工后及脚手架搭设前；②作业层上施加荷载前；③每搭设完10~13m高度后；④达到设计高度后；⑤遇有六级及以上大风与大雨过后；⑥寒冷地区开冻后；⑦停用超过一个月。

在脚手架使用中，应定期检查下列项目：①杆件的设置和连接，连墙件、支撑和门洞桁架等的构造是否符合要求；②地基是否积水，底座是否松动，立杆是否悬空；③扣件螺栓是否松动；④高度在24m以上的脚手架，其立杆的沉降与垂直度的偏差是否符合《建筑施工扣件式钢管脚手架安全技术规范》（JGJ 130—2011）的规定。

4. 多立杆式外脚手架的搭拆

钢管脚手架的搭设顺序：夯实、平整场地→材料准备→设置通长木垫板→搭设纵向扫地杆→搭设立杆→搭设横向扫地杆→搭设纵向水平杆→搭设横向水平杆→搭设剪刀撑→固定连墙件→搭设防护栏杆→铺设脚手板→绑扎安全网。

脚手架搭设完毕或分段搭设完毕，应按施工方案、《建筑施工扣件式钢管脚手架安全技术规范》（JGJ 130—2011）等要求对脚手架的工程质量进行检查，经检查合格后方可交付使用。

脚手架拆除顺序和方法经主管部门批准后方可实施。拆除前应有单位工程负责人进行拆除安全技术交底。拆除时，应设置警戒区，由专职人员负责警戒，先清除脚手架、模板支架上的材料、工具和杂物及地面障碍物。

脚手架的拆除应从一端拆向另一端，同一层的构配件和加固件应按先上后下、先外后里的顺序进行拆除，严禁上下同时作业，所有固定件应随脚手架逐层拆除。严禁先将连墙件整层或数层拆除后再拆脚手架。分段拆除高差不应大于2步，如高差大于2步，则应按开口脚手架进行加固。当拆至脚手架下部最后一节立柱时，应先架临时抛撑加固，再拆除连墙件。拆下的钢管与配件应绑成捆用机械吊运或由井架传送至地面分类堆放，严禁高空抛掷。

在强风、雨、雪等特殊天气，不应进行脚手架的拆除，严禁夜间拆除。

### 3.3.3　碗扣式钢管脚手架

碗扣式钢管脚手架又称多功能碗扣式脚手架，其杆件接头处采用碗扣连接。由于碗扣是固定在钢管上的，因此连接可靠，整体性好，也不存在丢失扣件的问题。碗扣式钢管脚手架的基本构造和搭设要求与钢管扣件式脚手架类似，不同之处在于其杆件接头处采用碗扣连接。碗扣式接头由上下碗扣、限位销、横杆接头等组成，如图3-14所示。上下碗扣和限位销按600mm间距设置在钢管立杆上，其中，下碗扣和限位销直接焊接在立杆上，搭设时先将上碗扣的缺口对准限位销后，即可将上碗扣向上拉起（沿立杆向上滑动），然后将横杆接头插入下碗扣圆槽内，再将上碗扣沿限位销滑下，并顺时针旋转扣紧，并用小锤轻击几下即可完成接点的连接。立杆连接处外套管与立杆的间隙不得大于 2mm，外套长度不得小于 160mm，外伸长度不得小于 110mm。碗扣式接头可以同时连接 4 根横杆，横杆可相互垂直或偏转一定的角度，因而可以搭设各种形式的脚手架，特别是曲线形的脚手架。模板支撑架应根据所受的荷载选择立杆的间距和步距，以底层纵、横向水平杆作为扫地杆，距离地面高度不得大于 350mm。立杆底部应设置可调底座或固定底座，立杆上端包括可调螺杆，伸出顶层水平钢管的长度不得大于 0.7m。

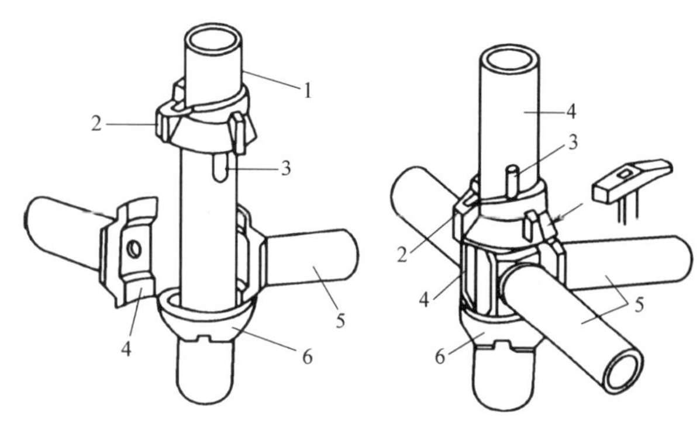


图 3-14　碗扣式接头

1—立杆　2—上碗扣　3—限位销

4—横杆接头　5—横杆　6—下碗扣

## 3.3.4　里脚手架

里脚手架常用于楼层上砌砖和内粉刷等工程施工。由于使用过程中不断转移施工地点，装拆较频繁，故其结构形式和尺寸应力求轻便灵活和装拆方便。里脚手架的形式很多，按其构造分为折叠式里脚手架和支柱式里脚手架。

### 1. 折叠式里脚手架

折叠式里脚手架适用于民用建筑的内墙砌筑和内粉刷。根据材料的不同，折叠式里脚手架分为角钢折叠式里脚手架、钢管折叠式里脚手架和钢筋折叠式里脚手架。

角钢折叠式里脚手架如图 3-15 所示，其搭设间距为：砌墙时不超过 2m，粉刷时不超过 2.5m。角钢折叠式里脚手架可以分两步搭设：第一步高约 1m，第二步高约 1.65m。钢管折叠式里脚手架的架设间距为：砌墙时不超过 1.8m，粉刷时不超过 2.2m。

### 2. 支柱式里脚手架

支柱式里脚手架由若干支柱和横杆组成，适用于内墙砌筑和内粉刷。其搭设间距为：砌筑时不超过 2m，装修时不超过 2.5m。根据支柱的不同，支柱式里脚手架分为套管式支柱里脚手架和承插式支柱里脚手架。

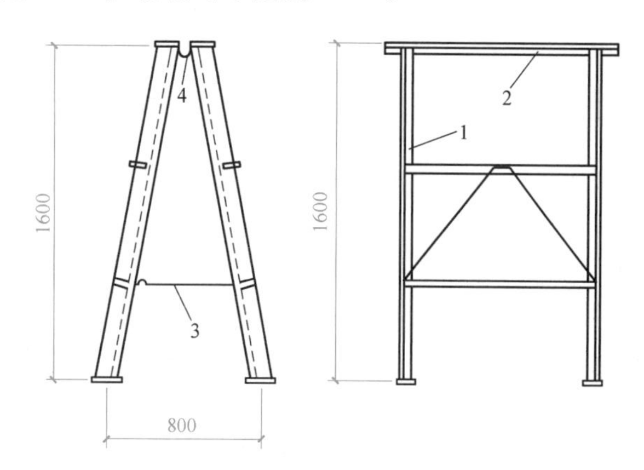


图 3-15　角钢折叠式里脚手架

1—立柱　2—横楞　3—挂钩　4—铰链

承插式支柱里脚手架的支柱有钢管支柱、角钢支柱和钢筋支柱。承插式钢管支柱里脚手架如图 3-16 所示。搭设时将横杆的销头插入支柱的承插管内，再在横杆上铺脚手板，架设的高度有 1.2m、1.6m 和 1.9m，架设时应加销钉固定。承插式支架的立管较短，为了改变架设高度时支架不再挪动，采用双承插管。承插式门架在架设第二步时，销孔中要插上销钉，以防 A 型支架被撞后转动。

套管式支柱里脚手架包括立管和插管。插管插入立管中，通过销孔间距调节脚手架的高度，在插管顶端的凹形支托内搁置方木横杆，横杆上铺设脚手板，如图 3-17 所示。套管式支架的立管较长，由立管与门架上的销孔调节架子的高度。

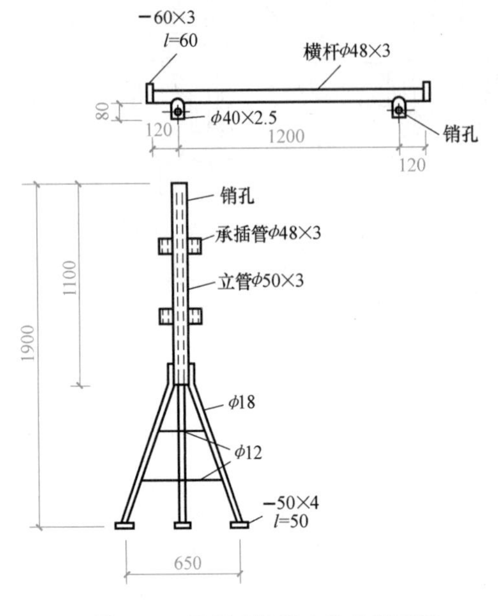


图 3-16　承插式钢管支柱里脚手架

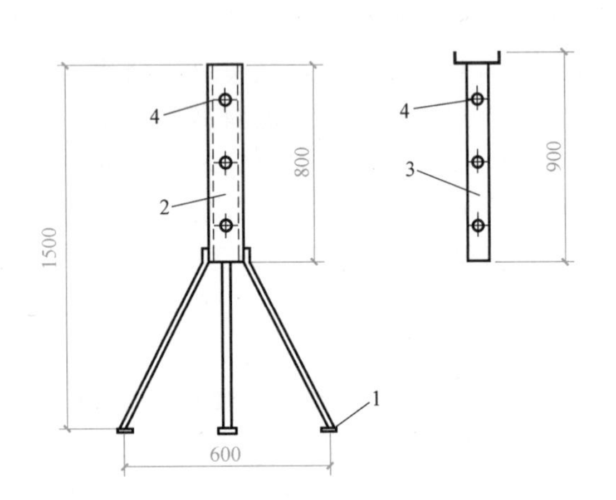


图 3-17　套管式支柱里脚手架

1—支脚　2—立管　3—插管　4—销孔

### 3.3.5　悬吊脚手架、悬挑式脚手架

1. 悬吊脚手架

悬吊脚手架是利用吊索悬吊吊架或吊篮进行砌筑或装饰工程操作的一种脚手架。其悬吊方法是在主体结构上设置支承点，脚手架架体结构搭设在附着于建筑结构的刚性悬挑支承结构上。悬吊脚手架主要组成部分为吊架（包括桁架式工作台和吊篮）、支承设施（包括支承挑梁和挑架）、吊索（包括钢丝绳、铁链和钢筋）及升降装置等。

吊篮或吊架的构造形式应根据脚手架的用途和建筑物的结构情况确定。常用的吊篮构造形式有桁架式工作台、框架式钢管吊架、小型吊篮和组合吊篮等。

悬吊结构应根据工程的结构情况和脚手架用途而定。一般采用的是在屋顶上设置挑梁（架）。当用于高大厂房的内部施工时，可悬吊在屋架或大梁之下。常用的挑梁（架）有单梁式挑梁、双梁式挑梁、斜撑式挑梁、桁架式挑梁、自稳式挑梁、移动式挑梁和装拼式挑梁等。

根据吊索及升降装置的不同，常用的升降方法有手扳葫芦连续升降、电动机械升降、液压提升、手动工具提升等。

2. 悬挑式脚手架

悬挑式脚手架（图 3-18）简称挑架。脚手架的自重及其施工荷重，全部由建筑物承受，因而搭设不受建筑物高度的限制。在悬挑结构上搭设的双排外脚手架与落地式脚手架相同，分段悬挑脚手架的高度一般控制在 25m 以内。其主要用于外墙结构装修和防护，以及在全封闭的高层建筑施工中，用以防坠物伤人。悬挑式脚手架的支承结构形式大致分为悬挂式挑梁和下撑式挑梁两类。

1）悬挂式挑梁（图3-19a），用型钢做梁挑出，端头加钢丝绳（或用钢筋花篮形螺栓拉杆）斜拉，组成悬挑式支承结构。

2）下撑式挑梁（图3-19b），通常采用型钢焊接的三角形架作为悬挑式支承结构，其悬出端支承杆件是斜撑受压杆件，承载力由压杆稳定性控制，故断面较大，钢材用量多且自重大。

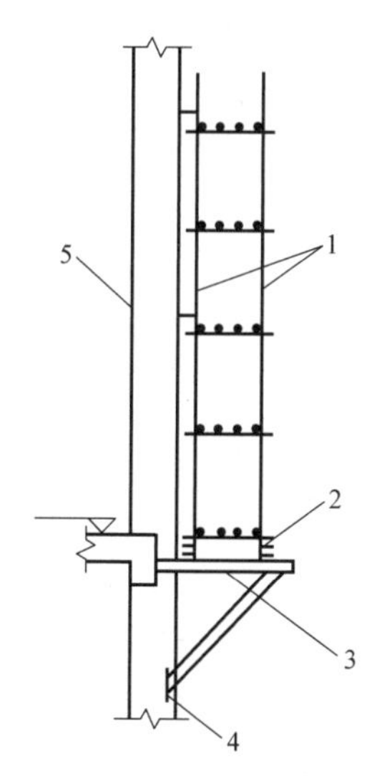


图3-18 悬挑式脚手架

1—钢管脚手架 2—型钢横梁 3—三角支撑架 4—预埋件 5—钢筋混凝土柱（墙）

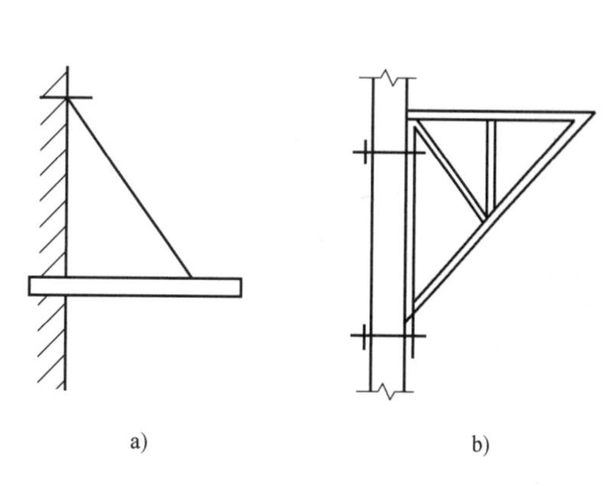


图3-19 悬挑式脚手架的支承结构形式

a）悬挂式挑梁 b）下撑式挑梁

悬挑式脚手架适用范围如下：

1）±0.000以下结构工程回填土不能及时回填，脚手架没有搭设的基础，而主体结构工程又必须立即进行，否则将影响工期。

2）高层建筑主体结构四周为裙房，脚手架不能直接设置在地面上。

3）超高层建筑施工，脚手架搭设高度超过了架子的容许搭设高度，因此将整个脚手架按容许搭设高度分成若干段，每段脚手架支承在由建筑结构向外悬挑的结构上。

## 3.3.6 附着式升降脚手架

随着建筑形式的多样化，脚手架向装拆简单、移动方便、承载性能好和使用安全可靠的方向发展。附着式升降脚手架是指搭设一定高度并附着于工程结构上（图3-20），依靠自身的升降设备和装置，可随工程结

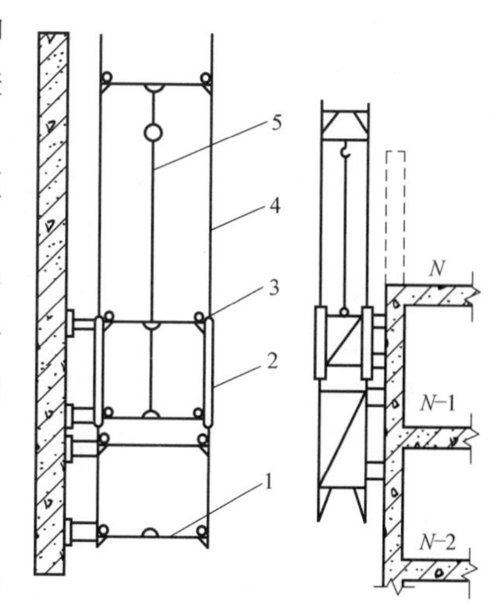


图3-20 附着式升降脚手架的基本结构

1—固定框 2—滑动框 3—纵向水平杆 4—安全网 5—提升机构

构逐层爬升或下降，具有防倾覆和防坠落装置的外脚手架。

附着式升降脚手架主要由架体结构、附着支座、防倾装置、防坠落装置、升降机构及控制装置等构成。

附着式升降脚手架将高处作业变为低处作业，将悬空作业变为架体内部作业。在高层和超高层建筑的主体施工中，附着式升降脚手架有明显的优越性，它用料少，只安拆一次，爬升快捷方便，经济效益显著，是一种很有推广价值的高层建筑外脚手架。



### 3.3.7　垂直运输设施

垂直运输设施是指担负垂直输送材料和施工人员上下的机械设备和设施。在砌筑施工过程中，各种材料（砖、砂浆）、工具（脚手架、脚手板）运输及各层楼板安装，都需要用垂直运输设施来完成。

多层建筑施工中常用的垂直运输设施有轻型塔式起重机、井字架（可带起重杆）和龙门架等。高层建筑施工可采用塔式起重机和附壁式人货两用升降机（建筑施工电梯）等。龙门架、井字架（可带起重杆）和附壁式人货两用升降机的安装位置固定，无外伸臂或外伸臂很小，主要用于垂直运输。塔式起重机有较大的外伸臂，可沿轨道行驶，能将材料或构件从地面吊送到楼层上所需要的地点，可同时满足垂直运输和水平运输的需要。

#### 1. 建筑施工电梯

目前在高层建筑施工中常采用客货两用的建筑施工电梯，其吊笼装在井字架外侧，沿齿条式轨道升降，附着在外墙或建筑物的其他结构上，可载货物 1.0~1.2t，也可乘 12~15 人，其高度随着建筑物主体结构的升高而接高，可达 100m，如图 3-21 所示。建筑施工电梯适用于高层建筑，也可用于多层厂房和一般楼房施工中的垂直运输。

#### 2. 垂直运输设施的性能要求

砌筑工程中垂直运输设施的性能必须满足砌筑施工及施工进度的要求，一般包括提升高度、供应面和供应能力 3 个方面。

（1）提升高度　垂直运输设施的提升高度应比砌筑工程所需要的升运高度（建筑物的檐口）高至少 3m，以确保安全。带起重杆的井字架，起重杆铰结点应高于建筑物的檐口。

（2）供应面　垂直运输设施的供应面（范围、半径）或称为覆盖面，是指其借助于水平运输的机具所能供应或覆盖范围（半径）的大小。垂直运输设施的供应面一般不超过 80m，并要求有相应的配套水平机具。

（3）供应能力　垂直运输设施的供应能力是指其单位时间的供应量，即单位时间的运输次数与每次运输量的乘积。垂直运输设施的运次要考虑与其配套的水平运输机具的运次，取两者低值。供应能力还需考虑 0.5~0.75 的折减系数，即会出现一些不可避免的影响因素，如机械设备故障和人为因素耽搁等。

#### 3. 垂直运输设施的设置

（1）安装位置　垂直运输设施的安装位置应考虑楼面水平运输方便，一般可设置在施工段分界处或高低层的交接处。

（2）卷扬机的设置　卷扬机的位置应使操作人员的仰角不超过 45°，且视线不受遮挡。当作业层较高，观察和对话困难时，可采取增加卷扬机的定位装置，采用对讲机等办法解决。卷扬机处应设安全棚。

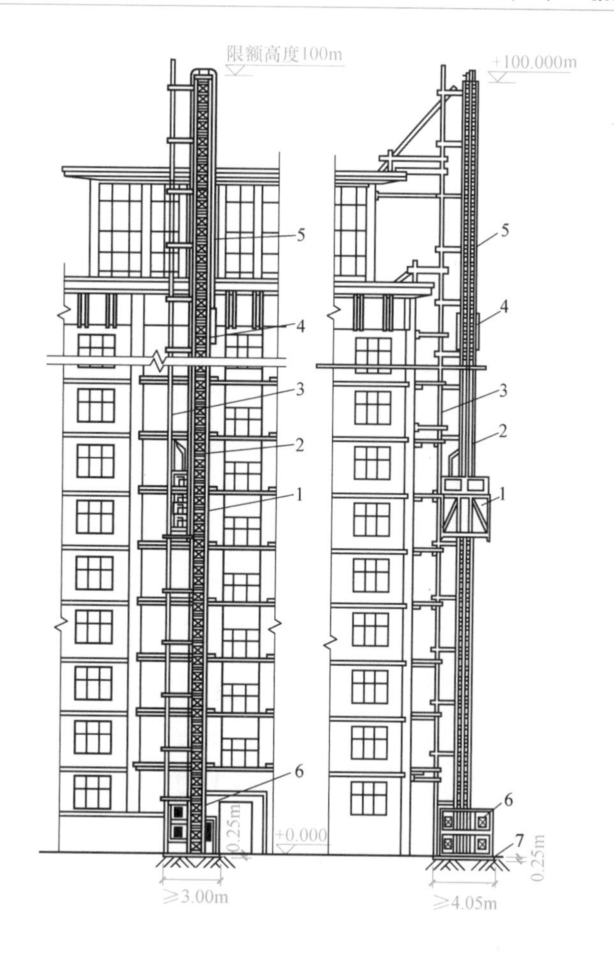


图 3-21　建筑施工电梯

1—吊笼　2—小吊杆　3—架设安装杆　4—平衡箱　5—导轨架　6—底笼　7—混凝土基础

（3）缆风绳的设置　当龙门架的高度在 12m 以内时，设一道缆风绳；超过 12m 时，每增加 5~6m 增设一道缆风绳。每道缆风绳不应少于 6 根，每根缆风绳一般可采用直径不小于 8mm 的 Ⅰ 级钢筋。

4. 井字架、龙门架的安装和使用注意事项

井字架和龙门架必须立于可靠的地基和基座上，并选在排水畅通处。如果地基土质不好，则要加碎砖或碎石夯实，并做 150mm 厚的 C20 混凝土垫层，立柱底部应设底座和 50mm×200mm 的垫木。井字架和龙门架的高度在 12m 以下时设一道缆风绳，15m 以上每增高 5~10m 增设一道缆风绳。井字架的每道缆风绳不少于 4 根，龙门架的每道缆风绳不少于 6 根。缆风绳宜用 7~9mm 的钢丝绳，与地面成 45°夹角。井字架杆件安装要准确，结合要牢固，垂直度偏差不得超过总高度的 1/600，导轨垂直度及间距尺寸的偏差不得大于 ±10mm。

在雷雨季节，井字架和龙门架的架高超过 30m 时，应装设避雷装置。井字架和龙门架自地面 5m 以上的四周（出料口除外）应使用安全网或其他遮挡材料（竹笆、篷布等）进行封闭，避免吊盘上材料坠落伤人。

卷扬机驾驶员操作观察吊盘升降的一面只能使用安全网。必须采取限位自停措施，以防

止吊盘上升时“冒顶”。吊盘应有可靠的安全装置，防止吊盘在运行中和停车装卸料时发生卷扬机制动失灵而跌落等事故。吊盘不得长时间悬于架中，应及时落至地面。吊盘内不要装长杆件材料和凌乱堆放的材料，以免材料坠落或长杆材料卡住井架酿成事故。吊盘内的材料应居中放置，避免载重偏向一边。

## 阅读材料

根据工程的施工进度情况，技术人员及质检人员在工程质量管理和检查中抓住要害，把好质量关，必要时分析其主要原因。至于通病防治，考虑各工程不同的施工技术措施和办法，均能达到目的，不必统一。以下列举一些常见的砌筑工程技术要点：

1）墙体的平整度和垂直度偏差不应过大。

2）灰缝的砂浆饱满度应满足要求。灰缝大小应一致（水平灰缝砂浆的饱满度≥90%，竖向灰缝饱满度≥80%）。

3）门窗洞口的预留位置和尺寸应准确。

4）留直槎位置应设拉结筋（框架柱间填充墙应设拉结筋且采用预埋法）。

5）门顶或窗顶、底层应设置过梁，宽度>300mm 的预留洞应设置过梁且伸入墙体长度应>250mm。

6）墙长>5m（外墙>4m）时，应增设间距不大于 4m 的构造柱（具体依据设计说明），与上下梁应增设拉结筋且后浇。

7）墙高>4m 时，应增设腰梁，洞口宽度>2m 时，两边应设置构造柱。

8）屋面女儿墙不应采用轻质隔墙砌筑。若采用砌体结构，应设置间距≤3m 的构造柱和厚度≥120mm 的钢筋混凝土压顶。

9）填充墙砌至接近梁底和板底时，应留一定的空隙，并在墙体砌筑完 15d 后，使用斜砖补砌。

10）蒸压灰砂砖、加气混凝土砌块和混凝土小型空心砌块等材料，出厂停放时间不应<28d。

11）砌体砌筑完成宜 60d 后再抹灰（不应<30d）。

12）严禁在墙体上交叉预埋和凿水平槽，且竖向开槽时，应达到设计强度要求，并用机械开槽。

13）框架或框剪结构中，在混凝土墙体与砖墙交接处，应在抹灰前，增设钢丝网。

14）不同材料的填充墙交接处，砖砌电梯井和楼梯间四周边角，应增设构造柱。

## 思考题

1. 砌筑工程用砖的强度等级分成几级？根据什么确定？
2. 砌筑砂浆的稠度是如何要求的？
3. 砖墙的组砌形式有哪些？
4. 普通砖的砌筑施工工艺有哪些？
5. 皮数杆的作用是什么？如何布置？

6. 普通砖的砌筑质量要求是什么？
7. 砌筑时为什么要做到横平竖直、砂浆饱满？
8. 什么是“三一”砌法？
9. 如何处理墙体的接槎？
10. 石和砌块砌筑施工各有哪些要求？
11. 为保证安全砌筑施工，应注意哪些事项？
12. 脚手架搭设应满足哪些要求？
13. 什么是一步架高？
14. 扣件式钢管脚手架有哪些扣件？
15. 多立杆式外脚手架的搭设要求有哪些？

## 习　　题

**1. 填空题**

(1) 砌筑砖墙时，应采用“三一”砖砌法，即________、________、________。

(2) 砌体的质量要求为________、________、________、________、________、________。

(3) 普通砖墙常用的组砌形式有________、________、________。

(4) 砌体施工工艺包括________、________、________、________和________等工序。

(5) 在地震多发区，砖砌体的________处不得留直槎。

(6) 为了使砖墙在转角处各皮间竖缝相互错开，必须在外角处砌________。

(7) 三顺一丁砌筑时，上下皮顺砖间竖缝错开________，上下皮顺砖与丁砖间竖缝错开________。

(8) 墙身砌筑高度超过________时应搭设脚手架。

**2. 单项选择题**

(1) 双排钢管扣件式脚手架一个步架高度为（　　）较为合适。

A. 1.5m　　B. 1.2m　　C. 1.6m　　D. 1.8m

(2) 砖墙每日砌筑高度不应超过（　　）。

A. 1.5m　　B. 2.1m　　C. 1.2m　　D. 1.8m

(3) 砌筑砂浆中的砂应采用（　　）。

A. 粗砂　　B. 细砂　　C. 中砂　　D. 特细砂

(4) 检查灰缝是否饱满的工具是（　　）。

A. 楔形塞尺　　B. 方格网　　C. 靠尺　　D. 托线板

(5) 砖砌体水平缝砂浆饱满度不应低于（　　）。

A. 50%　　B. 80%　　C. 40%　　D. 60%

(6) 检查墙面垂直度的工具是（　　）。

A. 钢尺　　B. 楔形塞尺　　C. 靠尺　　D. 托线板

(7) 内外砖墙交接处应同时砌筑，当不能同时砌筑时应留（　　）。

A. 斜槎　　B. 直槎　　C. 凸槎　　D. 以上均可

# 第4章 混凝土结构工程

学习目标

掌握钢筋的连接方法和安装要求，熟悉钢筋的加工工艺设备，了解钢筋的配料计算和质量检验方法；熟悉模板的类型、组成、构造，掌握模板的安装及拆模要求；掌握混凝土配料、搅拌、运输、浇筑、振捣和养护的方法和要求，了解混凝土冬期施工原理和方法。

在土木工程施工中，无论是在人力、物力消耗方面，还是在对工期的影响方面，混凝土结构工程都占有非常重要的地位。混凝土结构工程施工包括现浇混凝土结构施工和预制装配式混凝土构件的工厂化施工两个方面。

混凝土结构工程施工包括模板工程施工、钢筋工程施工和混凝土工程施工等主要分项工程施工。

## 4.1 模板工程

混凝土结构工程依靠模板系统成型。一般将模板面板、主次龙骨（肋、背楞、钢楞、托梁）、连接撑拉锁固件和支撑结构等统称为模板，将模板与其支架、立柱等支撑系统的施工称为模板工程施工。

在一般的梁板、框架和板墙结构中，模板工程所需要耗费的费用约占混凝土结构工程总造价的30%左右，劳动量占28%~45%；在高大空间、大跨、异形等难度大和复杂工程中所占的比例则更大。某些水平构件模架施工项目还存在较大的施工风险。

模板的安装支设必须符合下列规定：

1）模板及其支架应具有足够的承载力、刚度和稳定性，能可靠地承载浇筑混凝土的重力、侧压力及施工荷载。

2）要保证工程结构和构件各部位形状、尺寸和相互位置的正确。

3）构造简单，装拆方便，便于钢筋的绑扎和安装，符合混凝土浇筑及养护等工艺要求。

4）模板的拼（接）缝应严密，不得漏浆。

除上述规定外，还应优先推广清水混凝土模板；宜推广快速脱模技术，以提高模板周转率；采取分段流水工艺，以减少模板一次投入量。

### 4.1.1　模板的形式与构造

#### 1. 木模板

现阶段木模板主要用于异型构件。木模板选用的木材品种，应根据其构造及工程所在地区来确定，多数采用红松、白松和杉木。木模板常用于基础、墙、柱、梁、楼板和楼梯等部位。目前，木模板在现浇钢筋混凝土结构施工中的使用率已经大大降低，逐步被胶合板和钢模板代替。

（1）基础木模板（图4-1）　如果土质良好，阶梯形基础的最下一级可不用模板而进行原槽浇筑。基础木模板安装时，要保证上、下模板不发生相对位移。如有杯口，还要在其中放入杯口模板（又称杯芯模）。



（2）柱子木模板　矩形柱由四块侧向模板组成，其中两块相对的内拼板夹在两块外拼板之间，如图4-2所示。也可用短横板（门子板）代替外拼板钉在内拼板上，施工时，有些短横板可先不钉上，作为浇筑混凝土的浇筑孔，待浇至其下口时再钉上。柱子木模板底部开有清理孔，沿高度每隔约2m开有浇筑孔。

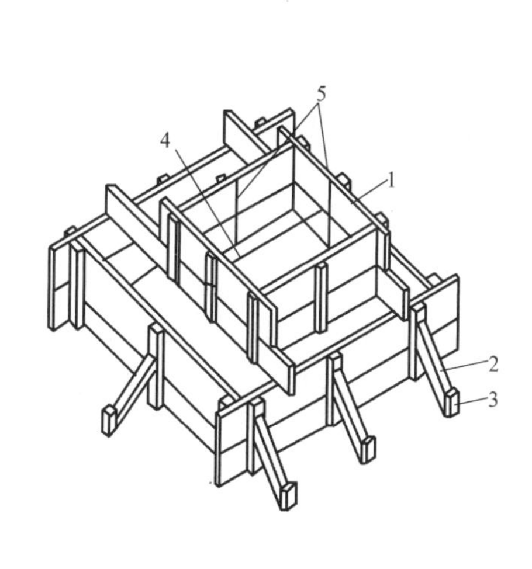


图4-1　基础木模板

1—拼板　2—斜撑　3—木桩

4—钢丝　5—模板中心线

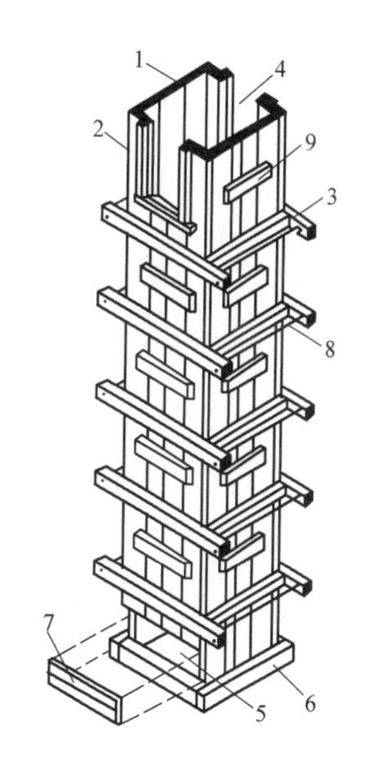


图4-2　柱子木模板

1—内拼板　2—外拼板　3—柱箍　4—梁缺口

5—清理孔　6—底部木框　7—盖板

8—拉紧螺栓　9—拼条

（3）梁及楼板模板　梁模板由底模板和侧模板组成。底模板（一般较厚）承受垂直荷载，下面有支撑（或桁架）承托。梁及楼板模板的底部应支承在坚实地面或楼面上，下垫木垫板。在多层建筑施工中，应使上、下层的支撑在同一条竖直线上，否则，应采取措施保证上层支撑的荷载能传到下层支撑上。支撑间应用水平和斜向拉杆拉牢，以增强整体结构的稳定性。

梁跨度在 4m 或 4m 以上时，底模板应起拱，起拱高度按设计和规范要求，先主梁起拱，后次梁起拱。当设计无具体规定时，起拱高度一般为结构跨度的 1/1000～3/1000。

梁侧模板承受混凝土的侧压力，模板底部用钉在支撑顶部的夹条夹住，顶部可由支承楼板模板的搁栅（又称龙骨）顶住，或用斜撑顶住。当梁高超过 70cm 时，梁侧模板宜加穿梁螺栓加固。

楼板模板多用定型模板或胶合板，它支承在搁栅上，搁栅支承在梁侧模板外的横挡上（图 4-3），搁栅有主次之分，当板跨度较大时，主搁栅下还应加支承。楼面模板铺完后，应复核模板面的标高和平整度，预埋件和预留孔洞不得漏设并应位置准确。支模顶架必须稳定、牢固。梁模板面、板模板面应清扫干净。



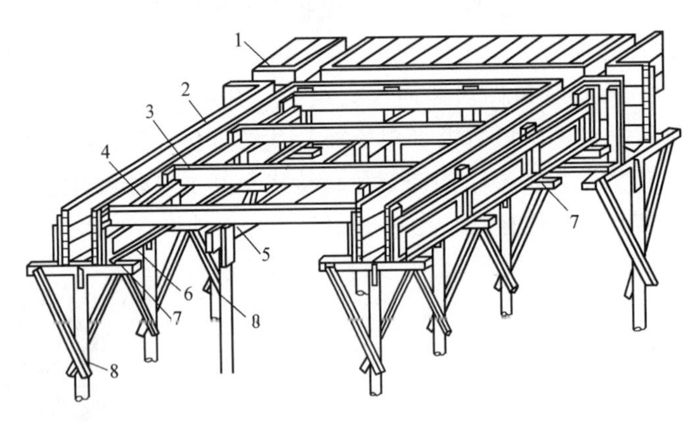


图 4-3　梁及楼板模板

1—楼板模板　2—梁侧模板　3—次搁栅　4—横挡　5—主搁栅
6—夹条　7—短撑木　8—支撑

2. 土模

（1）适用范围　土模是指在基础或垫层施工时利用地槽的土壁作为模板，主要适用于地下连续墙、桩、承台、地基梁和采用逆作法施工的楼板。采用土模可以提高工效，保证质量，并能节约大量木材。

（2）施工注意事项　一般土模选用黏土较为适宜，不能用淤泥或砂土，含水量宜控制在 20%～24%，且应严格控制地下水位。土模要有一定的密实度，一般在 80%左右，具体的数据通过试验来确定。

3. 胶合板模板

胶合板模板有木胶合板和竹胶合板两种，具有板幅大，自重轻，板面平整，承载力大，保温性好，锯截方便，便于按工程的需要弯曲成形等优点。

木胶合板的常用厚度一般为 12mm 或 18mm，竹胶合板的常用厚度一般为 12mm。内楞和外楞的间距可随胶合板的厚度、构件种类和尺寸，通过设计计算进行调整。支撑系统可以选用钢管脚手架。木胶合板模板可分为三类：

1）未经表面处理的素板。在使用前应对板面进行处理。处理的方法为冷涂刷涂料，把常温下易固化的涂料胶涂刷在胶合板表面，构成保护膜。

2）经树脂饰面处理的涂胶板。

3）经浸渍胶膜纸贴面处理的覆膜板。经覆膜罩面处理后的胶合板，增加了板面耐久性，脱模性能良好，外观平整光滑，最适用于有特殊要求的、混凝土外表面不加装饰处理的清水混凝土工程，如混凝土桥墩、立交桥、筒仓、烟囱以及塔等。

我国竹材资源丰富，且竹材具有生长快、生产周期短（一般 2~3 年成材）的特点。因此，在我国木材资源短缺的情况下，可以竹材为原料，制作竹胶合板。竹胶合板具有收缩率小、膨胀率和吸水率低、承载能力强的特点，是一种具有发展前景的新型建筑模板。采用胶合板做现浇混凝土墙体和楼板的模板，是目前常用的一种模板技术。

4. 55 型组合钢模板

组合钢模板是现代模板技术中，通用性强、装拆方便、周转次数多的一种以钢代木的新型模板。在现浇钢筋混凝土结构施工中，可事先按设计要求将其组拼成梁、柱、墙、楼板的大型模板，整体吊装就位，也可采用散装散拆的方法。



55 型组合钢模板又称组合式定型小钢模，是目前使用较广泛的通用型组合模板。55 型组合钢模板的部件主要由钢模板、连接件和支承件三部分组成。钢模板采用 Q235 钢材制成，钢板的厚度有 2. 5mm、2. 75mm。它包括平面模板、阴角模板、阳角模板、连接角模等通用模板及倒棱模板、梁腋模板、柔性模板、搭接模板、可调模板和嵌补模板等专用模板，如图 4-4 所示。连接件由 U 形卡、L 形插销、钩头螺栓、紧固螺栓、扣件和对拉螺栓等组成。支承件包括钢管支架、门式支架、碗扣式支架、盘销（扣）式脚手架、钢支柱、四管支柱、斜撑、调节托、钢楞和方木等。55 型组合钢模板具有灵活、通用性强、安装工效较高等优点，在使用和管理良好的情况下，周转使用次数可达 100 次。但它一次性投资费用大，一般一套需要周转使用 50 次以上才能收回成本。此外，制作钢模板用的钢板较薄，拆模时容易变形损坏；拆模后混凝土的表面过于光滑，附着性差，表面装饰前要进行凿毛处理；板块小，拼缝多，往往要抹灰找平，板块上开洞及修补也较困难等。

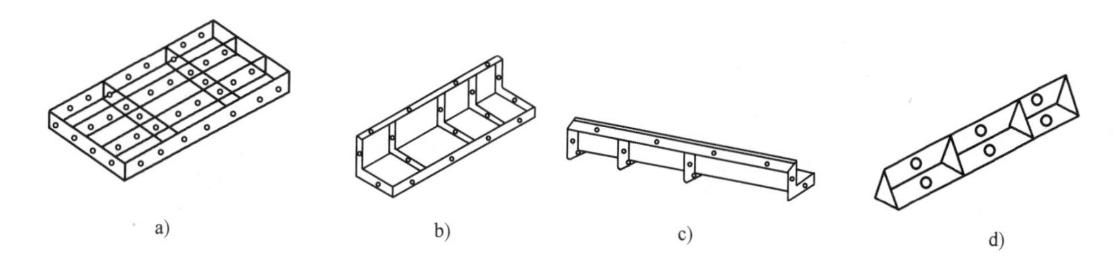


图 4-4　55 型组合钢模板

a）平面模板　b）阴角模板　c）阳角模板　d）连接角模

5. 模壳

钢筋混凝土现浇密肋楼板能很好地满足大空间、大跨度的需要，密肋楼板是由薄板间距较小的双向或单向密肋组成的，其薄板厚度一般为 60~100mm，小肋高一般为 300~500mm，从而增加了楼板截面的有效高度，减少了混凝土的用量，用大型模壳施工的现浇双向密肋楼板结构，省去了大梁，减少了内柱，使得建筑物的有效空间大大增加，层高也相应降低，在相同跨度的条件下，可减少混凝土用量的 30%~50%，钢筋用量也有所降低，使楼板的自重减轻。密肋楼板能取得好的技术经济效益，关键取决于模壳和支撑系统。单向密肋楼板如图 4-5 所示，双向密肋楼板如图 4-6 所示。

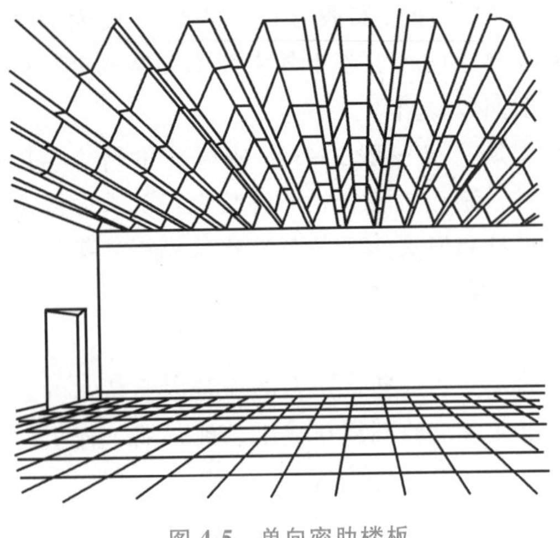

图 4-5　单向密肋楼板

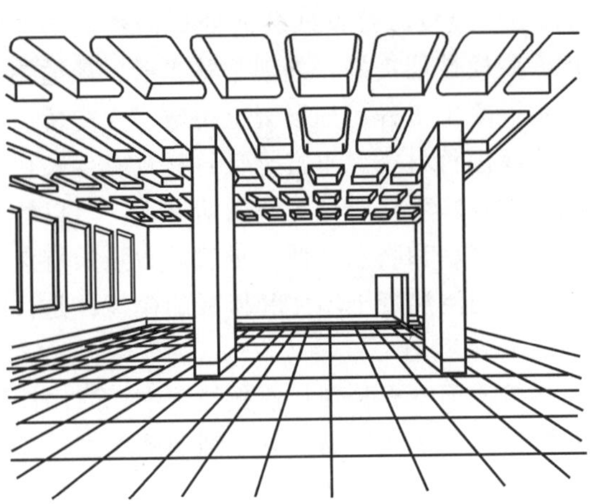

图 4-6　双向密肋楼板

塑料模壳（图 4-7）是用改性聚丙烯塑料为基材注塑而成的，已发展到大型组合式模壳，采用多块（4 块）组装成钢塑结合的整体大型模壳，在模壳四周增加∟36×3 角钢便于连接，能够灵活组合成多种规格，适用于空间大、柱网大的工业厂房和图书馆等公用建筑。

玻璃钢模壳（图 4-8）采用不饱和聚酯树脂作为黏结材料，用中碱方格玻璃丝布增强，采用薄壁加肋构造形式，刚度大，使用次数较多，周转率高，可采用气动拆模，但生产成本较高。模壳的几何尺寸、外观质量和力学性能，均应符合国家和行业有关标准以及设计的要求，应有产品出厂合格证。

按形状分类，模壳分为“T”形模壳和“M”形模壳，如图 4-9 和图 4-10 所示。“T”形模壳适用于单向密肋楼板，“M”形模壳适用于双向密肋楼板。

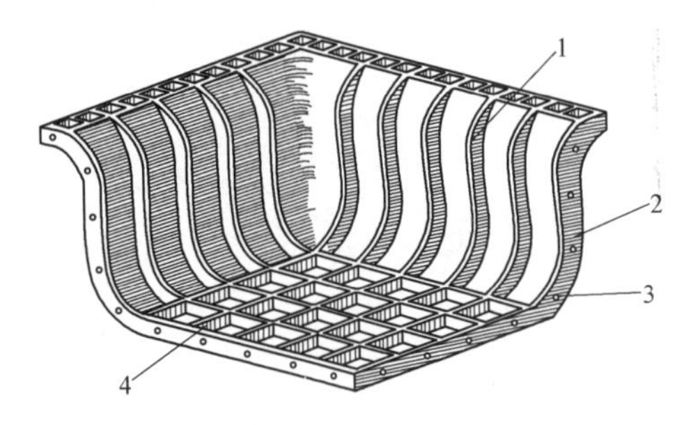


图 4-7　塑料模壳

1—纵横肋板　2—边肋用角钢加固

3—螺栓孔　4—肋高

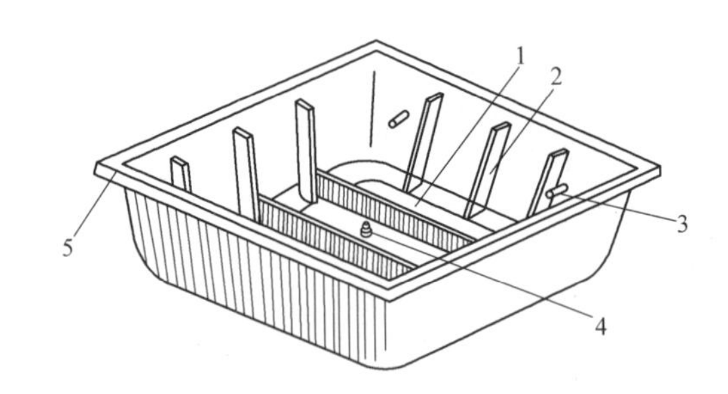


图 4-8　玻璃钢模壳

1—底肋　2—侧肋　3—手动拆模装置

4—气动拆模装置　5—边肋

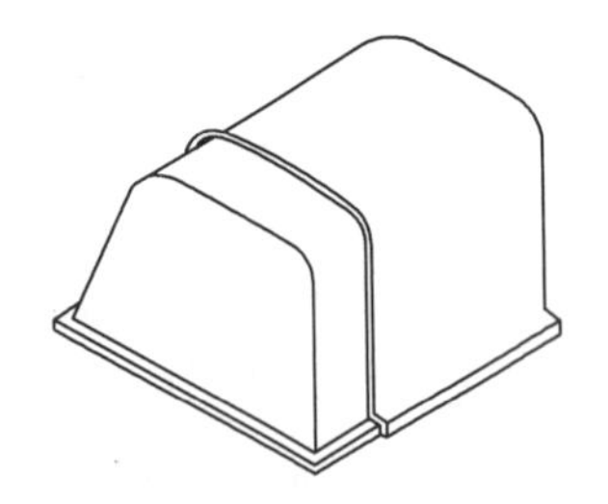

图 4-9　“T”形模壳

图 4-10　“M”形模壳

6. 脱模剂

脱模剂又称隔离剂，是涂刷（喷涂）在模板表面，起隔离作用，在拆模时能使混凝土与模板顺利脱离，保持混凝土的形状完整及模板无损的材料。脱模剂可以防止模板与混凝土的黏结，保护模板，延长模板的使用寿命，以及保持混凝土墙面的洁净与光滑。

脱模剂应满足以下基本要求：

1）容易脱模，不黏结和污染墙面，保持混凝土的表面光滑、平整，棱角整齐无损。

2）涂刷方便，成膜快，易于干燥和清理。

3）对模板和混凝土均无侵蚀作用，不影响混凝土表面的装饰效果，不污染钢筋，不含有对混凝土性能有害的物质；能够保护模板，延长模板的使用寿命。

4）具有较好的稳定性、耐水性、耐候性和适应性。

5）无毒、无刺激性气味。

6）材料来源广泛，价格相对便宜。

### 4.1.2 模板设计

模板设计的内容主要包括模板和支撑系统的选型，支撑格构和模板的配置，计算简图的确定，模架结构的强度、刚度和稳定性核算，附墙柱、梁柱接头等细部节点设计和绘制模板施工图等。各项设计内容的详尽程度，应根据工程的具体情况和施工条件确定。

模板设计的主要原则：

1）实用性。保证构件的形状、尺寸和相互位置的正确；接缝严密，不漏浆；模架构造合理，支拆方便。

2）安全性。保证在施工过程中，不变形、不破坏、不倒塌。

3）经济性。针对工程结构的具体情况，因地制宜，就地取材，在确保工期和质量的前提下，尽量减少一次性投入，降低模板在使用过程中的消耗，增加模板的周转次数，减少支拆用工，实现文明施工。

梁、楼板等水平构件的底模板以及支架所承受的荷载一般为重力荷载；墙、柱等竖向构件的模板及支架所承受的荷载一般为侧向压力荷载。考虑到模板材料的差异和荷载分布的不均匀性等不利因素影响，将荷载标准值乘以相应的荷载分项系数，即为荷载设计值。

（1）水平构件底模荷载标准值

1）模板及支架的自重。可根据施工图确定。常用材料的自重可以查阅相应的图集和手册。

2）新浇筑混凝土的自重标准值。普通混凝土为 $24kN/m^3$，其他混凝土根据实际的重度确定。

3）钢筋自重标准值。按施工图确定。一般按每立方米钢筋混凝土结构的钢筋重力计算：梁为 $1.5kN/m^3$，楼板为 $1.1kN/m^3$。

4）施工人员及设备荷载的标准值。

计算模板及直接支撑模板的次龙骨时，对工业定型产品（如组合钢模板）按均布荷载取 $2.5kN/m^2$，另应以集中荷载 2.5kN 再行验算，取二者中较大的弯矩值；对现场拼装模板按均布荷载取 $2.5kN/m^2$，集中荷载按实际作用数值选取。

计算直接支撑次龙骨的主龙骨时，均布活荷载取 $1.5kN/m^2$；考虑到主龙骨的重要性和简化计算，也可直接取次龙骨的计算值。

计算支架立柱时，均布活荷载取 1.0kN/m$^2$；考虑到立柱的重要性和简化计算，也可直接取主龙骨的计算值。

5）振捣混凝土时产生的荷载标准值。水平面模板可取 2.0kN/m$^2$。

（2）竖向构件侧模荷载标准值

1）新浇筑混凝土对模板侧面的压力标准值。当采用插入式振捣器振捣、浇筑速度不大于 10m/h、混凝土的坍落度不大于 180mm 时，按下列两式计算，并取其较小值：

$$F=0.28\gamma_c t_0 \beta V^{\frac{1}{2}} \tag{4-1}$$

$$F=\gamma_c H \tag{4-2}$$



式中　$F$——新浇筑混凝土对模板的最大侧压力（kN/m$^2$）；

$\gamma_c$——混凝土的重度（kN/m$^2$）；

$t_0$——新浇筑混凝土的初凝时间（h），可按实测确定，当缺乏试验资料时，可采用 $t_0=200/(T+15)$ 计算（$T$ 为混凝土的温度，单位为℃）；

$V$——混凝土的浇筑速度（m/h）；

$H$——混凝土侧压力计算位置处至新浇筑混凝土顶面的总高度（m）；

$\beta$——混凝土坍落度影响修正系数，当坍落度为 50~90mm 时，取 0.85；当坍落度为 90~130mm 时，取 0.9；当坍落度为 130~180mm 时，取 1.0。

混凝土侧压力的计算分布图，如图 4-11 所示。

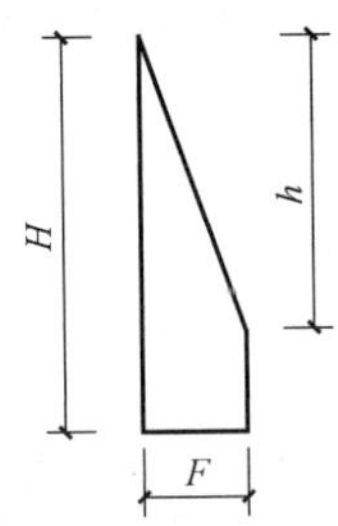


图 4-11　混凝土侧压力的计算分布图

注：$h$ 为有效压头高度，表示从模板内浇筑至最大侧压力处的高度。

2）倾倒混凝土时产生的荷载标准值。倾倒混凝土时对垂直面模板产生的水平荷载标准值，按表 4-1 采用。

表 4-1　向模板中倾倒混凝土时产生的水平荷载标准值

| 向模板中供料的方法 | 水平荷载标准值/(kN/m$^2$) |
| --- | --- |
| 用溜槽、串筒或导管输送 | 2.0 |
| 用容量小于 0.2m$^3$ 的运输器具倾倒 | 2.0 |
| 用容量为 0.2~0.8m$^3$ 的运输器具倾倒 | 4.0 |
| 用容量大于 0.8m$^3$ 的运输器具倾倒 | 6.0 |

3）振捣混凝土时产生的荷载标准值。对垂直面模板可取 4.0kN/m$^2$。

4）当竖向构件采用坍落度大于 250mm 的免振自密实混凝土时，模板侧压力承载能力确定以后，应按 $F=\gamma_c H$ 核定其可承担混凝土初凝前的浇筑高度 $H$，再按 $H=t_0 V$ 对浇筑速度或混凝土初凝时间进行控制（$H$ 的计算值≤竖向构件的浇筑高度）。

（3）荷载设计值

1）计算模板及支架结构或构件的强度、刚度、稳定性和连接强度时，应采用荷载设计值（荷载标准值乘以荷载分项系数）。

2）计算正常使用极限状态的变形时，应采用荷载标准值。

3）荷载分项系数按表4-2采用。

表4-2 荷载分项系数

| 荷载类别 | 分项系数 $\gamma_i$ |
|---|---|
| 模板及支架自重标准值($G_{1k}$) | 永久荷载的分项系数:当永久荷载效应对结构不利时,不应小于1.3;当永久荷载效应对结构有利时,不应大于1.0 |
| 新浇混凝土自重标准值($G_{2k}$) | |
| 钢筋自重标准值($G_{3k}$) | |
| 新浇混凝土对模板侧面的压力标准值($G_{4k}$) | |
| 施工人员及施工设备荷载标准值($Q_{1k}$) | 可变荷载的分项系数:对标准值大于4kN/m² 的工业房屋楼面结构的活荷载,当对结构不利时,不应小于1.4;当对结构有利时,不应考虑该荷载。其他情况,当对结构不利时,不应小于1.5;当对结构有利时,不应考虑该荷载 |
| 振捣混凝土时产生的荷载标准值($Q_{2k}$) | |
| 倾倒混凝土时产生的荷载标准值($Q_{3k}$) | |
| 风荷载($W_k$) | 1.4 |

4）钢面板及支架作用荷载设计值可乘以系数0.95进行折减。当采用冷弯薄壁型钢时，其荷载设计值不应折减。

（4）荷载组合

1）按极限状态设计时，其荷载组合应符合下列规定：

对于承载能力极限状态，应按荷载效应的基本组合采用，并应采用下列设计表达式进行模板设计：

$$\gamma_0 S \leqslant \frac{R}{\gamma_R} \tag{4-3}$$

式中 $\gamma_0$——结构的重要性系数，对重要的模板及支架宜取 $\gamma_0 \geqslant 1.0$，对一般的模板及支架应取 $\gamma_0 \geqslant 0.9$；

$S$——荷载效应组合的设计值；

$R$——结构构件抗力的设计值，应按《建筑结构荷载规范》（GB 50009—2012）的有关规定确定；

$\gamma_R$——承载力设计值的调整系数，应根据模板及支架重复使用情况取用，不应小于1.0。

模板及支架的荷载基本组合的效应设计值，可按下式计算：

$$S = 1.35\alpha \sum S_{Gik} + 1.4\varphi_{cj} \sum S_{Qjk} \tag{4-4}$$

式中 $S_{Gik}$——第 $i$ 个永久荷载标准值产生的效应值；

$S_{Qjk}$——第 $j$ 个可变荷载标准值产生的效应值；

$\alpha$——模板及支架的类型系数，对侧面模板，取0.9，对底面模板及支架，取1.0；

$\varphi_{cj}$——第 $j$ 个可变荷载的组合系数，宜取 $\varphi_{cj}>0.9$。

2）对于正常使用极限状态，应采用标准组合，并按下列设计表达式进行设计：

$$S \leqslant C \tag{4-5}$$

式中 $C$——模板结构或结构构件达到正常使用要求的规定限值。

对于标准组合，荷载效应组合设计值 $S$ 应按下式计算：

$$S = \sum C_{ik} \tag{4-6}$$

式中　$C_{ik}$——第 $i$ 个永久荷载标准值。

3）模板及支架的荷载效应组合的各项荷载标准值组合应符合表 4-3 的规定。

表 4-3　模板及支架的荷载效应组合的各项荷载标准值组合

| 项目 | 参与组合的荷载项 | |
| --- | --- | --- |
| | 计算承载力 | 验算挠度 |
| 平板和薄壳的模板及支架 | $G_{1k}+G_{2k}+G_{3k}+Q_{1k}$ | $G_{1k}+G_{2k}+G_{3k}$ |
| 梁和拱模板的底板及支架 | $G_{1k}+G_{2k}+G_{3k}+Q_{2k}$ | $G_{1k}+G_{2k}+G_{3k}$ |
| 梁、拱、柱（边长不大于 300mm）、墙（厚度不大于100mm）的侧面模板 | $G_{4k}+Q_{2k}$ | $G_{4k}$ |
| 大体积结构、柱（边长大于 300mm）、墙（厚度大于100mm）的侧面模板 | $G_{4k}+Q_{3k}$ | $G_{4k}$ |

注：验算挠度应采用荷载标准值；计算承载力应采用荷载设计值。



### 4.1.3　模板拆除

#### 1. 拆模时机与控制要求

拆模要掌握好时机，应保证混凝土达到必要的强度，同时又要及时，以便于模板周转和加快施工进度。

1）侧模拆除时，混凝土的强度应能保证其表面及棱角不因拆模而损坏，预埋件或外露钢筋插铁不因拆模碰撞而松动。

2）现浇结构的模板及其支架拆除时的混凝土强度应符合设计要求。若设计无具体要求，侧模可在混凝土的强度能保证其表面及棱角不因拆模而损坏时拆除；底模拆除时混凝土强度应满足表 4-4 的要求。

表 4-4　现浇结构拆模时混凝土的强度要求

| 结构类型 | 计算跨度/m | 达到设计要求的混凝土立方体抗压强度标准值的百分率(%) |
| --- | --- | --- |
| 板 | ≤2 | ≥50 |
| | >2,≤8 | ≥75 |
| | >8 | ≥100 |
| 梁、拱、壳 | ≤8 | ≥75 |
| | >8 | ≥100 |
| 悬臂构件 | — | ≥100 |

3）后张预应力混凝土结构的侧模宜在预应力张拉前拆除，底模及支架的拆除应按施工技术方案执行，不应在预应力建立前拆除。

#### 2. 拆模顺序

拆模遵循先支后拆、后支先拆、先非承重部位、后承重部位，以及自上而下的原则。

### 4.1.4　新型模板体系施工

#### 1. 大模板

大模板是指大尺寸的工具式模板，一般配以相应的起重吊装机械，通过合理的施工组织安排，以机械化施工方式在现场浇筑混凝土竖向结构构件（主要是墙、壁）。其特点是以建筑物的开间、进深、层高为标准化的基础，以大模板为主要方式，以现浇混凝土墙体为主导工序，组织进行有节奏的均衡施工。

（1）大模板的分类　按组拼方式不同，可将大模板分为整体式模板、模数组合式模板、拆装式模板；按构造外形不同，可将大模板分为平模、小角模、大角模、筒子模；按板面材料不同，可将大模板分为木质模板、金属模板、化学合成材料模板。

（2）大模板的面板材料　大模板的面板材料很多，有钢板、木（竹）胶合板以及化学合成材料面板等，常用的为钢板和木（竹）胶合板。

1）钢面板。钢面板一般用4~6mm（以6mm为宜）钢板拼焊而成。这种面板具有良好的强度和刚度，能承受较大的混凝土侧压力及其他施工荷载，重复利用率高，一般周转次数在200次以上。另外，钢面板平整光洁，耐磨性好，易于清理，有利于提高混凝土表面的质量。它的缺点是耗钢量大，单位面积质量大（$40kg/m^2$），易生锈，不保温，损坏后不易修复。



2）组合式钢模板组拼成面板。这种模板一般以2.75~3.0mm厚的钢板为面板，虽然也具有一定的强度和刚度，耐磨及自重较整块钢板面要轻，能做到一模多用等优点，但拼缝较多，整体性差，周转使用次数不如整块钢板面多，在墙面质量要求不严的情况下可以采用。用中型组合式钢模板拼制而成的大模板，拼缝较少。

3）胶合板面板。

① 木胶合板。木胶合板是由木段旋切成单板或由木方刨切成薄木，再用胶黏剂胶合而成的3层或多层的板状材料，通常用奇数层单板，并使相邻层单板的纤维方向互相垂直胶合而成。木胶合板面板常用7层或9层胶合板，板面用树脂处理，一般周转次数在50次以上。木胶合板的厚度为12mm、15mm、18mm和21mm。

② 竹胶合板。竹胶合板是以毛竹作为主要架构和填充材料，经高压成坯的建材。它组织紧密，质地坚硬而强韧，板面平整而光滑，可锯、可钻、耐水、耐磨、耐撞击、耐低温、收缩率小、吸水率低、导热系数小、不生锈。其厚度一般有9mm、12mm、15mm、18mm。

（3）大模板的构造　组合式大模板是目前最常用的一种模板形式。它通过固定于大模板板面的角模，把纵横墙的模板组装在一起，这样便可同时浇筑纵横墙的混凝土。大模板可满足不同开间和进深尺寸的需要。

组合式大模板由板面系统、支撑系统、操作平台和附件组成，如图4-12所示。

### 2. 滑动模板

滑动模板施工是以滑模千斤顶、电动提升机或手动提升器为提升动力，带动模板（或滑框）沿着混凝土（或模板）表面滑动而成型的现浇混凝土结构的施工方法的总称，简称滑模施工。

目前，滑模施工工艺不仅广泛应用于贮仓、水塔、烟囱、桥墩、立井筑壁和框架等工业构筑物，而且在高层和超高层民用建筑中也得到了广泛的应用。

滑模装置（图4-13）主要由模板系统、操作平台系统、液压系统、施工精度控制系统和水电配套系统等部分组成。

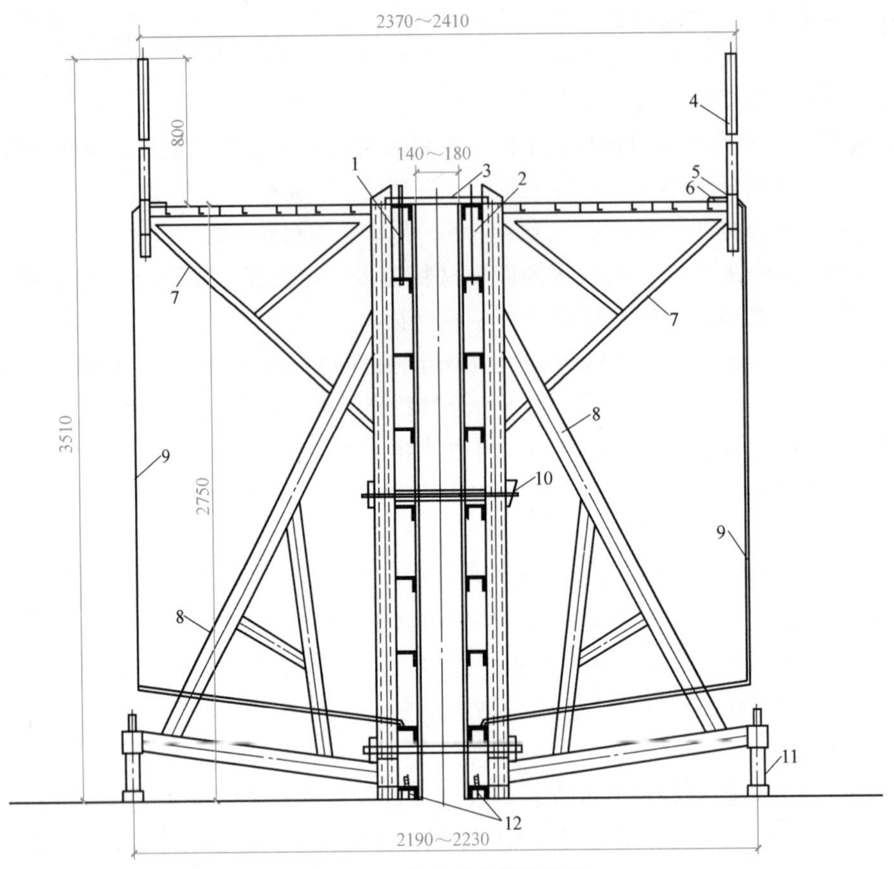


图 4-12　组合式大模板构造

1—反向模板　2—正向模板　3—上口卡板　4—活动护栏　5—爬梯横担　6—螺栓　7—操作平台斜撑　8—支撑架　9—爬梯　10—穿墙螺栓　11—地脚螺栓　12—地脚

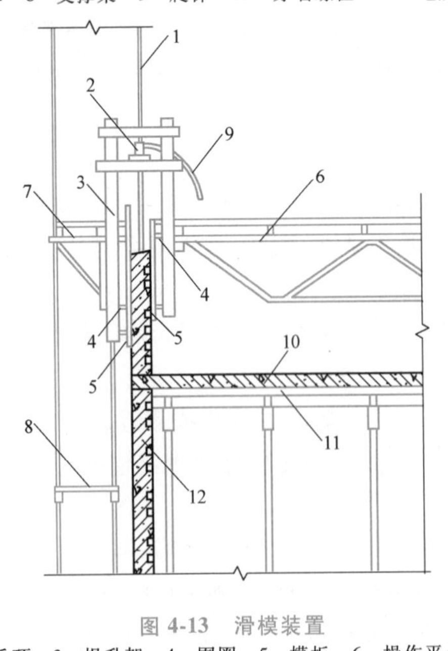


图 4-13　滑模装置

1—支撑杆　2—千斤顶　3—提升架　4—围圈　5—模板　6—操作平台及桁架　7—外挑架　8—吊脚手架　9—油管　10—现浇楼板　11—楼板模板　12—墙体

3. 爬升模板

爬升模板（即爬模），是一种适用于现浇钢筋混凝土竖直或倾斜结构施工的模板工艺，如墙体、桥梁和塔柱等。它分为有架爬模（即模板爬架子、架子爬模板）和无架爬模（即模板爬模板）两种。目前已逐步发展形成“模板与爬架互爬”“爬架与爬架互爬”和“模板与模板互爬”三种工艺，其中模板与爬架互爬最为普遍。

爬升模板是综合大模板，具有大模板和滑动模板共同的优点，尤其适用于超高层建筑施工。

模板与爬架互爬是以建筑物的钢筋混凝土墙体为支撑主体，通过附着于已完成的钢筋混凝土墙体上的爬升支架或大模板，利用连接爬升支架与大模板的爬升设备，使一方固定，另一方做相对运动，交替向上爬升，以完成模板的爬升、下降、就位和校正等工作。其施工程序如图 4-14 所示。



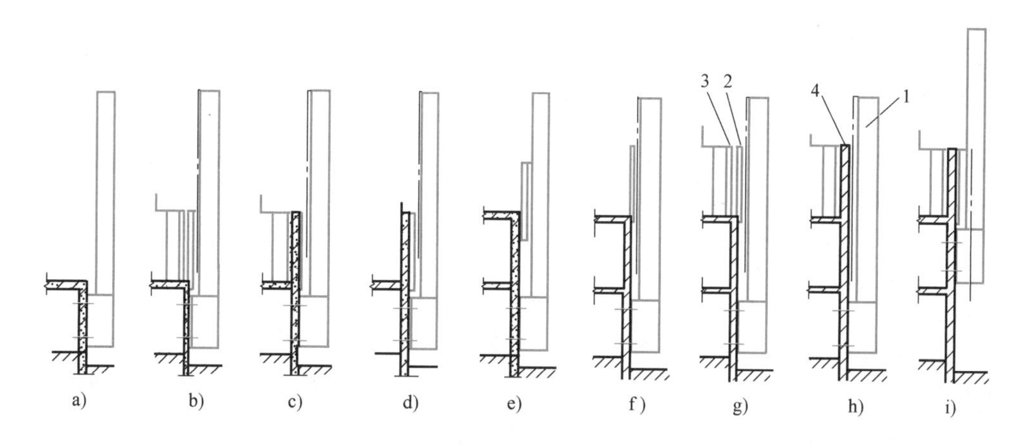


图 4-14 爬升模板的施工程序

a）头层墙完成后安装爬升支架 b）安装外模板悬挂于爬架上，绑扎钢筋，悬挂内模 c）浇筑第二层墙体混凝土 d）拆除内模板 e）第三层楼板施工 f）爬升外模板并校正，固定于上一层 g）绑扎第三层墙体钢筋，安装内模板 h）浇筑第三层墙体混凝土 i）爬升爬架，将爬架固定于第二层墙上

1—爬升支架 2—外模板 3—内模板 4—墙体

4. 飞模

飞模是一种大型工具式模板，因其外形如同桌子，故又称桌模或台模。由于它可以借助起重机械从已浇筑完混凝土的下层楼板吊运飞出转移到上层重复使用，故称飞模。

飞模主要由平台板、支撑系统（包括梁、支架、支撑和支腿等）和其他配件（如升降和行走机构等）组成。它适用于大开间、大柱网、大进深的现浇钢筋混凝土楼盖施工，尤其适用于现浇板柱结构（无柱帽）楼盖的施工。

飞模用于现浇钢筋混凝土楼盖的施工，具有以下特点：

1）楼盖模板一次组装重复使用，减少了逐层组装和支拆模板的工序，简化了模板支拆工艺，节约了模板支拆用工，加快了施工进度。

2）由于模板在施工过程中不再落地，从而可以减少临时堆放模板的场地。

桁架式飞模是国内外采用较多的一种飞模，由桁架、龙骨、面板、支腿和操作平台组成。它是将飞模的板面和龙骨放置于两榀或多榀上下弦平行的桁架上，以桁架作为飞模的竖向承重构件。桁架材料可采用铝合金型材，也可采用型钢。前者轻巧，但价格较贵，一次投资大；后者自重较大，但投资费用较低。铝桁架式飞模，是一种工具式飞模（图4-15），其脱模转移过程如图4-16所示。



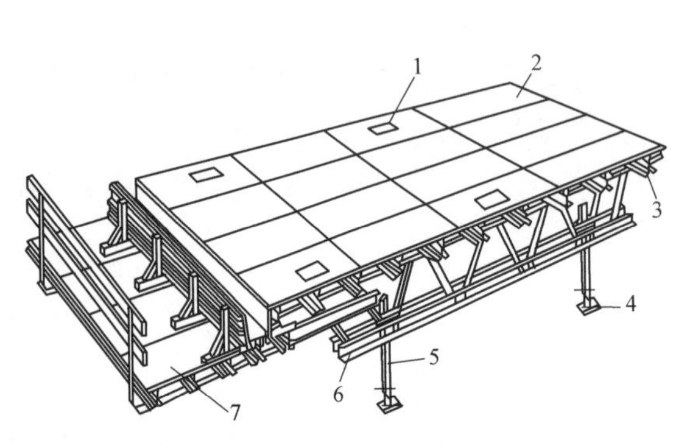


图4-15　铝桁架式飞模

1—吊点　2—面板　3—铝龙骨（搁栅）　4—底座
5—可调钢支腿　6—铝合金桁架　7—操作平台

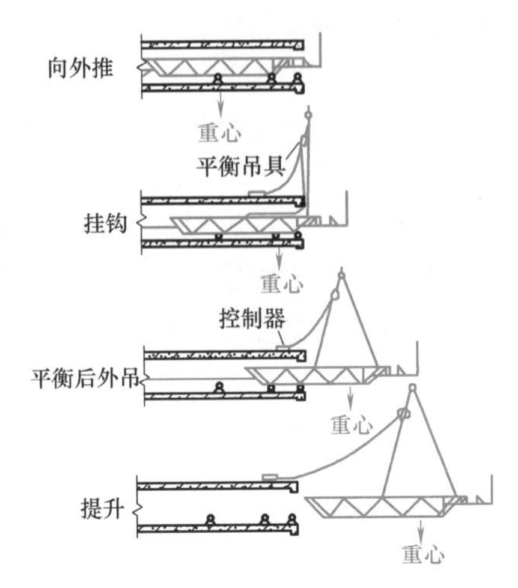


图4-16　脱模转移过程

5. 早拆模板

20世纪80年代中期，我国从国外引进了早拆模板体系，并成功应用。早拆模板体系利用结构混凝土早期形成的强度、早拆装置和支架格构的布置，在施工阶段人为地把结构构件跨度缩小，拆模时实施两次拆除，第一次拆除部分模架，形成单向板或双向板支撑布局，所保留的模架待混凝土构件符合《混凝土结构工程施工质量验收规范》（GB 50204—2015）拆模条件时再拆除。早拆模板体系在确保现浇钢筋混凝土结构施工安全度不受影响、符合施工规范要求、保证工程质量的前提下，可以减少投入，加快材料周转，降低施工成本，提高工效，加快施工进度，具有显著的经济效益和良好的社会效益。

早拆模板适用于工业与民用建筑现浇钢筋混凝土楼板施工，其适用条件为：

① 楼板厚度不小于100mm，且混凝土的强度等级不低于C20。

② 第一次拆除模架后保留的竖向支撑间距小于2000mm。早拆模板不适用于预应力楼板的施工。

## 4.2　钢筋工程

### 4.2.1　钢筋种类与验收

混凝土结构用的普通钢筋可分为两类：热轧钢筋（热轧光圆钢筋、热轧带肋钢筋、余热处理钢筋）和冷加工钢筋（冷轧带肋钢筋、冷轧扭钢筋、冷拔螺旋钢筋）。冷拉钢筋与冷拔低碳钢丝已逐渐淘汰。钢筋工程施工宜应用高强度钢筋及专业化生产的成型钢筋。常用钢筋的强度标准值应具有不小于95%的保证率。

钢筋进场前要进行验收，检查产品合格证、出厂检验报告和进场复验报告。每捆（盘）钢筋均应有标牌，运至工地后应分别堆存，并按规定抽取试样对钢筋进行力学性能检验和质量偏差检验。力学性能试验主要是拉伸试验（测试屈服强度、抗拉强度和伸长率）和弯曲试验。

热轧钢筋应按批进行检查和验收，每批由同一牌号、同一炉罐号和同一规格的钢筋组成。每批质量通常不大于60t，超过60t部分，每增加40t（或不足40t的余数），增加一个拉伸试验试样和一个弯曲试验试样。允许由同一牌号、同一冶炼方法、同一浇筑方法、不同炉罐号的钢筋组成混合批，但各炉罐号含碳量之差不得大于0.02%，含锰量之差不大于0.15%。

从每批中任选两根钢筋，每根切取两个试件，其中两个试件做拉伸试验，另两个试件做弯曲试验。做力学性能试验时，如果某一项试验结果不符合标准要求，则从同一批中另取双倍数量的试样重做各项试验，如仍有一个试验结果不合格，则该批钢筋为不合格品。在同一工程中，当同一厂家、同一牌号和同一规格的钢筋连续三次进场均一次检验合格时，其后的检验批量可扩大一倍。



当使用中发现钢筋脆断、焊接性能不良或力学性能显著不正常等现象时，应对该批钢筋进行化学成分检验或其他专项检验。

对有抗震设防要求的框架结构，其纵向受力钢筋的强度应满足设计要求。当设计无具体要求时，对一、二级抗震等级，检验所得的强度实测值应符合下列要求：钢筋抗拉强度实测值与屈服强度实测值的比值不应小于1.25；钢筋屈服强度实测值与强度标准值的比值不应大于1.3；最大力下总延伸率不应小于9%。

### 4.2.2 钢筋配料与代换

#### 1. 钢筋配料

钢筋配料是根据构件配筋图，先绘出各种形状和规格的单根钢筋简图并加以编号，然后分别计算钢筋下料长度和根数，填写配料单。

钢筋因弯曲或弯钩长度会发生变化，在配料时不能直接根据图样中的尺寸下料；必须了解对混凝土保护层，钢筋弯曲、弯钩等规定，再根据图中尺寸计算其下料长度。各种钢筋下料长度计算如下：

直钢筋下料长度=构件长度-保护层厚度+弯钩增加长度

弯起钢筋下料长度=直段长度+斜段长度-弯曲调整值+弯钩增加长度

箍筋下料长度=箍筋周长+箍筋调整值

上述钢筋如需要搭接，则还应增加钢筋的搭接长度。

（1）弯曲调整值

1）钢筋弯曲后的特点：一是沿钢筋轴线方向会产生变形，主要表现为长度的增加或减小，即以轴线为界，往外凸的部分（钢筋外皮）因受拉伸而长度增加，而往里凹的部分（钢筋内皮）因受压缩而长度减小；二是弯曲处形成圆弧（图4-17）。而钢筋的量度方法一般沿直线量外包尺寸（图4-18），因此，弯曲钢筋的量度尺寸大于下料尺寸，而两者之间的差值称为弯曲调整值。

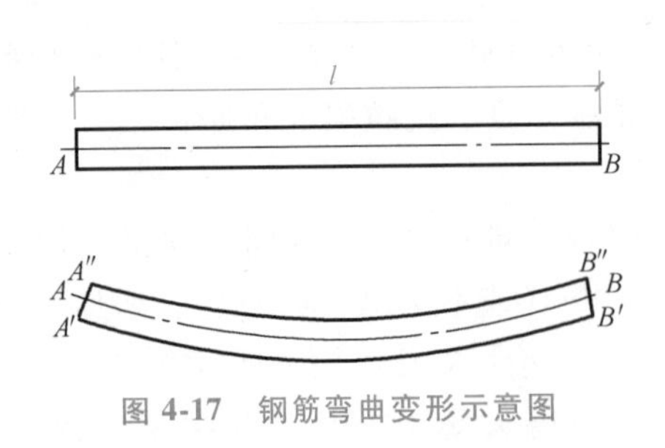


图 4-17　钢筋弯曲变形示意图

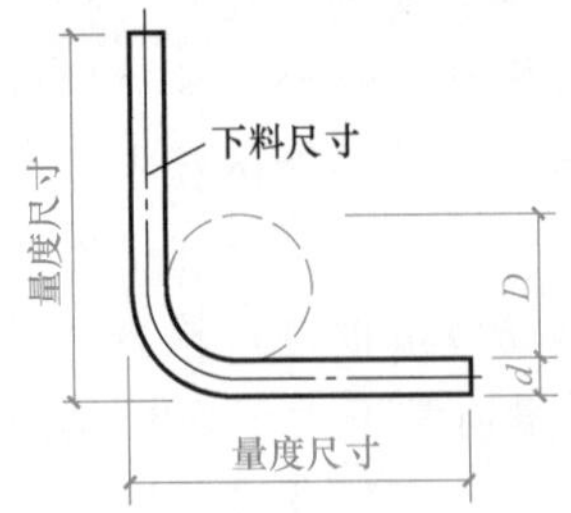

图 4-18　钢筋弯曲时的量度方法



2）光圆钢筋末端应做 180°弯钩，其弯弧内直径不应小于钢筋直径的 2.5 倍；当设计要求钢筋末端做 135°弯钩时，HRB400、HRB500 级钢筋的弯弧内直径不应小于钢筋直径的 4 倍；钢筋做不大于 90°弯折时，弯折处的弯弧内直径不应小于钢筋直径的 5 倍。据理论推算并结合实践经验，钢筋弯曲调整值列于表 4-5。

表 4-5　钢筋弯曲调整值

| 钢筋弯曲角度 | 30° | 45° | 60° | 90° | 135° |
|---|---|---|---|---|---|
| 光圆钢筋弯曲调整值 | 0.3$d$ | 0.54$d$ | 0.9$d$ | 1.75$d$ | 0.38$d$ |
| 热轧带肋钢筋弯曲调整值 | 0.3$d$ | 0.54$d$ | 0.9$d$ | 2.08$d$ | 0.11$d$ |

注：$d$ 为钢筋直径。

3）对于弯起钢筋，中间部位弯折处的弯曲直径 $D$ 不应小于 5$d$，按弯弧内直径 $D$= 5$d$ 推算，并结合实践经验，常见弯起钢筋的弯曲调整值见表 4-6。

表 4-6　常见弯起钢筋的弯曲调整值

| 弯起角度 | 30° | 45° | 60° |
|---|---|---|---|
| 弯曲调整值 | 0.34$d$ | 0.67$d$ | 1.22$d$ |

（2）弯钩增加长度　钢筋的弯钩形式有半圆弯钩、直弯钩和斜弯钩三种（图 4-19）。半圆弯钩是最常用的一种弯钩。直弯钩只用在柱钢筋的下部、箍筋和附加钢筋中。斜弯钩只用在直径较小的钢筋中。

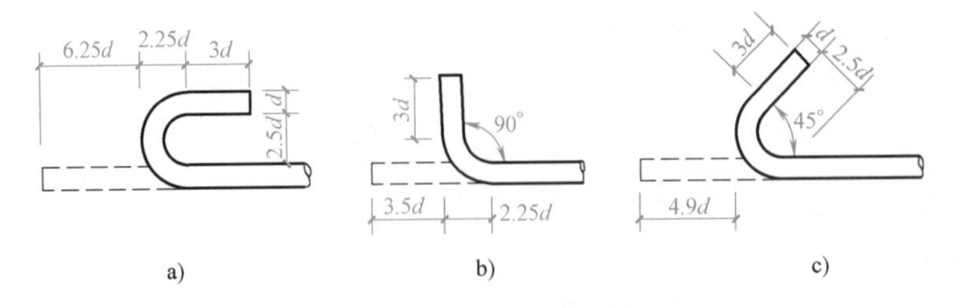


图 4-19　钢筋弯钩计算简图
a）半圆弯钩　b）直弯钩　c）斜弯钩

光圆钢筋的弯钩增加长度可按图 4-19 所示的简图（弯心直径为 2.5$d$、平直部分为 3$d$）计算，对半圆弯钩为 6.25$d$，对直弯钩为 3.5$d$，对斜弯钩为 4.9$d$。

在生产实践中，由于实际弯心直径与理论弯心直径有时不一致，且钢筋粗细和机具条件会影响钢筋平直部分的长短（手工弯钩时平直部分可适当加长，机械弯钩时可适当缩短），因此在实际配料计算时，对弯钩增加长度常根据具体条件，按表4-7采用。

表4-7　半圆弯钩增加长度参考表（用机械弯）

| 钢筋直径/mm | ≤6 | 8~10 | 12~18 | 20~28 | 32~36 |
|---|---|---|---|---|---|
| 一个弯钩长度/mm | 40 | $6d$ | $5.5d$ | $5d$ | $4.5d$ |

（3）弯起钢筋斜段长度　弯起钢筋斜段长度计算简图如图4-20所示。弯起钢筋斜段长度系数见表4-8。



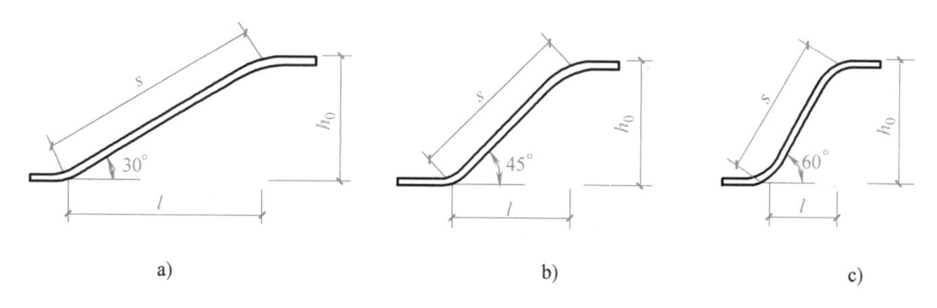


图4-20　弯起钢筋斜段长度计算简图
a）弯起角度30°　b）弯起角度45°　c）弯起角度60°

表4-8　弯起钢筋斜段长度系数

| 弯起角度 | $\alpha=30°$ | $\alpha=45°$ | $\alpha=60°$ |
|---|---|---|---|
| 斜边长度 $s$ | $2h_0$ | $1.41h_0$ | $1.15h_0$ |
| 底边长度 $l$ | $1.732h_0$ | $h_0$ | $0.575h_0$ |
| 增加长度($s-l$) | $0.268h_0$ | $0.41h_0$ | $0.575h_0$ |

注：$h_0$ 为弯起高度。

（4）箍筋下料长度　箍筋的量度方法有量外包尺寸和量内皮尺寸两种。箍筋一般量内皮尺寸，采用与其他钢筋不同的弯钩大小。

一般情况下，会把箍筋做成闭式，即四面都为封闭。箍筋的末端一般有半圆弯钩、直弯钩和斜弯钩三种。用热轧光圆钢筋或冷拔低碳钢丝制作的箍筋，其弯钩的弯曲直径应大于受力钢筋直径，且不小于箍筋直径的2.5倍。弯钩平直部分的长度：对一般结构，不宜小于箍筋直径的5倍，对有抗震要求的结构，不应小于箍筋直径的10倍和75mm的较大值。

箍筋下料长度可用外包尺寸或内包尺寸两种计算方法，为简化计算，一般先按外包或内皮尺寸算出周长，加上表4-9中相应的箍筋调整值（包括四个90°弯曲及两个弯钩在内）即可。

表4-9　箍筋调整值

| 箍筋量度方法 | 箍筋直径/mm | | | |
|---|---|---|---|---|
| | 4~5 | 6 | 8 | 10~12 |
| 量外包尺寸 | 40 | 50 | 60 | 70 |
| 量内皮尺寸 | 80 | 100 | 120 | 150~170 |

【例 4-1】 某框架梁的钢筋简图如图 4-21 所示，计算钢筋的下料长度（钢筋直径为 20mm）。

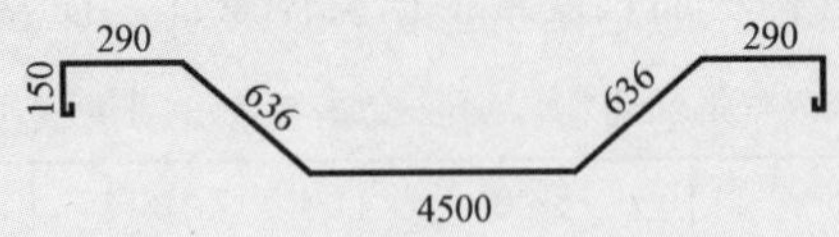


图 4-21　某框架梁的钢筋简图

解：弯起钢筋下料长度 = 直段长度 + 斜段长度 − 弯曲调整值 + 弯钩增加长度

= [2×(150+290)+4500+2×636−4×0.54×20（弯折部分）−2×2.08×20（90°弯折部分）+2×6.25×20] mm = 6775.6mm，取 6776mm



2. 钢筋代换

当钢筋的品种、级别或规格需要变更时，应办理设计变更。当施工中遇有钢筋的品种或规格与设计要求不符时，可参照以下原则进行钢筋代换：

1）等强度代换：当构件受强度控制时，钢筋可按强度相等原则进行代换。

2）等面积代换：当构件按最小配筋率配筋时，钢筋可按面积相等原则进行代换。

3）当构件受裂缝宽度或挠度控制时，代换后应进行裂缝宽度或挠度验算。

钢筋代换后，如果由于受力钢筋直径增大或根数增多而需要增加排数，则构件截面的有效高度 $h_0$ 减小，截面强度降低。通常对于这种影响可凭经验适当增加钢筋的面积，然后再进行截面强度复核。

等强度代换计算公式为

$$n_2 \geqslant \frac{n_1 d_1^2 f_{y1}}{d_2^2 f_{y2}} \tag{4-7}$$

式中　$n_2$——代换钢筋根数（根）；

$n_1$——原设计钢筋根数（根）；

$d_2$——代换钢筋直径（mm）；

$d_1$——原设计钢筋直径（mm）；

$f_{y2}$——代换钢筋抗拉强度设计值（$N/mm^2$）；

$f_{y1}$——原设计钢筋抗拉强度设计值（$N/mm^2$）。

钢筋代换时，要充分了解设计意图、构件特征和代换材料性能，并严格遵守现行混凝土结构设计规范的各项规定；凡重要结构中的钢筋代换，应征得设计单位的同意。代换后，要仍能满足各类极限状态的有关计算要求及必要的配筋构造规定（如受力钢筋和箍筋的最小直径、间距、锚固长度、配筋百分率以及混凝土保护层厚度等）；在一般情况下，代换钢筋还必须满足截面对称的要求。

钢筋代换还应注意以下事项：

1）对抗裂要求高的构件（如吊车梁、薄腹梁和屋架下弦等），不得用光圆钢筋代替 HRB400、HRB500 级带肋钢筋，以免降低抗裂度。

2）梁内纵向受力钢筋与弯起钢筋应分别进行代换，以保证正截面与斜截面的强度。

3）偏心受压构件或偏心受拉构件（如框架柱、承受起重机荷载的柱和屋架上弦等）钢筋代换时，应按受力状态和构造要求分别代换。

4）吊车梁等承受反复荷载作用的构件，应在钢筋代换后进行疲劳验算。

5）当构件受裂缝宽度控制时，代换后应进行裂缝宽度验算。如代换后裂缝宽度有一定增大（但不超过允许的最大裂缝宽度，被认为代换有效），则还应对构件进行挠度验算。

6）当构件受裂缝宽度控制时，如以小直径钢筋代换大直径钢筋，强度等级低的钢筋代替强度等级高的钢筋，则可不进行裂缝宽度验算。

7）在同一截面内进行不同种类和直径的钢筋代换时，每根钢筋拉力差不宜过大（同品种钢筋直径差一般不大于5mm），以免构件受力不匀。



8）进行钢筋代换的效果，除应考虑代换后仍能满足结构各项技术性要求之外，同时还要保证用料的经济性和加工操作的要求。

9）对有抗震要求的框架，不宜以强度等级较高的钢筋代替原设计中的钢筋；当必须代换时，应按钢筋受拉承载力设计值相等的原则进行代换，并应满足正常使用极限状态和抗震构造措施要求。

10）受力预埋件的钢筋应采用未经冷拉处理的HPB300、HRB400级钢筋；预制构件的吊环应采用未经冷拉处理的HPB300级钢筋制作，严禁用其他钢筋代换。

### 4.2.3 钢筋加工

钢筋加工主要有钢筋除锈、钢筋调直、钢筋切断和钢筋弯曲成型。

#### 1. 钢筋除锈

钢筋的表面应洁净。油渍、漆污和用锤敲击时能剥落的浮皮、铁锈等应在使用前清除干净。在焊接前，焊点处的水锈应清除干净。钢筋除锈可采用机械除锈和手工除锈两种方法。

机械除锈可采用钢筋除锈机，也可在钢筋冷拉、调直过程中除锈。对较细的盘条钢筋，通过冷拉和调直过程自动去锈；粗钢筋采用圆盘钢丝刷除锈机除锈。

手工除锈可采用钢丝刷、砂盘、喷砂等除锈方法或采用酸洗除锈。工作量不大或在工地设置的临时工棚中操作时，可用麻袋布擦或用钢丝刷；对于较粗的钢筋，用砂盘除锈，即制作钢槽或木槽，槽内放置干燥的粗砂和细石子，将有锈的钢筋在砂盘中来回抽拉。

对于有起层锈片的钢筋，应先用小锤敲击，使锈片剥落干净，再用砂盘或除锈机除锈；对于因麻坑、斑点以及锈皮去层而使钢筋截面损伤的钢筋，使用前应鉴定是否降级使用或另做其他处理。

#### 2. 钢筋调直

钢筋应平直，无局部曲折。钢筋调直主要适用于直径为6~12mm的小直径钢筋。盘条钢筋在使用前应调直，调直可采用调直机调直和卷扬机冷拉调直两种方法。调直机械可采用钢筋调直机，也可采用将调直与切断结合的数控钢筋调直切断机，调直设备不应具有延伸功能。数控钢筋调直切断机是在原有调直机的基础上应用电子控制仪，准确控制钢丝断料长度，并自动计数。该机的工作原理，如图4-22所示。

数控钢筋调直切断机断料精度高（偏差仅1~2mm），实现了钢丝调直切断自动化。

冷拔钢丝和冷轧带肋钢筋经调直机调直后，其抗拉强度一般要降低10%~15%。使用前应加强检验，按调直后的抗拉强度选用。

3. 钢筋切断

大直径钢筋切断一般采用钢筋切断机。在切断过程中，如发现钢筋有劈裂、缩头或严重的弯头等必须切除。一般应先断长料，后断短料，减少短头，减少损耗。断料时应避免用短尺量长料，防止在量料中产生累计误差。为此，宜在工作台上标出尺寸刻度线并设置控制断料尺寸用的挡板。当发现钢筋的硬度与该钢种有较大的出入时，应及时向有关人员反映，查明情况。钢筋的断口不得有马蹄形或起弯等现象。向切断机送料时，应将钢筋摆直。在机器运转时，不得进行任何修理、校正工作；不得触及运转部位，不得取下防护罩、严禁将手置于刀口附近。

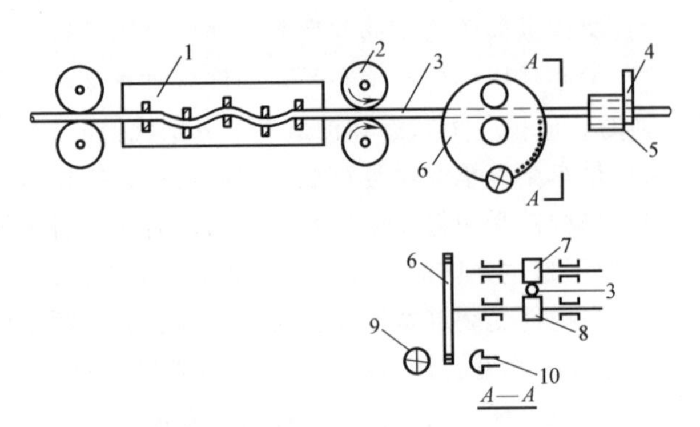


图 4-22　数控钢筋调直切断机工作简图

1—调直装置　2—牵引轮　3—钢筋　4—上刀口　5—下刀口
6—光电盘　7—压轮　8—摩擦轮　9—灯泡　10—光电管



4. 钢筋弯曲成型

钢筋弯曲成型一般采用钢筋弯曲机，在缺少机具设备时，也可采用手摇扳手弯制细钢筋、用卡筋与扳头弯制粗钢筋。钢筋弯曲前，对形状复杂的钢筋（如弯起钢筋），根据钢筋料牌上标明的尺寸，用石笔将各弯曲点位置划出。

### 4.2.4　钢筋连接

工程中钢筋往往由于长度不足或施工工艺上的要求等必须连接。钢筋连接有三种常用的方法：绑扎连接（绑扎搭接接头）、焊接连接（闪光对焊接头、电阻点焊、电弧焊接头、电渣压力焊接头和气压焊接头等）和机械连接（挤压套筒接头、锥螺纹套筒接头、直螺纹套筒接头、填充介质套筒接头）。

钢筋连接，应按结构要求、施工条件及经济性等，选用合适的接头。钢筋在工厂或工地加工场加工多选用闪光对焊接头。现场施工中，除采用绑扎搭接接头以外，对于高层建筑结构中的竖向钢筋，当直径大于20mm时多选用电渣压力焊接头，水平钢筋多选用螺纹套筒接头；对于承受疲劳荷载的高耸、大跨结构钢筋，当直径大于20mm时，选用与母材等强的直螺纹套筒接头，预制装配混凝土构件的钢筋连接多选填充介质套筒接头等。

1. 绑扎连接

钢筋的绑扎搭接接头应在接头中心和两端用钢丝扎牢。绑扎搭接接头中钢筋的横向净距不应小于钢筋直径，且不应小于25mm。

绑扎搭接接头使用规定：

1）绑扎搭接适用于受拉钢筋直径不大于25mm以及受压钢筋直径不大于28mm的连接。

2）轴心受拉及小偏心受拉杆件（如桁架和拱的拉杆）纵向受力钢筋不得采用绑扎连接。

3）直接承受动力荷载的结构构件的纵向受拉钢筋不得采用绑扎连接，也不宜采用焊接连接，除端部锚固外不得在钢筋上焊有附件。当直接承受起重机荷载的钢筋混凝土吊车梁、屋面梁及屋架下弦的纵向受拉钢筋采用焊接连接时，应采用闪光对焊接头，并去掉接头的毛刺及卷边。

4）混凝土结构中受力钢筋的连接接头宜设置在受力较小处；在同一根受力钢筋上宜少设接头。在结构的重要构件和关键传力部位，纵向受力钢筋不宜设置连接接头。

5）同一构件中相邻纵向受力钢筋的绑扎搭接接头宜相互错开。

钢筋绑扎搭接接头连接区段的长度为1.3倍搭接长度，凡搭接接头中点位于该连接区段长度内的搭接接头均属于同一连接区段（图4-23）。同一连接区段内，纵向受拉钢筋搭接接头面积百分率为该区段内有搭接接头的纵向受力钢筋截面面积与全部纵向受力钢筋截面面积的比值。

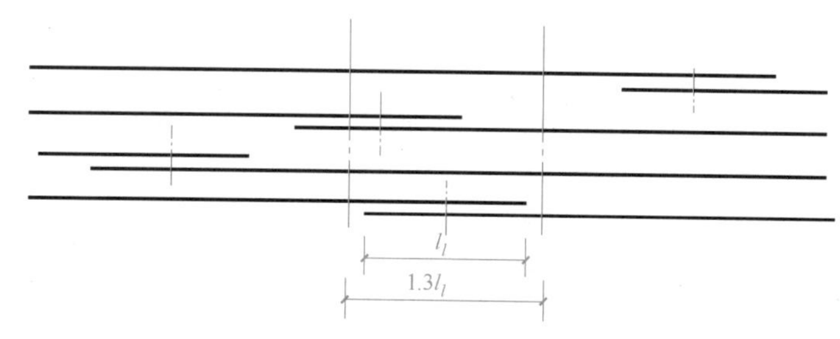


图4-23 同一连接区段内的纵向受拉钢筋绑扎搭接接头



同一连接区段内，纵向受拉钢筋搭接接头面积百分率应符合设计要求。当设计无具体要求时，应符合下列规定：对梁、板及墙类构件不宜大于25%；对柱类构件不宜大于50%；当工程中确有必要增加接头面积百分率时，对梁类构件不应大于50%，对墙、柱及预制构件的拼接处可根据实际情况放宽。纵向受压钢筋搭接接头面积百分率不宜大于50%。并筋采用绑扎连接时，应按每根单筋错开搭接的方式连接。接头面积百分率应按同一连接区段内所有的单根钢筋计算。

6）对于构件中的纵向受压钢筋，当采用搭接连接时，其受压搭接长度不应小于纵向受拉钢筋搭接长度的7/10，且在任何情况下不应小于200mm。

7）在梁、柱类构件的纵向受力钢筋搭接长度范围内，应按设计要求配置横向构造钢筋。当设计无具体要求时，应符合下列规定：

① 构造钢筋直径不应小于搭接钢筋较大直径的1/4。

② 对梁、柱和斜撑等构件构造钢筋间距不应大于$5d$，对板、墙等平面构件构造钢筋间距不应大于$10d$，且均不大于100mm，此处$d$为搭接较大钢筋直径。

③ 受压搭接区段的箍筋间距不应大于搭接钢筋较小直径的10倍，且不应大于200mm。

④ 当受压钢筋直径大于25mm时，应在搭接接头两个端面外100mm范围内各设置两个箍筋，其间距宜为50mm。

### 2. 焊接连接

钢筋焊接接头连接区段的长度为$35d$（$d$为连接钢筋的较小直径）且不小于500mm，凡接头中点位于该连接区段长度内的焊接接头均属于同一连接区段。纵向受拉的钢筋接头面积百分率不宜大于50%，但对预制构件的拼接处，可根据实际情况放宽。纵向受压钢筋的接头面积百分率不受限制。当直接承受起重机荷载的钢筋混凝土吊车梁、屋面梁及屋架下弦的纵向受拉钢筋必须采用焊接连接时，接头面积百分率不应大于25%，焊接接头连接区段的长度应取 45$d$（$d$ 为纵向受力钢筋的较大直径）。

钢筋焊接连接应符合下列规定：

1）电渣压力焊适用于柱、墙、构筑物等现浇混凝土结构中竖向受力钢筋的连接；钢筋不得在竖向焊接后横置于梁、板等构件中作为水平钢筋使用。

2）钢筋焊接施工前，应清除钢筋、钢板焊接部位以及钢筋与电极接触处表面上的锈斑、油污、杂物等；钢筋端部当有弯折、扭曲时，应予以矫直或切除。

3）带肋钢筋采用闪光对焊、电弧焊、电渣压力焊和气压焊时，宜将纵肋对纵肋安放和焊接。

4）两根同牌号、不同直径的钢筋可进行闪光对焊、电渣压力焊或气压焊。闪光对焊时，直径差不得超过 4mm，电渣压力焊或气压焊时，直径差不得超过 7mm。对接头强度的要求，应按较小直径钢筋计算。



5）两根同直径、不同牌号的钢筋可进行电渣压力焊或气压焊，其钢筋牌号应在规范允许的范围内，焊接工艺参数按较高牌号钢筋选用，对接头强度按较低牌号钢筋强度计算。

6）进行电阻点焊、闪光对焊、埋弧压力焊时，应随时观察电源电压的波动情况。当电源电压下降 5%～8%时，应采取提高焊接变压器级数的措施；当大于或等于 8%时，不得进行焊接。

7）焊机应经常维护、保养和定期检修，确保正常使用。

（1）闪光对焊　钢筋闪光对焊（图 4-24）是将两根钢筋安放成对接形式，利用焊接电流通过两根钢筋接触点产生的电阻热，使接触点金属熔化，产生强烈飞溅，形成闪光，迅速施加顶锻力完成的一种压焊方法。

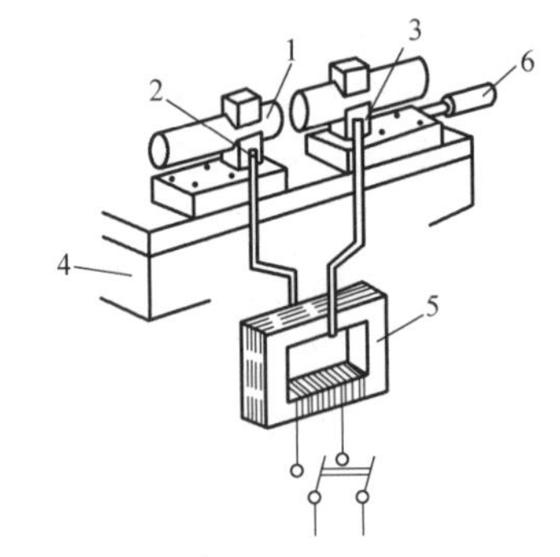


图 4-24　钢筋闪光对焊原理

1—钢筋　2—固定电极　3—可动电极
4—机座　5—变压器
6—手动顶压机构

1）对焊工艺。钢筋常用的闪光对焊工艺有连续闪光焊、预热闪光焊和闪光-预热-闪光焊。对焊工艺应根据钢筋品种、直径、焊机功率和施焊部位等因素选用。

① 连续闪光焊。连续闪光焊的工艺过程包括连续闪光和顶锻过程。施焊时，先闭合一次电路，使两根钢筋端面轻微接触，此时端面的间隙中即喷射出火花般熔化的金属微粒，接着徐徐移动钢筋使两端面仍保持轻微接触，形成连续闪光。当闪光到预定的长度，使钢筋端头加热到接近熔点时，以一定的压力迅速进行顶锻。先带电顶锻，再无电顶锻到一定长度，焊接接头即可完成。

② 预热闪光焊。预热闪光焊是在连续闪光焊前增加一次预热过程，以扩大焊接热影响区。其工艺过程包括预热、闪光和顶锻过程。施焊时先闭合电路，然后使两根钢筋端面交替地接触和分开，这时钢筋端面的间隙中即发出断续的闪光，此时处于预热过程。当钢筋达到预热温度后进入闪光阶段，随后顶锻而成。

③ 闪光-预热-闪光焊。闪光-预热-闪光焊是在预热闪光焊前加一次闪光过程，目的是使不平整的钢筋端面烧化平整，使预热均匀。其工艺过程包括一次闪光、预热、二次闪光及顶锻过程。施焊时首先连续闪光，将钢筋端部闪平，其后过程同预热闪光焊。

2）对焊参数。对焊参数包括调伸长度、闪光留量、闪光速度、顶锻留量、顶锻速度、顶锻压力及变压器级次。采用预热闪光焊时，还要有预热留量与预热频率等参数。

连续闪光焊和闪光-预热-闪光焊的各项留量图解如图 4-25 所示。

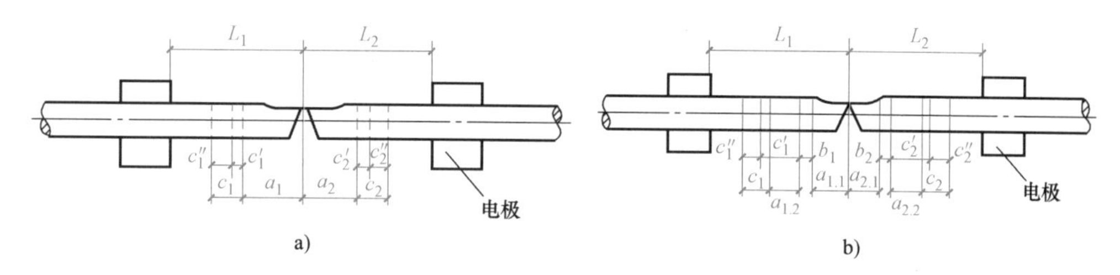


图 4-25　闪光对焊各项留量图解

a）连续闪光焊　b）闪光-预热-闪光焊

$L_1$、$L_2$—调伸长度　$a_1+a_2$—闪光留量　$a_{1.1}+a_{2.1}$——一次闪光留量　$a_{1.2}+a_{2.2}$—二次闪光留量

$b_1+b_2$—预热留量　$c_1+c_2$—顶锻留量　$c_1'+c_2'$—有电顶锻留量　$c_1''+c_2''$—无电顶锻留量



① 调伸长度。调伸长度应随着钢筋牌号的提高和钢筋直径的加大而增长，主要是减缓接头的温度梯度，防止在热影响区产生淬硬组织。HRB400、HRB500 级钢筋的调伸长度宜在 40~60mm 内选用。

② 闪光留量与闪光速度。闪光留量是指在闪光过程中，闪出金属所消耗的钢筋长度。闪光留量应根据焊接工艺方法确定。当连续闪光焊接时，闪光过程应较长。闪光留量应等于两根钢筋在断料时切断机刀口严重压伤部分（包括端面的不平整度），再加 8mm。预热闪光焊时的闪光留量不应小于 10mm。闪光-预热-闪光焊时，应区分一次闪光留量和二次闪光留量。一次闪光留量不应小于 10mm。闪光速度由慢到快，开始时接近于零，而后约 1mm/s，终止时达 1.5~2mm/s。

③ 预热留量与预热频率。需要预热时，宜采用电阻预热法。预热留量取值应为 1~2mm，预热次数应为 1~4 次，每次预热时间应为 1.5~2s，间歇时间应为 3~4s。

④ 顶锻留量、顶锻速度与顶锻压力。顶锻留量应为 4~10mm，并应随钢筋直径的增大和钢筋牌号的提高而增加。其中，有电顶锻留量约占 1/3，无电顶锻留量约占 2/3，焊接时必须控制得当。焊接 HRB500 钢筋时，顶锻留量宜稍大，以确保焊接质量。

顶锻速度应越快越好，特别是顶锻开始的 0.1s 应将钢筋压缩 2~3mm，使焊口迅速闭合不致氧化，而后断电并以 6mm/s 的速度继续顶锻至结束。

顶锻压力应足以将全部熔化的金属从接头内挤出，而且还要使邻近接头处（约 10mm）的金属产生适当的塑性变形。

⑤ 变压器级次。变压器级次用以调节焊接电流大小。要根据钢筋牌号、直径、焊机容量以及不同的工艺方法，选择合适变压器级数。在非固定的专业预制厂（场）或钢筋加工厂（场）内，对直径大于 22mm 的钢筋进行连接作业时，不得使用钢筋闪光对焊工艺。

（2）电阻点焊　钢筋电阻点焊是将两根钢筋安放成交叉叠接形式，压紧于两电极之间，利用电阻热熔化母材金属，加压形成焊点的一种压焊方法。

1）点焊工艺。钢筋焊接骨架和钢筋焊接网可由 HPB300、HRB400、HRBF400、HRB500、CRB550 级钢筋制成。当两根钢筋直径不同，焊接骨架较小钢筋直径小于或等于 10mm 时，大、小钢筋的直径之比不宜大于 3，当较小钢筋直径为 12~16mm 时，大、小钢筋的直径之比不宜大于2。当焊接网较小时，钢筋直径不得小于较大钢筋直径的3/5。

电阻点焊的工艺过程包括预压、通电和锻压三个阶段。

2）点焊参数。电阻点焊应根据钢筋级别、直径及焊机性能等，合理选择变压器级数、通电时间和电极压力。在焊接过程中应保持一定的预压时间和锻压时间。

（3）电弧焊　电弧焊是利用电弧焊机使焊条与焊件之间产生高温电弧，使焊条和电弧燃烧范围内的焊件熔化，待其凝固便形成焊缝或接头，电弧焊广泛应用于钢筋连接、钢筋骨架焊接、装配式结构接头的焊接、钢筋与钢板的焊接及各种钢结构焊接。

钢筋电弧焊包括帮条焊、预埋件电弧焊、坡口焊、熔槽帮条焊和窄间隙焊5种接头形式。焊接时，应符合下列要求：应根据钢筋牌号、直径、接头形式和焊接位置，选择焊接材料，确定焊接工艺和焊接参数；焊接时，引弧应在垫板、帮条或形成焊缝的部位进行，不得烧伤主筋；焊接地线与钢筋应接触良好；焊接过程中应及时清渣，焊缝表面应光滑，焊缝余高应平缓过渡，弧坑应填满。



1）帮条焊和搭接焊。帮条焊和搭接焊均分单面焊和双面焊。

帮条焊时，宜采用双面焊（图4-26a）。当不能进行双面焊时，方可采用单面焊（图4-26b）。帮条长度应符合规定。当帮条牌号与主筋相同时，帮条直径可与主筋相同或小一个规格。当帮条直径与主筋相同时，帮条牌号可与主筋相同或低一个牌号。

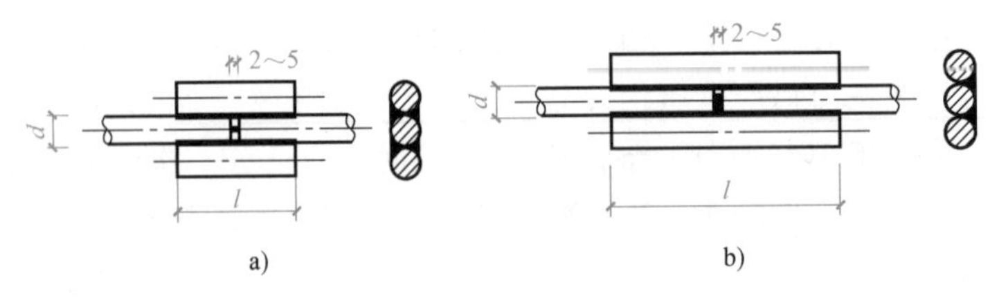


图4-26　钢筋帮条焊接头

a）双面焊　b）单面焊

*d*—钢筋直径　*l*—帮条长度

搭接焊时，宜采用双面焊（图4-27a）。当不能进行双面焊时，可采用单面焊（图4-27b）。

帮条焊接头或搭接焊接头的焊缝厚度 *s* 不应小于主筋直径的3/10；焊缝宽度不应小于主筋直径的4/5（图4-28）。

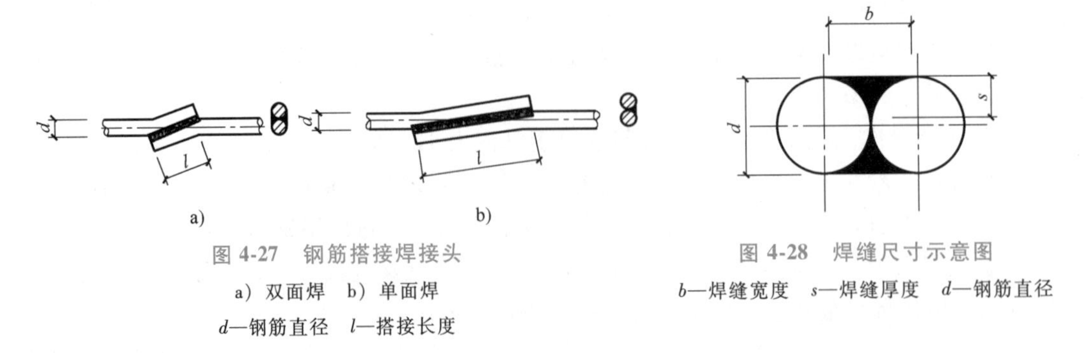


图4-27　钢筋搭接焊接头

a）双面焊　b）单面焊

*d*—钢筋直径　*l*—搭接长度

图4-28　焊缝尺寸示意图

*b*—焊缝宽度　*s*—焊缝厚度　*d*—钢筋直径

帮条焊或搭接焊应符合下列要求：

① 帮条焊时，两主筋端面的间隙应为2~5mm；帮条与主筋之间应用四点定位焊固定；

定位焊缝与帮条端部的距离宜大于或等于 20mm。

② 搭接焊时，焊接端钢筋应预弯，并应使两钢筋的轴线在同一直线上；用两点固定；定位焊缝与搭接端部的距离宜大于或等于 20mm。

③ 焊接时，应在帮条焊或搭接焊形成焊缝中引弧；在端头收弧前应填满弧坑，并应使主焊缝与定位焊缝的始端和终端熔合。

2）预埋件电弧焊。预埋件 T 字接头电弧焊分为贴角焊和穿孔塞焊两种（图 4-29）。

采用贴角焊时，HPB300 级钢筋焊缝的焊脚 $K$ 不得小于 $0.5d$。

采用穿孔塞焊时，钢板的孔洞应做成喇叭口，其内口直径应比钢筋直径 $d$ 大 4mm，倾斜角度为 45°，钢筋缩进 2mm。

钢筋与钢板搭接焊时，焊接接头（图 4-30）应符合下列要求：HPB300 级钢筋的搭接长度不得小于 4 倍钢筋直径，HRB400 级钢筋搭接长度不得小于 5 倍钢筋直径；焊缝宽度不得小于钢筋直径的 3/5，焊缝厚度不得小于钢筋直径的 7/20。



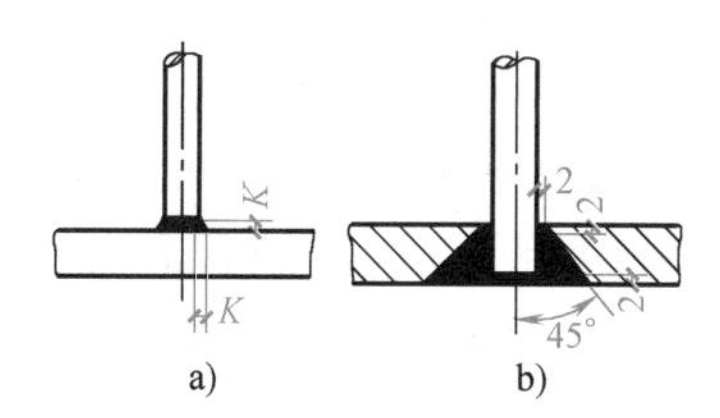


图 4-29　预埋件 T 字接头电弧焊

a）贴角焊　b）穿孔塞焊

$K$—焊脚

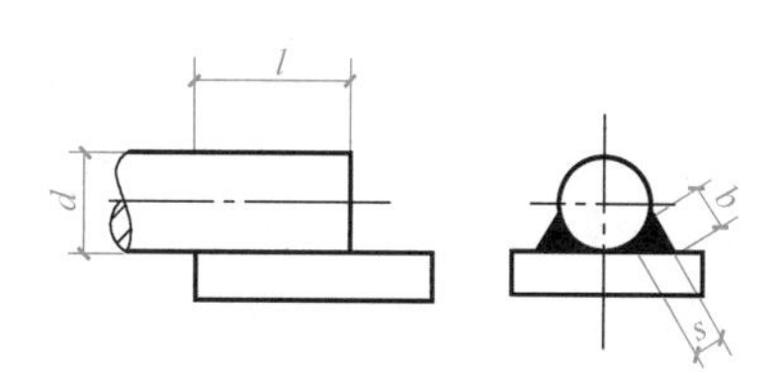


图 4-30　钢筋与钢板搭接焊接头

$d$—钢筋直径　$l$—搭接长度

$b$—焊缝宽度　$s$—焊缝厚度

施焊中，电流不宜过大，不得使钢筋咬边和烧伤。

3）坡口焊。坡口焊是将两根钢筋的连接处切割成一定角度的坡口，辅以钢垫板进行焊接连接的一种工艺。坡口焊的准备工作要求：a. 坡口面应平顺，切口边缘不得有裂纹、钝边和缺棱。b. 坡口角度按图 4-31 中的数据选用。c. 钢垫板厚度宜为 4～6mm，长度宜为 40～60mm；平焊时，垫板宽度应为钢筋直径加 10mm；立焊时，垫板宽度宜等于钢筋直径。

坡口焊焊接时应注意，焊缝的宽度应大于 V 形坡口的边缘 2～3mm，焊缝余高不得大于 3mm，并平缓过渡至钢筋表面；钢筋与钢垫板之间，应加焊两三层的侧面焊缝；当发现接头中有弧坑、气孔及咬边等缺陷时，应立即补焊。

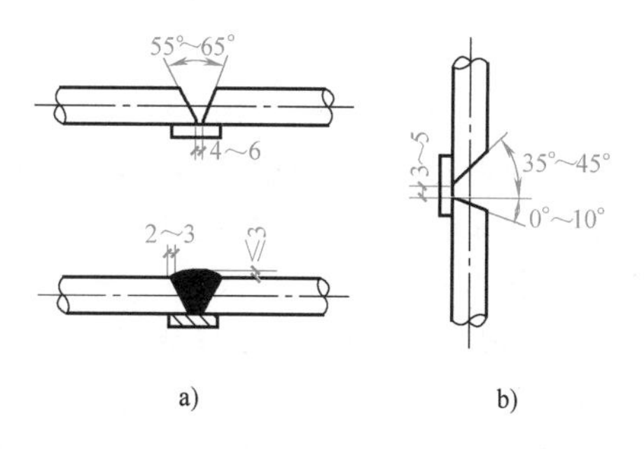


图 4-31　钢筋坡口焊接头

a）平焊　b）立焊

4）熔槽帮条焊。熔槽帮条焊是在焊接的两根钢筋端部形成焊接熔槽，熔化金属焊接钢筋的一种方法。

熔槽帮条焊适用于直径为 20mm 及以上钢筋的现场安装焊接。焊接时加角钢做垫板模，接头形式（图 4-32）、角钢尺寸和焊接工艺应符合下列要求：

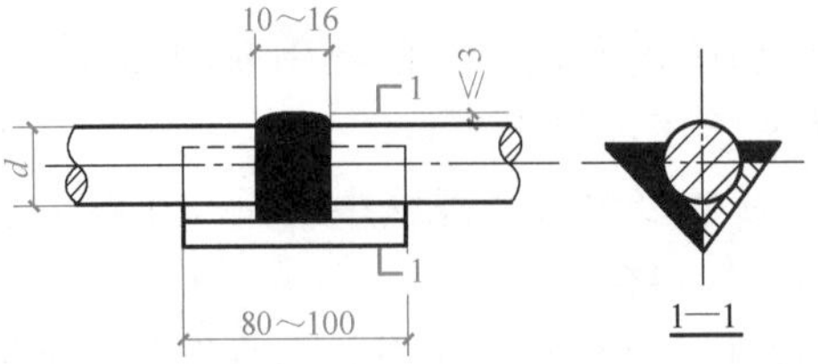

图 4-32　钢筋熔槽帮条焊接头

角钢边长宜为 40~60mm；钢筋端头应加工平整；从接缝处垫板引弧后应连续施焊，并应使钢筋端部熔合，防止未焊透、气孔或夹渣；焊接过程中应停焊清渣 1 次；焊平后，再进行焊缝余高的焊接，其高度不得大于 3mm；钢筋与角钢垫板之间，应加焊侧面焊缝 1~3 层，焊缝应饱满，表面应平整。



5）窄间隙焊。窄间隙焊适用于直径 16mm 及以上钢筋的现场水平连接。焊接时，钢筋端部应置于铜模中，并应留出一定间隙，用焊条连续焊接，熔化钢筋端面，使熔敷金属填充间隙，形成接头（图 4-33）。其焊接工艺应符合下列要求：钢筋端面应平整；应选用低氢型碱性焊条；端面间隙和焊接参数符合规定；从焊缝根部引弧后应连续进行焊接，左右来回运弧，在钢筋端面处电弧应稍许停留，并使熔合，如图 4-34a 所示。当焊至端面间隙的 4/5 高度后，焊缝逐渐扩宽；当熔池过大时，应改连续焊为断续焊，避免过热，如图 4-34b 所示。焊缝余高不得大于 3mm，且应平缓过渡至钢筋表面，如图 4-34c 所示。

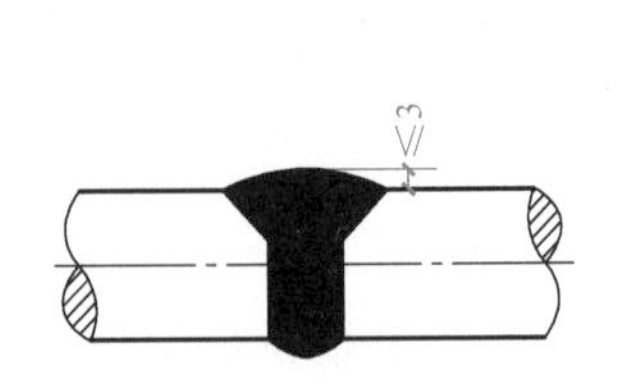


图 4-33　钢筋窄间隙焊接头

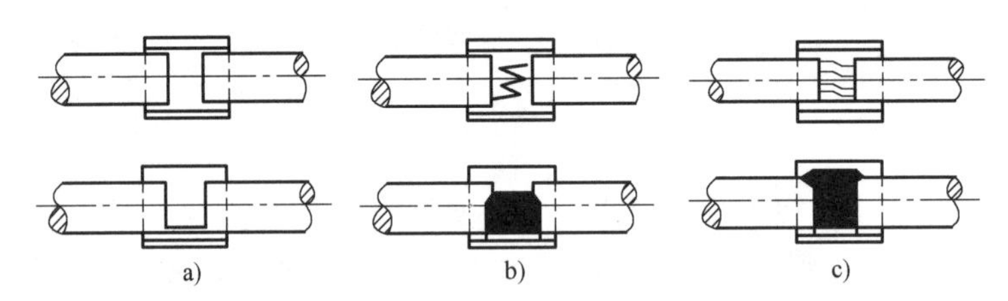


图 4-34　窄间隙焊

a）焊接初期　b）焊接中期　c）焊接末期

（4）电渣压力焊　钢筋电渣压力焊是将两根钢筋安放成竖向对接形式，利用焊接电流通过两根钢筋端面间隙，在焊剂层下形成电弧过程和电渣过程，产生电弧热和电阻热，熔化钢筋，加压完成的一种压焊方法。这种焊接方法比电弧焊节省钢材、工效高、成本低，适用于现浇钢筋混凝土结构中竖向或斜向（倾斜度在 4∶1 范围内）钢筋的连接。

电渣压力焊在供电条件差、电压不稳、雨季或防火要求高的场合应慎用。

电渣压力焊设备包括焊接电源、控制箱、焊接机头（夹具）、焊剂盒等，如图 4-35 所示。

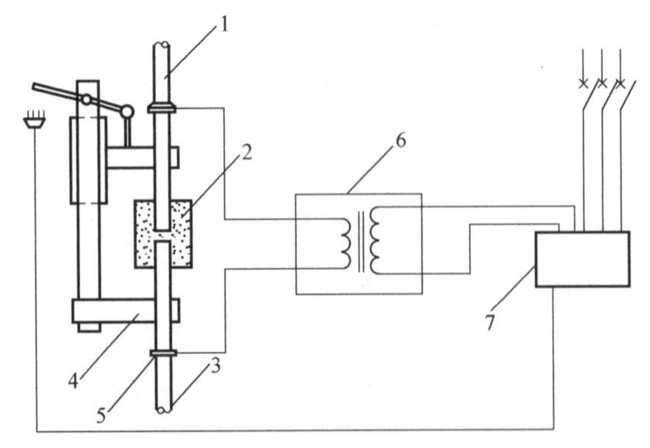


图 4-35　钢筋电渣压力焊设备示意图

1—上钢筋　2—焊剂盒　3—下钢筋　4—焊接机头
5—焊钳　6—焊接电源　7—控制箱

钢筋焊接前，应根据钢筋牌号、直径、接头形式和焊接位置，选择适宜的焊接电流、电压和通电时间。不同直径的钢筋焊接时，应按较小直径的钢筋选择焊接参数，焊接通电时间可延长。

焊接施工之前，应清除钢筋或钢板焊接部位与电极接触的钢筋表面上的锈斑、油污和杂物等；钢筋端部有弯折、扭曲时，应予以矫直或切除；焊接夹具应具有足够的刚度，在最大允许荷载下应移动灵活，操作方便。钢筋夹具的上下钳口应在上下钢筋上夹紧；钢筋一经夹紧，不得晃动。

焊剂盒的直径与所焊钢筋直径相适应，以防在焊接过程中烧坏。电压表、时间显示器应配备齐全，以便操作者及时掌握各项焊接参数；检查电源电压，当电源电压降大于5%时，不宜进行焊接。对于异直径的钢筋电渣压力焊，钢筋的直径差不得大于7mm。



电渣压力焊过程分为引弧、电弧、电渣和顶压4个过程。

1）引弧过程：引弧宜采用钢丝圈或焊条头引弧法，也可采用直接引弧法。

2）电弧过程：引燃电弧后，靠电弧的高温作用，将钢筋端头凸出部分不断烧化，同时将接头周围的焊剂充分熔化，形成渣池。

3）电渣过程：渣池形成一定的深度后，将上钢筋缓缓插入渣池中，此时电弧熄灭，进入电渣过程。电流直接通过渣池，产生大量的电阻热，使渣池温度接近2000℃，能使钢筋端头迅速而均匀地熔化。

4）顶压过程：当钢筋端头达到全截面熔化时，迅速将上钢筋向下顶压，将熔化的金属、熔渣及氧化物等杂质全部挤出结合面，同时切断电源，施焊过程结束。

接头焊毕，停歇20~30s后，方可回收焊剂和卸下夹具，并敲去渣壳，四周焊包应均匀。当钢筋直径为25mm及以下时，焊包不得小于4mm；当钢筋直径为28mm及以上时，焊包不得小于6mm。

电渣压力焊、接头质量检验应符合下列规定：

1）在现浇钢筋混凝土结构中，应以300个同牌号钢筋接头作为一批；在房屋结构中，应在不超过两个楼层中的300个同牌号钢筋接头作为一批；当不足300个接头时，仍应作为一批。每批随机切取3个接头做拉伸试验。对于电渣压力焊接头拉伸试验结果，3个试件的抗拉强度均不得小于该级别钢筋规定的抗拉强度。当试验结果有1个试件的抗拉强度小于规定值时，应再取6个试件进行复验。对于复验结果，当仍有1个试件的抗拉强度小于规定值时，应确认该批接头为不合格品。

2）电渣压力焊接头外观检查要求：四周焊包凸出钢筋表面的高度符合要求；钢筋与电极接触处，应无烧伤缺陷；接头处的弯折角不得大于4°；接头处的轴线偏移不得大于钢筋直径的1/10，且不得大于2mm。外观检查不合格的接头应切除重焊，或采取补强焊接措施。

（5）气压焊　钢筋气压焊是采用氧-乙炔火焰或其他火焰在两根钢筋对接处加热，使其达到塑性变形，加压完成的一种压焊方法。

钢筋气压焊工艺具有设备简单、操作方便、质量好和成本低等优点，但对焊工要求严，焊前对钢筋端面处理要求高。被焊钢筋直径之差不得大于7mm。

钢筋气压焊的焊接设备主要包括氧气、乙炔供气设备，加热器，加压器及钢筋卡具等，如图4-36所示。

钢筋下料要用砂轮锯，不得使用切断机，以免钢筋端头呈马蹄形而无法压接。

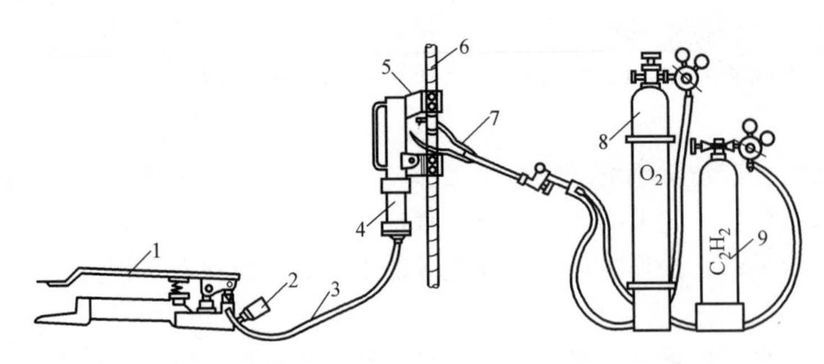


图 4-36　气压焊设备工作简图

1—脚踏液压泵　2—压力表　3—液压胶管　4—活动液压缸　5—钢筋卡具
6—被焊接钢筋　7—多火口烤枪　8—氧气瓶　9—乙炔瓶



安装焊接夹具和钢筋时，应将两根钢筋分别夹紧，并使它们的轴线处于同一直线上，加压顶紧，两根钢筋局部缝隙不得大于 3mm。钢筋端面附近 50~100mm 范围内的铁锈、油污、水泥浆等杂物必须清除干净。

3. 机械连接

钢筋机械连接是指通过连接件的机械咬合作用或钢筋端面的承压作用，将一根钢筋中的力传递至另一根钢筋的连接方法。这种连接方法的接头区变形能力与母材基本相同，接头质量稳定可靠，不受钢筋化学成分的影响，人为因素的影响也小；操作简便，施工速度快，不受气候条件影响；无污染，无火灾隐患，施工安全等。

根据抗拉强度以及高应力和大变形条件下反复拉压性能的差异，接头应分为下列 3 个等级：

1）Ⅰ级接头抗拉强度等于被连接钢筋的实际拉断强度或不小于 1.10 倍钢筋抗拉强度标准值，残余变形小并具有高延性及反复拉压性能。

2）Ⅱ级接头抗拉强度不小于被连接钢筋抗拉强度标准值，残余变形较小并具有高延性及反复拉压性能。

3）Ⅲ级接头抗拉强度不小于被连接钢筋屈服强度标准值的 1.25 倍，残余变形较小并具有一定的延性及反复拉压性能。

结构设计图中应列出设计选用的钢筋接头等级和应用部位。接头等级的选定应符合下列规定：

1）混凝土结构中要求充分发挥钢筋强度或对延性要求高的部位应优先选用Ⅱ级接头。当在同一连接区段内必须实施 100%钢筋接头的连接时，应采用Ⅰ级接头。

2）混凝土结构中钢筋应力较高但对延性要求不高的部位可采用Ⅲ级接头。

钢筋连接件的混凝土保护层厚度宜符合现行国家标准中受力钢筋的混凝土保护层最小厚度的规定，且不得小于 15mm。连接件之间的横向净距不宜小于 25mm。

结构构件中纵向受力钢筋的接头宜相互错开。钢筋机械连接的连接区段长度应按 $35d$ 计算。在同一连接区段内有接头的受力钢筋截面面积占受力钢筋总截面面积的百分率（以下简称接头面积百分率），应符合下列规定：

1）接头宜设置在结构构件受拉钢筋应力较小部位，当需要在高应力部位设置接头时，在同一连接区段内Ⅰ级接头的接头面积百分率不应大于 25%，Ⅱ级接头的接头面积百分率不应大于 50%。Ⅰ级接头的接头面积百分率除下述第 2）条所列情况外可不受限制。

2）接头宜避开有抗震设防要求的框架的梁端、柱端箍筋加密区；当无法避开时，应采用Ⅱ级接头或Ⅰ级接头，且接头面积百分率不应大于 50%。

3）受拉钢筋应力较小部位或纵向受压钢筋，接头面积百分率可不受限制。

4）对直接承受动力荷载的结构构件，接头面积百分率不得大于 50%。

5）机械连接套筒的保护层厚度宜满足有关钢筋最小保护层厚度的规定。机械连接套筒的横向净间距不宜小于 25mm；套筒外箍筋的间距仍应满足相应的构造要求。

（1）套筒挤压连接　钢筋套筒挤压有轴向挤压和径向挤压两种方法，以径向挤压较为常用。带肋钢筋挤压套筒连接是将两根待连接钢筋插入钢套筒，用挤压连接设备沿径向挤压钢套筒，使之产生塑性变形，依靠变形后的钢套筒与被连接钢筋纵、横肋产生的机械咬合力使二者成为整体的钢筋连接方法（图 4-37）。

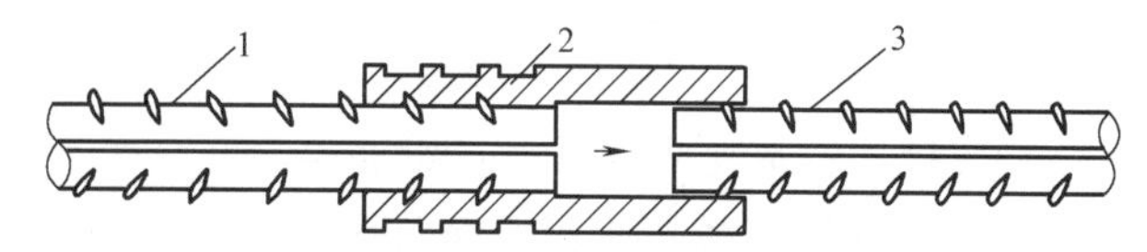


图 4-37　钢筋套筒挤压连接

1—已挤压的钢筋　2—钢套筒　3—未挤压的钢筋



这种接头质量稳定性好，可与母材等强度，但操作工人工作强度大，有时液压油会污染钢筋，综合成本较高。钢筋挤压套筒连接，要求钢筋最小中心间距为 90mm。

钢套筒的材料宜选用强度适中、延性好的优质钢材。钢套筒的屈服承载力和抗拉承载力的标准值不应小于被连接钢筋的屈服承载力和抗拉承载力标准值的 1.10 倍。

钢套筒进场，必须有原材料试验单与套筒出厂合格证，并由该技术提供单位，提交有效的型式检验报告。钢筋挤压套筒连接开始前及施工过程中，应对每批进场钢筋进行挤压连接工艺检验。钢筋套筒挤压接头现场检验，一般只进行接头外观检查和单向拉伸试验。套筒的几何尺寸应满足产品设计图样要求，与机械连接工艺技术配套选用，套筒表面不得有裂缝、折皱和结疤等缺陷。套筒应有保护盖，有明显的规格标记，并应分类包装存放，不得露天存放，不得混淆，防止锈蚀和沾染油污。

钢筋冷挤压设备主要有挤压设备（超高压电动油泵、压接钳和超高压油管）、挤压机、悬挂平衡器（手动葫芦）、吊挂小车、画标志用工具以及检查压痕卡板等。

钢筋挤压连接宜先在地面上挤压一端套筒，在施工作业区插入待接钢筋后再挤压另一端套筒。压接钳就位时，应对正钢套筒压痕位置的标记，并使压模运动方向与钢筋两纵肋所在的平面相垂直，即保证最大压接面能在钢筋的横肋上。压接钳施压顺序由钢套筒中部顺次向端部进行。每次施压时，主要控制压痕深度。

（2）锥螺纹套筒连接　钢筋锥螺纹套筒连接是先将两根待接钢筋端头用套丝机做出锥形外丝，然后用带锥形内丝的套筒将钢筋两端拧紧的钢筋连接方法。用于这种连接的钢套筒内壁，用专用机床加工有锥螺纹，钢筋的对接端头也在套丝机上加工成与套管匹配的锥螺纹杆。连接时，对螺纹检查无油污和损伤后，先用手将钢筋旋入，然后用扭矩扳手紧固至规定的扭矩即完成连接，如图 4-38 所示。此种连接施工速度快、不受气候影响、质量稳定、对中性好。

（3）直螺纹套筒连接　钢筋直螺纹套筒连接分为镦粗直螺纹套筒连接和滚轧直螺纹套筒连接两类。

钢筋镦粗直螺纹套筒连接是通过钢筋镦粗机先将钢筋端头镦粗，再切削成直螺纹，然后用带直螺纹的套筒将钢筋两端拧紧的钢筋连接方法，如图 4-39 所示。

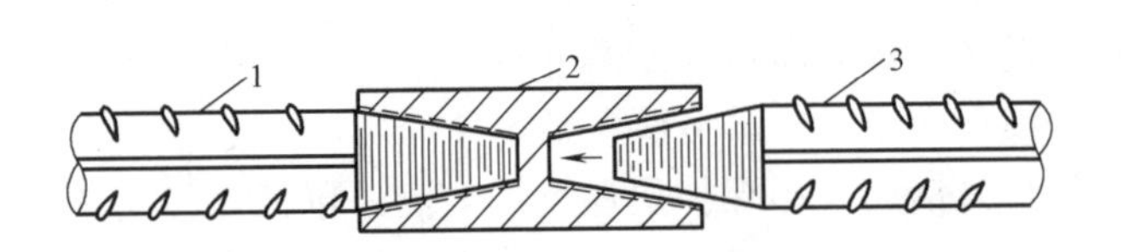


图 4-38　钢筋锥螺纹套筒连接

1—已连接的钢筋　2—锥螺纹套筒　3—待连接的钢筋

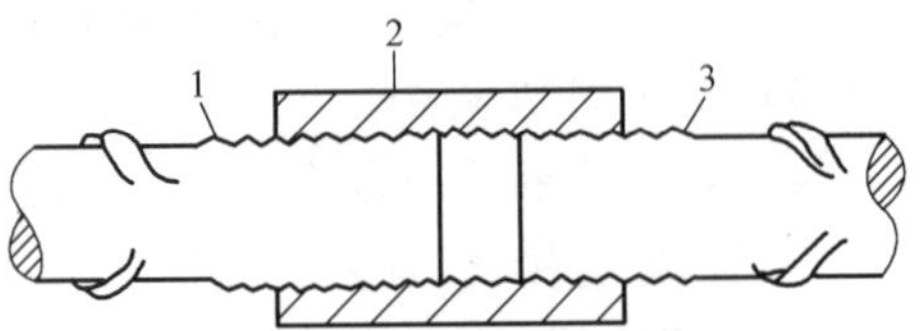


图 4-39　钢筋直螺纹套筒连接

1—已连接的钢筋　2—直螺纹套筒

3—正在拧入的钢筋



镦粗直螺纹钢筋接头的特点：钢筋端部经冷镦后不但直径增大，使套丝后丝扣底部横截面面积不小于钢筋原截面面积，而且由于冷镦后钢材强度提高，致使接头部位有很高的强度，断裂均发生在母材。

这种接头的螺纹精度高，接头质量稳定性好，操作简便，连接速度快，价格适中。

钢筋滚轧直螺纹套筒连接是利用金属材料塑性变形后冷作硬化增强金属材料强度的特性，使接头与母材等强的连接方法。

### 4.2.5　钢筋安装与检查

钢筋安装要求受力钢筋的品种、级别、规格和数量必须符合设计要求。此外钢筋的位置要准确，固定要牢固，接头要符合规定。

钢筋绑扎用的钢丝可采用 20 号、22 号钢丝，其中 22 号钢丝只用于绑扎直径 12mm 及以下的钢筋，直径大于 12mm 的钢筋采用 20 号钢丝。钢丝的长度只要满足绑扎要求即可。

准备好控制保护层厚度的砂浆垫块或塑料垫块、塑料支架等。

当有基础底板和基础梁时，基础底板的下部钢筋应放在梁筋的下部。对于基础底板的下部钢筋布置，主筋在下，分布筋在上；对于基础底板的上部钢筋布置，主筋在上，分布筋在下。基础底板的钢筋可以采用八字扣或顺扣固定，基础梁的钢筋应采用八字扣，防止其倾斜变形。绑扎钢丝的端部应弯入基础内，不得伸入保护层内。

先计算完本层柱所需要的箍筋数量，并将所有箍筋套在柱的主筋上；再将柱的主筋接长，并把主筋顶部与脚手架做临时固定，保持柱主筋垂直。然后将箍筋从上至下依次绑扎。

柱箍筋要与主筋相互垂直，矩形柱箍筋的端头应与模板面成 135°。柱角部主筋的弯钩平面与模板面的夹角：对矩形柱，应为 45°角；对多边形柱，应为模板内角的平分角；对圆形柱，钢筋的弯钩平面应与模板的切平面垂直，中间钢筋的弯钩平面应与模板面垂直；当采用插入式振捣器浇筑小型截面柱时，弯钩平面与模板面的夹角不得小于 15°。柱箍筋的弯钩叠合处，应沿受力钢筋方向错开设置，不得在同一位置。

对于墙的钢筋网，在竖向钢筋上画出水平钢筋的间距，从下往上绑扎水平钢筋。除靠近外围两行钢筋的相交点全部扎牢外，中间部分交叉点可间隔交错扎牢，但应保证受力钢筋不产生位置偏移；双向受力的钢筋，必须全部扎牢。绑扎应采用八字扣，绑扎钢丝的多余部分应弯入墙内（特别是有防水要求的钢筋混凝土墙、板等结构，更应注意这一点）。应根据设计要求确定水平钢筋是在竖向钢筋的内侧还是外侧，当设计无要求时，按竖向钢筋在内、水平钢筋在外布置。

墙筋的拉结筋应勾在竖向钢筋和水平钢筋的交叉点上，并绑扎牢固。为方便绑扎，拉结筋一般做成一端135°弯钩，另一端90°弯钩的形状，所以在绑扎完后还要用钢筋扳子把90°的弯钩弯成135°。

梁钢筋可在梁侧模安装前在梁底模板上绑扎，也可在梁侧模安装完在模板上方绑扎，绑扎成钢筋笼后再整体放入梁模板内。第二种绑扎方法一般只用于次梁或梁高较小的梁。

梁钢筋绑扎前应确定好主梁和次梁钢筋的位置关系，次梁的主筋应在主梁的主筋上面。楼板钢筋则应在主梁和次梁主筋的上面。

先穿梁上部钢筋，再穿下部钢筋，最后穿弯起钢筋，然后再根据事先画好的箍筋控制点将箍筋分开，间隔一定距离先将其中的几个箍筋与主筋绑扎好，然后再依次绑扎其他箍筋。



梁箍筋的接头部位应在梁的上部，除设计有特殊要求外，应与受力钢筋垂直设置；箍筋弯钩叠合处，应沿受力钢筋方向错开设置。梁端第一个箍筋应在距支座边缘50mm处。

当梁主筋为双排或多排时，各排主筋间的净距不应小于25mm，且不小于主筋的直径。现场可在两排主筋之间用短钢筋做垫铁，以控制其间距，短钢筋方向与主筋垂直。当梁主筋最大直径不大于25mm时，采用25mm短钢筋做垫铁；当梁主筋最大直径大于25mm时，采用与梁主筋规格相同的短钢筋做垫铁。短钢筋的长度为梁宽减两个保护层厚度，短钢筋不应伸入混凝土保护层内。

板钢筋绑扎前先在模板上画出钢筋的位置，然后将主筋和分布筋摆在模板上，主筋在下，分布筋在上，调整好间距后依次绑扎。对于单向板钢筋，除靠近外围两行钢筋的相交点全部扎牢外，中间部分交叉点可间隔交错绑扎牢固，但应保证受力钢筋不产生位置偏移；双向受力的钢筋，必须全部扎牢。相邻绑扎应采用八字扣，防止钢筋变形。

板底层钢筋绑扎完，穿插预留预埋管线的施工，然后绑扎上层钢筋。在两层钢筋间应设置马凳，以控制两层钢筋间的距离。

对于楼梯钢筋，应先绑扎楼梯梁钢筋，再绑扎休息平台板和斜板的钢筋。休息平台板或斜板钢筋绑扎时，主筋在下，分布筋在上，所有交叉点均应绑扎牢固。

钢筋安装完成之后，浇筑混凝土前，应进行钢筋隐蔽工程验收，内容包括：

1）纵向受力钢筋的品种、规格、数量、位置等。

2）钢筋连接方式、接头位置、接头数量、接头面积百分率等。

3）箍筋、横向钢筋的品种、规格、数量、间距等。

4）预埋件的规格、数量、位置等。

钢筋隐蔽工程验收前，应提供钢筋出厂合格证、检验报告、进场复验报告、钢筋焊接接头和机械连接接头力学性能试验报告。

## 4.3 混凝土工程

混凝土工程包括混凝土制备、运输、浇筑、振捣和养护等施工过程，各个施工过程相互联系和影响，任一施工过程处理不当都会影响混凝土工程的最终质量。因此，要使混凝土工程施工能保证结构的设计形状和尺寸，确保混凝土的强度、刚度、密实性、整体性、耐久性以及满足其他设计和施工的特殊要求，就必须严格控制混凝土的各种原材料质量和每道工序的施工质量。

### 4.3.1 混凝土的制备

1. 混凝土原材料的选用

混凝土是以水泥、水、细骨料、粗骨料，需要时掺入外加剂和矿物掺合料，按适当比例配合，经过均匀拌制、密实成型及养护硬化而成的人工石材。

(1) 水泥　水泥进场时应对其品种、级别、包装或散装仓号、出厂日期等进行检查，并应对其强度、安定性及其他必要的性能指标进行复验，其质量必须符合现行国家标准《通用硅酸盐水泥》(GB 175—2023) 的规定。

当在使用中对水泥质量有怀疑或水泥出厂超过三个月（快硬硅酸盐水泥超过一个月）时，应进行复验，并按复验结果使用。



在钢筋混凝土结构、预应力混凝土结构中，严禁使用含氯化物的水泥。

入库的水泥应按品种、强度等级、出厂日期分别堆放，并树立标志，做到先到先用，防止混掺使用。

为了防止水泥受潮，现场仓库应尽量密闭。包装水泥存放时，应垫起，离地约 30cm，离墙应在 30cm 以上。堆放高度一般不超过 10 包。临时露天暂存水泥应用防雨篷布盖严，底板要垫高，并采取防潮措施。

水泥不得和石灰石、石膏、白垩等粉状物料混放在一起。

(2) 砂、石　根据砂的来源不同，砂分为河砂、海砂、山砂。海砂中氯离子对钢筋有腐蚀作用，因此，海砂一般不宜作为混凝土的细骨料。

配制混凝土时宜优先选用Ⅱ区砂。Ⅱ区砂宜用于强度等级为 C30～C60 及有抗冻、抗渗或其他要求的混凝土；Ⅰ区砂宜用于强度等级大于 C60 的混凝土；Ⅲ区砂宜用于强度等级小于 C30 的混凝土和建筑砂浆。对于泵送混凝土用砂，宜选用中砂。

普通混凝土所用的石子可分为碎石和卵石。生产厂家和供货单位应提供产品合格证及质量检验报告。

混凝土用石宜采用连续粒级。单粒级宜用于组合成具有要求级配的连续级配，也可与连续级配混合使用，以改善其级配或配成较大粒度的连续级配。

石子的使用单位的质量检测报告内容包括委托单位、样品编号、工程名称、样品产地、类别、代表数量、检测依据、检测条件、检测项目、检测结果、结论等。

碎石或卵石在运输、装卸和堆放过程中，应防止颗粒离析和混入杂物，并应按产地、种类和规格分别堆放。

(3) 水　一般符合国家标准的生活饮用水，可直接用于拌制各种混凝土。地表水和地下水首次使用前，应按有关标准进行检验合格后方可使用。

海水可用于拌制素混凝土，但未经处理的海水严禁用于拌制钢筋混凝土、预应力混凝土。有饰面要求的混凝土也不应用海水拌制。

(4) 掺合料　掺合料是混凝土的主要组成材料，起着改善混凝土性能的作用。在混凝土中加入适量的掺合料，可以起到减缓温度升高的速度，改善工作性能，增进后期强度，改善混凝土内部结构，提高耐久性，节约资源的作用。掺合料主要有粉煤灰、粒化高炉矿渣粉、沸石粉、硅灰等。

（5）外加剂　在混凝土拌和过程中掺入，改善混凝土性能，一般不超过水泥用量的5%（特殊情况除外）的材料称为混凝土外加剂。

混凝土外加剂按其主要功能分为：

1）改善混凝土拌合物流动性能的外加剂，包括各种减水剂、引气剂和泵送剂等。

2）调节混凝土凝结时间、硬化性能的外加剂，包括缓凝剂、早强剂和速凝剂等。

3）改善混凝土耐久性能的外加剂，包括引气剂、防水剂和阻锈剂等。

4）改善混凝土其他性能的外加剂，包括加气剂、膨胀剂和防冻剂等。

外加剂的品种应根据工程设计和施工要求选择，通过试验及技术经济比较确定。选用的外加剂应有供货单位提供的产品说明书、出厂检验报告及合格证、掺外加剂混凝土性能检验报告。不同品种外加剂复合使用，应注意其相容性及对混凝土性能的影响，使用前应进行试验，满足要求方可使用。

外加剂运到工地（或混凝土搅拌站）必须立即取代表性样品进行检验，进货与工程试配时一致方可使用。若发现不一致，应停止使用。

外加剂配料控制系统标识应清楚，计量应准确，计量误差为±2%。

2. 混凝土配合比设计

普通混凝土配合比设计，一般应根据混凝土强度等级及坍落度（维勃稠度）指标进行。如果混凝土还有其他技术性能要求，除在计算和试配过程中予以考虑外，还应增添相应的试验项目，进行试验确认。

1）当设计强度等级小于C60时，施工配制强度$f_{cu,o}$为

$$f_{cu,o}=f_{cu,k}+1.645\sigma \tag{4-8}$$

式中　$f_{cu,o}$——混凝土的施工配制强度（MPa）；

$f_{cu,k}$——设计的混凝土立方体抗压强度标准值（MPa）；

$\sigma$——施工单位的混凝土强度标准差（MPa）。

当施工单位具有近期同一品种混凝土强度的统计资料时，$\sigma$可按下式计算：

$$\sigma=\sqrt{\frac{\sum_{i=1}^{n}f_{cu,i}{}^{2}-nm_{f_{cu}}^{2}}{n-1}} \tag{4-9}$$

式中　$f_{cu,i}$——统计周期内同一品种混凝土第$i$组试件强度值（MPa）；

$m_{f_{cu}}$——统计周期内同一品种混凝土$n$组试件强度的平均值（MPa）；

$n$——统计周期内同一品种混凝土试件组数，$n \geqslant 30$。

对于强度等级不大于C30的混凝土：当$\sigma$计算值不小于3.0MPa时，应按照计算结果取值；当$\sigma$计算值小于3.0MPa时，$\sigma$应取3.0MPa。

对于强度等级大于C30且小于C60的混凝土：当$\sigma$计算值不小于4.0MPa时，应按照计算结果取值；当$\sigma$计算值小于4.0MPa时，$\sigma$应取4.0MPa。

若施工单位无近期同一品种混凝土强度统计资料，当混凝土强度等级低于C25时，取$\sigma=4.0$MPa，当混凝土强度等级为C25~C45时，取$\sigma=5.0$MPa，当混凝土强度等级为C50~C55时，取$\sigma=6.0$MPa。

2）当设计强度等级不低于C60时，施工配制强度$f_{cu,o}$为

$$f_{cu,o} \geq 1.15 f_{cu,k} \tag{4-10}$$

3. 混凝土的施工配合比及施工配料

实验室配合比所确定的各种材料的用量是砂石等材料处于干燥状态下的用量。在施工现场，砂石材料露天存放，因此，在实际配制混凝土时，必须考虑砂石的含水量对混凝土的影响，将实验室配合比换算成施工配合比，作为混凝土配料的依据。

设实验室配合比为：水泥：砂：石子=1：$X$：$Y$，水胶比为 $W/C$。

实测得砂石的含水量分别为 $W_x$、$W_y$。

则施工配合比为：水泥：砂：石子=1：$X$（$1+W_x$）：$Y$（$1+W_y$）。

按实验室配合比 $1m^3$ 混凝土的水泥用量为 $C'$（kg），计算施工配合比时保持混凝土的水胶比不变（水胶比改变，混凝土的性能会发生变化），则每 $1m^3$ 混凝土的各种材料的用量为：水泥 $C'$，砂 $G_x=C'X$（$1+W_x$），石子 $G_y=C'Y$（$1+W_y$），水 $W'=C'(W/C-XW_x-YW_y)$。



4. 混凝土搅拌

（1）混凝土搅拌机选择　混凝土的拌制（搅拌），就是将水、水泥和粗细集料进行均匀拌和及混合的过程，同时通过搅拌，还要使材料达到强化、塑化的作用。

常用的混凝土搅拌机按其搅拌原理主要分为自落式搅拌机和强制式搅拌机两类（图4-40）。

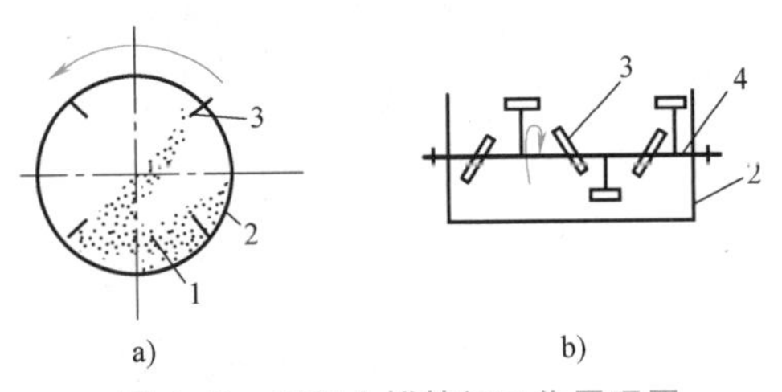


图 4-40　混凝土搅拌机工作原理图

a）自落式搅拌　b）强制式搅拌

1—混凝土拌合物　2—搅拌筒

3—叶片　4—转轴

自落式搅拌机的搅拌筒是垂直放置的。随着搅拌筒的转动，混凝土拌合物在搅拌筒内做自由落体式翻转搅拌，从而达到搅拌均匀的目的。这种搅拌机适用于搅拌塑性混凝土和低流动性混凝土，搅拌质量、搅拌速度等与强制式搅拌机比相对要差一些。

强制式搅拌机的搅拌筒内有若干组叶片，搅拌时叶片绕竖轴或卧轴旋转，将各种材料强行搅拌，直至搅拌均匀。这种搅拌机适用于搅拌干硬性混凝土、流动性混凝土和轻集料混凝土等，具有搅拌质量好、搅拌速度快、生产效率高、操作简便及安全可靠等优点。

在选择搅拌机时，要根据工程量大小、混凝土的坍落度、集料尺寸等而定。既要满足技术上的要求，也要考虑经济效益和节约能源。除了要选定搅拌机的种类，还要根据工程施工工期和混凝土的需求强度选定搅拌机型号和台数。

（2）混凝土搅拌时间　搅拌时间是指从原材料全部投入搅拌筒时起，到开始卸料时为止所经历的时间。它与混凝土搅拌质量密切相关，随搅拌机类型和混凝土的和易性的不同而变化。在一定范围内随搅拌时间的延长混凝土强度会有所提高，但过长时间的搅拌既不经济也不合理。因为搅拌时间过长，不坚硬的粗集料在大容量搅拌机中会因脱角、破碎等而影响混凝土的质量。加气混凝土也会因搅拌时间过长而使含气量下降。为了保证混凝土的质量，混凝土搅拌的最短时间见表4-10。搅拌时间最多不宜超过表4-10规定的最短时间的3倍。轻集料及掺有外加剂的混凝土均应适当延长搅拌时间。

表 4-10 混凝土搅拌的最短时间

| 混凝土坍落度/mm | 搅拌机类型 | 搅拌机容积/L | | |
|---|---|---|---|---|
| | | 小于 250 | 250~500 | 大于 500 |
| ≤40 | 自落式 | 60s | 90s | 120s |
| | 强制式 | 90s | 120s | 150s |
| >40，且<100 | 自落式 | 60s | 60s | 90s |
| | 强制式 | 90s | 90s | 120s |
| ≥100 | 强制式 | 60s | | |

（3）投料顺序　投料顺序应从提高搅拌质量、减少叶片和衬板的磨损、减少拌合物与搅拌筒的黏结、减少水泥飞扬、改善工作环境等方面综合考虑确定。常用的有一次投料法和两次投料法。



一次投料法是在上料斗中先装石子，再加水泥和砂，然后一次投入搅拌机。对自落式搅拌机要在搅拌筒内先加部分水，投料时砂压住水泥，使水泥不致飞扬，且水泥和砂先进入搅拌筒形成水泥砂浆，可缩短包裹石子的时间。对立轴强制式搅拌机，因出料口在下部，不能先加水，应在投入原材料的同时，缓慢均匀分散地加水。

两次投料法经过我国的研究和实践形成了裹砂石法混凝土搅拌工艺，它是在日本研究的造壳混凝土（简称 SEC 混凝土）的基础上结合我国的国情研究成功的，它分两次加水，两次搅拌。用这种工艺搅拌时，先将全部的石子、砂和 70%的拌和用水倒入搅拌机，拌和 15s 使骨料湿润，再倒入全部水泥进行造壳搅拌 30s 左右，然后加入 30%的拌和用水，再进行糊化搅拌 60s 左右即完成。与普通搅拌工艺相比，裹砂石法混凝土搅拌工艺可使混凝土强度提高 10%~20%，节约水泥 5%~10%。推广这种新工艺，有巨大的经济效益。此外，我国还对净浆法、净浆裹石法、裹砂法、先拌砂浆法等各种两次投料法进行了试验和研究。

（4）泵送混凝土的拌制　泵送混凝土可采用混凝土搅拌站供应的预拌混凝土，也可在现场设置搅拌站，供应泵送混凝土，但不得采用手工搅拌的混凝土进行泵送。

泵送混凝土的交货检验，应在交货地点，按《预拌混凝土》（GB/T 14902—2012）的有关规定，进行交货检验；现场拌制的泵送混凝土供料检验，宜按《预拌混凝土》（GB/T 14902—2012）的有关规定执行。

在寒冷地区冬期拌制泵送混凝土时，除应满足《混凝土泵送施工技术规程》（JGJ/T 10—2011）的规定外，还应制定冬期施工措施。

### 4.3.2 混凝土的运输

混凝土的运输是指将混凝土从搅拌站送到浇筑点的过程。为了保证混凝土的施工质量，对混凝土拌合物运输的基本要求是：a. 不产生离析现象、不漏浆、不分层，组成成分不发生变化。b. 保证浇筑时规定的坍落度。c. 在混凝土初凝之前能有充足的时间进行浇筑和捣实。

混凝土的运送时间是指从混凝土由搅拌机卸入运输车开始至该运输车开始卸料为止。运送时间应满足合同规定，当合同未作规定时，采用搅拌运输车运送的混凝土，宜在 1.5h 内卸料；采用翻斗车运送的混凝土，宜在 1.0h 内卸料；当最高气温低于 25℃时，运送时间可延长 0.5h。如需要延长运送时间，则应采取相应的技术措施，并应通过试验验证。

在运输过程中，若混凝土产生离析，则在浇筑前要进行二次搅拌。

为了避免混凝土在运输过程中坍落度损失过大，运输容器应严密不漏浆、不吸水。容器在使用前应先用水湿润，在运输过程中采取措施防止混凝土水分蒸发太快或防止混凝土受冻。如需要进行长距离运输可选用混凝土搅拌运输车运输，将配好的混凝土干料装入混凝土筒内，快到现场时再加水拌制，这样就可以避免由于长途运输而引起的混凝土坍落度损失。

混凝土运输分为水平运输和垂直运输。水平运输又可分为地面运输和楼面运输。

混凝土地面运输，当预拌（商品）混凝土运输距离较远时，我国多用混凝土搅拌运输车。如果混凝土来自工地搅拌站，则多用载重约 1t 的小型机动翻斗车或双轮手推车，有时还用皮带运输机和窄轨翻斗车。



混凝土楼面运输，我国以双轮手推车为主，也用机动灵活的小型机动翻斗车。如用混凝土泵则用布料机布料。

混凝土垂直运输，我国多用塔式起重机、混凝土泵、快速提升斗和井架运输机。用塔式起重机时，混凝土要配吊斗运输，这样可直接进行浇筑。混凝土浇筑量大、浇筑速度快的工程，可以采用混凝土泵输送。

### 1. 手推车及机动翻斗车运输

手推车是施工工地上普遍使用的水平运输工具，具有小巧、轻便等特点，不但适用于一般的地面水平运输，还能在脚手架、施工栈道上使用，也可与塔式起重机、井架等配合使用，解决垂直运输问题。

机动翻斗车具有轻便灵活、结构简单、转弯半径小、速度快、能自动卸料、操作维护简便等特点，适用于短距离水平运输混凝土以及砂、石等散装材料（图 4-41）。

### 2. 混凝土搅拌运输车运输

混凝土搅拌运输车是一种用于长距离输送混凝土的高效能机械，其将运送混凝土的搅拌筒安装在汽车底盘上，把混凝土搅拌站生产的混凝土拌合物装入搅拌筒内，直接运至施工现场，供浇筑作业使用。在运输途中，混凝土搅拌筒始终在不停地慢速转动，从而使筒内的混凝土拌合物可连续得到搅动，以保证混凝土通过长途运输后，仍不致产生离析现象。在运输距离很长时，也可将混凝土干料装入筒内，在运输途中加水搅拌，这样能减少由于长途运输而引起的混凝土坍落度损失，如图 4-42 所示。

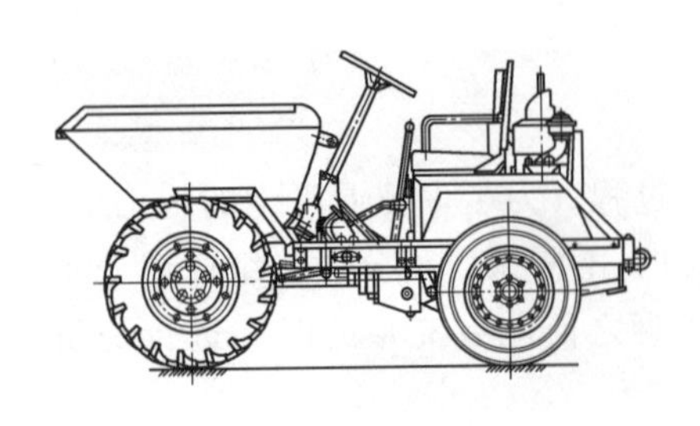

图 4-41　机动翻斗车

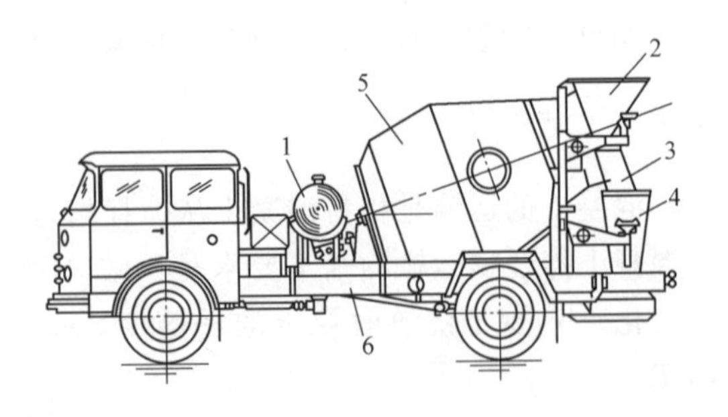


图 4-42　混凝土搅拌运输车

1—水箱　2—进料斗　3—卸料斗　4—活动卸料溜槽　5—搅拌筒　6—汽车底盘

3. 井架运输机运输

井架运输机是主要用于高层建筑混凝土灌注时的垂直运输机械，由井架、台灵拔杆、卷扬机、吊盘、自动倾泻吊斗及钢丝绳等组成，具有一机多用、构造简单、装拆方便等优点。起重高度一般为25~40m，如图4-43所示。

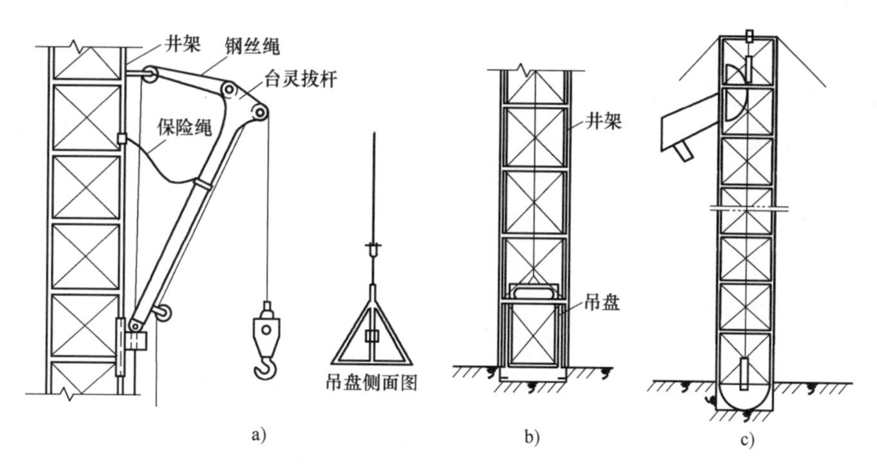


图4-43　井架运输机

a）井架台拔杆　b）井架吊盘　c）井架吊斗

4. 混凝土提升机运输

混凝土提升机是供快速输送大量混凝土的垂直运输设备，由钢井架、混凝土提升斗、高速卷扬机等组成，提升速度可达50~100m/min。当混凝土提升到施工楼层后，卸入楼面受料斗，再采用其他楼面水平运输工具（如手推车等）运送到施工部位浇筑。

5. 塔式起重机运输

塔式起重机既能完成混凝土的垂直运输，又能完成混凝土的水平运输，是一种高效灵活的混凝土运输机械。但由于提升速度较慢，随着建筑物高度的增加，每班次的起吊次数将减少而影响输送能力。因此，该方法一般用于30~35层以下建筑物，以及斜拉桥和悬索桥桥塔的施工。

6. 混凝土泵运输

泵送混凝土是指在混凝土泵的压力推动下沿输送管道进行运输并在管道出口处直接浇筑混凝土。混凝土的泵送施工已经成为高层建筑和大体积混凝土施工过程中的重要方法。泵送施工不但可以改善混凝土施工性能，提高混凝土质量，而且可以改善劳动条件，降低工程成本。随着商品混凝土应用的普及，各种性能要求的混凝土均可泵送，如高性能混凝土、补偿收缩混凝土等。

混凝土泵能一次连续地完成水平运输和垂直运输，效率高、劳动力省、费用低，尤其对于一些工地狭窄和有障碍物的施工现场，用其他运输工具难以直接浇筑混凝土，混凝土泵则能有效地发挥作用。混凝土泵运输距离长，单位时间内的输送量大，三四百米高的建筑可一泵到顶，上万立方米的大型基础也能在短时间内浇筑完毕，非其他运输工具所能比拟，优越性非常显著，因而在建筑行业已推广应用多年，尤其是预拌混凝土生产与泵送施工相结合，大大提高了生产效率。

常用的混凝土输送泵有汽车泵、拖泵（固定泵）、车载泵三种类型。按驱动方式不同，混凝土泵分为两大类，即液压活塞（也称柱塞）式泵和挤压式泵。目前我国主要应用液压活塞式混凝土泵。

混凝土汽车泵或移动泵车将液压活塞式混凝土泵安装固定在汽车底盘上，使用时开至需要施工的地点，进行混凝土泵送作业。这种泵车使用方便，适用范围广，既可以利用在工地配置装接的管道输送到较远、较高的混凝土浇筑部位，也可以发挥随车附带的布料杆作用，把混凝土直接输送到需要浇筑的地点。

液压活塞式混凝土泵工作原理如图 4-44 所示。液压活塞式混凝土泵主要由料斗、液压缸、液压活塞、混凝土缸、分配阀、Y 形输送管、冲洗设备、液压系统和动力系统等组成。活塞泵工作时，搅拌机卸出的或由混凝土搅拌运输车卸出的混凝土倒入料斗，水平分配阀开启，竖向分配阀关闭，液压活塞在液压作用下通过活塞杆带动推压混凝土活塞后移，料斗内的混凝土在重力和吸力作用下进入混凝土缸。然后，液压系统中压力油的进出反向，推压混凝土活塞向前推压，同时水平分配阀关闭，而竖向分配阀开启，混凝土缸中的混凝土拌合物通过 Y 形输送管压入输送管送至浇筑地点。由于有两个缸体交替进料和出料，因而能连续稳定地排料。不同型号的混凝土泵，其排量不同，水平运距和垂直运距也不同，常用的混凝土排量为 30~90m$^3$/h，水平运距为 200~900m，垂直运距为 50~300m。

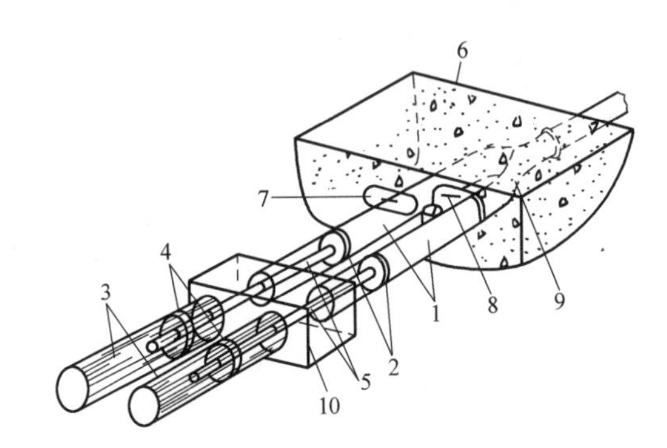


图 4-44 液压活塞式混凝土泵工作原理图

1—混凝土缸 2—推压混凝土活塞 3—液压缸 4—液压活塞 5—活塞杆 6—料斗 7—控制吸入的水平分配阀 8—控制排出的竖向分配阀 9—Y 形输送管 10—水箱

常用的混凝土输送管为钢管，直径有 100mm、125mm、150mm，每段长约 3m，还配有 45°、90°等弯管和锥形管，弯管和锥形管的流动阻力大，计算输送距离时要换算成水平换算长度。垂直输送时，在立管的底部要增设逆流阀，以防止停泵时立管中的混凝土反压回流。

将混凝土泵装在汽车上便成为混凝土泵车（图 4-45），其上还装有可以伸缩或曲折的布料杆，其末端是一根软管，可将混凝土直接送至浇筑地点，使用十分方便。

混凝土泵宜与混凝土搅拌运输车配套使用，且应使混凝土搅拌站的供应能力和混凝土搅拌运输车的运输能力大于混凝土泵的泵送能力，以保证混凝土泵能连续工作，防止停机堵管。

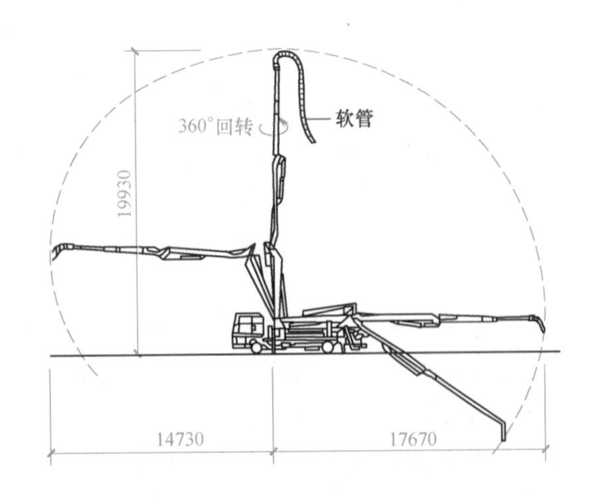


图 4-45 带布料杆的混凝土泵车

泵送结束要及时清洗泵体和管道。

### 4.3.3 混凝土的浇筑与振捣

混凝土浇筑要保证结构的整体性，拆模后混凝土表面要平整、光洁。

浇筑前应检查模板、支架、钢筋和预埋件的正确性，验收合格后才能浇筑混凝土。

1. 混凝土浇筑的基本要求

1）混凝土浇筑应保证混凝土的均匀性和密实性。混凝土宜一次连续浇筑，当不能一次连续浇筑时，可留设施工缝或后浇带分块浇筑。

2）混凝土浇筑应分层进行，分层浇筑应符合表 4-11 规定的分层振捣最大厚度要求，上层混凝土应在下层混凝土初凝之前浇筑完毕。



表 4-11 混凝土分层振捣最大厚度

| 振捣方法 | 混凝土分层振捣最大厚度 |
| --- | --- |
| 振动棒 | 振动棒作用部分长度的 1.25 倍 |
| 附着振动器 | 根据设置方式，通过试验确定 |
| 表面振动器 | 200mm |

3）混凝土运输、输送入模的过程宜连续进行，从搅拌完成到浇筑完毕的延续时间不宜超过表 4-12 规定的时间，且不应超过表 4-13 的限值规定。掺早强型减水剂、早强剂的混凝土以及有特殊要求的混凝土，应根据设计及施工要求，通过试验确定允许时间。

表 4-12 从运输到输送入模的延续时间限值 （单位：min）

| 条件 | 气温 | |
| --- | --- | --- |
| | ≤25℃ | >25℃ |
| 不掺外加剂 | 90 | 60 |
| 掺外加剂 | 150 | 120 |

表 4-13 混凝土运输、输送、浇筑及间歇的全部时间限值 （单位：min）

| 条件 | 气温 | |
| --- | --- | --- |
| | ≤25℃ | >25℃ |
| 不掺外加剂 | 180 | 150 |
| 掺外加剂 | 240 | 210 |

4）混凝土浇筑的布料点宜接近浇筑位置，应采取减小混凝土下料冲击的措施，并应符合下列规定：宜先浇筑竖向结构构件，后浇筑水平结构构件；当浇筑区域结构平面有高差时，宜先浇筑低区部分再浇筑高区部分。

5）当混凝土拌合物自由下落的高度超过 2m 时，应采用串筒、溜槽或振动管下落工艺，以保证混凝土拌合物不发生离析。柱、墙模板内的混凝土浇筑倾落高度应满足表 4-14 的规定，当不能满足规定时，应加设串筒、溜管和溜槽等装置。

表 4-14　柱、墙模板内混凝土浇筑倾落高度限值　（单位：m）

| 条件 | 混凝土倾落高度 |
|---|---|
| 骨料粒径大于 25mm | ≤3 |
| 骨料粒径小于或等于 25mm | ≤6 |

注：当有可靠措施能保证混凝土不产生离析时，混凝土倾落高度可不受上表限制。

6）浇筑混凝土应连续进行，如必须间歇，其间歇时间应尽量缩短，并应在前层混凝土初凝之前，将此层混凝土浇筑完毕。间歇的最长时间应按所用水泥品种、气温及混凝土凝结条件确定，一般超过 2h 应按施工缝处理（当混凝土凝结时间小于 2h 时，则应当执行混凝土的初凝时间）。



2. 混凝土浇筑

混凝土的浇筑，应预先根据工程结构特点、平面形状和几何尺寸、混凝土制备设备和运输设备的供应能力、泵送能力、劳动力和管理能力以及周围场地大小、运输道路情况等条件，划分混凝土浇筑区域，并明确设备和人员的分工，以保证结构浇筑的整体性和按计划进行浇筑。

混凝土的浇筑宜按以下顺序进行：在采用混凝土输送管输送混凝土时，应由远而近浇筑；在同一区域的混凝土，应按先竖向结构构件后水平结构构件的顺序，分层连续浇筑；当不允许留施工缝时，区域之间、上下层之间的混凝土浇筑间歇时间，不得超过混凝土初凝时间。混凝土泵送速度较快，因此框架结构的浇筑要很好地组织，要加强布料和捣实工作，对于预埋件和钢筋太密的部位，要预先制定技术措施，确保顺利进行布料和振捣作业。

（1）水下混凝土浇筑　深基础、沉井、沉箱和钻孔灌注桩的封底，以及地下连续墙施工等，常需要进行水下浇筑混凝土。水下或泥浆中浇筑混凝土，目前多采用导管法（图 4-46）。

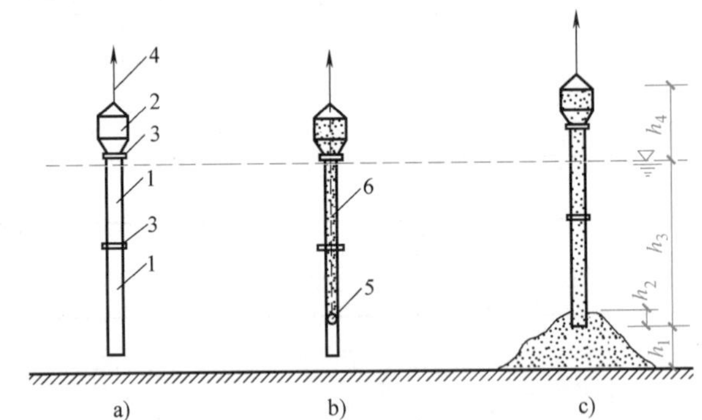


图 4-46　导管法水下浇筑混凝土

a）浇筑前导管组成　b）注满混凝土导管　c）浇筑过程中

1—钢导管　2—漏斗　3—密封接头　4—吊索　5—球塞　6—钢丝

导管直径为 250~300mm（至少为最大骨料粒径的 8 倍），每节长 3m，用法兰盘连接，顶部有漏斗。导管必须用起重设备吊起，以保证导管能够升降。

浇筑前，导管下口先用球塞（混凝土预制）堵塞，球塞用钢丝吊住。在导管内灌注一定量的混凝土，将导管插入水下，当其下口距地基面的距离 $h_1$ 约为 300mm 时，切断吊住球塞的钢丝，混凝土推出球塞沿导管连续向下流出进行浇筑。若导管下口距离基底间距太小，则易堵管，太大则要求管内混凝土量较多，因为开管前管内的混凝土量要使混凝土冲出后足以埋住导管下口并保证有一定埋深。此后一面均衡地浇筑混凝土，一面慢慢提起导管，导管下口必须始终在混凝土内有一定埋深，一般不得小于 0.8m，在泥浆下浇筑混凝土时，不得小于 1.0m。但也不可太深，下口埋得越深，混凝土顶面越平，导管内混凝土下流速度越慢，也越难浇筑。

在整个浇筑过程中，一般应避免在水平方向移动导管，直到混凝土顶面达到或高于设计标高时，才可将导管提起，换插到另一浇筑点。一旦发生堵管，如半小时内不能疏通，则应立即换插备用导管。浇筑完毕，在混凝土凝固后，再清除顶面与水接触的厚约200mm的一层松软部分。

（2）大体积混凝土浇筑　大体积混凝土结构在工业建筑中多为设备基础，在高层建筑中多为厚大的桩基承台或基础底板等，其上有巨大的荷载，整体性要求较高，往往不允许留施工缝，要求一次连续浇筑完毕。另外，大体积混凝土结构浇筑后水泥的水化热量大，由于体积大，水化热聚集在内部不易散发，混凝土内部温度显著升高，而表面散热较快，致使形成较大的内外温差，内部产生压应力，而表面产生拉应力，如温差过大，则易在混凝土表面产生裂纹。在混凝土内部逐渐散热冷却产生收缩时，由于受到基底或已浇筑的混凝土的约束，混凝土内部将产生很大的拉应力，当拉应力超过混凝土的极限抗拉强度时，混凝土会产生裂缝，这些裂缝会贯穿整个混凝土结构，由此带来严重的危害。大体积混凝土结构的浇筑，都应设法避免上述两种裂缝（尤其是后一种裂缝）。

为了防止大体积混凝土浇筑后产生裂缝，就必须采取措施降低混凝土的温度应力，减小浇筑后混凝土的内外温差（不宜超过25℃）。为此，应优先选用水化热低的水泥（如矿渣水泥、火山灰质水泥或粉煤灰水泥），减少水泥用量，掺入适量的掺合料，降低浇筑速度和减小浇筑层厚度，或采取人工降温措施。必要时，在经过计算和取得设计单位同意后可留施工缝，分段分层浇筑。

浇筑方案应根据整体性要求、结构大小、钢筋疏密、混凝土供应等具体情况，选用如下三种方式：

1）全面分层（图4-47a）。在整个基础内全面分层浇筑混凝土，要做到第一层全面浇筑完毕回来浇筑第二层时，第一层浇筑的混凝土还未初凝，如此逐层进行，直至浇筑完毕。这种方式适用于结构的平面尺寸不太大，施工时从短边开始，沿长边进行浇筑较适宜。必要时也可分为两段，从中间向两端或从两端向中间同时进行浇筑。

2）分段分层（见图4-47b）。它适用于厚度不太大而面积或长度较大的结构。混凝土从底层开始浇筑，浇筑一定距离后回来浇筑第二层，如此依次向前浇筑以上各分层。

3）斜面分层（见图4-47c）。它适用于结构的长度超过厚度的三倍。振捣工作应从浇筑层的下端开始，逐渐上移，以保证混凝土的施工质量。

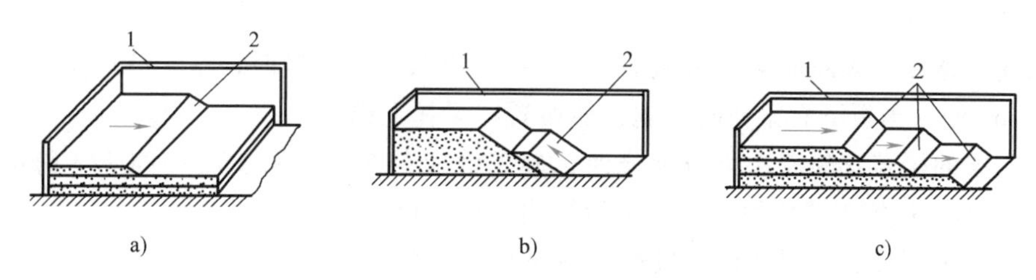


图4-47　大体积混凝土浇筑方案

a）全面分层　b）分段分层　c）斜面分层

1—模板　2—新浇筑的混凝土

分层的厚度决定于振动器的棒长和振动力的大小，也要考虑混凝土的供应量大小和可能浇筑量的多少，一般为20~30cm。

（3）喷射混凝土 喷射混凝土是采用压缩空气进行喷射作业，将混凝土的运输和浇筑结合在同一个工序内完成。喷射混凝土有干法喷射和湿法喷射两种施工方法。一般用于大跨度空间结构（如网架、悬索等）屋面、地下工程的衬砌、坡面的护坡、大型构筑物的补强、矿山以及一些特殊工程。

干法喷射就是砂石和水泥经过强制式搅拌机拌和后，用压缩空气将干性混合料送入管道，再送到喷嘴里，在喷嘴里引入高压水，与干料混合成混凝土，最终喷射到建筑物或构筑物上。干法施工比较方便，使用较为普遍。但由于干料喷射速度快，在喷嘴中与水拌和的时间短，水泥的水化作用往往不够充分。另外，由于机械和操作上的原因，材料的配合比和水胶比不易严格控制，因此混凝土的强度及匀质性不如湿法施工好。



湿法喷射就是在搅拌机中按一定配合比搅拌成混凝土混合料后，再由喷射机通过胶管从喷嘴中喷出，在喷嘴处不再加水。湿法施工由于预先加水搅拌，水泥的水化作用比较充分，因此与干法施工相比，混凝土强度的增长速度可提高约100%，粉尘浓度减少50%~80%，材料回弹减少50%，节约压缩空气30%~60%。但湿法施工的设备比较复杂，水泥用量较大，不宜用于基面渗水量大的地方。

喷射混凝土时由于水泥颗粒与粗骨料互相撞击，连续挤压，因而可采用较小的水胶比，使混凝土具有足够的密实性、较高的强度和较好的耐久性。

为了改善喷射混凝土的性能，常掺加占水泥质量2.5%~4.0%的高效速凝剂，一般可使水泥在3min内初凝，10min达到终凝，有利于提高早期强度，增大混凝土喷射层的厚度，减少回弹损失。

在喷射混凝土中加入少量（一般为混凝土质量的3%~4%）钢纤维（直径为0.3~0.5mm，长度为20~30mm），能够明显提高混凝土的抗拉、抗剪、抗冲击和抗疲劳强度。

### 3. 施工缝与后浇带

（1）施工缝 混凝土施工缝是指因设计或施工技术、施工组织的原因停顿时间有可能超过混凝土的初凝时间，而出现先后两次浇筑混凝土的分界线（面）。由于施工缝处新老混凝土连接的强度比整体混凝土强度低，因而施工缝是结构中的薄弱环节，所以施工缝位置除按设计要求外宜留在结构剪力较小、施工方便的部位。

柱子施工缝宜留在基础顶面、梁或吊车梁牛腿的下面、吊车梁的顶面、无梁楼盖柱帽的下面（图4-48）。

与板连成整体的大断面梁（梁截面高≥1m），梁板分别浇筑时，施工缝应留在板底面以下20~30mm处，当板下有梁托时，施工缝留置在梁托下部。

有主次梁的楼盖宜顺着次梁方向浇筑，施工缝应留在次梁跨度的中间1/3跨度范围内（图4-49）。单向板施工缝应留在平行于板短边的任何位置。

楼梯梯段施工缝宜设置在梯段板跨度端部的1/3范围内。

墙施工缝可留在门洞口过梁跨中1/3范围内，也可留在纵横墙的交接处。

双向受力的楼板、大体积混凝土结构、拱、薄壳、多层框架等及其他结构复杂的结构，应按设计要求留置施工缝。

在施工缝处继续浇筑混凝土时，已浇筑的混凝土抗压强度不应小于1.2N/mm$^2$。混凝土达到 1.2N/mm² 的时间，可通过试验确定，同时，必须对施工缝进行必要的处理。

在已硬化的混凝土表面上继续浇筑混凝土前，应清除垃圾、水泥薄膜、表面上松动的砂石和软弱混凝土层，同时还应加以凿毛，用水冲洗干净并充分湿润，一般不宜少于 24h，残留在混凝土表面的积水应予清除。

注意施工缝位置附近的回弯钢筋，要做到钢筋周围的混凝土不受松动和损坏。钢筋上的油污、水泥砂浆及浮锈等杂物也应清除。

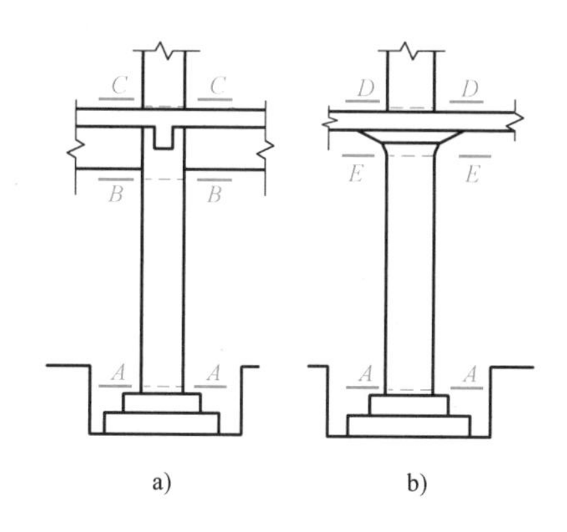


图 4-48 柱子的施工缝位置

a）梁板式结构 b）无梁楼盖结构

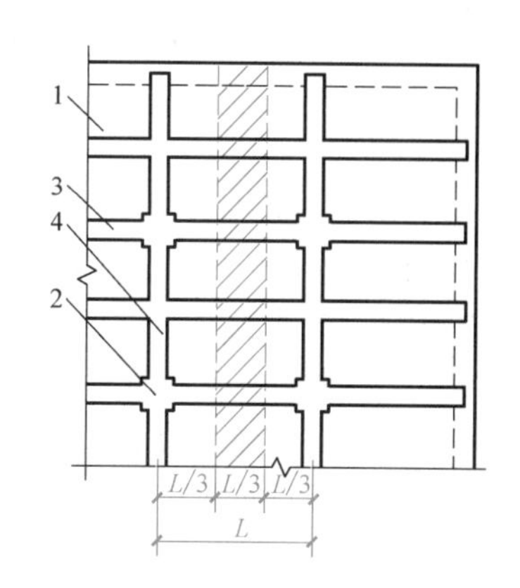


图 4-49 有主次梁楼盖的施工缝位置图

1—楼板 2—柱 3—次梁 4—主梁

在浇筑前，水平施工缝宜先铺上 10～15mm 厚的水泥砂浆一层，其配合比与混凝土内的砂浆配合比相同。

从施工缝处开始继续浇筑时，要注意避免直接靠近缝边下料。机械振捣前，宜向施工缝处逐渐推进，并距 80～100cm 处停止振捣，但应加强对施工缝接缝的捣实工作，使其紧密结合。

（2）后浇带 后浇带是为在现浇钢筋混凝土结构施工过程中，克服由于温度、收缩产生有害裂缝而设置的临时施工缝。该缝需根据设计要求保留一段时间后再浇筑，将整个结构连成整体。

后浇带的设置距离，应考虑在有效降低温差和收缩应力的条件下，通过计算来获得。在正常的施工条件下，如混凝土置于室内和土中，则为 30m，如露天，则为 20m。

后浇带的保留时间应根据设计确定，当设计无要求时，一般至少保留 28d。

后浇带的宽度应考虑施工简便，避免应力集中，一般为 70～100cm。后浇带内的钢筋应完好保存。后浇带的构造形式如图 4-50 所示。

后浇带在浇筑混凝土前，必须将整个混凝土表面按照施工缝的要求进行处理。填充后浇带混凝土可采用微膨胀或无收缩水泥，也可采用普通水泥加入相应的外加剂拌制，但必须要求填筑混凝土的强度等级比原结构混凝土强度提高一级，并保持至少 15d 的湿润养护。

#### 4. 混凝土振捣

混凝土拌合物浇筑之后，振动密实成型才能赋予混凝土制品或结构一定的外形和内部结构。强度、抗冻性、抗渗性、耐久性等皆与密实成型的好坏有关。

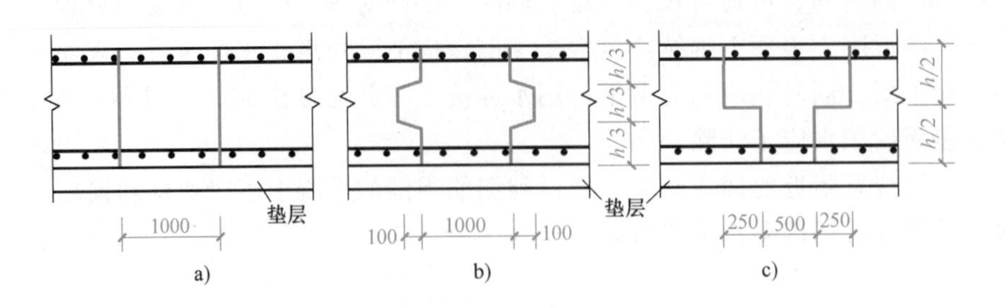


图 4-50　后浇带构造图

a）平接式　b）企口式　c）台阶式



（1）混凝振动密实成型

1）混凝土振动密实原理。混凝土振动密实的原理，在于产生振动的机械将一定频率、振幅和激振力的振动能量通过某种方式传递给混凝土拌合物时，受振混凝土拌合物中所有的骨料颗粒都受到强迫振动，它们之间原来赖以保持平衡并使混凝土拌合物保持一定塑性状态的黏聚力和内摩擦力随之大大减小，受振混凝土拌合物呈现出流动状态，混凝土拌合物中的骨料、水泥浆在其自重作用下向新的稳定位置沉落，排除存在于混凝土拌合物中的气体，充填模板的每个空间位置，填实空隙，以达到设计需要的混凝土结构形状和密实度等要求。

2）振动机械的选择。振动机械按其工作方式分为内部振动器、外部振动器、表面振动器和振动台（图 4-51）。

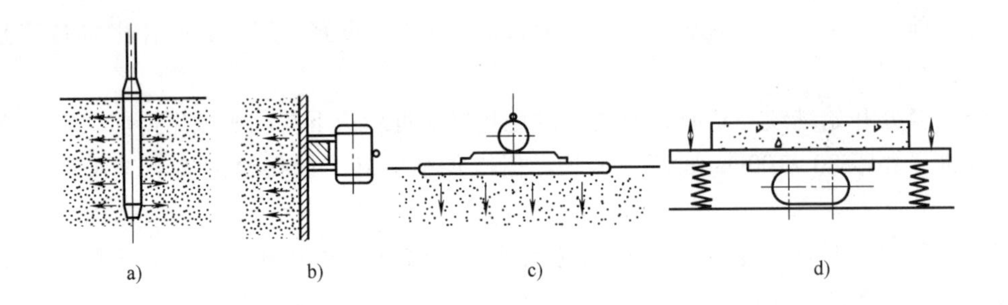


图 4-51　振动机械示意图

a）内部振动器　b）外部振动器　c）表面振动器　d）振动台

内部振动器又称插入式振动器，其工作部分是一个棒状空心圆柱体，内部装有偏心振子，在电动机带动下高速转动而产生高频微幅的振动。多用于振实梁、柱、墙、厚板和大体积混凝土结构等。

用内部振动器振捣混凝土时，应垂直插入下层还未初凝的混凝土中 50~100mm，以促使上下层结合。插点的分布有行列式和交错式两种（图 4-52）。普通混凝土插点间距不大于 1.5$R$（$R$ 为振动器作用半径）；轻集料混凝土，则不大于 1.0$R$。

表面振动器又称平板振动器，由带偏心块的电动机和平板（木板或钢板）等组成。在混凝土表面进行振捣，适用于楼板、地面等薄型构件。

外部振动器又称附着式振动器，通过螺栓或夹钳等固定在模板外部，通过模板将振动力传给混凝土拌合物，因而模板应有足够的刚度。它适用于振捣断面小且钢筋密的构件。其有

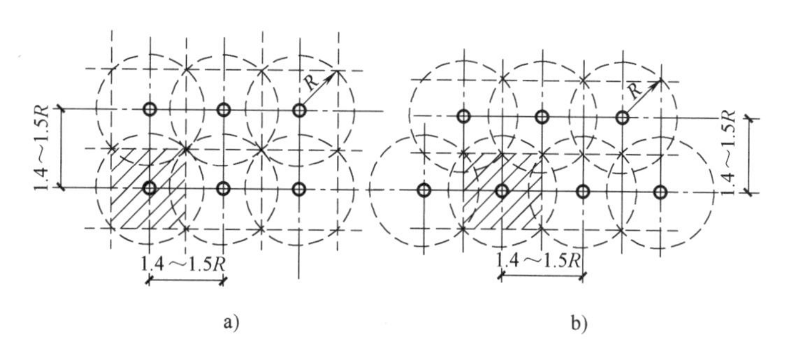


图 4-52　振动棒插点的分布

a）行列式　b）交错式



效作用范围可通过实测确定。

振动台是混凝土预制厂中的固定生产设备，用于振实预制构件。

（2）混凝土真空作业法　混凝土真空作业法是借助于真空负压，将水从刚浇筑成型的混凝土拌合物中吸出，同时使混凝土密实的一种成型方法，如图 4-53 所示。

按真空作业的方式不同，分为表面真空作业与内部真空作业。表面真空作业是在混凝土构件的上、下表面或侧表面布置真空腔进行吸水。上表面真空作业适用于楼板、预制混凝土平板、道路、机场跑道等；下表面真空作业适用于薄壳、隧道顶板等；墙壁、水池、桥墩等则宜用侧表面真空作业。内部真空作业利用插入混凝土内部的真空腔进行，比较复杂，实际工程中应用较少。

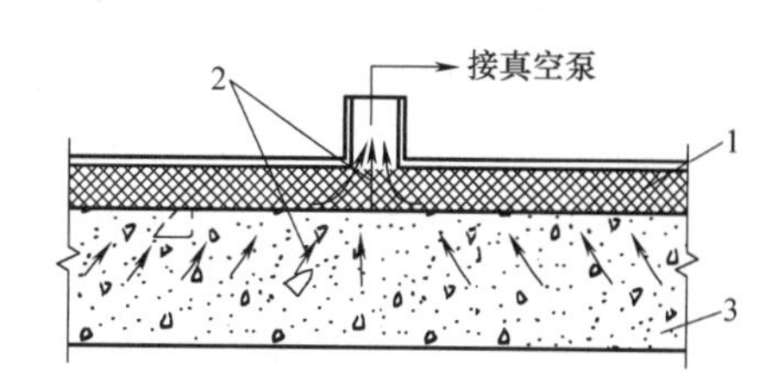


图 4-53　混凝土真空作业法原理图

1—真空腔　2—吸出的水　3—新浇筑混凝土

进行真空作业的主要设备有真空吸水机组、真空腔和吸水软管。真空吸水机组由真空泵、电动机、真空室、集水室、排水管及滤网等组成。真空腔有刚性吸盘和柔性吸垫两种。

### 4.3.4　混凝土的养护

混凝土浇筑后应及时进行保湿养护。保湿养护可采用洒水、覆盖、喷涂养护剂、加热等方式。选择养护方式应考虑现场条件、环境温湿度、构件特点、技术要求和施工操作等因素。

#### 1. 混凝土洒水养护

洒水养护应符合下列规定：

1）洒水养护宜在混凝土裸露表面覆盖麻袋或草帘后进行，也可采用直接洒水、蓄水等养护方式；洒水养护应保证混凝土处于湿润状态。

2）洒水养护用水应符合《混凝土用水标准》（JGJ 63—2006）的规定。

3）当日最低温度低于 5℃时，不应采用洒水养护。

4）应在混凝土浇筑完毕后的 12h 内进行覆盖洒水养护。

#### 2. 混凝土覆盖养护

混凝土覆盖养护应符合下列规定：

1）覆盖养护应在混凝土终凝后及时进行。

2）覆盖应严密，覆盖物相互搭接不宜小于100mm，确保混凝土处于保温、保湿的状态。

3）覆盖养护宜在混凝土裸露的表面覆盖塑料薄膜、塑料薄膜加麻袋或塑料薄膜加草帘。

4）塑料薄膜应紧贴在混凝土裸露的表面，塑料薄膜内应保持有凝结水，保证混凝土处于湿润的状态。

5）覆盖物应严密，覆盖物的层数应按施工方案确定。

3. 混凝土喷涂养护剂养护

养护剂养护是将可成膜的溶液喷洒在混凝土表面上，溶液挥发后在混凝土表面凝结成一层薄膜，使混凝土表面与空气隔绝，使混凝土中的水分不再被蒸发，从而完成水化作用。



喷涂养护剂养护应符合下列规定：

1）应在混凝土裸露表面喷涂覆盖致密的养护剂进行养护。

2）养护剂应均匀喷涂在结构构件表面，不得漏喷。养护剂应具有可靠的保湿效果，保湿效果可通过试验检验。

3）养护剂使用方法应符合产品说明书的有关要求。

4）当墙、柱等竖向混凝土结构在混凝土的表面不便浇水或使用塑料薄膜养护时，可采用涂刷或喷洒养护剂进行养护，以防止混凝土内部水分的蒸发。

5）涂刷（喷洒）养护剂的时间，应掌握混凝土水分蒸发情况，在不见浮水、混凝土表面以手指轻按无指印时进行涂刷或喷洒。过早会影响薄膜与混凝土表面结合，容易过早脱落，过迟会影响混凝土强度。

6）养护剂涂刷（喷洒）厚度以2.5$m^2$/kg为宜，厚度要求均匀一致。

7）养护剂涂刷（喷洒）后很快就形成薄膜，为达到养护目的，必须加强保护薄膜完整性，要求不得有损坏破裂，发现有损坏时及时补刷（喷）养护剂。

4. 混凝土加热养护

（1）蒸汽养护　蒸汽养护是由轻便锅炉供应蒸汽，给混凝土提供一个高温、高湿的硬化条件，加快混凝土的硬化速度，提高混凝土早期强度的一种方法。用蒸汽养护混凝土，可以提前拆模（通常2d即可拆模），缩短工期，大大节约模板。

为了防止混凝土收缩而影响质量，并能使其强度继续增长，经过蒸汽养护后的混凝土，还要放在潮湿环境中继续养护，一般洒水7~21d，使混凝土处于相对湿度在80%~90%的潮湿环境中。为了防止水分蒸发过快，混凝土制品上面可遮盖草帘或其他覆盖物。

（2）太阳能养护　太阳能养护是直接利用太阳能加热养护棚（罩）内的空气，使内部混凝土能够在足够的温度和湿度下进行养护，获得早期强度。混凝土成型、表面找平收面后，在其上覆盖一层黑色塑料薄膜（厚0.12~0.14mm），再盖一层气垫薄膜（气泡朝下）。塑料薄膜应耐老化，接缝应采用热黏合。覆盖时应紧贴四周，用砂袋或其他重物压紧盖严，防止被风吹开而影响养护效果。塑料薄膜若采用搭接时，其搭接长度不小于30cm。

5. 混凝土养护的质量控制

1）混凝土的养护时间应符合下列规定：

① 采用硅酸盐水泥、普通硅酸盐水泥或矿渣硅酸盐水泥配制的混凝土不应少于 7d；采用其他品种水泥时，养护时间应根据水泥性能确定。

② 采用缓凝型外加剂、大掺量矿物掺合料配制的混凝土不应少于 14d。

③ 抗渗混凝土、强度等级 C60 及以上的混凝土不应少于 14d。

④ 后浇带混凝土的养护时间不应少于 14d。

⑤ 地下室底层墙、柱和上部结构首层墙、柱宜适当增加养护时间。

⑥ 基础大体积混凝土养护时间应根据施工方案确定。

2）基础大体积混凝土裸露表面应采用覆盖养护方式。当混凝土表面以内 40~80mm 位置的温度与环境温度的差值小于 25℃时，可结束覆盖养护。覆盖养护结束但还未达到养护时间要求时，可采用洒水养护方式直至养护结束。

3）柱、墙混凝土养护方法应符合下列规定：

① 地下室底层和上部结构首层柱、墙混凝土带模养护时间不宜少于 3d；带模养护结束后可采用洒水养护方式继续养护，必要时也可采用覆盖或喷涂养护剂养护方式继续养护。

② 其他部位柱、墙混凝土可采用洒水养护；必要时，也可采用覆盖或喷涂养护剂养护。

4）混凝土强度达到 1.2N/mm$^2$ 前，不得在其上踩踏、堆放荷载、安装模板及支架。

5）同条件养护试件的养护条件应与实体结构部位养护条件相同，并应采取措施妥善保管。

6）施工现场应具备混凝土标准试块制作条件，并应设置标准试块养护室或养护箱。标准试块养护应符合国家现行有关标准的规定。

### 4.3.5　特殊条件下的混凝土施工

当室外日平均气温连续 5d 稳定低于 5℃时，应采取冬期施工措施；当混凝土未达到受冻临界强度而气温骤降至 0℃以下时，应按冬期施工的要求采取应急防护措施。

当日平均气温达到 30℃及以上时，应按高温施工要求采取措施。

雨季和降雨期间，应按雨期施工要求采取措施。

#### 1. 混凝土冬期施工

1）冬期施工配制混凝土宜选用硅酸盐水泥或普通硅酸盐水泥。采用蒸汽养护时，宜选用矿渣硅酸盐水泥。

2）冬期施工混凝土用粗、细集料中不得含有冰、雪冻块及其他易冻裂物质。

3）冬期施工混凝土用外加剂应符合《混凝土外加剂应用技术规范》（GB 50119—2013）的有关规定。采用非加热养护方法时，混凝土中宜掺入引气剂、引气型减水剂或含有引气组分的外加剂，混凝土含气量宜控制在 3.0%~5.0%。

4）冬期施工混凝土配合比应根据施工期间环境温度、原材料、养护方法、混凝土性能要求等经试验确定，并宜选择较小的水胶比和坍落度。

5）冬期施工混凝土搅拌前，原材料的预热应符合下列规定：

① 宜加热拌和用水。当仅加热拌和用水不能满足热工计算要求时，可加热集料。拌和用水与集料的加热温度可通过热工计算确定。

② 水泥、外加剂、矿物掺合料不得直接加热，应事先储于暖棚内预热。

6）冬期施工混凝土搅拌应符合下列规定：

① 液体防冻剂使用前应搅拌均匀，由防冻剂溶液带入的水分应从混凝土拌和用水中扣除。

② 蒸汽法加热集料时，应增加对集料含水量测试频率，并将由集料带入的水分从混凝土拌和用水中扣除。

③ 混凝土搅拌前应对搅拌机械进行保温或采用蒸汽进行加热，搅拌时间应比常温搅拌时间延长30~60s。

④ 混凝土搅拌时应先投入集料与拌和用水，预拌后再投入胶凝材料与外加剂。胶凝材料、引气剂或含引气组分外加剂不得与60℃以上热水直接接触。



7）混凝土拌合物的出机温度不宜低于10℃，入模温度不应低于5℃。对预拌混凝土或需要远距离输送的混凝土，混凝土拌合物的出机温度可根据运输和输送距离经热工计算确定，但不宜低于15℃。大体积混凝土的入模温度可根据实际情况适当降低。

8）应对混凝土运输、输送机具及泵管采取保温措施。

9）混凝土浇筑前，应清除地基、模板和钢筋上的冰雪和污垢，并应进行覆盖保温。

10）混凝土分层浇筑时，分层厚度不应小于400mm。在被上一层混凝土覆盖前，已浇筑层的温度应满足热工计算要求，且不得低于2℃。

11）采用加热方法养护现浇混凝土时，应考虑加热产生的温度应力对结构的影响，并应合理安排混凝土浇筑顺序与施工缝留置位置。

12）冬期浇筑的混凝土，其受冻临界强度应符合下列规定：

① 当采用蓄热法、暖棚法、加热法施工时，采用硅酸盐水泥、普通硅酸盐水泥配制的混凝土，不应低于设计混凝土强度等级值的30%；采用矿渣硅酸盐水泥、粉煤灰硅酸盐水泥、火山灰质硅酸盐水泥、复合硅酸盐水泥配制的混凝土，不应低于设计混凝土强度等级值的40%。

② 当室外最低气温不低于-15℃时，采用综合蓄热法、负温养护法施工的混凝土受冻临界强度不应低于4.0MPa；当室外最低气温不低于-30℃时，采用负温养护法施工的混凝土受冻临界强度不应低于5.0MPa。

③ 强度等级大于或等于C50的混凝土，不宜低于设计混凝土强度等级值的30%。

④ 对有抗冻、耐久性要求的混凝土，不宜低于设计混凝土强度等级值的70%。

13）混凝土结构工程冬期施工养护应采用暖棚法、蒸汽加热法、电加热法等方法，且应采取措施降低能耗。

14）混凝土浇筑后，对裸露表面应采取防风、保湿、保温措施，对边、棱角及易受冻部位应加强保温。在混凝土养护和越冬期间，不得直接对负温混凝土表面浇水养护。

15）模板和保温层在混凝土达到要求强度，且混凝土表面温度冷却到5℃后方可拆除。对墙、板等薄壁结构构件，宜延长模板拆除时间。当混凝土表面温度与环境温度之差大于20℃时，拆模后的混凝土表面应立即进行保温覆盖。

16）混凝土强度未达到受冻临界强度和设计要求时，应继续进行养护。工程越冬期间，应编制越冬维护方案并进行保温维护。

17）应加强对集料含水量、防冻剂掺量的检查以及原材料、入模温度、实体温度和强度的监测。依据气温的变化，检查防冻剂掺量是否符合配合比与防冻剂说明书的规定，并根据需要进行配合比的调整。

18）混凝土冬期施工期间，应按相关标准的规定对混凝土拌和用水温度、外加剂溶液温度、集料温度、混凝土出机温度、浇筑温度、入模温度以及养护期间混凝土内部温度和气温进行测量。

2. 混凝土高温施工

1）高温施工时，对露天堆放的粗、细集料应采取遮阳防晒等措施。

2）高温施工混凝土配合比设计除应满足第4.3.1节的要求外，还应符合下列规定：

① 应考虑原材料温度、环境温度、混凝土运输方式与时间对混凝土初凝时间、坍落度损失等性能指标的影响，根据环境温度、湿度、风力和采取温控措施的实际情况，对混凝土配合比进行调整。

② 宜在近似现场运输条件、时间和预计混凝土浇筑作业最高气温的天气条件下，通过混凝土试拌和试运输试验后，调整并确定适合高温天气条件下施工的混凝土配合比。

③ 宜采用低水泥用量原则，并可采用粉煤灰取代部分水泥，宜选用水化热较低的水泥。

④ 混凝土坍落度不宜小于70mm。

3）混凝土的搅拌应符合下列规定：

① 应对搅拌站料斗、储水器、皮带运输机、搅拌楼采取遮阳防晒措施。

② 对原材料进行直接降温时，宜采用对水、粗集料进行降温的方法。当对水直接降温时，可采用冷却装置冷却拌和用水，并对水管及水箱加设遮阳和隔热设施，也可在水中加碎冰作为拌和用水的一部分。混凝土拌和时掺加的固体冰应确保在搅拌结束前融化，且在拌和用水中应扣除其质量。

③ 原材料入机温度符合规定。

④ 混凝土拌合物出机温度不宜大于30℃。

4）宜采用白色涂装的混凝土搅拌运输车运输混凝土。对混凝土输送管应进行遮阳覆盖，并应洒水降温。

5）混凝土浇筑入模温度不应高于35℃。

6）混凝土浇筑宜在早间或晚间进行，且宜连续浇筑。

7）混凝土浇筑前，对施工作业面宜采取遮阳措施，并应对模板、钢筋和施工机具采取洒水等降温措施，但浇筑时模板内不得有积水。

8）混凝土浇筑完成后，应及时进行保湿养护。侧模拆除前宜采用带模湿润养护。

3. 混凝土雨期施工

1）雨期施工期间，对水泥和掺合料应采取防水和防潮措施，并应对粗、细集料含水量实时监测，及时调整混凝土配合比。

2）应选用具有防雨水冲刷性能的模板脱模剂。

3）雨期施工期间，对混凝土搅拌设备、运输设备和浇筑作业面应采取防雨措施。

4）雨后应检查地基面的沉降，并应对模板及支架进行检查。

5）应采取措施防止基槽或模板内积水。当基槽或模板内以及混凝土浇筑分层面出现积水时，排水后方可浇筑混凝土。

6）对雨水冲刷致使水泥浆流失严重的部位，采取补救措施后方可继续施工。

7）混凝土浇筑完毕后，应及时采取覆盖塑料薄膜等防雨措施。

# 阅读材料

## 现浇混凝土运输与浇筑方案工程实例

1. 概况

(1) 外筒概述　本工程为筒中筒结构体系。其中外筒由 24 根钢管混凝土立柱、46 组环梁以及部分斜撑组成。外筒平面示意如图 4-54 所示。

(2) 工序搭接　核心筒施工钢管柱约 60m，钢管柱吊装的分界面以楼面径向梁或径向支撑进行划分。

2. 第二环以上钢管混凝土浇捣方法

1) 28m 以下采用汽车泵停在路边浇筑。钢管端口在汽车泵泵送范围内的可采用汽车泵直接浇筑，汽车泵可停靠于基坑外侧道路上。

2) 43m 以下采用改装的 HGB38 布料杆浇筑。直接将布料杆的底座焊接于一块桥面板上，利用 300TM 履带吊或 M900D 塔式起重机将走道板吊装至 32.8m 功能层的钢梁上并焊接固定，从核心筒内的泵管接水平管至布料杆底座的泵管口，以此进行钢管混凝土浇筑。

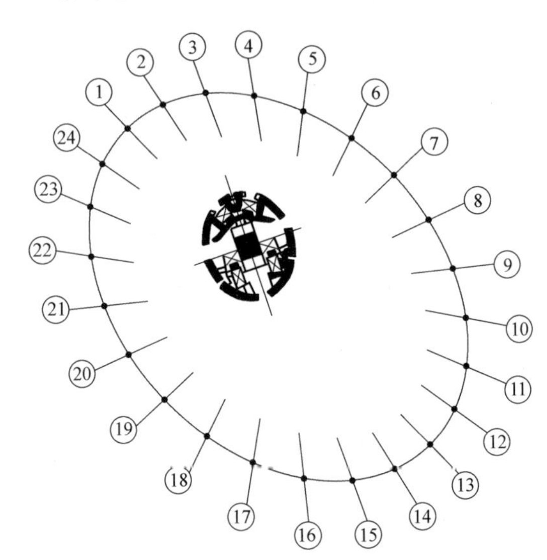

图 4-54　外筒平面布置

3) 43m 以上采用 HGB38 布料杆浇筑。

3. 布料杆

(1) 布料杆布置　布料杆安装于核心筒短轴处的门框之间，随外墙升高而爬升。

(2) 布料杆安装　初次安装时，混凝土结构开始施工到 79.6m，钢结构完成第 4 环。安装 3 个爬升框，标高分别为 48.4m、53.6m 和 58.8m。布料机的布料杆高出较高的爬升框约 5.2m。这时，布料杆上方的空间受整体提升钢平台限制，第一节臂杆不能向上竖直工作，随着核心筒结构的施工，第一节臂杆可以全范围工作。

从 48.4m 开始在核心筒短轴对称（东西侧）的两个外墙门框上各预埋 12 根螺母，待预埋好 3 层螺母后开始安装布料杆。

(3) 布料杆的爬升　布料杆爬升时，布料杆的臂架一般要处于垂直折叠状态，回转机构处于制动状态。在爬升前注意立柱与爬升框架的垂直度，确保垂直度不大于 0.5°。

爬升过程分为爬升框的爬升和立柱的爬升。爬升顺序是：先爬升上爬升框，然后爬升下爬升框，再爬升立柱。每次爬升高度根据需要而定。

(4) 布料杆的使用　经计算，在 18 环钢外筒以下及 38 环钢外筒以上，布料杆与环梁和钢立柱在平面上均不相干，也就是说不妨碍钢管立柱的吊装。至于细腰段位置环梁在平面位置上相碰的问题，可通过提升布料杆或局部钢外筒结构后装等手段来解决。

4. 混凝土泵送施工

(1) 混凝土泵送方案的确定 根据核心筒的特点，考虑混凝土施工过程的连续性，确定混凝土泵送的方案为一泵一管一次直接泵送到顶的方案，同时另外设置备泵一台，备用泵管一根。为满足高泵压大方量的施工要求，需使用特制的厚壁管，接口处使用牛筋密封圈。

底部水平泵管根据现场各施工阶段总平面情况进行设置，水平管和竖向管的长度比例要恰当，随着核芯筒的逐步升高，在一定的高度要再加设水平弯管以增加水平管的长度，调整比例，防止回泵压力过大。在本工程上，由于核芯筒内的水平距离狭小，选择对调竖向管位置的方法进行比例调整。

两根竖向泵管选择布置在核心筒消防电梯前室平台的位置。

(2) 泵送混凝土设备选型 经资料收集和比较，选定国内某企业的 HBT90CH-2135D 型号特制混凝土输送泵。经计算该型号的混凝土输送泵能满足本工程一次到顶的泵送要求。

(3) 泵送混凝土输送管的配置 混凝土输送管是将混凝土运载至浇筑位置的设备，一般有直管、弯管、锥形管等。目前施工常用的混凝土输送管多为壁厚 2mm 的电焊钢管，而本工程的泵送混凝土输送管均采用管壁加厚的高压无缝钢管。输送管管段之间的连接环，具有连接牢固可靠、装拆迅速、有足够的强度和密封不漏浆的性质。有时，在输送管内壁上镀一层膜，起到光滑润壁的效果，减小泵送混凝土流动时的阻力，同时延长输送管的使用寿命。

(4) 泵送混凝土输送管布置总原则

1) 管道经过的路线应比较安全，泵机及操作人员附近的输送管要相应加设防护。

2) 输送管应尽可能短，弯头尽可能少，以减小输送阻力。各管卡连接紧密到位，保证接头处可靠密封，不漏浆。定期检查管道，特别是弯管等部位的磨损情况，防止爆管。

3) 管道只能用木料等较软的物件与管件接触支承，每个管件都应有两个固定点，各管路要有可靠的支撑，泵送时不得有大的振动和滑移。

4) 在浇筑平面尺寸大的结构物时，要结合配管设计考虑布料问题，必要时要加设布料设备，使其能覆盖整个结构平面，能均匀、迅速地进行布料。

在混凝土泵启动后，按照水、水泥浆、水泥砂浆的顺序泵送，以湿润混凝土泵的料斗、混凝土缸及输送管内壁等直接与混凝土拌合物接触的部位。其中，润滑用水、水泥浆或水泥砂浆的量根据每次具体泵送高度进行适当调整，控制好泵送节奏。

开始泵送时，要注意观察泵的压力和各部分工作的情况。开始时混凝土泵应处于慢速、匀速并随时可反泵的状态，待各方面情况正常后再转入正常泵送。正常泵送时，应尽量不停顿地连续进行，遇到运转不正常的情况时，可放慢泵送速度。当混凝土供应不及时时，宁可降低泵送速度，也要保持连续泵送，但慢速泵送的时间不能超过混凝土浇筑允许的延续时间。停泵时，料斗中应保留足够的混凝土，作为间隔推动管路内混凝土之用。

5. 泵管清洗

在泵旁边建一个 $24m^3$ 水池或建两个水箱（沉淀池容积约 $9m^3$），接两个 DN50~DN80 的水管至两台泵旁边，做水洗的循环利用。

制作一个斗承（容积约 $4m^3$），用于承接水洗时从布料杆流出的不干净的混凝土和部分脏水。

60m 以下高度时，采用海绵塞的通用水洗方法。60m 以上高度时，不用海绵塞的水洗方法。每次混凝土泵送结束时（最后一搅拌车混凝土放料完毕，拖泵料斗还未排空时），紧接着泵送约半搅拌车砂浆（提前搅拌好，$3m^3$ 左右），然后再直接泵水清洗（不使用海绵塞，其原理几乎与泵送混凝土的原理一样），泵送多高，水洗多高。当浇筑层泵管出口（或布料杆软管出口）出现过渡层混凝土（与正常混凝土不一样，事实上是砂水混合物）时，用斗承盛装直到出水，然后反抽（在浇筑层泵管出口出现过渡层混凝土即反抽）。

最后拆开输送管，将冲洗水放入沉淀池，如此完成整个管路清洗。

### 6. 泵和布料杆无法浇筑

当泵和布料杆无法浇筑时，可采用大型吊斗浇筑，吊斗容量约 $10m^3$，装满混凝土后的总质量约为 30t，采用 300TM 履带吊或 M900D 塔式起重机吊运。

## 思　考　题

1. 对模板的基本要求有哪些？模板有哪些类型？
2. 如何计算钢筋的下料长度？钢筋代换的原则和方法是什么？
3. 混凝土施工缝留设位置的原则是什么？接缝的时间与施工要求有哪些？
4. 浇筑框架结构混凝土的施工要点是什么？柱的施工缝应留在什么位置？
5. 简述早拆模板体系的组成。它是如何实现早期拆模的？
6. 简述滑动模板的系统组成。
7. 简述模板选材、选型应注意的问题。
8. 模板结构设计应考虑哪些荷载？如何确定这些荷载？如何考虑荷载分项系数？如何进行荷载组合？
9. 土木工程常用的钢筋有哪几种？
10. 试分析水胶比、含砂率对混凝土质量的影响。
11. 混凝土配料时为什么要进行施工配合比换算？如何换算？
12. 如何使混凝土搅拌均匀？为何要控制搅拌机的转速和搅拌时间？
13. 混凝土运输有何要求？混凝土在运输和浇筑过程中如何避免产生离析？
14. 大体积混凝土施工应注意哪些问题？
15. 混凝土冬期施工的养护方法有几种？各自有什么特点？
16. 钢筋进场验收的主要内容有哪些？
17. 钢筋的连接方法有哪些？简述各方法的连接工艺和接头质量检验。
18. 现浇混凝土拆模需要达到什么样的条件？
19. 如何使混凝土振动密实？
20. 如何进行水下混凝土浇筑？
21. 简述振动机械的种类、工作原理及适用范围。
22. 简述大模板的构造。

## 习　　题

**1. 填空题**

（1）混凝土结构由________、________和________三部分组成，在施工中三者协调配合进行施工。

（2）模板应具有足够的________、________和________。

（3）某梁的跨度为 6m，当设计无要求时，其模板跨中起拱高度应为________ mm。

(4) 当现浇混凝土楼板的跨度为6m时，最早要在混凝土达到设计强度的________时方可拆模。

(5) 在钢筋混凝土结构中，受压钢筋绑扎接头的搭接长度应为受拉钢筋绑扎接头的搭接长度的________。

(6) 对于有抗裂要求的钢筋混凝土结构和构件，钢筋代换后应进行________。

(7) 钢筋工程属________工程，在浇筑混凝土前应对钢筋进行检查验收，并做好________记录。

(8) 钢筋绑扎搭接接头连接区段的长度为________倍搭接长度，凡搭接接头中点位于该连接区段长度内的搭接接头均属于同一连接区段。

(9) 若两根不同直径的钢筋搭接，搭接长度应以较________的钢筋计算。

(10) 自然养护通常在混凝土浇筑完毕后________以内开始，洒水养护时气温应不低于________。

**2. 单项选择题**

(1) 以下各项中，影响新浇混凝土侧压力的因素是（　　）。

A. 集料种类　　B. 水泥用量　　C. 模板类型　　D. 混凝土的浇筑速度



(2) 某跨度为8m、强度等级为C30的现浇混凝土梁，混凝土强度至少要达到（　　）方可拆除底模。

A. $15N/mm^2$　　B. $21N/mm^2$　　C. $22.5N/mm^2$　　D. $30N/mm^2$

(3) 对于Φ20钢筋采用闪光对焊接头，以下外观检查结果中合格的是（　　）。

A. 接头表面有横向裂纹　　B. 钢筋表面有烧伤　　C. 接头弯折5°　　D. 钢筋轴线偏移1mm

(4) 应在模板安装后再进行的工序是（　　）。

A. 楼板钢筋安装绑扎　　B. 柱钢筋现场绑扎安装　　C. 柱钢筋预制安装　　D. 梁钢筋绑扎

(5) 在使用（　　）连接时，钢筋下料长度计算应考虑搭接长度。

A. 套筒挤压　　B. 绑扎接头　　C. 锥螺纹套筒　　D. 直螺纹套筒

(6) 构件按最小配筋率配筋时，其钢筋代换应按代换前后（　　）相等的原则进行。

A. 面积　　B. 承载力　　C. 质量　　D. 间距

(7) 某梁纵向受力钢筋为8根相同钢筋，采用搭接连接，在一个连接区段内（长度为搭接长度的1.3倍），允许有接头的最多根数是（　　）。

A. 1　　B. 2　　C. 4　　D. 6

(8) 确定混凝土的施工配制强度，是以保证率达到（　　）为目标的。

A. 85%　　B. 90%　　C. 95%　　D. 97.5%

**3. 多项选择题**

(1) 闪光对焊的主要参数有（　　）。

A. 调伸长度　　B. 闪光留量　　C. 预热留量　　D. 顶锻留量

E. 搭接长度

(2) 强制式搅拌机与自落式搅拌机相比，特点是（　　）。

A. 搅拌作用强　　B. 搅拌时间短　　C. 效率高　　D. 不适用于轻质混凝土

E. 适用于干硬性混凝土

(3) 对混凝土的运输要求包括（　　）。

A. 不分层离析，有一定的坍落度

B. 增加转运次数

C. 满足连续浇筑的要求

D. 容器严密、光洁

E. 保证混凝土恒温

(4) 泵送混凝土原材料和配合比应满足的要求是（　　）。

A. 每$1m^3$混凝土中水泥用量不少于300kg

B. 碎石最大粒径不超过输送管径的1/3

C. 含砂率应控制在 35%～45%

D. 坍落度为 80～180mm

E. 坍落度随泵送高度增大而减小

(5) 混凝土振动机械，按工作方式不同分为（　　）等几种。

A. 自落振动器　　B. 强制振动器　　C. 内部振动器　　D. 表面振动器

E. 外部振动器

(6) 某现浇混凝土楼盖，主梁跨度为 8m，次梁跨度为 6m，沿次梁方向浇筑混凝土时，（　　）是施工缝的合理位置。

A. 距主梁轴线 3m 并平行于主梁　　B. 距主梁轴线 2.5m 并平行于主梁

C. 距主梁轴线 1.5m 并平行于主梁　　D. 距主梁轴线 1.0m 并平行于主梁

E. 距主梁轴线 2.8m 并平行于主梁



(7) 在施工缝处继续浇筑混凝土时，应先做到（　　）。

A. 清除混凝土表面疏松物质及松动的石子　　B. 将施工缝处冲洗干净，不得有积水

C. 已浇混凝土的强度达到 1.2N/mm$^2$　　D. 已浇混凝土的强度达到 1.0N/mm$^2$

E. 在施工缝处先铺一层与混凝土中砂浆成分相同的水泥砂浆

(8) 防止大体积混凝土产生温度裂缝的方法有（　　）。

A. 控制混凝土内外温差　　B. 减少边界约束作用

C. 改善混凝土抗裂性能　　D. 改进设计构造

E. 预留施工缝

**4. 计算题**

(1) 某 C20 混凝土的试验配合比为 1∶2.42∶4.04，水胶比为 0.6，1m$^3$ 混凝土水泥用量为 280kg，现场砂、石含水量分别为 4%和 2%，求施工配合比和 1m$^3$ 混凝土中各材料的用量。

(2) 有三组混凝土试块，每组三块其强度分别为 17.6MPa、20.1MPa、22.9MPa、16.5MPa、20MPa、25.6MPa、17.6MPa、20.2MPa、24.8MPa。试求各组试块的强度代表值。

(3) 某钢筋混凝土墙面采用 HRB400 级、直径为 10mm、间距为 140mm 的配筋，现拟用 HPB300 级、直径为 12mm 的钢筋按等面积代换，试计算钢筋间距（提示：墙体钢筋按 1m 分配）。

# 第5章 预应力混凝土工程

学习目标

了解常用的预应力筋，理解预应力混凝土的概念，掌握有黏结预应力混凝土施工中的先张法、后张法施工工艺和要求，熟悉常用的夹具、锚具及张拉设备，了解无黏结预应力混凝土施工工艺，了解预应力混凝土施工的质量要求。

## 5.1 概述

钢筋是一种强度很高的结构材料，但作为抗压材料使用时，由于受到截面尺寸和形状的影响，会产生压曲效应（材料受压时，未达到破坏强度而发生弯曲，失去稳定，不能承受压力的现象），不能充分发挥其强度作用。

根据不同要求，改变混凝土组分的品种和比例，可以配制出不同性质的混凝土；混凝土在凝结前具有良好的可塑性，可以浇筑成各种形状和大小的构件或结构物；混凝土的抗压强度较高，具有良好的耐久性，与钢筋有牢固的黏结力，可制成钢筋混凝土结构或构件；混凝土原材料资源丰富、价廉，并且可以就地取材。但是其抗拉强度低，受拉变形能力弱，呈脆性破坏，自重大。

预应力混凝土能充分发挥高强度钢材的作用，即在外荷载作用于构件之前，利用钢筋张拉后的弹性回缩，对构件受拉区的混凝土预先施加压力，产生预压应力，使混凝土结构充分发挥钢筋抗拉强度高和混凝土抗压能力强的特点，可以提高构件的承载能力。当构件在荷载作用下产生拉应力时，首先抵消预压应力，然后随着荷载不断增加，受拉区混凝土才受拉开裂，从而延迟了构件裂缝的出现和限制了裂缝的开展，提高了构件的抗裂度和刚度。这种利用钢筋对受拉区混凝土施加预压应力的钢筋混凝土，叫作预应力混凝土。

预加应力的方法有多种。按钢筋张拉方式的不同，有机械张拉、电热张拉和自应力张拉；按施工方法的不同，可以分为先张法和后张法两类。先张法是先张拉钢筋，后浇筑混凝土，预应力靠钢筋与混凝土之间的黏结力传递给混凝土。后张法是先浇筑混凝土并预留孔道，待混凝土达到一定强度后张拉钢筋，预应力靠锚具传递给混凝土。

为了达到较高的预应力值，宜优先采用高强度等级混凝土。当采用冷拉 HRB400 级钢筋和冷轧带肋钢筋作为预应力筋时，其混凝土强度等级不宜低于 C30；当采用消除应力钢丝、钢绞线、热处理钢筋作为预应力筋时，混凝土强度等级不宜低于 C40。

## 5.2　先张法施工

### 5.2.1　先张法施工机具和设备

先张法是在浇筑混凝土构件之前将预应力筋张拉到设计控制应力，用夹具将其临时固定在台座或钢模上，然后绑扎钢筋，安装铁件，支设模板，浇筑混凝土；待混凝土达到规定的强度，保证预应力筋与混凝土之间有足够的黏结力时，放松预应力筋，预应力筋弹性回缩时，使混凝土构件受拉区的混凝土获得预压应力。先张法生产示意图如图 5-1 所示。



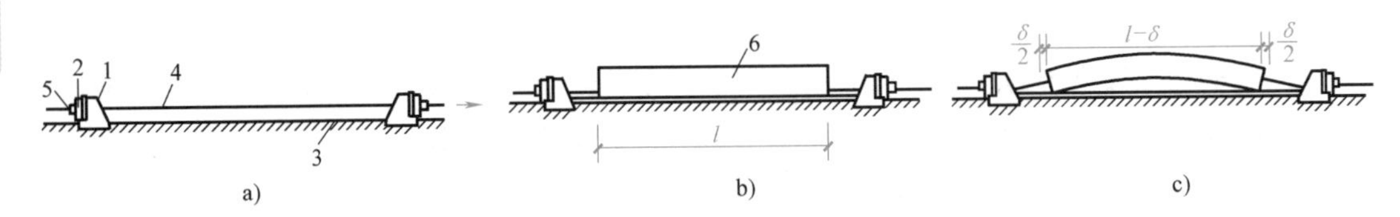


图 5-1　先张法生产示意图

a）预应力筋的张拉　b）混凝土浇筑与养护　c）放松预应力筋

1—台座　2—横梁　3—台面　4—预应力筋　5—夹具　6—构件

先张法一般用于预制构件厂生产定型的中小型构件，如楼板、屋面板、檩条及吊车梁等。先张法生产时，可采用台座法和机组流水法。采用台座法时，预应力筋的张拉、锚固，混凝土的浇筑、养护及预应力筋放松等均在台座上进行；预应力筋放松前，其拉力由台座承受。采用机组流水法时，构件连同钢模通过固定的机组，按流水方式完成张拉、锚固、混凝土浇筑和养护等生产过程；预应力筋放松前，其拉力由钢模承受。先张法施工工艺流程如图 5-2 所示。

1. 台座

台座由台面、横梁和承力结构等组成，是先张法生产的主要设备。预应力筋张拉、锚固，混凝土浇筑、振捣和养护及预应力筋放张等全部施工过程都在台座上完成。预应力筋放松前，台座承受全部预应力筋的拉力，因此台座应有足够的强度、刚度和稳定性。台座按构造型式分为墩式台座和槽式台座。

（1）墩式台座　墩式台座由台墩、台面与横梁等组成。台墩和台面共同承受拉力。墩式台座用以生产各种形式的中小型构件。墩式台座有重力式、构架式、桩基构架式、与台面共同作用式四种形式。

1）台墩。台墩是承力结构，由钢筋混凝土浇筑而成。设计承力台墩时，应进行稳定性和强度验算。稳定性验算一般包括抗倾覆验算与抗滑移验算。抗倾覆安全系数不得小于 1.5，抗滑移安全系数不得小于 1.3。抗倾覆验算的计算简图如图 5-3 所示，按下式计算：

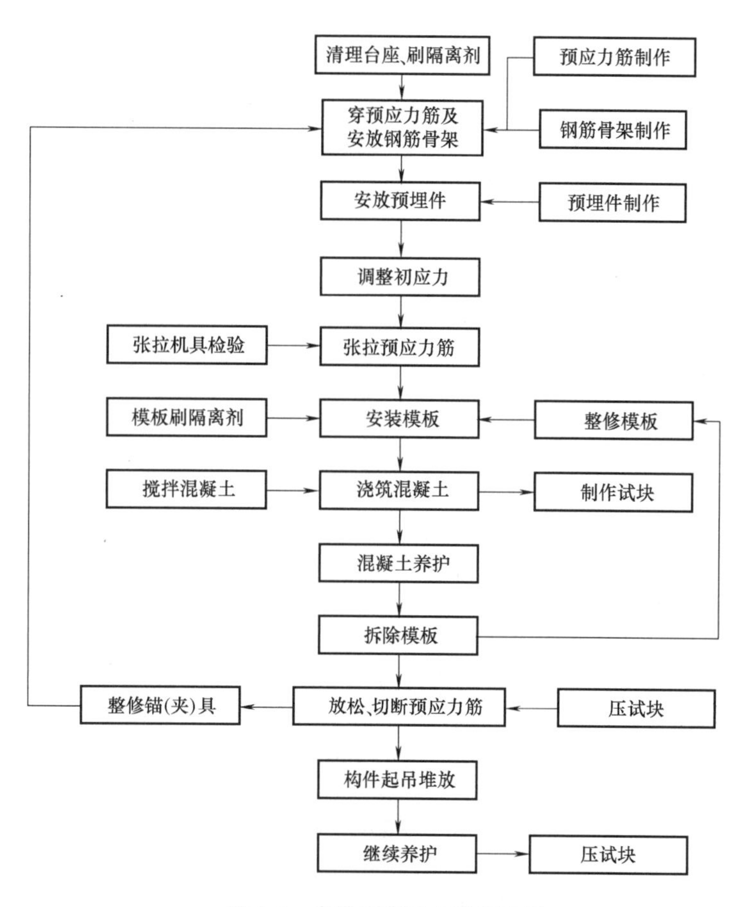


图 5-2　先张法施工工艺流程图

$$K_0=\frac{M'}{M}\geqslant 1.5 \tag{5-1}$$

式中　$K_0$——台座的抗倾覆安全系数；

$M$——由张拉力产生的倾覆力矩（kN·m），$M=Te$；

$e$——张拉合力 $T$ 的作用点到倾覆转动点 $O$ 的力臂（m）；

$M'$——抗倾覆力矩（kN·m），如忽略土压力，则 $M'=G_1l_1+G_2l_2$。

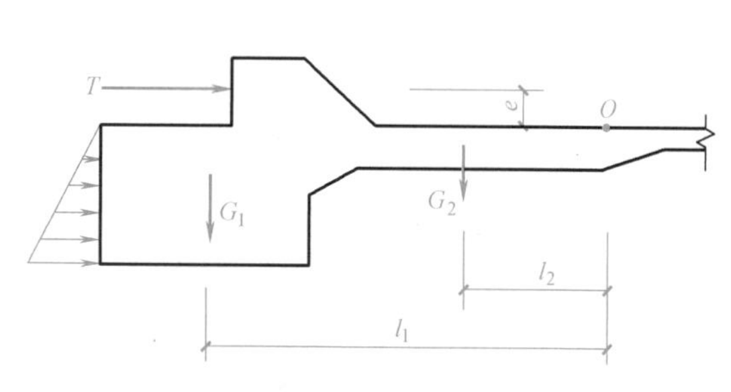


图 5-3　墩式台座抗倾覆验算简图

抗滑移验算，按下式计算：

$$K_c=\frac{T_1}{T}\geqslant 1.3 \tag{5-2}$$

式中　$K_c$——抗滑移安全系数；

$T$——张拉力合力（kN）；

$T_1$——抗滑移的力（kN）。

对于独立的台墩，抗滑移的力由侧壁上压力和底部摩阻力等组成；对与台面共同工作的台墩，其水平推力几乎全部传给台面，不存在滑移问题，可不进行抗滑移验算，此时应验算台面的强度。

台座强度验算时，支撑横梁的牛腿，按柱子牛腿的计算方法计算其配筋；墩式台座与台面接触的外伸部分，按偏心受压构件计算；台面按轴心受压构件计算；横梁按承受均布荷载的简支梁计算，其挠度应不大于 2mm，并不得产生翘曲；预应力筋的定位板必须安装准确，其挠度不大于 1mm。

2）台面。台面是预应力构件成型的胎模，要求地基坚实平整。台面是在厚 150mm 的夯实碎石垫层上，浇筑 60~80mm 厚 C20 混凝土面层，原浆压实抹光而成的。台面要求坚硬、平整、光滑，沿其纵向有 3%的排水坡度，台面伸缩缝可根据当地温度和经验设置，一般约为 10m 设置一条，其承载力按下式计算：

$$P=\frac{\varphi A f_c}{\gamma_0 \gamma_Q k'} \tag{5-3}$$



式中　$\varphi$——轴心受压纵向弯曲系数；

$A$——台面截面面积（$m^2$）；

$f_c$——混凝土轴心抗压强度设计值（$N/mm^2$）；

$\gamma_0$——构件重要性系数，按二级考虑取 $\gamma_0=1.0$；

$\gamma_Q$——荷载分项系数，取 $\gamma_Q=1.4$；

$k'$——考虑台面面积不均匀和其他影响因素的附加安全系数，取 $k'=1.5$。

【例 5-1】 某墩式钢筋混凝土台座，截面尺寸如图 5-4 所示，台面宽度为 4m，预应力张拉力共为 1000kN，台面混凝土强度等级为 C20，厚度为 80mm，试进行抗倾覆验算及台面承载力验算（取混凝土的重度为 $25kN/mm^3$，倾覆力矩矩心在台面厚度的中点）。

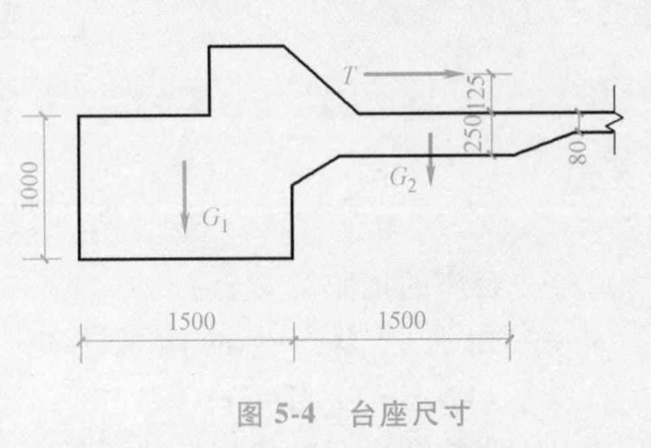


图 5-4　台座尺寸

解：由于埋深仅为 1m，故忽略土压力作用，只考虑混凝土墩自重及悬臂部分自重（牛腿部分较小可忽略）。

抗倾覆力矩为

$$M'=G_1 l_1+G_2 l_2$$
$$=[1.5\times1\times4\times25000\times(1.5+1.5\div2)+0.25\times4\times1.5\times25000\times1.5\div2]\mathrm{kN\cdot m}=(337500+28125)\mathrm{kN\cdot m}$$
$$=365.63\mathrm{kN\cdot m}$$

倾覆力矩为

$$M=1000\times(0.125+0.04)\mathrm{kN\cdot m}=165\mathrm{kN\cdot m}$$

$K=365.63\div165=2.22>1.5$，满足要求。

混凝土强度等级为 C20，$f_c=10N/mm^2$，其承载力为

$$P=(1\times80\times4000\times10)\div(1\times1.4\times1.5)\mathrm{N}=1523.8\mathrm{kN}>1000\mathrm{kN}$$

满足要求。

3）横梁。横梁以墩座牛腿为支承点安装其上，是锚固夹具临时固定预应力筋的支承点，也是机械张拉预应力筋的支座。横梁常采用型钢或钢筋混凝土制作。

（2）槽式台座 槽式台座由端柱、传力柱、横梁和台面组成。它承受拉力，可作为蒸汽养护槽，适用于张拉吨位较高的大型构件，如屋架、吊车梁等。槽式台座构造如图 5-5 所示。槽式台座需要进行强度和稳定性计算。端柱和传力柱的强度按钢筋混凝土结构偏心受压构件计算。槽式台座端柱抗倾覆力矩由端柱、横梁自重力矩及部分张拉力矩组成。

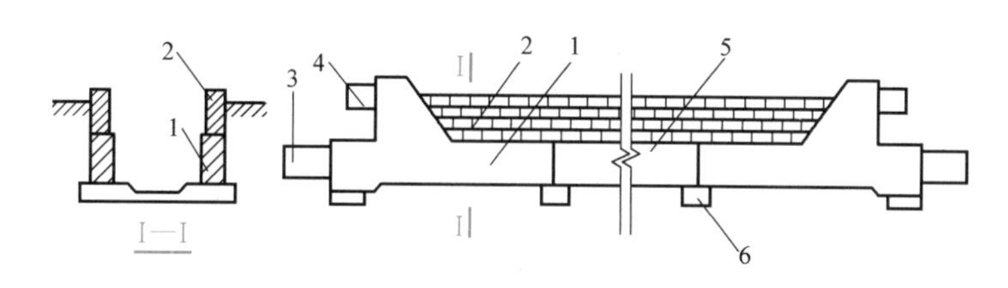


图 5-5 槽式台座构造

1—钢筋混凝土端柱 2—砖墙 3—下横梁 4—上横梁 5—传力柱 6—柱垫



2. 夹具

夹具是先张法构件施工时保持预应力筋拉力，并将其固定在张拉台座（或设备）上的临时性锚固装置。按其工作用途不同，分为锚固夹具和张拉夹具。

夹具的静载锚固性能，应由预应力筋夹具组装件静载试验测定的夹具效率系数确定。夹具效率系数按下式计算（$\eta_s$ 应不小于 0.95）：

$$\eta_s = \frac{F_{spv}}{\eta_p F_{spu}^0} \tag{5-4}$$

式中 $F_{spv}$——预应力夹具组装件的实测极限拉力（kN）；

$F_{spu}^0$——预应力夹具组装件中各根预应力钢材计算极限拉力之和（kN）；

$\eta_p$——预应力筋的效率系数，当预应力筋为消除应力钢丝、钢绞线或热处理钢筋时，$\eta_p$ 取 0.97。

夹具除应满足上述要求外，还应具有下述性能：当预应力夹具组装件达到实测极限拉力时，全部零件不应出现肉眼可见的裂缝和破坏；有良好的锚固性能；能重复多次使用。

（1）钢丝锚固夹具 钢丝锚固夹具有锥销夹具和固定端镦头夹具。锥销夹具可分为圆锥齿板式夹具和圆锥三槽式夹具，如图 5-6 所示。单根锥销夹具由套筒与锥销组成。套筒采用 45 号钢，调质热处理。它适用于夹持直径为 3~5mm 的各类钢丝。

固定端镦头夹具如图 5-7 所示。采用镦头夹具时，将预应力筋端部热镦或冷镦，通过承力分孔板锚固。

（2）钢筋锚固夹具 如图 5-8 所示，钢筋锚固常用圆套筒两片式或三片式夹具，由套筒和夹片组成。其型号有 YJ12、YJ14，适用于先张法；用 YC-18 型千斤顶张拉时，适用于锚固直径为 12mm 和 14mm 的单根冷拉 HRB400、RRB400 级钢筋。

如图 5-9 所示，螺母夹具可用来锚固精轧螺纹钢筋。精轧螺纹钢筋外形为无纵肋而横肋不相连的螺扣，螺母与连接器的内螺纹应与之匹配，防止钢筋从中拉脱。螺母分为平面和锥形两种。锥形螺母可通过锥体与锥孔的配合，保证预应力筋的正确对中。开缝是为增强螺母

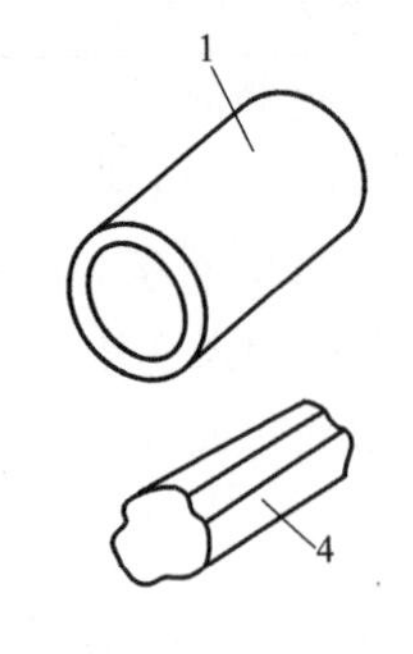


图 5-6　锥销夹具

1—套筒　2—齿板　3—钢丝　4—锥塞

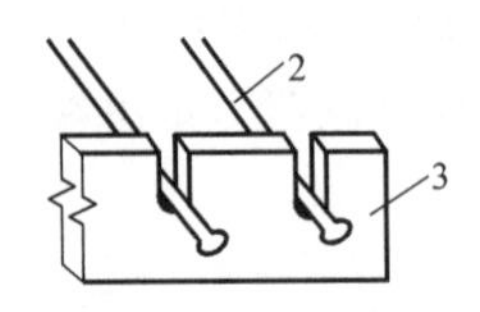


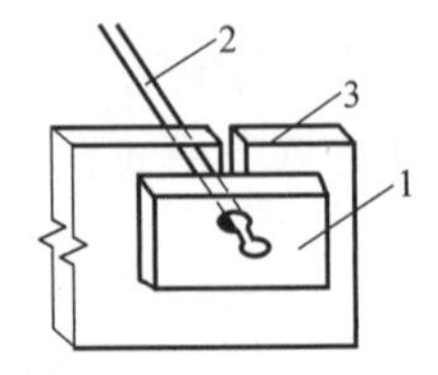


图 5-7　固定端镦头夹具

1—垫片　2—镦头钢丝　3—承力板

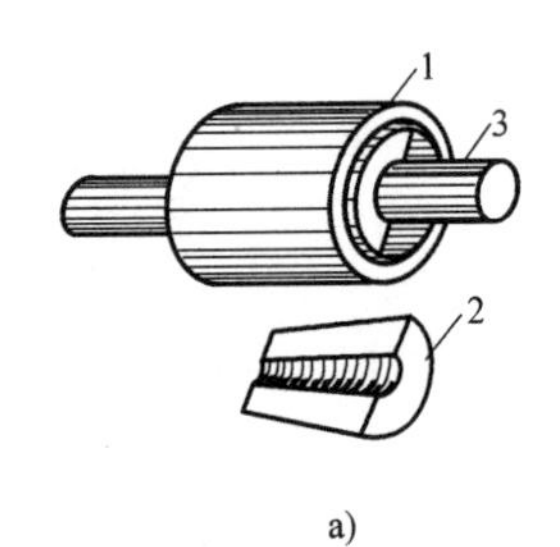


a)

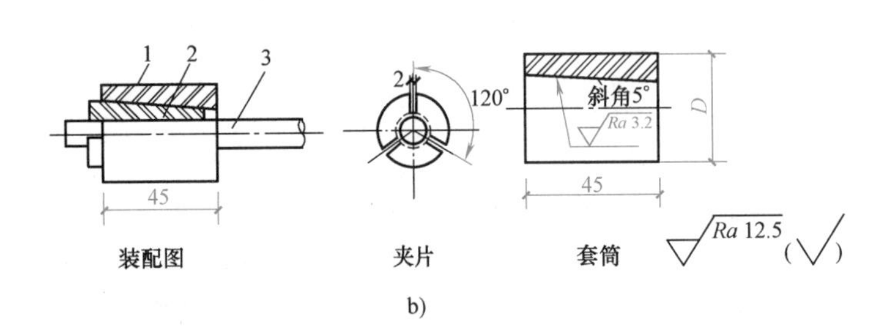


b)

图 5-8　圆套筒两片式和三片式夹具

a）圆套筒两片式夹具　b）圆套筒三片式夹具

1—套筒　2—夹片　3—预应力筋

a)

b)

A 放大

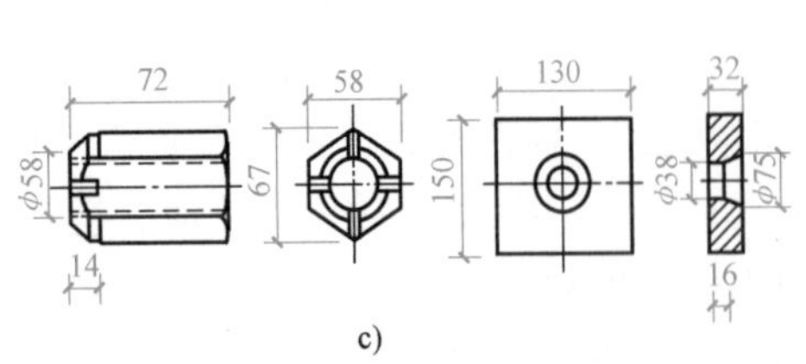


c)

d)

图 5-9　精轧螺纹钢筋锚具与连接器

a）精轧螺纹钢筋外形　b）连接器　c）锥形螺母与垫板　d）螺母夹具

对预应力筋的夹持作用。螺母材料采用45号钢，调质热处理。垫板也相应分为平面垫板和锥形垫板。

（3）张拉夹具 张拉夹具是夹持住预应力筋后，与张拉机械连接起来进行预应力筋张拉的机具。常用的张拉夹具有月牙形夹具、偏心式夹具、楔形夹具等，如图5-10所示，适用于张拉钢丝和直径16mm以下的钢筋。

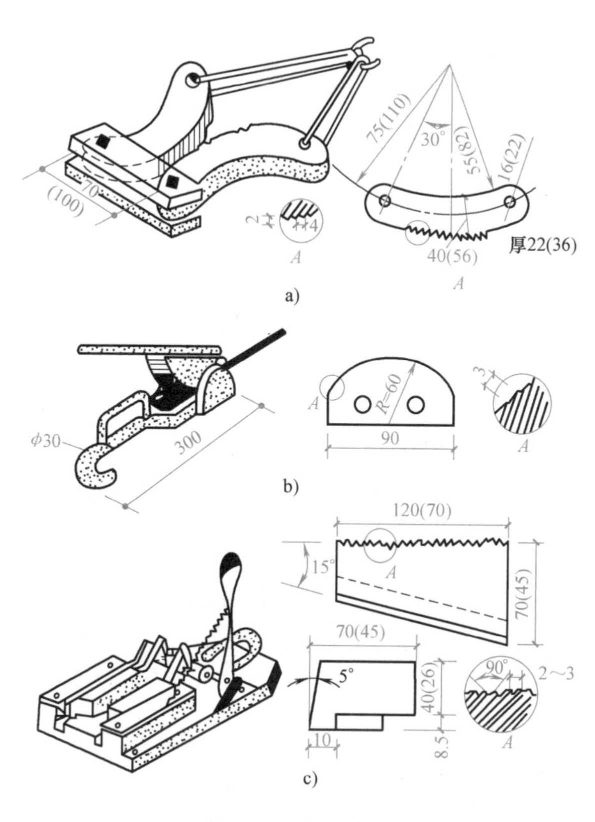


图5-10 张拉夹具

a）月牙形夹具 b）偏心式夹具 c）楔形夹具

3. 张拉设备

张拉设备要求工作可靠，控制应力准确，能以稳定的速率增加拉力。张拉机具的张拉力应不小于预应力筋张拉力的1.5倍；张拉机具的张拉行程不小于预应力筋伸长值的1.1~1.3倍。

（1）钢丝张拉设备 钢丝张拉分单根张拉和成组张拉。用钢模以机组流水法或台座法生产构件时，常采用成组钢丝张拉。在台座上生产构件一般采用单根钢丝张拉，可采用电动卷扬机、电动螺杆张拉机进行张拉。

1）电动卷扬机张拉、杠杆测力装置，如图5-11所示，在长线台座上张拉钢筋时，由于千斤顶行程不能满足要求，小直径钢筋可采用电动卷扬机张拉。

2）电动螺杆张拉机。如图5-12所示，电动螺杆张拉机由螺杆、顶杆、张拉夹具、弹簧测力器及电动机组成，可单根张拉预应力钢丝或钢筋。张拉时，顶杆支于台座横梁上，用张拉夹具夹紧钢筋后，启动电动机，由皮带、齿轮传动系统使螺杆做直线运动，从而张拉钢筋。这种张拉的特点是运行稳定，螺杆有自锁性能，故张拉机恒载性能好，速度快，张拉行

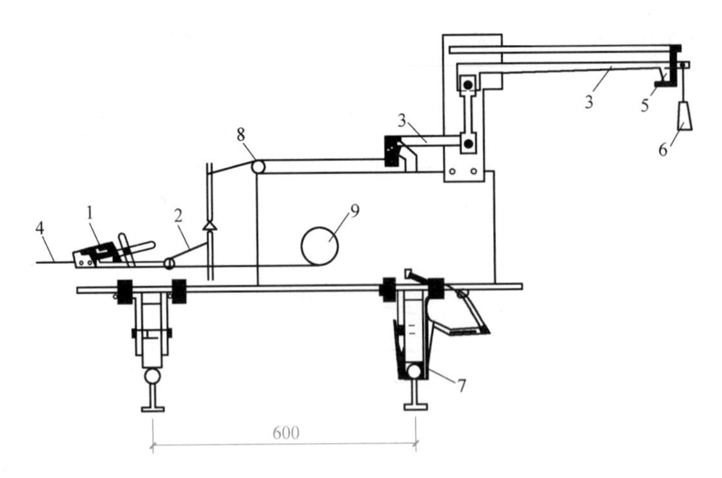


图 5-11　电动卷扬机张拉、杠杆测力装置示意图

1—钳式张拉夹具　2—钢丝绳　3—杠杆　4—钢丝　5—断电器
6—砝码　7—火轨器　8—导向轮　9—卷扬机



程大。

（2）钢筋张拉设备　穿心式千斤顶用于直径为 12～20mm 的单根钢筋、钢绞线或钢丝束的张拉。YC-20 型穿心式千斤顶如图 5-13 所示。张拉时，高压油泵启动，从后油嘴进油，前油嘴回油，被偏心夹具夹紧的钢筋随液压缸的伸出而被拉伸。YC-20 型穿心式千斤顶的最大张拉力为 20kN，最大行程为 200mm。它适用于用圆套筒三片式夹具张拉锚固直径为 12～20mm 的单根冷拉 HRB400 和 RRB400 级钢筋。

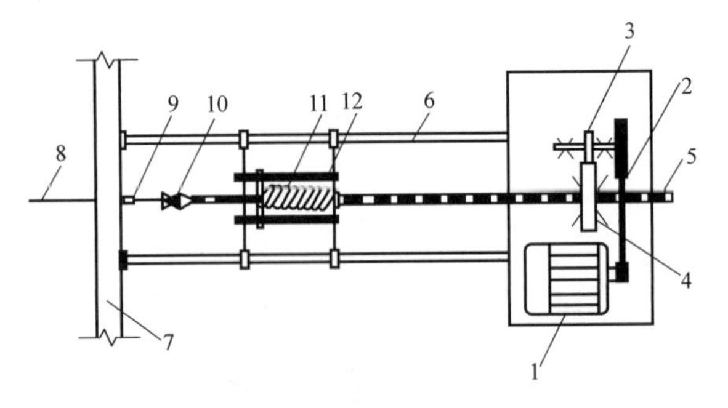


图 5-12　电动螺杆张拉机

1—电动机　2—皮带　3—齿轮　4—齿轮螺母　5—螺杆
6—顶杆　7—台座横梁　8—钢丝　9—锚固夹具
10—张拉夹具　11—弹簧测力器　12—滑动架

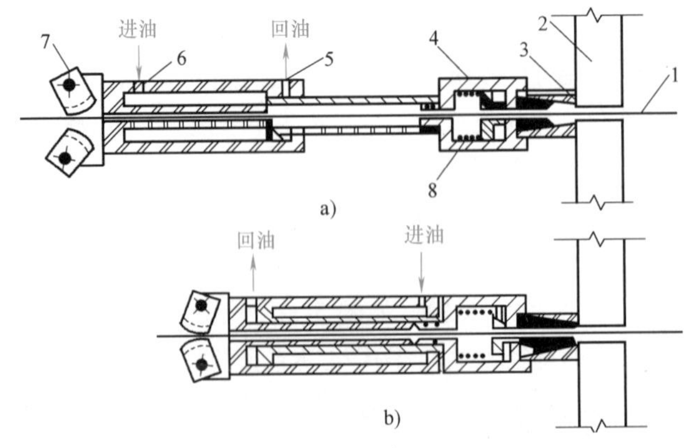


图 5-13　YC-20 型穿心式千斤顶

a）张拉　b）复位

1—钢筋　2—台座　3—穿心式夹具　4—弹性顶压头　5、6—油嘴　7—偏心式夹具　8—弹簧

### 5.2.2 先张法施工工艺

1. 张拉控制应力和张拉程序

张拉控制应力是指在张拉预应力筋时所达到的规定应力，应按设计规定采用。张拉控制应力的数值直接影响预应力的效果，控制应力越高，建立的预应力值越大。但控制应力过高，预应力筋处于高应力状态，使构件出现裂缝时的荷载与破坏荷载接近，破坏前无明显的预兆，这是不允许的。因此，预应力筋的张拉控制应力 $\sigma_{con}$ 应符合设计规定。根据《混凝土结构设计规范（2015 年版）》（GB 50010—2010）和《混凝土结构工程施工规范》（GB 50666—2011）的规定，为了部分抵消由于应力松弛、摩擦、钢筋分批张拉以及预应力筋与张拉台座之间的温差因素产生的预应力损失，施工中预应力筋需要超张拉时，可比设计要求提高 3%～5%，但其最大张拉控制应力不得超过表 5-1 的规定。

表 5-1 先张法预应力筋张拉控制应力及最大应力

| 预应力筋种类 | $\sigma_{con}$ | $\sigma_{max}$ |
|---|---|---|
| 钢丝、钢绞线 | $0.75f_{ptk}$ | $0.80f_{ptk}$ |
| 螺纹钢筋 | $0.85f_{pyk}$ | $0.90f_{pyk}$ |

注：$f_{ptk}$—极限抗拉强度标准值，$f_{pyk}$—屈服强度标准值，中强度预应力钢丝 $\sigma_{con}$ 取值 $0.75f_{ptk}$。

张拉程序为 $0\rightarrow1.05\sigma_{con}$（持荷 2min）$\rightarrow\sigma_{con}$ 或 $0\rightarrow1.03\sigma_{con}$。为了减少应力松弛损失，预应力筋宜采用第一种张拉程序，钢筋松弛的数值与控制应力、延续时间有关，控制应力大，松弛也大，同时随着时间的延续在不断增大，在第 1 分钟内完成损失值的 50%左右，24h 内完成 80%。超张拉 5%，持荷 2min，可以减少 50%以上的松弛损失。当预应力钢丝张拉工作量大时，宜采用一次张拉程序，这种张拉程序施工简便。

2. 预应力值的校核

预应力筋的张拉力一般用伸长值校核。预应力筋理论伸长值 $\Delta L$ 按下式计算：

$$\Delta L=\frac{F_{p}l}{A_{p}E_{s}} \tag{5-5}$$

式中 $F_p$——预应力筋平均张拉力（kN），轴线张拉取张拉端的拉力，两端张拉的曲线筋取张拉端的拉力与跨中扣除孔道摩擦损失后拉力的平均值；

$l$——预应力筋的长度（mm）；

$A_p$——预应力筋的截面面积（$mm^2$）；

$E_s$——预应力筋的弹性模量（$kN/mm^2$）。

预应力筋的实际伸长值，宜在初应力约为 $10\%\sigma_{con}$ 时测量，并加上初应力以内的推算伸长值。

3. 张拉前的准备

（1）钢筋的接长与冷拉 一般钢丝采用拼接器将 20～22 号钢丝密排绑扎，如图 5-14 所示。绑扎长度的规定：冷拔低碳钢丝不得小于 40 倍钢丝直径；高强度钢丝不得小于 80 倍钢丝直径。

预应力筋一般采用冷拉 HRB400 和 RRB400 级热轧钢筋。预应力筋的接长及预应力筋与螺丝端杆的连接，宜采用对焊连接，且应先焊接后冷拉，以免因焊接而降低冷拉后的强度。

预应力筋的制作，一般有对焊和冷拉两道工序。预应力筋铺设时，钢筋与钢筋、钢筋与螺丝端杆可采用套筒双拼式连接。

（2）钢筋（钢丝）的镦头　预应力筋（钢丝）固定端采用镦头夹具锚固时，钢筋（钢丝）端头要镦粗形成镦粗头。镦头一般有热镦和冷镦两种工艺。热镦在手动电焊机上进行，钢筋（钢丝）端部在喇叭口紫铜模具内进行多次脉冲式通电加热、加压形成镦粗头，如图5-15所示。

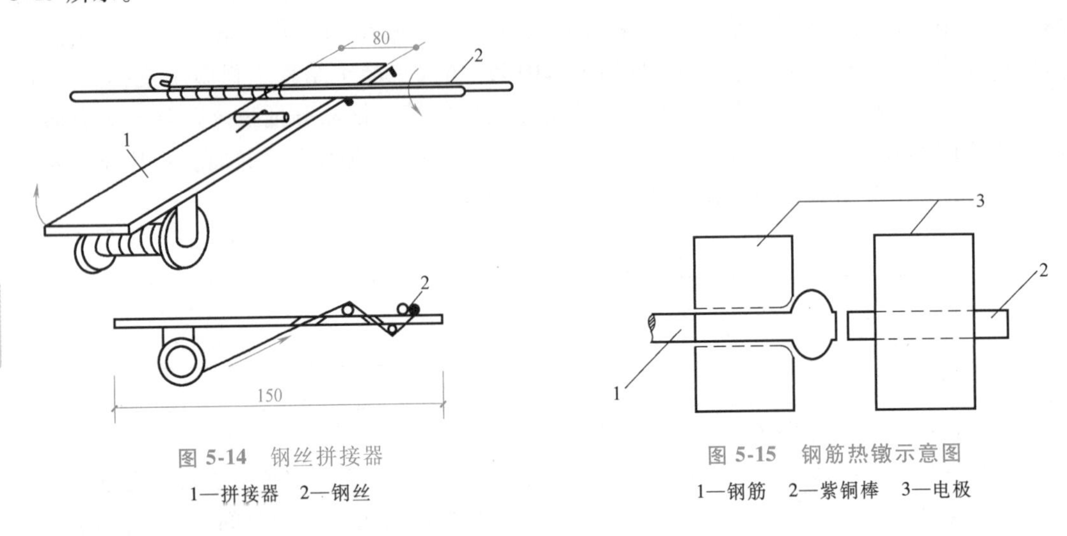


图 5-14　钢丝拼接器
1—拼接器　2—钢丝

图 5-15　钢筋热镦示意图
1—钢筋　2—紫铜棒　3—电极

（3）预应力筋的张拉力和伸长值的计算

控制张拉力：

$$F_p=\sigma_{con}A_pn \tag{5-6}$$

超张拉力：

$$F=a\sigma_{con}A_pn \tag{5-7}$$

伸长值：

$$\Delta L=\frac{\sigma_{con}}{E_s}L \tag{5-8}$$

式中　$\sigma_{con}$——预应力张拉控制应力（$kN/mm^2$）；

$A_p$——预应力筋截面面积（$mm^2$）；

$n$——同时张拉预应力筋的根数（根）；

$E_s$——预应力筋的弹性模量（$kN/mm^2$）；

$a$——系数，取103%～105%；

$L$——预应力筋的长度（mm）。

（4）张拉机具设备及仪表定期维护和校验　张拉机具设备应每半年校验一次，以确定张拉力与仪表读数的关系曲线，保证张拉力准确。设备出现反常现象或检修后应重新校验。张拉设备宜定岗负责，专人专用。

（5）预应力筋（钢丝）的铺设　长线台座面（或胎模）在铺放钢丝前，应清扫并涂刷隔离剂。一般涂刷皂角水溶性隔离剂，易干燥，钢筋污渍易清除。涂刷均匀不得漏涂，待其干燥后，铺设预应力筋。预应力筋一端用夹具锚固在台座横梁的定位承力板上，另一端卡在台座张拉端的承力板上待张拉。在生产过程中，应防止雨水或养护水冲刷掉台面隔离剂。

（6）预应力筋张拉注意事项　为避免台座承受过大的偏心力，应先张拉靠近台座截面重心处的预应力筋。用钢质锥销夹具锚固时，敲击锥塞或楔块应先轻后重，同时倒开张拉设备并放松预应力筋，两者应密切配合，既要减少钢丝滑移，又要防止锤击力过大导致钢丝在锚固夹具处断裂。

对于重要结构构件（如吊车梁、屋架等）的预应力筋，用应力控制方法张拉时，应校核预应力筋的伸长值。同时张拉多根预应力钢丝时，应预先调整初应力（$10\%\sigma_{con}$），使其相互之间的应力一致。

4. 预应力筋的张拉

（1）张拉前的准备　检查预应力筋的品种、级别、规格、数量（排数、根数）是否符合设计要求。预应力筋的外观质量应全数检查，预应力筋应符合展开后平顺，没有弯折，表面无裂纹、小刺、机械损伤、氧化铁皮和油污等。张拉设备是否完好，测力装置是否校核准确。横梁、定位承力板是否贴合和严密稳固。

预应力筋张拉后，与设计位置的偏差不得大于 5mm，也不得大于构件截面最短边长的 4%。在浇筑混凝土前发生断裂或滑脱的预应力筋必须予以更换。张拉、锚固预应力筋应专人操作，实行岗位责任制，并做好预应力筋张拉记录。在已张拉钢筋（钢丝）上进行绑扎钢筋、安装预埋件、支承安装模板等操作时，要防止踩踏、敲击或碰撞张拉钢筋（钢丝）。

（2）张拉要点　张拉时应校核预应力筋的伸长值。实际伸长值与设计计算值的偏差不得超过±6%，否则应停拉；从台座中间向两侧进行（防偏心损坏台座）；多根成组张拉时，初应力应一致（测力计抽查）；拉速平稳，锚固松紧一致，设备缓慢放松；拉完的预应力筋位置偏差小于或等于 5mm，且小于或等于构件截面短边的 4%；冬季张拉时，温度大于或等于-15℃；两端严禁站人，敲击楔块不得过猛。

5. 混凝土的浇筑与养护

混凝土一次浇完，混凝土的强度等级不低于 C30。混凝土的收缩是水泥浆在硬化过程中脱水密结和形成的毛细孔压缩的结果。混凝土的徐变是荷载长期作用下混凝土的塑性变形，因水泥石内凝胶体的存在而产生。为了减少因混凝土的收缩和徐变引起的预应力损失，在确定混凝土配合比时，应优先选用干缩性小的水泥，采用低水胶比（≤0.5），控制水泥用量，对集料采取良好的级配等技术措施。预应力钢丝张拉、绑扎钢筋、预埋件安装及立模工作完成后，应立即浇筑混凝土，每条生产线应一次连续浇筑完成。

采用机械振动密实时，要避免碰撞钢丝。混凝土未达到一定强度前，不允许碰撞或踩踏钢丝。预应力混凝土可采用自然养护或湿热养护，自然养护不得少于 14d。干硬性混凝土浇筑完毕后，应立即覆盖进行养护。当预应力混凝土采用湿热养护时，要尽量减少由于温度升高而引起的预应力损失。为了减少温差造成的应力损失，采用湿热养护时，在混凝土未达到一定强度前，温差不要太大，一般不超过 20℃，达 100MPa 后按正常速度升温，用机组流水法制作预应力构件，因湿热养护时钢模与预应力筋同样伸缩，所以不存在因温差引起的预应力损失。

6. 预应力筋放张

（1）放张要求　放张预应力筋时，混凝土要达到设计要求的强度。当设计无要求时，应不得低于设计强度等级的75%。

放张预应力筋前应拆除构件的侧模使放张构件能自由压缩，以免模板损坏或造成构件开裂。对有横肋的构件，如大型屋面板等，其横肋断面应有适宜的斜度，也可以采用活动模板以免放张时构件端肋开裂。

（2）放张顺序　预应力筋放张时，应缓慢放松锚固装置，使各根预应力筋缓慢放松。预应力筋放张顺序应符合设计要求，当设计未规定时，可按下列要求进行：

承受轴心预应力构件的所有预应力筋应同时放张；承受偏心预压力构件，应先同时放张预压力较小区域的预应力筋，再同时放张预压力较大区域的预应力筋。

长线台座生产的钢弦构件，剪断钢丝宜从台座中部开始；叠层生产的预应力构件，宜按自上而下的顺序进行放松；板类构件放松时，从两边逐渐向中间进行。

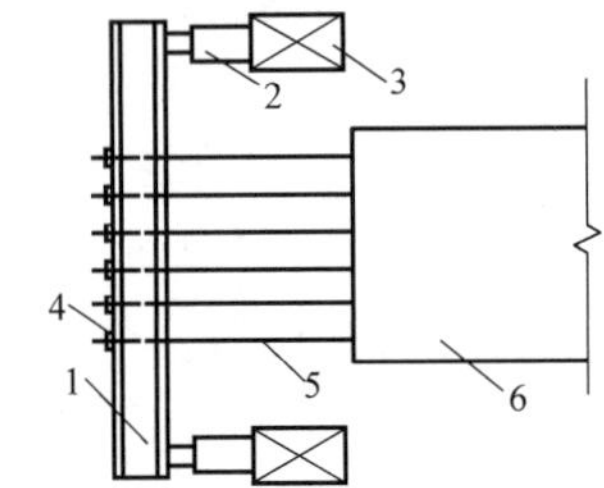


图5-16　千斤顶放张装置

1—横梁　2—千斤顶　3—承力架　4—夹具　5—钢丝　6—构件

（3）放张方法

1）对钢丝、热处理钢筋不得用电弧焊切割，宜用砂轮锯或切断机切断。对于中小型预应力混凝土构件，预应力钢丝的放张宜从生产线中间处开始，以减少回弹量且有利于脱模；对于构件应从外向内对称、交错逐根放张，以免构件扭转、端部开裂或钢丝断裂。



2）放张单根预应力筋，一般采用千斤顶放张，如图5-16所示。

3）构件预应力筋较多时，整批同时放张可采用砂箱、楔块等放松装置。

## 5.3　后张法施工

后张法是先制作混凝土构件，并在预应力筋的位置预留出相应孔道，待混凝土强度达到设计规定的数值后，穿入预应力筋进行张拉，并利用锚具锚固预应力筋，最后进行孔道灌浆。预应力混凝土后张法生产工艺如图5-17所示。

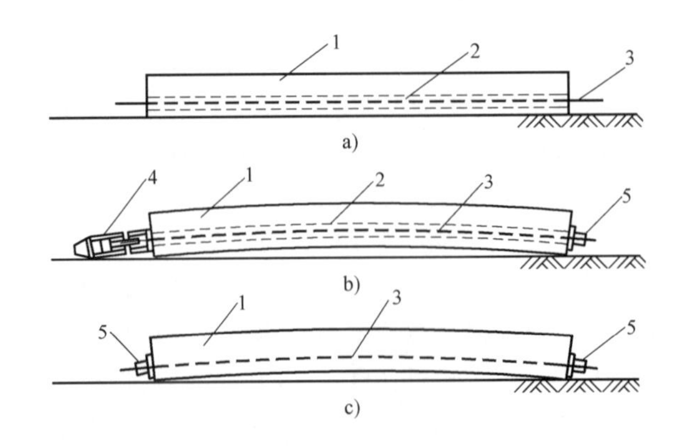


图5-17　预应力混凝土后张法生产工艺示意图

a）制作混凝土构件　b）孔道穿筋并张拉　c）锚固和孔道灌浆

1—混凝土构件　2—预留孔道　3—预应力筋　4—千斤顶　5—锚具

后张法施工由于直接在钢筋混凝土构件上进行预应力筋的张拉，所以不需要固定台座设备，不受地点限制，它既适用于预制构件生产，又适用于现场施工大型预应力构件，而且后张法是预制构件拼装的手段。后张法生产工艺流程如图 5-18 所示。

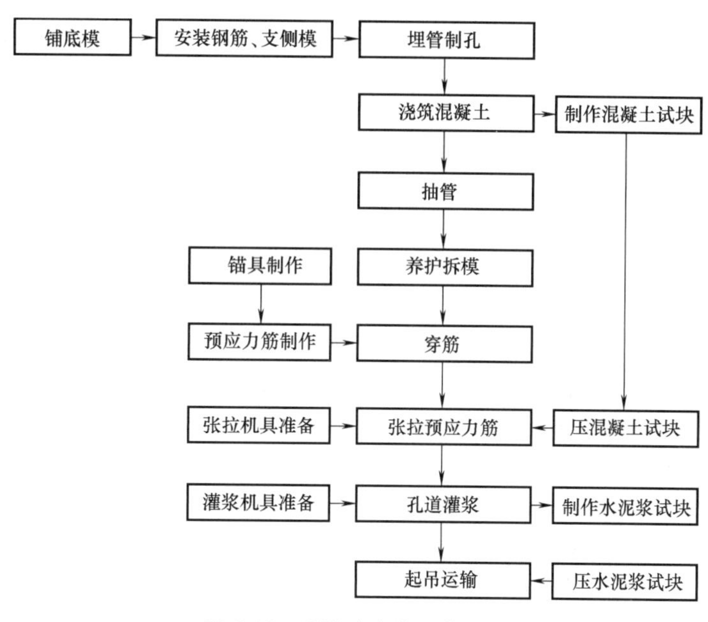


图 5-18　后张法生产工艺流程



## 5.3.1　锚具与预应力筋制作

### 1. 锚具的要求

锚具是预应力筋张拉和永久固定在预应力混凝土构件上的传递预应力的工具。按锚固性能的不同，可分为Ⅰ类锚具和Ⅱ类锚具。Ⅰ类锚具适用于承受动载、静载的预应力混凝土结构；Ⅱ类锚具仅适用于有黏结预应力混凝土结构，且锚具只能用于预应力筋应力变化不大的部位。

锚具的静载锚固性能，应由预应力锚具组装件静载试验测定的锚具效率系数 $\eta_a$ 和达到实测极限拉力时的总应变 $\varepsilon_{apu}$ 确定，其值应符合表 5-2 规定。

表 5-2　锚具效率系数和总应变

| 锚具类型 | 锚具效率系数 $\eta_a$ | 实测极限拉力时的总应变 $\varepsilon_{apu}$(%) |
| --- | --- | --- |
| Ⅰ类锚具 | ≥0.95 | ≥2.0 |
| Ⅱ类锚具 | ≥0.90 | ≥1.7 |

锚具效率系数 $\eta_a$ 按下式计算：

$$\eta_a = \frac{F_{apu}}{\eta_p F_{apu}^c} \tag{5-9}$$

式中　$F_{apu}$——预应力锚具组装件的实测极限拉力（kN）；

$F_{apu}^c$——预应力锚具组装件中各根预应力钢材计算极限拉力之和（kN）；

$\eta_p$——预应力筋的效率系数。

对于重要的预应力混凝土结构使用的锚具，预应力筋的效率系数 $\eta_p$ 应按《预应力筋用锚具、夹具和连接器》（GB/T 14370—2015）的规定计算。对于一般的预应力混凝土结构使用的锚具，预应力筋的效率系数 $\eta_p$ 取 0.97。

除应满足上述要求外，锚具还应满足：

1）当预应力筋锚具组装件达到实测极限拉力时，除锚具设计允许的现象外，全部零件均不得出现肉眼可见的裂缝或破坏。

2）除能满足分级张拉及补张拉工艺外，宜具有能放松预应力筋的性能。

3）锚具或其附件上宜设置灌浆孔道，灌浆孔道应有使浆液通畅的截面面积。

锚具的疲劳性能须满足循环次数为 200 万次的疲劳性能试验；抗震结构中，还应满足循环次数为 50 次的低周荷载试验。

2. 锚具的种类

后张法所用锚具按其锚固原理和构造形式的不同分为螺杆锚具、夹片锚具、锥销式锚具和镦头锚具四种体系；按施工过程中，锚具所处位置的不同分为张拉端锚具和固定端锚具；按锚具锚固钢筋或钢丝的数量分为单根粗钢筋锚具，钢筋束、钢绞线束锚具，钢丝束锚具。



（1）单根粗钢筋　单根粗钢筋作预应力筋，如果采用一端张拉，则在张拉端用螺丝端杆锚具，固定端用帮条锚具或镦头锚具；如果采用两端张拉，则两端均用螺丝端杆锚具。

螺丝端杆锚具由螺丝端杆、垫板和螺母组成，适用于锚固直径不大于 36mm 的热处理钢筋，如图 5-19 所示。螺丝端杆锚具与预应力筋对焊，先用张拉设备张拉螺丝端杆，然后用螺母锚固。

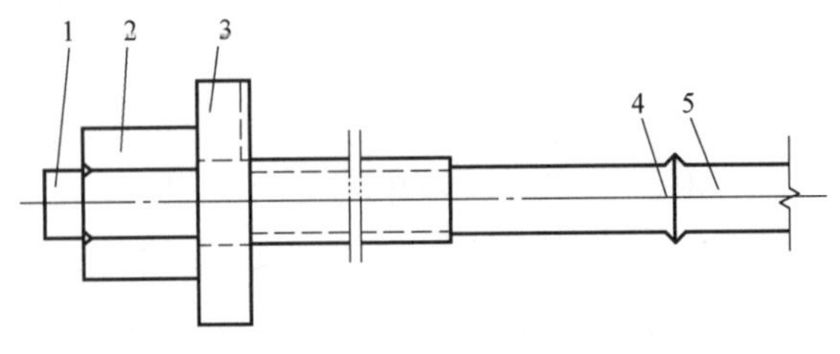


图 5-19　螺丝端杆锚具

1—螺丝端杆　2—螺母　3—垫板　4—焊接接头　5—钢筋

帮条锚具由一块方形衬板和三根帮条组成，衬板采用普通低碳钢板，帮条采用与预应力筋同类型的钢筋。帮条安装时，三根帮条与衬板相接触的截面应在一个垂直面上，以免受力时产生扭曲。一般用在单根粗钢筋作为预应力筋的固定端，如图 5-20 所示。

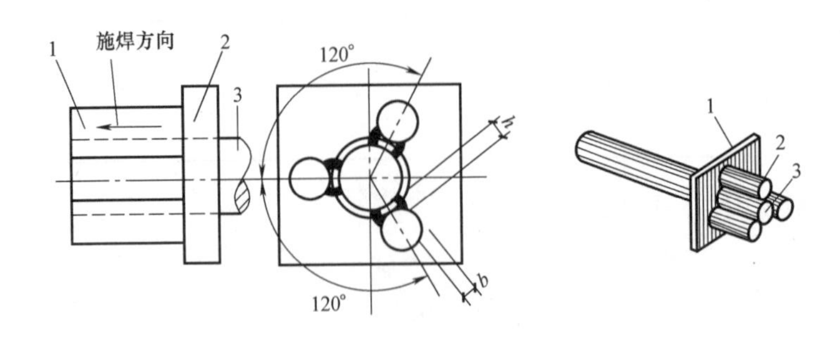


图 5-20　帮条锚具

1—衬板　2—帮条　3—主筋

（2）钢筋束、钢绞线束

1）锚具。钢筋束、钢绞线束采用的锚具有 JM 型锚具、XM 型锚具和挤压锚具。

① JM 型锚具。JM 型锚具由锚环与夹片组成，如图 5-21 所示，夹片呈扇形，靠两侧的半圆槽锚固预应力筋，为增加夹片与预应力筋之间的摩擦力，在半圆槽内刻有截面为梯形的齿痕，夹片背面的坡度与锚环一致。锚环分甲型和乙型两种。甲型需要经过热处理，乙型不必进行热处理。JM 型锚具与 YL-60 型千斤顶配套使用，适用于锚固 3~6 根直径为 12mm 光面或螺纹钢筋束，也可用于锚固 5~6 根直径为 12mm 或 15mm 的钢绞线束，具有施工简便，预应力筋滑移量小等优点。它可以作为张拉端或固定端锚具，也可以作为重复使用的工具锚。

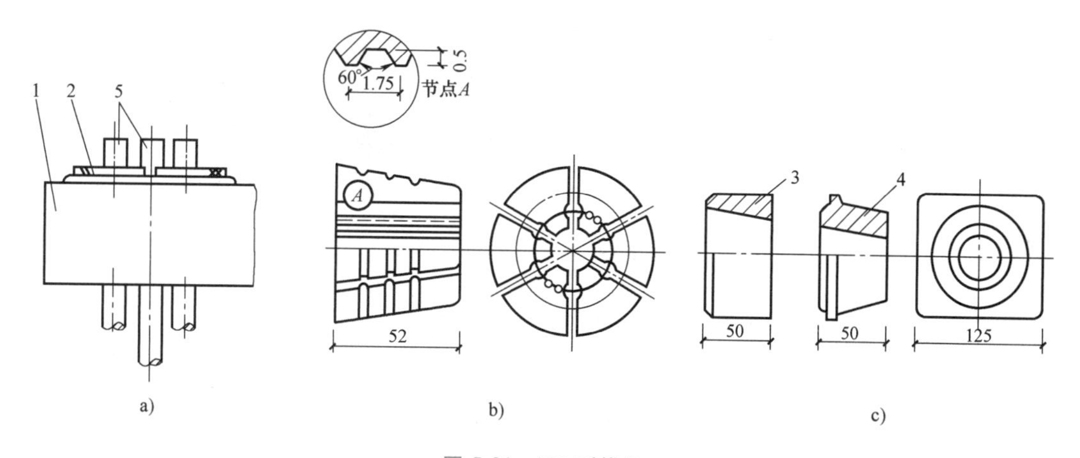


图 5-21　JM 型锚具

a）JM 型锚具　b）JM 型锚具的夹片　c）JM 型锚具的锚环

1—锚环　2—夹片　3—圆锚环　4—方锚环　5—预应力钢丝束

② XM 型锚具。XM 型锚具是一种新型锚具，利用楔形夹片，将每根钢绞线独立地锚固在带有锥形的锚环上，形成一个独立的锚固单元。XM 型锚具由锚环和三块夹片组成一个锚固单元。XM 型锚具的夹片为斜开缝，以确保夹片能夹紧钢绞线束或钢丝束中的每一根外围钢丝，形成可靠的锚固，夹片的开缝宽度一般为 1.5mm。XM 型锚具既可以作为工作锚，又可以兼作工具锚，如图 5-22 所示。

由一个锚固单元组成的锚具称单孔夹片锚具，由两个或两个以上锚固单元组成的锚具称多孔夹片锚具。

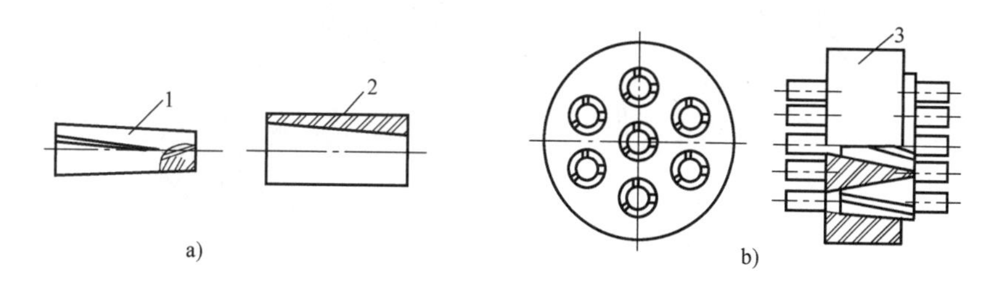


图 5-22　XM 型锚具

a）单根 XM 型锚具　b）多根 XM 型锚具

1—夹片　2—锚环　3—锚板

单孔夹片锚具由锚环和夹片组成，锚环的锥角约为7°，45号钢，调质热处理。夹片有三片式与二片式两种，三片式夹片按120°铣分，二片式夹片的背面有一条弹性槽，以提高锚固性能，适用于无黏结预应力混凝土结构（后张法），也可用作先张法钢绞线束夹具。夹片式锚具应具有连续反复张拉的功能，利用行程不大的千斤顶经倒缸后可张拉任意长度的预应力筋。夹片式锚具用于先张法夹具时，应在夹片与锚环之间垫塑料薄膜或涂石墨、石蜡等，以便张拉后容易松开锚具，重复使用，如图5-23所示。

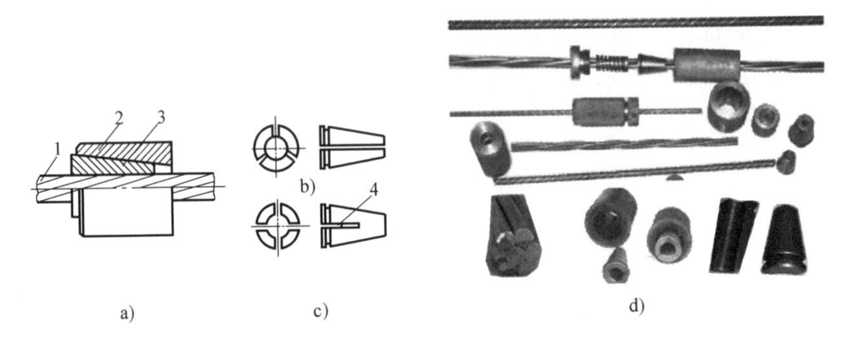


图5-23　单孔夹片锚具

a）组装图　b）三片式夹片　c）二片式夹片　d）照片示例

1—钢绞线　2—锚环　3—夹片　4—弹性槽



多孔夹片锚具又称群锚，由多孔的锚板与夹片组成。在每个锥形孔内装一副夹片，夹持一根钢绞线。每束钢绞线的根数不受限制；任何一根钢绞线锚固失效，都不会引起整束锚固失效。锚板的材料及锥形孔与单孔夹片锚具的锚环相同，且夹片通用。对于多孔夹片锚具，在采用大吨位千斤顶整束张拉有困难的情况下，也可采用小吨位千斤顶逐根张拉锚固，如图5-24所示。

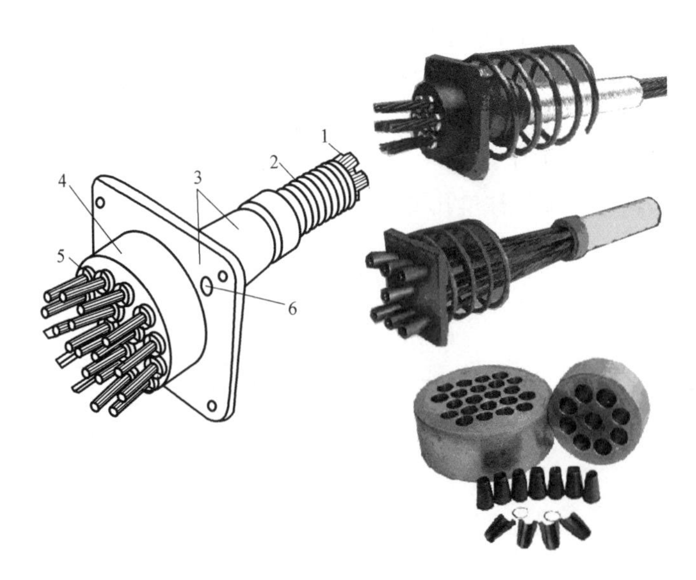


图5-24　多孔夹片锚具

1—钢绞线　2—金属螺旋管　3—带预埋板的喇叭管　4—锚板　5—夹片　6—灌浆孔

③ 挤压锚具。挤压锚具是利用液压挤压机将套筒在钢绞线端头上挤紧的一种锚具，如图 5-25 所示。套筒可采用 45 号钢，套筒内衬有在挤压力下能脆断的异形钢丝衬圈。

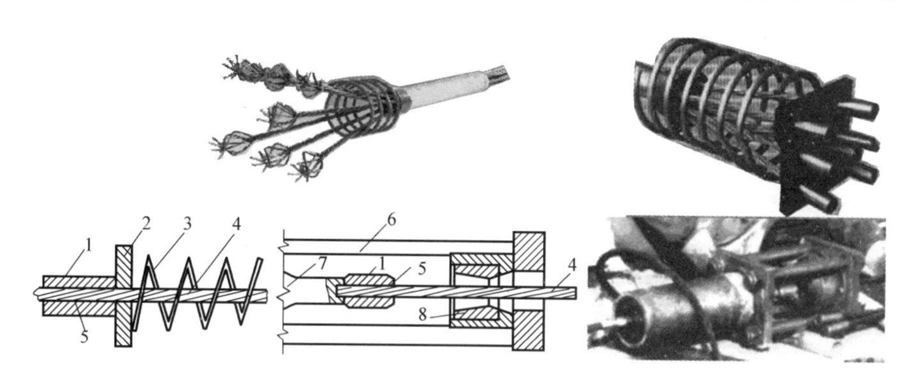


图 5-25 挤压锚具

1—挤压套筒 2—垫板 3—螺旋筋 4—钢绞线 5—硬钢丝衬圈
6—挤压机机架 7—活塞杆 8—挤压模



挤压锚具组装时，挤压机的活塞杆推动套筒通过喇叭形挤压模，使套筒受挤压变细，异形钢丝衬圈脆断，咬入钢绞线表面夹紧钢绞线，形成挤压头。挤压机的工作推力应符合有关技术规定，常为 350~400kN，挤压后钢绞线外端应露出挤压套筒 1~5mm。

切开挤压头检查后看出，异形钢丝衬圈脆断后，一半嵌入钢套筒，一半压入钢绞线，从而增加钢套筒与钢绞线之间的机械咬合力和摩阻力；钢套筒与钢绞线之间没有任何空隙，紧紧夹住。挤压锚具性能可靠，宜用于内埋式固定端。

2）钢筋束、钢绞线束的制作。钢筋束所用钢筋是成圆盘供应的，不需要对焊接头。钢筋束或钢绞线束预应力筋的制作包括开盘冷拉、下料、编束等工序。预应力钢丝束下料应在冷拉后进行。当采用镦头锚具时，则应增加镦头工序。

为了保证构件孔道穿入筋和张拉时不发生扭结，应对预应力筋进行编束。编束时一般把预应力筋理顺后，用钢丝每隔 1m 左右绑扎一道，形成束状。

当采用 JM 型或 XM 型锚具，用穿心式千斤顶张拉时，钢筋束和钢绞线束的下料长度 $L$ 应等于构件孔道长度加上两端为张拉、锚固所需要的外露长度，如图 5-26 所示。按下式计算：

两端张拉时：

$$L=l+2(l_1+l_2+l_3+100) \tag{5-10}$$

一端张拉时：

$$L=l+2(l_1+100)+l_2+l_3 \tag{5-11}$$

式中 $l$——构件的孔道长度（mm）；

$l_1$——工作锚厚度（mm）；

$l_2$——穿心式千斤顶长度（mm）；

$l_3$——夹片式工具锚厚度（mm）。

（3）钢丝束

1）锚具。钢丝束用作预应力筋时，由几根到几十根直径为 3~5mm 的平行碳素钢丝组成。其固定端采用钢丝束镦头锚具，张拉端锚具可采用锥形螺杆锚具、钢质锥形锚具和 XM

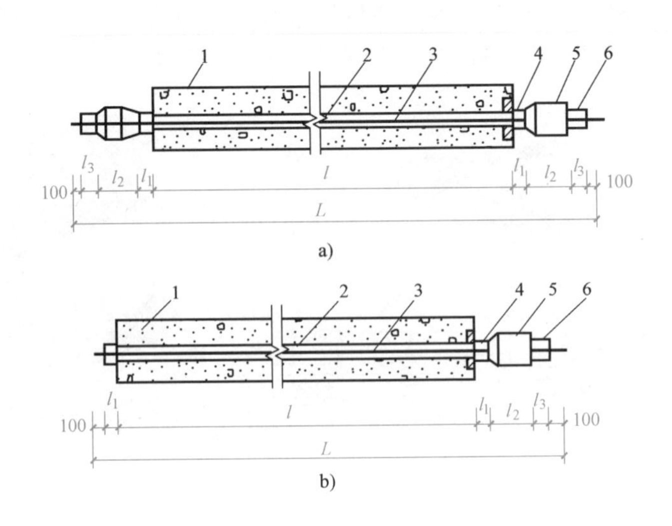


图 5-26 钢筋束、钢绞线束的下料长度计算简图

a）两端张拉 b）一端张拉

1—混凝土构件 2—孔道 3—钢绞线 4—夹片式工具锚 5—穿心式千斤顶 6—夹片



型锚具。

① 锥形螺杆锚具，如图 5-27 所示，用于锚固 14 根、16 根、20 根、24 根或 28 根直径为 5mm 的碳素钢丝，由锥形螺杆、套筒、螺母和垫板组成。

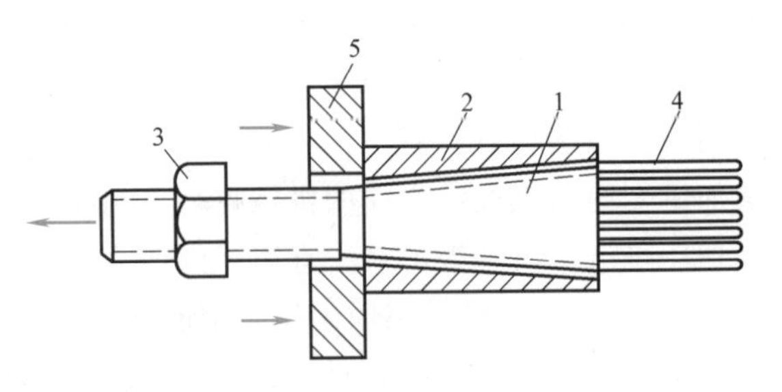


图 5-27 锥形螺杆锚具

1—锥形螺杆 2—套筒 3—螺母

4—预应力钢丝束 5—垫板

② 钢丝束镦头锚具如图 5-28 所示，适用于 12 ~ 54 根直径为 5mm 的碳素钢丝。常用钢丝束镦头锚具分为 A 型与 B 型。A 型由锚杯与螺母组成，用于张拉端。B 型为锚板，用于固定端。多孔锚板的受力情况较为复杂，从试验情况来看，危险截面发生在沿最外圈钢丝孔洞的圆柱截面

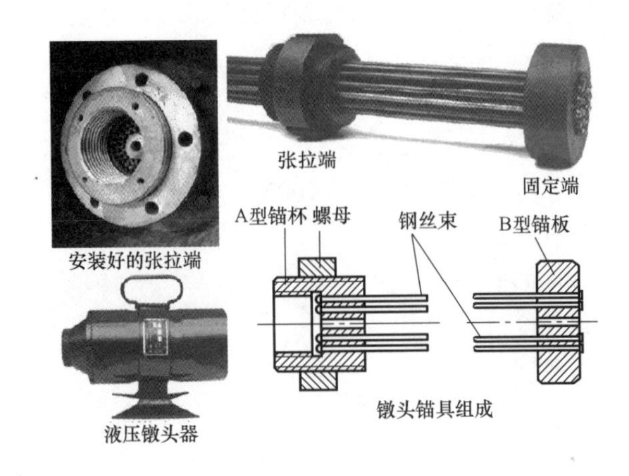


图 5-28 钢丝束镦头锚具

上，主要是剪切破坏。钢丝镦头可采用液压冷镦器，对镦头的要求是：镦头尺寸要符合要求，头形圆整，不偏斜，颈部母材不受损伤。

钢丝通过冷镦，理论上应与原钢丝等强，但限于镦头设备与操作条件，镦头强度可能会稍低于钢丝强度，但镦头强度不得低于母材抗拉强度的98%。

③ 钢质锥形锚具，由锚环和锚塞组成，锚环和锚塞采用45号钢，调质热处理，锚塞表面有细齿。为防止钢丝在锚具内卡伤或卡断，锚环两端出口处必须有倒角，锚塞小头还应有5mm无齿段。如图5-29所示，用于锚固以锥锚式双作用千斤顶张拉的钢丝束，适用于锚固6根、12根、18根或24根直径为5mm的钢丝束。钢丝分布在锚环锥孔内侧，由锚塞塞紧锚固。锚环内孔的锥度应与锚塞的锥度一致，锚塞上刻有细齿槽，夹紧钢丝防止滑移。

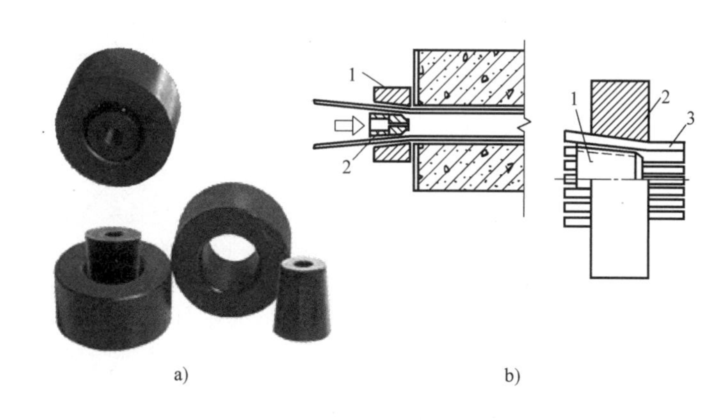


图5-29　钢质锥形锚具图

a）钢质锥形锚具　b）组装图

1—锚环　2—锚塞　3—钢丝束

锥形锚具的缺点是当钢丝直径较大时，易产生单根滑丝现象，且很难补救，如用加大顶锚力的方法，又容易使钢丝被咬伤。此外，钢丝锚固时呈辐射状态，弯折处受力较大。

2）钢丝束制作。钢丝束制作随锚具的不同而异，一般需经调直、下料、编束和安装锚具等工序。当采用XM型锚具、QM型锚具、钢质锥形锚具时，预应力钢丝束的制作和下料长度计算基本和预应力钢筋束、钢绞线束相同。

用钢丝束镦头锚具锚固钢丝束时，其下料长度力求精确。编束是为了防止钢筋扭结。采用镦头锚具时，先分别将内圈和外圈钢丝按次序编排成片，然后将内圈钢丝片放在外圈内绑扎成钢丝束。

① 下料长度：用钢质锥形锚具时，同钢筋束。

② 下料方法：采取应力下料，控制应力取300N/mm$^2$。

③ 编束：测量直径，同束误差小于或等于0.1mm；每隔1m编一道成帘子状；每隔1m放一个与螺杆直径一致的弹簧衬圈，绕衬圈成束、扎牢，如图5-30所示。

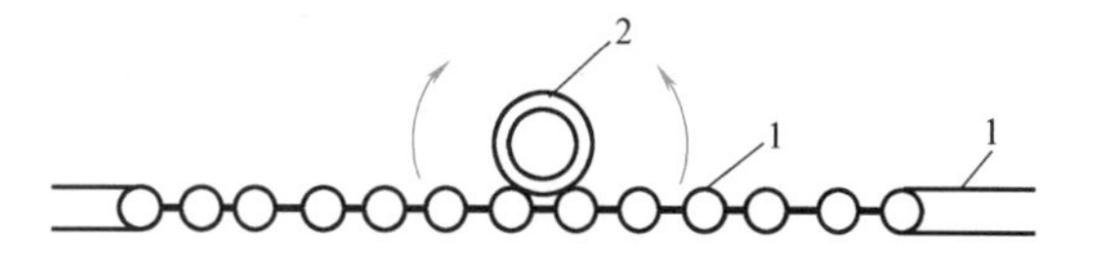


图5-30　钢丝束的编束

1—钢丝　2—衬圈

3. 张拉设备

后张法主要张拉设备有千斤顶和高压油泵。国家已对采用人工手动操作张拉油泵、从压力表读取张拉力、伸长量靠尺量测的张拉设备采取限制使用措施，在二类以上市政工程项目预制厂（场）内进行后张法预应力构件施工时不得使用。可替代的施工工艺设备有数控预应力张拉设备等。

（1）拉杆式千斤顶　与螺丝端杆锚具配套的张拉设备为拉杆式千斤顶。常用的有 YL 20 型、YL 60 型千斤顶。YL 60 型千斤顶是一种通用型的拉杆式液压千斤顶。YL 60 型千斤顶适用于张拉采用螺丝端杆锚具的粗钢筋、锥形螺杆锚具的钢丝束及镦头锚具的钢筋束。

拉杆式千斤顶的构造如图 5-31 所示，由主缸、主缸活塞等组成。张拉预应力筋时，首先使连接器与预应力筋的螺丝端杆连接，并使顶杆支承在构件端部的预埋钢板上；当高压油泵将油液从主缸进油孔推进主缸时，油液推动主缸活塞向右运动，带动拉杆和连接在拉杆末端的螺丝端杆运动，预应力筋即被拉伸；当达到张拉力后，拧紧预应力筋端部的螺母，使预应力筋锚固在构件端部；锚固完毕后，改用副缸进油孔进油，推动副缸活塞和拉杆向左运动，回到开始张拉的位置；与此同时，主缸的高压油也回到油泵中，完成一次张拉过程。

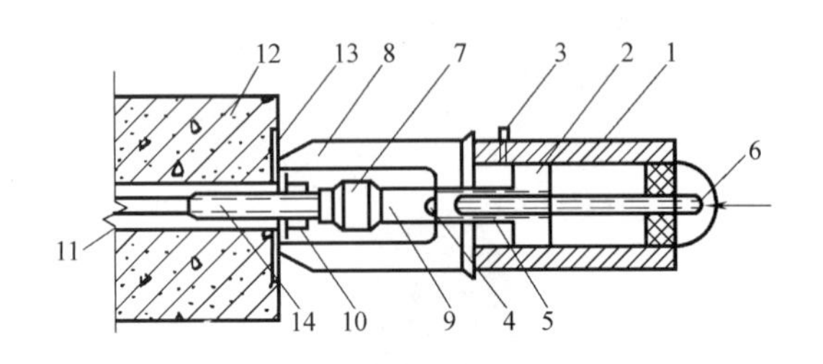


图 5-31　拉杆式千斤顶张拉单根粗钢筋的工作原理图

1—主缸　2—主缸活塞　3—主缸进油孔　4—副缸　5—副缸活塞　6—副缸进油孔　7—连接器　8—传力架　9—拉杆　10—螺母　11—预应力筋　12—混凝土构件　13—预埋钢板　14—螺丝端杆



（2）锥锚式双作用千斤顶　锥锚式双作用千斤顶构造如图 5-32 所示，由主缸、副缸、退楔块、锥形卡环、退楔翼片和楔块等组成。常用型号为 YZ-85，公称张拉力为 850kN，张拉行程为 250mm，顶压行程为 60mm，顶压力为 415kN，额定油压为 51.5MPa，常用于张拉

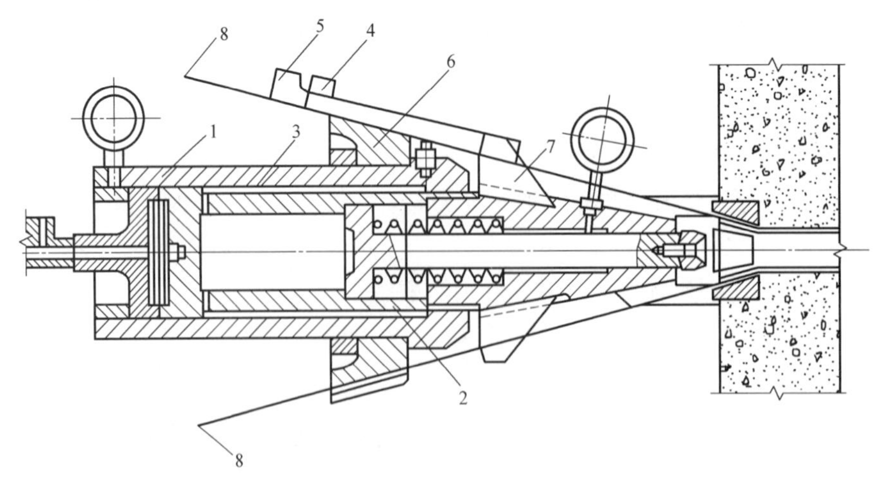


图 5-32　锥锚式双作用千斤顶构造图

1—主缸　2—副缸　3—退楔缸　4—楔块（张拉时位置）　5—楔块（退出时位置）　6—锥形卡环　7—退楔翼片　8—预应力筋

带锥形锚具的钢丝束。

锥锚式双作用千斤顶的主缸和主缸活塞用于张拉预应力筋，顶压油缸用以顶压锥塞。张拉预应力筋时，主缸进油，主缸被压移，使固定在其上的钢筋被张拉；钢筋张拉后，改由副缸进油，随即由副缸活塞将锚塞顶入锚圈中。主、副油缸的回油则是借助设置在主缸和副缸中的弹簧作用来进行的。

（3）穿心式千斤顶　穿心式千斤顶沿千斤顶纵轴线有一条穿心通道，供穿过预应力筋用。沿千斤顶的径向分内外两层油缸。外层油缸为张拉油缸，工作时张拉预应力筋；内层为顶压油缸，工作时进行锚具的顶压锚固，故称为穿心式双作用千斤顶。

常用型号为YC-60，如图5-33所示，公称张拉力为600kN，张拉行程为150mm，顶压力为300kN，顶压行程为50mm。它适用于张拉带夹片锚具的钢筋束或钢绞线束；配上撑脚和拉杆等也可作为拉杆式千斤顶使用。

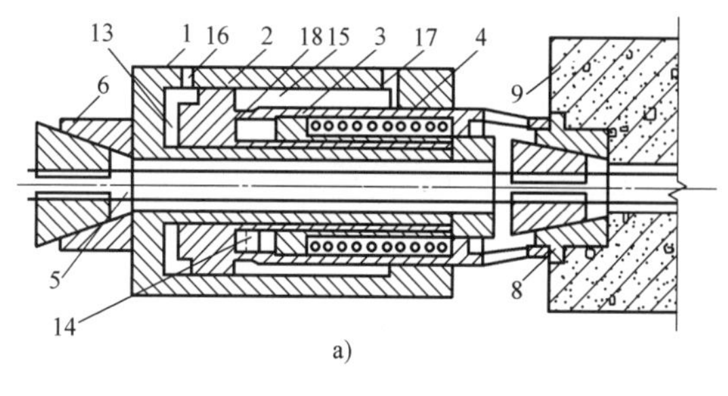


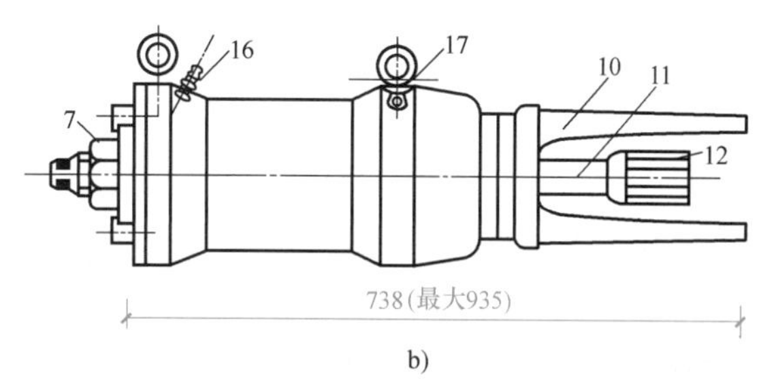


图5-33　YC-60型穿心式千斤顶

a）构造与工作原理图　b）加撑脚后的原貌图

1—张拉缸　2—顶压缸（即张拉活塞）　3—顶压活塞　4—弹簧　5—预应力筋　6—工具锚　7—螺母　8—锚环　9—构件　10—撑脚　11—张拉杆　12—连接器　13—张拉工作油室　14—顶压工作油室　15—张拉回程油室　16—张拉缸油嘴　17—顶压缸油嘴　18—油孔

张拉预应力筋时，张拉油嘴进油，顶压缸油嘴回油，顶压缸带动撑脚右移顶住锚环；张拉缸带动工具锚左移张拉预应力筋。顶压锚固时，在保持张拉力稳定的前提下，顶压缸油嘴进油，顶压活塞右移将夹片强力顶入锚环内。张拉缸采用液压回程，此时张拉缸油嘴回油，顶压缸油嘴进油。顶压活塞采用弹簧回程，此时张拉缸和顶压缸油嘴同时回油，顶压活塞在弹簧力作用下回程复位。

（4）大孔径穿心式千斤顶　大孔径穿心式千斤顶又称群锚千斤顶，是一种具有大穿心孔径的单作用千斤顶。千斤顶的前端安装顶压器（液压、弹簧）或限位板，尾部安装工具锚，如图5-34所示。限位板的作用是在钢绞线束张拉过程中限制工作锚夹片的外露长度，以保证锚固时夹片内缩一致，并不大于预期值。工具锚环是专用的，能多次使用，锚固后拆卸夹片方便。这种千斤顶的张拉力大，构造简单，不顶锚，操作方便，但要求锚具有良好的锚固性能，被广泛用于大吨位的钢绞线束张拉。

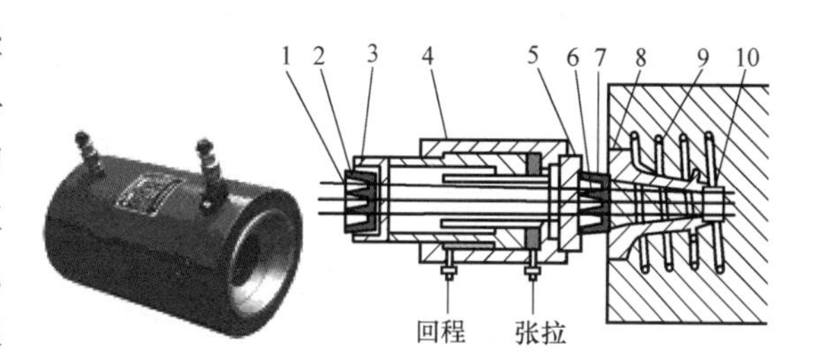


图5-34　大孔径穿心式千斤顶

1—工具夹片　2—工具锚环　3—过渡套　4—千斤顶　5—限位板　6—工作夹片　7—工作锚环　8—锚垫板　9—螺旋筋　10—波纹管

（5）前置内卡式千斤顶 前置内卡式千斤顶是一种小型千斤顶，如图 5-35 所示，由外缸、内缸、活塞、前后端盖、顶压器、工具锚组成，张拉力为 180~250kN，张拉行程为 160~200mm，预应力筋的外露长度短（250mm）。千斤顶轻巧，适用于张拉单根钢绞线和 7$\phi$5 钢丝束。

在高压油作用下，顶压器、活塞杆不动，油缸后退，从而工具锚夹片夹紧钢绞线，随着高压油不断作用，油缸继续后退，完成钢绞线张拉工作。千斤顶张拉后，油缸回油复位时，顶压器中的顶楔环将工具锚夹片打开，千斤顶退出。

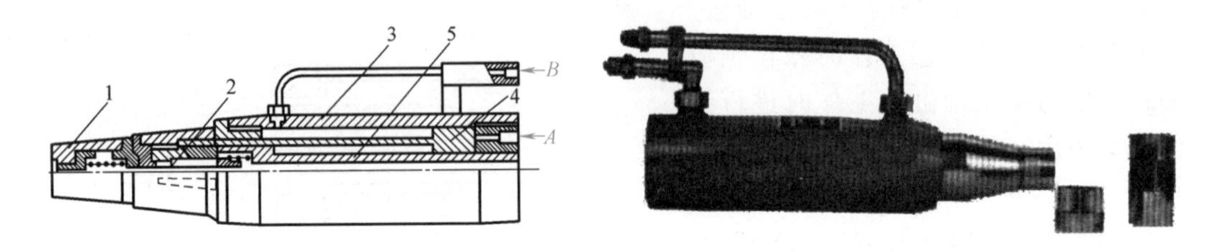


图 5-35 前置内卡式千斤顶

A—进油 B—回油 1—工具锚 2—外缸 3—内缸 4—活塞 5—拉杆



### 5.3.2 后张法施工工艺

与预应力施工有关的后张法施工工艺是孔道留设、预应力筋张拉和孔道灌浆三部分。

1. 孔道留设

构件中留设孔道主要是为穿预应力筋（钢丝束）及张拉锚固后灌浆使用。孔道留设的基本要求如下：孔道直径应保证预应力筋（钢丝束）能顺利穿过；孔道应按设计要求的位置、尺寸埋设准确、牢固，浇筑混凝土时不应出现移位和变形；在设计规定位置上留设灌浆孔，一般在构件两端和中间每隔 12m 留一个直径为 20mm 的灌浆孔；在曲线孔道的曲线波峰部位应设置排气兼泌水管，必要时可在最低点设置排水管；灌浆孔及泌水管的孔径应能保证浆液畅通。

预留孔道的形状有直线、曲线和折线形，孔道留设方法主要有钢管抽芯法、胶管抽芯法和预埋管法。

（1）钢管抽芯法 预先将平直、表面圆滑的钢管埋设在模板内预应力筋孔道位置上。从开始浇筑混凝土至浇筑后拔管前，间隔一定时间要缓慢匀速地转动钢管；待混凝土初凝后至终凝之前，用卷扬机匀速拔出钢管即可在构件中形成孔道，抽管顺序宜先下后上，要边抽边转，速度均匀，与孔道成一条直线。

为防止在浇筑混凝土时钢管产生位移，一般用钢筋井字架固定钢管位置，其间距不超过 1m。钢管抽芯法只适用于留设直线孔道，钢管长度不宜超过 15m，钢管两端各伸出构件 500mm 左右，以便转动和抽管。

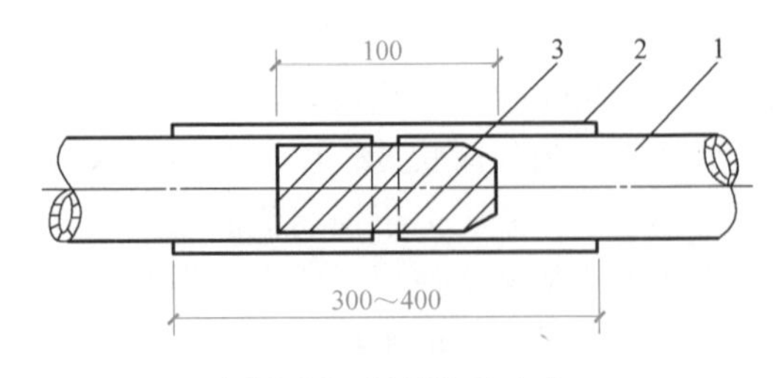


图 5-36 钢管连接方式

1—钢管 2—白铁皮套管 3—硬木塞

当构件较长时，可采用两根钢管，中间用套管连接，钢管的旋转方向要相反，如图 5-36 所示，抽管时间与水泥品种、浇筑气温和养护条件有关。

采用钢筋束镦头锚具和锥形螺杆锚具留设孔道时，张拉端的扩大孔也可用钢管成型，留孔时应注意端部扩孔应与中间孔道同心。

（2）胶管抽芯法　胶管有帆布胶管和钢丝网胶管两种。帆布胶管采用5~7层帆布夹层，壁厚6~7mm的普通橡胶管，用于直线、曲线或折线孔道成型。采用帆布胶管时，胶管一端密封，另一端接上阀门，安放在孔道设计位置上，为防止在浇筑混凝土时胶管产生位移，直线段每隔0.5m用钢筋井字架固定牢靠，曲线段井字架应适当加密。

浇筑混凝土前，胶管内充入压力为0.6~0.8MPa的压缩空气或压力水，管径增大约3mm。待混凝土初凝后、终凝前，将胶管阀门打开放水（或放气）降压，胶管回缩与混凝土自行脱落。一般按先上后下、先曲后直的顺序将胶管抽出，如图5-37所示。

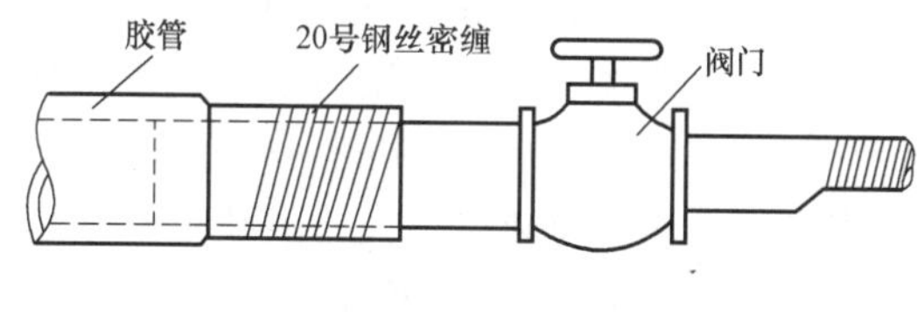

图5-37　胶管抽芯法

若采用钢丝网胶管，留孔方法与钢管一样，只是浇筑混凝土后不需要转动，由于其具有一定的弹性，抽管时在拉力作用下断面缩小易于拔出。

（3）预埋管法　预埋管法是用钢筋井字架将黑铁皮管、薄钢管或金属螺旋管固定在设计位置上，在混凝土构件中埋管成型的一种施工方法。波纹管与混凝土有良好的黏结力，预埋在混凝土构件中不再抽出，施工方便、质量可靠、张拉阻力小、应用最广泛，适用于预应力筋密集或曲线预应力筋的孔道埋设，特别是采用钢丝或钢绞线作为预应力筋的大型构件或结构中，可直接将下好料的预应力筋在孔道成型前就穿入波纹管中，这样可以省工。但在电热后张法施工中，不得采用波纹管或其他金属管埋设的管道，如图5-38所示。

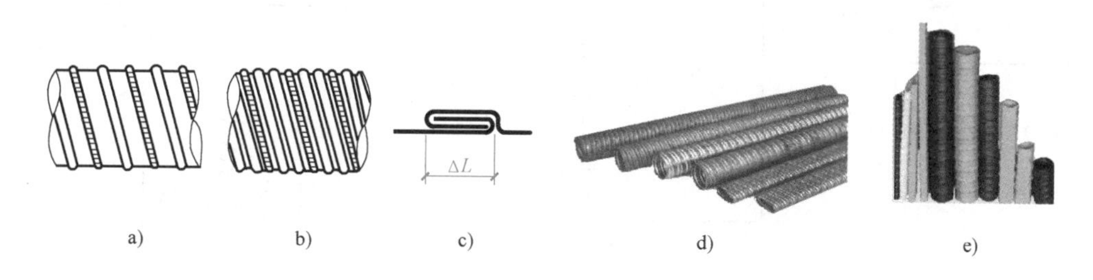

图5-38　波纹管

a）单波纹　b）双波纹　c）咬口金属波纹管　d）金属波纹管　e）塑料波纹管

除金属波纹管外，还有塑料波纹管，它采用的塑料为聚丙烯或高密度聚乙烯。管道外表面的螺旋肋与周围的混凝土具有良好的黏结力，从而能将预应力传递给管道外的混凝土。塑料波纹管具有耐腐蚀性好、孔道摩擦损失小、可提高后张预应力结构的抗疲劳性能等优点。

灌浆孔的做法，对现浇预应力结构金属波纹管留孔，是在波纹管上开孔，用带嘴的塑料弧形压板与海绵垫片覆盖并用钢丝扎牢，再接增强塑料管（外径为20mm，内径为16mm）。为保证留孔质量，金属波纹管上可先不开孔，在外接塑料管内插一根钢筋，待孔道灌浆前，再用钢筋打穿波纹管。

### 2. 预应力筋张拉

预应力筋张拉时，结构的混凝土强度应符合设计要求，当设计无要求时，不应低于设计强度标准值的 75%，块体拼接者，立缝混凝土或砂浆应符合设计要求或大于或等于块体混凝土强度的 40%，且大于或等于 15N/mm$^2$，以确保在张拉过程中，混凝土不至于受压而破坏。

预应力筋的张拉控制应力应符合设计要求，施工时预应力筋需要超张拉，可比设计要求提高 3%~5%。

(1) 穿筋　成束的预应力筋将一头对齐，按顺序编号套在穿束器上，如图 5-39 所示。

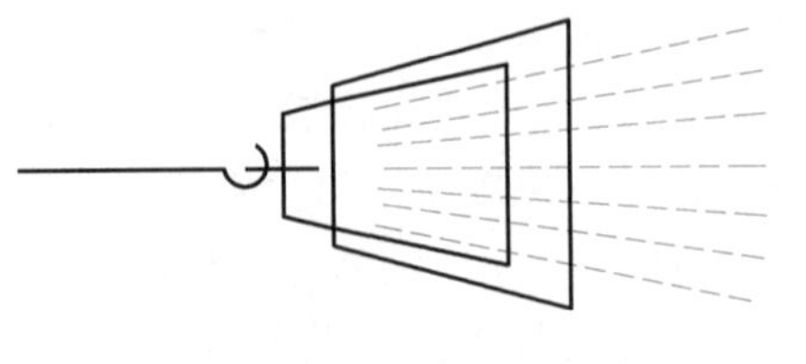

图 5-39　穿束器

(2) 张拉控制应力和超张拉最大应力同先张法的要求。

(3) 预应力筋的张拉程序　预应力筋的张拉程序主要根据构件类型、张锚体系、松弛损失取值等因素来确定。采用超张拉方法减少预应力筋的松弛损失时，预应力筋的张拉程序宜为 $0 \rightarrow 1.05\sigma_{con}$（持荷 2min）$\rightarrow \sigma_{con}$。

当预应力筋张拉吨位不大，根数很多，而设计中又要求采取超张拉以减少应力松弛损失时，其张拉程序可为 $0 \rightarrow 1.03\sigma_{con}$。



(4) 预应力筋的张拉顺序　预应力筋张拉顺序应按设计规定进行；当设计无规定时，应分批分阶段对称地进行（后批对先批产生应力影响）。预应力楼盖张拉顺序为：板→次梁→主梁。图 5-40 所示是预应力混凝土屋架下弦杆预应力筋张拉顺序。图 5-41 所示是预应力混凝土吊车梁预应力筋采用两台千斤顶时的张拉顺序，对配有多根不对称预应力筋的构件，应分批分阶段对称张拉。平卧重叠浇筑的预应力混凝土构件，张拉预应力筋的顺序是先上后下，逐层进行。逐层加大拉应力，顶底相差应小于或等于 5%。

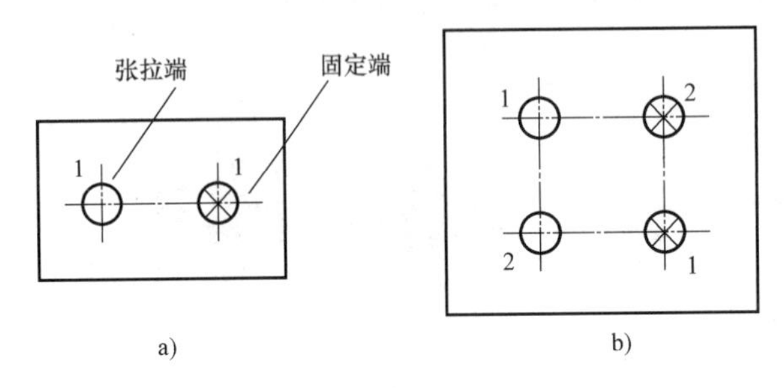


图 5-40　预应力混凝土屋架下弦杆预应力筋张拉顺序

a）两束　b）四束

注：图中数字代表张拉顺序

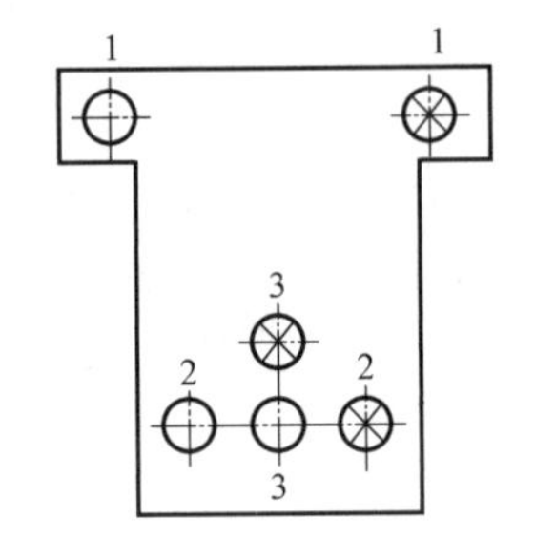


图 5-41　预应力混凝土吊车梁预应力筋的张拉顺序

注：图中数字代表张拉顺序

(5) 张拉方法　对于曲线预应力筋和长度大于 24m 的直线预应力筋，应采用两端同时张拉的方法；对于长度小于或等于 24m 的直线预应力筋，可一端张拉，但张拉端宜分别设置在构件两端。

预埋波纹管孔道曲线预应力筋和长度大于 30m 的直线预应力筋宜在两端张拉，长度小于或等于 30m 的直线预应力筋可在一端张拉。

安装张拉设备时，对于直线预应力筋，应使张拉力的作用线与孔道中心线重合；对于曲线预应力筋，应使张拉力的作用线与孔道中心线末端的切线重合。

分批张拉时，后批张拉预应力筋的作用力使混凝土再次产生的弹性压缩导致先批预应力筋应力下降。此应力损失可按式（5-12）计算后加到先批预应力筋的张拉应力中去。分批张拉的损失也可以采取对先批预应力筋逐根复位补足的办法处理。

$$\Delta\sigma=\frac{E_s(\sigma_{con}-\sigma_1)A_p}{E_cA_n} \tag{5-12}$$

式中 $\Delta\sigma$——先批张拉预应力筋应增加的应力（$N/mm^2$）；

$E_s$——预应力筋弹性模量（$N/mm^2$）；

$\sigma_{con}$——控制应力（$N/mm^2$）；

$\sigma_1$——后批张拉预应力筋的第一批预应力损失（包括锚具变形和摩擦损失）（$N/mm^2$）；

$E_c$——混凝土弹性模量（$N/mm^2$）；

$A_p$——后批张拉预应力筋截面面积（$mm^2$）；

$A_n$——构件混凝土净截面面积（$mm^2$）（包括构造钢筋折算面积）。

【例 5-2】 某预应力混凝土屋架下弦杆截面尺寸为 240mm×220mm，有 4 根预应力螺纹钢筋，预应力采用 HRB335 级钢筋，直径为 25mm，张拉控制应力 $\sigma_{con}=0.85f_{pyk}=0.85\times500N/mm^2=425N/mm^2$，$\sigma_1=28N/mm^2$，采用 $0\to1.03\sigma_{con}$ 张拉程序，沿对角线分两批对称张拉，屋架下弦杆构造配筋为 4Φ10（Φ10 面积为 $491mm^2$），孔道直径 $D=48mm$，试计算第一批预应力筋张拉应力增加值 $\Delta\sigma$。

解：采用两台 YL-60 千斤顶，考虑到第二批张拉对第一批预应力筋的影响，第一批预应力筋张拉应力应增加 $\Delta\sigma$。

$$A_n=240\times220mm^2-4\times\frac{\pi\times48^2}{4}mm^2+4\times78.5\times\frac{200000}{32500}mm^2=47498mm^2$$

$$\Delta\sigma=\frac{E_s(\sigma_{con}-\sigma_1)A_p}{E_cA_n}=\frac{180000\times(425-28)\times982}{32500\times47498}N/mm^2=45.4N/mm^2$$

则第一批预应力筋张拉应力为

$$(425+45.4)\times1.03N/mm^2=485N/mm^2>0.9f_{pyk}=450N/mm^2$$

上述计算表明，分批张拉的影响若补加到先批预应力筋张拉应力中，将使张拉应力过大，超过了规范规定，故采取重复张拉补足的方法。

【例 5-3】 上例中，若 $\Delta\sigma=12N/mm^2$，试计算第一批、第二批预应力筋的张拉力及油压表读数。

解：当采用超张拉 $\Delta\sigma$ 时，钢筋的应力为

$$1.03\times(425+12)N/mm^2=450N/mm^2=0.9f_{pyk}$$

故第一批的张拉力为

$$N=1.03\times(425+12)N/mm^2\times491mm^2=221kN$$

油压表读数为

$$P=221000/16200N/mm^2=13.64N/mm^2,\text{活塞面积为 }16200mm^2$$

第二批的张拉力

$$N=1.03\times425\times491\text{kN}=214.9\text{kN}$$

油压表读数为

$$P=214900/16200\text{N/mm}^2=13.3\text{N/mm}^2$$

3. 叠层构件的张拉

对于叠浇生产的预应力混凝土构件，上层构件产生的水平摩阻力会阻止下层构件预应力筋张拉时混凝土弹性压缩的自由变形，当上层构件吊起后，由于摩阻力影响消失，将增加混凝土弹性压缩变形，因而引起预应力损失。该损失值与构件形式、隔离层和张拉方式有关。为了减少和弥补该项预应力损失，可自上而下逐层加大张拉力，底层张拉力不宜比顶层张拉力大5%（钢丝、钢绞线、热处理钢筋）且要符合《混凝土结构工程施工规范》（GB 50666—2011）的规定。

为了使逐层加大的张拉力符合实际情况，最好在正式张拉前对某叠层第一、二层构件的张拉压缩量进行实测，然后按下式计算各层应增加的张拉力：



$$\Delta N=(n-1)\frac{\Delta_1-\Delta_2}{L}E_sA_p \tag{5-13}$$

式中　$\Delta N$——层间摩阻力（N）；

$n$——构件所在层数（自上而下计）；

$\Delta_1$——第一层构件张拉压缩变形值（mm）；

$\Delta_2$——第二层构件张拉压缩变形值（mm）；

$L$——构件长度（m）；

$E_s$——预应力筋弹性模量（$\text{N/mm}^2$）；

$A_p$——预应力筋截面面积（$\text{mm}^2$）。

此外，为了减少叠层摩擦损失，应进一步改善隔离层的性能，并应限制重叠层数，一般以3~4层为宜。

【例5-4】【例5-2】中的预应力屋架下弦杆孔道长度为23800mm，4榀屋架叠加生产，经过实测第一榀屋架压缩变形值为12mm，第二榀屋架压缩变形值为11mm，计算层间摩阻力$\Delta N$。

解：层间摩阻力为

$$\Delta N=(n-1)\frac{\Delta_1-\Delta_2}{L}E_sA_p=(2-1)\times\frac{12-11}{23800}\times180000\times982\text{N}=7427\text{N}$$

则第二榀屋架张拉应力为

$$\sigma_{con}+7427\div982\text{N/mm}^2=0.85\times500\text{N/mm}^2+7.6\text{N/mm}^2=433\text{N/mm}^2$$

第三榀屋架张拉应力为

$$433\text{N/mm}^2+7.6\text{N/mm}^2=440.6\text{N/mm}^2$$

第四榀屋架张拉应力为

$$440.6\text{N/mm}^2+7.6\text{N/mm}^2=448.2\text{N/mm}^2$$

上面各榀屋架预应力的张拉力都不超过$0.90f_{pyk}$（$450\text{N/mm}^2$）的要求。

（1）预应力值的校核和伸长值的测定　采用应力控制方法张拉时，应校核预应力筋张拉伸长值，可综合反映张拉力是否足够，孔道摩擦损失是否偏大，以及预应力筋是否有异常现象。

为了了解预应力值建立的可靠性，需对预应力筋的应力及损失进行检验和测定，以便在张拉时补足和调整预应力值。检验应力损失的最简便的方法是在预应力筋张拉24h后孔道灌浆前重拉一次，测读前后两次应力值之差，即为钢筋预应力损失（并非全部预应力损失，但已完成很大一部分）。预应力筋张拉锚固后，实际预应力值和工程设计规定检验值的相对允许偏差为±5%。

在测定预应力筋伸长值时，须先建立10%$\sigma_{con}$的初应力，预应力筋的伸长值，也应从建立初应力后开始测量，但需要加上初应力的推算伸长值。推算伸长值可根据预应力弹性变形呈直线变化的规律求得。如某筋应力从0.2$\sigma_{con}$增加到0.3$\sigma_{con}$时，其变形为4mm，即应力每增加0.1$\sigma_{con}$变形增加4mm，故该筋初应力10%$\sigma_{con}$时的伸长值为4mm。后张法还应扣除混凝土构件在张拉过程中的弹性压缩值。当实际伸长值与计算伸长值的偏差超过±6%时，应暂停张拉，分析原因后采取措施。



预应力筋张拉计算伸长值$\Delta L$计算公式为

$$\Delta L=\frac{P_{m}l}{A_{p}E_{s}} \tag{5-14}$$

预应力筋张拉伸长值的量测，应在建立初应力之后进行。其实际伸长值$\Delta L'$计算公式为

$$\Delta L'=\Delta L_{1}+\Delta L_{2}-C \tag{5-15}$$

规范规定：

$$\left|\frac{\Delta L-\Delta L'}{\Delta L}\right|\leqslant 0.06 \tag{5-16}$$

式中　$P_{m}$——预应力筋的平均张拉力（kN），取张拉端拉力与计算截面处扣除孔道摩擦损失后拉力的平均值；

$\Delta L_{1}$——从初应力至最大张拉力之间实测伸长值（mm）；

$\Delta L_{2}$——初应力以下的推算伸长值（mm）；

$C$——施加预应力时，后张预应力混凝土构件的弹性压缩值等（mm）。

初应力取值宜为10%～20%的$\sigma_{con}$（对曲线束取上限）。初应力以下的推算值伸长值$\Delta L_{2}$，可根据弹性范围内张拉力与伸长值成正比的关系用图解法求得。

此外，在锚固时应检查张拉端预应力筋的内缩值，以免由于锚固引起的预应力损失超过设计值，如实测的预应力筋的内缩值大于或小于规定限值，应查明原因，采取更换限位板、改善操作工艺等措施或采用超张拉的方法。

（2）张拉安全事项　在张拉构件的两端应设置保护装置，如用麻袋、草包装土筑成土墙，以防止螺母滑脱，钢筋断裂飞出伤人；在张拉操作中，预应力筋的两端严禁站人，操作人员应在侧面工作。

4. 孔道灌浆

预应力筋张拉完毕后，应进行孔道灌浆，灌浆的目的是为了防止钢筋生锈，增加结构的

整体性和耐久性，提高结构的抗裂性和承载力。

灌浆用的水泥浆应有足够的强度和黏结力，且应有较好的流动性，较小的干缩性和泌水性，宜采用强度等级不小于42.5级的普通硅酸盐水泥配制水泥浆，水泥浆强度等级不小于30MPa。水胶比为0.4左右，不得大于0.45。拌后3h泌水率宜为0，最大不得超过1%，泌水应能在24h内全部被水泥浆吸收。水泥浆中氯离子含量不应超过水泥质量的0.06%。灌浆用的水泥浆应过筛，并在灌浆过程中不断搅拌，以免沉淀析水。

水泥浆中可掺入无腐蚀性外加剂，如铝粉（水泥质量的0.05%）、木质素磺酸钙（水泥质量的0.25%）、微膨胀剂等，但24h的自由膨胀率，采用普通工艺时，不应大于6%，采用真空灌浆工艺时，不应大于3%。

灌浆前，用压力水冲洗湿润孔道。灌浆施工时，灌浆应连续进行，不得中断，并应防止空气压入孔道而影响灌浆质量。灌满孔道并封闭排气孔后，宜连续加压0.5~0.7MPa，并稳压1~2min，稍后再封闭灌浆孔。灌浆顺序为从下层孔到上层孔，以免上层孔道灌浆把下层孔道堵塞。不掺外加剂时，可采用二次灌浆法。



较长孔道宜采用真空辅助灌浆。灌浆前，应先关闭灌浆口的阀门及孔道全程所有的排气阀，然后在排浆端启动真空泵抽出孔道内的空气，使孔道真空负压达到-0.10~-0.08MPa，并保持稳定，随后在孔道另一端启动灌浆泵将拌制好的水泥浆灌入，等浆体充满整个孔道时，保持不小于0.7MPa的压力2min，以确保孔道灌浆的饱满和密实。灌浆过程中，真空泵应保持连续工作，待浆体经过抽真空端时应关闭通向真空泵的阀门，同时打开位于排浆端上方的排浆阀门，在排出少许浆体后再关闭。预应力筋张拉后，应尽快用灰浆泵将水泥浆压灌入预应力孔道中。灌浆用水泥浆应有足够的黏结力，且应有较大的流动性，较小的干缩性和泌水性。真空辅助灌浆工艺对超长的多波孔道、大曲率孔道、扁形孔道、腐蚀环境的孔道等灌浆较为有利。

对于人工手动操作进行孔道压浆的设备，国家已限制采用，在二类以上市政工程项目预制场内进行后张法预应力构件施工时不得使用，可采用数控压浆设备施工工艺等。

5. 端头封裹

预应力筋锚固后外露长度应大于或等于30mm，多余部分宜用砂轮锯切割。锚具应采用封头混凝土保护。封头混凝土的尺寸应大于预埋钢板尺寸，厚度大于或等于100mm，且端部保护层厚度不宜小于20~50mm（凸出式）。封头处原有混凝土应凿毛，以增加黏结性。封头内应配有钢筋网片，细石混凝土强度等级为C30~C40。

## 5.4　无黏结预应力混凝土技术

无黏结预应力混凝土是指配置与混凝土之间可保持相对滑动的无黏结预应力筋的后张法预应力混凝土，即无须预留管道与灌浆，而是将无黏结预应力筋表面刷涂料并包塑料布（管）后同普通钢筋一样铺设在结构模板设计位置上，与非预应力钢丝绑扎牢靠后浇筑混凝土；待混凝土达到设计强度后，对无黏结预应力筋进行张拉和锚固，借助于构件两端锚具传递预应力。

无黏结预应力工艺优点：无须预留孔道和进行孔道灌浆，施工简单，张拉时摩阻力小，预应力筋易弯成曲线形状等，但预应力完全依靠锚具传递，因此对锚具要求较高。

### 5.4.1　无黏结预应力筋

无黏结预应力筋是由7根直径为5mm高强钢丝组成的钢丝束或扭结成的钢绞线，通过专门设备涂包涂料层和包裹外包层构成的，如图5-42所示。预应力筋束外包层必须具有一定的抗拉强度及防渗透性能；在-20～70℃温度范围内，低温不脆化，高温化学稳定性好；具有足够的韧性，抗破坏性强；对周围材料无侵蚀作用。目前常用的材料有高密度聚乙烯或聚丙烯。

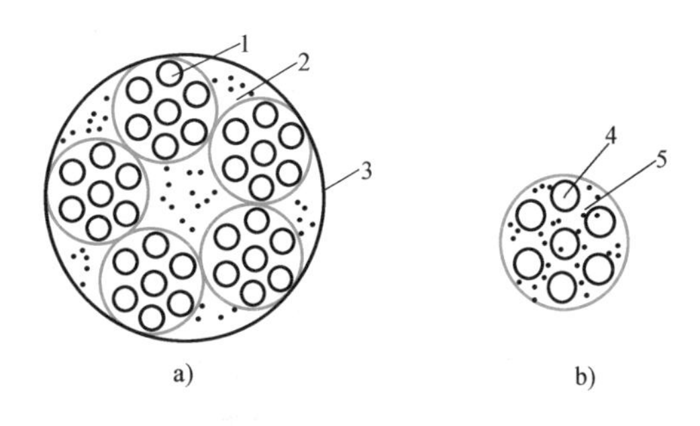


图5-42　无黏结预应力筋横截面示意图

a）无黏结钢绞线束　b）无黏结钢丝束或单根钢绞线

1—钢绞线　2—沥青涂料　3—塑料布外包层

4—钢丝　5—油脂涂料

涂料层一般采用防腐沥青、油脂、环氧树脂等，也应具有良好的化学稳定性，对周围材料无侵蚀作用；不透水，不吸湿，耐蚀性强；润滑效果好，摩阻力小；在-20～70℃温度范围内，高温不流淌，低温不脆化，并具有一定的延展性和韧性。



在无黏结预应力混凝土中，锚具必须具有可靠的锚固性能，要求不低于无黏结预应力筋抗拉强度的95%。

### 5.4.2　无黏结预应力混凝土施工工艺

#### 1. 无黏结预应力筋的铺放与定位

铺设双向配筋的无黏结预应力筋时，应先铺设标高低的钢丝束，再铺设标高较高的钢丝束，以避免两个方向钢丝束相互穿插。无黏结预应力筋应在绑扎完底筋以后进行铺设。无黏结预应力筋应铺设在电线管下面。铺设时曲线坐标宜采用钢筋托架或支撑钢筋控制，其间距为1～2m，并用钢丝与无黏结预应力筋扎牢。

#### 2. 端部锚具节点安装

无黏结预应力筋固定端采用内埋式时，可选用挤压锚具、镦头锚板等。挤压锚具应与承压钢板贴紧，钢丝镦头必须与锚板贴紧。

（1）无黏结钢丝束镦头锚具　如图5-43所示，张拉端钢丝束从外包层抽拉出来，穿过锚杯孔眼镦粗头。

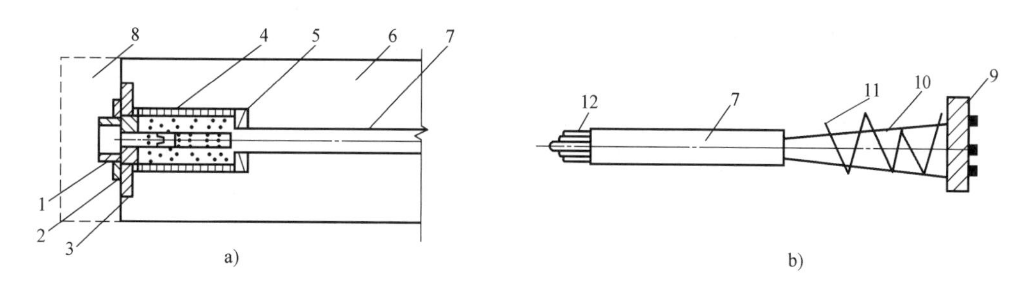


图5-43　无黏结钢丝束镦头锚具

a）张拉端　b）固定端

1—锚杯　2—螺母　3—预埋件　4—塑料套筒　5—建筑油脂　6—构件

7—软塑料管　8—C30混凝土封头　9—锚板　10—钢丝　11—螺旋筋　12—钢丝束

（2）无黏结钢绞线夹片式锚具　如图5-44所示，无黏结钢绞线夹片式锚具常采用XM型锚具，其固定端采用压花成型埋置在设计部位，待混凝土强度等级达到设计强度后，方能形成可靠的黏结式锚头。

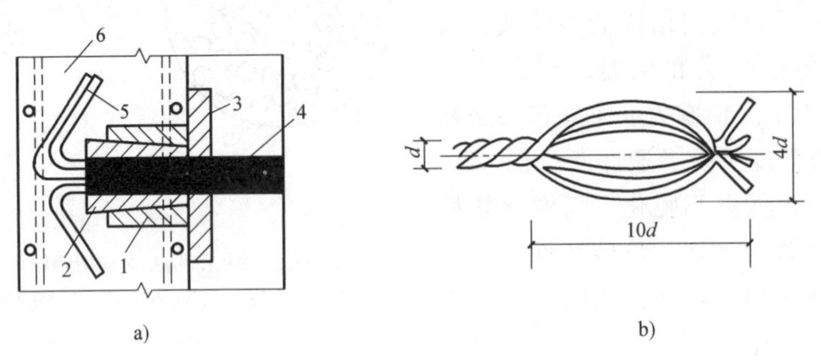


图5-44　无黏结钢绞线夹片式锚具

a）张拉端　b）固定端

1—锚环　2—夹片　3—预埋件　4—软塑料管　5—散开的打弯钢丝　6—圈梁



无黏结预应力筋锚头端部处理：锚固后在锚具夹片外保留不少于30mm切断，宜用砂轮锯切割，不得用电弧切割；分散、弯折后浇混凝土封闭，防止锈蚀；锚具外浇筑钢筋混凝土圈梁。

无黏结预应力筋张拉端可采用凸出式或凹入式做法。张拉端凸出式构造如图5-45所示。端头预埋钢板应垂直于预应力筋，螺旋筋应紧靠预埋钢板。张拉端凹入式的凹口可采用塑料穴模、泡沫块或木块做成，如图5-46所示。

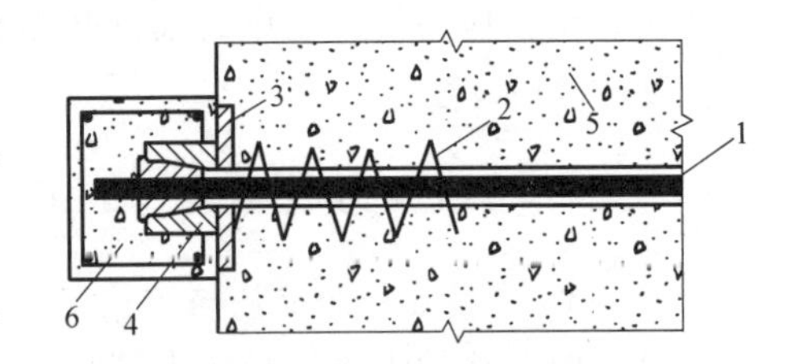


图5-45　无黏结预应力筋张拉端凸出式做法

1—无黏结预应力筋　2—螺旋筋　3—承压钢板

4—夹片锚具　5—砂浆　6—混凝土圈梁

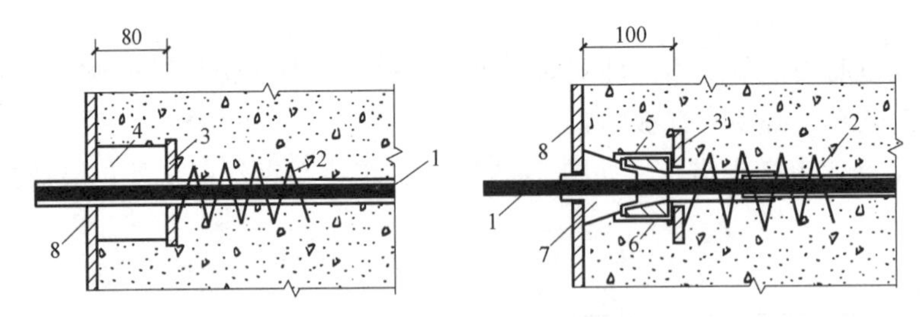


图5-46　无黏结预应力筋张拉端凹入式做法

1—无黏结预应力筋　2—螺旋筋　3—承压钢板　4—泡沫穴模　5—锚环

6—带杯口的塑料套管　7—塑料穴模　8—模板

3. 无黏结预应力筋的张拉

混凝土强度达到设计强度时才能张拉无黏结预应力筋，张拉程序为$0 \rightarrow 1.03\sigma_{con}$，张拉顺序应符合设计顺序，先铺设的先张拉，后铺设的后张拉。钢筋长度在25m内，一端张拉；钢筋长度为25~50m时，一端张拉锚固后，另一端补强。先用千斤顶抽动一两次；滑脱、断裂数量≤2%（同一截面总量的）。

无黏结预应力筋宜采取单根张拉。张拉设备宜选用前置内卡式千斤顶；锚固体系选用单孔夹片锚具，其静载锚固性能应满足要求。无黏结预应力筋由于摩擦损失小，用于楼面结构时曲率也小，因此不论直线还是曲线形状在长度不大于25m时都可采取一端张拉。当筋长超过50m时，宜采取分段张拉与锚固。无黏结预应力筋的张拉力、张拉顺序与张拉伸长值校核与一般预应力筋张拉相同。

4. 锚固区防腐蚀措施

锚固区必须有严格的密封防护措施，严防水汽进入，锈蚀预应力筋。锚具表面经处理后，再用微胀混凝土或低收缩水泥砂浆密封，也可用外包钢筋混凝土圈梁封闭。对不能使用混凝土或砂浆包裹层的部位，应对无黏结预应力筋的锚具全部涂以与无黏结预应力筋涂料层相同的防腐油脂，并用具有防腐和防火性能的保护层将锚具封闭。锚头端部处理方法如图5-47所示。

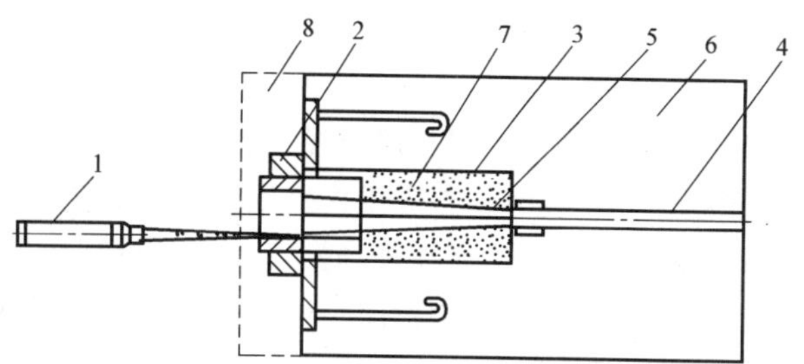


图5-47　无黏结预应力筋锚头端部处理方法

1—油枪　2—锚具　3—端部孔道　4—有涂层的无黏结预应力筋　5—无涂层的端部钢丝　6—构件　7—注入孔道的油脂　8—混凝土封闭

5. 无黏结预应力筋的应用

无黏结预应力混凝土施工工艺在贮池、筒仓、电视塔等特种混凝土结构中应用广泛。例如，杭州四堡污水处理厂蛋形消化池工程，为三维变曲面蛋形壳体，采用双向无黏结预应力体系。环向设122道预应力筋，每道由2段组成，设4个张拉孔；竖向64道，设2个张拉孔。池体埋深13.6m，池顶标高39.100m，池体最大直径24m，池壁厚为40~70cm渐变，在全世界污水处理厂同类工程中规模处于领先。

### 5.4.3　缓黏结预应力施工

后张缓黏结预应力筋由带外肋的高强度PE护套管、内涂在常温下延迟硬化树脂的钢绞线组成，它综合了无黏结筋张拉摩阻小、施工方便和有黏结筋安全性好的特点。

缓黏结预应力筋一般采用大直径钢绞线。对于常温下延迟硬化树脂，可根据工程的要求控制在2~5个月后凝结硬化，树脂硬化后的强度可达70MPa。施工方法与无黏结预应力筋施工方法基本一致。

## 5.5　预应力混凝土施工的质量要求

1. 一般规定

预应力工程应编制专项施工方案。必要时，专业施工单位应根据设计文件进行深化设计。当预应力筋需要代换时，应进行专门计算，并应经原设计单位确认。

预应力工程施工应根据环境温度采取必要的质量保证措施。当工程所处环境温度低于-15℃时，不宜进行预应力筋张拉；当工程所处环境温度高于35℃或连续5d环境日平均温度低于5℃时，不宜进行灌浆施工。

2. 材料

预应力工程材料在运输、存放过程中，应采取防止其损伤、锈蚀或污染的保护措施，并应符合下列规定：

1）有黏结预应力筋展开后应平顺，不应有弯折，表面不应有裂纹、小刺、机械损伤、氧化铁皮和油污等。

2）预应力筋锚具、夹具、连接器和锚垫板表面应无污物、锈蚀、机械损伤和裂纹。

3）无黏结预应力筋护套应光滑、无裂纹和无明显褶皱。

4）后张预应力筋用成孔管道内外表面应清洁、无锈蚀，不应有油污、孔洞和不规则的褶皱，咬口不应有开裂或脱落。

3. 制作与安装

1）预应力筋的下料长度应经计算确定，并应采用砂轮锯或切断机等机械方法切断。预应力筋制作或安装时，不应用作接地线，应避免焊渣或接地电火花损伤。

2）无黏结预应力筋在现场搬运和铺设过程中，不应损伤其塑料护套。当出现轻微破损时，应及时采用防水胶带封闭，严重破损的不应采用。



3）钢绞线挤压锚具应采用配套的挤压机制作，挤压操作的油压最大值应符合使用说明书的规定。采用的摩擦衬套应沿挤压套筒全长均匀分布。挤压完成后，预应力筋外端应露出挤压套筒不少于1mm。

4）钢绞线压花锚具应采用专用的压花机挤压成型，梨形头尺寸和直线锚固段长度不应小于设计值。

5）钢丝镦头及下料长度偏差应符合下列规定：

① 镦头的头型直径应为钢丝直径的1.5倍，高度不宜小于钢丝直径。

② 镦头不应出现横向裂纹。

③ 当钢丝束两端均采用镦头锚具时，同一束中各根钢丝长度的极差不应大于钢丝长度的1/5000，且不应大于5mm。当成组张拉长度不大于10m的钢丝时，同组钢丝长度的极差不得大于2mm。

6）孔道成型用管道的连接应密封，并应符合下列规定：

① 圆形金属波纹管接长时，可采用大一规格的同波型波纹管作为接头管，接头管长度可取其直径的3倍，且不宜小于200mm，两端旋入长度宜相等，且两端应采用防水胶带密封。

② 塑料波纹管接长时，可采用塑料焊接机热熔焊接或采用专用连接管。

③ 钢管连接可采用焊接连接或套筒连接。

7）预应力筋或成孔管道的定位应按设计规定的形状和位置安装，符合下列规定：

① 预应力筋或成孔管道应平顺，并与定位钢筋绑扎牢固，定位钢筋直径不宜小于10mm，间距不宜大于1.2m，板中无黏结预应力筋的定位间距可适当放宽，扁形管道、塑料波纹管或预应力筋曲线曲率较大处的定位间距，宜适当缩小。

② 凡施工时需要预先起拱的构件，预应力筋或成孔管道宜随构件同时起拱。

③ 预应力筋或成孔管道控制点竖向位置允许偏差应符合表5-3的规定。

表5-3　预应力筋或成孔管道控制点竖向位置允许偏差

| 构件截面高(厚)度 $h$/mm | $h \leqslant 300$ | $300 < h \leqslant 1500$ | $h > 1500$ |
|---|---|---|---|
| 允许偏差/mm | ±5 | ±10 | ±15 |

8）预应力筋和预应力孔道及间距及保护层厚度，应符合下列规定：

① 先张法预应力筋之间的净间距，不宜小于预应力筋的公称直径或等效直径的 2.5 倍和混凝土粗集料最大粒径的 1.25 倍，且对预应力钢丝、三股钢绞线和七股钢绞线分别不应小于 15mm、20mm 和 25mm。当混凝土振捣密实性有可靠保证时，净间距可放宽至粗集料最大粒径的 1.0 倍。

② 对后张法预制构件，孔道之间的水平净间距不宜小于 50mm，且不宜小于粗集料最大粒径的 1.25 倍。孔道至构件边缘的净间距不宜小于 30mm，且不宜小于孔道外径的 50%。

③ 在现浇混凝土梁中，曲线孔道在竖直方向的净间距不应小于孔道外径，在水平方向的净间距不宜小于孔道外径的 1.5 倍，且不应小于粗集料最大粒径的 1.25 倍。从孔道外壁至构件边缘的净间距，梁底不宜小于 50mm，梁侧不宜小于 40mm。裂缝控制等级为三级的梁，从孔道外壁至构件边缘的净间距，梁底不宜小于 60mm，梁侧不宜小于 50mm。

④ 预留孔道的内径宜比预应力束外径及需要穿过孔道的连接器外径大 6~15mm，且孔道的截面面积宜为穿入预应力束截面面积的 3~4 倍。

⑤ 当有可靠经验并能保证混凝土浇筑质量时，预应力筋孔道可水平并列贴紧布置，但每一并列束中的孔道数量不应超过 2 个。

⑥ 板中单根无黏结预应力筋的水平间距不宜大于板厚的 6 倍，且不宜大于 1m；带状束的无黏结预应力筋根数不宜多于 5 根，束间距不宜大于板厚的 12 倍，且不宜大于 2.4m。

⑦ 梁中集束布置的无黏结预应力筋，束的水平净间距不宜小于 50mm，束至构件边缘的净间距不宜小于 40mm。

9）预应力孔道应根据工程特点设置排气孔、泌水孔及灌浆孔，排气孔可兼作泌水孔或灌浆孔，并应符合下列规定：

① 当曲线孔道波峰和波谷的高差大于 300mm 时，应在孔道波峰设置排气孔，排气孔间距不宜大于 30m。

② 当排气孔兼作泌水孔时，其外接管道伸出构件顶面长度不宜小于 300mm。

10）锚垫板、局部加强钢筋和连接器应按设计要求的位置和方向安装牢固，应符合下列规定：

① 锚垫板的承压面应与预应力筋或孔道曲线末端的切线垂直。预应力筋曲线起始点与张拉锚固点之间的直线段最小长度应符合表 5-4 的规定。

② 采用连接器接长预应力筋时，应全面检查连接器的所有零件，并应按产品技术手册要求操作。

③ 内埋式固定端锚垫板不应重叠，锚具与锚垫板应贴紧。

表 5-4　预应力筋曲线起始点与张拉锚固点之间的直线段最小长度

| 预应力筋张拉力 $N$/kN | $N\leqslant1500$ | $1500<N\leqslant6000$ | $N>6000$ |
|---|---|---|---|
| 直线段最小长度/mm | 400 | 500 | 600 |

11）后张法有黏结预应力筋穿入孔道及其防护，应符合下列规定：

① 对采用蒸汽养护的预制构件，预应力筋应在蒸汽养护结束后穿入孔道。

② 预应力筋穿入孔道后至灌浆的时间间隔不宜过长。当环境相对湿度大于 60%或处于近海环境时，不宜超过 14d；当环境相对湿度不大于 60%时，不宜超过 28d。

③ 当不能满足上述规定时，宜对预应力筋采取防锈措施。

12）预应力筋等安装完成后，应做好成品保护工作。

13）当采用减摩材料减小孔道摩阻力时，应符合下列规定：

① 减摩材料不应对预应力筋、管道及混凝土产生不利的影响。

② 灌浆前应将减摩材料清除干净。

4. 张拉与放张

1）预应力筋张拉前，应进行下列准备工作：

① 计算张拉力和张拉伸长值，根据张拉设备标定结果确定油泵压力表读数。

② 搭设安全可靠的张拉作业平台。

③ 清理锚垫板和张拉端预应力筋，检查锚垫板后混凝土的密实性。

2）预应力筋张拉设备及油压表应定期维护和标定。张拉设备和油压表应配套标定和使用，标定期限不应超过半年。当使用过程中出现反常现象或张拉设备检修后，应重新标定。此外，还应注意以下问题：



① 压力表的量程应大于张拉工作压力读值。压力表的精确度等级不应低于1.6级。

② 标定张拉设备用的试验机或测力计的测力示值不确定度不应大于1.0%。

③ 张拉设备标定时，千斤顶活塞的运行方向应与实际张拉工作状态一致。

3）施加预应力时，混凝土强度应符合设计要求，同条件养护的混凝土立方体抗压强度应符合下列规定：

① 不应低于设计强度等级的75%。

② 采用消除应力钢丝或钢绞线作为预应力筋的构件，还不应低于30MPa。

③ 不应低于锚具供应商提供的产品技术手册要求的混凝土最低强度要求。

④ 后张法预应力梁和板，现浇结构混凝土的龄期分别不宜小于7d和5d。

⑤ 为防止混凝土出现早期裂缝而施加预应力时，可不受上述限制，但应满足局部受压承载力的要求。

4）预应力筋的张拉控制应力应符合设计及专项施工方案的要求。当施工中需要超张拉时，调整后的张拉控制应力$\sigma_{con}$应符合下列规定：

① 对于消除应力钢丝、钢绞线，$\sigma_{con} \leqslant 0.80 f_{ptk}$。

② 对于中强度预应力钢丝，$\sigma_{con} \leqslant 0.75 f_{ptk}$。

③ 对于预应力螺纹钢筋，$\sigma_{con} \leqslant 0.90 f_{pyk}$。

5）采用应力控制方法张拉时，应校核张拉力下预应力筋伸长值。实测伸长值与计算伸长值的偏差应控制在±6%之内，否则应查明原因并采取措施后再张拉。必要时，宜进行现场孔道摩擦系数测定，并可根据实测结果调整张拉控制力。张拉伸长值的计算和孔道摩擦系数的测定可分别按《混凝土结构工程施工规范》（GB 50666—2011）相关附录的规定执行。

6）预应力筋的张拉顺序应符合设计要求，并应符合下列规定：

① 张拉顺序应根据结构受力特点、施工方便及操作安全等因素确定。

② 预应力筋张拉宜遵守均匀、对称的原则。

③ 对现浇预应力混凝土楼盖，宜先张拉楼板、次梁的预应力筋，后张拉主梁的预应力筋。

④ 对预制屋架等平卧叠浇构件，应从上而下逐榀张拉。

7）后张预应力筋应根据设计和专项施工方案的要求采用一端或两端张拉。采用两端张拉时，宜两端同时张拉，也可一端先张拉锚固，另一端补张拉。当设计无具体要求时，应符合下列规定：

① 有黏结预应力筋长度不大于20m时，可一端张拉，大于20m时，宜两端张拉；预应力筋为直线形时，一端张拉的长度可延长至35m。

② 无黏结预应力筋长度不大于40m时，可一端张拉，大于40m时，宜两端张拉。

8）有黏结预应力筋应整束张拉；对于直线形或平行编排的有黏结预应力钢绞线束，当能确保各根钢绞线不受叠压影响时，可逐根张拉。

9）预应力筋张拉时，应从零拉力加载至初拉力后，量测伸长值初读数，再以均匀速率加载至张拉控制力。塑料波纹管内的预应力筋，初拉力达到张拉控制力后，宜持荷2~5min。

10）预应力筋张拉时应避免预应力筋断裂或滑脱。当发生断裂或滑脱时，应符合下列规定：

① 对后张法预应力结构构件，断裂或滑脱的数量严禁超过同一截面预应力筋总根数的3%，且每束钢丝或每根钢绞线不超过一丝；对于多跨双向连续板，其同一截面应按每跨计算。



② 对先张法预应力构件，在浇筑混凝土前发生断裂或滑脱的预应力筋必须被更换。

11）锚固阶段张拉端预应力筋的内缩量应符合设计要求。当设计无具体要求时，应符合表5-5的规定。

表5-5 张拉端预应力筋的内缩量限值

| 锚具类别 | | 内缩量限值/mm |
|---|---|---|
| 支承式锚具（螺母锚具、镦头锚具等） | 螺母缝隙 | 1 |
| | 每块后加垫板的缝隙 | 1 |
| 夹片式锚具 | 有顶压 | 5 |
| | 无顶压 | 6~8 |

12）先张法预应力筋的放张顺序应符合下列规定：

① 宜采取缓慢放张工艺进行逐根或整体放张。

② 对轴心受压构件，所有预应力筋宜同时放张。

③ 对受弯或偏心受压的构件，应先同时放张预压应力较小区域的预应力筋，再同时放张预压应力较大区域的预应力筋。

④ 当不能按上述规定放张时，应分阶段、对称、相互交错放张。

⑤ 放张后，预应力筋的切断顺序，宜从张拉端开始依次切向另一端。

13）后张法预应力筋张拉锚固后，如遇特殊情况需要卸锚时，应采用专门的设备和工具。

14）预应力筋张拉或放张时，应采取有效的安全防护措施，预应力筋两端正前方不得站人或穿越。

15）预应力筋张拉时，应对张拉力、压力表读数、张拉伸长值、锚固回缩值及异常情况处理等做出详细记录。

5. 灌浆与封锚

1）后张法预应力筋张拉完毕并经检查合格后，应尽早进行孔道灌浆，孔道内水泥浆应饱满、密实。

2）后张法预应力筋锚固后的外露多余长度，宜采用机械方法切割，也可采用氧-乙炔火焰切割，其外露长度不宜小于预应力筋直径的1.5倍，且不应小于30mm。

3）孔道灌浆前应进行下列准备工作：

① 应确认孔道、排气兼泌水管及灌浆孔畅通；对预埋管成型孔道，可采用压缩空气清孔。

② 应采用水泥浆、水泥砂浆等材料封闭端部锚具缝隙，也可采用封锚罩封闭外露锚具。

③ 采用真空灌浆工艺时，应确认孔道系统的密封性。

4）配制水泥浆用水泥、水及外加剂除应符合国家现行有关标准的规定外，还应符合下列规定：

① 宜采用普通硅酸盐水泥或硅酸盐水泥。



② 拌和用水和掺加的外加剂中不应含有对预应力筋或水泥有害的成分。

③ 外加剂应与水泥做配合比试验并确定掺量。

5）灌浆用水泥浆的性能应符合下列规定：

① 采用普通灌浆工艺时，稠度宜控制在12~20s；采用真空灌浆工艺时，稠度宜控制在18~25s。

② 水胶比不应大于0.45。

③ 3h自由泌水率宜为0，且不应大于1%，泌水应在24h内全部被水泥浆吸收。

④ 24h自由膨胀率，采用普通工艺时，不应大于6%，采用真空灌浆工艺时，不应大于3%。

⑤ 水泥浆中氯离子含量不应超过水泥质量的0.06%。

⑥ 28d标准养护的边长为70.7mm的立方体水泥浆试块的抗压强度不应低于30MPa。

⑦ 稠度、泌水率及自由膨胀率的试验方法应符合《预应力孔道灌浆剂》(GB/T 25182—2010）的规定。

6）灌浆用水泥浆的制备及使用，应符合下列规定：

① 水泥浆宜采用高速搅拌机进行搅拌，搅拌时间不应超过5min。

② 水泥浆使用前应经筛孔尺寸不大于1.2mm×1.2mm的筛网过滤。

③ 搅拌后不能在短时间内灌入孔道的水泥浆，应保持缓慢搅动。

④ 水泥浆应在初凝前灌入孔道，搅拌后至灌浆完毕的时间不宜超过30min。

7）灌浆施工应符合下列规定：

① 宜先灌注下层孔道，后灌注上层孔道。

② 灌浆应连续进行，直至排出管排出的浆体稠度与注浆孔处相同且没有出现气泡后，再顺浆体流动方向依次封闭排气孔；全部排气孔封闭后，宜继续加压0.5~0.7MPa，并应稳压1~2min后封闭灌浆口。

③ 当泌水较大时，宜进行二次灌浆和对泌水孔进行重力补浆。

④ 因故中途停止灌浆时，应用压力水将未灌注完孔道内已注入的水泥浆冲洗干净。

8）真空辅助灌浆时，孔道抽真空负压宜稳定保持在0.08~0.10MPa。

9）孔道灌浆应填写灌浆记录。

10）外露锚具及预应力筋应按设计要求采取可靠的保护措施。

6. 质量检查

1）预应力工程材料进场检查应符合下列规定：

① 应检查规格、外观、尺寸及其产品合格证、出厂检验报告和进场复验报告。

② 应按国家现行有关标准的规定抽样检验钢筋力学性能。

③ 经产品认证符合要求的产品，其检验批量可扩大一倍；在同一工程项目中，当同一厂家、同一品种、同一规格的产品连续三次进场检验均一次检验合格时，其后的检验批量可扩大一倍。

2）预应力筋的制作质量检查应包括下列内容：

① 采用镦头锚时的钢丝下料长度。

② 钢丝镦头外观、尺寸及头部裂纹。

③ 挤压锚具制作时挤压记录和挤压锚具成型后锚具外预应力筋的长度。

④ 钢绞线压花锚具的梨形头尺寸。

3）预应力筋、预留孔道、锚垫板和锚固区加强钢筋的安装质量检查应包括下列内容：

① 预应力筋外观、品种、级别、规格、数量和位置等。

② 预留孔道的外观、规格、数量、位置、形状以及灌浆孔、排气兼泌水孔等。

③ 锚垫板和局部加强钢筋的外观、品种、级别、规格、数量和位置等。

④ 预应力筋锚具和连接器的外观、品种、规格、数量和位置等。

4）预应力筋张拉或放张质量检查应包括下列内容：

① 预应力筋张拉或放张时的同条件养护混凝土试块的强度。

② 预应力筋张拉记录。

③ 先张法预应力筋张拉后与设计位置的偏差。

5）灌浆用水泥浆及灌浆质量检查应包括下列内容：

① 配合比设计阶段检查稠度、泌水率、自由膨胀率、氯离子含量和试块强度。

② 现场搅拌后检查稠度、泌水率，并根据规定检查试块强度。

③ 灌浆质量检查灌浆记录。

6）封锚质量检查应包括下列内容：

① 锚具外的预应力筋长度。

② 凸出式封锚端尺寸。

③ 封锚的表面质量。

## 阅读材料

### 预应力混凝土箱梁后张法施工

1. 工程概述

本项目主要负责滨江北互通立交二期、主线 1、2、3、4 标的预制小箱梁共计约 653 片制作与安装（表 5-6）。

表 5-6 箱梁制表

| 标段 | 序号 | 主道 | | | | | 辅道 |
|---|---|---|---|---|---|---|---|
| | | 桥梁名称 | 预制梁型号 | 跨度/m | 数量/片 | 备注 | 数量/片 |
| 滨江北二期 | 1 | K3+407.5 大桥 | 小箱梁 | 25 | 102 | | |
| 主线 1 标 | 2 | 龙湾里大桥 | 小箱梁 | 30 | 150 | | |
| | 3 | K5+247.5 中桥 | 小箱梁 | 20 | 30 | | |
| 主线 2 标 | 4 | K6+915.5 中桥 | 小箱梁 | 25 | 0 | | |
| | 5 | K5+720 云步大桥 | 小箱梁 | 25 | 139 | | |
| | 6 | K7+032.5 中桥 | 小箱梁 | 20 | 0 | | |
| | 7 | K7+520 中桥 | 板 梁 | 16 | 26 | | |
| 主线 3 标 | 8 | 大田坑水库大桥 | 小箱梁 | 20 | 55 | | |
| | 9 | K9+926 中桥 | 小箱梁 | 20 | 30 | | |
| | 10 | 通道桥 | 小箱梁 | 25 | 10 | | |
| 主线 4 标 | 11 | K10+515 中桥 | 小箱梁 | 20 | 36 | | 30 |
| | 12 | K11+086.0 小桥 | 板 梁 | 16 | 78 | | 65 |
| | 13 | K12+101.0 | 小箱梁 | 20 | 42 | | 30 |
| | 14 | K12+300 | 板 梁 | 16 | 16 | | |



2. 施工工艺流程

安装底座（1h）——底板，腹板钢筋绑扎；波纹管安装；端横梁跨中隔墙钢筋绑扎（6h）——外模拼装（4h）——内模吊装（3h）——顶板，翼缘板钢筋绑扎，预埋钢筋焊接（6h）——浇筑混凝土（5h）——拆模（5h）——养护（7d）——张拉（3h）——封锚头及养护（7h）——压浆（2h）——封端（1h）——提梁至存梁区（1h）。

后张法预应力混凝土梁施工工艺框图如图 5-48 所示。

3. 预制梁的台座设置

1）预制梁的台座强度应满足张拉要求，台座尽量设置于地质较好的地基上；对软土地基的台座基础要进行加强；台座与施工主便道要有足够的安全距离。

2）底模采用钢板且上贴不锈钢板（图 5-49），不得采用混凝土底模，钢板厚度应为 6~8mm，并确保钢板平整、光滑，及时涂脱模剂，防止吊装梁体时，由于黏结而造成底模蜂窝、麻面。

3）预制台座、存梁台座间距应大于 2 倍模板宽度，以便吊装模板。预制台座与存梁台座数量应根据梁板数量和工期要求来确定，并要有一定的富余度。

4）台座要满足不同长度梁片的制作。台座两侧用红油漆标明，如图 5-50 所示。

4. 钢筋加工与绑扎

（1）钢筋检验　在钢筋进场后，要求提供附有生产厂家对该批钢筋生产的合格证书，以及标示批号和出厂检验的有关力学性能试验资料。进场的每一批钢筋，均进行取样试验，试验不合格的不得使用。

（2）钢筋制作、绑扎　箱梁钢筋按设计图样在钢筋加工棚内进行加工；纵向通长钢筋采用搭接焊，焊接接头应符合钢筋焊接及验收规程的要求。焊接接头不设于最大压力处，并

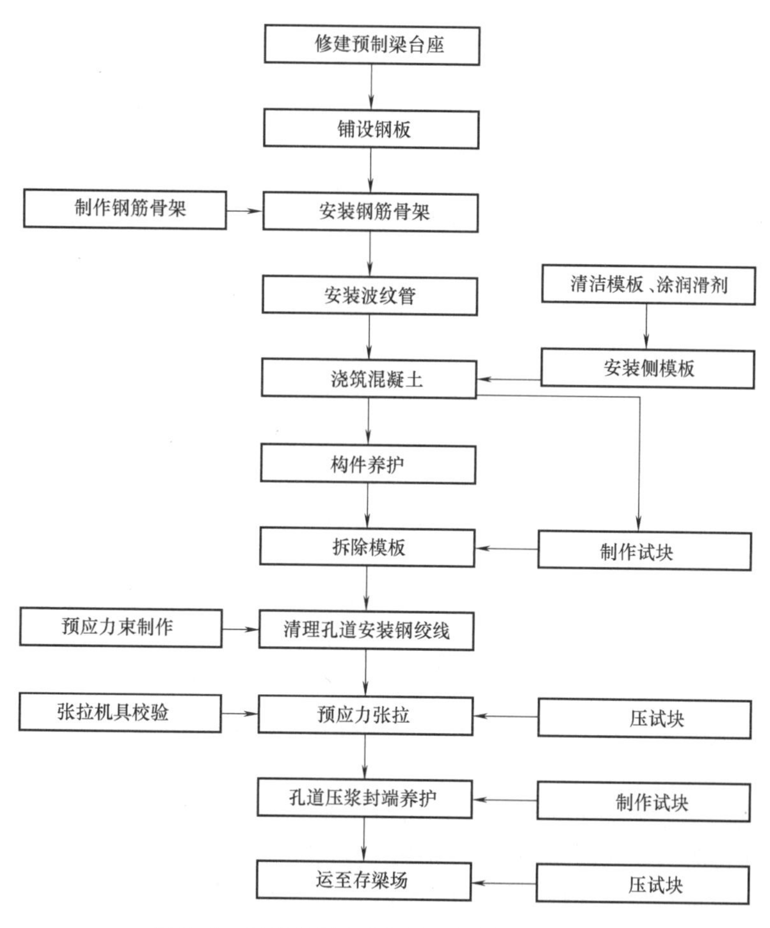


图 5-48　后张法预应力混凝土梁施工工艺框图

图 5-49　钢板底模

图 5-50　标有红油漆的台座

使接头交错排列，受拉区同一焊接接头范围内接头钢筋的面积不得超过该截面钢筋总面积的50%。钢筋布置按设计图样，在底模上先绑扎底板、腹板钢筋（图 5-51）；安装波纹管；绑扎端横梁跨中隔墙钢筋，经监理检查合格后安装腹板外模和内模，最后绑扎顶板及翼板钢筋。

（3）预埋件的安装　浇筑前仔细核对图样（包括通用图样），注意支座预埋钢板、预应力设备、泄水孔、护栏底座钢筋、箱室通气孔、伸缩缝等预埋件的埋置，不可遗漏，预埋时同样要注意各预埋件的尺寸和位置。

5. 混凝土浇筑与振捣

(1) 混凝土浇筑　混凝土一次浇筑完成，中间不得有间隔。箱梁混凝土浇筑前，必须对支架体系安全性、模板和预埋件进行检查，清除模板内的杂物，并用清水对模板进行冲洗。施工时间较长时，混凝土中应掺入缓凝剂。

图 5-51　绑扎底板、腹板钢筋

浇筑过程中采用插入式振捣器振捣，在腹板与底板倒角处，应注意振捣密实，浇筑腹板混凝土后，不得再振捣底板混凝土，以防止腹板梗角处混凝土外鼓，上部悬空，出现空洞。浇筑混凝土必须不间断地进行，其上下层间隔时间不能超过混凝土重塑时间，各节段混凝土应在混凝土初凝时间内全部完成。

混凝土浇筑应按顺序、一定的厚度和方向分层进行，分层厚度为30cm，必须注意在下层混凝土初凝或重塑前浇筑完上层混凝土。上下层同时浇筑时，上层与下层前后浇筑距离应保持1.5m以上。



在浇筑过程中应安排各工种检查钢筋、支架及模板的变化，遇到情况及时处理。

箱梁顶板（含翼缘板）混凝土浇筑时，由低处向高处，由两侧向中心进行。箱梁顶面高程现场施工必须严格控制，可在翼缘板处加焊横向水平钢筋，在水平钢筋上拉高程线控制。顶面辅以人工压实抹平，在其初凝前做拉毛处理。必须确保顶板混凝土层厚度，且箱梁顶面标高满足规范要求。

(2) 混凝土振捣　振捣采用插入式振捣器，移动间距不应超过振动棒作用半径的1.5倍，并与侧模保持5~10cm的距离。振捣时插入下层混凝土5~10cm，每点振捣时间宜为20~30s，每一处振完后应徐徐提出振动棒。混凝土振捣时，应避免振捣棒碰撞模板、钢筋及其他预埋件。混凝土应捣固密实，不漏振、欠振或过振。对每一振动部位必须振到该部位混凝土密实为止，也就是混凝土停止下沉，不再冒气泡，表面呈现平坦、泛浆。

混凝土采用强制式搅拌机集中拌制，泵送入模。为防止内模移位，采取对称平衡浇筑。混凝土原材料和外加剂选用、配合比设计均须符合混凝土施工技术规范的要求，以保证梁体质量。

6. 混凝土养护

混凝土浇筑完成表面收浆后，及时覆盖养护。当混凝土终凝后，洒水养护，保持湿度，专人负责养护。加强养护时要控制混凝土温度。混凝土箱梁结构严格讲不属于大体积混凝土结构，但由于其几何构造及施工方面的一些特点，如箱梁在支座截面、横隔板处局部尺寸较大，可达1m左右，箱梁混凝土的水化热温度发展规律与大体积混凝土结构相似，且水化热温度更高。箱梁局部尺寸虽然较大但从施工角度和从保证梁体质量角度考虑不宜设冷却管等常用的降温设施。箱梁混凝土水化热温度的峰值可达70℃。另外箱梁内部空间空气流通不畅等也是混凝土温度较高的原因。

7. 模板拆除

混凝土养护一段时间且强度达到要求时方能拆除模板，先拆除外模，再拆除内模。

8. 张拉压浆

1）预应力管道的位置必须严格按坐标定位并用定位钢筋固定。定位钢筋与箱梁腹板箍

图 5-52 箱梁张拉

筋点焊连接，严防错位和管道下垂，如果管道与钢筋发生碰撞，则应适当挪动钢筋。浇筑前应检查波纹管是否密封，防止浇筑混凝土时阻塞管道。

2）箱梁混凝土强度和弹性模量达到设计值的85%后，且混凝土龄期不小于7d时，方可张拉预应力钢束，如图5-52所示。

3）施加预应力应采用张拉力与引伸量双控。施加预应力过程中，应保持两端的伸长量基本一致，两端伸长量之差不宜大于5%。当预应力钢束张拉力达到设计张拉力时，实际引伸量值与理论引伸量值的误差应控制在±6%以内。实际引伸量值应扣除钢束的非弹性变形影响。

4）主梁预应力钢束采用两端同时张拉，以对称于构件截面的中轴线、上下左右均衡为原则，同时考虑不使构件的上下缘混凝土应力超过允许值。

5）预应力施工应采用自动智能控制张拉系统。

6）张拉用千斤顶的校正系数不得大于1.05，油压表的精度等级不得低于1.0级。千斤顶标定的有效期不得超过6个月，且不应超过300次张拉作业。油压表检定周期不得超过1个月，且宜采用耐震压力表。当采用0.4级压力表时，检定周期可为3个月，但每月应进行定期校准。千斤顶张拉吨位不应小于张拉力的1.2倍，且不应大于张拉力的2倍。

7）预制梁在终张拉时及终拉结束24h后，断丝及滑丝数量不应超过预应力钢绞线总丝数的1%，并不应处于梁的同一侧，且一束内断丝不得超过一丝。

8）预应力筋张拉后，孔道应及早压浆，一般应在48h内灌浆完毕。孔道压浆水泥浆强度不小于50MPa，要求压浆饱满，至少能保证一根束道灌浆用量（一般至少为管道体积的1.5倍），禁止边加原料，边搅拌，边压浆。压浆过程及预计压浆后2d内气温低于5℃时，在无可靠保温措施下禁止压浆作业。温度大于35℃不得拌和或压浆。为保证钢绞线束全部充浆，进口应予封闭，在水泥浆凝固前，所有塞子、盖子或气门均不得移动或打开。水泥浆强度达到40MPa时，箱梁方可吊装。结合现场实际情况，在压浆结束后，要点压三四次或者持压2~3min。

9）封锚。压浆后应立即将梁端水泥浆冲洗干净，清除支承垫板、锚具及端面混凝土的污垢。封锚混凝土应仔细操作、捣实，保证锚具处封锚混凝土密实。封锚混凝土可与箱内端横梁及封头混凝土同时浇筑。

## 思 考 题

1. 先张法的施工过程有哪些？
2. 简述后张法的施工过程。
3. 简述后张法施工工艺中超张拉的目的。
4. 简述先张法中预应力筋的放张顺序要求。
5. 简述后张法施工预应力筋的张拉顺序。

6. 预应力筋的张拉与钢筋的冷拉有何本质区别？
7. 为什么要进行孔道灌浆？怎样进行孔道灌浆？
8. 无黏结预应力混凝土的施工工艺如何？其锚头端部应如何处理？

## 习　题

(1) 墩式台座的主要承力结构为（　　）。
A. 台面　B. 台墩　C. 钢横梁　D. 预制构件
(2) 下列属于支承式锚具的是（　　）。
A. JM 型锚具　B. BM 型锚具　C. 压花锚具　D. 螺母锚具
(3) 在先张法预应力筋放张时，构件混凝土强度不得低于强度标准值的（　　）。
A. 25%　B. 50%　C. 75%　D. 100%
(4) 不属于后张法预应力筋张拉设备的有（　　）。
A. 液压千斤顶　B. 高压油泵　C. 卷扬机　D. 压力表
(5) 属于钢丝束锚具的是（　　）。
A. 螺丝端杆锚具　B. 帮条锚具　C. 螺母锚具　D. 镦头锚具
(6) 只适用于留设直线孔道的是（　　）。
A. 钢管抽芯法　B. 胶管抽芯法　C. 预埋管法　D. B 和 C
(7) 有关无黏结预应力筋的说法，错误的是（　　）。
A. 属于先张法　B. 靠锚具传力　C. 对锚具要求高　D. 适用于曲线配筋的结构
(8) 孔道灌浆所不具有的作用是（　　）。
A. 保护预应力筋　B. 控制裂缝开展　C. 减轻梁端锚具负担　D. 提高预应力值

# 第6章　建筑钢结构

学习目标

了解钢结构构件工厂制作的工艺过程；了解钢结构常用焊接方法、特点及适用范围；熟悉手工电弧焊施工要点；了解钢结构紧固件连接方法、特点及适用范围；熟悉高强度螺栓施工。

## 6.1　钢结构材料准备

钢结构工程是由多种规格尺寸的钢板、型钢等钢材，先按设计要求裁剪加工成众多的零件，经过组装、连接、校正、涂漆等工序后制成成品，然后运到现场安装建成的。本节介绍钢材的种类、规格和材料复验等内容。

### 6.1.1　钢材的种类

钢结构用的钢材主要有碳素结构钢和低合金高强度结构钢两种。后者因含有锰、钒等合金元素而具有较高的强度。另外，处在腐蚀介质中的结构，宜采用高耐候性结构钢，这种钢因含铜、磷、铬、镍等合金元素而具有较高的抗锈能力。

1. 碳素结构钢

根据《碳素结构钢》（GB/T 700—2006），碳素结构钢的牌号（简称钢号）有 Q195，Q215A 及 B，Q235A、B、C 及 D，Q275A、B、C 及 D。其中，Q 是屈服强度中“屈”字的汉语拼音的首字母，后面的数字表示以“$N/mm^2$”为单位的屈服强度的大小，A、B、C 及 D 等表示以质量划分的等级。钢结构符号中经常出现的 F、Z、TZ 表示钢材浇铸过程中脱氧程度的不同，F 表示沸腾钢、Z 表示镇静钢、TZ 表示特殊镇静钢。从 Q195 到 Q275，是按强度由低到高排列的。Q195、Q215 的强度比较低，而 Q275 的碳含量超出了低碳钢的范围，所以，建筑结构主要应用的碳素结构钢为 Q235。

2. 低合金高强度结构钢

低合金高强度结构钢是在钢的冶炼过程中添加少量的几种合金元素（碳含量均不大于

0.02%，合金元素总量不大于0.05%），这使钢的强度明显提高。

根据《低合金高强度结构钢》（GB/T 1591—2018），低合金高强度结构钢的牌号由代表屈服强度的“屈”字的汉语拼音首字母Q、规定的最小上屈服强度数值、交货状态代号、质量等级符号四个部分组成。钢的强度等级可分为Q355、Q390、Q420、Q460四种。交货状态有热轧（AR或WAR）、正火（N）、正火轧制（+N）、热机械轧制（M）三种，括号内为表示符号。当交货状态为热轧时，交货状态代号AR或WAR可省略；当交货状态为正火或者正火轧制时，交货状态代号均用N表示。质量等级分为B、C、D、E、F五个质量等级。

3. 建筑结构用钢板

根据《建筑结构用钢板》（GB/T 19879—2015）的规定，建筑结构用钢板的牌号由代表屈服强度中“屈”的汉语拼音首字母（Q）、规定的最小屈服强度数值、代表高性能建筑结构用钢的拼音字母（GJ）、质量等级符号（B、C、D、E）组成，如Q345GJC；对于厚度方向性能钢板，在质量等级后加上厚度方向性能级别（Z15、Z25、Z35），如Q345GJCZ15。

### 6.1.2　钢材的规格



钢结构构件一般宜直接选用型钢，这样可以减少制造工作量，降低造价；当型钢尺寸合适或构件很大时，则用钢板制作。构件之间直接连接或附以连接钢板进行连接，所以钢结构中的元件是型钢及钢板。钢材按制作工艺分热轧及冷成型两种。以下简要介绍几种建筑结构中常用的钢材。

1. 热轧钢板

热轧钢板可分为厚板及薄板两种，厚板的厚度为4.5～60mm，薄板的厚度为0.35～4mm。前者广泛用来组成焊接构件和连接钢板；后者是冷弯薄壁型钢的原料。在图样中，钢板用“厚×宽×长”（单位为mm）并在前面附加钢板横断面的方法表示，如－12×800×2100等。

2. 热轧型钢

（1）角钢　角钢有等边和不等边两种。等边角钢（也称等肢角钢）以边宽和厚度表示，如∟100×10为肢宽100mm、厚10mm的等边角钢。不等边角钢（也称不等肢角钢）则以两边的宽度和厚度表示，如∟100×80×8等。

（2）槽钢　我国槽钢有热轧普通槽钢与热轧轻型槽钢两种尺寸系列。前者的表示方法如⊏30a，是指槽钢外廓高度为30cm且腹板厚度为最薄的一种；后者的表示方法如⊏25Q，表示外廓高度为25cm，Q是汉语拼音“轻”的拼音首字母。型号相同时，轻型槽钢由于腹板薄及翼缘宽而薄，因而截面面积小（但回转半径大），能节约钢材、减小质量。不过轻型系列的实际产品较少。

（3）工字钢　与槽钢相同，工字钢也分成普通型和轻型两个尺寸系列，工字钢外轮廓高度的厘米数即为型号。当普通型工字钢型号较大时，腹板厚度分为a、b、c三种。由于轻型工字钢腹板薄，故不再按厚度划分。两种工字钢表示法如I32c、I32Q等。

（4）H型钢　热轧H型钢可分为三类，即宽翼缘H型钢（HW）、中翼缘H型钢（HM）和窄翼缘H型钢（HN）。H型钢型号的表示方法是先用符号HW、HM和HN表示H型钢的类别，后面加“高度（mm）×宽度（mm）”。

（5）剖分T型钢　剖分T型钢可分为宽翼缘剖分T型钢（TW）、中翼缘剖分T型钢（TM）和窄翼缘剖分T型钢（TN）三类。剖分T型钢是由对应的H型钢沿腹板中部对等剖分而成的。它的表示方法与H型钢类同，如TN225×200即表示截面高度为225mm、翼缘宽度为200mm的窄翼缘剖分T型钢。

3. 冷弯薄壁型钢

冷弯薄壁型钢是用2~6mm厚的薄钢板经冷弯或模压而成型的。在国外，冷弯型钢所用钢板的厚度有加大范围的趋势，如美国可用到1in（1in=25.4mm）厚的钢板。

4. 压型钢板

压型钢板由热轧薄钢板经冷压或冷轧成型，具有较大的宽度及曲折外形，从而增加了惯性矩和刚度，是近年来开始使用的薄壁型材，所用钢板厚度为0.4~2mm，用作轻型屋面等构件。

### 6.1.3 材料复验

钢结构工程采用的钢材及焊接材料等应符合设计文件的要求，并应具有钢厂和焊材厂出具的产品质量证明书或检验报告，钢材的化学成分、力学性能及其他质量指标均应符合国家现行标准的要求。为确保钢结构工程的材料质量，必须对所采购的材料按要求进行复验，复验项目如下：

1. 钢材复验

钢材的质量检验方法有书面检验、外观检验、理化检验和无损检验等四种。

1）书面检验：通过对提供的材料质量保证资料、试验报告等进行审核，取得认可后方能使用。

2）外观检验：对材料从品种、规格、标志、外形尺寸等进行直观检查，检验有无质量问题。

3）理化检验：借助试验设备和仪器对材料样品的化学成分、机械性能等进行科学的鉴定。

4）无损检验：在不破坏材料样品的前提下，利用超声波、X射线、表面探伤仪等进行检验。

钢材的质量检验项目见表6-1。

表6-1　钢材的质量检验项目

| 序号 | 材料名称 | 书面检验 | 外观检验 | 理化检验 | 无损检验 |
|---|---|---|---|---|---|
| 1 | 钢板 | 必须 | 必须 | 必要时 | 必要时 |
| 2 | 型钢 | 必须 | 必须 | 必要时 | 必要时 |

根据钢材的信息和保证资料的具体情况，质量检验程度分免检、抽检和全部检验三种。

1）免检：免去质量检验过程。对有足够质量保证的一般材料，以及实践证明质量长期稳定且质量保证资料齐全的材料，可予免检。

2）抽检：按随机抽样的方法对材料进行抽样检验。当对材料的性能不清楚，或对质量保证有怀疑，或成批生产的构配件，均应按一定比例进行抽样检验。

3）全部检验：凡对进口的材料，用于设备的重要工程部位的材料，以及贵重的材料，应进行全部检验，以确保材料和工程质量。

对于属于下列情况之一的钢材，下料加工前应进行抽样复验：

1）国外进口钢材。

2）混批钢材。

3）板厚≥40mm，且设计有 Z 向（板材厚度方向）要求的厚板。

4）建筑结构的安全等级为一级的大跨度钢结构中主要受力构件所采用的钢材。

5）设计有复验要求的钢材。

6）对质量有疑义的钢材。

钢材的复验内容应包括：化学成分、力学性能及设计要求的其他指标应符合国家现行有关标准的规定，进口钢材各指标应符合供货国相应标准的规定。

2. 连接材料复验

（1）焊接材料　焊接材料的品种、规格、性能应符合现行国家标准的要求，焊材应与设计选用的钢材相匹配，且应符合《钢结构焊接规范》（GB 50661—2011）的有关规定。

用于重要焊缝的焊材，或对质量合格证明文件有疑义的焊材，应进行抽样复验，复验时焊丝宜按 5 批取一组试验、焊条宜按 3 批取一组试验。

（2）紧固件　钢结构连接用的普通螺栓、高强度螺栓等紧固件，应符合国家现行相关标准的要求。



高强度螺栓副应分别有扭矩系数和紧固轴力（预拉力）的出厂合格检验报告，并随箱携带。当高强度螺栓副保管时间超过 6 个月时，应按相关要求重新进行扭矩系数或紧固轴力试验，合格后方能使用。

高强度螺栓副应分别进行扭矩系数和紧固轴力（预拉力）复验，试验螺栓应从施工现场待装的螺栓批中随机抽取，每批应抽取 8 套连接副进行复验。

建筑结构的安全等级为一级、跨度为 40m 及以上的螺栓球节点钢网架结构的连接用高强度螺栓应进行表面硬度试验。

普通螺栓作为永久性连接螺栓，当设计文件有要求或对螺栓质量有疑义时，应进行螺栓最小拉力荷载复验，复验时每一规格螺栓应抽查 8 个。

## 6.2　钢构件加工制作

钢结构的加工制作流程包括放样号料、切割、制孔、矫正、弯制成型、边缘加工、焊接与构件连接等工艺。

### 6.2.1　放样号料

放样是钢结构制作工艺中的第一道工序，工作内容包括核对图样的安装尺寸和孔距，以 1∶1 的大样放出节点，核对各部分的尺寸，制作样板和样杆作为下料、弯制、铣、刨、制孔等加工的依据。

放样号料用的工具及设备有：划针、冲子、手锤、粉线、弯尺、直尺、钢卷尺、大钢卷尺、剪子、小型剪板机、折弯机。尺子等量具需经校验和复验。

号料也就是画线，即利用样板、样杆或根据图样，在板料及型钢上画出孔的位置和零件形状的加工界线。号料的一般工作内容包括检查核对材料，在材料上画出切割、铣、刨、弯曲、钻孔等加工位置，打冲孔，标注出零件的编号等。

放样号料应注意下列问题：

1）放样时，需要机械加工的零件必须考虑加工余量。焊接构件要按工艺要求留出焊接收缩量，高层钢结构的框架柱还应预留弹性压缩量。

2）号料时要根据切割方法留出适当的切割余量。

3）如图样要求桁架起拱，放样时上、下弦应同时起拱，起拱后垂直杆的方向仍然垂直于水平线，而不与下弦杆垂直。

4）样板（样杆）的允许偏差见表6-2，号料的允许偏差见表6-3。

表6-2　样板（样杆）的允许偏差

| 项目 | 允许偏差 |
|---|---|
| 平行线距离和分段尺寸 | ±0.5mm |
| 样板长度、宽度 | ±0.5mm |
| 样板对角线差 | 1.0mm |
| 样杆长度 | ±1.0mm |
| 样板角度 | ±20′ |

表6-3　号料的允许偏差

| 项目 | 允许偏差 |
|---|---|
| 零件外形尺寸 | ±1.0mm |
| 孔距 | ±0.5mm |

### 6.2.2　切割

钢材下料切割方法有机械剪切、冲切、锯切、气割等传统方法，目前大量使用新工艺方法有数控火焰切割、数控等离子切割和数控激光切割。施工中采用哪种方法应该根据具体要求和实际条件选用。切割后钢材不得有分层，断面上不得有裂纹，应清除切口处的毛刺或溶渣和飞溅物。气割和机械剪切的允许偏差应符合表6-4和表6-5的规定。

表6-4　气割的允许偏差

| 项目 | 允许偏差 |
|---|---|
| 零件的宽度、长度 | ±3.0mm |
| 切割面平面度 | 0.05$t$，且不大于2.0mm |
| 割纹深度 | 0.3mm |
| 局部缺口深度 | 1.0mm |

注：$t$为切割面厚度。

表6-5　机械剪切的允许偏差

| 项目 | 允许偏差 |
|---|---|
| 零件的宽度、长度 | ±3.0mm |
| 边缘缺棱 | 1.0mm |
| 型钢端部垂直 | 2.0mm |

1. 气割

氧割或气割是以氧气与燃料燃烧时产生的高温来熔化钢材，并借喷射压力将熔渣吹去，形成割缝达到切割金属的目的。对于熔点高于火焰温度或难以氧化的材料，则不宜采用气割。氧与各种气割燃料燃烧时的火焰温度为2000~3200℃。

气割能切割各种厚度的钢材，设备灵活，费用经济，切割精度也高，是目前广泛使用的切割方法。气割按切割设备分类可分为手工气割、半自动气割、仿型气割、多头气割、数控气割和光电跟踪气割。

2. 机械剪切

机械剪切设备如下：

1）带锯机床。它适用于切断型钢及型钢构件，它的切割效率高，切割精度高。

2）砂轮锯。它适用于切割薄壁型钢及小型钢管，它的切口光滑、生刺较薄易清除，但噪声大、粉尘多。

3）无齿锯。它依靠高速摩擦而使工件熔化，形成切口，适用于精度要求低的构件。它的切割速度快，噪声大。

4）剪板机、型钢冲剪机。它们适用于薄钢板、压型钢板等，具有切割速度快、切口整齐，效率高等特点。它们的剪刀必须锋利，剪切时应调整刀片间隙。



3. 数控等离子切割

数控等离子切割适用于不锈钢、铝、铜及其合金等，在一些尖端技术上应用广泛。它具有切割温度高、冲刷力大、切割边质量好、变形小、可以切割任何高熔点金属等特点。

### 6.2.3　制孔

钢结构中大量采用高强度螺栓连接，使孔的加工在制造中占有很大比例，在精度上的要求也越来越高。

1. 制孔的方法

制孔可以采用钻孔、冲孔、铣孔、镗孔、锪孔和铰孔等方法，常用钻孔和冲孔两种制孔方法。钻孔是采用钻床切削加工成孔，包括人工钻孔和机床钻孔。前者多用于直径较小、壁厚较薄的孔；后者施钻方便快捷，精度高。钻孔前先选钻头，再根据钻孔的位置和尺寸情况选择相应的钻孔设备。冲孔是使用冲切设备依靠冲裁力产生的孔，孔壁质量差，已较少采用。镗孔是将已有孔扩大到需要的直径。锪孔是将已钻好的孔上表面加工成一定形状的孔。铰孔是将已经粗加工的孔进行精加工以减小孔的表面粗糙度值及提高孔的精度。

2. 孔的质量要求

（1）精制螺栓孔　精制螺栓孔（A级、B级螺栓孔属于Ⅰ类孔）的直径应与螺栓公称直径相等，孔应具有H12的精度，孔壁表面粗糙度 $Ra \leqslant 12.5\mu m$。精制螺栓孔孔径允许偏差应符合表6-6的规定。

表6-6　精制螺栓孔孔径允许偏差　（单位：mm）

| 螺栓公称直径、螺孔直径 | 螺栓公称直径允许偏差 | 螺栓孔直径允许偏差 |
|---|---|---|
| 10~18 | 0.00 | +0.18 |
| | -0.18 | 0.00 |

（续）

| 螺栓公称直径、螺孔直径 | 螺栓公称直径允许偏差 | 螺栓孔直径允许偏差 |
|---|---|---|
| 18~30 | 0.00 | +0.21 |
| | -0.21 | 0.00 |
| 30~50 | 0.00 | +0.25 |
| | -0.25 | 0.00 |

（2）普通螺栓孔　普通螺栓孔（C级螺栓孔属于Ⅱ类孔）包括高强度螺栓（大六角头螺栓、扭剪型螺栓等）、普通螺钉孔、半圆头铆钉等的孔，孔径应比螺栓杆、钉杆的公称直径大1.0~3.0mm，孔壁表面粗糙度 $Ra \leqslant 25\mu m$。普通螺栓孔孔径允许偏差应符合表6-7的规定。

表6-7　普通螺栓孔孔径允许偏差　（单位：mm）

| 项目 | 允许偏差 |
|---|---|
| 直径 | ±1.0,0.0 |
| 圆度 | 2.0 |
| 垂直度 | 0.03$t$,且不大于2.0 |

注：$t$ 为板厚，单位为mm。

（3）孔距　螺栓孔孔距的允许偏差应符合表6-8中的规定，如果超过偏差，则应采用与母材材质相匹配的焊条补焊后重新制孔。

表6-8　螺栓孔孔距的允许偏差　（单位：mm）

| 螺栓孔孔距范围 | ≤500 | 501~1200 | 1201~3000 | >3000 |
|---|---|---|---|---|
| 同一组内任意两孔间距离 | ±1.0 | ±1.5 | — | — |
| 相邻两组的端孔间距离 | ±1.5 | ±2.0 | ±2.5 | ±3.0 |

注：孔的分组规定如下：

1. 在节点中连接板与一根杆件相连的所有连接孔为一组。
2. 对接接头在拼接板一侧的螺栓孔为一组。
3. 在两相邻节点或接头间的连接孔为一组，但不包括1和2所指的螺栓孔。
4. 受弯构件翼缘上的连接螺栓孔，每米长度内的孔为一组。

### 6.2.4　矫正

在钢结构制作过程中，由于原材料变形、切割变形、焊接变形、运输变形等经常影响构件的制作及安装。矫正就是造成新的变形去抵消已经发生的变形。矫正的主要形式有矫直、矫平和矫形。矫直是消除材料或构件的弯曲；矫平是消除材料或构件的翘曲或凹凸不平；矫形是对构件的一定几何形状进行整形。型钢的矫正方法分为火焰矫正（也称为热矫正）、机械矫正和手工矫正（也称为冷矫正）等。

#### 1. 火焰矫正

钢材的火焰矫正是利用火焰对钢材进行局部加热，被加热处理的金属由于膨胀受阻而产生压缩塑性变形，使较长的金属纤维冷却后缩短（图6-1）。影响矫正效果的因素有三个：火焰加热位置、加热的形式、加热的温度。对于低碳钢和普通低合金钢，火焰矫正加热的温度为600～800℃。为使普通碳素结构钢和低合金结构钢的机械性能不发生改变，火焰矫正时的温度严禁超过正火温度（900℃），其中低合金结构钢进行火焰矫正后必须缓慢冷却，不允许在矫正时用浇冷水法急冷，以免产生淬硬组织，或出现脆性裂纹。

a)

b)

图6-1　火焰矫正

2. 机械矫正

钢材的机械矫正是通过专用矫正机使弯曲的钢材在外力作用下产生超过限定的塑性变形，以达到平直的目的。它的优点是作用力大、劳动强度小、效率高。机械矫正有下列三种主要形式：

1）拉伸机矫正：用于薄板扭曲、型钢扭曲、钢管、带钢、线材等的矫正。

2）压力机矫正：用于板材、钢管和型钢的矫正。

3）多辊矫正机矫正：用于型材、板材等的矫正（图6-2）。

a)

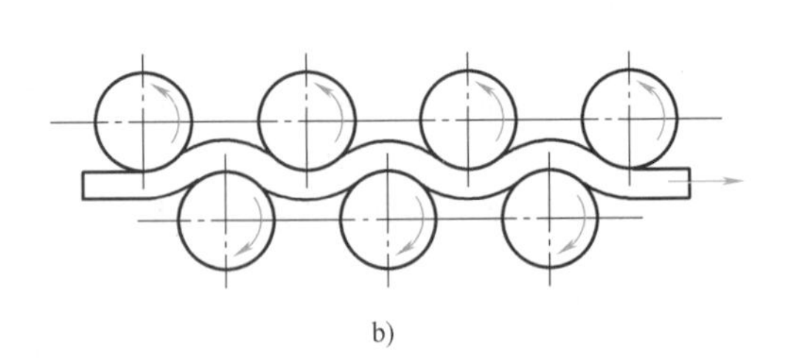

b)

图6-2　多辊矫正机

3. 手工矫正

手工矫正是采用锤击或小型工具进行矫正的方法，这种矫正操作简单灵活，用于矫正力小、劳动强度大、效率低而用于矫正尺寸较小的钢材，或不便于使用矫正设备时。

当零件为普通碳素结构钢，操作地点环境温度低于-16℃、低合金结构钢操作地点环境温度低于-12℃时，均不得进行矫正和冷弯曲，以防在低温条件和外力作用下发生裂纹。

### 6.2.5　弯制成型

在钢结构制作中，弯制成型主要有卷板（滚圆）、弯曲（煨弯）、折边和模具压制等几种加工方法。弯制成型的加工工序是由热加工或冷加工来完成的。

1. 热加工

把钢材加热到一定温度后进行的加工方法称为热加工。热加工常用的有两种加热方法。一种是利用乙炔焰进行局部加热，这种方法简便，但是加热面积较小；另一种是放在工业炉内加热，虽然它没有前一种方法简便，但是加热面积很大。

2. 冷加工

在常温下对钢材进行加工制作称为冷加工。冷加工绝大多数是利用机械设备和专用工具进行的。

### 6.2.6 边缘加工

钢吊车梁翼缘板的边缘、钢柱脚和肩梁承压支承面及其他图样中要求进行边缘加工的加工面，焊接对接口、坡口的边缘，尺寸要求严格的加劲肋、隔板、腹板和有孔眼的节点板，以及由于切割方法产生硬化等缺陷的边缘，一般需要边缘加工，采用精密切割就可代替刨铣加工。

常用的边缘加工方法有铲边、刨边、铣边、切割等。对加工质量要求不高并且工作量不大的采用铲边（包含手工铲边和机械铲边）。刨边使用的是刨边机，由刨刀来切削板材的边缘。铣边机比刨边机工效高、能耗少、质量优。切割有碳弧气刨、半自动和自动气割机、坡口机等方法。



边缘加工的允许偏差见表6-9。

表6-9 边缘加工的允许偏差

| 项目 | 允许偏差 |
|---|---|
| 零件宽度、长度 | ±1.0mm |
| 加工边直线度 | 1/3000，且不大于2.0mm |
| 相邻两边夹角 | ±6′ |
| 加工面垂直度 | 0.025$t$，且不大于0.5mm |
| 加工面表面粗糙度 | 50 |

注：$t$为板厚，单位为mm。

1. 铲边

对加工质量要求不高并且工作量不大的边缘加工，可以采用铲边。铲边有手工铲边和机械铲边两种。手工铲边的工具有手锤和手铲等。机械铲边的工具有风动铲锤和铲头等。

2. 刨边

刨边使用的设备是刨边机。刨边机将需切削的板材固定在作业台上，由安装在移动刀架上的刨刀来切削板材的边缘。刀架上可以同时固定两把刨刀，以同方向进刀切削，也可在刀架往返行程时进行正、反两向切削。刨边加工有刨直边和刨斜边两种。

3. 铣边

铣边机利用滚铣切削原理，对钢板焊前的坡口、斜边、直边、U形边能同时一次铣削成形，比刨边机提高工效1.5倍，且能耗少，操作维修方便。铣边的加工质量优于刨边的加工质量。

4. 碳弧气刨

碳弧气刨的切割原理是直流电焊机直流反接（工件接负极），通电后，碳棒与被刨削的金属间产生电弧，电弧具有6000℃左右高温，足以将工件熔化，压缩空气随即将熔化的金属吹掉，达到刨削金属的目的。

此种方法简单易行，效率高，能满足开V形、X形坡口的要求，已被广泛采用，但要注意切割后须清理干净氧化铁残渣。

### 6.2.7 焊接与构件连接

1. 焊接

焊接的基本方法有熔化焊接、固相焊接和钎焊。建筑钢结构制造和安装焊接方法多采用熔化焊接。熔化焊接是以各种高温集中热源加热待连接金属，使其局部熔化、冷却后形成牢固连接的过程。

用于加热和熔化金属的高温能源有电弧、焊渣、气体火焰、等离子体、电子束、激光等。熔焊方法按加热能源的不同可分为电弧焊、电渣焊、气焊、等离子焊、电子束焊、激光焊等。其中，电弧焊又可分为熔化电极与不熔化电极电弧焊、气体保护与自保护电弧焊、栓焊。熔焊方法因焊接过程的自动进行程度不同还可分为手工焊、半自动焊和自动焊。



钢结构领域中广泛使用的是电弧焊。在电弧焊中又以手工电弧焊、埋弧焊、$CO_2$气体保护焊和自保护焊为主。在某些特殊应有场合，需使用电渣焊和栓焊。以下简要介绍焊条电弧焊和埋弧焊。

（1）焊条电弧焊　焊条电弧焊是最普遍的熔化焊焊接方法，它是利用电弧产生的高温、高热量进行焊接的。

1）焊接原理。焊条电弧焊是用手工操纵焊条进行焊接。焊接时，在焊条末端和工件之间的电弧产高温使焊条药皮与焊芯及工件熔化，熔化的焊芯端部迅速形成细小的金属熔滴，通过电弧柱过渡到局部熔化的工件表面，融合在一起形成熔池。药皮在熔化过程中产生的气体和熔渣使熔池和电弧与周围的空气隔离，并且和熔化的焊芯、母材发生一系列冶金反应，保证所形成焊缝的性能，随着手工连续移动焊条，熔池液态金属逐步冷却结晶，形成焊缝。

2）焊接电源。因焊接电流可以是交流电也可以是直流电，故焊接电源可分为交流电源、直流电源（图6-3和图6-4），以及交直流两用电源的特殊形式。

图6-3　交流焊接电源

图6-4　直流焊接电源

（2）埋弧焊

1）焊接原理。埋弧焊是利用电弧热作为熔化金属热源的机械化焊接方法。焊丝外表没有药皮，熔渣是由覆盖在焊接坡口区的焊剂形成的。当对焊丝与母材之间施加电压，使其互相接触，引燃电弧时，电弧热将焊丝端部与电弧区周围的焊剂及母材熔化，形成金属熔滴、熔池及熔渣。

2）埋弧焊的特点。

① 生产效率高。埋弧焊所用焊接电流大，加上焊剂和熔渣的保护，使得电弧的熔透能力和焊丝的熔敷速度都得以大大提高。单丝埋弧焊不开坡口一次熔深最大可达 20mm。埋弧焊已成为大型构件制作中应用最广的高效焊接方法。

② 焊接质量好。埋弧焊的热输入大、冷却速度慢、熔池存在时间长，使冶金反应充分，各种有害气体能及时从熔池中逸出，避免气孔产生，也减小了冷裂纹的敏感性。因焊接工艺参数通过自动调节保持稳定，故对焊工操作技术水平要求不高，且焊缝成形好，成分稳定，力学性能好。

③ 劳动条件好。埋弧焊与焊条电弧焊相比弧光不外露，无弧光辐射。

④ 埋弧焊采用颗粒状焊剂进行保护，一般适用于平焊和角焊位置，其他位置的焊接则要采用特殊装置来保证焊剂对焊缝区的覆盖和防止熔池金属的漏淌。

⑤ 坡口加工精度稍高，或需要加导向装置，使焊丝与坡口对准，以免焊偏。

⑥ 使用电流大，不适用于厚度小于 1mm 的薄件。

2. 构件连接



在钢结构的成形和组装的过程中，需要将材料或零件依次连接在一起，以完成工件的组装，这就是钢结构的连接工序。钢结构的连接工序极其重要，是保证产品质量的关键环节。钢结构连接的方式很多，除焊接外，主要有螺栓连接、胀接、咬接，历史上曾用过铆接、销钉连接，这两种连接方式已不在新建钢结构上使用。以下主要介绍螺栓连接。

螺栓连接是紧固件连接方式之一，钢结构部分构件的连接应用螺栓连接。

螺栓连接是螺栓与螺母、垫圈配合，利用螺纹连接，使两个或两个以上的构件连接（含固定、定位）成一个整体。这种连接的特点是可拆卸。梁柱螺栓连接如图 6-5 所示。

图 6-5 梁柱螺栓连接

钢结构的连接螺栓一般分为普通螺栓和高强度螺栓两种。普通螺栓或高强度螺栓不施加紧固轴力的称为普通螺栓连接；以高强度螺栓为紧固件，并对螺栓施加紧固轴力而形成连接作用的称为高强度螺栓连接。

（1）普通螺栓连接 普通螺栓连接时的荷载是通过螺栓杆受剪，连接板孔壁受压来传递的，在遇有受力较大的结构或承受荷载的结构时，应选用精制螺栓以减小接头的变形量。精制螺栓连接是一种基孔制过渡配合连接，施工时必须强行压入，螺栓加工要求高、施工难度大、费用高，工程上很少使用，常常被高强度螺栓连接所取代。

普通螺栓一般为六角头螺栓，产品等级分为 A、B、C 三级。对于 C 级螺栓，性能等级为 4.6 级和 4.8 级两种。4.6 级表示螺栓材料的抗拉强度不小于 $400N/mm^2$，屈服强度与抗拉强度之比（屈强比）为 0.6，即屈服强度不小于 240N/mm$^2$。C 级普通螺栓一般可采用 Q235 钢，由热轧圆钢制成，为粗制螺栓，对螺栓孔的制作要求较低，在普通螺栓连接中应用最多。A 级和 B 级的普通螺栓为精制螺栓，对螺栓杆和螺栓孔的加工要求都较高，性能等级为 5.6 级和 8.8 级的两种，为普通螺栓连接中的高强度螺栓。普通螺栓的安装一般用人工扳手，不要求螺杆中必须有规定的预拉力。

钢结构中用的高强度螺栓有特定的含义，专指在安装过程中使用特制的扳手，能保证螺杆中具有规定的预拉力，从而使被连接的板件接触面上有规定的预压力。为提高螺杆中应有的预拉力值，此种螺栓必须用高强度钢制造。前面介绍的普通螺栓中的 A 级和 B 级螺栓（性能等级为 5.6 级和 8.8 级）虽然也用高强度钢制造，但仍称其为普通螺栓。高强度螺栓的性能等级有 8.8 级和 10.9 级两种。高强度螺栓由中碳钢或合金钢等经热处理（淬火并回火）后制成，强度较高。8.8 级高强度螺栓的抗拉强度不小于 800N/mm$^2$，屈强比为 0.8。10.9 级高强度螺栓的抗拉强度不小于 1000N/mm$^2$，屈强比为 0.9。

钢结构连接中常用螺栓直径 $d$ 为 16mm、18mm、20mm、22mm、24mm 等。

1）普通螺栓连接的工艺方法。为了增大承压面积，应在螺栓头和螺母下面放置防松平垫圈。对于设计中有防松动的螺栓和锚固螺栓连接，应采用防松装置的螺母或使用弹簧垫圈或用人工方法采取防松措施。承受动荷载或重要部位的螺栓连接必须设置弹簧垫圈，且应放置在螺母一侧。



2）普通螺栓的装配及检验。普通螺栓的连接装配的主要技术要求是获得规定的预紧力，螺栓、螺母不产生偏斜和弯曲，防松装置可靠。螺栓或螺母与工件贴合的表面要光洁、平整，否则容易使连接件松动或使螺杆弯曲；按一定的顺序拧紧，并做到分次、逐步拧紧，否则会使工件或螺栓因松紧不一致而变形。为了使连接接头中的螺栓受力均匀，施工拧紧中一定要按顺序进行，对大型接头施工要求采用复拧方法，以保证接头内各个螺栓能均匀受力。

普通螺栓检验方法比较简单，一般采用锤击法，即使用 0.25kg 小锤，一手扶螺栓头，另一手锤击螺栓。检验要求螺栓头（螺母）没有偏移、不颤动、不松动，锤声清脆；否则，说明螺栓紧固质量不好，需要重新紧固施工。

（2）高强度螺栓连接　高强度螺栓连接依靠螺栓杆内很大的拧紧预拉力将连接构件夹紧，使其中产生强大的摩擦力来传递荷载。

高强度螺栓连接除保持普通螺栓连接的施工简便、可拆换的优点外，还具有受力性能好、耐疲劳、抗震性能好、连接刚度高、施工简便等优点，成为钢结构安装的主要手段之一。

1）高强度螺栓的类型和连接构造要求。高强度螺栓从外形上可分为大六角头高强度螺栓和扭剪型高强度螺栓，螺栓、螺母和垫圈在组成连接副时，相互之间的性能等级相匹配。

为了保证钢结构的安全可靠，每一杆件在节点处或拼接接头的一端，高强度螺栓的数目不宜少于两个；高强度螺栓孔应采用钻孔，不得采用冲孔；当型钢杆件的拼接采用高强度螺栓连接时，拼接件宜采用钢板。对受拉的 T 形连接接头，宜用刚性较大的端板（如加厚端板或设加强筋），以减少杠杆力的影响。

2）高强度螺栓连接工艺方法。

① 一般规定。高强度螺栓连接在施工前要对连接副实物和摩擦面进行检验，经检验合

格后方能进行安装；当采用扭矩法施工时，应在订货合同中要求生产厂家按保证扭矩系数的要求配套供货，并附有质量保证书。

② 大六角头高强度螺栓连接施工。对大六角头高强度螺栓施加预拉力一般有扭矩法和转角法。

扭矩法：利用可直接显示或控制扭矩的特制扭矩扳手，根据生产厂家提供并经施工单位反复检验的扭矩系数对螺栓施加扭矩。

转角法：先用扳手将螺母拧到贴近板面的位置，然后根据螺栓的直径和板层厚度，从贴紧位置开始，再将螺母转动 1/2～3/4 圈。此法实际上是通过螺栓的应变来控制预拉力，这种方法操作简单，但不精确。

3）高强度螺栓连接质量检验。高强度螺栓连接是钢结构工程的主要分项工程之一，它的质量直接影响着整个结构的安全，是质量过程控制的重要一环。依据《钢结构工程施工质量验收标准》（GB 50205—2020），高强度螺栓连接的主要检验项目有以下内容：

① 资料检验。高强度螺栓、螺母和垫圈（连接副）应按技术要求提供出厂合格证、质量证明书或质量检验报告。

② 工地复验项目。对大六角高强度螺栓连接副应该复验扭矩系数。用于检验的螺栓连接副应随机从施工现场的实物中进行抽取。每套连接副允许用于一次试验，严禁重复使用。

③ 检验项目。对大六角头高强度螺栓连接副应进行终拧扭矩的检验。采用小锤对接头的螺栓进行敲击检查。根据发出的声音不同，判断螺栓是否漏拧、欠拧，若有则须重新拧紧。



## 6.3　钢结构涂装防护工程

钢结构最大的缺点就是防腐和防火性能差，如果不进行防护，不仅会造成直接的经济损失，还会严重地影响结构性的安全和耐久性。钢结构的涂装防护是利用防腐蚀和防火涂料的涂层使被涂物与所处的环境相隔离，从而达到防腐蚀和防火的目的，并延长结构的使用寿命。因此，钢结构必须进行必要的防护处理。

### 6.3.1　防腐涂装

#### 1. 常用防腐蚀材料

防腐蚀材料按涂装部位分，有底漆、中间漆、面漆、稀释剂和固化剂等。按化学成分分类，有油性酚醛涂料、醇酸涂料、高氯化聚乙烯涂料、氯化橡胶涂料、氯磺化聚乙烯涂料、环氧树脂涂料、聚氨酯涂料、无机富锌涂料、有机硅涂料、过氯乙烯涂料等。

各种防腐蚀材料应符合国家有关技术指标的规定，应具有产品出厂合格证。防腐蚀涂料的品种、规格及颜色选用应符合设计要求。

#### 2. 施工工艺

（1）工艺流程　防腐涂装的工艺依次为：基面处理→底漆涂装→面漆涂装→检查验收。

（2）作业条件

1）油漆工施工作业应持有特殊工种作业操作证。

2）防腐涂装工程前，钢结构工程已检查验收，并符合设计要求。

3）防腐涂装作业场地应有安全防护措施，有防火和通风措施，防止发生火灾和人员中毒事故。

4）露天防腐施工作业应选择适当的天气，大风、雨雪、严寒等均不应作业。

（3）操作工艺

1）基面清理。

① 建筑钢结构工程的油漆涂装应在钢结构制作安装且验收合格后进行。

② 油漆涂刷前，应采取适当的方法将需要涂装部位的铁锈、焊缝药皮、焊接飞溅物、油污、尘土等杂物清理干净。

③ 基面清理除锈质量的好坏，直接影响涂层质量的好坏。因此，涂装工艺的基面除锈质量等级应符合设计文件的规定要求。钢结构除锈质量等级分类执行《涂覆涂料前钢材表面处理　表面清洁度的目视评定　第1部分：未涂覆过的钢材表面和全面清除原有涂层后的钢材表面的锈蚀等级和处理等级》（GB/T 8923.1—2011）标准规定。

④ 为了保证涂装质量，油污的清除方法根据工件的材质、油污的种类等因素来决定，通常采用溶剂清洗或碱液清洗。清洗方法主要有槽内浸洗法、擦洗法、喷射清洗和蒸汽法等。



2）涂料涂装方法。涂料涂装方法有刷涂法、滚涂法、浸涂法、空气喷涂法和雾气喷涂法。合理的施工方法对保证涂装质量、施工进度、节约材料和降低成本有很大的作用。所以，正确选择涂装方法是涂装施工管理工作的主要组成部分。

① 刷涂法适用于油性漆、酚醛漆、醇酸漆等，这类漆塑性小，干燥速度较慢；该法的优点是投资少，施工方法简单，适于各种形状及大小面积的涂装；缺点是装饰性较差，施工效率低。一般建筑构件及各种设备管道采用刷涂法。

② 滚涂法同样适用于油性漆、酚醛漆、醇酸漆等，这类漆塑性小，干燥速度较慢；该法的优点是投资少、施工方法简单，适用大面积的涂装；缺点同刷涂法。一般具有大型平面的构件和管道等采用滚涂法。

③ 浸涂法适用于各种合成树脂涂料，要求涂料流平性好，干燥速度适中，触变性好。此法设备投资较少，施工方法简单，涂料损失少，适用于构造复杂构件；缺点是有流挂现象，污染现场，溶剂易挥发。一般小型零件、设备和机械部件的涂装用浸涂法。

④ 空气喷涂法适用于各种硝基漆、橡胶漆、建筑乙烯漆、聚氨酯漆等，这类漆塑性小，挥发快和干燥速度适中；该法施工时使用喷枪、空气压缩机、油水分离器等，优点是设备投资较小，施工效率较刷涂法高；缺点是施工方法较复杂，消耗溶剂量大，有污染现象，易引起火灾。各种大型构件及设备和管道的涂装可用此法。

⑤ 雾气喷涂法适用于厚浆型涂料、高不挥发涂料和具有高沸点溶剂的涂料；该方法施工时使用高压无气喷枪、空气压缩机等，优点是效率比空气喷涂法高，能获得厚涂层；缺点是设备投资较大，施工方法较复杂，要损失部分涂料，装饰性较差。各种大型钢结构、桥梁、管道、车辆和船舶等的涂装可用此法。

### 6.3.2　防火涂装

#### 1. 工艺流程

防火涂装的工艺依次为：施工准备→调配涂料→涂装施工→检查验收。

2. 作业条件

1）防火涂料涂装施工作业应由经消防部门批准的施工单位负责施工。

2）防火涂料涂装工程前，钢结构工程已检查验收合格，并符合设计要求。

3）涂装前，应按照要求对钢结构表面进行除锈处理，应彻底清除钢构件表面的灰尘、铁锈、油污等杂物。

4）涂装前，应对钢构件碰损或漏涂部位补刷防锈漆，防锈漆涂装验收合格后方可进行喷涂防火涂料。

5）钢结构防火涂料涂装应在室内装饰之前和不被后续工程所损坏的条件下进行。施工前，对不需要进行防火保护的墙面、门窗、机械设备和其他构件应采用塑料布遮挡保护。

6）涂装施工时，环境温度宜保持5~38℃，相对湿度不宜大于90%，空气应流动。露天涂装施工作业应选择适当的天气，大风、遇雨、严寒等均不应作业。

3. 原材料要求

1）钢结构防火涂料材料的品种和技术性能应符合现行国家产品标准和设计要求。

2）钢结构防火涂料应具备国家质量检验检测机构对产品的耐火极限检测报告和理化力学性能检测报告。

3）钢结构防火涂料应具有应急管理部门颁发的消防产品生产许可证和该产品的合格证。



4. 操作工艺

（1）厚涂型钢结构防火涂料涂装工艺及要求

1）施工方法及机具。一般采用喷涂方法涂装，机具为压送式喷涂机，配备能够自动调压的空压机，喷枪口径为6~12mm，空气压力为0.4~0.6MPa。局部修补和小面积构件采用手工抹涂方法施工，工具是抹灰刀等。

2）涂料配制。单组分湿涂料，现场采用便携式搅拌器搅拌均匀；单组分干粉涂料，现场加水或其他稀释剂调配，应按照产品说明书的规定配比混合搅拌；双组分涂料，按照产品说明书规定的配比混合搅拌。防火涂料配制搅拌，应边配边用，当天配制的涂料必须在说明书规定时间内使用完。搅拌和调配涂料，使其均匀一致、稠度适宜，既能在输送管道中流动畅通，又不会在喷涂后产生流淌和下坠现象。

3）涂装施工工艺及要求。喷涂应分若干层完成，第一层喷涂应基本覆盖钢材表面，以后每层喷涂厚度为5~10mm，一般为7mm左右为宜。

在每层涂层基本干燥或固化后，方可继续喷涂下一层涂料，通常每天喷涂一层。喷涂保护方式、喷涂层数和涂层厚度应根据防火设计要求确定。

喷涂时，喷枪要垂直于被喷涂钢构件表面，喷距为6~10mm，喷涂气压保持在0.4~0.6MPa。喷枪运行速度要保持稳定，不能在同一位置久留，避免造成涂料堆积、流淌。喷涂过程中，配料及往喷涂机内加料均要连续进行，不得停顿。

施工过程中，操作者应采用测厚针检测涂层厚度，直到符合设计规定的厚度，方可停止喷涂。

喷涂后，对于明显凹凸不平处，采用抹灰刀等工具进行剔除和补涂处理，以确保涂层表面均匀。

4）质量要求。涂层应在规定时间内干燥固化，各层间黏结牢固，不出现粉化、空鼓、脱落和明显裂纹。钢结构接头、转角处的涂层应均匀一致，无漏涂现象。涂层厚度应达到设计要求；否则，应进行补涂处理，使其符合规定的厚度。

（2）薄涂型钢结构防火涂料涂装工艺及要求

1）施工方法及机具。一般采用喷涂方法涂装，面层装饰涂料可以采用刷涂、喷涂或滚涂等方法，局部修补或小面积构件涂装，不具备喷涂条件时，可采用抹灰刀等工具进行手工抹涂方法。

机具为重力式喷枪，配备能够自动调压的空压机。喷涂底层及主涂层时，喷枪口径为4~6mm，空气压力为0.4~0.6MPa；喷涂面层时，喷枪口径为1~2mm，空气压力为0.4MPa左右。

2）涂料配制。涂料配制要求同上文所述。

3）底层涂装施工工艺及要求。底涂层一般应喷涂2~3遍，待前一遍涂层基本干燥后再喷涂后一遍。第1遍喷涂以盖住钢材基面70%即可，第2、3遍喷涂每层厚度不超过2.5mm。

喷涂保护方式、喷涂层数和涂层厚度应根据防火设计要求确定。

喷涂时，操作工手握喷枪要稳定，运行速度保持稳定。喷枪要垂直于被喷涂钢构件表面，喷距为6~10mm。



施工过程中，操作者应随时采用测厚针检测涂层厚度，确保各部位涂层达到设计规定的厚度要求。

喷涂后，喷涂形成的涂层是粒状表面，当设计要求涂层表面平整光滑时，待喷涂完最后一遍应采用抹灰刀等工具进行抹平处理，以确保涂层表面均匀平整。

4）面层涂装工艺及要求。当底涂层厚度符合设计要求，并基本干燥后，方可进行面层涂料涂装。面层涂料一般涂刷1~2遍。如第1遍是从左至右涂刷，第2遍则应从右至左涂刷，以确保全部覆盖住底涂层。面层涂装施工应保证各部分颜色均匀一致，接槎平整。

## 阅读材料

### 某钢结构制作专项施工方案（钢结构制作加工部分）

#### 1. 工程概况

某单层厂房以钢筋混凝土结构为主，屋顶为轻盖屋架钢结构的多功能单层建筑。该工程两栋建筑面积为5501$m^2$，跨度为32m，屋架顶最高为8.40m，屋架材料从下到上依次为H型钢梁（H600-1200×300×12×14），C型檩条，屋面板。屋面板为30mm厚PU板，屋面采光板选用与屋面板板型配套的玻璃纤维聚酯采光板，厚度为1.5mm，风球为成品风球。

#### 2. 钢结构制作工程

钢结构制作的一般程序如下：放样→号料→几何尺寸检查→下料剪切→打磨→尺寸检查→组装→焊接→校正→喷砂→底漆、面漆→检查→编号→运输。本工艺适用于钢柱、钢梁、钢屋架、铁网架、钢平台、连接构件及其他附设构件。

（1）放样、号料和切割

1）放样。核对图样的安装尺寸和孔距，以1∶1的大样放出节点，核对各部分的尺寸；制作样板和样杆作为下料、弯制、铣、刨、制孔等加工的依据。放样时，铣、刨的工件要考虑加工余量，焊接构件要按工艺要求预留焊接收缩余量。

2）号料。检查核对材料；在材料上划出切割、铣、刨、弯曲、钻孔等加工位置；打冲孔及标出零件编号等。号料时应尽可能做到合理用材。

3）切割前应将钢材表面切割区域内的铁锈、油污等清除干净；切割后断口上不得有裂纹和大于1.0mm的缺棱，并应清除边缘上的熔瘤和飞溅物等。

4）切割截面与钢材表面不垂直度不大于钢材厚度的10%，且不得大于2.0mm，对于精密切割的零件，表面粗糙度值不得大于0.03mm。对于机械剪切的零件，剪切线与号料线的允许偏差不得大于2.0mm；断口处的截面上不得有裂纹和大于1.0mm的缺棱，并应清除毛刺。对于机械剪切的型钢，端部剪切斜度不得大于2mm。

（2）矫正、弯曲和边缘加工

1）钢材矫正后，表面不应有明显的凹面和损伤，表面划痕深度不宜大于0.5mm。

2）零件、部件在冷矫正和冷弯曲时，应严格按照设计要求对曲率半径和最大弯曲高进行施工。

（3）组装

1）组装工作的一般规定：组装必须按工艺要求的次序进行，连接表面及焊缝每边30~50mm范围内的铁锈、毛刺和油污等必须清除干净。当有隐蔽焊缝时，必须进行预施焊，经检验合格方可覆盖。

2）布置拼装胎具时，定位必须考虑预放出焊接收缩量及齐头、加工的余量。

3）为减小变形，尽量采取小件组焊，经矫正后再大件组装。胎具及装出的首件必须经过严格检验，方可大批进行装配工作。

4）装配好的构件应立即用油漆在明显部位编号，写明图号、构件号和件数，以便查找。

5）无论弦杆、腹杆，应先单肢组装焊接矫正，然后进行大组装。

6）支座、与钢柱连接的节点板等，应先小件组焊，矫正后再定位大组装。

7）放组装胎时放出收缩量，一般放至上限（组装胎的长度尺寸 $L\leqslant$24m 时放5mm，$L>$24m 时放8mm）。

8）三角形屋架跨度15m以上，梯形屋架跨度24m以上，应起拱（1/500）。小于上述跨度者，由于上弦焊缝较多，最好少量起拱（10mm左右）以防下挠。

（4）焊接要求

1）对接焊缝板边的构造要求见表6-10。

表6-10　对接焊缝板边的构造要求

| 焊缝形式 | 构造要求/mm | 附注 |
|---|---|---|
| I型缝 | <10 | 6~10mm应双面焊 |
| V型缝 | 10~20 | 须补焊缝根部 |

2）埋弧自动焊接的焊丝及焊剂材质要求见表6-11。

表6-11　埋弧自动焊接的焊丝及焊剂材质要求

| 钢材型号 | 焊丝 | 焊剂 |
|---|---|---|
| Q235 | H08A或H08MnA | 高锰酸硅型焊剂 |

3）焊条直径与电流匹配见表6-12。

表6-12　焊条直径与电流匹配

| 焊条直径/mm | $\phi$1.6 | $\phi$2.0 | $\phi$2.5 | $\phi$3.2 | $\phi$4.0 | $\phi$5 |
|---|---|---|---|---|---|---|
| 电流/A | 25~40 | 40~60 | 50~80 | 100~130 | 160~210 | 200~270 |

4）为了减小焊接应力和变形，首先应选择合理的焊接顺序：对于焊接H型钢，应先焊收缩量较大的焊缝，使焊缝能较自由地收缩，即先焊对接焊缝，后焊角焊缝；对于板材拼接，应先焊横向短焊缝，后焊纵向长焊缝；对于组合构件，应先焊受力较大的焊缝，后焊受力较小的焊缝，还可以采取反变形措施，即在焊前人为地将焊件预先变形，使其方向与焊后变形方向相反，大小与焊后变形量相近。所有焊缝在焊接完成后，应在普通检验合格的基础上，用超声波探伤来检查焊缝的内部缺陷。凡出现超标缺陷，都必须将缺陷清除干净后重新焊接，在同一处的返修次数不得超过两次。

（5）钢构件连接　该工程钢构件连接主要采用高强度螺栓连接，制孔采用台式电钻和套模钻孔，对于孔的定位，按设计图尺寸定出孔距、孔边距和孔中心距，复核无误后用钢铳在孔中心位置打点。钻孔时，钻头要垂直于构件表面，不能倾斜。孔钻完后要清除孔周围的毛刺。用外六角形手动扭矩扳手初拧，专用的扳手终拧至符合规范要求。



（6）喷珠、底油漆工艺

构件表面喷珠要求达到Sa2.5级标准，采用C25规格的铁珠进行喷射，锈蚀等超过C级的钢材不允许使用。

1）钢构件的除锈和涂底工作应在质量检查部门对制作质量检验合格后，方可进行。

2）该工程除锈用喷砂抛丸，直到钢材表面露出金属色泽为止。

3）涂层和涂料均应符合蓝图上设计总说明中的要求。

4）涂层时在雨天或钢构件表面上有结露时都不宜作业，且涂后4h不得淋雨。

（7）构件编号

构件在刷漆完毕后，应在构件表面清晰明了地编制构件编号，以便现场安装时依序吊装。涂装完毕后，在构件上按原编号注明，重大的构件还应标明重心位置和定位标记。

（8）构件检查　构件制作完成后，检查部门应按照施工图的要求和《钢结构工程施工质量验收标准》（GB 50205—2020）的规定对成品进行检查验收。验收合格的构件贴上合格证。

（9）运输　构件出厂运输时，所有构件装车应在底部垫木头，各构件的重心尽量保持在同一垂直线上，构件用钢索捆扎牢固，构件与钢索接触部分应用软件物品垫好，以防构件油漆损坏。构件在运输过程中产生的变形应在拼装前矫正好。

## 思　考　题

1. 钢结构构件在工厂制作包括哪些工艺过程？
2. 什么是钢结构构件生产的放样与号料？
3. 什么是切割下料？常用的切割方法有几种？
4. 为什么要进行构件矫正？矫正方法有几种？

5. 试述普通螺栓和高强度螺栓的种类和用途。
6. 试述高强度螺栓的施工要点。
7. 钢材表面的锈蚀分为哪几个等级？各有什么特点？
8. 简述厚涂型钢结构防火涂料的施工操作要点。

## 习 题

**1. 填空题**

（1）Q235A 中，Q 表示____________，后面的数字 235 表示________________。

（2）焊接结构中常用的衬垫有：________、________、________。

（3）高强度螺栓施加预拉力一般有________和________。

（4）涂装施工时，环境温度宜保持在 5~38℃，相对湿度不宜大于________，空气应流动。

（5）钢结构钢材在加工前需要进行质量复验，根据质量检验程度分为________、________和全部检查三种。

（6）钢网架结构广泛用作大跨度的屋盖结构。它的特点是汇交于节点上的________，制作安装较平面结构复杂。

**2. 单项选择题**

（1）普通螺栓的紧固次序是（　　）。

A. 应从任意处开始，对称向两边进行　　B. 应从中间开始，对称向两边进行

C. 应从一端开始，向另一端进行　　D. 应从四周开始，对称向中间进行

（2）高强度螺栓连接施工时，对每一个连接接头，应先用（　　）定位。

A. 高强度螺栓　　B. 临时螺栓　　C. 冲钉　　D. 临时螺栓或冲钉

（3）高强度螺栓连接施工时，严禁把（　　）作为临时螺栓使用。

A. 高强度螺栓　　B. 临时螺栓　　C. 冲钉　　D. 临时螺栓或冲钉

（4）高强度螺栓连接中连接钢板的孔径（　　）螺栓直径。

A. 略小于　　B. 略大于　　C. 等于　　D. 不确定

（5）扭矩法施工要求在终拧前，应首先进行（　　）。

A. 初拧　　B. 试拧　　C. 预拧　　D. 冲钉连接

（6）高强度螺栓转角法施工分为（　　）两步进行。

A. 试拧和终拧　　B. 初拧和终拧　　C. 预拧和终拧　　D. 冲钉连接和终拧

（7）钢结构构件的施涂方法中的刷涂法适用于（　　）的涂料。

A. 油性基料　　B. 快干性　　C. 挥发性强　　D. 快干性和挥发性强

# 第7章　结构安装工程

学习目标

了解起重机械的类型、构造、性能及工作特点，能正确选择起重机械；了解单层工业厂房结构安装的全过程，掌握柱、吊车梁、屋架等主要构件的平面布置及安装工艺；了解多层装配式框架结构安装的特点及吊装方案。

在现场或工厂预制的结构构件或构件组合，用起重机械在施工现场把它们吊起并安装在设计位置上，这样形成的结构称为装配式结构。结构吊装工程就是有效地完成装配式结构构件的吊装任务。结构吊装工程是装配结构工程施工的主导工种工程，它的施工特点如下：

受预制构件的类型和质量影响大。预制构件的外形尺寸、预埋件位置、预制构件的强度及类型，都直接影响吊装进度和工程质量。

正确选用起重机具是完成吊装任务的主导因素。构件的吊装方法取决于所采用的起重机械。

构件的应力状态变化多。构件在运输和吊装时，吊点或支承点使用不同，应力状态也会不一致，甚至完全相反，必要时应对构件进行吊装验算，并采取相应措施。

高空作业多，容易发生事故，必须加强安全教育，并采取可靠措施。

## 7.1　起重机械

起重机的主要技术参数有三个：起重量 $Q$，是指所吊物件质量，不包括吊钩、滑轮组质量；起重高度 $H$，是指起重吊钩中心至停机面的垂直距离；回转半径 $R$，是指回转中心至吊钩的水平距离。这三个参数的关系是当起重臂长度一定时，随着仰角的增大，起重量和起重高度增加，而起重半径减小；当起重臂仰角不变时，随着起重臂长度增加，则起重半径和起重高度增加，而起重量减小。

### 7.1.1　履带式起重机

履带式起重机是一种具有履带行走装置的转臂起重机。它的起重量和起重高度较大，履带式起重机主要由行走机构、回转机构、机身及起重臂组成，如图 7-1 所示。

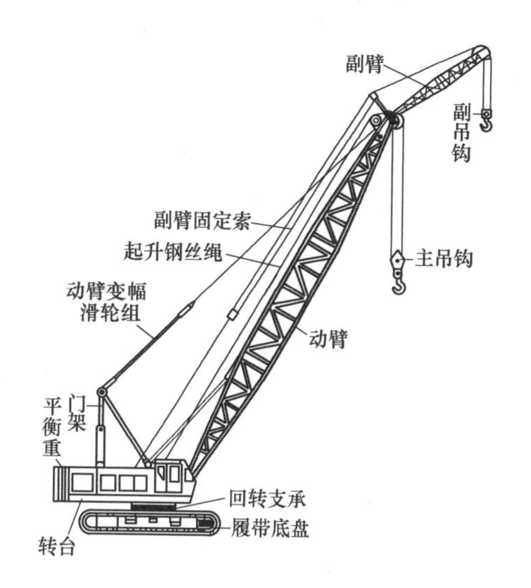

图 7-1　履带式起重机构造简图

履带式起重机（图 7-2）操作灵活、使用方便，起重臂可分节接长、机身可做 360° 回转，在平坦坚实的道路上可负重行走，换装工作装置后可成为挖土机或打桩机使用，是一种多功能、移动式吊装机械。履带式起重机的缺点一是行走速度慢，对路面破坏性大，长距离转移需用平板拖车进行运输；二是稳定性较差，未经验算不得超负荷吊装，否则容易倾覆或侧翻。

近年来，随着我国经济的发展，我国在石化、电力、钢铁、建筑、交通基础设施等领域的工程进入建设高潮，其中，大型履带式起重机是不可缺少的机械设备。例如，百万千瓦级核电站的压力容器质量达 320t 以上，核岛穹顶质量达 150t 以上（图 7-5）；3MW 风电机组的机舱质量超过 70t，塔筒质量超过 160t，叶片质量超过 40t，而且需要吊装至 100m 以上（图 7-6）；对于 5MW 风电机组，仅一瓣叶片质量就超过 18t，长度超过 61m；石化项目中加氢反应器等关键设备的质量达 1500t 以上，有的超过 2044t。履带式起重机是这些吊装工程的主力机械，需要千吨级履带式起重机进行吊装。目前，我国能生产一次起吊质量达到 3200t 的履带式起重机（图 7-7）。履带式起重机两机抬吊架桥如图 7-8 所示。



一般根据需起重构件质量和安装高度查找起重设备的性能表或性能曲线，从而进行履带式起重机的选择。$W_1$-50、$W_1$-100、$W_1$-200 履带式起重机性能见表 7-1。

表 7-1　$W_1$-50、$W_1$-100、$W_1$-200 履带式起重机性能

| 参数 | | 单位 | 型号 | | | | | | | | | |
|---|---|---|---|---|---|---|---|---|---|---|---|---|
| | | | $W_1$-50 | | | $W_1$-100 | | | | $W_1$-200 | | |
| 起重臂长度 $L$ | | m | 10 | 18 | 18（带鸟嘴） | 13 | 23 | 27 | 30 | 15 | 30 | 40 |
| 最大起重半径 | | m | 10.0 | 17.0 | 10.0 | 12.5 | 17.0 | 15.0 | 15.0 | 15.5 | 22.5 | 30.0 |
| 最小起重半径 | | m | 3.7 | 4.5 | 6 | 4.23 | 6.5 | 8.0 | 9.0 | 4.5 | 8.0 | 10.0 |
| 起重量 $Q$ | 最小起重半径时 | t | 10.0 | 7.5 | 2.0 | 15.0 | 8.0 | 5.0 | 3.6 | 50.0 | 20.0 | 8.0 |
| | 最大起重半径时 | t | 2.6 | 1.0 | 1.0 | 3.5 | 1.7 | 1.4 | 0.9 | 8.2 | 4.3 | 1.5 |
| 起重高度 $H$ | 最小起重半径时 | m | 9.2 | 17.2 | 17.2 | 11.0 | 19.0 | 23.0 | 26.0 | 12.0 | 26.8 | 36 |
| | 最大起重半径时 | m | 3.7 | 7.6 | 14 | 5.8 | 16.0 | 21.0 | 23.8 | 3.0 | 19 | 25 |

$W_1$-100 型履带式起重机工作曲线如图 7-3 所示。

【例 7-1】　某单层厂房采用履带式起重机吊装，计算得到的最大起重量为 13t。最大起重高度为 11m，根据图 7-3 的起重机工作性能曲线，试确定合适的把杆长度，并求该机工作时的起重半径。

**解**：取把杆长度为 13m，起重高度为 10m，起重量为 13t。

根据起重高度，查该起重机工作曲线（起重臂长 13m 时 $Q$-$R$ 曲线），得到起重半径为 6m；根据起重量，查该起重机工作曲线（起重臂长 13m 时 $H$-$R$ 曲线），得到起重半径为 5m。

取上述两个计算结果的较小值时，可同时满足对起重量与起重高度的要求，故该起重机工作时的起重半径应不大于 5m。

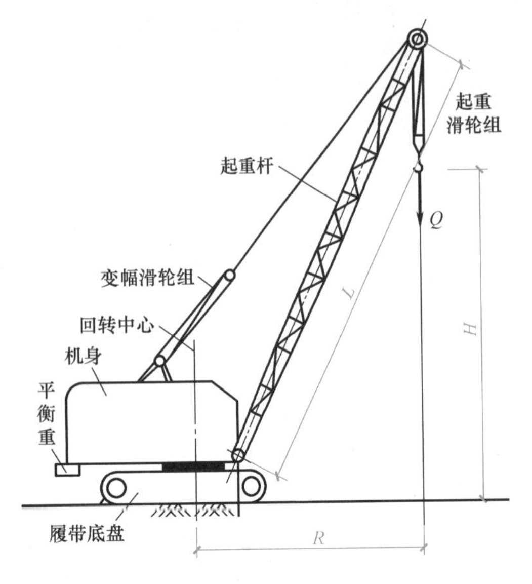


图 7-2　履带式起重机

注：$L$ 为起重机臂的长度。

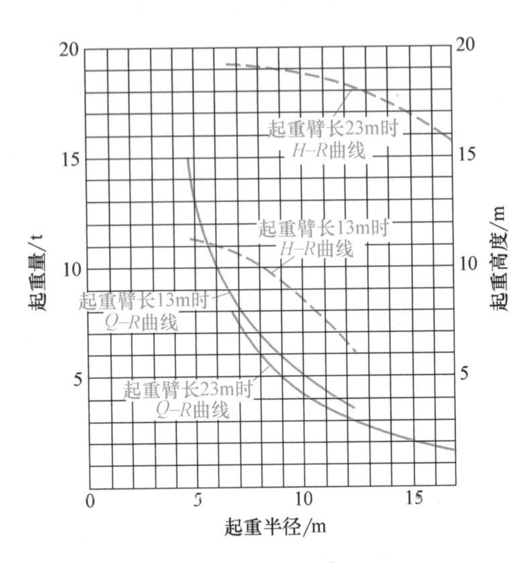


图 7-3　$W_1$-100 型履带式起重机工作曲线



为保证履带式起重机的安全运营，应做到如下安全规定（图 7-4）：

1）起重机吊钩中心与臂架顶部定滑轮之间的最小安全距离一般为 2.5~3.5m。

2）起重机工作时的地面允许最大坡度不应超过 3°。

3）起重臂杆的最大仰角一般不得超过 78°。

4）起重机不宜同时进行起重和旋转操作，也不宜边起重边改变起重臂的幅度。

5）起重机如需负载行走，荷载不得超过允许起重量的 70%。

6）起重机在松软土壤上工作时，应采用枕木或路基箱垫好道路。

7）起重机在进行超负荷吊装或接长臂杆时，需进行稳定性验算。不满足验算时可考虑增加平衡配重、设置临时性缆风绳等措施加强起重机的稳定性。

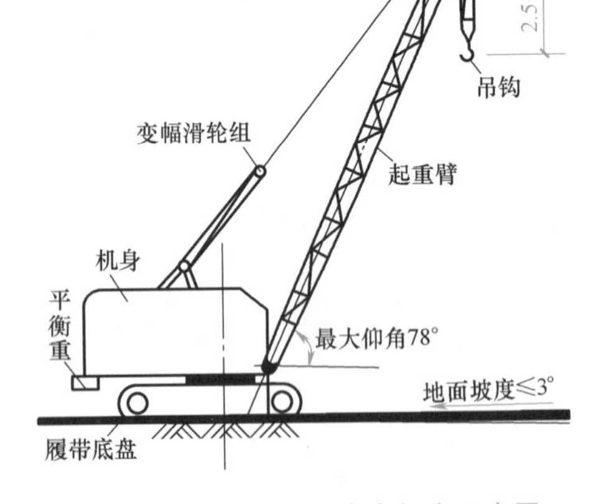


图 7-4　履带式起重机安全规定示意图

履带式起重机吊装工作现场如图 7-5~图 7-8 所示。

图 7-5　900t 级履带式起重机吊装核电机组穹顶

图 7-6　履带式起重机吊装风力发电机叶片

图 7-7　起重量 3200t 履带式起重机吊装一体式罐体

图 7-8　履带式起重机两机抬吊架桥



### 7.1.2　汽车式起重机

汽车式起重机是一种使用汽车底盘的轮式起重机，广泛用于构件装卸和结构吊装（图 7-9）。汽车式起重机的特点是操作灵活性好、转移迅速、行驶时对道路无损伤，起重量为 8~1600t。汽车起重机主要由起升、变幅、回转、起重臂和汽车底盘组成，能够 360°回转。汽车式起重机有越来越大型化的趋势。

汽车式起重机多为液压式伸缩臂，按起重量分为轻型（20t 以内）、中型（20~50t）和重型（50t 以上）。

汽车式起重机作业前应伸出全部支腿，并在撑脚板下垫方木；调整支腿必须在无荷载时进行；起吊作业时驾驶室严禁坐人，所吊重物不得超越驾驶室上空，不得在车的前方起吊；发现起重机倾斜或支腿不稳时，立即将重物下降落在安全地方，下降中严禁制动。图 7-10 为汽车式起重机倾翻事故。

### 7.1.3　轮胎式起重机

轮胎式起重机是把起重机构安装在加重型轮胎和轮轴组成的特制底盘上的一种全回转式起重机（图 7-11），它的上部构造与履带式起重机基本相同，为了保证安装作业时机身的稳定性，起重机设有四个可伸缩的支腿。在平坦地面上可不用支腿进行小起重量吊装及吊物低

图 7-9　汽车式起重机

图 7-10　汽车式起重机倾翻事故

速行驶。它由上车和下车两部分组成。上车为起重作业部分，设有动臂、起升机构、变幅机构、平衡重和转台等；下车为支承和行走部分。上、下车之间用回转支承连接。吊重时一般需放下支腿，增大支承面，并将机身调平，以保证起重机的稳定。

图 7-11　轮胎式起重机

与汽车式起重机相比，轮胎式起重机的优点有：轮距较宽、稳定性好、车身短、转弯半径小，可在 360°范围内工作；缺点是行驶时对路面要求较高，行驶速度较汽车式慢，不适于在松软泥泞的地面上工作。



轮胎式起重机的发展趋向是：大型化、高效、安全、减轻自重，进一步提高起重性能和行驶机动性。

### 7.1.4　塔式起重机

塔式起重机是建筑工地上最常用的一种起重设备，它可根据需要高度以标准节一节一节地接长或接高，在工地现场常用来吊施工用的钢筋、木楞、混凝土、钢管等施工的原材料。塔式起重机是工地上一种必不可少的设备。塔式起重机的起重臂安装在塔身顶部，可做 360°回转，具有较高的起重高度、工作幅度和起重能力，在多层、高层结构的吊装和垂直运输中应用最广（图 7-12）。

图 7-12　塔式起重机

#### 1. 塔式起重机的分类及表示方法

(1) 分类　按行走方式分：轨道式、固定式（代号 G）。

按变幅方法分：大臂变幅、小车变幅。

按回转部位分：下（塔身）回转（代号 A）、上（顶部）回转。

按安装方法分：自升式（代号 Z）、整体快速拆装式（代号 K）、拼装式。

按塔尖结构可分为：平头式、尖头式。

（2）表示方法　Q—起重机；T—塔式；P—内爬升式，如：QT—上回转式塔式起重机；QTA—下回转式塔式起重机；QTK—快速安装式塔式起重机；QTP—内爬式塔式起重机；QTZ—上回转自升式塔式起重机。数字代表起重力矩（$kN \cdot m \times 10^{-1}$）。

塔式起重机目前应用最广泛的是下回转、快速拆装、轨道式塔式起重机和能够一机四用（轨道式、固定式、附着式和内爬式）的自升塔式起重机。平头塔式起重机是最近几年发展起来的一种新型塔式起重机，它的特点是在原自升式塔式起重机的结构上取消了塔尖及其前后拉杆部分，增强了大臂和平衡臂的结构强度，大臂和平衡臂直接相连。它的优点是：

① 整机体积小，安装便捷安全，可降低运输和仓储成本。

② 起重臂耐受性能好，受力均匀一致，对结构及连接部分损坏小，可延长使用年限。

③ 部件设计可标准化、模块化、互换性强，减少设备闲置，提高投资效益。

中平头塔式起重机的价格稍高。

一般情况下，小高层（100m 以下），可用 QTZ5008（额定力矩 400kN · m，40t · m），中高层（140m 以下），可选用 QTZ5013 或 QTZ5313，高层（200m 以下），可选用 QTZ6313 或 QTZ7030。塔式起重机按照力矩进行划分，大致划分为 QTZ125（额定力矩 250kN · m）、QTZ80（额定力矩 800kN · m）、QTZ63（额定力矩 630kN · m）、QTZ50（额定力矩 500kN · m）和 QTZ40（额定力矩 400kN · m）等几种常用类型。大部分工程建设使用 QTZ63、QTZ50 和 QTZ40 等型号塔式起重机。上回转自升式塔式起重机如图 7-13 所示，下回转快速拆装式塔式起重机如图 7-14 所示。



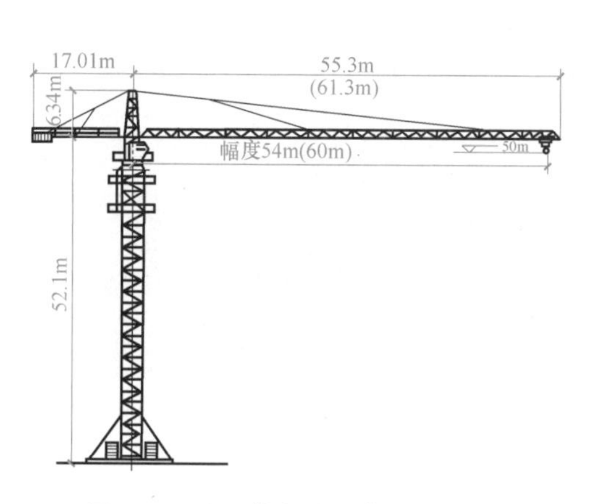


图 7-13　上回转自升式塔式起重机

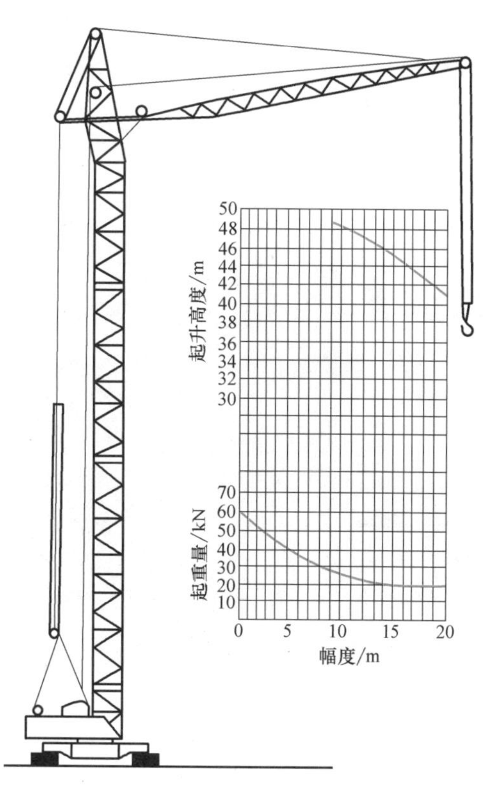


图 7-14　下回转快速拆装式塔式起重机

（3）轨道式塔式起重机　轨道式塔式起重机如图7-15所示。轨道式塔式起重机的优点是能负荷行走，能同时完成水平和垂直运输，且能在直线和曲线轨道上运行，使用安全、生产效率高，起重高度可按需要增减塔身、互换节架；缺点是需铺设专用轨道、占用施工场地过大、塔架高度和起重量较固定式塔式起重机小。

图7-15　轨道式塔式起重机

（4）附着式塔式起重机　附着式塔式起重机是在建筑物外部布置，塔身借助顶升系统向上接高，每隔14~20m采用附着式支架装置，将塔身固定在建筑物上，适用于与塔身高度适应的高层建筑施工（图7-16）。附着式塔式起重机多为小车变幅，因起重机装在结构近旁，司机能看到吊装的全过程，自身的安装与拆卸不妨碍施工过程。

（5）内爬式塔式起重机　内爬式塔式起重机是安装在建筑物内部电梯井或其他合适开间的结构上，随建筑物的升高向上爬升的一种起重机械，主要用于超高层建筑施工中（图7-17）。它的优点是塔身短、不需轨道和附着装置，不占施工场地；缺点是全部荷载由建筑物承受，拆除时需在屋面架设辅助起重设施。

图7-16　附着式塔式起重机

图7-17　内爬式塔式起重机

2. 塔式起重机的安装

塔式起重机的安装方法应根据起重机的结构形式、质量和现场情况确定，常用安装方法有整体自立法、旋转起扳法、立装自升法。内容包括塔式起重机基础施工（图 7-18）、起重臂安装（图 7-19）、平衡臂安装（图 7-20）等。同一台塔式起重机的拆除方法与安装方法相同，只是程序相反。

图 7-18　塔式起重机基础施工

图 7-19　起重臂安装

图 7-20　平衡臂安装



3. 塔式起重机的自升、附着与内爬升

（1）塔式起重机的自升　塔式起重机的顶升接高系统由顶升套架、引进轨道及小车、液压顶升机三部分组成。自升步骤如下：

1）吊运标准节至摆渡小车上，松开过渡节与标准节相连的螺栓，准备顶升。

2）开动液压千斤顶将塔式起重机上部顶升超过标准节的高度，用定位销将套架固定。

3）液压千斤顶回缩形成引进空间，推入装有标准节的引进小车。

4）用千斤顶稍微提起待接高的标准节，退出摆渡小车，待接高标准节平稳落在塔身上，上紧连接螺栓。

5）拔出定位销、下降过渡节，与已接高的塔身连成整体。顶升接高结束。

塔式起重机的自升过程如图 7-21 所示，塔式起重机标准节的安装如图 7-22 所示。

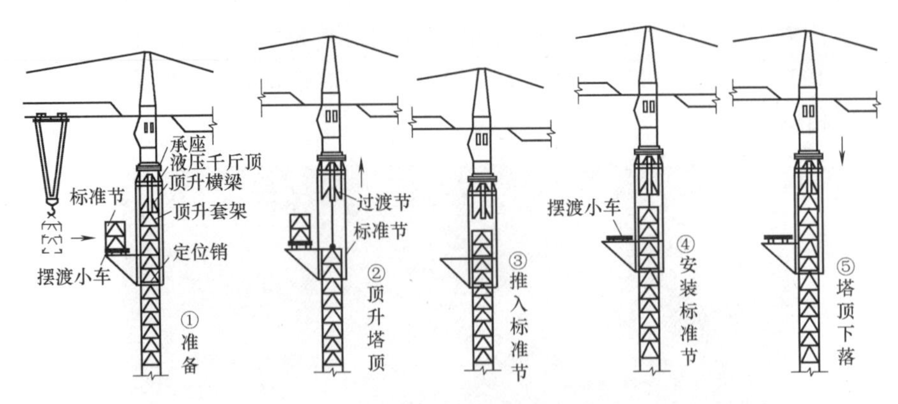


图 7-21　塔式起重机的自升过程

（2）塔式起重机的附着　塔式起重机的塔身接高到设计规定的独立高度后，须用锚固装置将塔身与建筑物相连接（附着），以减小塔身的自由高度、保持塔式起重机的稳定性、提高起重能力。锚固装置由附着框架、附着杆和附着支座组成。附着装置的布置方式、相互间距和附着距离按使用说明书规定执行。塔式起重机与建筑物的附着节点如图 7-23 所示，塔式起重机的附着装置构造如图 7-24 所示。

图 7-22　塔式起重机标准节的安装

图 7-23　塔式起重机与建筑物的附着节点

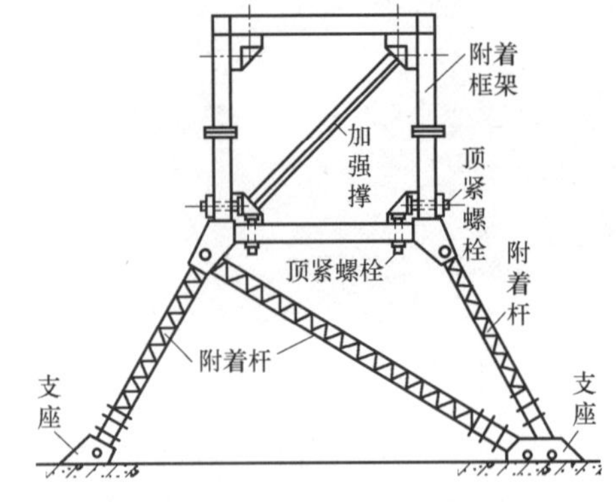


图 7-24　塔式起重机的附着装置构造

（3）塔式起重机的内爬升　内爬式塔式起重机是安装在建筑物内部（电梯井或其他部位）的结构上，依靠爬升机构随建筑物的建造而向上爬升的起重机，适用于框架、剪力墙结构的超高层建筑施工。内爬式塔式起重机的爬升过程如图 7-25 所示。

4. 塔式起重机的安全规定

塔式起重机作为特种设备应由受过专业训练的专职司机持证操作；作业中遇六级及以上大风或雷雨天应立即停止作业、锁紧夹轨器，松开回转机构的制动器，起重臂能随风摆动；遇八级以上大风警报，应另拉缆风绳与地面或建筑物固定；起重机必须有可靠接地装置，所有电气设备外壳都应与机体妥善连接；起重机安装好后，应重新调试好各种安全保护装置和

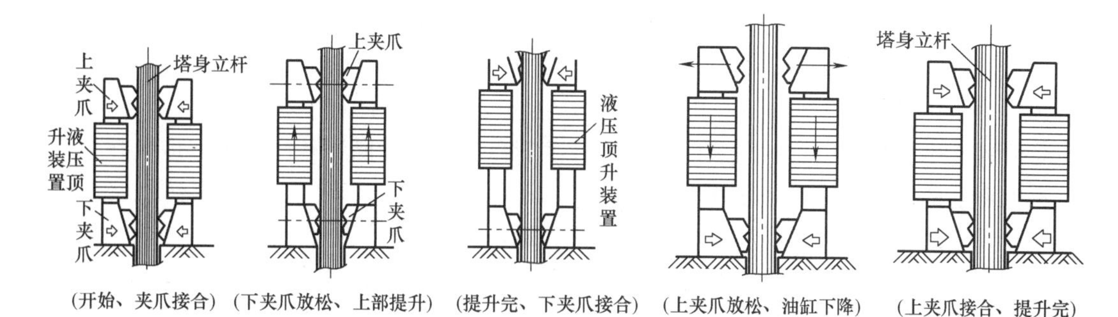


图 7-25　内爬式塔式起重机的爬升过程

限位开关；起重机行驶轨道不得有障碍或下沉，轨道末端 1m 处必须设有限位器撞杆和车挡；起重机必须严格按额定起重量起吊，不得超载，不准用起重机吊运人员、斜拉重物、拔除地下埋物；夜间作业应有足够的照明；作业后，起重机应开到轨道中间停放，断开各路开关，切断总电源，打开高空指示灯。

## 7.2　单层工业厂房结构吊装

单层工业厂房的结构吊装如图 7-26 所示。

图 7-26　单层工业厂房的结构吊装

### 7.2.1　吊装前的准备工作

吊装前应做好下列吊装前的准备工作：场地清理，道路平整、压实，水电管线敷设；构件运输与堆放，拼装；杯口基础的顶面标线和杯底找平；构件的全面检查、弹线（图 7-27 和图 7-28）及编号；构件临时加固；吊装用辅助工具准备。

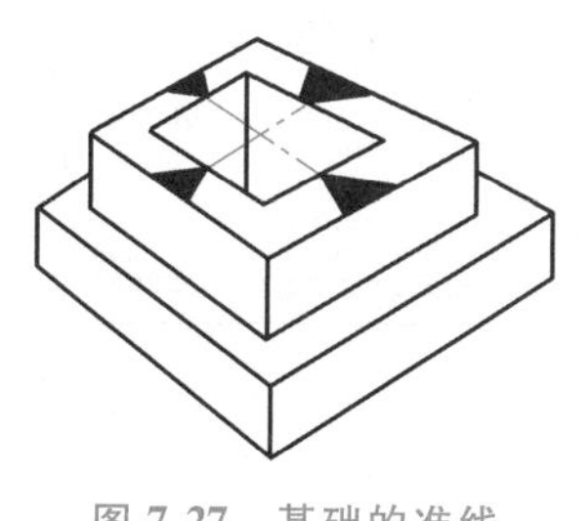

图 7-27　基础的准线

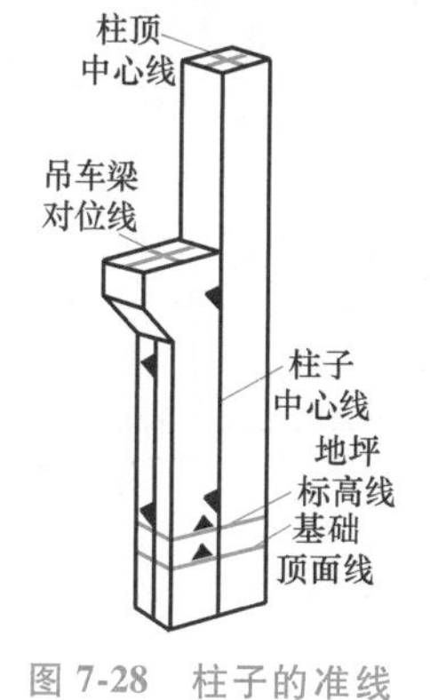


图 7-28　柱子的准线

### 7.2.2　构件吊装工艺

1. 柱的吊装

（1）柱的绑扎　柱的吊装有单机一点起吊、两点起吊和双机抬吊等多种方法。对于中小型柱可选用一点起吊法，对于重型柱或配筋少而细长的柱可用两点起吊或双机抬吊等方法，以减少柱的吊装弯矩。必要时，需经吊装应力和裂缝控制计算后确定。一点绑扎时，绑扎位置一般由设计确定。自重13t以下的中小型柱常绑扎一点。对于有牛腿的柱，一点绑扎的位置常选在牛腿以下，上柱较长时也可选在牛腿以上；工型断面柱的绑扎点应选在矩形断面处；双肢柱的绑扎点应选在平腹杆处。

按柱吊起后柱身是否能保持垂直状态，分为斜吊绑扎法和直吊绑扎法。

当柱平卧起吊的抗弯刚度满足要求时采用斜吊绑扎法。采用斜吊绑扎法时柱不需翻身，起重钩低于柱顶，对于柱身较长、起重机臂长不够时选用此法较为方便，但因柱身倾斜，起吊后柱身与杯底不垂直，对中就位较困难（图7-29和图7-30）。直吊绑扎法适用于柱平卧起吊的抗弯刚度不足，需先将柱翻身以增大刚度，再绑扎起吊，此法吊索从柱两侧引出，上端通过卡环或滑轮挂在铁扁担上，柱身成垂直状态，便于插入杯口和对中校正，但由于铁扁担高于柱顶，需要较长的起重臂杆（图7-31）。



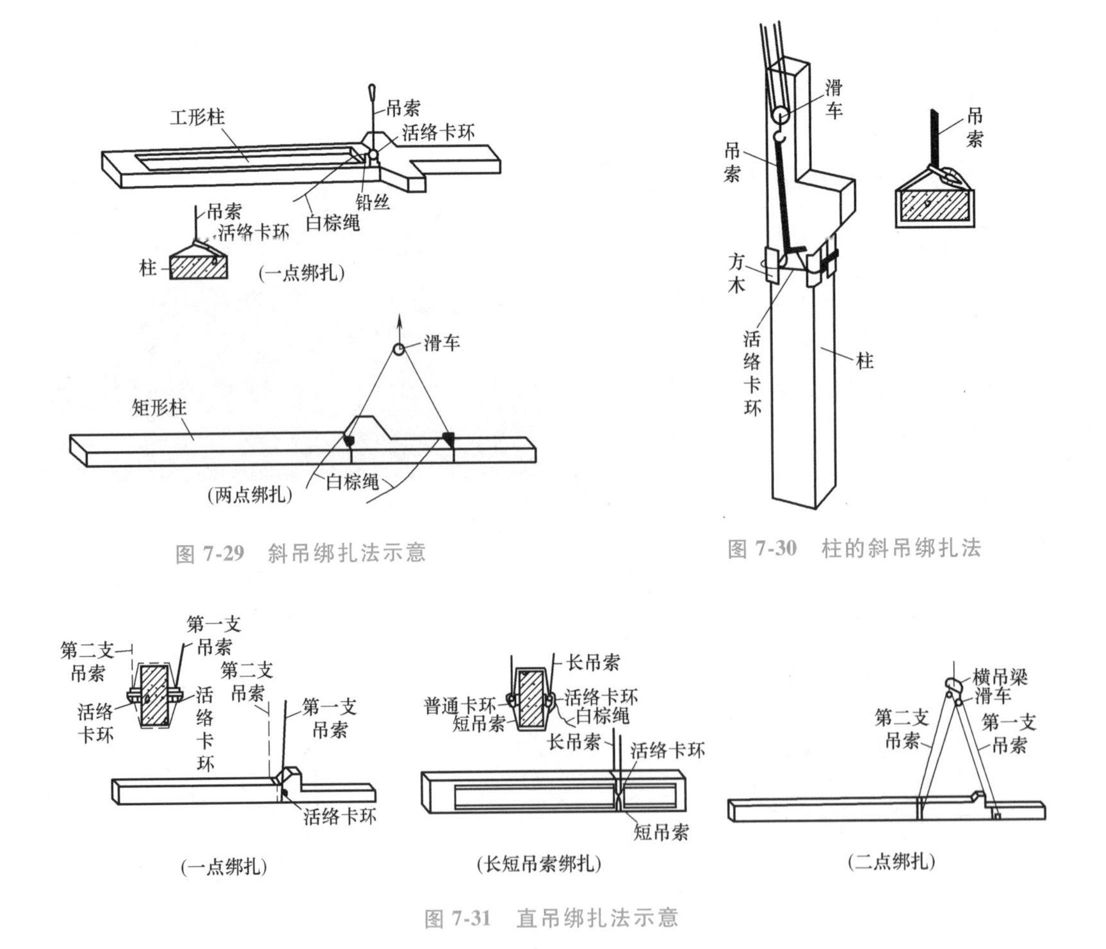


图7-29　斜吊绑扎法示意

图7-30　柱的斜吊绑扎法

图7-31　直吊绑扎法示意

（2）柱的起吊　单机吊装柱的常用方法有旋转法和滑行法。双机抬吊的常用方法有滑行法和递送法。

1）旋转法。柱布置时柱脚靠近杯口，柱的绑扎点、柱脚与杯口中心三者均位于起重半径的圆弧上（即三点共弧），起吊时，起重机边升钩、边回转，使柱绕柱脚旋转而成直立状态，吊离地面，插入杯口。旋转法振动小、效率高，一般中小型柱多采用旋转法吊升，但此法对起重机的回转半径和机动性要求较高，适用于自行杆式（履带式）起重机吊装（图 7-32）。

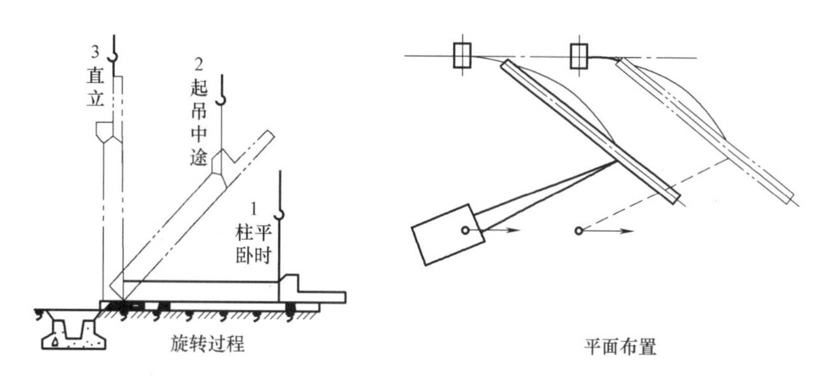


图 7-32　用旋转法吊装柱

2）滑行法。使用单机滑行法吊装柱时，吊点靠近杯口，柱的绑扎点与杯口中心均位于起重半径的圆弧上（即两点共弧），起吊时，起重机只升钩、不回转，使柱脚沿地面滑行，至柱身直立吊离地面插入杯口。此法的特点是柱的布置灵活、起重半径小、起重杆不转动，操作简单，适用于柱子较长较重、现场狭窄或用桅杆式起重机进行吊装的工程施工。单机滑行法吊装柱如图 7-33 所示。

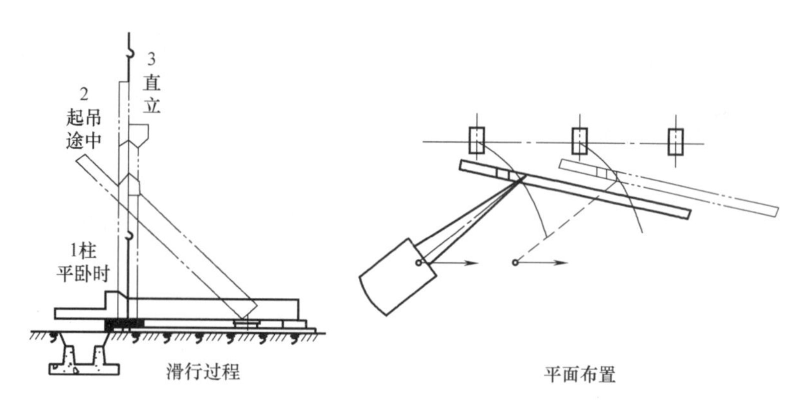


图 7-33　单机滑行法吊装柱

采用双机滑行法吊装柱时，柱应斜向布置，起吊绑扎点尽量靠近基础杯口。吊装步骤：柱翻身就位→柱脚下设置托板、滚筒，铺好滑道→两机相对而立，同时起钩将柱吊离地面→同时落钩，将柱插入基础杯口（图 7-34）。

3）递送法。采用递送法吊装柱时，柱斜向布置，起吊绑扎点尽量靠近杯口。主机起吊上柱，副机起吊柱脚。随着主机起吊，副机进行起吊和回转，将柱脚递送至杯口上方，主机单独将柱子就位（图 7-35）。

（3）柱的就位和临时固定　对于柱的对位，采用直吊法时，应将柱悬离杯底 30～50mm 处对位，斜吊法时则需将柱送至杯底，在吊索的一侧的杯口插入两个楔子，再通过起重机回转使其对位。对位时，在柱四周向杯口内放入 8 只楔子，用撬棍拨动柱脚，使吊装准线对准杯口上的吊装准线。

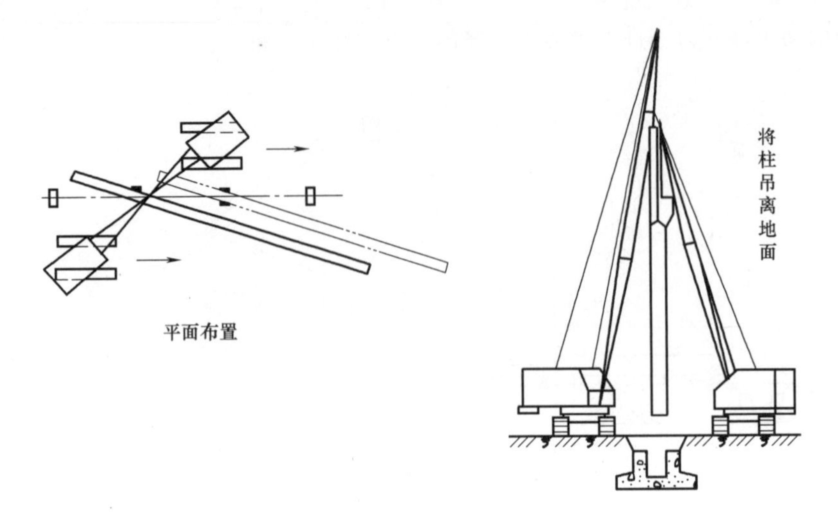


图 7-34　双机滑行法吊装柱

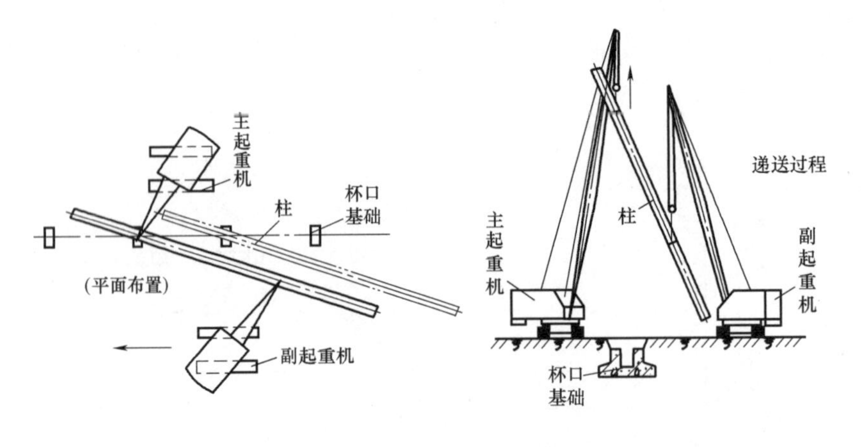


图 7-35　递送法吊装柱

对于柱的临时固定，柱对位后，应将塞入的 8 只楔子逐步打紧做临时固定，以防柱脚移动。对于细长柱子的临时固定，应增设缆风绳，以保证柱的稳定性能。

(4) 柱的校正　在吊装前通过调整杯底标高标校正柱的标高；通过对位在临时固定前已经校正柱的定位轴线。柱的校正主要是垂直度的校正，方法是用两台经纬仪从柱的两个垂直方向同时观测柱的正面和侧面的中心线进行校正。柱的平面位置校正方法主要有反推法(图 7-36)、钢钎校正法（图 7-37）两种方法。柱的垂直度校正（图 7-38）的常用方法有：螺旋千斤顶校正法，包括立顶法（图 7-39)、斜顶法、平顶法（图 7-40)、敲打楔块法、钢管撑杆校正法、缆风校正法等。

(5) 柱的最后固定　柱子校正完成后应及时在柱底四周与基础杯口的空隙之间浇筑细石混凝土，捣固密实，使柱完全嵌固在基础内作为最后固定。浇筑工作分两次进行，第一次浇至楔块底面，待混凝土强度达 25%设计强度后，拔出楔块再第二次浇筑混凝土至杯口顶面。

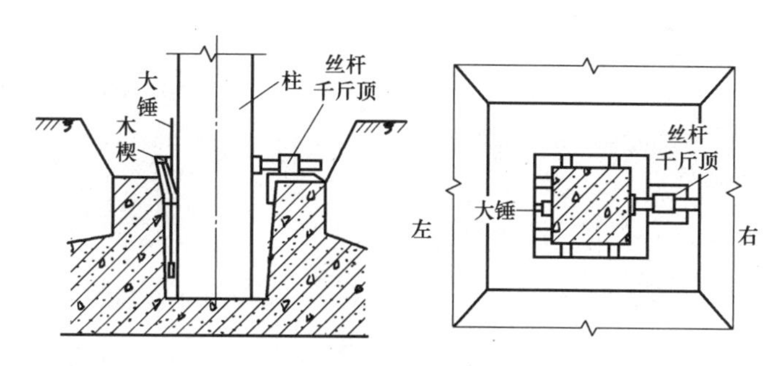


图 7-36　反推法校正柱平面位置

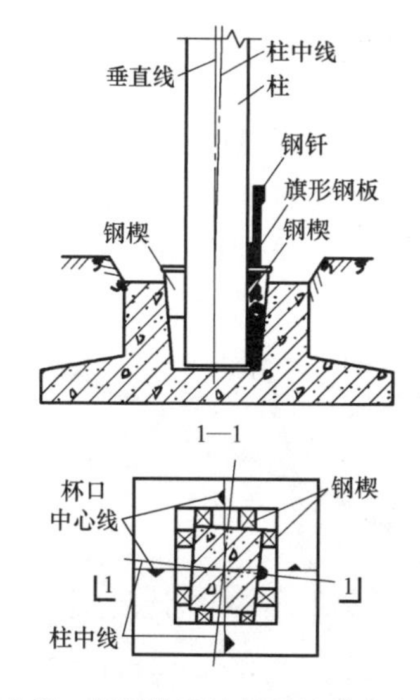


图 7-37　钢钎校正法校正柱垂直度

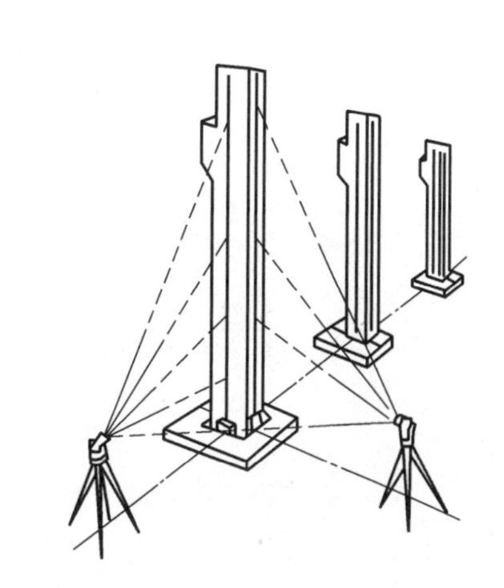

图 7-38　柱的垂直度校正

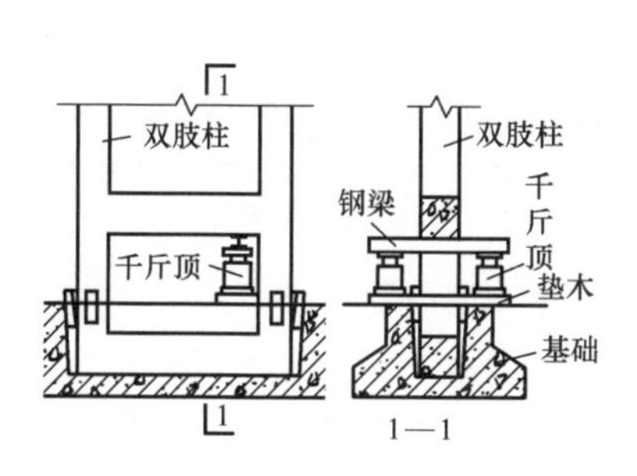


图 7-39　立顶法校正柱垂直度

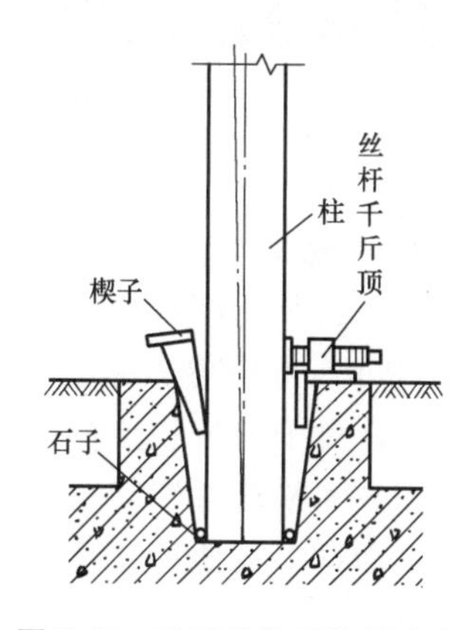


图 7-40　平顶法校正柱垂直度

钢柱校正后即将锚固螺栓固定，并进行钢柱柱底灌浆。灌浆前，应在钢柱底板四周立模板，钢结构柱与基础连接的灌浆模板如图 7-41 所示。用水清洗基础表面，排除积水。灌注砂浆应能自由流动，灌浆从一边进行连续灌注，灌注后用湿草包等覆盖进行养护。钢结构柱的柱脚灌浆如图 7-42 所示。

图 7-41 钢结构柱与基础连接的灌浆模板

图 7-42 钢结构柱的柱脚灌浆

2. 吊车梁的吊装

吊车梁的吊装必须在基础杯口二次灌浆的混凝土强度达设计强度的 75%以上方可进行。吊车梁应两点绑扎、对称起吊，两端用溜绳控制。就位时缓慢落钩，一次对好纵轴线，避免在纵轴线方向撬动吊车梁而导致柱偏斜。吊车梁的吊装如图 7-43 和图 7-44 所示。

图 7-43 吊车梁的吊装

图 7-44 钢吊车梁跨外吊装



3. 屋盖的吊装

(1) 屋架的翻身扶直 屋架都采用平卧生产，吊装前必须先翻身扶直才能进行吊装（图 7-45）。由于屋架平面刚度差，翻身中易损坏，对于 18m 以上的屋架，应在屋架两端用方木搭设井字架，高度与下一榀屋架上平面同，以便屋架扶直后搁置其上。

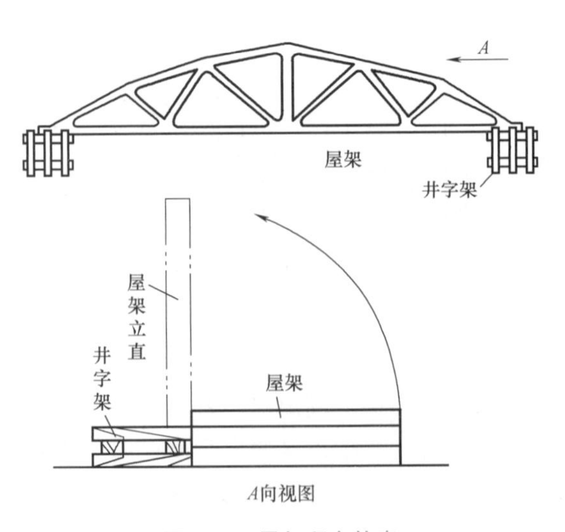

图 7-45 屋架翻身扶直

对于 24m 以上的屋架，当验算抗裂度不够时，可在屋架下弦中节点处设置垫点，使屋架在翻身过程中下弦中节点始终着实（图 7-46）。扶直后，下弦的两端应着实、中部则悬空，因此中垫点的厚度应适中。屋架高度大于 1.7m 时，应沿屋架长度方向加绑木、竹或钢管横杆支撑构件，以加强屋架的平面刚度。

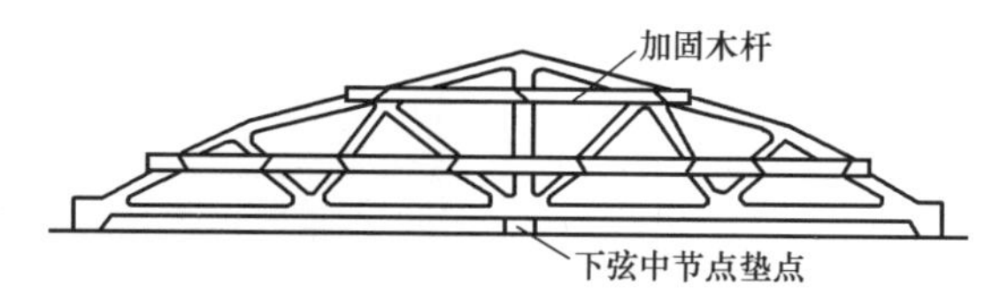


图 7-46　屋架设置中垫点的翻身扶直

（2）屋架的绑扎方法　屋架绑扎点应设在上弦节点处，并左右对称（图 7-47）。吊点的数目及位置一般由设计确定，设计无规定时应经吊装验算确定。当屋架跨度小于或等于 18m 时可采用两点绑扎（图 7-48）；屋架跨度为 18~24m 时可采用四点绑扎（图 7-49）；跨度为 30~36m 时可采用 9m 横吊梁进行四点绑扎（图 7-50）。吊索与水平面的夹角不小于 45°。

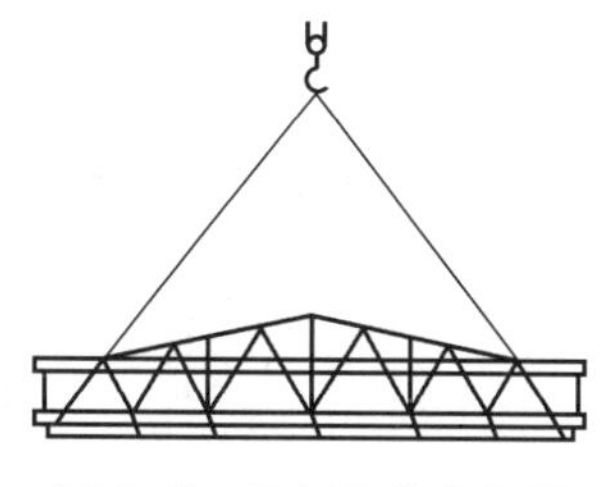

图 7-47　屋架的绑扎加固

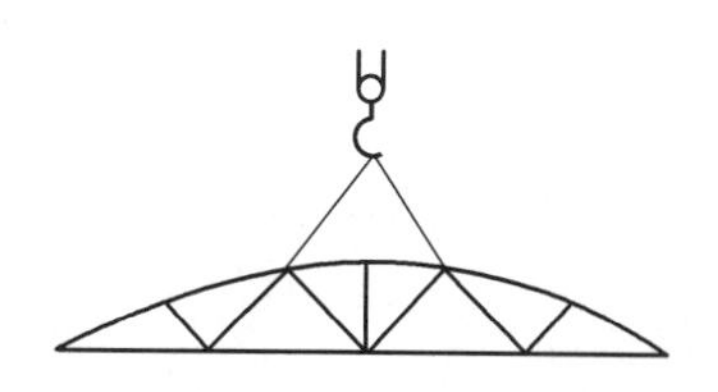

图 7-48　屋架两点绑扎（屋架跨度≤18m）



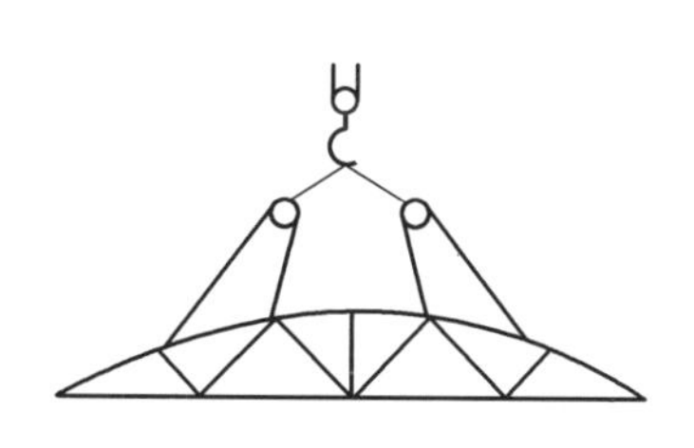

图 7-49　屋架四点绑扎（屋架跨度为 18~24m）

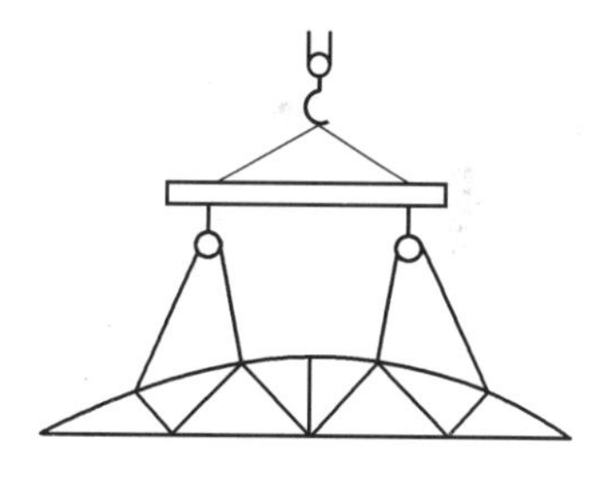

图 7-50　用横吊梁四点绑扎（屋架跨度为 30~36m）

（3）屋架的吊升　屋架起吊后应保持屋架的水平、不晃动，防止其发生倾翻，吊离地面 50cm 后先将屋架中心对准安装位置中心（图 7-51），然后徐徐垂直升钩，吊升超过柱顶约 30cm 时，用溜绳旋转屋架使其对准柱顶，落钩时应缓慢进行，并在屋架接触柱顶时立即制动，以进行对位。钢屋架单机和双机吊装如图 7-52 和图 7-53 所示。

（4）对位及临时固定　屋架对位应以定位轴线为准。第一榀屋架就位后在其两侧用 4 根缆风绳临时固定（图 7-54），并用缆风绳来校正垂直度。其他屋架用两根屋架工具式校正器撑牢在前一榀屋架上（图 7-55）。15m 跨以内的屋架用 1 根校正器，18m 以上的屋架用 2 根校正器。临时固定稳妥后吊车方能脱钩。

（5）校正与最后固定　屋架的垂直偏差可用锤球或经纬仪检查，在屋架的中间和两端设置 3 处卡尺，挑出屋架中心线 50cm，观测三个卡尺的标志是否在同一垂直面上，存在误差时，转动工具式屋架校正器上螺栓加以校正，在屋架两端的柱底上嵌入斜垫铁。

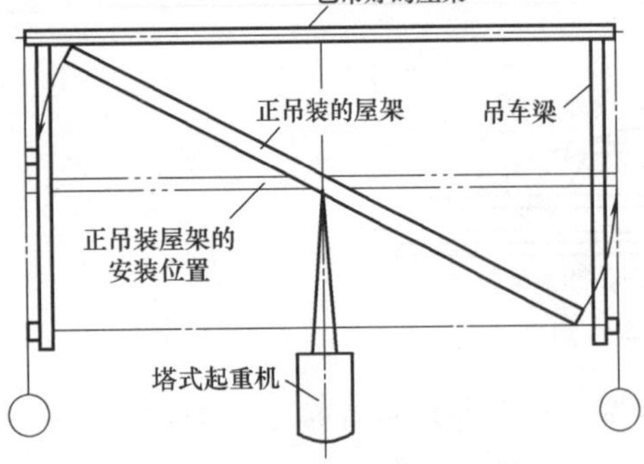

图 7-51　升钩时屋架对准跨度中心

图 7-52　钢屋架单机吊装

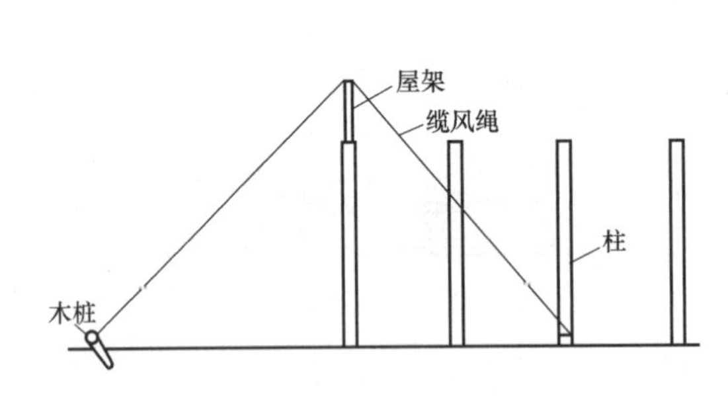

图 7-53　钢屋架双机吊装



图 7-54　第一榀屋架用缆风绳临时固定

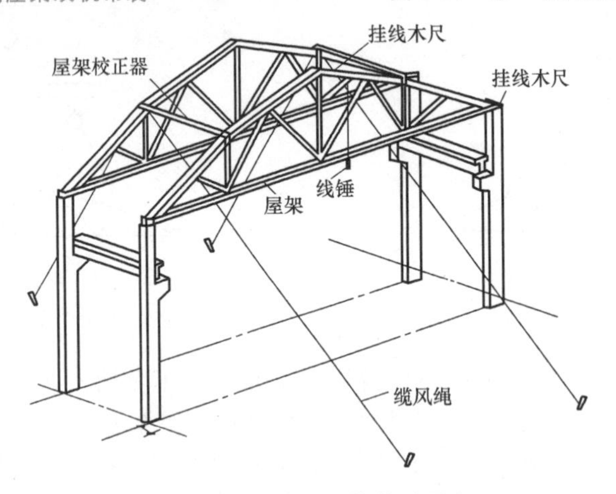


图 7-55　其他屋架的临时固定

4. 天窗架、屋面板吊装

天窗架常单独吊装，也可与屋架拼装成整体同时吊装。单独吊装时，应待屋架两侧屋面板吊装后进行，采用两点或 4 点绑扎，并用工具式夹具或圆木进行临时加固（图 7-56）。

屋面板多采用一钩多块叠吊或平吊法，以发挥起重机的效能（图 7-57）。吊装顺序：由两边檐口开始，左右对称逐块向屋脊安装，避免屋架承受半跨荷载。屋面板对位后应立即焊接牢固，每块板不少于 3 个角点焊接。

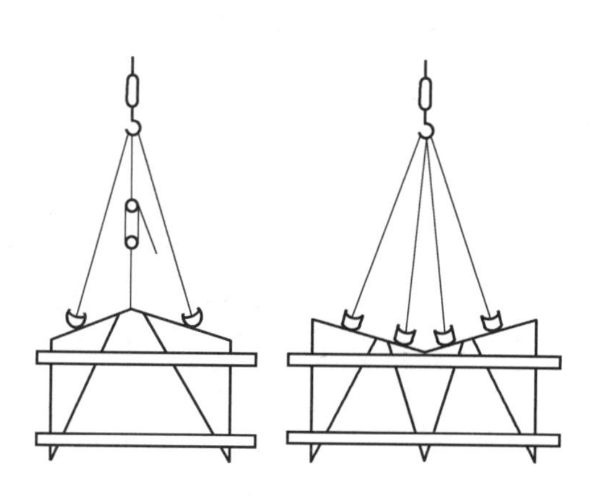
图 7-56 天窗架的绑扎、吊装

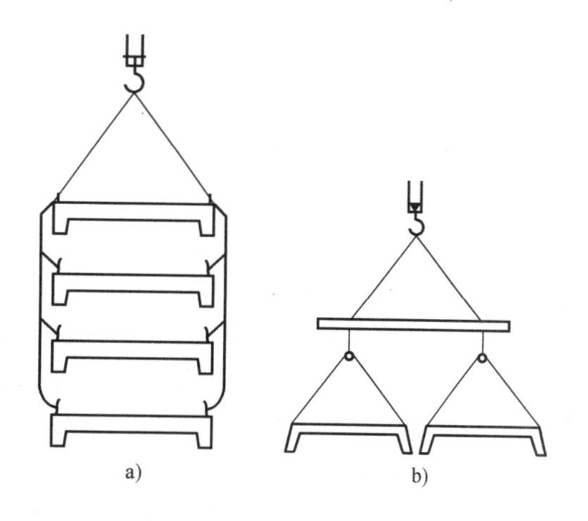

图 7-57 屋面板的绑扎、吊装
a）多块叠吊 b）多块平吊

### 7.2.3 结构吊装方案

结构吊装方案的内容包括起重机的选择、结构吊装方法选择、起重机开行路线与构件的平面布置等问题。

1. 起重机的选择

起重机的选择包括起重机类型选择、起重机型号选择等。

（1）起重机类型选择　选择起重机的类型主要考虑可行性、合理性和经济性。一般中小型厂房多采用履带式起重机，也可采用汽车式起重机或轮胎式起重机。重型厂房多采用履带式起重机及塔式起重机。

（2）起重机型号选择　起重机型号的选择原则：所选起重机的三个参数，即起重量 $Q$、起重高度 $H$、起重半径（工作幅度、回转半径）$R$ 均需满足结构吊装要求。

1）起重量。单机吊装起重量按下式选择：

$$Q \geqslant Q_1+Q_2 \tag{7-1}$$

式中　$Q_1$——构件质量（t）；

$Q_2$——索具质量（t）。

2）起重高度。起重机的起重高度（停机面至吊钩的距离）$H$ 按下式计算：

$$H \geqslant h_1+h_2+h_3+h_4 \tag{7-2}$$

式中　$h_1$——安装支座表面高度（m）；

$h_2$——安装间隙（m），应不小于 0.3m；

$h_3$——绑扎点至构件起吊后底面的距离（m）；

$h_4$——索具高度，即绑扎点至吊钩的距离（m）。

起重高度计算如图 7-58 所示。

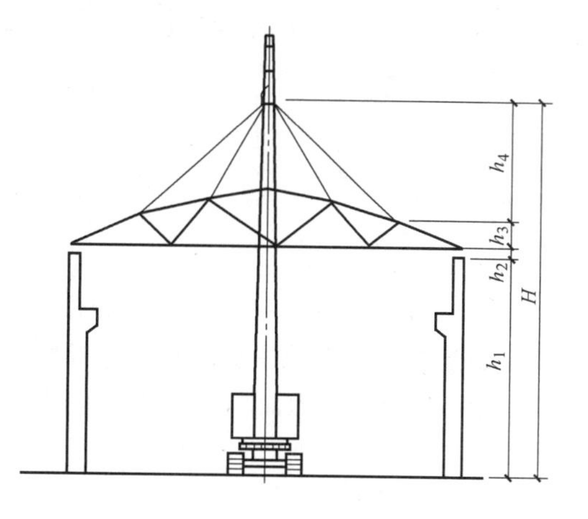

图 7-58 起重高度计算

3）起重半径。当起重机的停机位不受限制时，对起重半径没有要求。当起重机的停机位受限制时，需根据起重量、起重高度和起重半径三个参数查阅起重机性能曲线来选择起重机的型号及臂长。当起重机的起重臂需跨过已安装的结构吊装构件时，为避免起重臂与已安装结构相碰，应采用数解法或图解法求出起重机的最小臂长及起重半径（图7-59）。

2. 结构吊装方法选择

单层工业厂房的结构吊装有分件吊装法和综合吊装法两种。

（1）分件吊装法（图7-62）　起重机每开行一次，仅吊装一种或几种构件，一般分三次开行吊装完全部构件。第一次开行吊装柱，并逐一进行校正和最后固定；待杯口接头处混凝土达到75%设计强度后进行第二次开行，吊装吊车梁、连系梁及柱间支撑等；第三次开行，以节间为单位吊装屋架、天窗架和屋面板等构件。分件吊装的顺序如图7-60和图7-61所示。

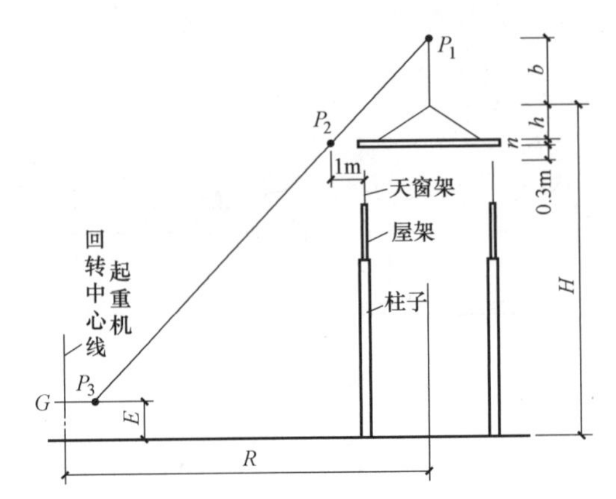


图7-59　用图解法求起重机最小臂长

$G$—起重臂旋转轴的高度线　$E$—起重臂旋转轴离地面的高度　$b$—起重索具的高度　$H$—起重机的起重高度，从停机面算至吊钩　$h$—吊钩至绑扎点之间的高度　$n$—横吊梁的厚度　$P_1$—起重机臂最高点　$P_2$—横吊梁的高度，在起重机臂上对应的点位　$P_3$—起重机臂的起点

分件吊装法起重机每次开行基本上只吊一种或一类构件，索具不需经常更换，操作熟练，吊装效率高，能充分发挥起重机的工作性能，还能给构件临时固定、校正及最后固定等工序提供充裕的时间，构件的供应也比较单一，平面布置也比较容易。因此，一般单层工业厂房的结构安装多采用此法。但分件吊装起重机开行路线长，不能迅速形成稳定的空间结构，在吊装时要加以注意。



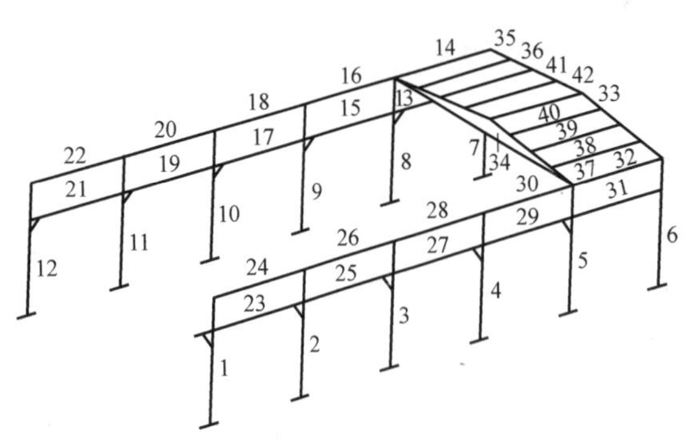

图7-60　分件吊装的顺序1

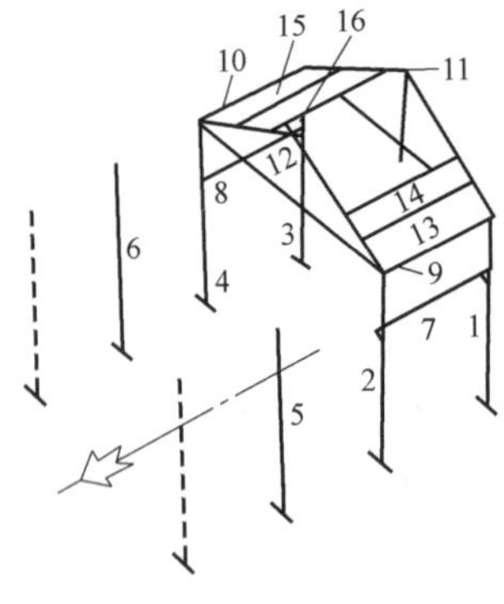

图7-61　分件吊装的顺序2

（2）综合吊装法　采用综合吊装法时，起重机仅开行一次就吊装完所有的结构构件，具体步骤是先吊装4根柱子，随即进行校正和最后固定，然后吊装该节间的吊车梁、连系梁、屋架、天窗架、屋面板等构件。采用这种方法起重机开行路线短，停机次数少，能及早为下道工序交出工作面。但由于在一个停机点要分别吊装不同种类构件，造成索具更换频繁，影响吊装效率；校正及固定的时间紧，误差积累后不易纠正；构件供应种类多变，平面布置杂乱，不利于文明施工。所以，在一般情况下，不宜采用此种方法。只有使用移动不便

的起重机时才采用此种方法。

图 7-62　分件吊装法

### 3. 起重机开行路线与构件的平面布置

起重机的开行路线直接关系到现场预制构件的平面布置与结构的吊装方法，因此在构件预制之前就应设计好起重机的开行路线及吊装方法。布置现场预制构件时应遵循以下原则：

各跨构件尽量布置在本跨内，如果跨内安排不下，也可布置在跨外便于吊装的范围内；构件的布置在满足吊装工艺要求的前提下，应尽量紧凑，同时要保证起重机及运输车辆的道路畅通，起重机回转时不致与建筑物或构件相碰；后张法预应力构件的布置应考虑抽管、穿筋等操作所需要的场地；构件布置应尽量避免吊装时在空中掉头；如果在回填土上预制构件，一定要夯实，必要时垫上通长木板，防止不均匀下沉引起构件开裂。

对于非现场预制的小型构件，最好能做到随运随吊，否则应事先按上述原则确定其堆放位置。

（1）吊装柱子时起重机开行路线及构件平面布置

1）起重机开行路线。根据厂房的跨度、柱的尺寸和质量及起重机的性能，起重机的开行路线有跨中开行和跨边开行两种。

2）柱的平面布置。柱子的现场预制位置尽量为吊装阶段的就位位置。采用旋转法吊装时，柱斜向布置；采用滑行法吊装时，柱可纵向也可斜向布置。

当采用旋转法吊装柱子时，尽量按三点共弧斜向布置（图 7-63a）。绘制施工图时，首先画出与柱列轴线相距为 $a$ 的平行线（$a$ 必须小于 $R$ 且大于起重机的最小回转半径），此平行线即为吊车行走路线，再以柱杯口中心为圆心，以 $R$ 为半径画弧交于开行路线上一点 $O$，$O$ 点即为吊装柱时起重机的停机点。然后以 $O$ 点为圆心，以 $R$ 为半径画弧，并在弧上确定两点 $B$（柱底中心）、$C$（绑扎点）使 $BC$ 长度为柱底中心线至绑扎点距离，应使 $B$ 点尽量靠近基础。最后以 $BC$ 为柱子轴线画出柱的模板图。有时，由于场地限制，很难做到三点共弧，也可两点共弧（图 7-63b）。吊装时，可先升臂，当起重半径由 $R'$ 变为 $R$ 时，再按旋转法起吊。

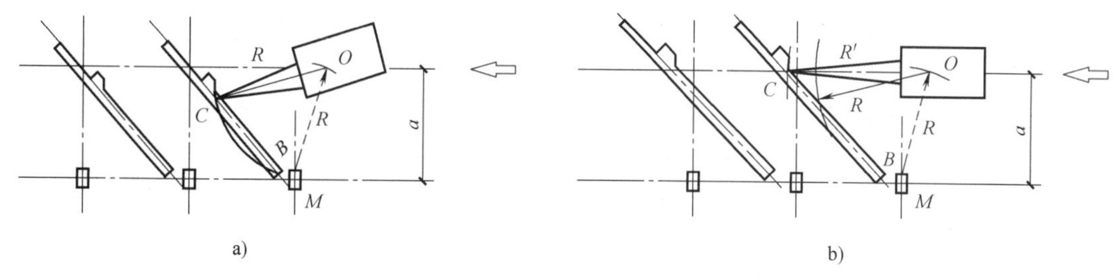


图 7-63　旋转法吊装柱子时柱的平面布置

a）三点共弧　b）柱脚与柱基两中心共弧

如果按滑行法起吊柱，可按两点共弧斜向或纵向布置。绘制施工图时绑扎点与杯口中心共弧，为减少占地，对不太长的柱，也可采用两柱叠浇的方式纵向布置，但应使叠浇两柱的绑扎点分别与各自的杯口共弧（图 7-64）。

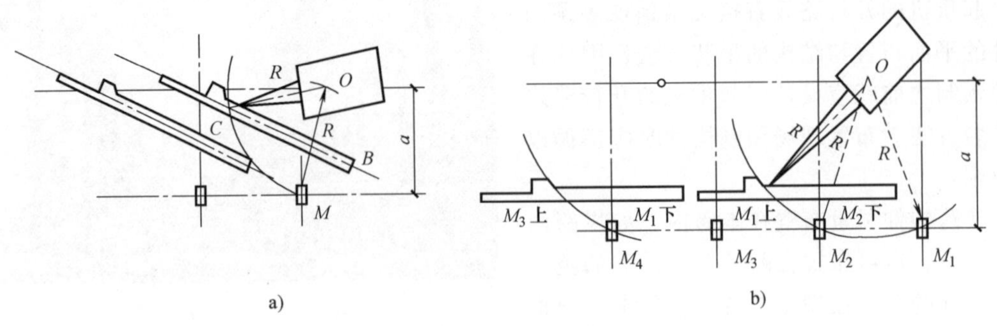


图 7-64　滑行法吊装柱时柱的平面布置

a）斜向布置　b）纵向布置

（2）吊装屋架时起重机开行路线及构件平面布置　屋架及屋盖结构吊装时，起重机宜跨中开行。

屋架一般均在跨内平卧叠浇，每叠 3～4 榀。布置方式有斜向布置、正反斜向布置和正反纵向布置三种（图 7-65）。

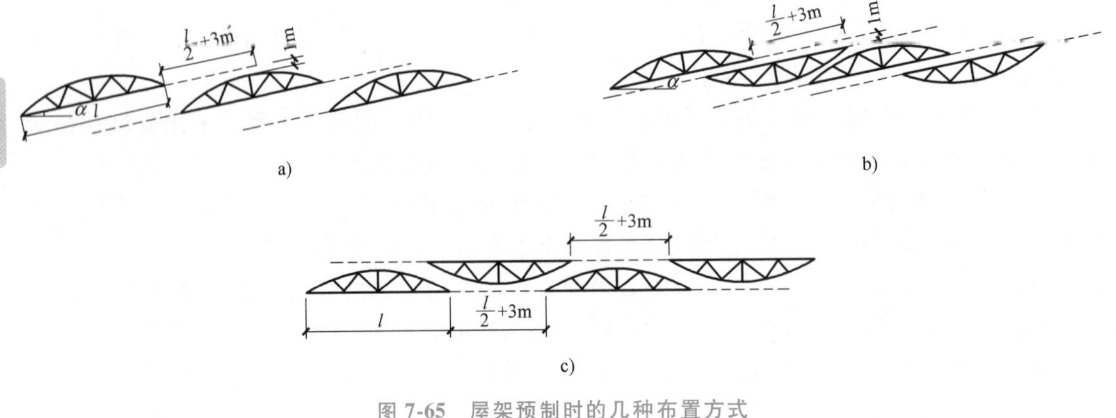


图 7-65　屋架预制时的几种布置方式

a）斜向布置　b）正反斜向布置　c）正反纵向布置

应优先选用斜向布置，因为它便于屋架的翻身扶直及就位排放。屋架的扶直是将叠浇的屋架翻身扶直后排放到吊装前的最佳位置，以利于提高起重机的吊装效率并适应吊装工艺的要求。排放位置有靠柱边斜向排放及纵向排放两种。排放位置应尽量靠近安装地点。此外，在考虑屋架的排放时还要给本跨的天窗架和屋面板留有一定的位置，以便使屋盖系统一次吊装完毕。

以屋架的斜向排放为例，具体布置方式如下（图 7-66）：

1）确定起重机开行路线及停机点。一般情况下，吊装屋架时起重机均在跨正中开行，吊装前应确定吊装每根屋架的停机点。它的确定方法是以屋架轴线中点 $M$ 为圆心，以 $R$ 为半径划弧与开行路线交于 $O$ 点即停机点。

2）确定屋架排放位置。在距柱边缘不小于 200mm 处画一直线 $P$—$P$ 与柱轴线平行，再画一条距开行路线为 $A$+0.5m（$A$ 为起重机机尾长度）的平行线 $Q$—$Q$，并在 $P$—$P$ 线与

$Q—Q$ 线之间画出中线 $H—H$。以第二榀屋架的停机点 $O_2$ 为圆心，以 $R$ 为半径划弧交 $H—H$ 于 $G$，$G$ 即为屋架中心点，再以 $G$ 为圆心，以 1/2 屋架跨度为半径划弧分别交 $P—P$、$Q—Q$ 于 $E$、$F$。连接 $E$、$F$ 即为第二榀屋架的就位位置，其他榀屋架以此类推。第一榀屋架因有抗风柱，可灵活布置。

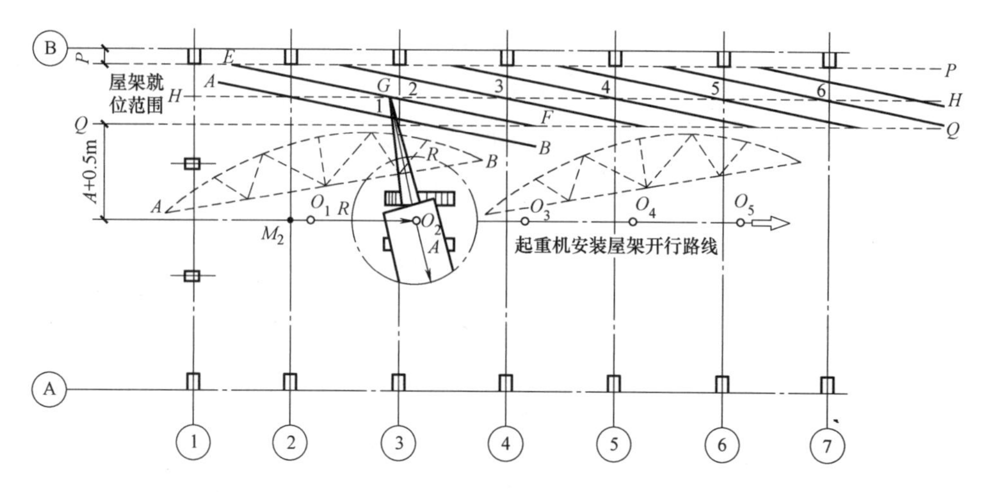


图 7-66 屋架的斜向排放

$M_2$—2 号轴的中心点

当屋架尺寸小、质量小时，可采取纵向排放的方式，允许起重机负荷行驶。一般以 4 榀为一组靠柱边顺轴线排放，各榀屋架之间保证有不小于 200mm 的净距，相互之间要支撑牢靠，为防止在吊装过程中与已安装好的屋架相碰，每组屋架的中点应位于该组屋架倒数第二榀安装轴线之后约 2m 处（图 7-67）。



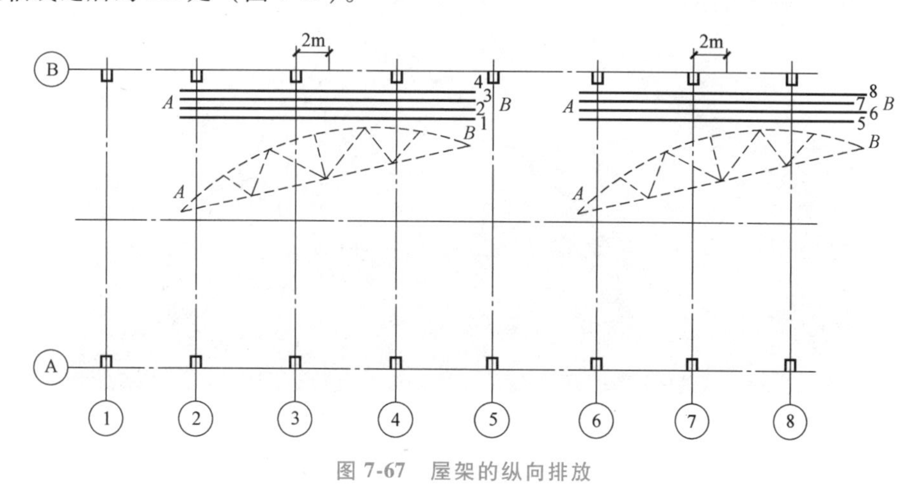


图 7-67 屋架的纵向排放

（3）吊车梁、连系梁、屋面板的堆放 吊车梁、连系梁的就位位置一般在安装位置的柱列附近，跨内跨外均可。依编号、吊装顺序进行就位和集中堆放。有条件也可采用随运随吊的方案，从运输车上直接起吊。屋面板以 6~8 块为一叠，靠柱边堆放。在跨内就位时，后退 3~4 个节间开始堆放；在跨外就位时，应后退 2~3 个节间。

车间预制构件平面布置图如图 7-68 所示。

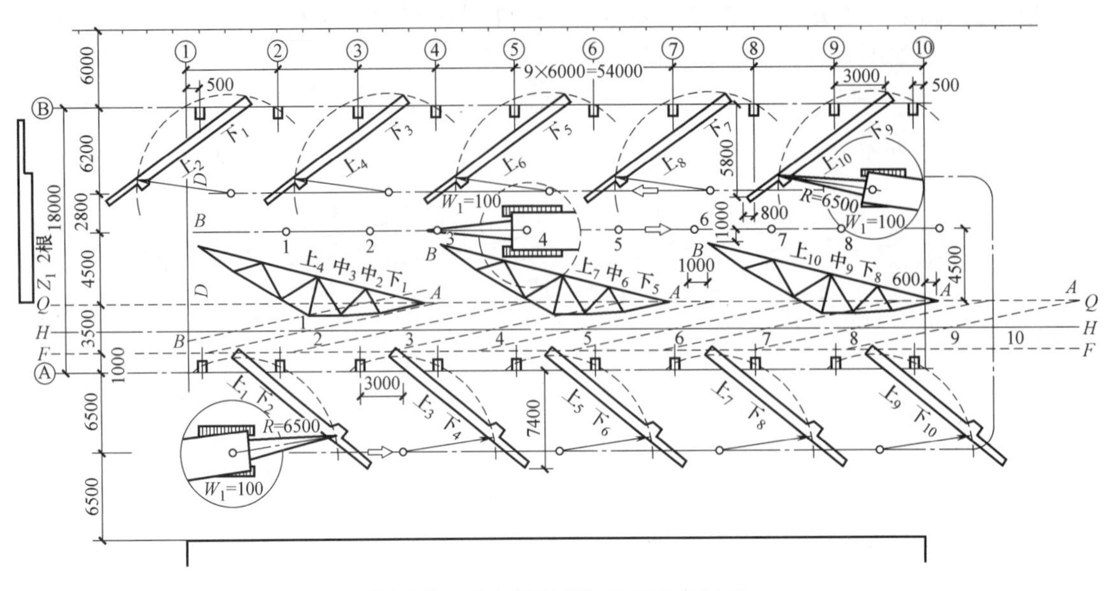


图 7-68　某车间预制构件平面布置图

## 7.2.4　大跨度结构吊装

大跨度结构可分为平面结构和空间结构两大类。平面结构有桁架、刚架与拱等，空间结构则有网架、薄壳、悬索等结构。大跨度结构的特点是跨度大、构件重、安装位置高。大跨度网架吊装如图 7-69 所示。

图 7-69　大跨度网架吊装

### 1. 分件吊装法

分件吊装法是把网架分成条状或块状单元，分别吊装就位并拼成整体的安装方法。

分件吊装法根据其流水方式不同，又可分为分层分段流水吊装法和分层大流水吊装法。分层分段流水吊装法就是将多层房屋划分为若干施工层，并将每一施工层再划分为若干个安装段。起重机在每一段内按柱、梁、板的顺序分次进行安装，直至该段的构件全部安装完毕，再转移到另一安装段去。待一层的所有构件安装完毕，并最后固定后，再安装上一层的构件（图 7-70）。

采用分件吊装法时，起重机每开行一次，仅吊装一种或几种构件。它按照结构特点、几何形状及构件的相互联系将吊装的构件进行分类，在同类的构件按顺序一次吊装完成后，再进行另一类构件的吊装。单层厂房通常分三次开行吊装完全部构件。

分件吊装法的优点是由于每次吊装同类型构件，索具不需经常更换，操作方法也基本相同，所以此方法的吊装速度快，吊装效率高；与综合吊装法相比，可以选择小型的起重机，利用不同类型构件吊装间隙更换起重臂杆，以适应不同类型构件的起重量和起重高度的要求，充分发挥起重机效率；构件分类吊装，也可以分批供应，构件预制、吊装、运输组织方便；现场平面布置比较简单、排放条件好；能给构件校正、接头焊接、灌注混凝土、养护提供充分的时间。分件吊装法的缺点是起重机行走频繁，机械台班费用较高；不能及早为下道工序创造工作面，阻碍了工序间的流水施工。

分件吊装方法是装配式单层工业厂房结构吊装中广泛采用的一种方法。吊装过程如下：第一次开行安装全部柱子，并对柱子校正和最后固定；第二次开行（起重机进）扶直屋架；（起重机出）安装第一条轴线上的吊车梁，连系梁以及柱间支撑；第三次开行（起重机进）安装第二条轴线上的吊车梁，连系梁及柱间支撑；（起重机出）分节间安装屋架、天窗架、屋面板等。

图 7-70　分件吊装法安装屋面钢结构

2. 整体吊装法

整体吊装法是将网架在地面错位拼装后，起重机吊装、高空旋转就位安装的方法（图 7-71~图 7-73）。

3. 高空滑移法

高空滑移法是指分条的网架单元在事先设置的滑轨上逐条滑移到设计位置进行拼接的方法。条状网架单元可以在地面拼成之后用起重机吊至支架上，在起重机能力不足或其他情况下，也可以用小拼单元甚至散件在高空拼装平台上拼成条状单元。高空支架一般设在建筑物的一端，滑移时网架的条状单元由一端滑向另一端。

该方法可与其他土建工程平行作业，而使总工期缩短；特别是在场地狭小或跨越其他结构、设备等而起重机无法进入时更为适合。在体育场或剧场等土建、装修及设备安装等工程量较大的建设项目中，更能发挥其经济效果。

图 7-71　地面拼装

图 7-72　预备（四机抬吊）

高空滑移法按滑移方式有如下两种：

（1）单条滑移法　将条状网架单元一条一条地分别从一端滑移至另一端就位安装，各条之间分别在高空再行连接，即逐条滑移，逐条连成整体。

（2）逐条积累滑移法　先将条状单元滑移一段距离（能连接上第二单元的宽度即可），连接好第二条网架单元后，两条再一起滑移一段距离（宽度同上），再连接第三条，三条再一起滑移一段距离，如此循环操作直至接上最后一条网架单元为止。

图 7-73　网架整体吊装

高空滑移法按摩擦方式可分为滚动式和滑动式；按滑移坡度可分为水平滑移、下坡滑移和上坡滑移；按滑移时外力作用方向可分为牵引法和顶推法。

4. 整体提升法

整体提升法是在地面将承重结构拼装后，利用提升设备将其整体提升到设计标高安装就位。例如，北京航空航天大学教学科研楼的空中钢结构连廊跨度为60m，总质量为900t，施工时将其在地面拼装成整体，再提升至46m高度，液压提升一次安装就位。又如，武汉体育馆钢焊接球节点双层钢网壳屋盖采用顶升法安装。采用液压千斤顶同步顶升。用8个工具式顶升支架承受顶升区域荷载。

## 7.3　装配式建筑结构吊装

将建筑的部分或全部构件在工厂完成预制，然后将预制构件运输到施工现场通过可靠的连接方式组装成建筑，这种建筑称为装配式建筑。装配式结构是建筑结构快速发展的重要方向之一，目前处于高速发展中。与传统建筑施工过程相比，装配式建筑实现了构件工厂化生产，现场吊装固定，大大改变了施工现场的脏乱差的形象，其中梁、板、柱的构件吊装是装配式结构现场施工的重要环节。

### 7.3.1　预制柱吊装

1. 准备工作

（1）材料准备　预制柱斜支撑结构（通常由支撑杆与U形卡座组成）、固定用金属件、螺栓、高程调整垫片（有20mm、10mm、5mm、3mm、2mm五种基本规格，钢、塑料两种材质）、垂直尺、5mm定位钢板（柱竖向连接钢筋定位）、水准仪等。

（2）测量放线　先清理底部混凝土，标高超高时需凿平，再根据施工图在楼板上弹出柱子控制线，包括预制柱四边位置线和作业层50cm标高控制线（竖向钢筋上）；预制柱边线弹完后，在柱子位置标注出预制柱型号；预制柱与楼板之间有20mm灌浆层（可通过垫块调整，垫块依据预制柱中梁而定，垫片距离应考虑立柱重力与斜撑支撑力臂弯矩的关系，以维持立柱的平衡与稳定）；在预先埋设的螺栓套筒上拧上螺栓，用水准仪将螺母顶调节至墙体底部设计标高处，标高调节误差不超过3mm。

（3）预制柱顶部标识　在预制柱顶部架设预制梁位置进行放样和明确标识，并放置柱头第一根箍筋（避免预制梁施工时与预制柱预留钢筋发生碰撞）。

（4）吊装前清理及复核　对预制柱进行质量检查和表面清理（清理表面混凝土渣及浮灰），尤其是注浆孔质量检查及内部清理工作；再次确认预制柱安装位置、编号、吊点与构件重力，防止吊装时出现错误或超出吊具承载极限的情况。

2. 吊装

柱子吊装一般按从里向外的顺序进行，以免先吊装的构件对后面的吊装造成影响。

（1）吊装过程　预制柱吊装前首先应做好外观质量检查、钢筋垂直度校正、注浆孔清理等工作，就绪后对预制柱吊装位置进行标高复核与调整，然后进行预制柱吊装。需要注意的是由于预制柱吊装是从平放状态至竖直状态，在翻转时，柱子底部需隔垫硬质聚苯乙烯或橡胶轮胎等软垫（图7-74）。起吊至距地500mm，检查吊环连接无误后方可继续起吊，待预制柱在吊具下平稳后方可匀速转动吊臂，要严格按照“慢起、快升、缓放”的操作原则，在恶劣天气及大风条件下严禁进行吊装作业。

吊装柱体距楼面1m时，需人工手扶或用牵引绳牵拉预制柱（便于调整预制柱位置）缓慢下落；下落过程中需确保预留钢筋准确对孔，并及时调整；吊装至安装作业面200mm时停止，由专人检查套筒与预留钢筋是否对正，确认无误后方可继续缓慢下降，若出现少量偏移，可采用橡胶锤、扳手等工具敲击柱身，使之精准就位。

图7-74　预制柱吊装

图7-75　吊装柱的支撑

(2) 吊装、支撑 预制柱就位后，及时用斜支撑固定，至少在三个不同侧面设置斜支撑固定（图 7-75)。预制墙板斜支撑结构由支撑杆与 U 形卡座组成。其中，支撑杆由正反调节螺杆、外套管、手把、正反螺母、高强销轴、固定螺栓组成，用于承受预制柱的侧向荷载和调整预制柱的垂直度。

安装时先将固定 U 形卡座安装在预制墙体上，根据预埋套筒螺栓定位图将固定 U 形卡座安装在楼面上。吊装完成后将斜支撑安装在预制柱及楼面上（与楼面板的夹角可取 45°~60°)，长螺杆长度为 2400mm，按照此长度进行安装，可调节长度为±100mm；短螺杆长度为 1000mm，按照此长度进行安装，可调节长度为±100mm。

(3) 垂直度和标高调整 在吊装就位后，通过测量边对垂直度进行复核和调整。同时，通过安装在斜支撑上的调节器调整垂直度。调整完成后，应在柱子四角加塞垫片，以增加稳定性与安全性。

(4) 检查验收 预制墙体调节完成后，由项目质检员采用靠尺检查预制柱位置、构件标高、相邻构件平整度、构件垂直度、构件板缝宽度等，满足规范要求后报监理单位验收。

3. 柱底砂浆灌注

预制柱节点与楼板连接和预制墙体与楼板连接基本一样，且灌注砂浆的施工步骤也基本相同，在此不再赘述，请参考预制墙体砂浆灌注施工步骤。

### 7.3.2 预制墙体吊装



吊装前准备工作同柱子，同时要校正竖向钢筋：

1）用按照墙体 1∶1 比例制作的定位钢板调整竖向钢筋位置，将定位钢板套入插筋，根据定位钢板采用圆钢管对钢筋位置进行精确调整；以钢板边线与控制线对齐为准。

2）转换层时，下部现浇墙体钢筋做收头处理，需根据预制墙体预埋套筒位置重新插筋。连接钢筋构造：端部一侧贴焊 $5d$（两面焊，$d$ 为钢筋直径)，连接钢筋具体位置依据施工图确定，长度依据设计图确定。

插筋固定措施：在转换层预留钢筋的埋入长度部分加设两道水平梯子筋，水平梯子筋与墙体竖向梯子筋及墙体水平筋用绑扎丝绑扎牢固，其中第二道水平梯子筋待墙体合模后，根据控制线精确绑扎。

3）外墙构件为保温一体化设计，竖向预留钢筋调整完成后，在外墙保温处安装 50mm×30mm 橡塑棉条。由于预制墙体安装时下部预留 20mm 高注浆通腔，上层墙体就位后，保温利用墙体重力压在橡塑棉条上，起到封堵注浆通腔外侧的效果。

1. 墙体吊装

吊装顺序为先外墙，后内墙，每层构件吊装沿着外立面逆时针方向逐块吊装，不得混淆吊装顺序。

(1) 吊装过程 吊装前清理及复核待吊装墙板，吊装应采用模数化吊装梁，根据预制墙板的吊环位置采用合理的起吊点，保证钢丝绳方向与墙体垂直，钢丝绳与吊环之间夹角不得小于 60°，用卸扣将钢丝绳与外墙板的预留吊环连接，起吊至距地 500mm，检查吊环连接无误后方可继续起吊，待墙体在吊具下平稳后方可匀速转动吊臂，要严格按照“慢起、快升、缓放”的操作原则，在恶劣天气及大风条件下严禁进行吊装作业。

吊装墙体距楼面 1m 时，需人工手扶墙体缓慢下落；下落过程中需确保预留钢筋准确对孔，并及时调整；吊装至安装作业面 200mm 时停止，由专人检查墙板正反面与图样是否一致，并检查套筒与预留钢筋是否对正，确认无误后方可继续缓慢下降。

（2）吊装、支撑　墙体就位后，及时用斜支撑固定（至少采用两根斜支撑固定）。预制墙板斜支撑结构由支撑杆与固定 U 形卡座组成。其中，支撑杆由正反调节螺杆、外套管、手把、正反螺母、高强销轴、固定螺栓组成，用于承受预制墙板的侧向荷载和调整预制墙板的垂直度（图 7-76）。

安装时先将固定 U 形卡座安装在预制墙板上，根据预埋套筒螺栓定位图将固定 U 形卡座安装在楼面上。吊装完成后，将斜支撑安装在墙板及楼面上（与楼面板的夹角可取 45°~60°），长螺杆长 2400mm，按照此长度进行安装，可调节长度为±度为 100mm；短螺杆长度为 1000mm，按照此长度进行安装，可调节长度为±100mm。

（3）预制墙体精确调节

1）垂直墙板方向（*Y* 向）校正措施：利用短钢管斜撑调节杆，对墙板根部进行微调来控制 *Y* 向的位置，允许偏差为 10mm，可通过靠尺或线锤等检验复核。

2）平行墙板方向（*X* 向）校正措施：主要是通过在楼板面上弹出墙板位置线及控制轴线来进行墙板位置校正，墙板按照位置线就位后，若有偏差需要调节，则可利用小型撬棍或小型千斤顶在墙板侧面进行微调，撬棍必须用棉布进行包裹，以免施撬时对墙板造成损坏，允许偏差为 10mm。

3）墙板水平标高（*Z* 向）校正措施：主要通过楼板面预埋螺栓套筒校正，通过水准仪将螺栓套筒调节至设计标高，允许偏差为 3mm。

（4）检查验收　预制墙体调节完成后，由项目质检员采用靠尺检查墙体位置、构件标高、相邻构件平整度、构件垂直度、构件板缝宽度等，满足规范要求后报监理单位验收。

图 7-76　预制墙吊装、支撑

### 2. 接缝嵌缝

（1）构造要求　预制外挂墙板接缝采用材料防水时，必须用防水性能可靠的嵌缝材料。板缝宽度不宜大于 20mm，材料防水的嵌缝深度不得小于 20mm。对于普通嵌缝材料，在嵌缝材料外侧应勾水泥砂浆保护层，厚度不得小于 15mm。对于高档嵌缝材料，外侧可不做保护层。预制外挂墙板接缝的材料防水还应符合下列要求：

1）外挂墙板接缝宽度设计应满足在热胀冷缩及风荷载、地震作用等外界环境的影响下，尺寸变形不会导致密封胶的破裂或剥离破坏的要求。

2）外挂墙板接缝宽度不应小于 10mm，一般设计宜控制在 10~35mm 范围内；接缝胶深度一般在 8~15mm 范围内。

3）外挂墙板的接缝可分为水平缝和垂直缝两种形式。

4）普通多层建筑外挂墙板接缝宜采用一道防水构造做法。

5）高层建筑、多雨地区的外挂墙板接缝防水宜采用两道密封防水构造的做法，即在外部密封胶防水的基础上，增设一道发泡氯丁橡胶密封防水构造。

（2）施工　接缝嵌缝的施工流程工序说明如下：

1）表面清洁处理：将外挂墙板缝表面清洁至无尘、无污染或无其他污染物的状态。表面如果有油污，可用溶剂（甲苯、汽油）擦洗干净。

2）底涂基层处理：为使密封胶与基层更有效地黏结，施打前可先用专用的配套底涂料涂刷一道作为基层。

3）背衬材料施工：密封胶施打前应事先用背衬材料填充过深的板缝，避免浪费密封胶，同时避免密封胶面黏结，影响性能发挥。吊装时用木柄压实、平整。注意吊装的衬底材料的埋置深度在外墙板面以下 10mm 左右。

4）施打密封胶：密封胶采用专用的手动挤压胶枪施打。将密封胶装配到手压式胶枪内，胶嘴应切成适当口径，口径尺寸与接缝尺寸相符，以便在挤胶时能控制在接缝内形成压力，避免空气带入。此外，施打密封胶时，应顺缝从下向上推，不要让密封胶在胶嘴堆积。施打过的密封胶应完全填充接缝。

5）整平处理：密封胶施打完成后立即进行整平处理，用专用的圆形刮刀从上到下，顺缝刮平。目的是整平密封胶外观，通过刮压使密封胶与板缝基面接触更充分。

6）板缝两侧外观清洁：当施打密封胶溢出到两侧的外挂墙板时，应及时清除干净，以免影响外观质量。

7）成品保护：在完成接缝表面封胶后可采取相应的成品保护措施。

（3）注意事项　根据接缝设计的构造及使用嵌缝材料的不同，接缝处理方式也存在一定的差异，常用接缝连接构造的施工要点如下：



1）外挂墙板接缝防水工程应由专业人员进行施工，以保证外墙的防排水质量。橡胶条通常为预制构件出厂时预嵌在混凝土墙板的凹槽内，在现场施工的过程中，预制构件调整就位后，通过挤压安装在相邻两块预制外墙板的橡胶条达到防水效果。

2）预制构件外侧通过施打结构性密封胶来实现防水构造。密封防水胶封堵前，侧壁应清理干净，保持干燥，事先应对嵌缝材料的性能质量进行检查。嵌缝材料应与墙板黏结牢固。

3）预制构件连接缝施工完成后应进行外观质量检查，并应满足国家或地方相关建筑外墙防水工程技术规范的要求，必要时应进行喷淋试验。

### 3. 灌浆

预制墙体节点一般采用预埋套筒并与该层楼面上预留的主筋进行灌浆连接（图 7-77）。连接节点的灌浆是整个施工吊装过程中的关键环节，它的质量好坏将直接影响预制装配式框架结构主体结构的抗震安全。现场施工人员、质量管理人员和监理人员应高度重视，并严格按照相关规定的要求进行检查和验收。

（1）施工步骤及接缝封堵　预制墙体无收缩砂浆灌注施工步骤如下：

1）搅拌浆料，进行流度检测（每次制备浆料后均需进行），按流度仪标准流程操作，流度一般应保证在 20~30cm（具体按照所使用灌浆料说明），若超过该数值则不能使用。

2）封堵下排注浆孔。

3）插入注浆管进行注浆。

4）待浆料从上口流出呈圆柱状时，逐个封堵上排注浆孔。

5）保持压力 30s 后抽出注浆管嘴，封堵注浆孔。

(2) 质量控制

图 7-77　预制墙的湿接缝

1) 灌浆料进场验收应符合《钢筋连接用套筒灌浆料》(JG/T 408—2019) 的规定。

2) 灌浆操作全过程需专职检验员与监理在场，并及时形成质量检查记录存档。

3) 灌浆料拌和后应在厂家建议使用时间内使用，且最长不宜超过 30min，已经开始初凝的灌浆料不能使用。

4) 灌浆料需制作抗压强度试块，试块尺寸为 70.7mm×70.7mm×70.7mm，分别进行 1d、7d 和 28d 抗压强度试验，试验结果需满足设计要求。

5) 灌浆料制备前需确保该批次，有原厂质量保证书，并且应用对灌浆料无害的制备水源，对不确定水源(如地下水、河水等)应进行氯离子含量检测。

6) 冬期施工环境温度应在 5℃以上，并应对连接处采取加热保温措施，保证浆料在 48h 凝结硬化过程中连接部位温度不低于 10℃。

7) 灌浆后 12h 内不得使构件和灌浆层受到振动、碰撞。

### 7.3.3　预制梁吊装

1. 吊装

(1) 吊装顺序　先吊装主梁，再进行次梁吊装。预制次梁的吊装一般应在一组 (2 根以上) 预制主梁吊装完成后进行。

(2) 吊装过程　预制主次梁吊装前应架设临时支撑系统并进行标高测量，按设计要求达到吊装进度后及时拧紧支撑系统锁定装置，然后吊钩松绑进行下一个环节的施工。支撑系统应按照前述垂直支撑系统的设计要求进行设计。预制主次梁吊装完成后应及时用水泥砂浆充填其连接接头。

(3) 吊装注意事项

1) 当同一根立柱上搁置两根底标高不同的预制梁时，先吊装梁底标高低的梁。同时，为了避免同一根立柱上 $X$ 方向和 $Y$ 方向两根主梁的预留主筋发生碰撞，原则上应先吊装 $X$ 方向 (建筑物长边方向) 的主梁，后吊装 $Y$ 方向的主梁 (图 7-78)。

图 7-78　预制梁吊装现场

2）带有次梁的主梁在起吊前应在搁置次梁的剪力榫处，标识出次梁吊装位置（图 7-78）。

2. 主次梁的连接

主次梁的连接构造如图 7-79 所示，主梁与次梁的连接是通过预埋在次梁上的钢板（俗称牛担板）置于主梁的预留剪力榫槽内，并通过灌注砂浆形成整体。根据设计要求，在次梁的搁置点附近一定的区域范围内，需对箍筋进行加密，以提高次梁在搁置端部的受剪承载力。

图 7-79　主次梁的连接构造



## 阅读材料

### 安徽×××院科技楼大礼堂屋面网架安装

1. 施工工艺流程（图 7-80）

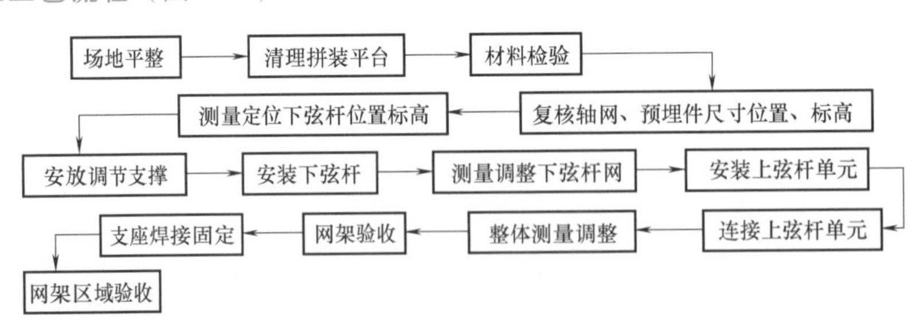


图 7-80　施工工艺流程

（1）清理拼装平台　大礼堂屋面顶部架设网架，平面分布图如图 7-81 所示。将⑮~⑲/Ⓜ~Ⓢ轴一层顶部清理干净，保证平整，楼梯通道提前封闭，并做好安全防护。

（2）钢网架拼装方法及步骤

1）复核轴网、预埋件尺寸位置、标高。专业测量人员根据此工程轴网、标高、控制坐标，建立钢网架安装的轴线控制网及标高控制点，控制点应布设在混凝土结构构件上，并加

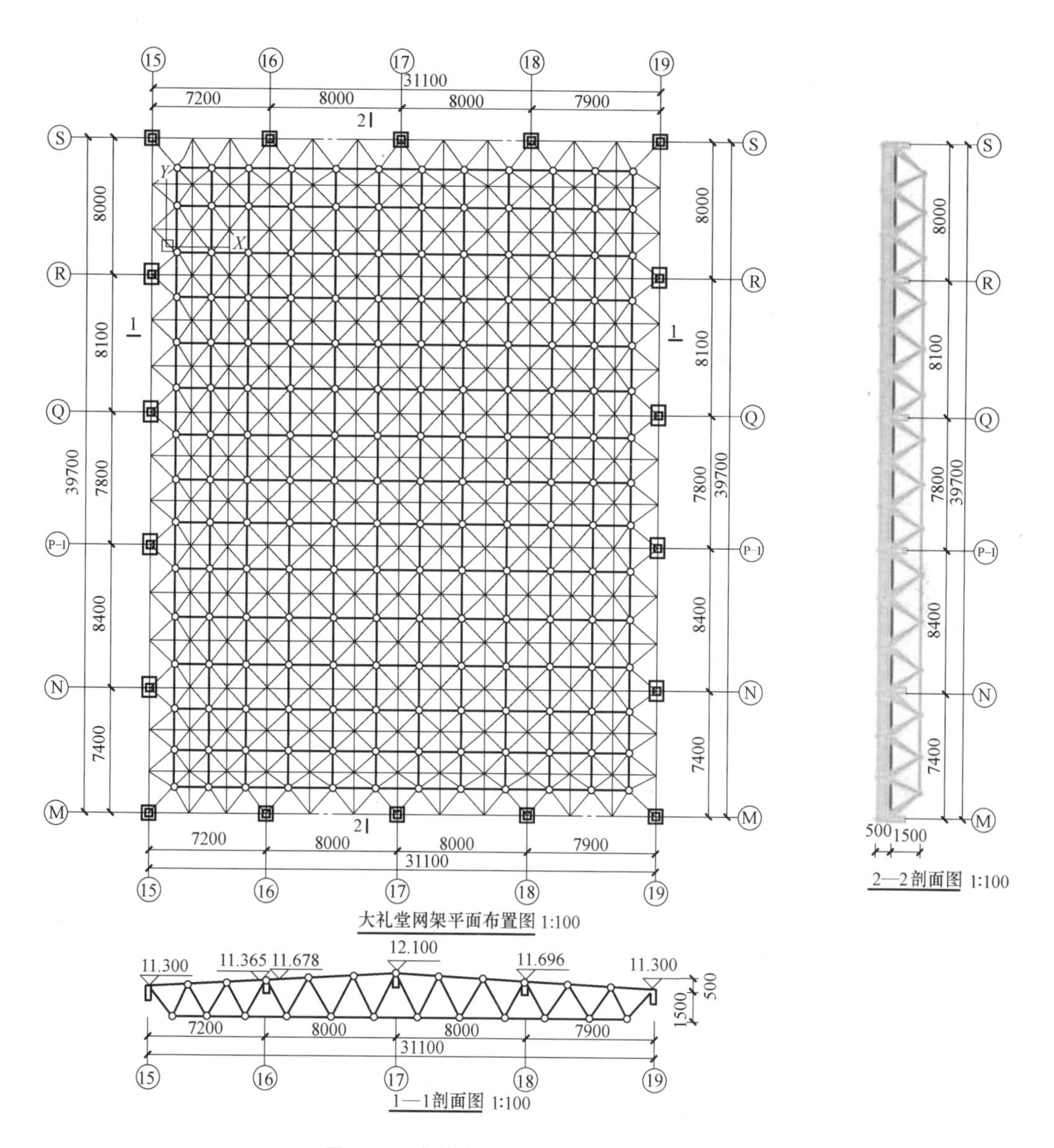


图 7-81　大礼堂网架平面布置图及剖面图

以保护。控制网建立完成后，对钢结构网架预埋件位置、标高、尺寸进行一一复核，无误后定位放线散拼区域网架下弦杆位置及螺栓球位置，并在两侧混凝土框架梁上做好控制点及引线。

2）拼装方法及步骤如图 7-82 所示。

2. 高空散拼

(1) 高空散拼原则及顺序

1）高空散拼安装顺序的确定原则。安装顺序应根据网架形式、支承类型、结构受力特征、杆件小拼单元，临时稳定的边界条件、施工机械设备的性能和施工场地情况等诸多因素综合确定。选定的高空拼装顺序应能保证拼装的精度，减少累积误差。

| 螺栓球网架散拼安装步骤一 | |
|---|---|
| 根据下弦杆的位置安放定位调节支撑，按下弦球的中心标高，调节每个定位调节支撑的高度，测量标高符合要求后用紧固螺栓拧紧固定 | 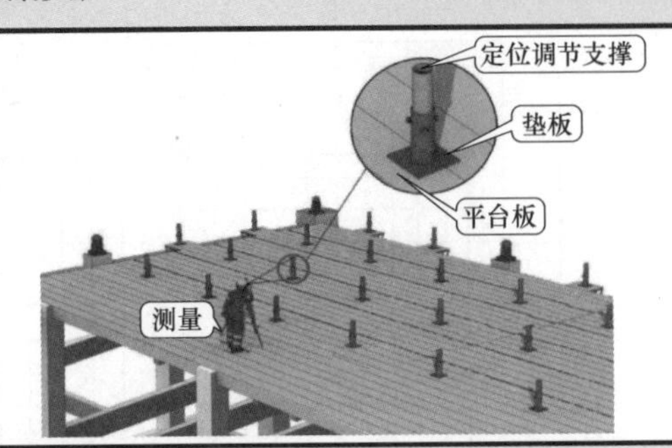 |
| **螺栓球网架散拼安装步骤二** | |
| 安装下弦球吊装单元，下弦球吊装单元采用一个下弦杆和两个下弦球组成，吊装前两端的螺栓一次拧紧到位。安放后复测下弦球的中心标高，若标高误差超出范围应及时调整 |  |
| **螺栓球网架散拼安装步骤三** | |
| 安装下弦球吊装单元之间的下弦杆，从中间往两侧进行，杆件两端的螺栓同时拧紧到位，保证下弦球的位置和标高不变，整个下弦平面的螺栓全部拧紧到位，形成一个稳定的体系 |  |
| **螺栓球网架散拼安装步骤四** | |
| 安装第一个上弦球吊装单元，上弦球吊装单元采用一个上弦球和四根腹杆组成，吊装前上弦球与腹杆间的高强度螺栓一次拧紧到位。吊装到位后拧紧腹杆与下弦球的高强度螺栓，锥体高度允许偏差±2mm |  |

图 7-82　拼装方法及步骤

2）网架高空拼装顺序：放线、验线→组拼小单元→安装支点弦杆平面网格→安装上弦倒四角小单元网格→安装下弦正四角小单元网格→调整、紧固→安装支撑→安装剩余网架→网架闭合、收口→整体调整→网架验收。

（2）高空散拼方法及步骤

1）放线、验线。专业测量人员根据该工程轴网、标高、控制坐标，建立钢结构网架安装的轴线控制网及标高控制点，控制点应布设在混凝土结构构件上，并加以保护，不得在架体或临时设施上设置控制点或转点。控制网建立完成后，对钢结构网架预埋件位置、标高、尺寸进行一一复核，无误后定位放线散拼区域网架下弦杆位置及螺栓球位置，并在两侧混凝土框架梁上做好控制点及引线。

2）组拼小单元。在二层阶梯型斜坡楼板和一层无楼板上空覆盖固定区域按照高空散拼顺序及网架杆件编号组拼吊装小单元。组装前认真审图，按照杆件安装顺序逐一组装好组拼小单元，并编号顺序摆放。

组拼小单元分为上弦杆组拼小单元、下弦杆组拼小单元、边缘组拼小单元（图7-83），组拼小单元分别以上下弦螺栓球为中心，连接两个上下弦主杆和两根腹杆。地面组装时要连接牢固，吊装前严格检查，防止因连接不牢产生松动，避免吊装时、安装后坠落伤人事故。

3）安装支点弦杆平面网格。平台散拼完成后，进行高空散拼安装钢结构网架，首先拼装网架端部支点弦杆平面网格。从支座处开始先安装第一根下弦杆、检查丝扣质量、清理螺孔、螺扣，清理干净后拧入，同时安装与第一根下弦杆连接的两根腹杆及上弦球，并将其与已完成部分的上弦球连接，使之形成稳定整体。



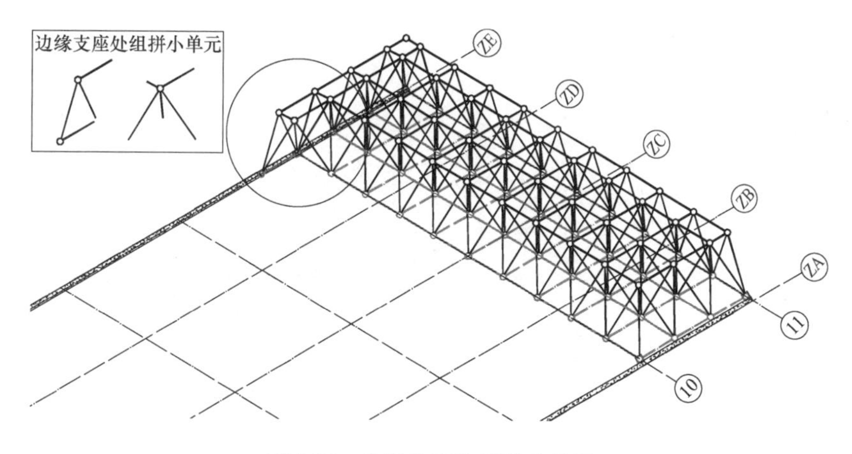


图7-83　边缘支座处组拼小单元

4）安装上弦倒四角小单元网格。散拼第一跨端部组拼小单元安装完成后，开始连续安装上弦杆倒四角小单元网格（图7-84）。从支座端部开始安装倒四角单元，将一上弦螺栓球四杆小单元（即上弦球、两上弦杆、二腹斜杆组成的小单元）现场组合，然后将小单元吊至连接点，操作工人分别将两根腹杆端头拧入两个下弦螺栓球，两根上弦杆分别拧入两根上弦螺栓球。网架施工过程中两名队员在上弦节点处，两名队员在下弦节点处，分别找准与杆件相应的球孔，将杆件与球之间的螺栓迅速拧紧到位，四名队员同时工作，相互之间应熟练配合。小拼单元依次向Ⓐ轴方向安装完成。

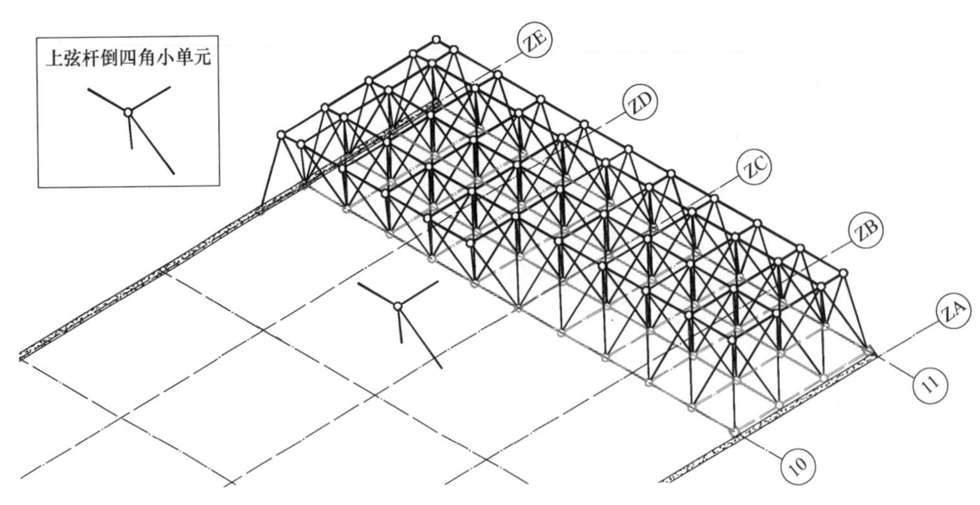


图 7-84　高空散拼上弦杆单元组拼示意图

注意拧入深度影响整个网架的下弦杆挠度及网架稳定性，应控制好尺寸及网架的起拱高度。检查网架、网格尺寸、检查网架纵向尺寸与网架矢高。

5）安装下弦正四角小单元网格。散拼第一跨上弦杆散拼单元安装完成后，开始连续安装下弦杆正四角小单元网格（图 7-85 和图 7-86）。将一下弦螺栓球四杆小单元（即下弦螺栓球、两下弦杆、二腹斜杆组成的小单元）现场组合，然后将小单元吊至连接点，操作工人分别将两根腹杆端头拧入两个上弦螺栓球，两根下弦杆分别拧入两根下弦螺栓球。小单元依次向Ⓐ轴方向安装完成。



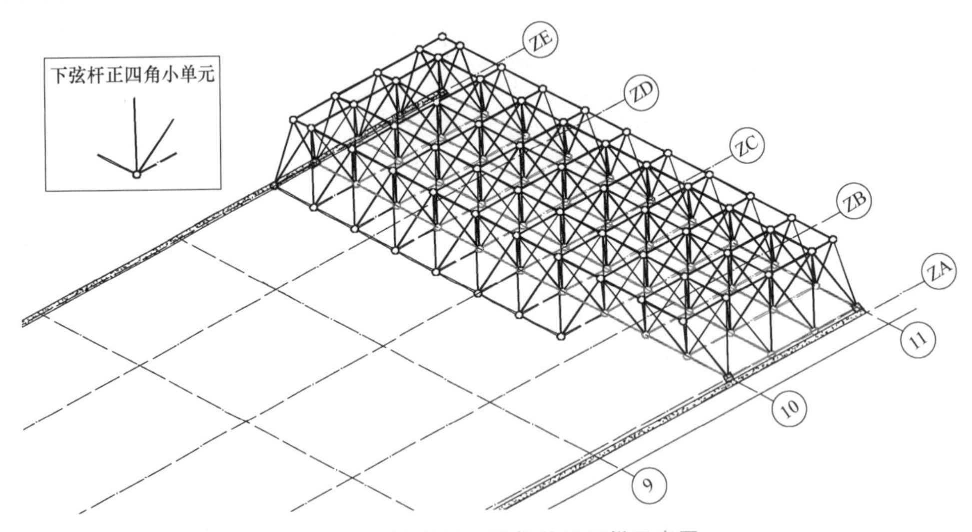


图 7-85　高空散拼下弦杆单元组拼示意图

6）调整、紧固。按照以上 3）~5）步骤继续安装网架，每完成一跨（Ⓝ~Ⓢ轴），根据端部螺栓球的位置及定位控制线适当调整该跨网架，同时监测网架标高及起拱高度、挠度等，调整完成后拧紧、固定。

7）安装支撑。按照以上步骤安装网架至下一轴线支座前一跨网架中心时（网架受力最大处），安装支撑立杆。支撑立杆采用 20 号 H 型钢制作，底座采用 4 个 M20×120mm 膨胀螺

图 7-86　小单元吊装示意图

栓固定在 B 区一层顶板上或在自然地面上铺设的钢板上进行焊接牢固，并采用 $\phi$16mm 钢丝绳三面拉结，保持支撑杆稳固，钢丝绳与地面夹角控制在 45°～60°，地面拉结点采用 4 个 M20×120mm 膨胀螺栓将倒 T 型钢固定在混凝土楼板上。支撑立柱顶部设千斤顶，以便调整网架高度（图 7-87）。

图 7-87　支撑底座固定及拉结点固定



支撑立柱安装时采用塔式起重机吊至预先定位好的安装点（安装点位于网架下弦螺栓球正下方），底座固定好后初拧膨胀螺栓，同时将缆绳连接至地面拉结点，三面缆绳同时进行紧固，保持支撑垂直，缆绳固定完成后将支撑底座膨胀螺栓紧固到位，最后松开吊绳。支撑位置立面图如图 7-88 所示。

调节支撑顶部千斤顶，使网架下弦杆挠度值及起拱高度满足设计要求。网架因设置支撑所产生的应力及稳定性均满足要求。

8）安装剩余网架。按照以上 3）～7）步骤继续安装剩余部分网架，安装时严格控制网架杆件的位置、规格，不得混淆、替换。严格控制安装顺序，不得冒进，每跨完成后必须测量调整，避免累计偏差过大。

9）网架闭合、收口。屋面钢结构网架由南向北安装，当网架安装至最后一跨时（⑮～⑲/Ⓡ～Ⓢ轴），网架开始闭合、收口。

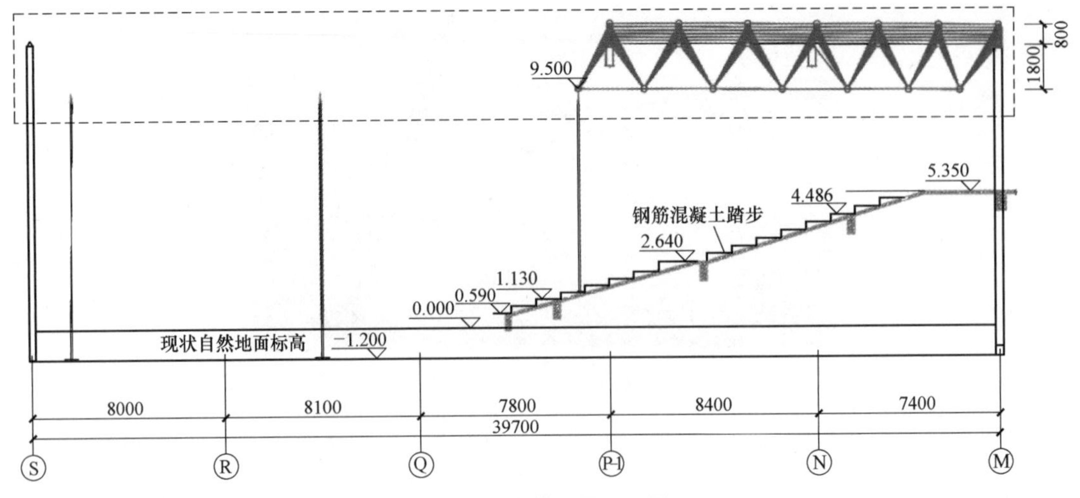


图 7-88　支撑位置立面图

10）整体调整。

① 网架安装时随时测量检查网架质量。检查下弦网格尺寸及对角线，检查上弦网格尺寸及对角线，检查网架纵向长度、横向长度、网格矢高。在各临时支点未拆除前还能调整。网架在安装过程中还应随时检查各临时支点的下沉情况，如果有下降情况，则应及时加固，防止出现下坠现象。

② 网架整体完成后，通过上弦与下弦尺寸的调整来控制挠度值，对网架整体挠度进行调整、校核。



③ 网架检查、调整后，对网架高强度螺栓进行重新紧固。

④ 网架高强度螺栓紧固后，将套筒上的定位小螺栓拧紧锁定。

11）网架验收。网架安装完成后，对网架整体进行验收。

① 检查网架外观质量，杆件、螺栓球、支托板等在安装过程中无破坏、损伤等质量缺陷，并应达到设计要求与规范标准的规定。

② 检查网架支座：网架安装后应注意支座的受力情况，网架支座的施工要严格按照设计要求进行。支座垫板、限位板等应按规定顺序、方法安装。

③ 检查杆件、螺栓球规格、型号、位置是否正确，是否存在混淆、替换等问题，是否完全符合设计图中的要求。

④ 检查高强度螺栓是否全部拧紧，套筒上的定位小螺栓是否全部拧紧锁定，外露丝扣是否满足规范要求。

⑤ 检查网架挠度：符合设计要求及行业规范标准规定。

⑥ 各项检验、试件是否符合规范及设计要求，以及规范中要求的其他检查内容是否符合要求。

## 思　考　题

1. 怎样选择塔式起重机？
2. 单层工业厂房吊装前的准备工作有哪些？

3. 起重机械主要参数包括哪些？各主要参数间的关系是什么？
4. 自升式和爬升式起重机的自升原理和爬升原理是什么？
5. 如何对柱进行固定和校正？
6. 屋架的正向扶直和反向扶直有何区别？
7. 试比较屋架的吊升、校正和固定方法。
8. 单层工业厂房吊装时，如何确定起重机的开行路线与起重机的停机位置？

## 习　　题

**1. 填空题**

(1) 单层工业厂房的结构吊装方法有________和________两种。
(2) 单层工业厂房吊装起重机型号的选择依据是________________。
(3) 柱子的绑扎方法有________、________和________等三种。
(4) 吊装前屋架的扶直有________和________两种方式，应优选采用________。
(5) 柱子采用单机吊升时，吊升方法有________和________两种。
(6) 单层工业厂房吊装中起重机选择应考虑 $Q$、$H$，当________时，还应考虑最小杆长 $L$。
(7) 屋架绑扎时吊索与水平夹角应大于45°，是为了________________。
(8) 单层工业厂房预制柱的现场布置方法有________和________两种。
(9) 塔式起重机按照变幅方法可分________和________两种，其中________为最安全可靠。
(10) 扶直屋架时由于起重机与屋架相对位置不同，可分为________扶直与________扶直。

**2. 单项选择题**

(1) 吊装预制构件的吊环，其采用的钢筋必须是（　　）。
A. 冷拉Ⅰ级钢筋　　B. Ⅰ级热轧钢筋　　C. Ⅱ级热轧钢筋　　D. 热处理钢筋
(2) 当柱平放起吊抗弯强度不足时，柱的绑扎起吊方法应采用（　　）。
A. 斜吊法　　B. 直吊法　　C. 旋转法　　D. 滑行法
(3) 履带式起重机吊升柱的方法最好采用（　　）。
A. 斜吊法　　B. 直吊法　　C. 旋转法　　D. 滑行法
(4) 柱在临时固定后的校正主要是指（　　）。
A. 柱顶标高　　B. 牛腿标高　　C. 平面位置　　D. 垂直度
(5) 吊车梁的吊装必须待柱杯口二次浇筑混凝土达到设计强度的（　　）。
A. 50%　　B. 40%　　C. 20%　　D. 70%
(6) 屋架绑扎时吊索与水平面夹角不宜小于（　　）。
A. 10°　　B. 45°　　C. 30°　　D. 60°
(7) 吊车梁的安装应在柱子第一次校正和（　　）安装后进行。
A. 柱间支撑　　B. 屋架　　C. 吊车轨道　　D. 天窗架
(8) 柱的最后固定用细石混凝土分两次浇筑，第一次混凝土强度达到设计强度的多少比例方能浇筑二次混凝土至杯口（　　）。
A. 15%　　B. 20%　　C. 25%　　D. 35%
(9) 屋架的绑扎点、绑扎方式与屋架形式及跨度有关，绑扎点由实际确定，但绑扎时吊点与水平面的夹角 $\alpha$ 满足（　　）。
A. <30°　　B. 30°~45°　　C. ≥45°　　D. >60°
(10) 下列哪种不是选用履带式起重机时要考虑的因素（　　）。
A. 起重量　　B. 起重动力设备　　C. 起重高度　　D. 起重半径

# 第8章 防水工程

学习目标

了解地下防水工程方案及材料选用；熟悉地下防水混凝土的使用要求和施工要点；掌握地下防水施工工艺及要点；了解卷材防水屋面的构造及各层作用；掌握卷材防水屋面施工工艺及要点；了解涂膜防水屋面施工工艺。

防水工程分为屋面防水工程和地下防水工程两个部分。屋面防水工程主要是防止雨雪对屋面的间歇性浸透作用。地下防水工程主要是防止地下水对建筑物（构筑物）的经常性浸透作用。防水工程质量的优劣，不仅关系到建筑物或构筑物的使用寿命，而且直接影响到它们的使用功能。所以在防水工程施工中，必须把好质量关，以保证结构的耐久性和正常使用。

## 8.1 屋面防水工程

根据建筑物的性质、重要程度、使用功能要求以及防水层耐用年限等，屋面防水工程分为三个等级，并按照不同等级设防。屋面防水工程等级表 8-1。

表 8-1 屋面防水等级和设防要求

| 防水等级 | 防水做法 | 防水卷材防水层 |
| --- | --- | --- |
| 一级 | 不应少于 3 道 | 不应少于 1 道 |
| 二级 | 不应少于 2 道 | 不应少于 1 道 |
| 三级 | 不应少于 1 道 | 任选 |

屋面防水工程按所用材料和构造做法分为卷材防水屋面、涂膜防水屋面、刚性防水屋面等。

### 8.1.1 卷材防水屋面

卷材防水屋面是采用胶结材料将防水卷材黏成一整片能防水的屋面覆盖层。卷材防水屋面属于柔性防水屋面，其优点是质量轻、防水性能较好，尤其是防水层具有良好的柔韧性，能适应一定程度的结构振动和胀缩变形。

卷材防水屋面一般由结构层、隔汽层、保温层、找平层、防水层和保护层组成（图8-1）。

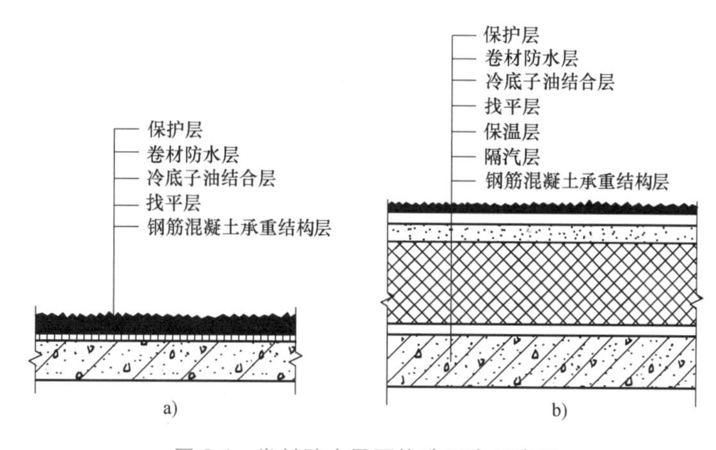


图8-1　卷材防水屋面构造层次示意图
a）不保温卷材屋面　b）保温卷材屋面

1. 卷材防水屋面常用材料

（1）防水卷材　常用防水卷材有沥青防水卷材、高聚物改性沥青防水卷材和合成高分子防水卷材三大系列。

1）沥青防水卷材：用原纸、纤维织物、纤维毡等胎体材料浸涂石油沥青，表面撒布一层粉状、粒状或片状隔离材料，制成可卷曲的片状防水材料。常用的沥青防水卷材有纸胎沥青油毡、玻璃纤维胎沥青油毡和麻布胎沥青油毡等。

2）高聚物改性沥青防水卷材：以高聚物改性沥青为涂盖层，聚酯毡、玻璃纤维毡或聚酯纤维复合为胎体，细砂、矿物粉料或薄膜材料为隔离材料，制成可卷曲的片状防水材料，属于中档防水材料。高聚物改性沥青防水卷材改善了沥青防水卷材温度敏感性大、伸长率小的缺点，具有高温不流淌、低温不脆裂、抗拉强度高、伸长率大的特点，能够较好地适应基层开裂以及伸缩变形的要求。工程中常用的高聚物改性沥青防水卷材有SBS改性沥青防水卷材、APP改性沥青防水卷材、PVC改性沥青防水卷材、再生胶改性沥青防水卷材等。

3）合成高分子防水卷材：以合成橡胶、合成树脂或两者的混合体为基料，加入适量的化学助剂和填充料等，经过混炼（塑炼）压延或挤出成型、定型、硫化等工序制成的可卷曲的片状防水材料，属于高档防水材料。工程中常用的合成高分子防水卷材有三元乙丙橡胶防水卷材（EPDM）、聚氯乙烯防水卷材（PVC卷材）、氯化聚乙烯防水卷材、氯化聚乙烯—橡胶共混防水卷材等。

（2）基层处理剂　基层处理剂能增强防水材料与基层之间的黏结力，在防水层施工之前，预先涂刷在基层或卷材背面的涂层上。用于高聚物改性沥青防水卷材屋面的基层处理剂主要有氯丁胶沥青乳胶、橡胶改性沥青溶液和沥青溶液（即冷底子油）等；用于合成高分子防水卷材屋面的基层处理剂主要有聚氨酯煤焦油系的二甲苯溶液、氯丁胶乳溶液和氯丁胶沥青乳胶等。

(3) 胶黏剂　胶黏剂是将卷材与基层或卷材与卷材黏结在一起的粘贴材料。高聚物改性沥青防水卷材的胶黏剂主要有氯丁橡胶改性沥青胶黏剂。它由氯丁橡胶加入沥青和助剂以及溶剂等配制而成，外观为黑色液体，主要用于卷材与基层、卷材与卷材的黏结。对于高分子卷材，由于各种卷材的材性不同，因此采用的胶黏剂也不同。如适用于三元乙丙橡胶防水卷材的 CX—404 胶黏剂；适用于氯化聚乙烯—橡胶共混防水卷材的 BX—12 胶黏剂等。

2. 防水卷材屋面的施工

防水卷材施工的一般工艺流程：基层表面处理、修补→喷、涂基层处理剂→节点附加增强处理→定位、弹线、试铺→铺贴卷材→收头处理、节点密封、清理、检查、处理→保护层施工。

(1) 基层处理　防水卷材屋面可用水泥砂浆、沥青砂浆和细石混凝土找平层做基层。找平层的排水坡度应符合设计要求。平屋面采用结构找坡时不应小于 3%，采用材料找坡时宜为 2%。天沟、檐沟纵向找坡应时小于 1%，沟底水落差不得超过 200mm。

基层与突出屋面结构（女儿墙、山墙、天窗壁、变形缝和烟囱等）的交接处和基层的转角处，找平层均应做成圆弧形，内部排水的水落口周围的找平层应做成略低的凹坑。找平层宜设分格缝，并嵌填密封材料。分格缝应留设在板端缝处，其纵横缝的最大间距：水泥砂浆或细石混凝土找平层，不宜大于 6m；沥青砂浆找平层，不宜大于 4m。

(2) 防水层卷材施工的一般要求　铺设屋面隔汽层和防水层前，基层必须干净、干燥。检验干燥程度的简易方法是将 $1m^2$ 卷材平坦地干铺在找平层上，静置 3~4h 后掀开检查，找平层覆盖部位与卷材背面均无水印即可铺设卷材。

卷材铺贴方向应符合下列规定：屋面坡度小于 3%时，卷材宜平行于屋脊铺贴；屋面坡度在 3%~15%时，卷材可平行也可垂直于屋脊铺贴；屋面坡度大于 15%或屋面受震动时，沥青防水卷材应垂直屋脊铺贴，高聚物改性沥青防水卷材和合成高分子防水卷材可平行也可垂直于屋脊铺贴；上下层卷材不得相互垂直铺贴。



为了保证防水效果，在铺贴大面积防水卷材前，应在女儿墙、檐沟墙、天窗壁、变形缝、烟囱根、管道根与屋面的交接处以及檐口、天沟、雨水口、屋脊等部位，按设计要求先做卷材附加层。

防水卷材屋面施工时，应先处理好节点、附加层和屋面排水比较集中等部位，然后由屋面最低处向上进行施工。铺贴天沟、檐沟卷材时宜顺天沟、檐沟方向，减少卷材的搭接。铺贴多跨或有高低跨的屋面时，应按先高后低、先远后近的顺序进行。

铺贴卷材应采用搭接法。平行于屋脊的搭接缝，应顺流水方向搭接；垂直于屋脊的搭接缝，应顺主导风向搭接。叠层铺设的各层卷材，在天沟与屋面的连接处，应采用叉接法搭接。搭接缝宜留在屋面或天沟侧面，不宜留在沟底。上下层及相邻两幅卷材的搭接缝应错开，如图 8-2 所示。各种卷材搭接宽度应符合表 8-2 的要求。

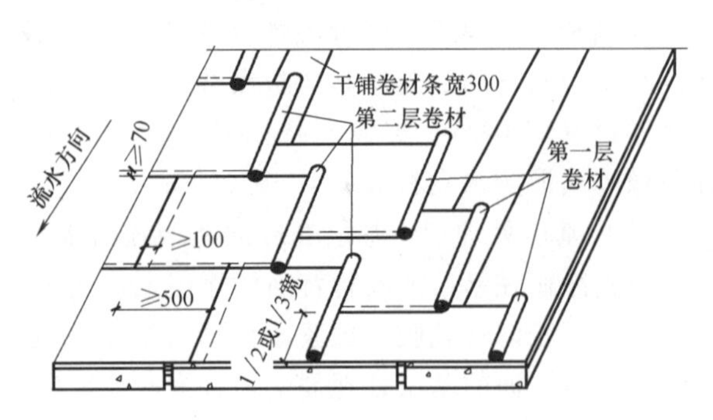


图 8-2　屋面卷材的铺贴与搭接

表 8-2 卷材搭接宽度

<table>
<tr><th colspan="3">搭接方法</th><th colspan="2">短边搭接宽度/mm</th><th colspan="2">长边搭接宽度/mm</th></tr>
<tr><td colspan="3">铺贴方法</td><td>满黏法</td><td>空铺法、点黏法、条黏法</td><td>满黏法</td><td>空铺法、点黏法、条黏法</td></tr>
<tr><td rowspan="6">卷材种类</td><td colspan="2">沥青防水卷材</td><td>100</td><td>150</td><td>70</td><td>100</td></tr>
<tr><td colspan="2">高聚物改性沥青防水卷材</td><td>80</td><td>100</td><td>80</td><td>100</td></tr>
<tr><td rowspan="4">合成高分子防水卷材</td><td>胶黏剂</td><td>80</td><td>100</td><td>80</td><td>100</td></tr>
<tr><td>胶黏带</td><td>50</td><td>60</td><td>50</td><td>60</td></tr>
<tr><td>单缝焊</td><td colspan="4">60,有效焊接宽度不小于 25</td></tr>
<tr><td>双缝焊</td><td colspan="4">80,有效焊接宽度=10×2+空腔宽</td></tr>
</table>

卷材与基层的铺贴方法分为满黏法、空铺法、条黏法和点黏法等形式，如图 8-3 所示。

1）满黏法：铺贴防水卷材时，卷材与基层采用全部黏结的施工方法。铺贴防水卷材时，宜将浇热沥青胶法改为刮热沥青胶法，发现气泡及时刮破放气，尽量避免屋面卷材防水层产生鼓包。

2）空铺法：铺贴防水卷材时，卷材与基层仅在四周一定宽度内黏结，其余部分不加黏结的施工方法。

3）条黏法：铺贴防水卷材时，卷材与基层采用条状黏结的施工方法，每幅卷材与基层黏结面不应少于两条，每条宽度不宜小于 150mm。

4）点黏法：铺贴防水卷材时，卷材与基层采用点状黏结的施工方法，也称花铺法。黏结总面积一般为卷材面积的 6%，每平方米黏结 5 个点以上，每点涂胶黏剂面积不小于 100mm×100mm。

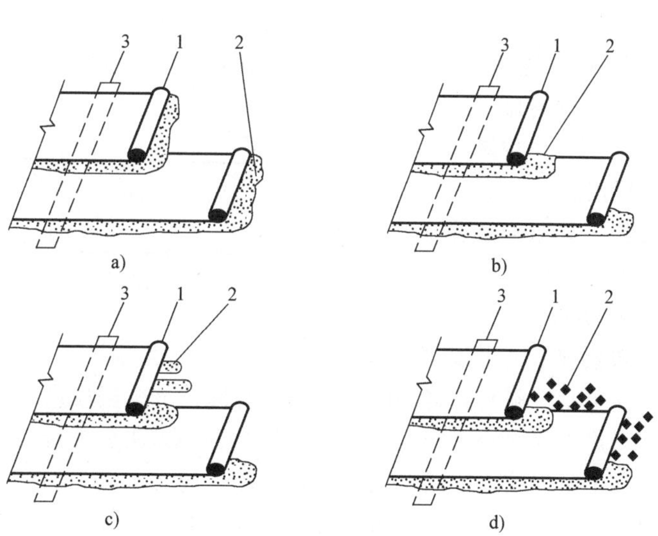


图 8-3 卷材与基层的铺贴方法

a）满黏法 b）空铺法 c）条黏法 d）点黏法

1—卷材 2—胶黏剂 3—附加卷材条

（3）高聚物改性沥青防水卷材施工　高聚物改性沥青防水卷材的铺贴可采用热熔法、冷黏法和自黏法。

1）热熔法。利用火焰加热器熔化热熔型防水卷材底层的热熔胶进行黏结的施工方法。铺贴时，用火焰加热器加热基层和卷材的交界处，待卷材表面热熔后（以卷材表面熔融至光亮黑色为度）应立即滚铺卷材，使之平展，并辊压黏结牢固（图8-4）。搭接缝处必须以溢出热熔的改性沥青胶为度，并应随即刮封接口。加热卷材时应均匀，不得过分加热或烧穿卷材。对于厚度小于3mm的高聚物改性沥青防水卷材严禁采用热熔法施工。使用明火热熔法施工的沥青类防水卷材不得用于地下密闭，空间、通风不畅空间、易燃材料附近的防水工程，可用胶黏剂施工工艺（冷黏、热黏、自黏）等替代。

2）冷黏法。冷黏法是利用毛刷将胶黏剂涂刷在基层或卷材上，然后铺贴卷材，使卷材与基层、卷材与卷材黏结的方法。施工时，胶黏剂涂刷应均匀、不露底、不堆积。空铺法、条黏法、点黏法应按照规定位置与面积涂刷胶黏剂。铺贴卷材时应平整顺直，搭接尺寸准确，接缝处应涂满胶黏剂，辊压黏结牢固，溢出的胶黏剂随即刮平封口；也可以采用热熔法接缝。接缝口应用密封材料封严，宽度不应小于10mm。

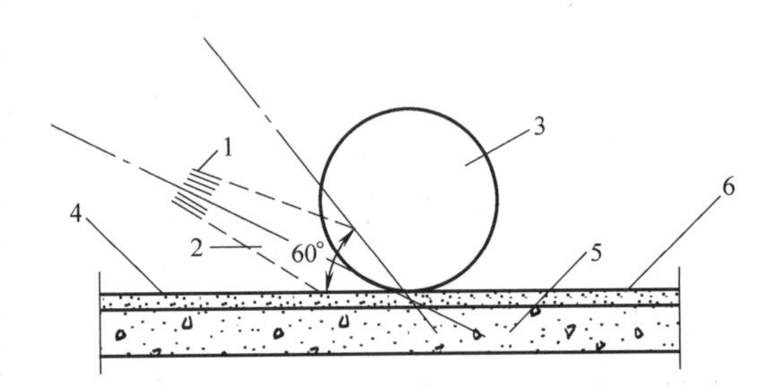


图8-4　热熔火焰与卷材和基层表面的相对位置
1—喷嘴　2—火焰　3—改性沥青卷材　4—水泥砂浆找平层　5—混凝土层　6—卷材防水层

3）自黏法。自黏法施工是指采用带有自黏胶的防水卷材进行铺贴黏结的施工方法。铺贴前，基层表面应均匀涂刷基层处理剂，待干燥后及时铺贴卷材。铺贴时，应先将自黏胶底面隔离纸完全撕净，排除卷材下面的空气，并辊压黏结牢固，不得空鼓（图8-5）。搭接部位必须采用热风焊枪加热后随即黏结牢固，溢出的自黏胶随即刮平封口。接缝口用不小于10mm宽的密封材料封严。



（4）合成高分子防水卷材施工　合成高分子防水卷材的施工方法主要有冷黏法、自黏法和热风焊接法。

冷黏法、自黏法施工要求与高聚物改性沥青防水卷材的施工要求基本一致。但冷黏法施工时搭接部位应采用与卷材配套的接缝专用胶黏剂，在搭接缝黏合面上涂刷均匀，并控制涂刷与黏合的间隔时间，排除空气，辊压黏结牢固。

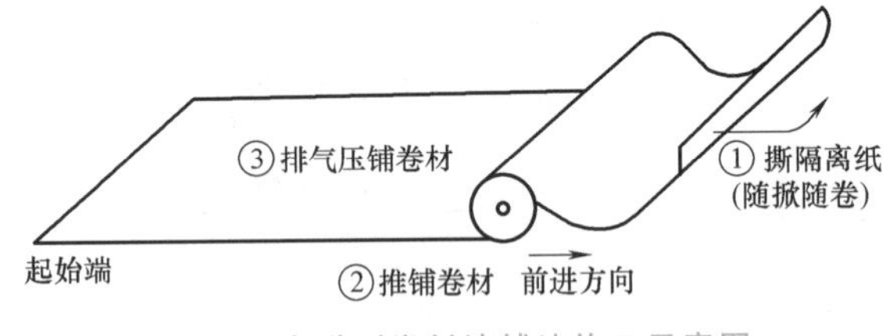


图8-5　自黏型卷材滚铺法施工示意图

热风焊接法是利用热空气焊枪进行防水卷材搭接黏合的方法。焊接前卷材铺放应平整顺直，搭接尺寸正确；施工时焊接缝的结合面应清扫干净，应无水滴、油污及附着物。先焊长边搭接缝，后焊短边搭接缝，焊接处不得有漏焊、缺焊、焊焦或焊接不牢的现象，也不得损害非焊接部位的卷材。

### 8.1.2　涂膜防水屋面

涂膜防水屋面是在屋面基层上涂刷防水涂料，经固化后形成一层有一定厚度和弹性的整体涂膜，从而达到防水目的的一种防水屋面形式。这种屋面具有施工操作简便，无污染，可冷操作，无接缝，能适应复杂基层，防水性能好，温度适应性强，容易修补等特点。它适用于防水等级为Ⅲ级的屋面防水；也可作为Ⅰ、Ⅱ级屋面多道防水设防中的一道防水层。涂膜防水屋面构造如图 8-6 所示。

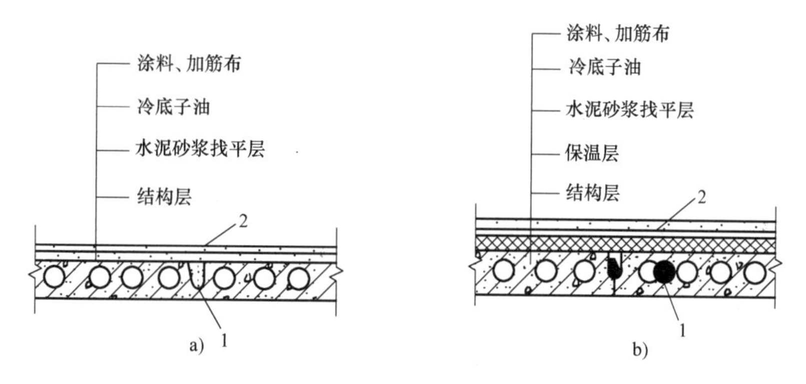


图 8-6　涂膜防水屋面构造示意图

a）无保温层涂膜防水屋面　b）有保温层涂膜防水屋面

1—细石混凝土　2—油膏嵌缝

1. 涂膜防水屋面常用防水涂料

（1）高聚物改性沥青防水涂料　高聚物改性沥青防水涂料是以石油沥青为基料，用高分子聚合物进行改性，配置成的水乳型或溶剂型防水涂料。高聚物改性沥青防水涂料具有较好的柔韧性、抗裂性、拉伸强度、耐高低温性能。常用的品种有氯丁橡胶改性沥青涂料、SBS 改性沥青涂料及 APP 改性沥青涂料等。

（2）合成高分子防水涂料　合成高分子防水涂料是以合成橡胶或合成树脂为主要成膜物质，配制成单组分或多组分的防水涂料。以此合成高分子材料为原料制成的合成高分子防水涂料具有高弹性、防水性、耐久性和优良的耐高低温性能。常用的品种有聚氨酯防水涂料、丙烯酸酯防水涂料、有机硅防水涂料等。

2. 涂膜防水屋面施工

（1）防水涂膜施工　防水涂膜施工的一般工艺流程：基层表面处理、修补→喷、涂基层处理剂（底涂料）→特殊部位附加增强处理→涂布防水涂料及铺贴胎体增强材料→清理、检查、处理→保护层施工。

涂膜防水层要求基层刚度大，找平层有一定的强度，表面平整、密实，不应有起砂、起壳、龟裂、爆皮等现象。基层表面平整度用 2m 直尺检查，基层与直尺的最大间隙不应超过 5mm，间隙仅允许平缓变化。基层与突出屋面结构的连接处及基层转角处应做成圆弧形或钝角。按设计要求做好排水坡度，不得有积水现象。施工前应将分格缝清理干净，不得有异物和浮灰，并嵌填密封材料。屋面基层的干燥程度，应视选用的涂料特性而定。当采用溶剂型改性沥青防水涂料、合成高分子防水涂料时屋面基层应干燥、干净。

基层处理剂常用涂膜防水材料稀释后使用，其配合比应准确，充分搅拌，喷涂均匀，覆盖完全，干燥后方可进行涂膜施工。

板面涂膜前，在天沟、檐口、檐沟、泛水等部位应先铺有胎体增强材料的附加层。水落口周围与屋面交接处，应做密封处理，并加铺两层有胎体增强材料的附加层。

涂料的涂布顺序为：先高跨后低跨，先远后近，先立面后平面。同一屋面上先涂布排水较集中的水落口、天沟、檐口等节点部位，再进行大面积涂布。涂层应厚薄均匀、表面整齐，不得有露底、漏涂和堆积现象。

防水涂膜应多遍涂布，其总厚度应达到设计要求，每道涂膜防水层厚度应符合表 8-3 的规定。

两涂层施工间隔时间不宜过长，否则容易形成分层现象。涂层中夹铺胎体增强材料时，宜边涂边铺胎体增强材料。胎体增强材料长边搭接宽度不得小于 50mm，短边搭接宽度不得小于 70mm。当屋面坡度小于 15%时，可平行屋脊铺设；屋面坡度大于 15%时，应垂直屋脊铺设。采用二层胎体增强材料时，上下层不得互相垂直铺设，搭接缝应错开，其间距不应小于幅宽的 1/3。找平层分格缝处应增设胎体增强材料的空铺附加层，其宽度以 200～300mm 为宜。涂膜防水层收头应用防水涂料多遍涂刷或用密封材料封严。在涂膜未干前，不得在防水层上进行其他施工作业。涂膜防水屋面上不得直接堆放物品。

表 8-3 涂膜防水层厚度选用

| 屋面防水等级 | 设防道数 | 高聚物改性沥青防水涂料厚度 | 合成高分子防水涂料和聚合物水泥防水涂料厚度 |
|---|---|---|---|
| 一级 | 三道或三道以上设防 | — | 不应小于 1.5mm |
| 二级 | 二道 | 不应小于 3mm | 不应小于 1.5mm |
| 三级 | 一道 | 不应小于 3mm | 不应小于 2mm |

（2）保护层施工

1）涂膜防水层上采用细砂等粒料做保护层时，应在涂布最后一遍涂料时，边涂布边均匀铺撒，使相互间黏结牢固，覆盖均匀严密，不露底。



2）涂膜防水层上采用浅色涂料做保护层时，应在涂膜干燥固化后做保护层涂布，使相互间黏结牢固，覆盖均匀严密，不露底。

3）防水涂膜上采用水泥砂浆、块体材料或细石混凝土做保护层时，应严格按照设计要求设置隔离层。块体材料保护层应铺砌平整，勾缝严密，分格缝的留设应准确。

4）刚性保护层的分格缝留置应符合设计要求，做到留设准确、不松动。

### 8.1.3 刚性防水屋面

刚性防水屋面是利用刚性防水材料做防水层的屋面，主要有普通细石混凝土防水屋面、补偿收缩混凝土防水屋面、块体刚性防水屋面、预应力混凝土防水屋面等。刚性防水屋面所用材料易得、价格便宜、耐久性好、维修方便，但是刚性防水层材料的表观密度大，抗拉强度低，易因混凝土或砂浆的干湿变形、温度变形和结构变位而产生裂缝。它主要适用于防水等级为Ⅲ级的屋面防水，也可作为Ⅰ、Ⅱ级屋面多道防水设防中的一道防水层，不适用于有松散材料保温层的屋面、受较大振动或冲击的屋面、坡度大于 15%的建筑屋面。

#### 1. 刚性防水屋面的构造

刚性防水屋面的构造如图 8-7 所示。

2. 刚性防水屋面的常用材料

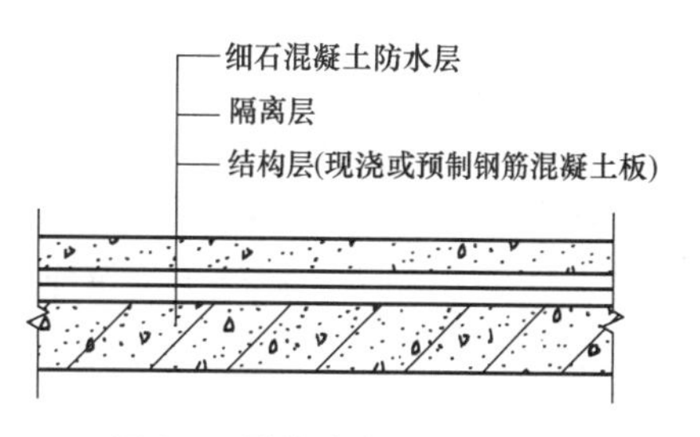

图 8-7 刚性防水屋面的构造

防水层的细石混凝土宜选用普通硅酸盐水泥或硅酸盐水泥，不得使用火山灰质硅酸盐水泥，用矿渣硅酸盐水泥时应采取减少泌水措施。水泥强度等级不宜低于 32.5 级。粗集料的最大粒径不宜大于 15mm，含泥量不应大于 1%；细集料应采用中砂或粗砂，含泥量不应大于 2%；拌和用水应采用不含有害物质的洁净水。混凝土强度等级大于或等于 C20，水胶比不应大于 0.55，每立方米混凝土水泥最小用量不应小于 330kg，砂率宜为 35%~40%，灰砂比应为（1∶2.5）~（1∶2），并宜掺入外加剂。防水层的细石混凝土厚度不应小于 40mm，并应配置直径为 4~6mm、间距为 100~200mm 的双向钢筋网片，并且钢筋网片在分格缝处应断开，其保护层厚度不小于 10mm。

3. 刚性防水屋面施工

（1）结构层要求　刚性防水屋面的结构层宜为整体现浇的钢筋混凝土。当屋面结构层采用装配式钢筋混凝土板时，应用强度等级不小于 C20 的细石混凝土灌缝，灌缝的细石混凝土宜掺膨胀剂。当屋面板板缝宽度大于 40mm 或上窄下宽时，板缝内必须设置构造钢筋，板端缝应进行密封处理。

（2）设置隔离层　为了缓解基层变形对刚性防水层的影响，在基层与防水层之间宜设置隔离层。依据设计可采用低强度等级砂浆、卷材、塑料薄膜等材料做隔离层。采用低强度等级的砂浆做隔离层时，砂浆以干稠为宜，铺抹的厚度为 10~20mm，要求厚薄一致、表面平整、压实、抹光，待砂浆干燥并具有一定的强度后，方可进行下道工序施工。采用卷材做隔离层时，先用 1∶3 水泥砂浆将结构层找平，并压实、抹光、养护，再在干燥的找平层上铺一层 3~8mm 干细砂滑动层，在其上铺一层卷材，搭接缝用热沥青胶黏结。也可以在找平层上直接铺一层塑料薄膜。

做好隔离层继续施工时，要注意对隔离层加强保护。混凝土运输不能直接在隔离层表面进行，应采取垫板等措施；绑扎钢筋时不得扎破隔离层表面，浇捣混凝土时不能振疏隔离层。

（3）分格缝设置　为了防止大面积的刚性防水层由于温度变化、混凝土收缩等影响而产生裂缝，应按设计要求设置分格缝。分格缝应设在变形较大和较易变形的屋面板的支承端、屋面转折处、防水层与突出屋面结构的交接处，并应与板缝对齐。其纵横间距应控制在 6m 以内。分格缝的宽度宜为 5~30mm，分格缝内应嵌填密封材料，上部应设置保护层，如图 8-8 所示。

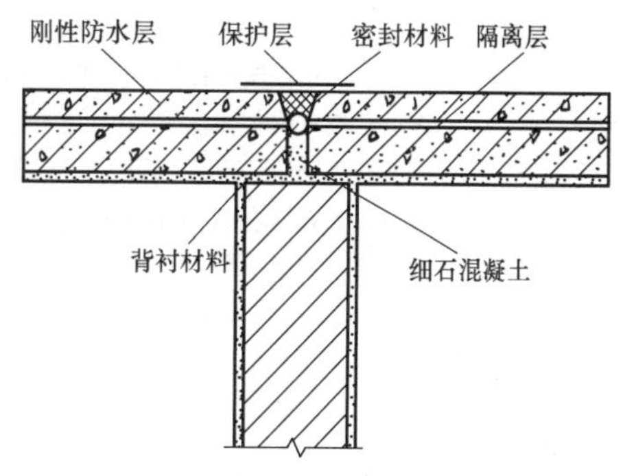

图 8-8 屋面分格缝

分格缝的一般做法是在刚性防水层施工前，先在隔离层上定好分格缝位置，然后安放分格条（木条、聚苯板或定型聚氯乙烯塑料条），再按分隔板块浇筑混凝土，待混凝土初凝后，将分格条取出即可。分格缝处可采用嵌填密封材料并加贴防水卷材的方式进行处理，以增加防水的可靠性。

（4）防水层施工

1）绑扎钢筋网片。钢筋网片应放在防水层上部，绑扎钢丝收口应向下弯，不得露出防水层表面。钢筋网片要保证位置的正确并且必须在分格缝处断开。

2）浇筑混凝土。混凝土浇筑应按先远后近，先高后低的原则进行。在每个分格内，混凝土应连续浇筑，不得留施工缝，混凝土要铺平铺匀，用高频平板振动器振捣或用滚筒碾压，保证达到密实程度，振捣或碾压泛浆后，用木抹拍实抹平。

待混凝土收水初凝后，大约10h，起出木条，避免破坏分格缝，用铁抹子进行第一次抹压，混凝土终凝前进行第二次抹压，使混凝土表面平整、光滑、无抹痕。抹压时严禁在表面洒水、加水泥或水泥浆。

## 8.2　地下防水工程

地下防水工程是对工业与民用建筑地下工程、防护工程、隧道以及地下铁道等建筑物或构筑物，进行防水设计、防水施工和维护管理等各项技术工作的工程实体。由于地下工程常年受到地表水、潜水、上层滞水、毛细管水等的作用，所以地下工程防水的处理比屋面防水工程要求更高，防水技术难度更大。而如何正确选择合理有效的防水方案就成为地下防水工程中的首要问题。

根据地下工程的重要性和使用中对防水的要求，将地下工程的防水等级分为四级。地下工程防水等级标准及适用范围分别见表8-4和表8-5。

表8-4　地下工程防水等级标准

| 防水等级 | 标准 |
| --- | --- |
| 一级 | 不允许渗水，结构表面无湿渍 |
| 二级 | 不允许漏水，结构表面可有少量湿渍<br>工业与民用建筑：湿渍总面积不大于总防水面积的1‰，单个湿渍面积不大于0.1$m^2$，任意100$m^2$防水面积上的湿渍不超过1处<br>其他地下工程：湿渍总面积不大于总防水面积的6‰，单个湿渍面积不大于0.2$m^2$，任意100$m^2$防水面积上的湿渍不超过4处 |
| 三级 | 有少量漏水，不得有线流和漏泥砂<br>单个湿渍面积不大于0.3$m^2$，单个漏水点的漏水量不大于2.5L/d，任意100$m^2$防水面积上的漏水点数不超过7处 |
| 四级 | 有漏水点，不得有线流和漏泥砂<br>整个工程平均漏水量不大于2L/($m^2$·d)，任意100$m^2$防水面积的平均漏水量不大于4L/($m^2$·d) |

表8-5　地下工程防水的适用范围

| 防水等级 | 适用范围 |
| --- | --- |
| 一级 | 人员长期停留的场所；因少量湿渍会使物品变质、失效的储物场所及严重影响设备正常运转和危及工程安全运营的部位；重要的战备工程 |

（续）

| 防水等级 | 适用范围 |
| --- | --- |
| 二级 | 人员长期停留的场所；在有少量湿渍情况下不会使物品变质、失效的储物场所及基本不影响设备正常运转和危及工程安全运营的部位；重要的战备工程 |
| 三级 | 人员临时停留的场所；一般战备工程 |
| 四级 | 对渗漏水无严格要求的工程 |

地下工程防水方案，大致可以分为以下三类：

（1）结构自防水　结构自防水依靠防水混凝土本身的抗渗性和密实性进行防水。它既是防水层，又是承重围护结构。该方案具有施工简便、工期较短、成本较低、防水可靠等优点，是解决地下工程防水的有效途径，因而应用较广。

（2）附加防水层　附加防水层，即在地下结构物的表面附加防水层，以达到防水的目的。常用的附加防水层有水泥砂浆、卷材、沥青胶结材料和金属防水材料等，可根据不同的工程对象、防水要求及施工条件选用。

（3）渗排水措施　渗排水措施是利用盲沟、渗排水层等措施来排除附近的水源以达到防水目的，适用于形状复杂、受高温影响、地下水为上层滞水且防水要求较高的地下建筑。

在进行地下工程防水设计时，应遵循“防排结合、刚柔并用、多道防水、综合治理”的原则，并根据建筑物的使用功能及使用要求，结合地下工程的防水等级，选择合理的防水方案。

### 8.2.1　防水混凝土

防水混凝土又称抗渗混凝土，是通过调整混凝土的配合比、掺加外加剂或采用特种水泥等方式，提高混凝土自身的密实性、憎水性和抗渗性，使其满足抗渗等级大于或等于 P6（抗渗压力为 0.6MPa）要求的不透水性混凝土。

#### 1. 防水混凝土的性能与配置

防水混凝土结构一般有普通防水混凝土、掺外加剂的防水混凝土和采用特种水泥配置的防水混凝土（如补偿收缩混凝土）三种。防水混凝土主要技术指标之一是混凝土的抗渗等级（根据工程埋置深度确定），用 P 表示。一般情况下，防水混凝土的抗渗等级不应低于 P6。防水混凝土的设计抗渗等级见表 8-6。

表 8-6　防水混凝土的设计抗渗等级

| 埋置深度/m | 设计抗渗等级 | 埋置深度/m | 设计抗渗等级 |
| --- | --- | --- | --- |
| 小于 10 | P6 | 20~30 | P10 |
| 10~20 | P8 | 30~40 | P12 |

在普通防水混凝土中，水泥砂浆除具有填充、黏结作用外，还要求在石子周围形成质量良好的砂浆包裹层，减少混凝土内部毛细管、缝隙的形成，切断石子间相互连通的渗水通路，满足结构抗渗防水的要求。普通防水混凝土宜采用普通硅酸盐水泥、火山灰质硅酸盐水泥、粉煤灰硅酸盐水泥，水泥强度等级不应低于 32.5 级。如掺外加剂，也可用矿渣硅酸盐水泥。石子粒径不应大于 40mm，吸水率不大于 1.5%，含泥量不大于 1%。普通防水混凝土的配合比应通过试验确定。确定配合比时，应按照设计要求的抗渗等级提高 0.2MPa，每立方米混凝土的水泥用量不少于 320kg；含砂率以 35%~45%为宜；灰砂比应为（1∶2.5）~（1∶1.5）；水胶比不宜大于 0.55；坍落度不大于 50mm，当掺外加剂或采用泵送混凝土时，坍落度不受此限制。

掺外加剂的防水混凝土是在混凝土拌合物中加入少量改善混凝土抗渗性的有机物或无机物，如减水剂、防水剂、加气剂等，以增加混凝土密实性、抗渗性、抗裂性及抗侵蚀性，从而达到防水的目的。

补偿收缩混凝土是使用膨胀水泥或在普通混凝土中掺入适量膨胀剂配制而成的一种微膨胀混凝土。在混凝土中掺加膨胀剂后，混凝土会产生一定的微膨胀，由此产生的混凝土压应力即可以抵消部分混凝土收缩产生的拉应力，避免或减少混凝土产生收缩裂缝，从而增强混凝土的抗渗性。常用的膨胀水泥有硫酸铝钙型和氧化钙型，常用的膨胀剂有 UEA 剂、FS 膨胀剂、复合膨胀剂、氯酸钙膨胀剂、明矾石膨胀剂等。

2. 防水混凝土的施工

防水混凝土工程要注意控制施工中的各主要环节，如混凝土的搅拌、运输、浇注、振捣、养护等，均应严格遵循施工及验收规范和操作规程的规定进行施工，以保证防水混凝土工程的质量。

（1）施工要点

1）防水混凝土工程的模板应平整且拼缝严密不漏浆，并有足够的强度和刚度，吸水率要小。一般不宜用螺栓或钢丝贯穿混凝土墙来固定模板，当墙高需要用对拉螺栓贯穿混凝土墙固定模板时，应采取止水措施。一般可在对拉螺栓中间加焊一块止水环，阻止渗水通路，如图 8-9 所示。

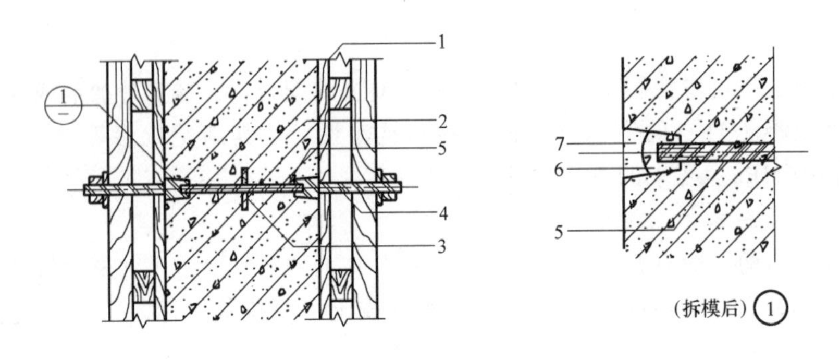


图 8-9　固定模板用螺栓的防水构造

1—模板　2—结构混凝土　3—止水环　4—工具式螺栓　5—固定模板用螺栓
6—嵌缝材料　7—聚合物水泥砂浆

2）为了阻止钢筋的引水作用，迎水面防水混凝土的钢筋保护层厚度不得小于 50mm，底板钢筋均不能接触混凝土垫层。墙体的钢筋不能用钢钉或钢丝固定在模板上。严禁用钢筋充当保护层垫块，以防止水沿钢筋浸入。

3）防水混凝土应用机械搅拌、机械振捣，浇筑时应严格做到分层连续进行，每层厚度不宜超过 300~400mm。两层浇筑时间间隔不应超过 1.5h。混凝土进入终凝即应进行覆盖，浇水湿润养护不少于 14d，且不宜采用电热和蒸汽养护。

（2）施工缝　地下室混凝土墙体用传统施工方法进行浇筑，往往因浇筑面积太大，不可避免地会因产生收缩裂缝而造成渗漏。如用小流水段施工法浇筑，每天浇筑的混凝土墙体长度只有 15~18m，这样虽然可使混凝土的收缩应力都集中在施工缝处，解决了裂缝问题，但却产生了大量的施工缝。施工缝是防水混凝土的薄弱环节，只有对施工缝进行可靠的防水处理，才能在解决防裂的同时解决防渗问题。施工时应尽量少留施工缝。

地下结构的顶板和底板不宜留设施工缝；顶拱、底拱不宜留纵向施工缝；墙体和底板交接处不得留设施工缝，施工缝可留在底板表面以上不小于300mm的墙体上；墙体上有孔洞时，施工缝距孔洞边缘不宜小于300mm；墙体上宜留设水平施工缝，垂直施工缝应留设在结构的变形缝处。

为加强施工缝处的防水效果，一般采用凹缝、凸缝、阶梯缝等形式，如图8-10a、b、c所示，这样可以增加水的渗流路径长度，提高结构抗渗的能力；如果采用平直缝，如图8-10d所示，则必须与金属止水板配合使用，止水板的接长要采用满焊。

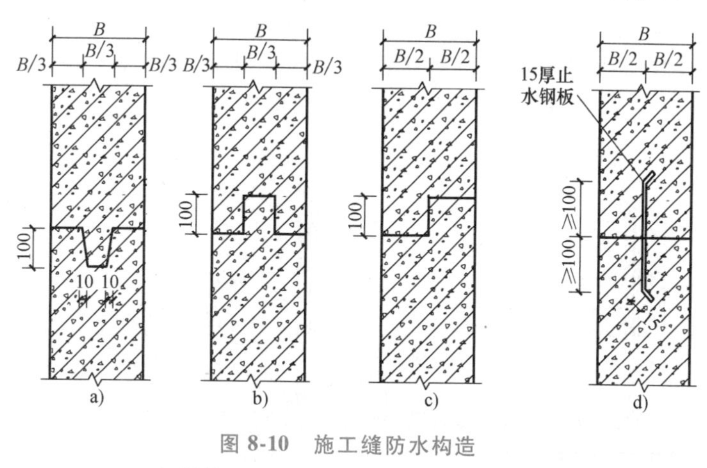


图8-10　施工缝防水构造

a）凹缝　b）凸缝　c）阶梯缝　d）平直缝

施工缝上下两层混凝土浇筑时间间隔不能太长，以免因接缝处新旧混凝土收缩值相差过大而产生裂缝。在继续浇筑混凝土之前，原来的混凝土强度必须达到$1.2N/mm^2$，应将施工缝处原来松散的混凝土及浮浆凿掉，使表面均匀露出石子，然后清理表面浮粒和杂物，用水冲洗干净，保持一定时间（不少于24h）的湿润，再铺一层20~25mm厚与混凝土中砂浆配合比相同的水泥砂浆，最后正常浇筑混凝土。



### 8.2.2　附加防水层施工

地下防水的附加防水层是在地下工程的结构表面所做的防水层，具有增强地下结构的防水能力、抵御侵蚀性介质侵蚀等作用。地下防水的附加防水层常用做法包括地下卷材防水层、地下涂膜防水层、水泥砂浆防水层等。

1. 地下卷材防水层施工

地下卷材防水层是一种柔性防水层，是用胶结材料将卷材粘贴在地下结构基层表面上而形成的防水层，其特点是具有良好的韧性和延伸性，能适应一定的结构振动和微小形变，对酸、碱、盐溶液具有良好的耐腐蚀性，但卷材吸水率大、机械强度低、耐久性差、发生渗漏后难以修补。因此，地下卷材防水层只适用于形式简单的整体钢筋混凝土结构基层和以水泥砂浆、沥青砂浆或沥青混凝土为找平层的基层。常用的地下防水工程的卷材主要是高聚物改性沥青防水卷材和合成高分子防水卷材。

地下防水工程一般把卷材防水层设置在建筑结构外侧的迎水面上，称为外防水，此种防水层可以借助土压力压紧，并与承重结构一起抵抗有压地下水的渗透和侵蚀作用，防水效果良好，采用较为广泛。外防水的卷材防水层铺贴方法，按其与地下防水结构施工的先后顺序分为外防外贴法和外防内贴法。

（1）外防外贴法　外防外贴法施工是先铺贴底层卷材，四周留出卷材接头，然后浇筑构筑物底板和墙身混凝土，待侧模拆除后，再铺设四周防水层，最后砌筑保护墙。

具体施工工艺是先在混凝土垫层上做 1∶3 的水泥砂浆找平层，待其干燥后，再铺贴底板卷材防水层，并沿四周伸出与墙体卷材防水层搭接。保护墙分为两部分：下部为永久保护墙，高度不小于 $B$+100mm（$B$ 为底板厚度）；上部为临时保护墙，高度一般为 300mm，用石灰砂浆砌筑，以便拆除。保护墙砌筑完毕后将伸出的卷材搭接接头临时贴在保护墙上，再进行混凝土底板和墙体施工，待墙体拆模后，在墙面上抹水泥砂浆找平层并刷冷底子油，然后将临时保护墙拆除，找出各层卷材搭接接头，并将其表面清理干净。此处卷材应错槎接缝，依次逐层铺贴，最后砌筑永久性保护墙，如图 8-11 所示。

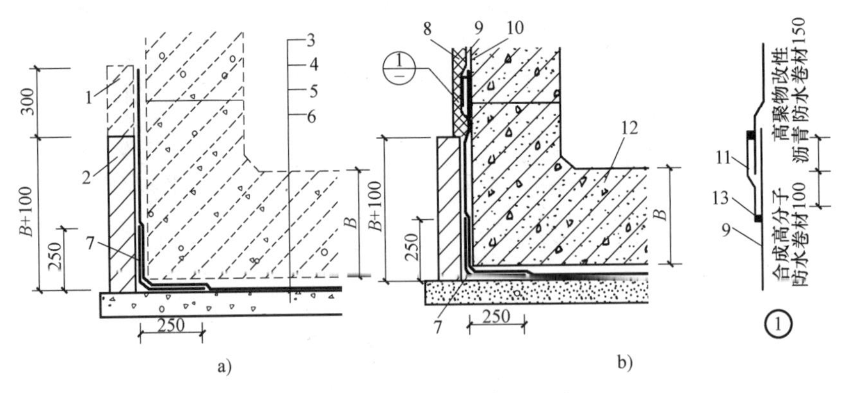


图 8-11　外防外贴法施工示意

a）卷材接头甩槎做法　b）卷材接头接槎做法

1—临时保护墙　2—永久保护墙　3—细石混凝土保护层　4—防水卷材　5—水泥砂浆找平层　6—混凝土垫层　7—卷材加强层　8—围护结构　9—卷材防水层　10—卷材保护层　11—盖缝条　12—底板　13—密封材料　$B$—混凝土底板厚度



（2）外防内贴法　外防内贴法是先在主体结构四周砌筑好保护墙，然后在墙面与底层铺贴卷材防水层，再浇筑主体结构的混凝土。

具体施工工艺是先在混凝土底板垫层四周砌筑永久保护墙，在垫层表面上及保护墙内表面上抹 1∶3 水泥砂浆找平层，待其基本干燥并满涂冷底子油后，沿保护墙及底板铺贴防水卷材。铺贴完毕后，在立面上涂刷防水层最后一道沥青胶时，趁热黏上干净的热砂或散麻丝，待其冷却后，立即抹上一层 10~20mm 厚的 1∶3 水泥砂浆保护层；在平面上铺设一层 30~50mm 厚的 1∶3 水泥砂浆或细石混凝土保护层，最后再进行防水结构的混凝土底板和墙体施工，如图 8-12 所示。

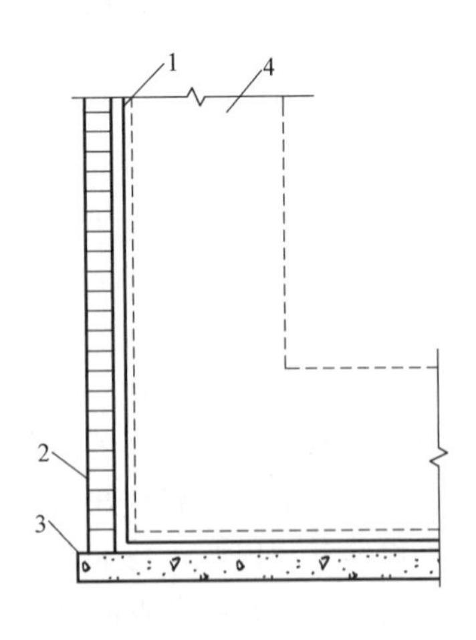


图 8-12　外防内贴法施工示意

1—卷材防水层　2—保护墙　3—垫层　4—围护结构

外防内贴法与外防外贴法相比，其优点是卷材防水层施工较为简便，底板与墙体防水层可一次铺贴完成，不必留接楼，施工占地面积小。但也存在着结构不均匀沉降对防水层影响大，容易出现渗漏水现象，竣工后出现渗漏水修补较为困难等缺点。工程上只有当施工条件受到限制时，才采用外防内贴法施工。外防外贴法与外防内贴法的比较见表 8-7。

表 8-7　外防外贴法与外防内贴法的比较

| 项目 | 外防外贴法 | 外防内贴法 |
| --- | --- | --- |
| 土方量 | 开挖土方量较大 | 开挖土方量较小 |
| 施工条件 | 须有一定工作面，四周无相邻建筑物 | 四周有无建筑物均可施工 |
| 混凝土质量 | 浇筑混凝土时，不易破坏防水层，易检查混凝土质量，但模板耗费量大 | 浇筑混凝土时，易破坏防水层，混凝土质量不易检查，模板耗费量小 |
| 卷材粘贴 | 预留卷材接头处不易保护，基础与外墙卷材转角处易弄脏受损，操作困难，易漏水 | 底板与外墙卷材一次铺完，转角卷材质量易保证 |
| 工期 | 工期长 | 工期短 |
| 漏水试验 | 防水层做完后，可进行漏水试验，有问题可及时处理 | 防水层做完后不能立即进行漏水试验，要等基础和外墙施工完工后才能试验，有问题修补困难 |

### 2. 地下涂膜防水层施工

地下涂膜防水层施工一般采用外包防水做法。按照地下结构和防水层施工程序的不同，又分为外防外涂法和外防内涂法，其施工顺序与地下卷材防水层施工的外防外贴法和外防内贴法相似。地下涂膜防水层的材料包括无机防水涂料和有机防水涂料。无机防水涂料通常采用水泥基防水涂料和水泥基渗透结晶型涂料；有机防水涂料通常选用反应型、水乳型、聚合物水泥防水涂料。地下涂膜防水层外防外涂和外防内涂做法如图 8-13 和图 8-14 所示。

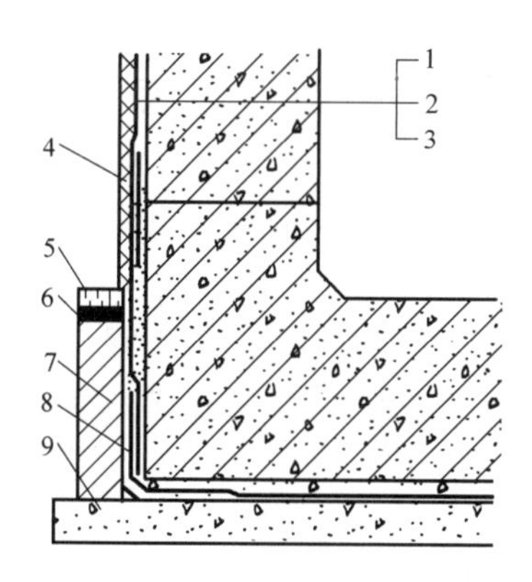


图 8-13　地下涂膜防水层外防外涂做法

1—结构墙体　2—涂料防水层　3—涂膜保护层
4—涂膜防水加强层　5—涂膜防水层搭接部位保护层
6—涂膜防水层搭接部位　7—永久保护墙
8—涂膜防水加强层　9—混凝土垫层

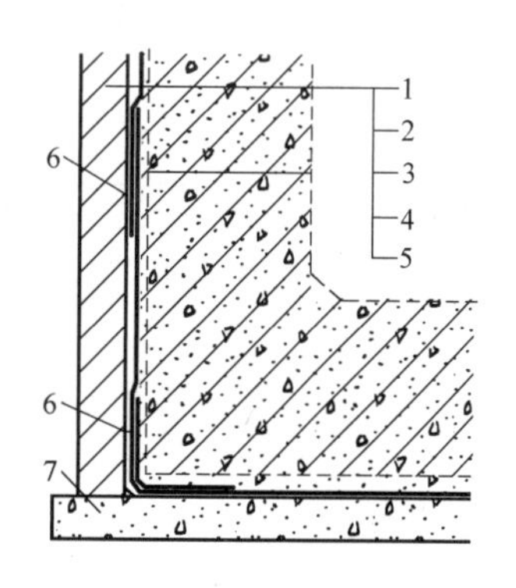


图 8-14　地下涂膜防水层外防内涂做法

1—结构墙体　2—砂浆保护层　3—涂膜防水层
4—砂浆找平层　5—保护墙　6—涂膜防水加强层
7—混凝土垫层

### 3. 水泥砂浆防水层施工

水泥砂浆防水层是一种刚性防水层，是在防水结构的底面和侧面分层抹压一定厚度的水泥砂浆，各层的残留毛细孔道互相堵塞，阻止了水分的渗透，从而达到抗渗防水的效果。但这种防水层抵抗变形的能力差，故不适用于受振动荷载影响的工程和结构上易产生不均匀沉降的工程。水泥砂浆防水层按使用的材料不同分为普通水泥砂浆防水层和掺外加剂的水泥砂浆防水层。掺外加剂的水泥防水砂浆目前较常用的有以下三类：掺小分子防水剂的防水砂浆、掺塑化膨胀剂的防水砂浆和聚合物防水砂浆。

（1）基层处理　基层处理可以保证防水层与基层表面结合牢固，是防水层不空鼓和密实不透水的关键。基层处理包括清理、刷洗、补平等工作，处理后的基层应洁净、平整、坚实、粗糙，抹防水材料前适当浇水湿润。

（2）施工操作

1）先在处理好的基层上抹1mm厚防水净浆层，施工时要求用铁抹子往返用力刮抹，使防水净浆填实基层表面的孔隙，随即再抹第二层1mm厚防水净浆层，抹完后，用湿的毛刷在防水净浆表面涂刷一遍，便于其和后抹的防水砂浆结合。

2）在防水净浆初凝时抹第一层6~8mm厚防水砂浆层，配制的砂浆应软硬适度，过硬不利于与防水净浆层的结合，过软可能在用力抹压时破坏防水净浆层，故抹压的力度也应合适，以防水砂浆压入净浆层的1/4为宜。抹完以后，在砂浆初凝之前在砂浆层上扫出横向条纹。接着抹第二层6~8mm厚防水砂浆层，先把防水砂浆抹平，在初凝之前把砂浆压实，终凝前压光。

3）养护时间不得少于14d，养护期间应保持湿润。

## 阅读材料

### 建筑地下防水应与建筑结构同等重要

我国住房和城乡建设部提出的工程质量实行终身负责制，既有分量，又非常关键。工程质量实行终身责任制可以有效地遏制工程上一些违规、不法行为的发生。对于解决建筑地下渗漏问题，提升建筑工程质量，会起到非常大的推动作用。



有人主张要用卷材专门做防水，反对混凝土结构自防水。但是这个观点随着时间的推移，不断在转变。尤其是将防水与结构混凝土结合起来，两位一体的地下防水工艺（技术），经过十几年的工程实践证明切实可行后，这为地下防水工程、结构工程打开了一条非常重要的思路。近年来，建筑业的科学技术发展很快，包括建材、水泥、外加剂、设计、施工工艺、施工的生产方式等。原来并没有认识到混凝土结构对于地下防水的重要性，但现在来看，完全可以通过混凝土结构本身来解决地下防水的问题。

二十几年前，“（地下）防水工程的重要性仅次于结构工程”的观点得到了业内人士的赞同，然而今天，这个观点却应该改为“地下防水工程应该和地下结构工程一样，是第一位重要的工程”。我们已不能再把结构防水放在次要的位置来看待，这样会导致人们对建筑结构施工的重视程度不够。

当然，最近几年的建筑设计图样也是有所变化的，在地下防水工程中通常采用两道防线防水，一道防线是混凝土自防水，另外一道防线是卷材防水。现在强调这些非常正确，但是这里还有一个问题，就是设计图样里没说清楚这两道防线以哪个为主？现在过分依赖防水材料的思想已成惯性，造成了建筑地下结构的许多问题被忽视或者被遮蔽掉，随着时间的推移，渗漏问题就会逐渐显现。地下出现漏水，肯定是混凝土不密实，有裂缝、孔洞，地下水才会渗透过来。地下水中可能含有有害化学成分，锈蚀钢筋，对混凝土产生破坏。如果地下结构出现问题，那对于建筑安全就是重大的威胁。所以做好建筑地下防水必须要追根溯源，回归到地下防水的根本——结构防水（混凝土自防水）上来。

地下工程的混凝土不仅要具备结构的功能，同时也要具备防水的功能，这个问题应该引起我们的重视。现在施工单位在地下防水工程的选材上很头疼，到底是要混凝土还是要卷材？为了保证质量，我们对卷材提出了5年的保修期，其实这是很不合理的。我们依托的工程是长期的，而地下工程中的防水卷材那么短命，短命的卷材与长期的工程叠加起来，最后的结果到底是短命还是长期呢？这是需要思考的。因此必须要抓好混凝土的自身防水功能，才能实现工程的长期使用。实践也证明，在保障结构主体质量完好的前提下，混凝土的地下防水效果完全有保障，同时地下结构工程质量也得到了极大提升。

此外，麻面、裂缝、渗漏等在实际工程中很难避免，不好管控，也因此被人们视为建筑通病。但实际上这些不是一般的建筑通病，应被视为结构质量问题，而且是重大的质量问题。以前大家都不重视，认为这些没什么大不了的。现在看来这种想法是错误的，因为它关联的是整个建筑的质量和安全。所以除了重视混凝土强度，更要重视结构混凝土的密实度。

地下渗漏对于建筑工程质量而言不是小问题，建筑地下漏水不仅牵扯到建筑的安全，还牵扯到建筑的寿命。只要管理得好，使用得好，建筑短命的问题是可以解决的。

面对以上一系列的问题，可以从以下几点入手：第一，提高地下混凝土质量，明确不漏水也是地下结构混凝土的一项功能；第二，通过规范，保证质量，强制推进有经济效益和社会效益的新技术；第三，全面加强管理，严格执法；第四，全面加强培训，特别是工人的培训，提高工人的技术水平。只有重视了地下渗漏的问题，并采取了相应的解决措施，才能真正提升建筑工程的质量。



## 思　考　题

1. 屋面防水做法有哪些？简述各自的适用范围。
2. 屋面防水卷材的种类有哪些？
3. 什么是基层处理剂？
4. 简述卷材与基层的黏结方法。
5. 简述涂膜防水屋面保护层施工操作。
6. 刚性防水屋面的分格缝如何施工？设置分格缝的目的是什么？
7. 简述地下工程防水方案。
8. 地下防水混凝土的施工要点有哪些？
9. 简述地下卷材防水层的铺贴方法。
10. 水泥砂浆防水层的防水原理是什么？简述其施工操作。

## 习　　题

**1. 填空题**

（1）建筑工程防水，按其构造做法可分为________________和________________两大类。

（2）屋面防水根据建筑物的性质、重要程度、使用功能要求以及防水层耐用年限分为____________

等级。

(3) 目前屋面防水的做法主要有________、________和刚性防水屋面。

(4) 基层处理剂是为了增强________与________之间的黏结力。

(5) 卷材的铺贴方向应根据屋面坡度或是否受振动荷载而定。当屋面坡度小于 3%时，宜________铺贴；当屋面坡度大于 15%或屋面受振动荷载时，应________铺贴。

(6) 合成高分子防水卷材的铺贴施工方法有冷黏法、自黏法和________法等。

(7) 刚性防水屋面是指利用________作为防水层的屋面。

(8) 对于大面积的细石混凝土屋面防水层，为了避免受温度变化等影响而产生裂缝，防水层必须设置________。

(9) 防水混凝土（或结构自防水）是以调整结构混凝土的________或掺________的方法来提高混凝土的密实度、抗渗性和抗蚀性，满足设计对地下建筑的抗渗要求，达到防水的目的。

(10) 防水混凝土结构的顶板及底板防水混凝土均应________，不宜留设施工缝。

**2. 单项选择题**

(1) 防水技术依材料不同可分为两大类，即（　　）。

A. 卷材和防水砂浆　B. 地下防水和屋面防水　C. 卷材和涂膜　D. 柔性防水和刚性防水

(2) Ⅲ级屋面防水的耐用年限为（　　）。

A. 5 年　B. 10 年　C. 15 年　D. 25 年

(3) 屋面坡度大于 15%时，卷材铺贴方向应（　　）。

A. 平行于屋脊　B. 垂直于屋脊　C. 平行或垂直于屋脊　D. 由高到低

(4) 平行于屋脊铺贴时，油毡长边搭接不应小于（　　）。

A. 50mm　B. 70mm　C. 100mm　D. 150mm

(5) 上下两层油毡接缝应错开油毡幅宽的（　　）。

A. 1/5　B. 1/4　C. 1/3 或 1/2　D. 2/3

(6) 屋面坡度为 3%～15%时，油毡铺贴方向是（　　）。

A. 平行于屋脊　B. 垂直于屋脊

C. 平行或垂直于屋脊　D. 一层平行屋脊，一层垂直屋脊

(7) 平行于屋脊铺贴沥青防水卷材时，每层卷材应（　　）。

A. 由檐口铺向屋脊　B. 由屋脊铺向檐口　C. 由中间铺向两边　D. 都可以

(8) 主要用于防水要求较低的一般工业与民用建筑的屋面防水涂料是（　　）。

A. 沥青基防水涂料　B. 高聚物改性沥青防水涂料

C. 合成高分子防水涂料　D. 薄质涂料

(9) 为增强涂膜防水层的抗拉能力，改善防水性能，在涂膜防水层施工时，一般采取（　　）措施。

A. 提高涂料耐热度　B. 在涂料中掺入适量砂子

C. 增加涂膜厚度　D. 铺设胎体增强材料

(10) 垂直于屋脊铺油毡时，每层油毡铺贴应（　　）。

A. 由檐口铺向屋脊　B. 由屋脊铺向檐口　C. 由近向远　D. 由中间向两端

(11) 采用点黏法铺油毡时，每平方米黏结点不少于（　　），每点面积为 100mm。

A. 2 个点　B. 3 个点　C. 4 个点　D. 5 个点

(12) 刚性防水屋面的细石混凝土强度等级不应低于（　　）。

A. C15　B. C20　C. C25　D. C30

(13) 刚性防水屋面中隔离层的作用是（　　）。

A. 防止防水层起鼓　B. 防止室内水汽进入防水层

C. 保温隔热　D. 减小结构变形对防水层的不利影响

# 第9章　装饰工程

学习目标

了解装饰的作用与特点；了解抹面的组成、作用和做法；掌握常见一般抹灰和装饰抹灰的主要工艺和质量要求；掌握常见饰面板安装工艺；了解门窗及吊顶安装工艺；了解一般涂饰及裱糊施工工艺。

装饰工程能增加建筑的美感，给人以美的享受，保护建筑物或构筑物的结构免受自然界的侵蚀、污染，增强耐久性，延长建筑的使用寿命，调节温、湿、光、声，完善建筑的使用功能；同时有隔热、隔声、防潮、防腐等作用。

装饰工程的工程量大、工期长、用工量多，装饰工程材料应符合国家标准的规定，施工中应保证主体结构安全和主要使用功能。装饰工程主要包括抹灰工程、饰面工程、涂饰工程等。

## 9.1　抹灰工程

抹灰工程就是用砂浆、石灰等涂抹在建筑物的墙面、顶棚等部位的一种装饰工作，其作用是增加建筑物的美感，可以隔热、隔声、防潮，减少外界有害物质对建筑物的腐蚀，延长建筑物的使用寿命。

### 9.1.1　抹灰工程的分类和抹灰层的组成

#### 1. 抹灰工程的分类

按所用材料和装饰效果的不同，抹灰工程可分为一般抹灰和装饰抹灰两大类。一般抹灰按建筑标准可分为普通抹灰和高级抹灰。抹灰工程应分层进行。抹灰由底灰、中层和面层组成。

（1）一般抹灰　一般抹灰是指一般通用型的砂浆抹灰工程。按质量要求和相应的主要工序，一般抹灰面层材料有石灰砂浆、水泥砂浆、混合砂浆、聚合物水泥砂浆、麻刀灰、纸筋灰、石膏灰等。

（2）装饰抹灰　装饰抹灰是利用普通材料模仿某种天然石花纹抹成的具有艺术效果的抹灰工程。装饰抹灰面层材料有水刷石、斩假石、干粘石等。其底层多为水泥基黏结材料打底。

按工程部位的不同，抹灰工程又可分成墙面（包括内、外墙）抹灰、顶棚抹灰和地板抹灰三种。

2. 抹灰层的组成

抹灰层一般分为底层、中层和面层，如图9-1所示。抹灰应分层进行，目的是为了增强层间的黏结力，确保施工质量。

每层的厚度不宜太大，每层厚度和总厚度有一定的控制。各层厚度与使用砂浆品种有关。抹灰工程分层见表9-1。

底层主要起与基层黏结作用，兼具初步找平作用；中层主要起找平作用；面层使表面光滑，主要起装饰和保护墙体的作用。如一次涂抹太厚，由于内外收水快慢不同会产生裂缝、起鼓或脱落，造成材料浪费。

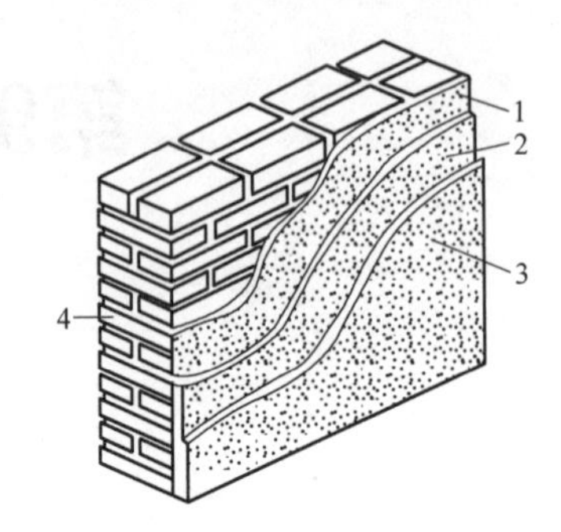


图9-1　抹灰层组成

1—底层　2—中层　3—面层　4—基体

表9-1　抹灰工程分层表

| 序号 | 分层名称 | 一般厚度/mm | 作用 |
|---|---|---|---|
| 1 | 底层 | 5~7 | 与基体黏结牢固并初步找平 |
| 2 | 中层 | 5~12 | 进一步找平，减少龟裂，是保证质量的关键层，又称二度糙 |
| 3 | 面层 | 3~5 | 满足防水和装饰面要求，起装饰作用，又称光面 |

## 9.1.2　基层处理



1）对于砖石、混凝土基层表面凹凸的部位，表面光滑的要进行剔毛或用1∶3水泥砂浆补平，表面的砂浆污垢及其他杂质应清除干净，并洒水湿润。

2）门窗口与立墙交接处应用水泥砂浆或水泥混合砂浆嵌填密实。

3）墙面的脚手孔洞应堵塞严密。

4）不同基层材料相接处应铺设金属网，自搭接缝宽度起每边不得小于100mm，如图9-2所示。

5）预制混凝土楼板顶棚抹灰前，需用水泥石灰砂浆勾板缝。

6）对楼板洞、穿墙管道、墙面脚手架洞、门窗框与立墙交接缝隙处均应用1∶3水泥砂浆或水泥混合砂浆（加少量麻刀）分层嵌塞密实。

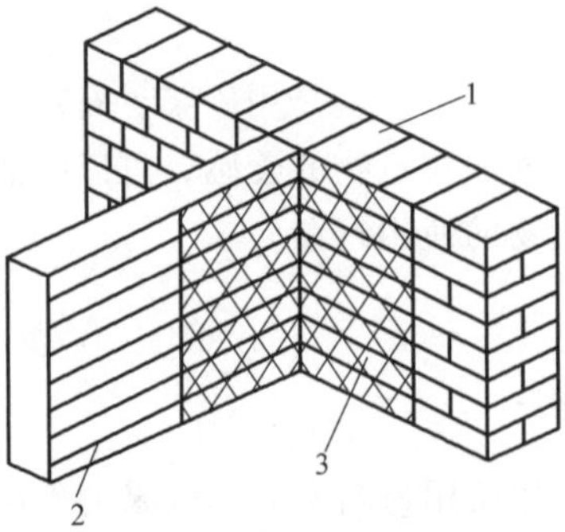

图9-2　不同基层接缝处理

1—砖墙　2—板条墙　3—钢丝网

7）加气混凝土基体表面应清理干净；涂刷1∶1水泥胶浆（掺水泥量为10%的乳胶），

以封闭孔隙，增加表面强度。必要时可在表面铺钉钢丝网或钢板网。

### 9.1.3　抹灰施工要求

1）抹灰前必须找好规矩，即四角规方、横线找平、立线吊直、弹出准线以及墙裙、踢脚板线。

2）设标筋。设置标筋控制中层灰的厚度。抹灰前，弹出水平线及竖直线，设置标筋，作为抹灰找平的标准。高级抹灰、装饰抹灰及饰面工程，应在弹线时找方。

3）抹底层灰。底层灰宜用粗砂，中层灰和面灰层宜用中砂。

4）抹中层灰。待底层灰凝结后抹中层灰，中层灰每层厚度一般为5~7mm，中层砂浆同底层砂浆。抹中层灰时，以灰筋为准满铺砂浆，然后用大木杠紧贴灰筋，将中层灰刮平，最后用木抹子搓平。

5）抹面层灰。当中层灰干后，普通抹灰可用麻刀灰罩面，高级抹灰应用纸筋灰罩面，用铁抹子抹平，并分两遍连续适时压实收光，如中层灰已干透发白，应先适度洒水湿润后，再抹罩面灰。

一般抹灰工程材料及质量要求见表9-2所示。

表9-2　一般抹灰工程材料及质量要求

| 序号 | 材料名称 | 质量要求 |
| --- | --- | --- |
| 1 | 砂浆 | 按照砂浆配合比配制 |
| 2 | 水泥 | 有出厂性能检测报告和合格证,不能使用过期水泥 |
| 3 | 石灰 | 必须熟化成石灰膏,常温熟化时间不小于15d,不得含有生颗粒 |
| 4 | 砂子 | 抹灰多用中砂,使用前过5mm孔径的筛子。以河砂为主,砂要坚硬、干净不含草根等 |
| 5 | 麻刀 | 柔韧干燥,不含杂质,长度为10~30mm,使用前4~5d敲打松散,用石灰膏调好 |
| 6 | 纸筋 | 使用前三周用水浸泡、捣碎。不含杂质,稻草纤维不得超过30mm |
| 7 | 膨胀珍珠岩粉 | 密度为40~300kg/m$^3$ |
| 8 | 各种附加剂 | 按需要比例适量添加 |



### 9.1.4　一般抹灰工程施工工艺

#### 1. 施工顺序

为了保护好成品，在施工之前应安排好抹灰的施工顺序。一般应遵循的施工顺序是先室外后室内、先上面后下面、先顶棚和墙面后地面。

先室外后室内是指先完成室外抹灰，拆除外脚手架，堵上脚手眼再进行室内抹灰。

先上面后下面是指在屋面防水工程完成后，室内外抹灰最好从上层往下层进行。高层建筑施工，当采用立体交叉流水作业时，也可以采取从下往上施工的方法，但必须采取相应的成品保护措施。

先顶棚和墙面后地面是指室内抹灰一般可采取先完成顶棚和墙面抹灰，再开始地面抹灰。外墙屋檐开始自上而下，先抹阳角线、台口线，后抹窗和墙面，再抹勒脚、散水坡和明沟等。一般应在屋面防水工程完工后进行室内抹灰，以防止漏水造成抹灰层损坏及污染，一般应按先房间、后走廊、再楼梯和门厅等顺序施工。

2. 一般抹灰施工

一般抹灰是指用石灰砂浆、混合砂浆、水泥砂浆、聚合物水泥砂浆、麻刀灰、纸筋灰以及石膏灰等材料进行的抹灰施工。

一般抹灰分为手工操作和机械操作两种，是建筑抹灰中最基本的抹灰工艺。根据质量要求和主要工序的不同，一般抹灰又可分为普通抹灰和高级抹灰。不同级别抹灰的适用范围、主要工序和外观质量要求见表 9-3。

表 9-3　不同级别抹灰的适用范围、主要工序和外观质量要求

| 级别 | 适用范围 | 主要工序 | 外观质量要求 |
|---|---|---|---|
| 普通抹灰 | 适用于一般居住、公共和工业建筑(如住宅、宿舍、办公楼、教学楼等)以及高级建筑物中的附属用房等 | 一层底层灰、一层中层灰和一层面层灰(或一层底层灰和一层面层灰)。阴阳角找方,设置标筋,分层赶平、修整,表面压光 | 表面光滑、洁净、接槎平整,灰线清晰顺直 |
| 高级抹灰 | 适用于大型公共建筑物、纪念性建筑物(如电影院、礼堂、宾馆、展览馆和高级住宅等)以及有特殊要求的高级建筑物等 | 一层底层灰、数层中层灰和一层面层灰。阴阳角找方,设置标筋,分层赶平,表面压光 | 表面光滑、洁净,颜色均匀,无抹纹,灰线平直方正,清洁美观 |

装饰抹灰的底层灰和中层灰与一般抹灰材料相同，但面层材料有区别，装饰抹灰的面层材料主要有水泥石子浆、水泥色浆、聚合物水泥砂浆等。

特种砂浆抹灰是指为了满足某些特殊的要求（如保温、耐酸、防水等）而采用保温砂浆、耐酸砂浆、防水砂浆等进行的抹灰。

一般抹灰的工艺流程：基层处理→浇水湿润→吊垂直、套方、找规矩、抹灰饼（图 9-3）→抹水泥→做踢脚或墙裙→做护角，抹水泥窗台→墙面充筋→抹底层灰→修补预留孔洞、配电箱、槽、盒等→抹罩面灰。

外墙抹灰时窗台上口的抹灰层应伸入窗框下坎的裁口内，堵塞密实做滴水线。做法如图 9-4 所示。



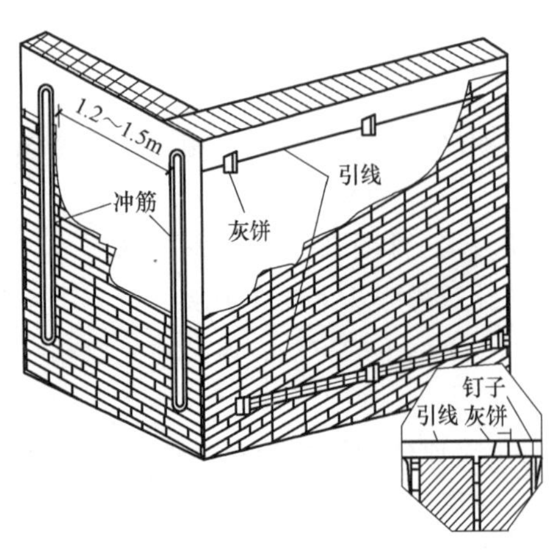


图 9-3　灰饼粘贴操作示意图

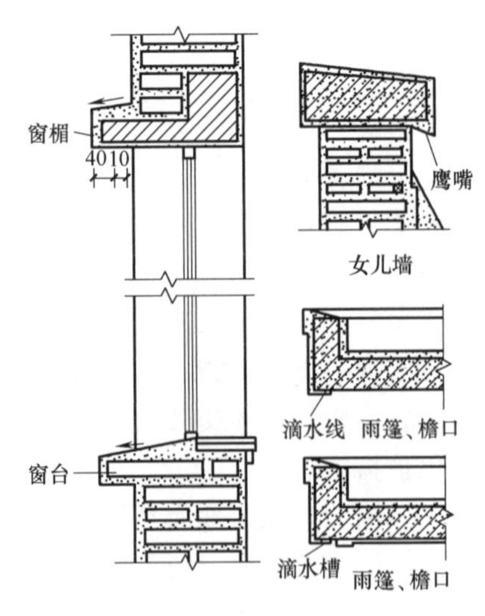


图 9-4　滴水线做法示意图

内墙抹灰应做门窗护角，其目的是保护阳角线条的清晰、挺直，防止门窗被碰坏。具体做法为：根据灰饼厚度抹灰，然后黏好八字靠尺，并找方吊直，用1∶2水泥砂浆分层抹平，护角高度不低于2m，每侧宽度不小于50mm。待砂浆稍干后，再用水泥浆捋出小圆角，如图9-5所示。

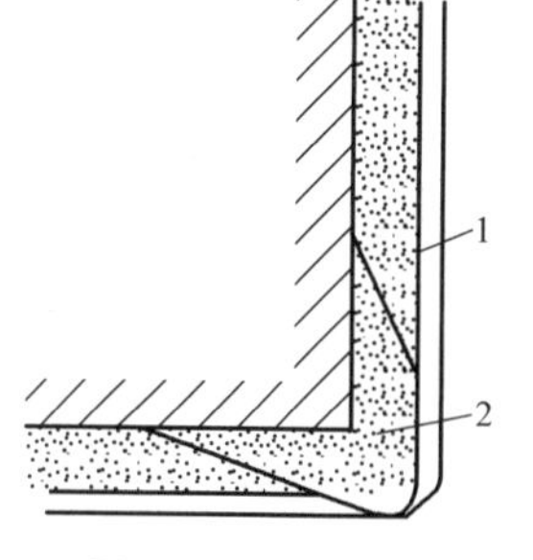


图9-5　阳角护角
1—墙面抹灰　2—水泥护角面

## 9.1.5　冬期施工

利用冻结法抹灰的墙面不宜进行涂刷。喷（刷）聚合物水泥浆时应根据室外温度掺入外加剂（早强剂），外加剂的材质应与涂料材质配套，外加剂的掺量应由试验决定。冬期施工所用的外墙涂料应根据材质使用说明和要求去组织施工及使用，严防受冻。早晚温度低时不宜进行外檐涂刷施工。

## 9.1.6　装饰抹灰工程施工工艺

装饰抹灰工程不但有与一般抹灰工程同样的功能，而且在材料、工艺、外观上更具有特殊的装饰效果。其特殊之处在于可使建筑物表面光滑、平整、清洁、美观，在满足人们审美需要的同时，还能给予建筑物独特的装饰形式和色彩，但其价格稍贵于一般抹灰。

装饰抹灰的种类很多，但底层的做法基本相同（水泥基黏结材料），仅面层的做法不同。

### 1. 水刷石

水刷石多用于外墙面。施工工序：清理基层→湿润墙面→设置标筋→抹底层砂浆→抹中层砂浆→弹线和粘贴分格条→抹水泥石子浆→洗刷→养护。

水刷石抹灰分三层。底层砂浆同一般抹灰。抹中层砂浆时表面压实搓平后划毛，然后进行面层施工。中层砂浆凝结后，按设计要求弹分格线，按分格线用水泥浆粘贴湿润过的分格条，贴条必须位置准确，横平竖直。

面层施工前必须在中层砂浆面上刷水泥浆一道，使面层与中层结合牢固，随后抹10~12mm厚1∶2~1∶1.2水泥石子浆，抹平后用铁压板压实。当面层达到用手指按压无明显指印时，用刷子刷去面层的水泥浆，使石子均匀外露，然后用喷雾器自上而下喷清水，将石子表面水泥浆冲洗干净，使石子清晰均匀，无脱落和接缝痕迹。

面层和中层也可根据设计要求掺入一定量的大白粉和石灰膏，以增加面层颜色白度和加强与中层的黏结力。水刷石的质量要求：石粒清晰、分布均匀、色泽一致、平整密实、不得有掉粒和接槎的痕迹。

### 2. 斩假石

斩假石又称剁斧石，即在水泥砂浆的基层上，抹水泥石子砂浆，待硬化后用剁斧、凿子等工具斩成有规律的槽缝石纹，像天然花岗石。斩假石饰面效果如图9-6所示。斩假石装饰效果好，多用于纪念性建筑物的外墙装饰抹灰，厚为10mm，抹完后要注意防止日晒或冰冻，并养护2~3d（强度达60%~70%），用剁斧将面层斩毛。剁的方向要一致，剁纹深浅要均匀，方向和深度一致，棱角和分格缝周边留15mm不剁。一般剁两遍，即两遍成活，分格缝周边、墙角、柱子的棱角周边留15~20mm不剁，即可做出类似用石料砌成的装饰面。

3. 干粘石

干粘石的表面应色泽一致，不露浆，不漏黏，石粒应黏结牢固、分布均匀，阳角处应无明显黑边。

干粘石的施工工序：清理基层→湿润墙面→设置标筋→抹底层砂浆→抹中层砂浆→弹线和粘贴分格条→抹面层砂浆→撒石子→修整拍平。底层同水刷石做法。

图 9-6　斩假石饰面效果

4. 拉毛灰和洒毛灰

拉毛灰是将底层灰用水湿透，抹上 1∶(0.05~0.3)∶(0.5~1) 水泥石灰罩面砂浆，随即用硬棕毛刷或铁抹子进行拉毛。硬棕毛刷拉毛时，用刷蘸砂浆往墙上连续垂直拍拉，拉出毛头；铁抹子拉毛时，则不蘸砂浆，只用抹子黏结在墙面随即抽回。要做到快慢一致，拉得均匀整齐，色泽一致，不露底，在一个平面上要一次成活，避免中断留槎。

洒毛灰（又称撒云片）是用茅草小扫帚蘸 1∶1 水泥砂浆或 1∶1∶4 水泥石灰砂浆，由上往下洒在湿润的底层上，洒出的云朵须错乱多变、大小相称、空隙均匀。

5. 喷涂、滚涂及弹涂饰面

(1) 喷涂饰面　喷涂饰面是指用挤压式灰浆泵或喷斗将聚合物水泥砂浆经喷枪均匀喷涂在墙面基层上。根据涂料的稠度和喷射压力的大小，以质感区分，可喷成砂浆饱满、呈波纹状的波面喷涂和表面布满点状颗粒的粒状喷涂。基层为厚 10~13mm 的 1∶3 水泥砂浆，喷涂前须喷或刷一道胶水溶液（108 胶∶水 = 1∶3），使基层吸水率趋于一致，并和喷涂层黏结牢固。喷涂层厚 3~4mm，粒状喷涂应连续三遍完成，波状喷涂必须连续操作，喷至全部泛出水泥浆但又不致流淌为好。在大面积喷涂后，按分格位置用铁皮刮子沿靠尺刮出分格缝。喷涂层凝固后再往罩面喷一层甲基硅酸钠疏水剂。质量要求表面平整，颜色一致，花纹均匀，不显接槎。



近年来还广泛采用塑料涂料（如水性或油性丙烯树脂、聚氨酯等）做喷涂的饰面材料。它具有防水、防潮、耐酸、耐碱的性能，面层色彩可任意选定，对气候的适应性强，施工方便，工期短。实践证明，外墙喷涂是今后建筑装饰的发展方向。

(2) 滚涂饰面　滚涂饰面是指在基层上先抹一层厚 3mm 的聚合物砂浆，随后用带花纹的橡胶或塑料滚子滚出花纹，滚子表面花纹不同滚出的图案也不同，最后喷罩甲基硅酸钠疏水剂。

滚涂砂浆的配合比为水泥∶集料（砂、石屑或珍珠岩）= 1∶(0.5~1)，再掺入占水泥质量 20%的 108 胶和 0.25%的木钙减水剂。手工操作时，滚涂分干滚和湿滚两种。干滚时滚子不蘸水，滚出的花纹较大，工效较高。湿滚时滚子反复蘸水，滚出花纹较小。滚涂工效比喷涂低，但便于小面积局部应用。滚涂是一次成活，多次滚涂易产生翻砂现象。

(3) 弹涂饰面　弹涂饰面是指在基层上喷刷或涂刷一遍掺有 108 胶的聚合物水泥色浆涂层，然后用弹涂器分几遍将不同色彩的聚合物水泥浆弹在已涂刷的涂层上，形成 1~3mm 大小的扁圆花点。通过不同的颜色组合和浆点所形成的质感，相互交错、互相衬托，有近似于干粘石的装饰效果。也有做成单色光面、细麻面、小拉毛拍平等多种花色，如图 9-7 所示。

弹涂的做法是在 1∶3 水泥砂浆打底的底层水泥砂浆上，洒水润湿待干→调配色浆，刷底色→弹力器做头道色点→弹力器做二道色点→弹力器局部找均匀→树脂罩面防护层。

图 9-7 弹涂饰面

## 9.2 饰面工程

饰面工程是将块材镶贴（安装）在基层上，以形成饰面层的施工。常用的块料面层安装方法按品种不同可分为饰面板的锚固灌浆法、干挂及饰面砖的粘贴三大类，小块料用手工贴的方法施工，大块料（边长大于 400mm）采用锚固灌浆法及干挂的方法施工。饰面板包括天然石饰面板、人造石饰面板、金属饰面板、塑料饰面板、玻璃饰面板及木质饰面板等；饰面砖包括釉面瓷砖、外墙面砖、玻璃锦砖、马赛克等。

随着建筑工业化的发展，墙板构件转向工厂生产、现场安装，将饰面与墙板制作相结合并一次成型的装饰墙板也日益得到广泛的应用。

### 9.2.1 大理石、花岗石、水磨石饰面板的安装



饰面板表面应平整、洁净、色泽一致，无裂痕和缺损。石材表面应无泛碱等污染。饰面板嵌缝应密实、平直，宽度和深度应符合设计要求，嵌填材料色泽应一致。采用湿作业法施工的饰面板工程，石材应进行防碱背涂处理。饰面板与基体之间的灌注材料应饱满密实。饰面板上的孔洞应套割吻合，边缘应整齐。

1. 镶贴饰面砖

1）基层处理。清理基层的灰尘、杂质，并浇水湿润；表面光滑、平整基层应凿毛处理。

2）抹底灰。检查基层平整度、垂直度，设标筋；用水泥基黏结材料打底，刮平、找规矩，分两次完成并将表面刮平划毛；按中级抹灰标准检查合格后，在墙的底部弹水平线，作为铺贴饰面板的基准起点线。

3）镶贴饰面板。铺贴前，饰面板应湿润后阴干。饰面板一般用同色水泥浆勾缝。

2. 锚固灌浆法（传统湿挂法）

当饰面板边长大于 400mm 或镶贴高度超过 1m 时，可用安装方法施工。

1）基层处理。表面清扫干净并浇水湿润，对凹凸过大的应找平，表面光滑、平整的应

凿毛。饰面板安装前，大饰面板须进行打眼。饰面板宽 500mm 以内，每块板的上、下两边打眼数量均不少于 2 个。

2）打眼的位置应与钢筋网的横向钢筋的位置对齐。饰面板钻孔位置一般在板的背面 2/3 处，相应的背面也钻孔，使横孔、竖孔相连通，钻孔大小能满足穿丝要求即可，如图 9-8 所示。

3）饰面板安装时，要按事先找好的水平线和垂直线进行预排，然后在最下一行两头用块板找平找直，拉上横线，再从中间或一端开始安装。用铜丝或镀锌铅丝把块材与结构表面的钢筋骨架绑扎固定，随时用托线板靠直找平，使板与板交接处四角平整，如图 9-9 所示。块材和基层间的缝隙一般为 20~50mm，即为灌浆厚度。

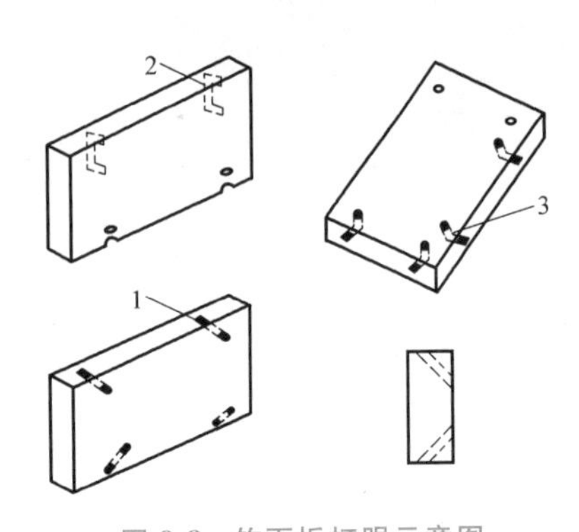


图 9-8　饰面板打眼示意图

1—板面打斜眼　2—打二面牛鼻子眼　3—打三面牛鼻子眼

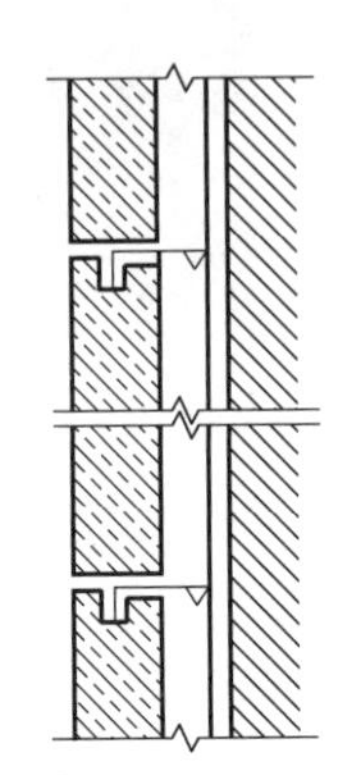

图 9-9　花岗石直角挂钩

### 3. 直接干挂法

直接干挂法也称金属扣件干挂法，是在墙体上打孔，将石材与墙体直接通过各种金属连接件进行连接的一种施工方法。

（1）基层处理　由于干挂法不涉及水泥砂浆的灌浆施工，所以对基层的要求没有锚固灌浆法那么严格。如果混凝土基体表面有局部凸出墙体的部分影响金属扣件的安装，需要进行凿平，整体的平整度应在 4mm 以内，墙面垂直偏差应小于$H/1000$（$H$ 为墙高），一般控制在 10mm。

（2）弹线　石材安装前用经纬仪定出大角两个面的竖向控制线，最好弹在离大角 20cm 的位置上，以便随时检查垂直挂线的准确性。竖向控制线一般采用直径为 1.0~1.2mm 的钢丝。

（3）打孔　由于要用不锈钢连接件进行连接，所以要求钻孔位置一定要准确，可以用专用的模具夹住板材直立固定在台钻上，进行石材钻孔。孔位为距板端 1/4 处、板厚的中心位置。钻头与要钻孔的板面垂直，孔径为 5mm，孔深为 20mm，如图 9-10 所示。

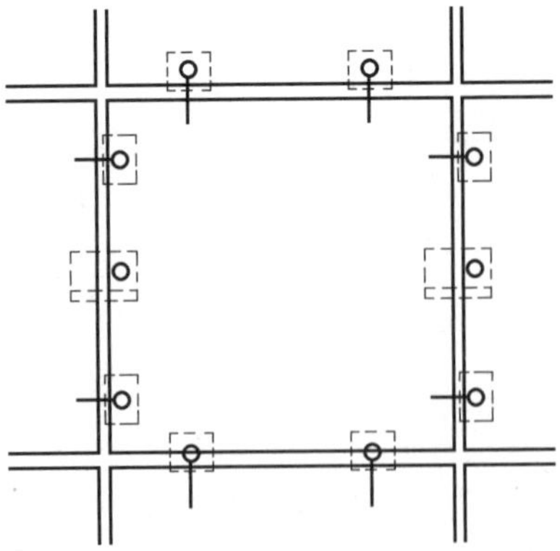

图 9-10　干挂打孔位置

（4）固定连接件　根据设计图要求，在墙体相应位置上用 12.5mm 冲击钻打孔，孔深为 60~80mm，安装固定 2mm 不锈钢膨胀螺栓和 L 形角钢，如图 9-11 所示。

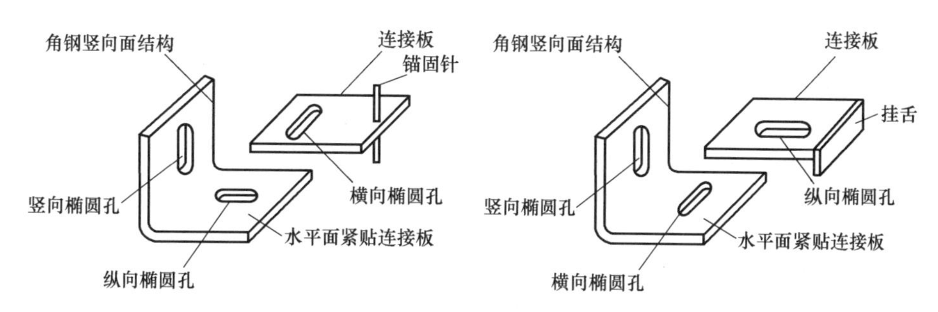


图 9-11 石材组合挂件示意图

(5) 固定板块

1) 底层石材安装。用夹具暂时将底层的石板固定，依次按顺序安装底层面板，全部就位后，调整面板的整体水平度和垂直度。用衬条将板缝嵌紧，用白水泥配制的 1∶2.5 砂浆灌入底层面板内 20cm 高，砂浆表面上设排水管。

2) 中间石材安装。在配合比为 1∶1.5 的白水泥环氧树脂中倒入固化剂、促进剂搅拌均匀，用小棒将配好的胶液抹入孔中，将连接钢针通过板材上的小孔插入。

3) 面板暂时固定后，调整水平度。如果上口不平，可以在面板的一端下口连接平钢板上垫一相应的双股铜丝垫，如果铜丝比较粗，可以用小锤砸扁。调整垂直度，并调整面板上口不锈钢连接件的距墙空隙，直至面板垂直。

4) 顶部石材安装。顶部最后一层石材的安装除了符合一般石材安装的要求外，在调整完毕后，在结构与石板缝隙中吊通长 20mm 厚木条，木条上方位置为石板上口向下 250mm，吊点可设在连接件上。木条吊好后，在石材与墙面间直接塞放 50mm 厚聚苯乙烯板，板条宽度略宽于缝隙，便于填塞密实，灌水泥基黏结材料至石板口下 20mm 作为压顶盖板之用。

(6) 嵌缝　石板挂贴完毕，将石材表面和缝隙里的灰尘清除，先用直径为 8~10mm 的泡沫塑料条填充板内侧，留 5~6mm 深缝，在缝两侧的石板上靠缝粘贴 10~15mm 宽塑料胶带，以防打胶嵌缝时污染板面；然后用打胶枪填满密封胶，若密封胶污染板面，必须立即擦净；最后揭掉胶带，清理石板表面，打蜡抛光。



### 9.2.2 金属饰面板安装

(1) 金属板材　常用的金属饰面板有不锈钢板、铝合金板、铜板、薄钢板等。不锈钢板耐腐蚀、耐候性、防火、耐磨性均良好，具有较高的强度，抗拉能力强，并且具有质软、韧性强、便于加工的特点，是建筑物室内、室外墙体和柱面常用的装饰材料。铝合金板耐腐蚀、防火，具有可进行轧花，涂不同色彩，压制成不同波纹、花纹和平板冲孔的加工特性，适用于中、高级室内装修。铜板具有不锈钢板的特点，其装饰效果金碧辉煌，多用于高级装修的柱、门厅入口、大堂等建筑局部。

(2) 不锈钢板、铜板施工工艺　不锈钢板、铜板比较薄，不能直接固定于柱、墙面上，为了保证安装后表面平整、光洁，无钉孔，需用木方、胶合板做好胎模，组合固定于墙、柱面上。

1) 柱面不锈钢板、铜板饰面安装。将柱面清理干净，按设计弹好胎模位置边框线，如图 9-12 所示。

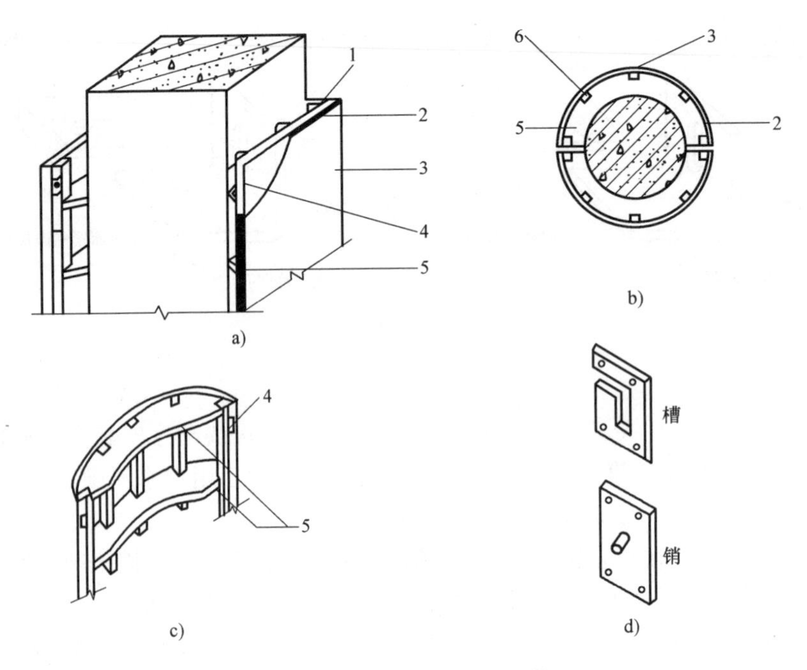


图 9-12　柱面不锈钢板安装

a）方柱　b）圆柱　c）圆柱胎　d）销件

1—木骨架　2—胶合板　3—不锈钢板　4—销件　5—中密度板　6—木质竖筋

2）墙面不锈钢板、铜板饰面安装。清理好基层，按设计弹好骨架位置纵横线。在墙面钉骨架时，用膨胀螺钉将木骨架固定于墙面上，接缝处设双排立筋、横筋，间距不大于50mm。骨架符合质量要求后，在表面钉一层夹板作为贴面板衬材，夹板边不超出骨架。不锈钢板、铜板预先按设计压好四边，尺寸准确。沿骨架缝隙四边罩于外表面，板边与骨架边缘卡紧，最后用胶密封纵横缝。板缝外侧用木条临时固定，待胶干后，撤除木条，如图 9-13 所示。



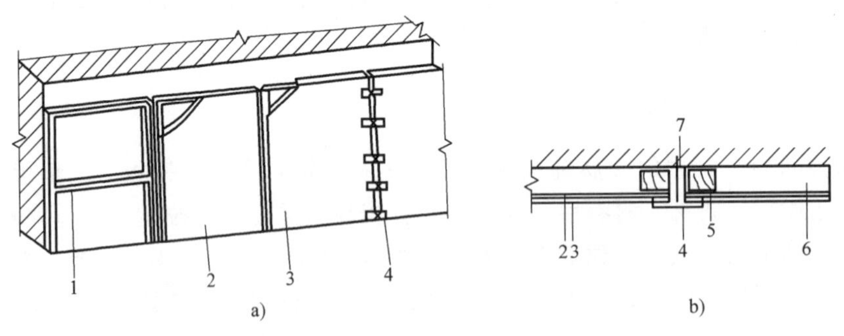


图 9-13　不锈钢墙面施工示意图

a）不锈钢板、铜板饰面　b）板缝构造

1—骨架　2—胶合板　3—饰面金属板　4—临时固定木条　5—竖筋　6—横筋　7—玻璃胶

## 9.2.3　木质饰面板的施工

常用的木质饰面板是硬木板条，要求硬木板条纹理清晰，常用于室内墙面或墙裙。

（1）骨架安装　在墙上弹好位置线，先固定饰面四边骨架龙骨，再固定中间龙骨。骨架与墙体采用钢钉连接。骨架固定后应平整，以保证饰面平整。饰面板接缝应在横筋上。

（2）硬木板条饰面铺钉　硬木板条按规定下料，刨出凹凸线槽，每根尺寸都要精确，以免铺钉后墙面不平整。硬木条的铺钉分为密铺和隔一定间距铺钉，密铺的骨架可不设竖筋，横筋与墙面牢固连接。骨架固定以后，铺胶合板。胶合板接缝应在骨架上，且应留出伸缩缝隙，钉距为80~150mm；根据设计要求，按一定间距装钉硬木条，最后刷油漆，如图9-14所示。

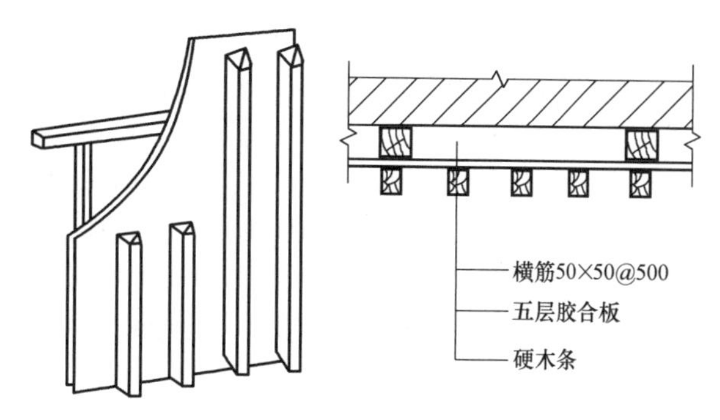

图9-14　硬木条隔一定间距铺设饰面

## 9.2.4　釉面砖、陶瓷马赛克、玻璃马赛克镶贴施工

### 1. 釉面砖镶贴施工

施工时，墙面底层用水泥基黏结材料打底，表面划毛。在基层表面弹出水平和垂直方向的控制线，自上而下、从左向右横竖预排瓷砖，以使接缝均匀整齐。如有一行以上的非整砖，应排在阴角和接地部位。

按设计要求挑选规格、颜色一致的釉面瓷砖，使用前应在清水中浸泡2~3h，阴干备用。镶贴饰面砖时，弹线做标志，控制贴砖的水平高度，靠地先贴一皮砖，并镶好主角、吊正，拉好水平、厚度控制线，按自下而上、先左后右的顺序逐块镶贴。

### 2. 陶瓷马赛克镶贴施工

陶瓷马赛克可用于内、外墙面装饰。施工前，按设计要求，以及墙面的实际尺寸、排砖模数和分格要求，加工分格条，有图案要求时，应选好材料，统一编号。镶贴时，对号施工，有利于加快施工速度。用12~15mm厚水泥基黏结材料分层打底找平，做法同一般抹灰要求。底子灰要绝对平整，阴阳角要垂直方正，抹完后划毛并浇水养护。

镶贴陶瓷马赛克时，根据已弹好的水平线稳定好平尺板，然后在已湿润的底子灰上刷素水泥浆一层，再抹2~3mm厚1∶3水泥纸筋灰黏结层，并用靠尺刮平。

### 3. 玻璃马赛克镶贴施工

玻璃马赛克多用于外墙饰面。基层打底灰（同一般抹灰）完毕后，先在墙上做2mm厚的普通硅酸盐水泥净浆层，再将玻璃马赛克背面向上平放，并在其上薄薄抹一层水泥浆，刮浆闭缝；然后将玻璃马赛克逐张沿已经标记的横、竖、厚度控制线铺贴，并用木抹子轻轻拍击压实，使玻璃马赛克与基层牢固黏结；待水泥初凝后湿润纸面，由上向下轻轻揭掉纸面，用毛刷刷净杂物后，用相同水泥浆擦缝。

## 9.2.5　饰面板（砖）工程质量

对于饰面板安装应符合以下要求：

1）饰面板的品种、规格、颜色和性能应符合设计要求，木龙骨面板和塑料面板的燃烧性能等级应符合设计要求。饰面板孔、槽的数量、位置和尺寸应符合设计要求。

2）饰面板锚固灌浆法，干挂及预埋件（或后置埋件），连接件的数量、规格、位置、连接方法和防腐处理必须符合设计要求。

3）饰面板表面应平整、洁净、颜色一致，无裂痕和缺损，石材表面应无泛碱等。

4）饰面板嵌缝应密实、平直，宽度和深度应符合设计要求，嵌填材料色泽应一致。

5）采用湿作业法施工的饰面工程，石材应进行防碱背涂处理。饰面板与基体之间的灌注材料应饱满、密实。

6）饰面板上的孔洞应套割吻合，边缘应整齐。

### 9.2.6　饰面板（砖）镶贴工程质量的要求

饰面砖镶贴工程质量应符合以下要求：

1）饰面砖的品种、规格、颜色和性能应符合设计要求。

2）饰面砖镶贴工程的找平、防水、黏结和勾缝材料及施工方法应符合设计要求及国家现行产品标准和工程技术标准。

3）饰面砖粘贴必须牢固。

4）满黏法施工的饰面砖应无空鼓、裂缝。

5）饰面板表面应平整、洁净、颜色一致，无裂痕和缺损。

6）阴阳角处搭接方式、非整砖使用部位应符合设计要求。

7）墙面突出物周围的饰面砖应套割吻合，边缘应整齐。

8）饰面砖接缝应平直、光滑，填嵌应连续、密实；宽度和深度应符合设计要求。

9）有排水要求的部位应做滴水线（槽）。

## 9.3　涂饰工程

涂料是涂敷于物体表面，能与基体材料很好地黏结，并形成完整而坚韧的保护膜。它既可保护被涂物免受外界侵蚀，又可起到建筑装饰的效果。



涂饰工程包括涂料涂饰和油漆涂饰。

### 9.3.1　涂料涂饰

涂料由胶黏剂、颜料、溶剂和辅助材料等组成。涂料按照装饰位置及作用不同，可以分为外墙涂料、内墙涂料、地面涂料、顶棚涂料等。按照涂料的功能可以分为装饰涂料、防火涂料、防水涂料、防腐涂料、防霉涂料、防结露涂料等。

（1）外墙涂料　由主要成膜物质、次要成膜物质、辅助成膜物质和其他外加剂、分散剂等组成。常用的有硅酸盐类无机涂料、乳液涂料等。

（2）内墙涂料　内墙涂料种类较多，主要有乳液涂料和水溶型涂料两类。

（3）地面涂料　主要成膜物质是合成树脂或高分子乳液加掺合料，如过氯乙烯地面涂料、聚乙烯醇缩甲醛厚质地面涂料等。

（4）顶棚涂料　除了采取传统的刷浆工艺和选用内墙涂料外，为了提高室内的吸声效果，可采用凹凸起伏较大、质感明显的装饰涂料。

（5）防火涂料　高聚物胶黏剂一般具有可燃性。防火涂料因混入大量的无机填料及颜料而比较难燃，再加入适当的胶黏剂、增塑剂及添加剂等进一步提高了涂膜的难燃性及防火性。

### 9.3.2　施工程序及操作要点

混凝土及抹灰表面涂料施工流程为：基层处理→修补腻子→磨砂纸→第一遍满刮腻子→磨砂纸→第二遍满刮腻子→磨砂纸→弹分色线→刷第一道涂料→补腻子，磨砂纸→刷第二道涂料→磨砂纸→刷第三道涂料→磨砂纸→刷第四道涂料。

混凝土及抹灰表面涂料施工的操作要点如下：

1）基层处理：将墙面上的灰渣、浮土等杂物清理干净。

新建建筑物的混凝土或抹灰基层在涂饰涂料前应涂刷抗碱封闭底漆；旧墙面在涂饰涂料前应清除疏松的旧装修层并涂刷界面剂。混凝土或抹灰基层涂刷溶剂型涂料时，含水量不得大于8%，涂刷乳液型溶剂时含水量不得大于10%，木材基层的含水量不得大于12%。基层腻子应平整、坚实、牢固，无粉化、起皮和裂缝。

2）修补腻子：用石膏腻子将墙面、门窗口角等的磕碰破损处、麻面、风裂、接槎缝隙等分别找平补好，干燥后用砂纸将凸出处磨平。

3）第一遍满刮腻子。

4）第二遍满刮腻子。

5）弹分色线。

6）刷第一遍油漆涂料。

7）刷第二遍涂料。

8）刷第三遍涂料：用调和漆涂刷，如墙面为中级涂料，此道工序可作为罩面涂料，即最后一遍涂料，其涂刷顺序同上。

9）刷第四遍涂料：用醇酸磁漆涂料，如墙面为高级涂料，此道工序可作为罩面涂料，即最后一遍涂料。

涂料材料和所用设备必须有专人保管，各类储油原料的桶必须有封盖。涂料库房内必须有消防设备，要隔绝火源，与其他建筑物相距应有25~40m。使用喷灯时，油不得加满。操作人员应做好自身保护工作，坚持穿戴安全防护具。使用溶剂时，应防护好眼睛、皮肤。熬胶、烧油应距建筑物10m以上。

### 9.3.3　油漆涂饰

油漆是一种胶结用的胶体溶液，主要由胶黏剂、溶剂（稀释剂）、颜料和其他辅助材料（如催化剂、增塑剂、固化剂）等组成。胶黏剂常用桐油、梓油、亚麻仁油以及树脂等，是硬化后生成漆膜的主要成分。溶剂用来稀释油漆涂料，常用的有松香水、酒精以及溶剂油，溶剂掺量过多，会使油漆的光泽不耐久。

常用的油漆材料如清油、厚油、调和漆、红丹防锈漆、清漆、聚酯酸乙烯乳胶漆等。施工时木材表面上的灰尘、污垢等施涂前应清理干净，木材表面的缝隙、毛刺、掀岔和脂囊修整后应用腻子填补，并用砂纸磨光。金属表面施涂前应将灰尘、油渍、鳞皮、锈斑、焊渣、毛刺等清除干净。潮湿的表面不得施涂涂料。

## 阅读材料

中国国家大剧院外部为钢结构壳体，呈半椭球形（图 9-15），平面投影东西方向长轴长度为 212.20m，南北方向短轴长度为 143.64m，建筑物高度为 46.285m，基础最深部分达到 -32.5m，有 10 层楼那么高。国家大剧院壳体是由 18000 多块钛金属板拼接而成的，面积超过 $30000m^2$，18000 多块钛金属板中，只有 4 块形状完全一样。钛金属板经过特殊氧化处理后，其表面金属光泽极具质感，且 15 年不变颜色。中部为渐开式玻璃幕墙，由 1200 多块超白玻璃巧妙拼接而成。椭球壳体外环绕人工湖，湖面面积达 3.55 万 $m^2$，各种通道和入口都设在水面下。行人需从一条 80m 长的水下通道进入演出大厅。

图 9-15　国家大剧院夜景

国家大剧院造型新颖、前卫，构思独特，是传统与现代、浪漫与现实的结合。



国家大剧院建筑材料的亮点之一就是 GRC 和金属网的应用。

GRC 是以天然改良石膏为胶凝材料，以玻璃纤维为增强材料加细集料和水制成的预制新型装饰板材。其特点是可随意造型，可充分发挥建筑师的想象力，满足艺术的追求。它们具有不变形、质量轻、强度高、防火环保、声音效果好和板材表面光洁细腻等特点。

建筑师充分利用其特点在大剧院内许多部位应用了这种材料。音乐厅和戏剧场外环廊墙面均采用 GRC。板材图案的初始模型是在细沙上做出造型，目的就是达到像沙丘一样的柔和起伏的效果以烘托平静安详的基调。对这种墙面，建筑师除了考虑建筑艺术效果之外，同时还考虑了其起伏形状对声音有漫反射的作用。音乐厅的墙面与吊顶在材质方面达到了整体统一，同时较硬材质的材料在低频维持较长的混响，且 GRC 起伏的墙面对音乐厅的演奏声音起到漫反射的作用，既兼顾了功能，又兼顾了美观。

## 思考题

1. 装饰工程主要包括哪些内容？

2. 一般抹灰的分类、抹灰层的组成以及各层的作用是什么？
3. 抹灰前为什么要进行基层处理？怎样处理？
4. 一般抹灰的施工流程是什么？
5. 常见的装饰抹灰有哪几种？如何施工？
6. 饰面板的传统做法有哪些？
7. 常用的建筑涂料有哪些？怎样施工？

## 习　题

**1. 填空题**

（1）抹灰工程按使用要求和装饰效果分为________和________。
（2）一般抹灰按构造分为________、________、________。
（3）中层抹灰的主要作用是________。
（4）一般抹灰的施工顺序，应遵循“________、________、________”的原则。
（5）一般抹灰的施工工序第一步是________。
（6）饰面工程常用的块料面层按品种不同可分为________、________、________三大类。
（7）玻璃幕墙结构体系有________、________、________结构体系。
（8）所有的幕墙玻璃应进行________处理。在全玻璃幕墙中所有玻璃的边缘都要求________，外露的边缘还应________和倒棱角。
（9）超过 4m 的全玻璃幕墙，应用________加强。
（10）调整横档和竖梃的________、________然后对临时点焊的部位进行正式的焊接。所有焊接过的点和缝隙都应该进行________、________、________处理。

**2. 选择题**

（1）下列属于一般抹灰的是（　　）。
A. 石灰砂浆　　B. 水刷石　　C. 水磨石　　D. 干粘石
（2）起装饰作用的是（　　）。
A. 底层　　B. 中层　　C. 面层　　D. 基层
（3）水刷石面层水泥石子比例为
A. 1∶2　　B. 1∶3　　C. 2∶1　　D. 3∶1
（4）幕墙施工中应采用淋水的方法，分层进行（　　）试验。
A. 抗雨水渗漏　　B. 气密性试验　　C. 风压变形　　D. 喷淋试验
（5）石材碱性色污染可用来（　　）清除。
A. 双氧水　　B. 草酸　　C. 漂白粉　　D. 双氧水和漂白粉

# 第10章　流水施工原理

学习目标

了解流水施工的特点；掌握流水施工基本参数的概念；熟悉流水施工参数的确定方法；掌握组织流水施工的步骤和方法；能够组织一般工程的流水施工。

## 10.1　流水施工的基本概念

### 10.1.1　施工的组织方式

根据工程项目的施工特点、工艺流程、资源利用、平面及空间布置等要求，组织施工有依次施工、平行施工、流水施工等组织方式。下面举例说明三种组织方式的施工效果。

【例 10-1】　某四栋同型楼房的基础工程，分为挖土、垫层、砖基础、回填土四个施工过程，分别由各专业队施工完成。其每栋的施工过程及工程量见表 10-1。基础工程施工分别用三种施工组织方式。

表 10-1　某基础工程施工过程及工程量

| 施工过程 | 工程量/$m^3$ | 产量定额/($m^3$/工日) | 劳动量/工日 | 班组人数/人 | 持续时间/d | 工种 |
|---|---|---|---|---|---|---|
| 挖土 | 210 | 7 | 30 | 30 | 1 | 普工 |
| 垫层 | 30 | 1.5 | 20 | 20 | 1 | 混凝土工 |
| 砖基础 | 40 | 1 | 40 | 40 | 1 | 瓦工 |
| 回填土 | 140 | 7 | 20 | 20 | 1 | 灰土工 |

（1）依次施工　依次施工也叫顺序施工，是一个施工对象完全完成后再开始下一个施工对象的施工。本例中挖土完成后做垫层、垫层完成后做砖基础、最后回填土，显然完成四栋楼房的基础工程需要 4×4d＝16d，依次施工水平进度图如图 10-1 所示。

| 施工过程 | 施工进度/d | | | | | | | | | | | | | | | |
|---|---|---|---|---|---|---|---|---|---|---|---|---|---|---|---|---|
| | 1 | 2 | 3 | 4 | 5 | 6 | 7 | 8 | 9 | 10 | 11 | 12 | 13 | 14 | 15 | 16 |
| 挖土 | ① | | | | ② | | | | ③ | | | | ④ | | | |
| 垫层 | | ① | | | | ② | | | | ③ | | | | ④ | | |
| 砖基础 | | | ① | | | | ② | | | | ③ | | | | ④ | |
| 回填土 | | | | ① | | | | ② | | | | ③ | | | | ④ |

图 10-1　依次施工水平进度图

依次施工有两种方式：一种方式是一个施工段上的所有施工过程完成后，紧接着完成下一个施工段上的所有施工过程；另一种方式是前一个施工过程完成后，紧接着完成后面的一个施工过程，依次进行。依次施工具有以下特点：

1）没有充分利用工作面进行施工，工期长。

2）如果按专业成立工作队，则各工作队不能连续作业，有时间间歇，劳动力及施工机具等资源无法均衡使用。

3）如果由一个工作队完成全部施工任务，则不能实现专业化施工，不利于提高劳动生产率和工程质量。

4）单位时间内投入的劳动力、施工机具、材料等资源量较少，材料供应较单一，机具设备使用不集中。

5）施工现场的组织管理比较简单。

当工程规模有限、施工工作面有限时可以采用该种作业方式。

（2）平行施工　平行施工是指全部工程任务的各个相同的施工过程同时开工、同时完工的一种施工组织方式。如【例 10-1】所述，采用平行施工方式，其进度计划如图 10-2 所示。

| 楼栋号 | 施工进度/d | | | |
|---|---|---|---|---|
| | 1 | 2 | 3 | 4 |
| 一 | 挖土 | 垫层 | 砖基础 | 回填土 |
| 二 | 挖土 | 垫层 | 砖基础 | 回填土 |
| 三 | 挖土 | 垫层 | 砖基础 | 回填土 |
| 四 | 挖土 | 垫层 | 砖基础 | 回填土 |

图 10-2　平行施工水平进度图

其总工期为 4d，由此可知平行施工方式具有以下特点：

1）能充分利用工作面进行施工，工期短。

2）如果每一个施工对象均按专业成立工作队，则各工作队不能连续作业，劳动力及施工机具等资源无法均衡使用。

3）如果由一个工作队完成一个施工对象的全部施工任务，则不能实现专业化施工，不利于提高劳动生产率和工程质量。

4）单位时间内投入的劳动力、施工机具、材料等资源量成倍增加，不利于资源供应的组织。

5）施工现场的组织、管理比较复杂。

平行施工主要用于工期要求紧，各方面资源供应有保障的大规模建筑群的施工。

（3）流水施工　流水施工是指所有的施工过程按一定的时间间隔依次投入施工，各个施工过程陆续开工、陆续竣工，使同一施工过程的工作队保持连续、均衡施工，相邻工作队能最大限度地搭接施工。如【例10-1】所述，采用流水施工方式，其进度计划如图 10-3 所示。其总工期为 7d，由此可知流水施工具有以下特点：

| 施工过程 | 施工进度/d | | | | | | |
|---|---|---|---|---|---|---|---|
| | 1 | 2 | 3 | 4 | 5 | 6 | 7 |
| 挖土 | ① | ② | ③ | ④ | | | |
| 垫层 | | ① | ② | ③ | ④ | | |
| 砖基础 | | | ① | ② | ③ | ④ | |
| 回填土 | | | | ① | ② | ③ | ④ |

图 10-3　流水施工水平进度图

1）尽可能地利用工作面进行施工，工期比较短。

2）各工作队实现专业化施工，有利于提高技术水平和劳动生产率，也有利于提高工程质量。

3）专业工作队能够连续施工，同时使相邻工作队的开工时间能够最大限度地搭接。

4）单位时间内投入的劳动力、施工机具、材料等资源量较为均衡，有利于资源供应的组织。

5）为施工现场的文明施工和科学管理创造了有利条件。

### 10.1.2　流水施工的组织条件

流水施工的组织条件可以概括如下：

1）划分施工过程。根据拟建工程的施工特点和要求，把工程的整个建造过程分解为若干个施工过程，以便逐一完成局部对象的施工，从而使施工对象整体得以完成。它是组织专业化施工和分工协作的前提。

2）划分施工段。根据组织流水施工的需要，将拟建工程在平面或空间上，划分为劳动量大致相等的若干个施工段。

3）每个施工过程组织独立的施工班组。在一个流水组中，每个施工过程尽可能组织独立的施工班组，其形式可以是专业班组，也可以是混合班组。

4）主要施工过程必须连续、均衡地施工。对于工程量较大、作业时间较长的施工过程，必须组织连续、均衡的施工；对于其他次要的施工过程，可考虑与相邻的施工过程合并，如不能合并，为缩短工期，可安排其间断施工。

5）不同的施工过程，尽可能组织平行搭接施工。根据不同的施工顺序和不同施工过程之间的关系，在有工作面的条件下，除必要的技术和组织间歇时间，应尽可能地组织平行搭接施工。



### 10.1.3　流水施工的表达方式

流水施工的进度计划可以采用水平图表、垂直图表或网络图表示。网络图的表达方式见第 11 章，水平图表和垂直图表的表达方式见【例 10-2】。

【例 10-2】　某分项工程有 4 个施工过程，分别为开挖基槽、施工混凝土垫层、砌砖基础、回填土，划分为三个施工段。其中在每个施工段上开挖基槽持续 3d，施工混凝土垫层持续 2d，砌砖基础 3d，回填土 2d。其施工进度计划水平图表和垂直图表的表达方式如下。

1. 水平图表

水平图表又称横道图，其表达方式如图 10-4 所示。其水平坐标表示流水施工的持续时间，垂直坐标表示施工过程或专业工作队的名称、编号，带有编号的圆圈表示施工项目或施工段的编号，水平线段表示某一施工过程在所编号的施工段上的持续时间。

| 施工过程 | 施工进度/d | | | | | | | | | | | | | | | | | |
|---|---|---|---|---|---|---|---|---|---|---|---|---|---|---|---|---|---|---|
| | 1 | 2 | 3 | 4 | 5 | 6 | 7 | 8 | 9 | 10 | 11 | 12 | 13 | 14 | 15 | 16 | 17 | 18 |
| 开挖基槽 | | ① | | | ② | | | ③ | | | | | | | | | | |
| 施工混凝土垫层 | | | | | | ① | | ② | | ③ | | | | | | | | |
| 砌砖基础 | | | | | | | | | ① | | | ② | | | ③ | | | |
| 回填土 | | | | | | | | | | | | | ① | | ② | | ③ | |

图 10-4　流水施工横道图

2. 垂直图表

垂直图表的表达方式如图 10-5 所示。其水平坐标表示流水施工的持续时间，垂直坐标表示施工项目或施工段的编号，斜向指示线段表示施工过程的流水开展情况，斜向指示线段的代号表示施工过程或专业工作队名称、编号。

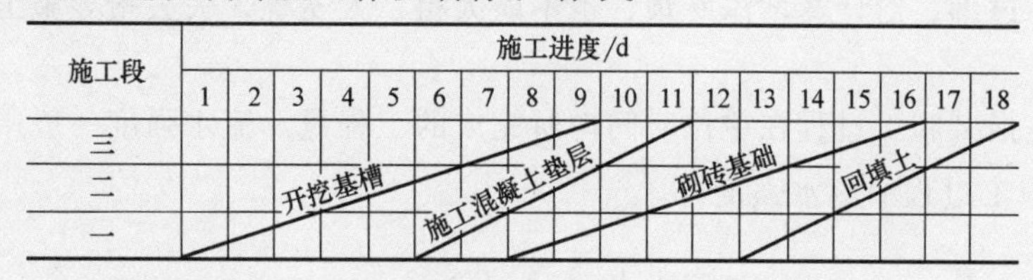


图 10-5　流水施工垂直图

水平图表具有绘制简单、流水施工形象的优点。垂直图表能直接地反映出在一个施工段或工程对象中各施工过程的先后顺序和相互配合关系，而且其斜线的斜率还能形象地反映出各施工过程施工速度的快慢。

## 10.2　流水施工的参数

在组织流水施工时，为表达各施工过程在时间和空间上的相互依存关系而引进施工进度计划图特征和各种数量关系的参数，这些参数成为流水施工参数。

按其性质的不同，流水施工参数可分为工艺参数、空间参数和时间参数三种。



### 10.2.1　工艺参数

工艺参数是用以表达流水施工在施工工艺上的开展顺序及其特征的参数，包括施工过程和流水强度。

1. 施工过程

施工过程是对某项工作由开始到结束的整个过程的泛称。施工过程的数目一般用 $n$ 来表示，它是流水施工的主要参数之一。根据其性质和特点的不同，施工过程一般分为以下四类。

1）制备类施工过程。在组织流水施工过程中，为了提高建筑产品的装配化、工厂化、机械化和生产能力而形成的施工过程，如砂浆制备、混凝土搅拌、构配件安装等。这些施工过程一般不占用施工对象的空间，在进度上一般不表达。但当其占有施工对象的空间并影响总工期时，应将其作为施工过程列入进度表，如预制及组装的大型构件。

2）运输类施工过程。它是将建筑材料、构配件、成品、半成品、制品和设备等运到项目工地仓库或现场使用地点而形成的施工过程。

3）建筑安装类施工过程。它是在施工对象的空间上，直接进行加工，最终形成施工项目产品的过程，如地下工程、基础工程、主体工程、屋面工程和装饰工程等。它占有施工对象的空间，影响着工期的长短，必须列入项目施工进度，而且是项目施工进度表的主要内容。

4）土方开挖和脚手架搭设类施工过程。土方开挖和脚手架搭设都具有竖向展开的工艺特性。在时间和空间的展开上与相应的主要施工过程密切相关。当和主要施工过程交替展开时，则归入主要施工过程。当它作为主要施工过程的前导施工过程时，则可作为单一的施工过程，组织流水施工。

施工过程数 $n$ 的确定与该工程的复杂程度、施工方法等有关。施工过程数 $n$ 取值要适当，不能过多、过细，给计算增添麻烦，也不能太粗、太笼统，失去指导施工的意义。

#### 2. 流水强度

流水强度是指某施工过程在单位时间内所完成的工程量。流水强度一般用 $V_i$ 表示。

（1）机械施工过程的流水强度

$$V_i = \sum_{i=1}^{x} R_i S_i \tag{10-1}$$

式中　$V_i$——某施工过程 $i$ 的机械操作流水强度；

$R_i$——投入施工过程 $i$ 的某种主要施工机械台数（台）；

$S_i$——投入施工过程 $i$ 的某种主要施工机械产量定额；

$x$——投入施工过程 $i$ 的主要机械种类（种）。

（2）人工施工过程的流水强度

$$V_i = R_i S_i \tag{10-2}$$

式中　$V_i$——某施工过程 $i$ 的人工操作流水强度；

$R_i$——投入施工过程 $i$ 的班组人数（人）；

$S_i$——投入施工过程 $i$ 的班组平均产量定额。



### 10.2.2　空间参数

在组织流水施工时，用以表达流水施工在空间布置上所处状态的参数称为空间参数。空间参数包括工作面、施工段和施工层三种。

#### 1. 工作面

工作面是指某专业工种的工人或某种施工机械进行施工的活动空间。工作面一般用 $A$ 表示。工作面的大小，表明能安排施工人数或机械台班数的多少。每个作业的工人或每台施工机械所需工作面的大小，取决于单位时间内完成的工程量和安全施工的要求。工作面确定的合理与否直接影响专业工作队的生产效率。

#### 2. 施工段

施工段指工程对象在平面上划分的若干个劳动量相等或大致相等的独立区段，用符号 $m$

表示。施工段的数目不能太多，太多易使工作面太小，工人工作效率受影响；太少则不能组织流水，容易使工程窝工。因此，在划分施工段时，应遵循以下原则：

1）主要专业工种在各施工段所消耗的劳动量大致相等，其相差幅度不宜超过15%。

2）在保证专业工作队劳动组合优化的前提下，施工段划分要满足专业工种对工作面的要求。

3）施工段分界线应尽可能与结构自然界限相吻合，如温度缝、沉降缝或单元界限等处。如果必须将其设在墙体中间时，可将其设在门窗洞口处，以减少施工留槎。凡不允许留设施工缝的部位均不能作为施工段的边界。

4）施工段数要满足合理流水施工组织要求，即 $m \geqslant n$。

5）当房屋有层间关系，分段又分层时，为使各个工作队能够连续施工，要求每层最少施工段的数目应大于或等于施工过程数，即 $m_{\min} \geqslant n$。

【例10-3】 一栋两层砖混结构房屋，主要施工过程为砌筑砖墙、安装楼板。分段流水的组织方式如下（工作面足够，各方案的人机数不变）。

当 $m=n$ 时，各工作班组连续施工，即施工段上始终有专业工作队施工，直至全部工作完成，施工段内无停歇时间，比较理想，如图10-6所示。

| 施工过程 | 施工进度/d | | | | | | | | | | | | | | | | | | | |
|---|---|---|---|---|---|---|---|---|---|---|---|---|---|---|---|---|---|---|---|---|
| | 1 | 2 | 3 | 4 | 5 | 6 | 7 | 8 | 9 | 10 | 11 | 12 | 13 | 14 | 15 | 16 | 17 | 18 | 19 | 20 |
| 砌筑砖墙 | | 一(1) | | | 一(2) | | | | | 二(1) | | | 二(2) | | | | | | | |
| 安装楼板 | | | | | 一(1) | | | | | 一(2) | | | 二(1) | | | | | 二(2) | | |

图10-6 【例10-3】横道图（一）

当 $m>n$ 时，各工作队仍然可以连续施工，但在施工段上有停歇，未充分利用空间，但不一定有害，可以利用施工段的间歇进行其他施工的辅助性工作，如图10-7所示。

| 施工过程 | 施工进度/d | | | | | | | | | | | | | | | | | | | | | | | | | | | |
|---|---|---|---|---|---|---|---|---|---|---|---|---|---|---|---|---|---|---|---|---|---|---|---|---|---|---|---|---|
| | 1 | 2 | 3 | 4 | 5 | 6 | 7 | 8 | 9 | 10 | 11 | 12 | 13 | 14 | 15 | 16 | 17 | 18 | 19 | 20 | 21 | 22 | 23 | 24 | 25 | 26 | 27 | 28 |
| 砌筑砖墙 | | 一(1) | | | | 一(2) | | | | 一(3) | | | | 二(1) | | | | 二(2) | | | | 二(3) | | | | | | |
| 安装楼板 | | | | | | 一(1) | | | | 一(2) | | | | 一(3) | | | | 二(1) | | | | 二(2) | | | | 二(3) | | |

图10-7 【例10-3】横道图（二）

当 $m<n$ 时，工作队不能连续施工，有窝工现象。对组织一个建筑物的流水施工是绝对不允许的，如图10-8所示。

| 施工过程 | 施工进度/d | | | | | | | | | | | | | | | |
|---|---|---|---|---|---|---|---|---|---|---|---|---|---|---|---|---|
| | 1 | 2 | 3 | 4 | 5 | 6 | 7 | 8 | 9 | 10 | 11 | 12 | 13 | 14 | 15 | 16 |
| 砌筑砖墙 | | 一(1) | | | | | | | | 二(1) | | | | | | |
| 安装楼板 | | | | | | 一(1) | | | | | | | | 二(1) | | |

图10-8 【例10-3】横道图（三）

3. 施工层

在组织流水施工时，为满足专业工种对操作高度的要求，通常将施工项目在竖向上划分为若干个作业层，这些作业层称为施工层。

### 10.2.3　时间参数

时间参数是在组织流水施工时，表达流水施工在时间排列上所处状态的参数。它主要包括流水节拍、流水步距、平行搭接时间、技术间歇时间、组织间歇时间和工期。

1. 流水节拍

流水节拍是某一施工过程在一个施工段上工作的持续时间，通常以 $t_i$ 表示。它是流水施工的基本参数之一。流水节拍的大小反映出流水施工速度的快慢、节奏感的强弱和资源消耗量的多少。影响流水节拍大小的因素主要有项目施工时所采用的施工方案，各施工段投入的劳动力人数、施工机械台数、工作班次，该施工段工程量的多少。流水节拍的确定方式有两种：一种是根据现有能够投入的资源（劳动力、机械台数和材料量）来确定，称为定额计算法；另一种是根据工期要求来确定，称为工期计算法。

（1）定额计算法　定额计算法是根据各施工段的工程量，能够投入的资源量（工人数、机械台班数和材料量等），按下式计算：

$$t_i=\frac{Q_i}{S_iR_iN_i}=\frac{P_i}{R_iN_i} \tag{10-3}$$

式中　$t_i$——某一施工过程在施工段 $i$ 上的流水节拍；

$Q_i$——某一施工过程在施工段 $i$ 上的工程量；

$S_i$——每一工日（或台班）的计划产量定额；

$R_i$——某一施工过程在施工段 $i$ 上的工人班组人数（或机械台数）；

$N_i$——专业工作队的工作班次（或台班数）；

$P_i$——某一施工过程在施工段 $i$ 上的劳动量或机械台班数量（工日或台班）。

按式（10-3）计算的流水节拍应取整数或半天的整数倍。

（2）工期计算法　某些在规定工期内必须完成的工程项目往往采用倒排进度法，称为工期计算法。具体步骤如下：

1）根据工期倒排进度，确定某施工过程的工作持续时间。

2）确定某施工过程的流水节拍。若同一施工过程的流水节拍不相等，则采用估算法；若相等，按下式计算：

$$t_i=\frac{T_i}{m_i} \tag{10-4}$$

式中　$t_i$——某施工过程的流水节拍（d）；

$T_i$——某施工过程工作的总持续时间（d）；

$m_i$——某施工过程的施工段数。

2. 流水步距

流水步距是指相邻的两个施工过程（或工作队）相继进入同一施工段进行流水作业的时间间隔，一般用 $k$ 表示。流水步距的数目取决于参加流水作业的施工过程数，如施工过程数为 $n$，则流水步距的数目为 $n-1$ 个。流水步距的大小取决于相邻两个施工班组在各个施工段上的流水节拍及流水施工的组织方式。在确定流水步距时，通常要满足以下要求：

1）要始终保持相邻两个施工过程的先后工艺顺序。

2）要保持相邻两个施工过程在各个施工段上都能够连续作业。

3）要保持相邻的两个施工过程在开工时间上实现最大限度、合理地搭接。

3. 平行搭接时间

在组织流水施工时，有时为了缩短工期，在工作面允许的条件下，如果前一个施工班组完成部分施工内容后，能够提前为后一个施工班组提供工作面，使后者提前进入前一个施工段。两者在同一施工段上平行搭接施工，这个搭接时间称为平行搭接时间或插入时间，用 $C_{j,j+1}$ 表示。

4. 技术间歇时间

在组织流水施工时，除要考虑相邻施工班组之间的流水步距外，有时根据建筑材料或现浇构件等的工艺性质，还要考虑合理的工艺等待间歇时间，这个等待间歇时间称为技术间歇时间，用 $Z_{j,j+1}$ 表示，如混凝土浇筑后的养护时间，以及砂浆抹面和油漆面的干燥时间等。

5. 组织间歇时间

组织间歇时间是指在流水施工中由于施工组织的原因（如墙体砌筑前的墙身位置弹线，施工人员、机械转移，回填土前的地下管道检查验收等），造成在流水步距以外增加的间歇时间。组织间歇时间用 $G_{j,j+1}$ 表示。

6. 工期

工期是指完成一项任务或一个流水组施工所需要的时间。其计算公式如下：

$$T = \sum_{i=1}^{n} K_{i,i+1} + T_n \tag{10-5}$$

式中 $T$——流水施工工期（d）；

$\sum_{i=1}^{n} K_{i,\ i+1}$——流水施工中各流水步距之和（d）；

$T_n$——流水施工中最后一个施工过程的持续时间（d）。

## 10.3 流水施工的组织方式

在流水施工中，由于流水节拍的规律不同，流水步距的大小、施工总工期的计算方法等也不同，甚至影响各个施工过程的专业工作队的数目。根据流水施工节奏规律的不同，流水施工可分为有节奏流水和无节奏流水两大类。

1. 有节奏流水

流水施工的节奏性主要取决于流水节拍。根据各施工过程流水节拍的不同特点，有节奏流水又分成等节奏流水和不等节奏流水。

1）等节奏流水的特点是：同一施工过程在不同施工段上的流水节拍相等。同一施工段上不同施工过程的流水节拍相等，即流水节拍等于流水步距，故又称为全等节拍流水。

2）不等节奏流水的特点是：每一施工过程本身在各施工段的流水节拍都相等，但各施工过程之间彼此的流水节拍全部或部分不相等，故又称为异节奏流水。

由于各施工过程的流水节拍一般取整数，当彼此之间成整数倍时，这种不等节奏流水称为成倍节拍流水。

2. 无节奏流水

当参加流水的部分或全部施工过程本身在各个施工段的流水节拍不相等时，称为无节奏流水，又称为无固定节拍流水。

### 10.3.1 等节奏流水

等节奏流水是最有规律的一种流水组织形式。流水节拍等于流水步距，即 $t_i=K=$ 常数。等节奏流水进度图如图 10-9 所示。

| 序号 | 施工过程 | 工作时间/d | 施工进度/d | | | | | | | |
|---|---|---|---|---|---|---|---|---|---|---|
| | | | 1 | 2 | 3 | 4 | 5 | 6 | 7 | 8 |
| 1 | 基础工程 | 1 | (一) | | | (二) | | | | |
| 2 | 主体工程 | 2 | | K | (一) | | (二) | | | |
| 3 | 装饰工程 | 1 | | | | K | (一) | | (二) | |

a)

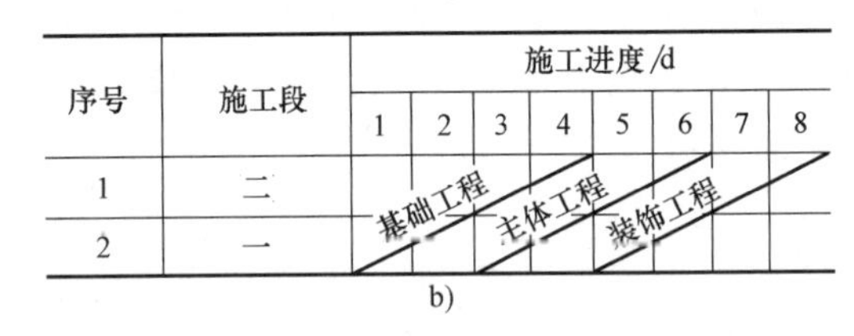


b)

图 10-9　等节奏流水进度图

等节奏流水的总工期按下式计算：

$$T=(m+n-1)K \tag{10-6}$$

因为等节奏流水的流水步距等于流水节拍，所以式（10-6）中 $K=t_i$。

由于技术上的要求，在两个施工过程之间要有一定的间歇时间。如混凝土浇筑后需要一定的养护时间，才能进行下一个施工过程；基槽开挖需要验槽合格后才能进行后续工作。有时为了缩短工期，在同一个施工段中，当前一个工作队让出一定工作面之后，后一个工作队可以提前进入搭接施工。诸如此类有技术间歇、组织间歇以及搭接施工的流水施工，其总工期按下式计算：



$$T=(m+n-1)K+\sum Z+\sum G-\sum C \tag{10-7}$$

式中　$\sum Z$——技术间歇时间之和（d）；

$\sum G$——组织间歇时间之和（d）；

$\sum C$——搭接时间之和（d）。

当工程有层间关系，分段又分层时，为了组织流水施工，保证各专业工作队仍能连续施工，而不产生窝工现象，施工段的最小数可按下式计算：

$$m_{\min}=n+\frac{\sum Z+\sum G-\sum C+\sum S}{K} \tag{10-8}$$

式中　$\sum S$——所有层间技术间歇时间之和（d）。

当分层施工时，由于一层有 $m$ 个施工段，则总施工段数为 $mj$（$j$ 为施工层数）。因此，有层间关系的多层工程等节奏流水施工总工期计算公式为：

$$T=(mj+n-1)K+\sum Z+\sum G-\sum C \tag{10-9}$$

【例 10-4】　某两层房屋由四个施工过程组成，流水节拍均为 2d。第一施工过程与第二施工过程之间有组织间歇时间 2d，第二施工过程与第三施工过程之间有技术间歇时间 1d。要求第一层施工完毕停歇 1d 再进行第二层的施工，试计算组织流水施工的总工期，并绘制横道图。

解：1）由题意可知，$n=4$，$j=2$，$t=2\text{d}$，$\sum G=2\text{d}$，$\sum Z=1\text{d}$，$\sum S=1\text{d}$。

2）确定流水步距：$K=t=2\text{d}$。

3）确定施工段数 $m$：$m_{\min}=n+\dfrac{\sum Z+\sum G-\sum C+\sum S}{K}=4+\dfrac{1+2-0+1}{2}=6$

要求 $m \geqslant m_{\min}$，故取 $m=6$。

4）确定流水施工总工期 $T$：

$$T=(mj+n-1)K+\sum Z+\sum G-\sum C=[(6\times2+4-1)\times2+1+2-0]\text{d}=33\text{d}$$

5）绘制流水施工横道图，如图 10-10 所示。

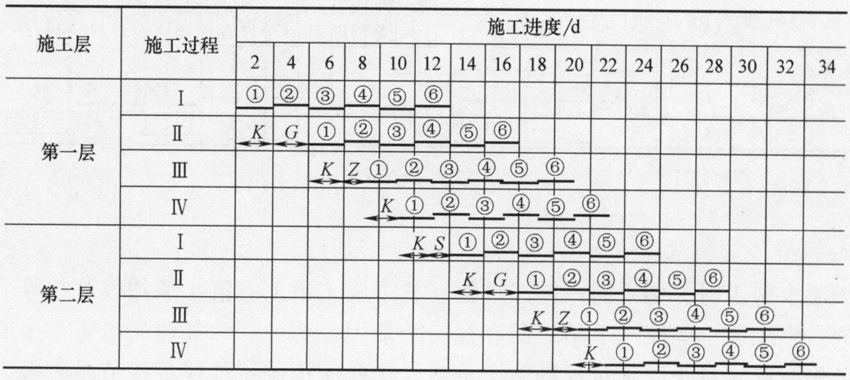

| 施工层 | 施工过程 | 施工进度/d | | | | | | | | | | | | | | | | |
|---|---|---|---|---|---|---|---|---|---|---|---|---|---|---|---|---|---|---|
| | | 2 | 4 | 6 | 8 | 10 | 12 | 14 | 16 | 18 | 20 | 22 | 24 | 26 | 28 | 30 | 32 | 34 |
| 第一层 | Ⅰ | ① | ② | ③ | ④ | ⑤ | ⑥ | | | | | | | | | | | |
| | Ⅱ | K | G | ① | ② | ③ | ④ | ⑤ | ⑥ | | | | | | | | | |
| | Ⅲ | | | K | Z | ① | ② | ③ | ④ | ⑤ | ⑥ | | | | | | | |
| | Ⅳ | | | | | K | ① | ② | ③ | ④ | ⑤ | ⑥ | | | | | | |
| 第二层 | Ⅰ | | | | | | K S | ① | ② | ③ | ④ | ⑤ | ⑥ | | | | | |
| | Ⅱ | | | | | | | K | G | ① | ② | ③ | ④ | ⑤ | ⑥ | | | |
| | Ⅲ | | | | | | | | | K | Z | ① | ② | ③ | ④ | ⑤ | ⑥ | |
| | Ⅳ | | | | | | | | | | | K | ① | ② | ③ | ④ | ⑤ | ⑥ |

图 10-10　流水施工横道图

## 10.3.2　异节奏流水

异节奏流水的组织条件基本上与全等节拍流水的组织条件相同，只是由于其中某些施工过程，可能因所需要的劳动力大，工作面又受到限制，无法投入更多的劳动力或工作面满足要求，而资源供应同时又受到各种限制。这样某个施工过程的流水速度就比其他施工过程的流水速度慢，无法直接组织成等节奏流水。

组织异节奏流水施工时，根据工期要求的不同，可以组织成一般成倍节拍流水和加快成倍节拍流水。

### 1. 一般成倍节拍流水

如果工期满足要求，即不需要缩短工期，一般成倍节拍流水是在保证各施工队连续施工的前提下，确定适当的流水步距，然后安排各施工过程的流水施工。其施工组织步骤如下：

1）确定施工起点流向，划分施工段。

2）分解施工过程，确定施工顺序。

3）确定流水步距。流水步距用下式表示：

当 $t_i \leqslant t_{i+1}$ 时，　　$K_{i,i+1}=t_i$

当 $t_i>t_{i+1}$ 时，　　$K_{i,i+1}=mt_i-(m-1)t_{i+1}=t_{i+1}+(t_i-t_{i+1})m$　　(10-10)

4）计算流水施工工期：

$$T=\sum K+t_n+\sum Z+\sum G-\sum C \tag{10-11}$$

式中　$t_n$——流水施工中最后一个施工过程的持续时间（d）。

【例 10-5】　某工程包括三个施工过程、四个相同的施工段，$t_1=2$、$t_2=4$、$t_3=2$，试组织一般成倍节拍流水，计算该工程的工期并绘制进度图。

解：1）求流水步距。

$$K_{1,2}=t_1=2\text{d} \quad (t_1<t_2)$$

$$K_{2,3}=mt_2-(m-1)t_3=[4\times4-(4-1)\times2]\text{d}=10\text{d} \quad (t_2>t_3)$$

2）求工期。

$$T=K_{1,2}+K_{2,3}+t_n=(2+10+2\times4)\text{d}=20\text{d}$$

3）绘制横道图，如图 10-11 所示。

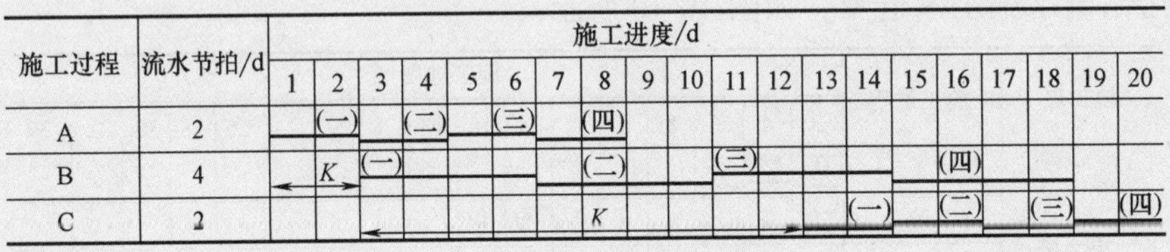

| 施工过程 | 流水节拍/d | 施工进度/d | | | | | | | | | | | | | | | | | | | |
|---|---|---|---|---|---|---|---|---|---|---|---|---|---|---|---|---|---|---|---|---|---|
| | | 1 | 2 | 3 | 4 | 5 | 6 | 7 | 8 | 9 | 10 | 11 | 12 | 13 | 14 | 15 | 16 | 17 | 18 | 19 | 20 |
| A | 2 | | (一) | | (二) | | (三) | | (四) | | | | | | | | | | | | |
| B | 4 | | K | (一) | | | | | (二) | | | (三) | | | | | (四) | | | | |
| C | 2 | | | | | | | | K | | | | | | (一) | | (二) | | (三) | | (四) |

图 10-11　一般成倍节拍流水横道图

2. 加快成倍节拍流水

在组织流水施工时，如果同一施工过程在各个施工段上的流水节拍彼此相等，而不同施工过程在同一施工段上的流水节拍之间存在一个最大公约数，为加快流水施工速度，可按最大公约数的倍数确定每个施工过程的施工班组，这样便构成了加快成倍节拍流水。加快成倍节拍流水的施工组织步骤如下：

1）确定施工起点流向，划分施工段。

2）分解施工过程，确定施工顺序。

3）确定流水步距：

$$K_b=\text{最大数}\{\text{各施工过程流水节拍}\} \tag{10-12}$$

4）确定专业工作队数目：

$$b_j=\frac{t_i^j}{K_b} \tag{10-13}$$

$$N=\sum_{j=1}^{n} b_j \tag{10-14}$$

式中　$b_j$——施工过程 $j$ 的专业班组数；

$K_b$——加快成倍节拍流水的流水步距；

$t_i^j$——施工班组 $j$ 在施工段 $i$ 上的流水节拍；

$N$——加快成倍节拍流水的施工班组数目总和。

5）计算总工期。

$$T=(m+N-1)K_b+\sum Z+\sum G-\sum C \tag{10-15}$$

6）绘制流水施工进度图。

【例 10-6】 试组织【例 10-5】的加快成倍节拍流水施工，并绘制横道图。

解：1）求流水步距 $K_b$。

$$K_b=最大公约数\{2,4,2\}\,d=2d$$

2）求专业队数目。

$$b_1=t_1/K_b=2/2=1 \qquad b_2=t_2/K_b=4/2=2 \qquad b_3=t_3/K_b=2/2=1$$

$$N=\sum b=1+2+1=4$$

3）求工期。

$$T=(m+N-1)K_b=(4+4-1)\times 2d=14d$$

4）绘制横道图，如图 10-12 所示。

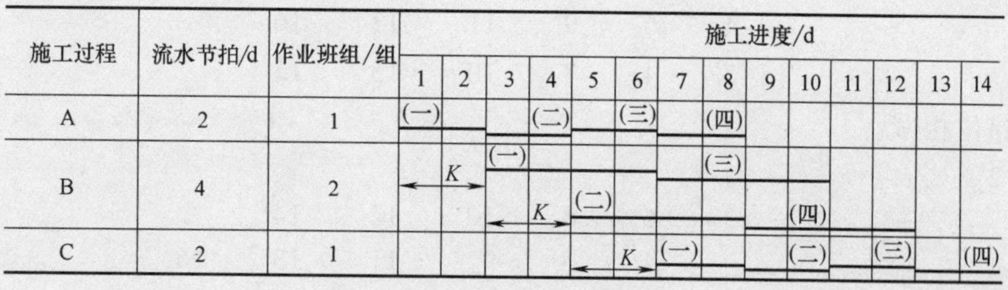

| 施工过程 | 流水节拍/d | 作业班组/组 | 施工进度/d | | | | | | | | | | | | | |
|---|---|---|---|---|---|---|---|---|---|---|---|---|---|---|---|---|
| | | | 1 | 2 | 3 | 4 | 5 | 6 | 7 | 8 | 9 | 10 | 11 | 12 | 13 | 14 |
| A | 2 | 1 | (一) | | | (二) | | (三) | | (四) | | | | | | |
| B | 4 | 2 | | K | (一) | K | (二) | | | (三) | | (四) | | | | |
| C | 2 | 1 | | | | | | K | (一) | | | (二) | | (三) | | (四) |

图 10-12　加快成倍节拍横道图

## 10.3.3　无节奏流水

实际工程项目，经常由于工程结构形式、施工条件不同等原因，使各施工过程在各施工段上的工程量有较大差别，或者因施工班组的生产效率相差较大，导致各施工过程的流水节拍随施工段的不同而不同，而且不同施工过程之间的流水节拍又有很大差异。这种情况下组织的流水施工称为无节奏流水。

### 1. 无节奏流水施工的特点

1）每个施工过程在各个施工段上的流水节拍都不全相等。

2）在多数情况下，流水步距彼此不等，而且流水步距与流水节拍之间没有明显函数关系。

3）各施工班组基本能够实现连续施工，个别施工段可能有空闲。

4）施工班组数与施工过程数相等。

### 2. 无节奏流水施工组织步骤

1）确定施工起点流向，划分施工段。

2）分解施工过程，确定施工顺序。

3）确定流水节拍。

4）确定流水步距；主要采用累加数列错列相减取大差法。

5）计算总工期。

$$T=\sum_{i=1}^{n}K_{j,j+1}+\sum_{i=1}^{m}t_i^n+\sum Z+\sum G-\sum C \tag{10-16}$$

6）绘制进度图。

下面以累加数列错列相减取大差法介绍工期的计算过程。

【例 10-7】 某工程有三个施工过程，划分六个施工段，各施工过程在各施工段上的流水节拍见表 10-2；试组织其流水施工，计算工期并绘制相应的横道图。

表 10-2 各施工过程在各施工段上的流水节拍 （单位：d）

| 流水节拍施工过程 | 施工段编号 | | | | | |
|---|---|---|---|---|---|---|
| | 1 | 2 | 3 | 4 | 5 | 6 |
| 1 | 3 | 3 | 2 | 2 | 2 | 2 |
| 2 | 4 | 2 | 3 | 2 | 2 | 3 |
| 3 | 2 | 2 | 3 | 3 | 3 | 2 |

解：1）求各专业工作队的累加数列。

1：　3　6　8　10　12　14

2：　4　6　9　11　13　16

3：　2　4　7　10　13　15

2）错位相减。

1 与 2：

$$
\begin{array}{rrrrrrr}
3 & 6 & 8 & 10 & 12 & 14 & \\
- & 4 & 6 & 9 & 11 & 13 & 16 \\
\hline
\boxed{3} & 2 & 2 & 1 & 1 & 1 & -16
\end{array}
$$

2 与 3：

$$
\begin{array}{rrrrrrr}
4 & 6 & 9 & 11 & 13 & 16 & \\
- & 2 & 4 & 7 & 10 & 13 & 15 \\
\hline
4 & 4 & \boxed{5} & 4 & 3 & 3 & -15
\end{array}
$$

3）确定流水步距。

$$K_{1,2}=\text{最大数}\{3,2,2,1,1,1,-16\}\text{d}=3\text{d};$$

$$K_{2,3}=\text{最大数}\{4,4,5,4,3,3,-15\}\text{d}=5\text{d}$$



4）计算流水施工工期。

$$T=\sum_{i=1}^{n}K_{j,j+1}+\sum_{i=1}^{m}t_i^n+\sum Z+\sum G-\sum C=[(3+5)+(2+2+3+3+3+2)]\text{d}=23\text{d}$$

5）绘制流水施工横道图，如图 10-13 所示。

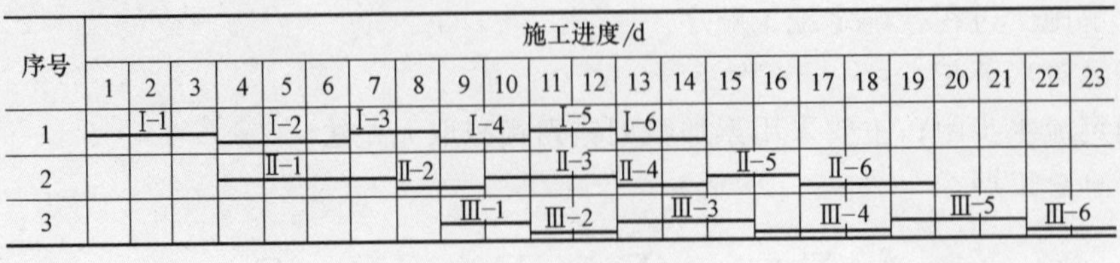

| 序号 | 施工进度/d | | | | | | | | | | | | | | | | | | | | | | |
|---|---|---|---|---|---|---|---|---|---|---|---|---|---|---|---|---|---|---|---|---|---|---|---|
| | 1 | 2 | 3 | 4 | 5 | 6 | 7 | 8 | 9 | 10 | 11 | 12 | 13 | 14 | 15 | 16 | 17 | 18 | 19 | 20 | 21 | 22 | 23 |
| 1 | | Ⅰ-1 | | | Ⅰ-2 | | Ⅰ-3 | | Ⅰ-4 | | Ⅰ-5 | | Ⅰ-6 | | | | | | | | | | |
| 2 | | | | | Ⅱ-1 | | | Ⅱ-2 | | | Ⅱ-3 | | Ⅱ-4 | | Ⅱ-5 | | | Ⅱ-6 | | | | | |
| 3 | | | | | | | | | Ⅲ-1 | | Ⅲ-2 | | | Ⅲ-3 | | | | Ⅲ-4 | | Ⅲ-5 | | Ⅲ-6 | |

图 10-13 无节奏流水横道图

# 阅读材料

1. 工程概述

某国际中心建设项目是一座集商务、住宅和零售为一体的多功能高层建筑群。该项目包括两栋50层的办公塔楼和一栋30层的高端住宅楼，以及配套的购物中心。总建筑面积约为25万$m^2$，占地面积约为4万$m^2$。项目主要分为四大工程部分：混凝土工程、水电安装工程、外墙装饰工程和户内精装工程。确保结构的坚固与美观，同时配合现代化的设施安装，为居住和商务活动提供高效支持。

2. 穿插流水施工及施工工艺流程

1）穿插流水施工是指按照一定的顺序和计划，分步骤、连续不断地进行的施工活动，可以缩短施工总工期，降低对劳动力数量的需求，提高工程管理的精细化水平。

2）本项目主要包括混凝土工程、水电安装工程、外墙装饰工程和户内精装工程。穿插流水施工管理工艺流程如图10-14所示。

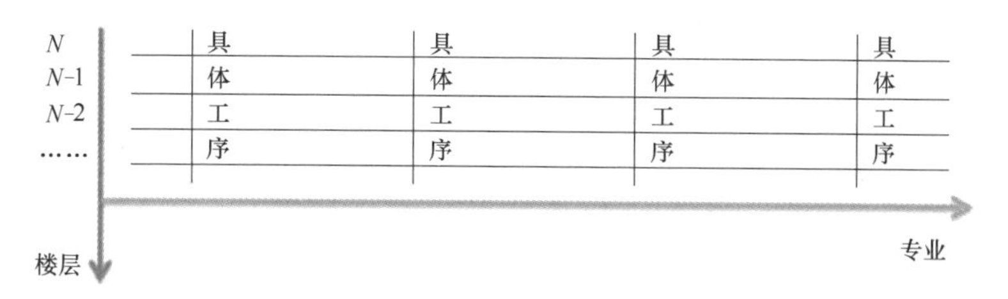


图10-14　穿插流水施工管理工艺流程图

混凝土工程涉及使用混凝土建造建筑的基础和主体结构，是建筑施工中最基础的部分，如图10-15所示。水电安装工程包括建筑内所有电路和管道的布设，如图10-16所示。外墙装饰工程不仅关乎建筑的美观，还涉及保温、防水等功能性要求，常用材料包括砖、石材、涂料等，如图10-17所示。户内精装工程则是对室内空间进行美化和功能布局，包括墙面粉刷、地板铺设及固定装置的安装，如图10-18所示。

图10-15　混凝土工程

图10-16　水电安装工程

图 10-17　外墙装饰工程

图 10-18　户内精装工程

3. 具体施工工序

为了有效展示多层建筑项目中流水施工的工序安排及其时间和逻辑关系，仅列出建筑为3层时的情况，表10-3详细描述了各楼层工序的连续执行计划。

表 10-3　施工工序表

| 楼层 | 工序名称 | 主要活动 | 开始时间 | 结束时间 | 前置工序 |
|---|---|---|---|---|---|
| 1F | 主体结构施工 | 钢筋工程、浇筑 | 06-01 | 06-05 | 无 |
| 2F | 主体结构施工 | 钢筋工程、浇筑 | 06-06 | 06-10 | 1F 主体结构 |
| 3F | 主体结构施工 | 钢筋工程、浇筑 | 06-11 | 06-15 | 2F 主体结构 |
| 1F | 水电安装工程 | 管道敷设、电线布线 | 06-16 | 06-25 | 1F 主体结构 |
| 1F | 外墙装饰工程 | 外墙砌体、窗户安装 | 06-26 | 07-05 | 1F 水电安装 |
| 2F | 水电安装工程 | 管道敷设、电线布线 | 06-26 | 07-05 | 2F 主体结构 |
| 1F | 户内精装工程 | 墙面粉刷、地板铺设 | 07-06 | 07-15 | 1F 外墙装饰 |
| 2F | 外墙装饰工程 | 外墙砌体、窗户安装 | 07-06 | 07-15 | 2F 水电安装 |
| 3F | 水电安装工程 | 管道敷设、电线布线 | 07-06 | 07-15 | 3F 主体结构 |
| 2F | 户内精装工程 | 墙面粉刷、地板铺设 | 07-16 | 07-25 | 2F 外墙装饰 |
| 3F | 外墙装饰工程 | 外墙砌体、窗户安装 | 07-16 | 07-25 | 3F 水电安装 |
| 3F | 户内精装工程 | 墙面粉刷、地板铺设 | 07-26 | 08-05 | 3F 外墙装饰 |
| ⋮ | ⋮ | ⋮ | ⋮ | ⋮ | ⋮ |



穿插流水施工主要优点如下：

1）时间效率提高：当一层的结构施工完成后，随后楼层可以立即开始相同的工序，而该层的下一步工序（如外墙装饰）也可以同时开始，这样工序之间不会有互相等待的时间。

2）资源利用最优化：施工团队可以根据工序进度灵活调整施工，从而避免在某一楼层等待材料或人力的情况。

3）成本控制：更短的施工周期减少了场地租赁和临时设施的费用，同时也减轻了财务压力。

4）质量保证：流水施工减少了不同工种之间的干扰和碰撞，每个工序都在计划的时间内完成，从而减少了事故的发生概率。

## 思 考 题

1. 什么是依次施工、平行施工、流水施工？
2. 流水施工的主要参数有哪些？如何选定？
3. 试分析分层分段流水作业时，流水段数与施工过程数或施工队数之间的关系。
4. 如何确定一般成倍节拍流水的流水步距？

## 习 题

1. 已知某工程施工过程数 $n=3$，各施工过程的流水节拍为 $t_1=t_2=t_3=3\mathrm{d}$，施工段数 $m=4$，试组织流水施工，计算总工期，绘出水平图表和垂直图表。

2. 某工程包括四个施工过程，三个施工段，各施工过程按最合理的流水施工组织确定的流水节拍为：

1）$t_1=t_2=t_3=t_4=2\mathrm{d}$，并有 $Z_{2,3}=1\mathrm{d}$，$C_{3,4}=1\mathrm{d}$；

2）$t_1=4\mathrm{d}$，$t_2=2\mathrm{d}$，$t_3=4\mathrm{d}$，$t_4=2\mathrm{d}$，并有 $Z_{2,3}=2\mathrm{d}$。

试分别组织流水施工，绘制施工横道图。

3. 某工程项目由三个分项工程组成，划分六个施工段。各分项工程在各个施工段上的持续时间依次为6d、2d 和 4d。试编制成倍节拍流水施工方案。

4. 某工程项目由挖地槽、做垫层、砌基础和回填土四个分项工程组成，该工程在平面上划分为六个施工段。各分项工程在各施工段上的流水节拍见表 10-4。做垫层后，其相应施工段至少应养护 2d。试编制该工程流水施工方案。

表 10-4 各施工段上的流水节拍 （单位：d）

| 分项工程名称 | 流水节拍 | | | | | |
|---|---|---|---|---|---|---|
| | ① | ② | ③ | ④ | ⑤ | ⑥ |
| 挖地槽 | 3 | 4 | 3 | 4 | 3 | 3 |
| 做垫层 | 2 | 1 | 2 | 1 | 2 | 2 |
| 砌基础 | 3 | 2 | 2 | 3 | 2 | 3 |
| 回填土 | 2 | 2 | 1 | 2 | 2 | 2 |

# 第11章 网络计划技术

学习目标

了解网络计划的基本原理与基本概念；掌握双代号、单代号网络图的绘图规则和方法；掌握时间参数的意义与计算；了解时标网络计划的编制；了解网络计划的优化与调整；能够识读和编制一般工程的网络计划图。

## 11.1 网络计划技术概述

### 11.1.1 网络计划技术的概念及特点

网络计划技术法也称统筹法，是以网络图反映、表达计划安排，据以选择最优工作方案，组织协调和控制生产（项目）的进度（时间）和费用（成本），使其达到预定目标，获得最佳经济效益的一种优化决策的计划编制方法。它是用于工程项目的计划与控制的一项管理技术。

网络计划技术的基本模型是网络图。网络图由箭线和节点组成，用来表示工作流程的有向、有序的网状图形。在网络图上加注工作时间参数而编成的进度计划称为网络计划。网络计划技术为施工管理提供许多信息，有利于加强施工管理，既是一种编制计划的方法，又是一种科学的管理方法。它的特点是：

1）网络图把施工过程中的各有关工作组成了一个有机的整体，能全面而明确地表达出各项工作开展的先后顺序，反映各项工作之间互相制约和互相依赖的关系。

2）能进行各种时间参数的计算。

3）在名目繁多、错综复杂的计划中找出决定工程进度的关键工作，便于计划管理者集中力量抓主要矛盾，确保工期，避免盲目施工。

4）能够从许多可行方案中选出最优方案。

5）在计划的执行过程中，当某一工作由于某种原因推迟或者提前完成时，可以预见到它对整个计划的影响程度，而且能根据变化的情况，迅速进行调整，保证自始至终对计划进行有效的控制与监督。

6）利用网络计划中反映的各项工作的时间储备，可以更好地调配人力、物力，以达到降低成本的目的。

7）网络计划技术的出现与发展使现代化的计算工具——计算机在建筑施工计划管理中得以应用。

### 11.1.2　网络计划的分类

1. 按绘图符号分类

（1）双代号网络计划　双代号网络计划是用双代号网络图表示的网络计划。双代号网络图是以箭线及其两端节点的编号表示工作的网络图。

（2）单代号网络计划　单代号网络计划是用单代号网络图表示的网络计划。单代号网络图是以单代号绘制法绘制的网络图。

2. 按网络计划目标分类

（1）单目标网络计划　它是指只有一个终点节点的网络计划，即网络图只具有一个最终目标。

（2）多目标网络计划　它是指终点节点不止一个的网络计划，该网络计划具有若干个独立的最终目标。

3. 按网络计划时间表达方式分类

（1）时标网络计划　它是指以时间坐标为尺度绘制的网络计划。在网络图中，每项工作箭线的水平投影长度与其持续时间成反比。例如，编制资源优化的网络计划，即为时标网络计划。

（2）非时标网络计划　它是指不按时间坐标绘制的网络计划。在网络图中，工作箭线长度与持续时间无关，可按需要绘制。通常绘制的网络计划都是非时标网络计划。

4. 按网络计划层次分类

（1）局部网络计划　以一个分部工程或施工段为对象编制的网络计划称为局部网络计划。

（2）单位工程网络计划　以一个单位工程为对象编制的网络计划称为单位工程网络计划。

（3）综合网络计划　以一个建筑项目或建筑群为对象编制的网络计划称为综合网络计划。

5. 按工作衔接特点分类

（1）普通网络计划　工作关系均按首尾衔接关系绘制的网络计划称为普通网络计划，如单代号、双代号网络计划。

（2）搭接网络计划　按照各种规定的搭接时距绘制的网络计划称为搭接网络计划。网络图中既能反映各种搭接关系，又能反映互相衔接关系，如前导网络计划。

（3）流水网络计划　充分反映流水施工特点的网络计划称为流水网络计划。它包括横道流水网络计划、搭接流水网络计划和双代号流水网络计划。



## 11.2　双代号网络图（时标网络计划）

### 11.2.1　基本概念

双代号网络图由箭线、节点和线路三个基本要素构成。

（1）箭线　网络图中一端带箭头的线即为箭线。在双代号网络图中，一条箭线表示一项工作。每项工作都要消耗一定的时间和资源，因此只要是消耗一定时间的施工过程都可作为一项工作，这样的工作要用实箭线表示。

有时为了正确表达施工过程的逻辑关系，必须使用一种虚箭线，这种虚箭线不占用时间，不消耗资源，只表示工作之间的连接问题，称为虚工作，起到施工过程之间的逻辑连接或逻辑间断的作用，如图 11-1 所示。

箭线的箭尾节点表示一项工作的开始，而箭头节点表示一项工作的结束。箭线的长短不反映该工作持续时间的长短。工作的名称（或字母标号）标注在箭线上方，该工作的持续时间标注在箭线下方，如图 11-2 所示。

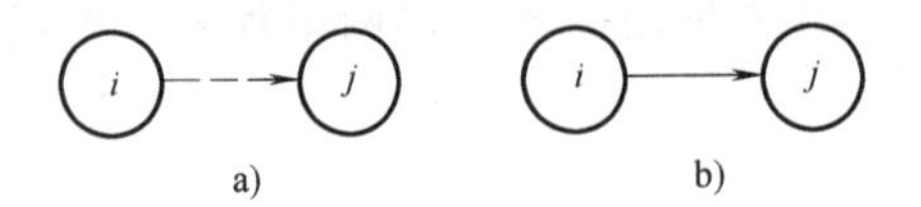


图 11-1　箭线表达方式
a）虚工作　b）实工作

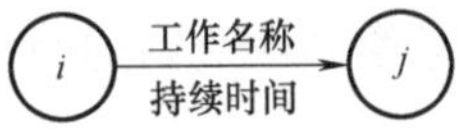

工作名称
持续时间

图 11-2　双代号网络图工作的表达方式

（2）节点　在网络图中标志着工作的开始或结束的瞬间，具有承上启下衔接的作用，不需要消耗时间和资源，又称为事件。网络图中有起点节点、中间节点和终点节点。

1）起点节点，即网络图中的第一个节点，表示一项工作的开始，是在网络图中没有箭头指向的节点。在单日标网络图中，只有一个起点节点。

2）中间节点，即前一项工作的结束和后一项工作的开始的节点。

3）终点节点，即网络图中的最后一个节点，表示一项工作的完成，是在网络图中没有引出箭线的节点。

在网络图中每一个节点都要编号。编号的顺序是每一个箭线的箭尾节点编号 $i$ 必须小于箭头节点编号 $j$，并且所有节点代号都是唯一的。

（3）线路　网络图中从起点节点开始，沿箭线方向顺序通过一系列箭线与节点，最后到达终点节点的通路称为线路。线路既可以用该线路上的节点编号来表示，也可依次用该线路上的工作名称来表示。每一条线路都有自己确定的完成时间，它等于该线路上各项工作持续时间的总和。例如，图 11-3 中的线路有五条线路：①→②→④→⑥（8d），①→②→③→④→⑥（10d），①→②→③→⑤→⑥（9d），①→③→④→⑥（14d），①→③→⑤→⑥（13d）。

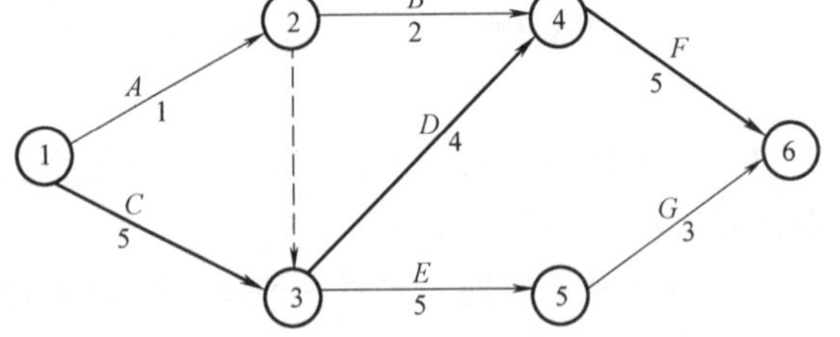


图 11-3　双代号网络图中的线路



根据每条线路的时间长短，可将网络图的线路分为关键线路和非关键线路两种。

关键线路是指网络图中线路持续时间最长的线路，其线路时间代表整个网络图的计算总工期。关键线路至少有一条，应以粗箭线或双箭线表示。关键线路上的工作称为关键工作。在网络计划的实施过程中，关键工作的实际进度提前或拖后，均会对总工期产生影响，因此关键工作的实际进度是建设工程进度控制工作中的重点。通过采用技术组织措施缩短某些关键工作持续时间有可能将关键线路转化为非关键线路。

网络计划中关键线路以外的所有线路都称为非关键线路。非关键线路具有如下性质：

1）线路时间仅代表该条线路的计划工期。

2）非关键工作均有机动时间可用。

3）如果拖延了某些非关键工作的持续时间，非关键线路可能转化为关键线路。

（4）逻辑关系　工作之间互相制约或依赖的关系称为逻辑关系。工作中的逻辑关系包括工艺关系和组织关系。

1）工艺关系：由生产工艺所决定的各工作之间的先后顺序关系。图 11-4 所示的填土Ⅰ→垫层Ⅰ→面层Ⅰ称为工艺关系。

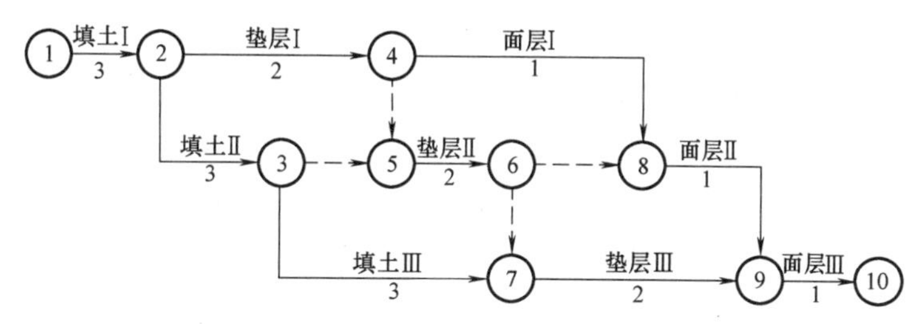


图 11-4　工作之间的逻辑关系

2）组织关系：由于人力或物力等资源的组织与安排需要而形成的各工作之间的先后顺序关系。图 11-4 所示的填土Ⅰ→填土Ⅱ、垫层Ⅰ→垫层Ⅱ之间的关系称为组织关系。

（5）工作　工作（或称工序、活动、施工过程等）是网络图的基本组成部分。根据计划任务需要的粗细程度，工作可划分成消耗时间或同时也消耗资源的一个子项目或子任务。为了表达工作之间的逻辑关系，又把工作分为如下三类：

1）紧前工作。紧安排在该工作之前的工作称为该工作的紧前工作。如图 11-4 所示，填土Ⅰ是填土Ⅱ的紧前工作，填土Ⅰ也是垫层Ⅰ的紧前工作。垫层Ⅱ的紧前工作是两道虚工作，但由于虚工作仅表示逻辑关系，因此垫层Ⅱ的紧前工作是填土Ⅱ和垫层Ⅰ。

2）紧后工作。相对于某工作而言，紧排在该工作之后的工作称为该工作的紧后工作。如图 11-4 所示，填土Ⅰ的紧后工作有垫层Ⅰ和填土Ⅱ，垫层Ⅱ的紧后工作有面层Ⅱ和垫层Ⅲ。

3）平行工作。相对于某工作而言，可以与该工作同时进行的工作称为该工作的平行工作。如图 11-4 所示，垫层Ⅱ的平行工作有面层Ⅰ和填土Ⅲ。

### 11.2.2　双代号网络图的绘制

#### 1. 绘图规则

1）正确表达已给定的逻辑关系，这是网络图绘制必须满足的基本要求。逻辑关系表达方法见表 11-1。

表 11-1　各工作逻辑关系的表达方法

| 序号 | 工作之间的逻辑关系 | 表示方法 |
| --- | --- | --- |
| 1 | *A* 完成后进行 *B*，*B* 完成后进行 *C* | $\bigcirc \xrightarrow{A} \bigcirc \xrightarrow{B} \bigcirc \xrightarrow{C} \bigcirc$ |

（续）

| 序号 | 工作之间的逻辑关系 | 表示方法 |
| --- | --- | --- |
| 2 | $A$ 完成后同时进行 $B$ 和 $C$ | 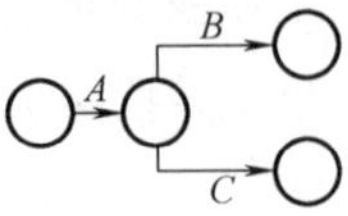 $A$ $B$ $C$ |
| 3 | $A$ 和 $B$ 均完成后进行 $C$ | 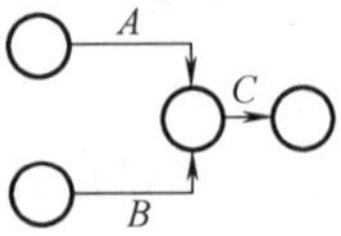 $A$ $C$ $B$ |
| 4 | $A$ 和 $B$ 均完成后同时进行 $C$ 和 $D$ | 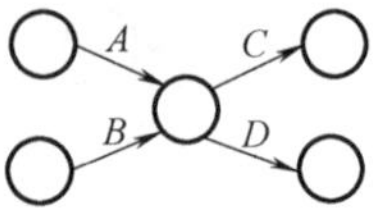 $A$ $C$ $B$ $D$ |
| 5 | $A$ 完成后进行 $C$，$A$ 和 $B$ 均完成后进行 $D$ | 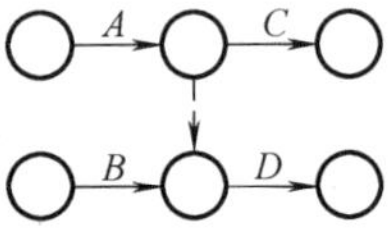 $A$ $C$ $B$ $D$ |
| 6 | $A$、$B$ 均完成后进行 $D$，$A$、$B$、$C$ 均完成后进行 $E$，$D$、$E$ 均完成后进行 $F$ | 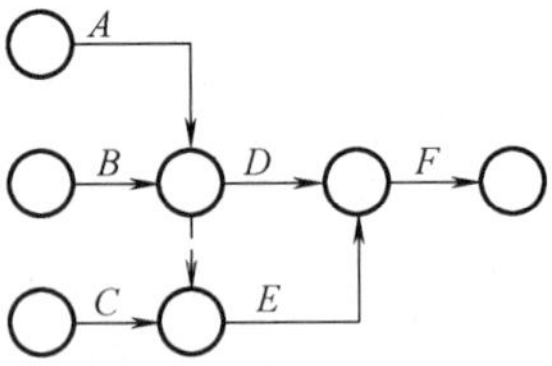 $A$ $B$ $D$ $F$ $C$ $E$ |
| 7 | $A$、$B$ 均完成后进行 $C$，$B$、$D$ 均完成后进行 $E$ | 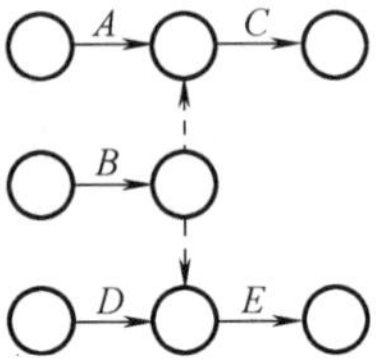 $A$ $C$ $B$ $D$ $E$ |
| 8 | $A$、$B$ 两项工作先后进行，分三段进行流水施工；$A_1$ 完成后进行 $A_2$，$B_1$、$A_2$ 均完成后进行 $B_2$，$B_2$、$A_3$ 均完成后进行 $B_3$ | 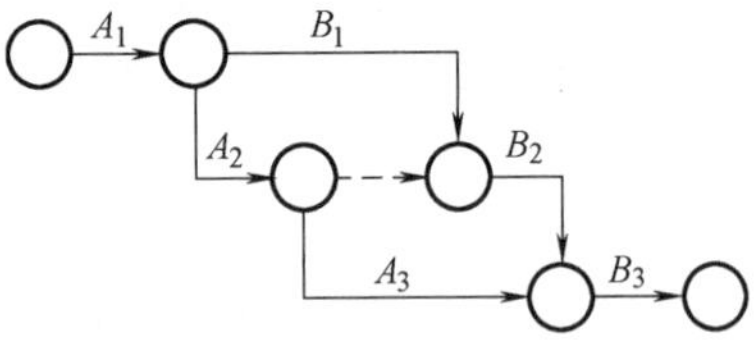 $A_1$ $B_1$ $A_2$ $B_2$ $A_3$ $B_3$ |

2）双代号网络图是由许多线路组成的封闭图形，应只有一个起点节点，在不分期完成任务的网络图中，应只有一个终点节点，而其他所有节点都是中间节点，如图 11-5 所示。



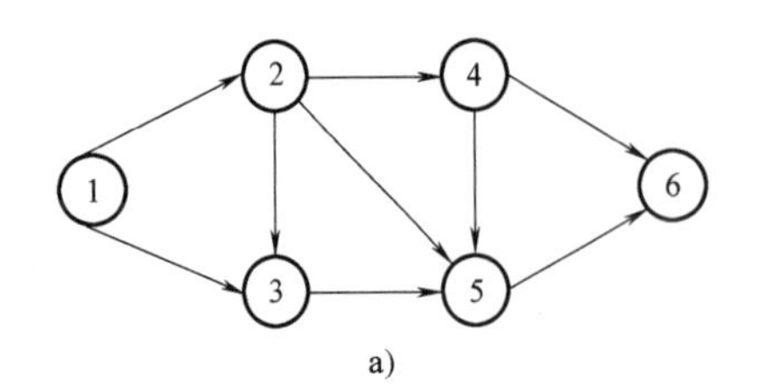

a)

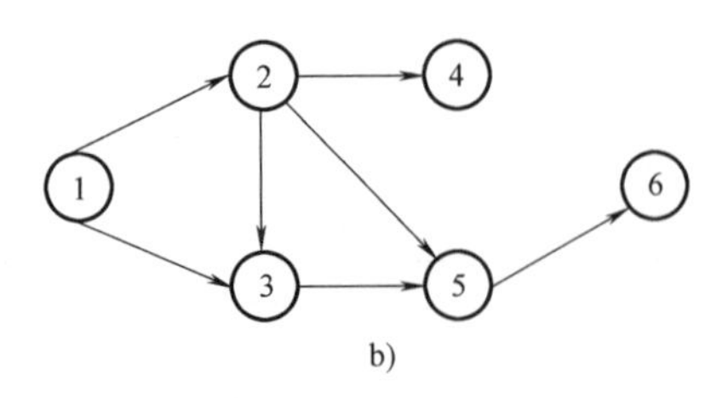

b)

图 11-5　双代号网络图节点示意图

a）正确　b）错误

3）双代号网络图中严禁出现循环回路。图 11-6 所示的②→③→⑤→②就是循环回路。它表示的网络图在逻辑关系上是错误的。

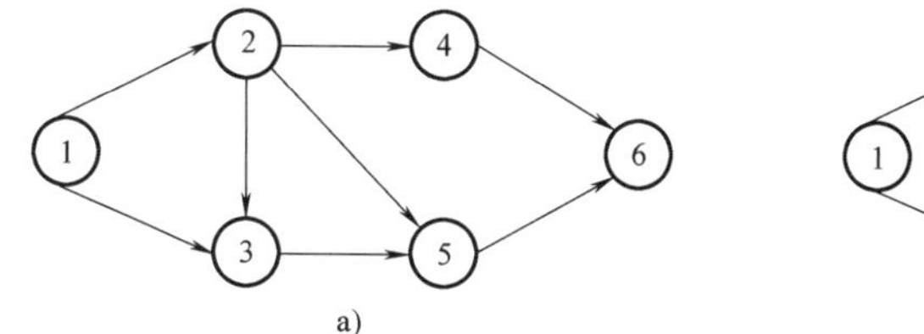


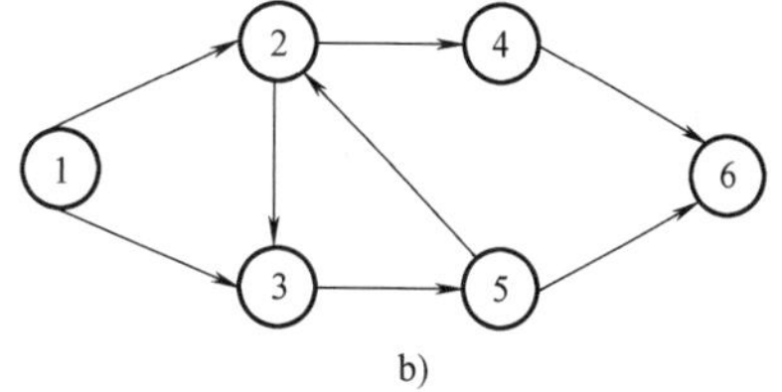


图 11-6 双代号网络图循环回路

a）正确 b）错误

4）双代号网络图中严禁出现双向箭头或无箭头的箭线或无节点的箭线，如图 11-7 所示。

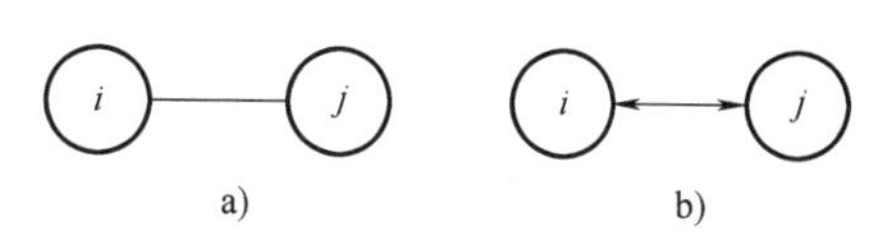


图 11-7 错误的工作箭线画法

5）绘制双代号网络图时，箭线不宜交叉，当交叉不可避免时，可用过桥法或指向法，如图 11-8 所示。

6）当网络图的起点节点有多条外向箭线或终点节点有多条内向箭线时，为使图形简洁，可应用母线法绘图。使多条箭线经一条公用的母线线段从起点节点引出，或使多条箭线经一条公用的母线线段引入终点节点。当箭线线性不同（粗线、细线、虚线和点画线等）且会导致误解时，不得用母线法绘图，如图 11-9 所示。

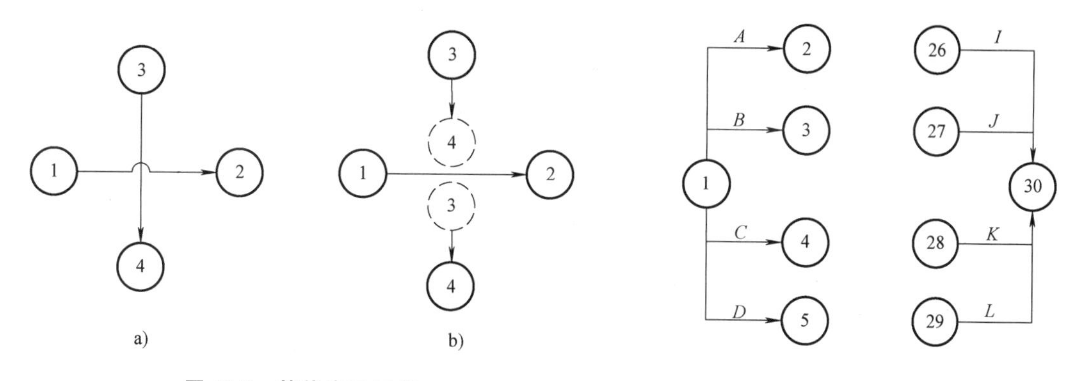


图 11-8 箭线交叉画法

a）过桥法 b）指向法

图 11-9 母线法绘图

7）双代号网络图中，一项工程应只有唯一的一条箭线和相应的一对节点编号，箭尾的节点编号应小于箭头的节点编号。网络图的节点编号不重复，编号可以任意，不必连续但不能重号。

2. 双代号网络图的绘制

绘制工程项目的网络图一般分成如下四步：

1）对该工程项目的工序进行系统分析，确定各工序之间的逻辑关系，绘制工序逻辑关系图。

2）按网络计划逻辑关系的正确表达方法，从没有紧前工作的工序画起，按照工序逻辑关系，自左向右逐步把各工序组合在一起，构成组合逻辑关系图。

3）按照网络图的绘图规则及工序逻辑关系表，检查、调整组合逻辑关系图，并完善双代号网络图。

4）对网络图进行整理，去掉多余的虚工作，并使其布局合理，表达清楚。具体绘制过程通过【例 11-1】说明。

【例 11-1】 某工业厂房地面工程划分为Ⅰ、Ⅱ、Ⅲ三个施工段和填土、垫层、面层三个施工过程，每个施工过程安排一个施工队进行施工，且各施工过程的流水节拍分别为3d、2d、1d。请绘制出该工程的双代号网络图。

解：分析各工序之间的逻辑关系，绘制逻辑关系表。三道工序的逻辑关系为：填土→垫层→面层；组织关系为：第Ⅰ段→第Ⅱ段→第Ⅲ段。归纳两类关系得到该工程的工序逻辑关系，见表 11-2。

表 11-2　工序逻辑关系

| 序号 | 工序名称 | 紧前工作 | 说明 |
|---|---|---|---|
| 1 | 填土Ⅰ | — | 开始工序 |
| 2 | 垫层Ⅰ | 填土Ⅰ | 工艺关系 |
| 3 | 面层Ⅰ | 垫层Ⅰ | 工艺关系 |
| 4 | 填土Ⅱ | 填土Ⅰ | 组织关系 |
| 5 | 垫层Ⅱ | 填土Ⅱ | 工艺关系 |
|  |  | 垫层Ⅰ | 组织关系 |
| 6 | 面层Ⅱ | 垫层Ⅱ | 工艺关系 |
|  |  | 面层Ⅰ | 组织关系 |
| 7 | 填土Ⅲ | 填土Ⅱ | 组织关系 |
| 8 | 垫层Ⅲ | 填土Ⅲ | 工艺关系 |
|  |  | 垫层Ⅱ | 组织关系 |
| 9 | 面层Ⅲ | 垫层Ⅲ | 工艺关系 |
|  |  | 面层Ⅱ | 组织关系 |

根据工序逻辑关系，绘制组合逻辑关系图，如图 11-10 所示。

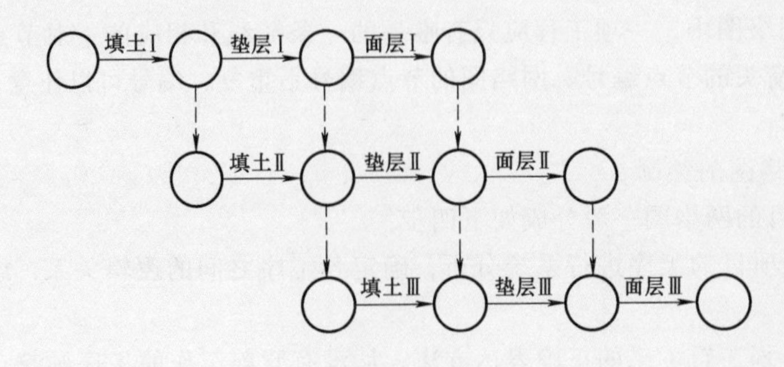


图 11-10　组合逻辑关系图

检查组合逻辑关系图中各工序逻辑关系表达是否正确，如有错误，通过增加虚工作的方法进行修正。参照网络图绘图规则及工序逻辑关系表，检查如下：填土Ⅰ为起始工作，表达正确。垫层Ⅰ的紧前工作是填土Ⅰ，表达正确。同理，面层Ⅰ和填土Ⅱ表达正确。垫层Ⅱ有两个紧前工作，即填土Ⅱ和垫层Ⅰ，表达正确。同理，面层Ⅱ和面层Ⅲ表达正确。

从逻辑关系表中可知，填土Ⅲ的紧前工作只有一个，即填土Ⅱ，而在组合逻辑关系图中观察发现填土Ⅲ的紧前工作有两个，分别由两个虚工作作为连接引入，一个是填土Ⅱ，一个是垫层Ⅰ。由逻辑关系表可知，增加了填土Ⅲ和垫层Ⅰ的逻辑关系，表达错误（图11-11a），需要改变表达方式，剔除填土Ⅲ和垫层Ⅰ的逻辑关系。修正如下（图11-11b）：由于填土Ⅱ与垫层Ⅰ有共同的紧后工作，即垫层Ⅱ，而填土Ⅱ又有自己的紧后工作，即填土Ⅲ，则必须从填土Ⅱ的结束节点 $A$ 引出虚工作 $A—B$，在 $A$ 节点填土Ⅱ完成，用它作为填土Ⅲ的开始节点，在 $B$ 节点垫层Ⅰ与填土Ⅱ均完成，只作为垫层Ⅱ的开始节点。

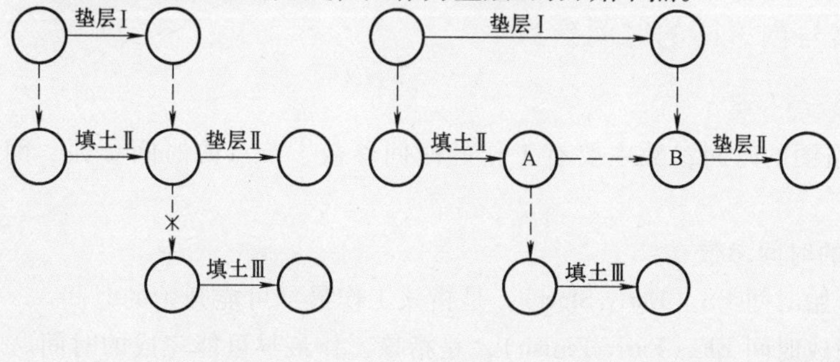


图 11-11 【例 11-1】工程的双代号网络图修改（一）

a）修改前　b）修改后

同理，错误的还有垫层Ⅲ，修改方式同前，如图11-12所示。

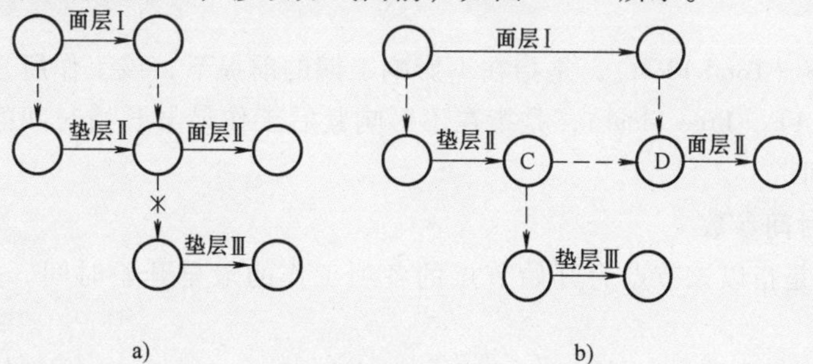


图 11-12 【例 11-1】工程的双代号网络图修改（二）

a）修改前　b）修改后

检查修正完毕。修改后的双代号网络图如图11-13所示。

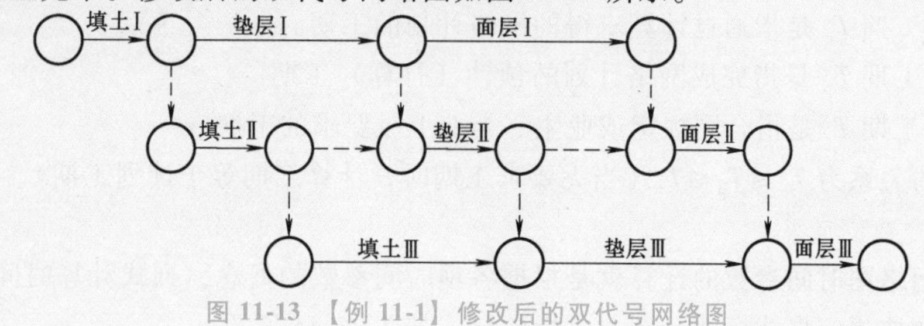


图 11-13 【例 11-1】修改后的双代号网络图

最后，去掉多余虚工作，并给节点编号，添加各施工过程的持续时间，完成绘图，如图 11-14 所示。

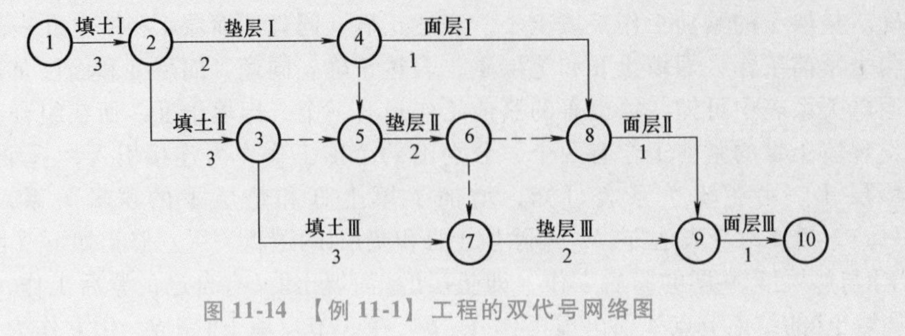


图 11-14 【例 11-1】工程的双代号网络图

## 11.2.3 双代号网络图的时间参数

### 1. 时间参数的分类

双代号网络图的时间参数主要有工作的时间参数、节点的时间参数、网络计划的工期三类。

（1）工作的时间参数

1）最早开始时间 ES（Early Start），是指该工作最早可能开始的时间。

2）最早完成时间 EF（Early Finish），是指该工作最早可能完成的时间。

3）最迟开始时间 LS（Late Start），是指在不影响工期的前提下，该工作最迟必须开始的时间。

4）最迟完成时间 LF（Late Finish），是指在不影响工期的前提下，该工作最迟必须完成的时间。

5）总时差 TF（Total Float），是指在不影响工期的前提下，该工作所具有的机动时间。

6）自由时差 FF（Free Float），是指在不影响紧后工作最早开始时间的前提下，该工作所具有的机动时间。

（2）节点的时间参数

1）最早时间是指以该节点为开始节点的各项工作的最早开始时间。第 $i$ 个节点用 $ET_i$ 表示。

2）最迟时间是指以该节点为完成节点的各项工作的最迟完成时间。第 $i$ 个节点用 $LT_i$ 表示。



（3）网络计划的工期

1）计算工期 $T_c$ 是指通过计算求得的网络计划的工期。

2）计划工期 $T_p$ 是指完成网络计划的预计（打算）工期。

3）要求工期 $T_r$ 是指合同规定或业主、企业上级要求的工期。

这三者的关系为 $T_c \leqslant T_p \leqslant T_r$（当无要求工期时，计算工期等于计划工期）。

### 2. 时间参数的计算

双代号网络图时间参数的计算就是根据各项时间参数的概念，列式计算时间参数，并随时将时间参数按规定格式标注在图上。标注格式如图 11-15 所示。

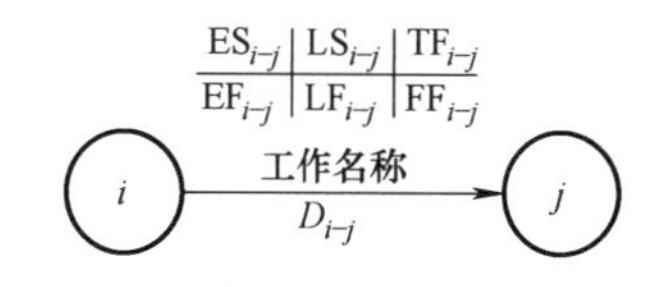

图 11-15 双代号网络图时间标注格式

(1) 图上计算法 根据时间参数的概念可知，由于工作最早开始时间 $ES_{i—j}$ 和最早完成时间 $EF_{i—j}$ 反映工作 $i—j$ 与前面工作的时间关系，因此 $ES_{i—j}$ 和 $EF_{i—j}$ 的计算应以紧前工作的时间参数为基础，从左至右，从起点节点开始顺着箭线进行；工程的最迟开始时间 $LS_{i—j}$ 和最迟完成时间 $LF_{i—j}$ 反映工作 $i—j$ 与后面工作的时间关系，因此 $LS_{i—j}$ 和 $LF_{i—j}$ 计算应以紧后工作的时间参数为基础，从右至左逆着箭线进行。其计算顺序及公式如下：

1）计算工作的最早开始时间 $ES_{i—j}$。

① 以起点节点为开始节点的工作：

$$ES_{i—j}=0 \tag{11-1}$$

② 其他工作：

$$ES_{i—j}=\max\{EF_{h—i}\}=\max\{ES_{h—i}+D_{h—i}\} \tag{11-2}$$

式中 $h—i$——工作 $i—j$ 的紧前工作；

$D_{h—i}$——工作 $h—i$ 的持续时间。

计算口诀：顺箭线进行，逢圈取大。

2）计算工作的最早完成时间 $EF_{i—j}$：

$$EF_{i—j}=ES_{i—j}+D_{i—j} \tag{11-3}$$

网络计划的计算工期等于以终点节点为完成节点的工作的最早完成时间的最大值，即

$$T_c=\max\{EF_{i—n}\} \tag{11-4}$$

3）计算工作最迟完成时间 $LF_{i—j}$（从终点节点开始逆箭线进行）。当没有规定要求工期时，以终点节点为完成节点的工作的最迟完成时间就等于网络计划的计算工期。

① 以终点节点为完成节点的工作的最迟完成时间：

$$LF_{i—n}=\max\{EF_{i—n}\}=T_c \tag{11-5}$$

② 其他节点的工作的最迟完成时间：

$$LF_{i—j}=\min\{LS_{j—k}\}=\min\{LF_{j—k}-D_{j—k}\} \tag{11-6}$$

式中 $j—k$——工作 $i—j$ 的紧后工作。

计算口诀：逆箭线进行，逢圈取小。

4）计算工作的最迟开始时间 $LS_{i—j}$：

$$LS_{i—j}=LF_{i—j}-D_{i—j} \tag{11-7}$$

5）计算总时差 $TF_{i—j}$。根据总时差的定义可知，它是在保证本工作不影响总工期的前提下，允许该工作推迟其最早开始时间或延长其持续时间的幅度，工作 $i—j$ 的总时差计算式为

$$TF_{i—j}=LF_{i—j}-EF_{i—j}=LS_{i—j}-ES_{i—j} \tag{11-8}$$

6）计算自由时差 $FF_{i—j}$。根据自由时差的定义可知，它是在不影响紧后工作最早开始时间的前提下，允许该工作推迟其最早开始时间或延长其持续时间的幅度。

① 以终点节点为完成节点的工作的自由时差：

$$FF_{i—n}=TF_{i—n}=T_c-EF_{i—n} \tag{11-9}$$

② 其他节点的工作的自由时差：

$$FF_{i—j}=ES_{j—k}-EF_{i—j} \tag{11-10}$$

【例 11-2】　计算图 11-16 所示双代号网络图的时间参数。

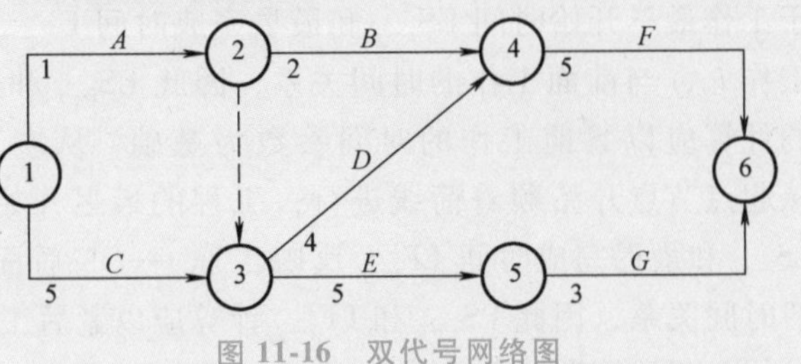


图 11-16　双代号网络图

解：1）计算工作的最早开始时间和最早完成时间。工作最早开始时间的计算应从网络图起点节点开始，顺着箭线方向依次进行。其计算步骤如下：

① 根据式（11-1）得

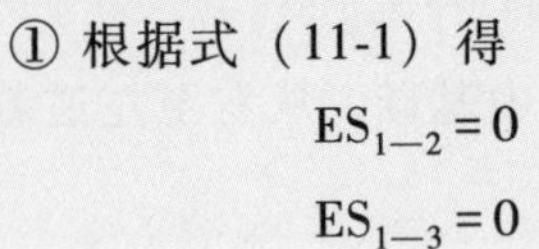

$$ES_{1-2}=0$$

$$ES_{1-3}=0$$

② 起点工作的最早完成时间为

$$EF_{1-2}=ES_{1-2}+D_{1-2}=1$$

$$EF_{1-3}=ES_{1-3}+D_{1-1}=5$$

③ 其他工作的最早开始时间和最早完成时间。

只有一个紧前工作的工作，例如，$ES_{2-4}=EF_{1-2}=1$，$EF_{2-4}=ES_{2-4}+D_{2-4}=3$。

有多个紧前工作的工作，例如，$ES_{3-5}=\max\{EF_{1-3},EF_{2-3}\}=\max\{5,1\}=5, EF_{3-5}=ES_{3-5}+D_{3-5}=10$。

其他工作依次相应计算，边算边填入图 11-17 中。

④ 计算总工期。终点节点的工作为 $F(4—6)$ 和 $G(5—6)$，其最早完成时间的最大值即为总工期，$T_c=14$。

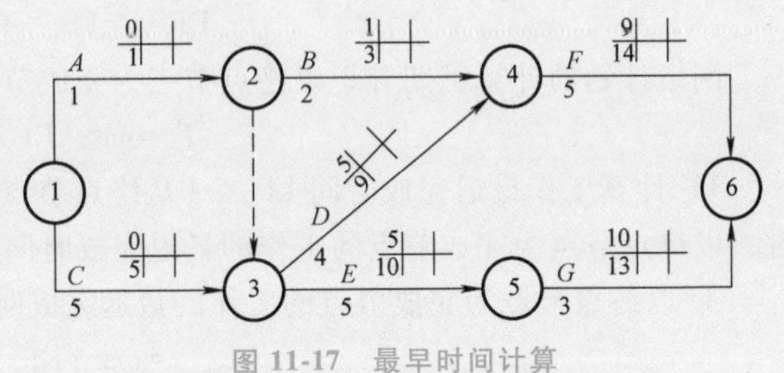


图 11-17　最早时间计算

2）计算工作的最迟完成时间和最迟开始时间。工作最迟完成时间和最迟开始时间应从网络计划的终点节点开始，逆着箭线方向依次进行。其计算步骤如下：

① 以网络计划终点节点为完成节点的工作 $F(4—6)$ 和 $G(5—6)$ 由式（11-5）可得

$$LF_{4-6}=LF_{5-6}=T_c=14$$

② 其最迟开始时间由式（11-7）得

$$LS_{4-6}=LF_{4-6}-D_{4-6}=14-5=9$$

$$LS_{5-6}=LF_{5-6}-D_{5-6}=14-3=11$$

③ 其他工作的最迟开始时间和最迟完成时间为

只有一个紧后工作的工作，例如：工作 $B(2—4)$：

$$LF_{2-4}=LS_{4-6}=9$$

有多个紧后工作的工作，例如，工作 $C$（1—3）：

$$LF_{1-3}=\min\{LS_{3-4},LS_{3-5}\}=\min\{5,6\}=5$$

其他工作依次相应计算，边算边填入图 11-18 中。

3）工作的总时差。根据式（11-8），工作的总时差为图上的同行相减。

$$TF_{1-2}=LS_{1-2}-ES_{1-2}=LF_{1-2}-EF_{1-2}=4-0=5-1=4$$

4）工作的自由时差。

① 以终点节点为完成节点的工作的自由时差：

$$FF_{4-6}=T_c-EF_{4-6}=14-14=0$$

$$FF_{5-6}=T_c-EF_{5-6}=14-13=1$$

② 其他节点的工作的自由时差：

$$FF_{2-4}=ES_{4-6}-EF_{2-4}=9-3=6$$

$$FF_{1-3}=ES_{3-4}-EF_{1-3}=5-5=0$$

③ 其他节点依次类推，计算结果如图 11-19 所示。

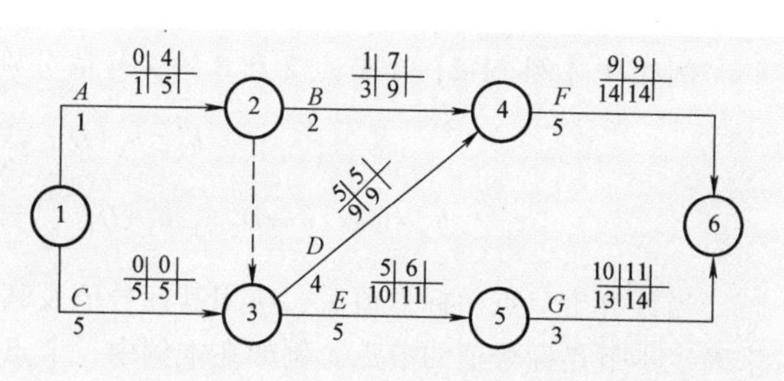

图 11-18　最迟时间计算

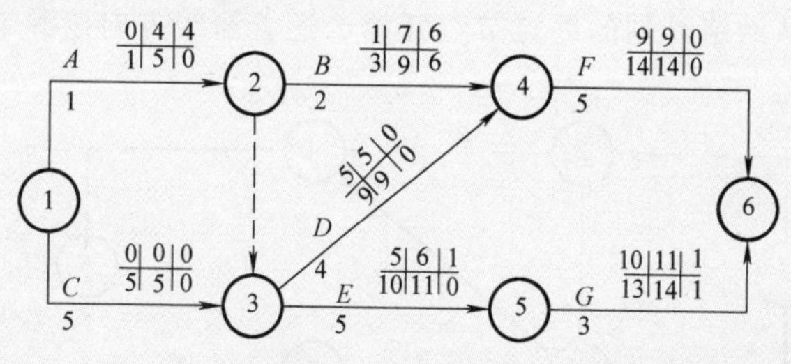

图 11-19　时差计算

5）确定关键工作和关键线路。在网络计划中，总时差最小的工作为关键工作。在本例中关键线路为①→③→④→⑥。关键线路一般可以在原图用双线或粗线表示。图 11-20 所示关键路线上的工作 *C*、*D*、*F* 都为关键工作。在关键线路上可能有虚工作存在。

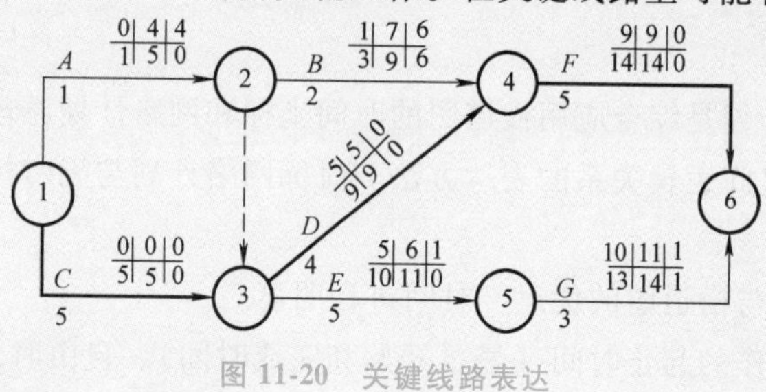

图 11-20　关键线路表达

（2）标号法　标号法是一种快速寻求双代号网络计划计算工期和关键线路的方法。它利用按图上计算法的基本原理，对网络计划中的每一个节点进行标号，利用标号值确定网络计划的计算工期和关键线路。

【例 11-3】　以【例 11-2】的网络图为例，说明标号法的计算过程。

解：1）网络计划起点的标号值为零。在本题中节点 1 的标号值为零，即

$$b_1=0 \tag{11-11}$$

2）其他节点的标号值应根据下式按节点编号从小到大的顺序逐个进行计算：

$$b_j=\max\{b_i+D_{i-j}\} \tag{11-12}$$

式中　$b_j$——工作 $i$—$j$ 的完成节点 $j$ 的标号值；

$b_i$——工作 $i$—$j$ 的开始节点 $i$ 的标号值；

$D_{i-j}$——工作 $i$—$j$ 的持续时间。

例如在【例 11-2】中节点 2 和 3 的标号值分别为

$$b_2 = b_1 + D_{1-2} = 1$$

$$b_3 = \max\{b_2 + D_{2-3}, b_1 + D_{1-3}\} = \max\{1+0, 0+5\} = 5$$

当计算出节点的标号值后，应用其标号值及其源节点对该节点进行标号。源节点是用来确定本节点标号值的节点。例如在本例中，节点 3 的标号值 1 是由节点 1 决定的，故节点 3 的源节点就是节点 1。如果源节点有多个，应将所有源节点标出，如图 11-21 所示。

3）网络计划的计算工期就是网络计划终点节点的标号值。例如在本例中，其计算工期就等于终点节点 6 的标号值为 14。

4）关键线路应从网络计划的终点节点开始，逆着箭线方向按源节点确定。

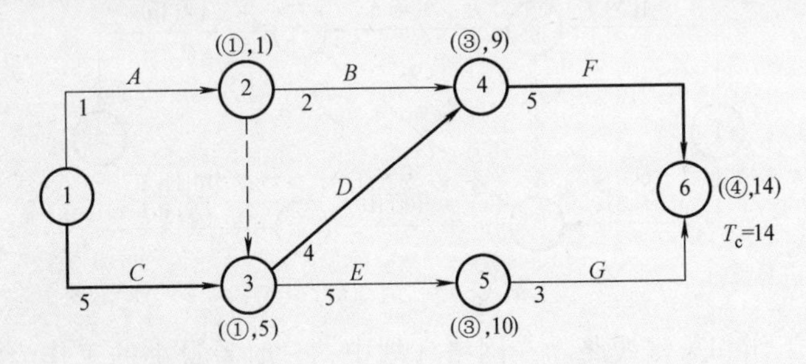


图 11-21　标号法计算总工期和关键线路

## 11.2.4　双代号时标网络计划

双代号时标网络计划是综合应用横道图的时间坐标和网络计划原理，在横道图基础上引入网络计划中各工作之间逻辑关系的表达方法。时标网络计划与无时标网络计划相比较，具有以下特点：

1）兼有网络计划与横道图的优点，时间进程明显。

2）直接显示各工作的起止时间（最早开始和完成时间）、自由时差及关键线路。

3）可直接统计资源需要量。

4）波形线表示间歇。

5）由于虚工作不消耗时间，虚箭线一般是垂直的。

### 1. 双代号时标网络计划的绘制

时标网络计划宜按各项工作的最早开始时间绘制。为此，在绘制时标网络计划时，应使每一个节点和每一项工作（包括虚工作）尽量向左靠，直至不出现从右向左的逆向箭线为止。

在绘制时标网络计划前，应先按已经确定的时间单位绘制时标网络计划表。时间坐标可以标注在时标网络计划表的顶部或底部。时标的长度单位必须明确，必要时，可在顶部时标之上或底部时标之下加注日历的对应时间。当网络计划的规模比较大且复杂时，可以在时标网络计划表的顶部和底部同时标注时间坐标。时标网络计划见表 11-3，表中部的刻度线宜为细线。为使图面清晰，此线也可不画或少画。

表 11-3　时标网络计划表

| 网络计划 | | | | | | | | | | | | | |
|---|---|---|---|---|---|---|---|---|---|---|---|---|---|
| 时间单位 | 1 | 2 | 3 | 4 | 5 | 6 | 7 | 8 | 9 | 10 | 11 | 12 | 13 |
| 网络计划 | | | | | | | | | | | | | |
| 时间单位 | 1 | 2 | 3 | 4 | 5 | 6 | 7 | 8 | 9 | 10 | 11 | 12 | 13 |

时标网络计划的绘制方法有两种：一种是先计算网络计划的时间参数，再根据时间参数按草图在时标表上进行绘制，称间接绘制法；一种是不计算网络计划的时间参数直接按草图在时标表上编绘，称直接绘制法。

（1）间接绘制法　采用间接绘制法时，应先按每项工作的最早开始时间将其箭尾节点定位在时标表上，再用规定线型绘制出工作及其自由时差，形成时标网络计划。

（2）直接绘制法　不经计算直接按草图编绘时标网络计划，应按下列方法逐步进行：

1）将起点节点定位在时标表的起始刻度线上。

2）按工作持续时间在时标表上绘制起点节点的外向箭线。

3）工作的箭头节点必须在其所有内向箭线绘出以后，定位在这些内向箭线中最晚完成的实箭线箭头处。某些内向实箭线长度不足以到达该箭头节点时，用波形线补足。

4）用上述方法自左至右依次确定其他节点位置，直至终点节点定位绘完。

【例 11-4】 把【例 11-2】的双代号网络图绘制成双代号时标网络图。

解：1）将网络计划的起点节点定位在时标网络计划表的起始刻度线上。如图 11-22 所示，节点①就是定位在时标网络计划表的起始刻度线“0”位置上。

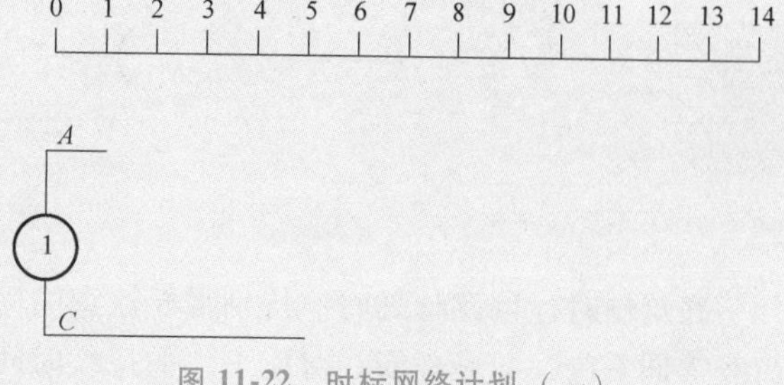


图 11-22　时标网络计划（一）

2）按工作的持续时间绘制以网络计划起点节点为开始节点的工作箭线，如图 11-22 所示，分别绘出工作箭线 $A$ 和 $C$。

3）除网络计划的起点节点外，其他节点必须在所有以该节点为完成节点的工作箭线均绘出后，定位在这些工作箭线中最迟的箭线末端。当某些工作箭线的长度不足以到达该节点时，须用波形线补齐，箭头画在与该节点的连接处。例如在本例中，图 11-23 所示节点②直接定位在工作箭线 $A$ 的末端；节点③直接定位在工作箭线 $C$ 的末端。虚工作 2—3 的长度不足以到达节点③，因而用波形线补足。

4）当某个节点的位置确定之后，即可绘制以该节点为开始节点的工作箭线。例如在本例中，在图 11-23 的基础上，可以分别以节点 2、节点 3 为开始节点绘制工作箭线 $B$、$D$、$E$，如图 11-24 所示。

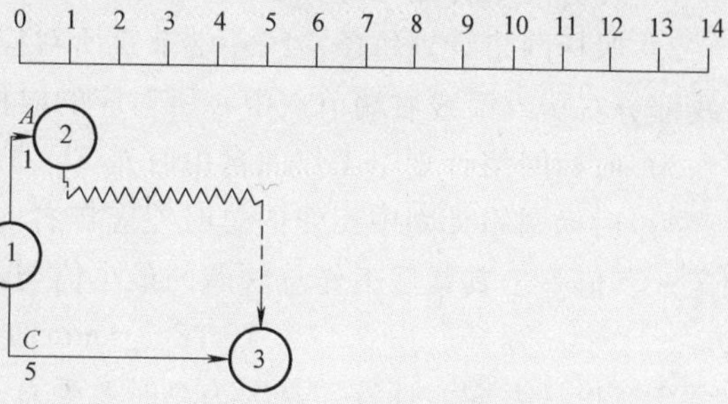

图 11-23　时标网络计划（二）

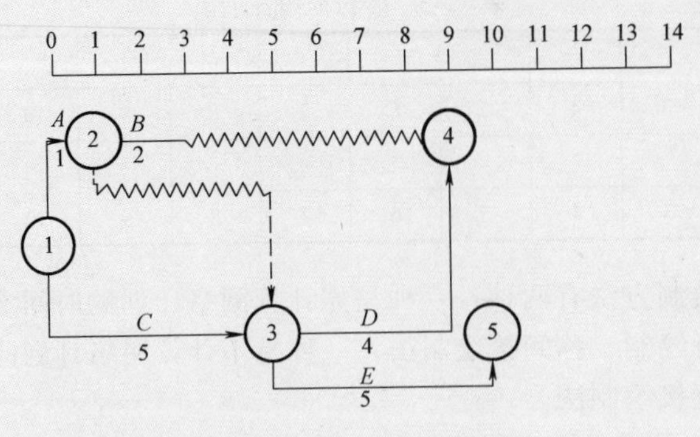


图 11-24 时标网络计划（三）

5）利用上述方法从左至右依次确定其他各个节点的位置，直至绘出网络计划的终点节点，如图 11-25 所示。

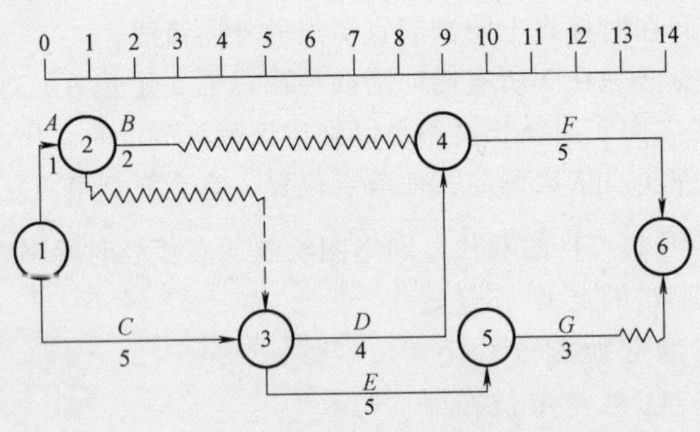


图 11-25 时标网络计划（四）

在绘制时标网路计划时，特别需要注意的问题是处理好虚箭线。首先应将虚箭线与实箭线等同看待，只是虚箭线对应工作的持续时间为零。其次尽管它本身没有持续时间，但可能存在波形线。因此要按规定绘出波形线。在画波形线时，其垂直部分仍应画为虚线。

2. 关键线路的确定和时间参数的计算

（1）关键线路的确定　时标网络计划关键线路可自终点节点逆箭线方向朝起点节点逐次进行判定。自始至终都不出现波形线的线路即为关键线路。

（2）时间参数的计算

1）时标网络计划的计算工期，应是其终点节点与起点节点的时间之差。

2）时标网络计划每条箭线左端节点所对应的时标值代表工作的最早开始时间 ES，箭线实线部分右端或箭线右端节点中心所对应的时标值代表工作的最早完成时间 EF。

3）时标网络计划中工作的自由时差 FF 值应为其波形线在坐标轴上的水平投影长度。

4）时标网络计划中工作的总时差应自右向左，在其紧后工作的总时差都被判定后才能判定。其值等于其紧后工作总时差的最小值与本工作自由时差之和，即

$$TF_{i-j}=\min\{TF_{j-k}\}+FF_{i-j} \tag{11-13}$$

之所以从右向左计算，是因为总时差受总工期制约，故只有在其紧后工作的总时差确定后才能计算。

总时差是线路时差，也是公用时差，其值大于或等于工作自由时差值。因此除本工作独用的自由时差必然是总时差的一部分外，还必然包含紧后工作的总时差值。如果本工作有多项紧后工作的总时差值，只有取其最小总时差值才不会影响总工期。

5）工作的最迟开始时间等于本工作的最早开始时间与其总时差之和，即

$$LS_{i-j}=ES_{i-j}+TF_{i-j} \tag{11-14}$$

6）工作的最迟完成时间等于本工作的最早完成时间与其总时差之和，即

$$LF_{i-j}=EF_{i-j}+TF_{i-j} \tag{11-15}$$

## 11.3 单代号网络图

### 1. 单代号网络图的基本表达方式

单代号网络图也是由节点和箭线构成的，但其符号意义与双代号网络图不完全相同。在单代号网络图中，箭线表示相邻工作之间的逻辑关系。一个节点表示一项工作，一般用圆圈或矩形表示。节点所表示的工作名称、持续时间和工作编号等应标注在节点内，如图 11-26 所示。

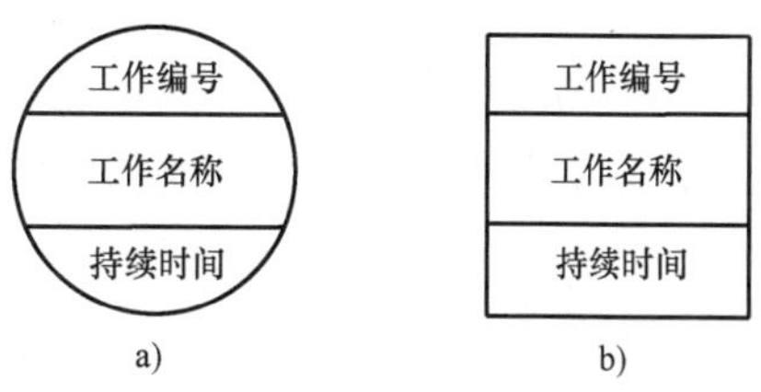


图 11-26 单代号网络计划表达方式

a）用圆圈表示节点 b）用矩形表示节点

### 2. 单代号网络图的绘制

单代号网络图的绘图规则基本上与双代号网络图的绘图规则相同，其不同之处主要有两点：

1）单代号网络图不需要使用虚工作。

2）当单代号网络图中有多项起始工作或多项结束工作时，应在网络图的两端设置一项虚拟的工作，作为网络图的起始节点和终止节点。

### 3. 单代号网络图时间参数的计算

单代号网络图时间参数的符号意义与双方代号网络图完全相同，只需要把双代号改成单代号即可。在单代号网络图中，除了应计算出各个工作的六个主要时间参数（ES、EF、LS、LF、TF、FF）外，还应计算出相邻两个工作之间的时间间隔 LAG。单代号网络图的时间参数标注形式如图 11-27 所示。

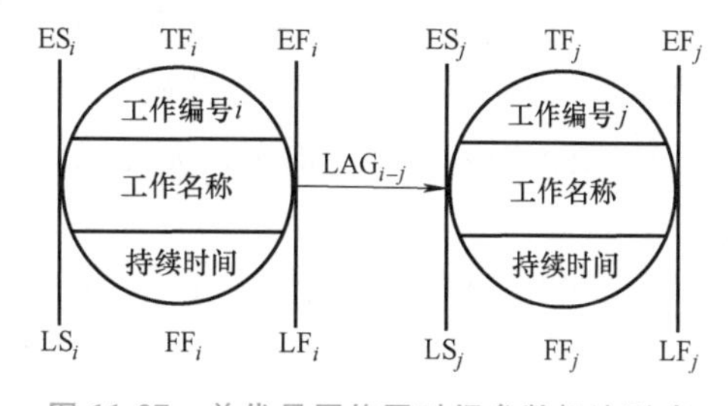


图 11-27 单代号网络图时间参数标注形式

（1）计算最早开始时间和最早完成时间 网络图中各项工作的最早开始时间和最早完成时间的计算应从网络图的起点节点开始，顺着箭线方向依次逐项计算。

1）起始节点 $i$ 的最早开始时间如果无特殊规定，其值应为零，即

$$ES_i=0 \tag{11-16}$$

2）其他工作的最早开始时间应为

$$ES_i=\max\{ES_h+D_h\} \tag{11-17}$$

式中 $ES_h$——工作 $i$ 的各项紧前工作 $h$ 的最早开始时间；

$D_h$——工作 $i$ 的各项紧前工作 $h$ 的持续时间。

3）工作 $i$ 的最早完成时间为

$$EF_i = ES_i + D_i \tag{11-18}$$

（2）计算工期　单代号网络图的计算工期按下式计算：

$$T_c = EF_n \tag{11-19}$$

式中　$EF_n$——终点节点 $n$ 的最早完成时间。

（3）计算相邻两项工作的时间间隔　某工作 $i$ 的最早完成时间与其紧后工作 $j$ 的最早开始时间之差，称为相邻工作 $i$—$j$ 之间的时间间隔，用 $LAG_{i-j}$ 表示。其计算应符合下列规定：

1）当终点节点为虚拟节点时的时间间隔为

$$LAG_{i-n} = T_p - EF_i \tag{11-20}$$

2）其他节点之间的时间间隔为

$$LAG_{i-j} = ES_j - EF_i \tag{11-21}$$

（4）计算总时差　工作 $i$ 的总时差 $TF_i$ 应从网络图的终点节点开始，逆着箭线方向依次计算。其计算应符合下列规定：

1）终点节点所代表工作 $n$ 的总时差 $TF_n$ 的值为

$$TF_n = T_p - EF_n \tag{11-22}$$

2）其他工作 $i$ 的总时差 $TF_i$ 的值为

$$TF_i = \min\{TF_j + LAG_{i-j}\} \tag{11-23}$$

式中　$TF_j$——工作 $i$ 的紧后工作的总时差。

（5）计算自由时差

1）终点节点所代表工作 $n$ 的自由时差 $FF_n$ 为

$$FF_n = T_p - EF_n \tag{11-24}$$

2）其他工作 $i$ 的自由时差 $FF_i$ 为

$$FF_i = \min\{LAG_{i-j}\} \tag{11-25}$$

（6）计算最迟开始时间和最迟完成时间　网络图中各项工作的最迟开始时间和最迟完成时间应从网络图的终点节点开始，逆着箭线方向依次逐项计算，其计算应符合下列规定：

1）终点节点所代表的工作 $n$ 的最迟完成时间，按网络图的计划工期确定，即

$$LF_n = T_p \tag{11-26}$$

2）其他工作 $i$ 的最迟完成时间为

$$LF_i = EF_i + TF_i \tag{11-27}$$

3）工作 $i$ 的最迟开始时间为

$$LS_i = LF_i - D_i \tag{11-28}$$

（7）关键线路的确定　总时差最小的工作为关键工作。关键工作组成的线路为关键线路。相邻关键工作之间的时间间隔必为零。在单代号网络图中同双代号网络图一样，关键线路要用双箭线或粗箭线表示。

【例 11-5】　图 11-28 所示单代号网络计划，说明其时间参数的计算过程。计算结果如图 11-29 所示。

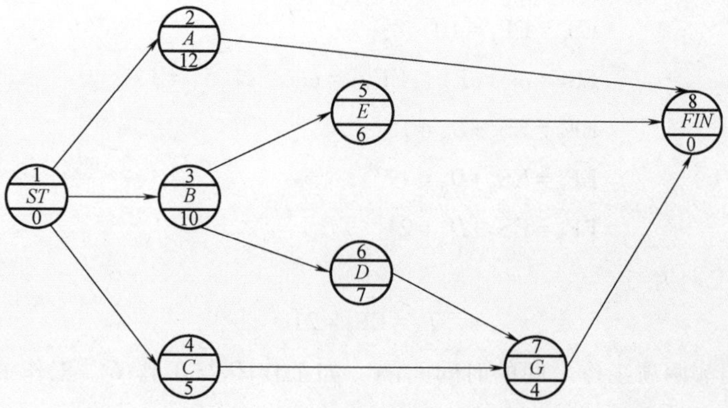

图 11-28　单代号网络计划

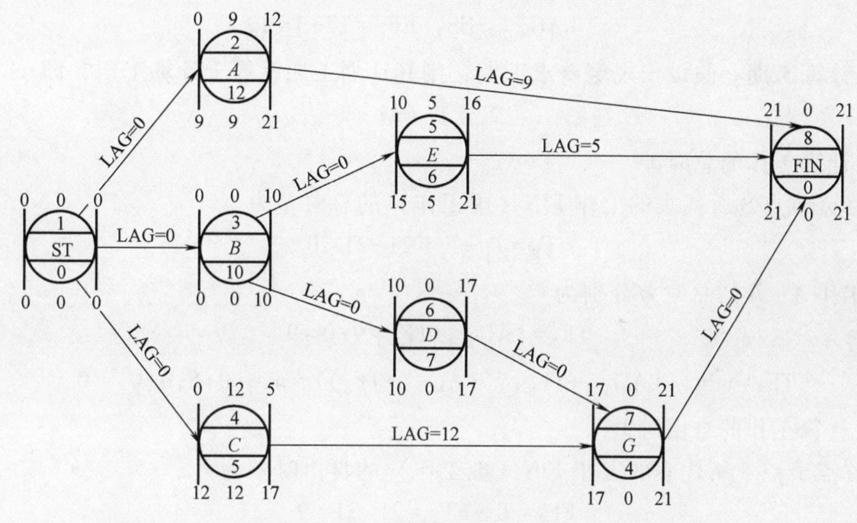


图 11-29　单代号网络计划计算结果

解：（1）计算工作的最早开始时间和最早完成时间　工作最早开始时间和最早完成时间的计算应从网络计划的起点节点开始，顺着箭线方向按节点编号从小到大的顺序依次进行。其计算步骤如下：

1）起点节点 ST 所代表的工作（虚工作）的最早开始时间为零，即

$$ES_1 = 0$$

$$EF_1 = 0$$

2）$A$、$B$、$C$ 工作的最早开始时间均为零，最早完成时间根据式（11-18）计算得

$$EF_2 = ES_2 + D_2 = 0 + 12 = 12$$

$$EF_3 = ES_3 + D_3 = 0 + 10 = 10$$

$$EF_4 = ES_4 + D_4 = 0 + 5 = 5$$

3）$E$、$D$、$G$ 的最早开始时间和最早完成时间分别为

$$ES_5 = EF_3 = 10$$

$$ES_6 = EF_3 = 10$$

$$ES_7 = \max\{EF_6, EF_4\} = \max\{17, 5\} = 17$$

$$EF_5 = ES_5 + D_5 = 15$$

$$EF_6 = ES_6 + D_6 = 17$$

$$EF_7 = ES_7 + D_7 = 21$$

4）其计算工期为

$$T_c = EF_8 = 21$$

（2）计算相邻两项工作之间的时间间隔　如工作 $D$ 与工作 $G$、工作 $C$ 与工作 $G$ 的时间间隔分别为

$$LAG_{6,7} = ES_7 - EF_6 = 17 - 17 = 0$$

$$LAG_{4,7} = ES_7 - EF_4 = 17 - 5 = 12$$

（3）计算工期　假设未规定要求工期，则其计划工期就等于计算工期，即

$$T_p = T_c = 21$$

（4）计算工作的总时差

1）终点节点⑧所代表的工作 FIN（虚工作）的总时差为

$$TF_8 = T_p - T_c = 21 - 21 = 0$$

2）工作 $A$、$B$ 的总时差分别为

$$TF_2 = LAG_{2,8} + TF_8 = 9 + 0 = 9$$

$$TF_3 = \min\{(LAG_{3,5} + TF_8), (LAG_{3,6} + TF_6)\} = \min\{0+5, 0+0\} = 0$$

（5）计算工作的自由时差

1）终点节点 8 所代表的工作 FIN（虚工作）的自由时差为

$$FF_8 = T_p - EF_8 = 21 - 21 = 0$$

2）工作 $B$、$C$ 的自由时差为

$$FF_3 = \min\{LAG_{3,5}, LAG_{5,6}\} = \min\{0, 0\} = 0$$

$$FF_4 = LAG_{4,7} = 12$$

（6）计算工作的最迟完成时间和最迟开始时间　根据总时差计算，如工作 $B$ 和工作 $C$ 的最迟完成时间分别为

$$LF_3 = EF_3 + TF_3 = 10 + 0 = 10$$

$$LF_4 = EF_4 + TF_4 = 5 + 12 = 17$$



（7）确定网络计划的关键线路

1）利用关键工作确定关键线路。由于工作 $B$、$D$ 和工作 $G$ 的总时差均为零，故它们为关键工作。由网络计划的起点节点①和终点节点⑧，与上述三项关键工作组成的线路，相邻两项工作之间的时间间隔全部为零，故线路①→③→⑥→⑦→⑧为关键线路。

2）利用相邻两项工作之间的时间间隔确定关键线路。逆着箭线方向可以直接找出关键线路①→③→⑥→⑦→⑧，因为在这条线路上，相邻两项工作之间的时间间隔均为零。

## 11.4　网络计划的优化

网络计划的优化是指在一定约束条件下，按既定目标对网络计划进行不断改进，以寻求满意方法的过程。网络计划的优化目标应按计划任务的需要和条件选定，包括工期目标、成本目标和资源目标。

1. 工期优化

工期优化是指网络计划的计算工期不满足要求工期时，通过压缩关键工作的持续时间以满足要求工期目标的过程。

网络计划工期优化的基本方法是在不改变网络计划中各项工作之间逻辑关系的前提下，通过压缩关键工作的持续时间来达到优化目标。在工期优化过程中，按照经济合理的原则，不能将关键工作压缩成非关键工作。此外，当工期优化过程中出现多条关键线路时，必须将各条关键线路的总持续时间压缩相同数值。否则，不能有效压缩工期。

网络计划的工期优化可按下列步骤进行：

1）确定初始网络计划的计算工期和关键线路。

2）按要求工期计算应缩短的时间 $\Delta T$，即

$$\Delta T = T_c - T_p \tag{11-29}$$

3）选择优化系数或优化系数之和（网络计划存在多条关键线路时）最小的关键工作进行压缩。优化因素在考虑下列因素后确定：

① 缩短持续时间对质量和安全影响不大的工作。

② 有充分备用资源的工作。

③ 缩短持续时间所需增加费用最少的工作。

4）将所选定的关键工作的持续时间压缩至最短，并重新确定计算工期和关键线路。若被压缩的工作变成非关键工作，则应延长其持续时间，使之仍为关键工作。

5）当计算工期仍超过要求工期时，则重复上述 2）~4）步，直至计算工期满足要求工期或计算工期已经不能再压缩为止。

当所有关键工作的持续时间都已经达到其能缩短的极限而寻求不到继续缩短工期的方案，但网络计划的计算工期仍不能满足要求工期时，应对网络计划的原技术方案、组织方案进行调整，或对要求工期重新审定。

【例 11-6】　已知某工程双代号网络计划如图 11-30 所示。图中箭线下方括号外数字为工作的正常持续时间，括号内数字为最短持续时间；箭线上方括号内数字为优选系数。现要求工期为 15，试对其进行工期优化。

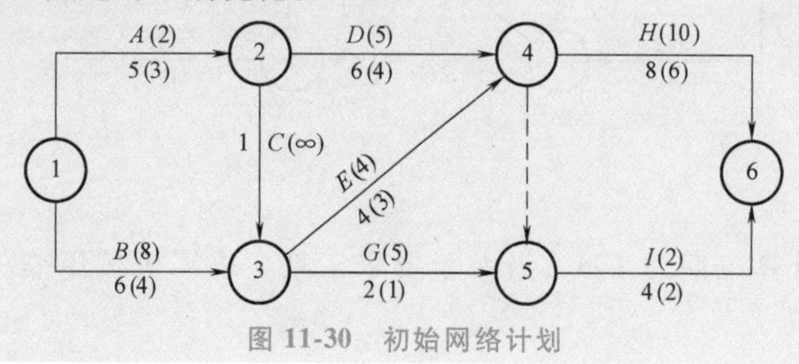


图 11-30　初始网络计划

解：1）根据各项工作的正常持续时间，用标号法确定网络计划的计算工期和关键线路，如图 11-31 所示。此时关键线路为①→②→④→⑥。

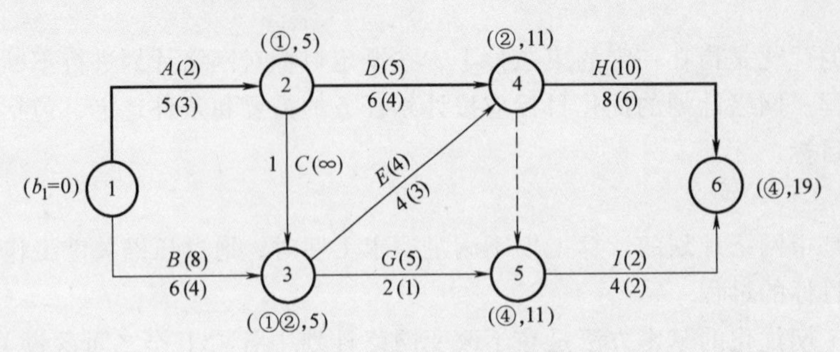


图 11-31　初始网络计划中的关键线路

2）计算应缩短的时间为

$$\Delta T=T_c-T_p=19-15=4$$

3）由于此时关键工作为工作 $A$、工作 $D$ 和工作 $H$，而其中工作 $A$ 的优选系数最小，故应将工作 $A$ 作为优先压缩对象。

4）将关键工作 $A$ 的持续时间压缩至最短持续时间 3，利用标号法确定新的计算工期和关键线路，如图 11-32 所示。此时关键工作 $A$ 被压缩成非关键工作，故将其持续时间 3 延长为 4，使之成为关键工作。工作 $A$ 恢复为关键工作之后，网络计划中出现两条关键线路，即①→②→④→⑥和①→③→④→⑥，如图 11-33 所示。

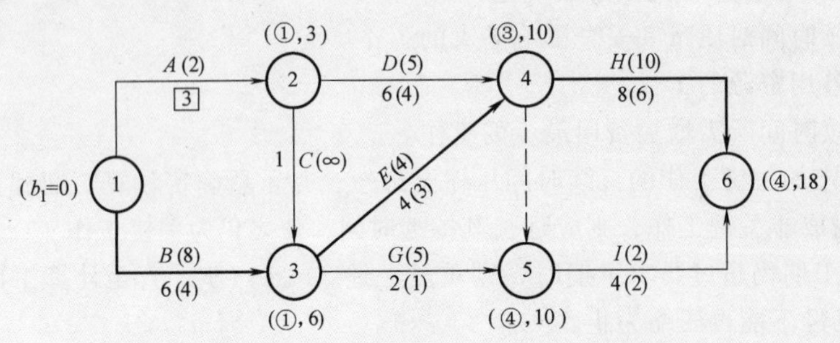


图 11-32　工作 $A$ 压缩最短的关键线路

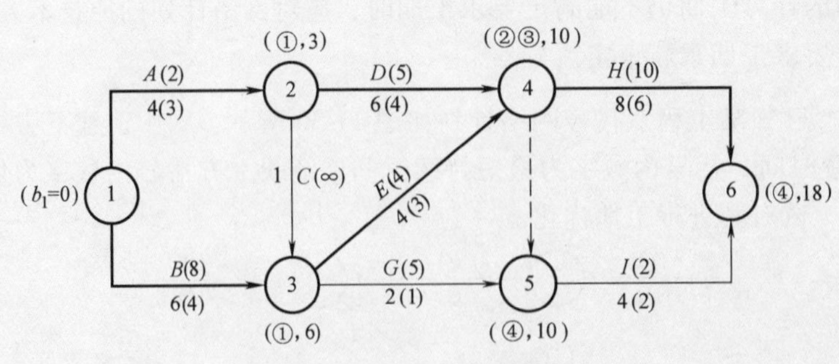


图 11-33　第一次压缩之后的网络计划

5）由于此时计算工期为 18d，仍大于要求工期，故需机械压缩。需要缩短的时间为 3d。

重复上述压缩过程，经过三次压缩后此时计算工期为 15d，已经等于要求工期且网络图的关键线路没有发生改变。故图 11-34 所示的网络计划即为优化方案。

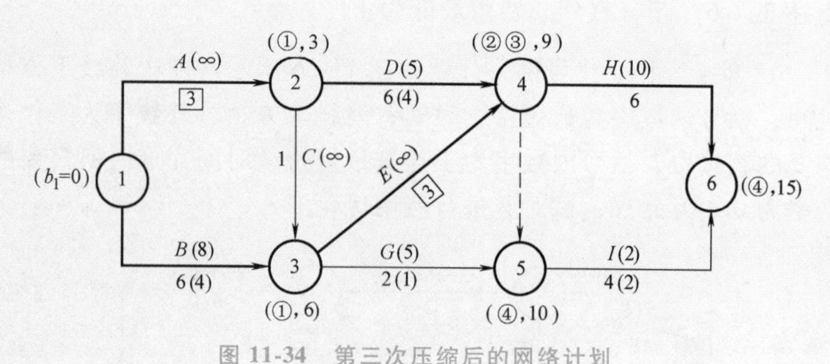


图 11-34　第三次压缩后的网络计划

2. 成本优化

成本优化又称工期-成本优化，是指寻求工程总成本最低的工期安排，或按要求工期寻求最低成本的计划安排过程。

工程总费用由直接费和间接费组成，它们与工期（时间）之间的关系可以用图 11-35 表示。如果把这两种费用叠加起来，我们就能够得到总成本费用曲线。总成本费用曲线的特点是两头高，中间低。从这条曲线的最低点的坐标可以找到工程的最低成本及与之相应的最佳工期，同时也能够利用它来确定不同工期条件下的相应成本。

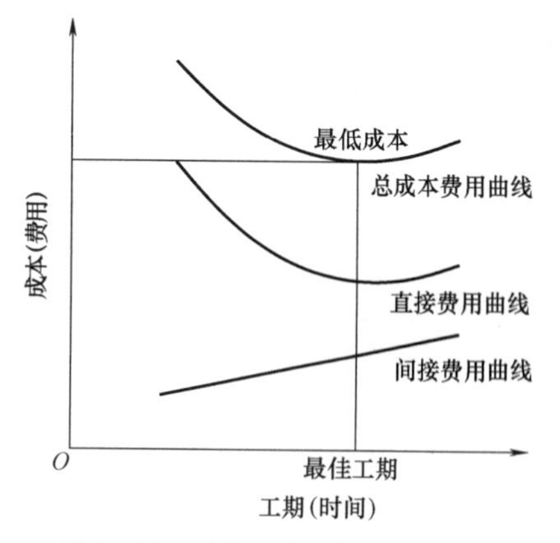


图 11-35　最佳工期-成本关系曲线

成本优化的步骤如下：

1）按工作的正常持续时间找出关键工作及关键线路。

2）计算各项工作的费率。

直接费率可按下式计算：

$$\Delta C_{i-j}=\frac{\mathrm{CC}_{i-j}-\mathrm{CN}_{i-j}}{\mathrm{DN}_{i-j}-\mathrm{DC}_{i-j}} \tag{11-30}$$

式中　$\Delta C_{i-j}$——工作 $i$—$j$ 的直接费率（万元/d）；

$\mathrm{CC}_{i-j}$——按最短持续时间完成工作 $i$—$j$ 时所需要的直接费率（万元/d）；

$\mathrm{CN}_{i-j}$——按正常持续时间完成工作 $i$—$j$ 时所需要的直接费用（万元）；

$\mathrm{DN}_{i-j}$——工作 $i$—$j$ 的正常持续时间（d）；

$\mathrm{DC}_{i-j}$——工作 $i$—$j$ 的最短持续时间（d）。

3）在网络计划中找出费率（或组合费率）最低的一项关键工作或一组关键工作作为缩短持续时间的对象。

4）当需要缩短关键工作的持续时间时，其缩短值的确定必须符合下列两条原则：

① 缩短后工作的持续时间不能小于其最短持续时间。

② 缩短持续时间的工作不能变成非关键工作。

5）计算相应的费用增加值。

6）考虑工期变化带来的间接费用及其他损益，在此基础上计算总费用。

7）重复上述3）~6）步，直到总费用最低为止。

【例11-7】 已知某工程双代号网络计划如图11-36所示。图中箭线下方括号外数字为工作的正常时间，括号内数字为最短持续时间；箭线上方括号外数字为工作按正常持续时间完成时所需要的直接费，括号内数字为工作按最短持续时间完成时所需要的直接费。该工程的间接费率为0.8万元/d，试对其进行费用优化。

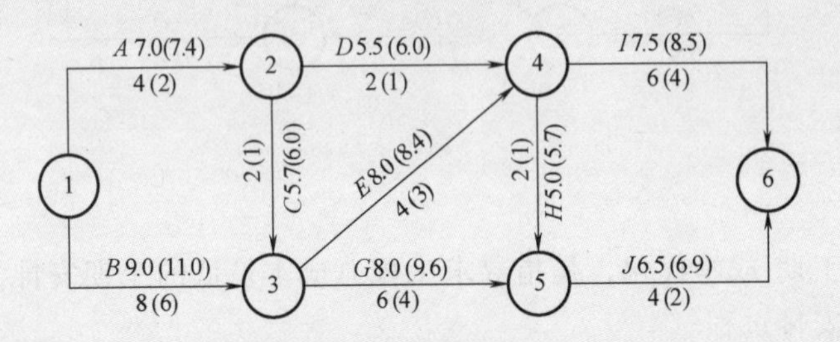


图11-36　初始网络计划

解：1）根据各项工作的正常持续时间，用标号法确定网络计划的计算工期和关键线路。如图11-37所示，计算工期为19d，关键线路为①—③—④—⑥和①—③—④—⑤—⑥。

2）计算各项工作的直接费率。

$$\Delta C_{1\text{-}2}=\frac{CC_{1-2}-CN_{1-2}}{DN_{1-2}-DC_{1-2}}=\frac{7.4-7.0}{4-2}\text{万元/d}=0.2\text{万元/d}$$

其他工作均按上式算出，并标注在图11-37的上方。

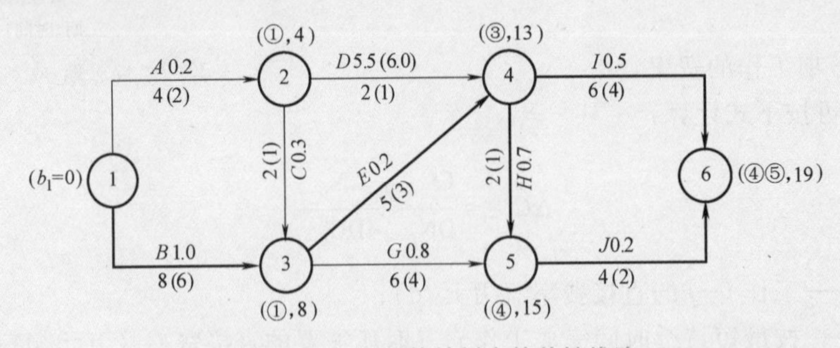


图11-37　初始网络计划中的关键线路



3）通过压缩关键线路的持续时间进行费用优化（优化过程费用计算见表11-4）。

第一次压缩。从图11-37可知为了同时压缩两条关键线路的总持续时间，有以下四个压缩方案：

① 压缩工作$B$，直接费率为1.0万元/d。

② 压缩工作$E$，直接费率为0.2万元/d。

③ 同时压缩工作$H$和工作$I$，组合直接费率为（0.7+0.5）万元/d=1.2万元/d。

④ 同时压缩工作$I$和工作$J$，组合直接费率为（0.5+0.2）万元/d=0.7万元/d。

在上述压缩方案中，由于工作 $E$ 的直接费率最小，故应选择工作 $E$ 作为压缩对象。工作 $E$ 的直接费率为 0.2 万元/d，小于间接费率 0.8 万元/d，说明压缩工作 $E$ 可使工程总费用降低。将工作 $E$ 的持续时间压缩至最短持续时间 3d，利用标号法重新计算工期和关键线路，发现工作 $E$ 被压缩成非关键工作，故将其持续时间延长为 4d，重新使之成为关键工作。第一次压缩之后的网络计划如图 11-38 所示。

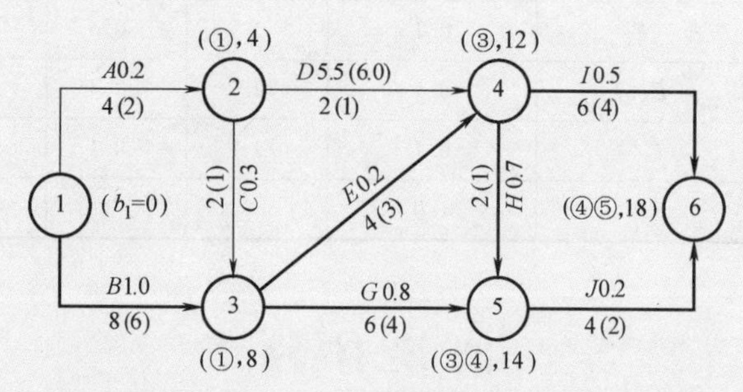


图 11-38　第一次压缩后的网络计划

重复以上过程，再经过两次压缩，第三次压缩后的网络计划如图 11-39 所示

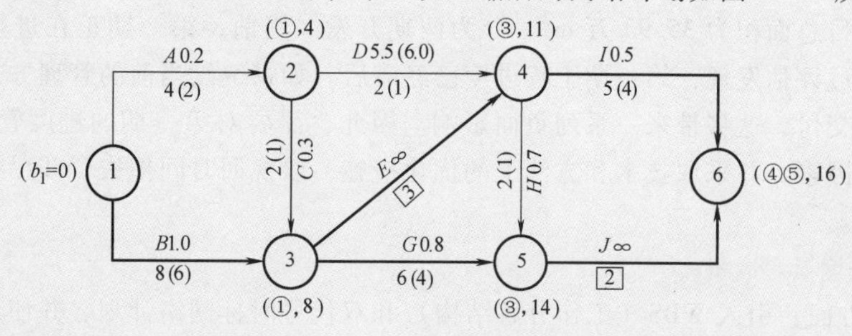


图 11-39　第三次压缩后的网络计划

第四次压缩。从图 11-39 可以，由于工作 $E$ 和工作 $J$ 不能再压缩，而为了同时缩短两条关键线路①→③→④→⑥和①→③→⑤→⑥的总工期，有以下两个压缩方案：

① 压缩工作 $B$，直接费率为 1.0 万元/d。

② 同时压缩工作 $G$ 和工作 $I$，组合直接费率为 (0.8+0.5)万元/d=1.3 万元/d。

在上述压缩方案中，方案一的直接费率最小，为 1.0 万元/d，但仍然大于间接费率 0.8 万元/d。说明压缩工作 $B$ 会使工程总费用增加。因此，经过三次压缩之后方案已经达到最优。优化后的网络计划如图 11-40 所示。图中箭线上方括号内的数字为工作的直接费。

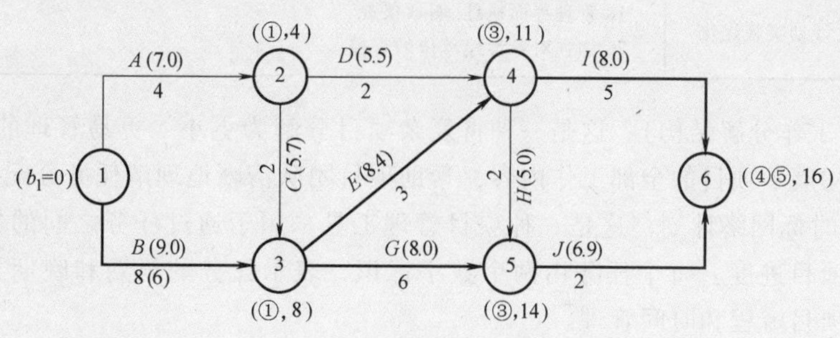


图 11-40　优化结果

表 11-4　优化过程费用计算表

| 压缩次数 | 被压缩的工作代号 | 被压缩的工程名称 | 直接费率或组合直接费率/（万元/d） | 缩短时间/d | 费用增加值/万元 | 总工期/d | 总费用/万元 |
|---|---|---|---|---|---|---|---|
| 0 | | | | | | 19 | 77.4 |
| 1 | 3—4 | *E* | 0.2 | 1 | -0.6 | 18 | 76.8 |
| 2 | 3—4，5—6 | *E*、*J* | 0.4 | 1 | -0.4 | 17 | 76.4 |
| 3 | 4—6，5—5 | *I*、*J* | 0.7 | 1 | -0.1 | 16 | 76.3 |
| 4 | 1—3 | *B* | 1.0 | | | | |

## 阅读材料

1. 工程概述

某建设项目总面积为35.93万$m^2$，分为两期开发。当前，第一期正在进行中，第二期尚未开工。通过评估发现，第一期工程进度已经滞后。如果继续当前的管理方式和节奏，项目将无法按时交付，这将带来一系列负面影响。因此，需要对第一期的进度管理进行分析，识别出关键性因素，并采取技术和方法上的优化措施，以挽回时间损失，并尽力实现项目按期交付的目标。

2. 项目进度管理优化

1）技术方面：引入WBS（工作分解结构）和双代号时标网络计划，并使用时标网络图来规划整个项目的进度，便于后期通过前锋线比较法来衡量进度的执行状况。

2）管理方面：结合项目当前在进度管理方面存在的问题及其原因，有针对性地进行全方位优化，见表11-5。

表 11-5　优化思路分析表

| 优化分类 | 优化措施 |
|---|---|
| （技术方面）进度计划编制优化 | 1. 采用WBS工作分解结构梳理工作<br>2. 运用双代号时标网络制订计划<br>3. 采用前锋线比较法衡量进度偏差情况 |
| （管理方面）进度计划实施优化 | 1. 管理界面梳理、明晰权责<br>2. 加强对各参建单位的管控 |



① WBS（工作分解结构）：这是一种将复杂项目分解为更小、更易管理的部分的工具。它通过层次结构展示项目的全部工作内容，帮助项目团队清晰地理解任务分配和责任。

② 双代号时标网络计划：这是一种项目管理工具，用于通过任务之间的依赖关系和时间安排来展示项目进度。每个任务由两个数字标识，表示任务的早期和晚期开始或完成时间，帮助优化项目流程和时间管理。

③ 时标网络图：这是一种图形化的项目管理工具，展示项目任务及其相互之间的逻辑关

系和时间安排。它帮助项目管理者直观地看到整个项目的时间线和进度，便于监控和调整。

3. 项目工作细化分解

1）工作分类：为便于查看工作内容，先对工作进行分类，并利用导图形式进行梳理表达。经过梳理后的结构图如图 11-41 所示。

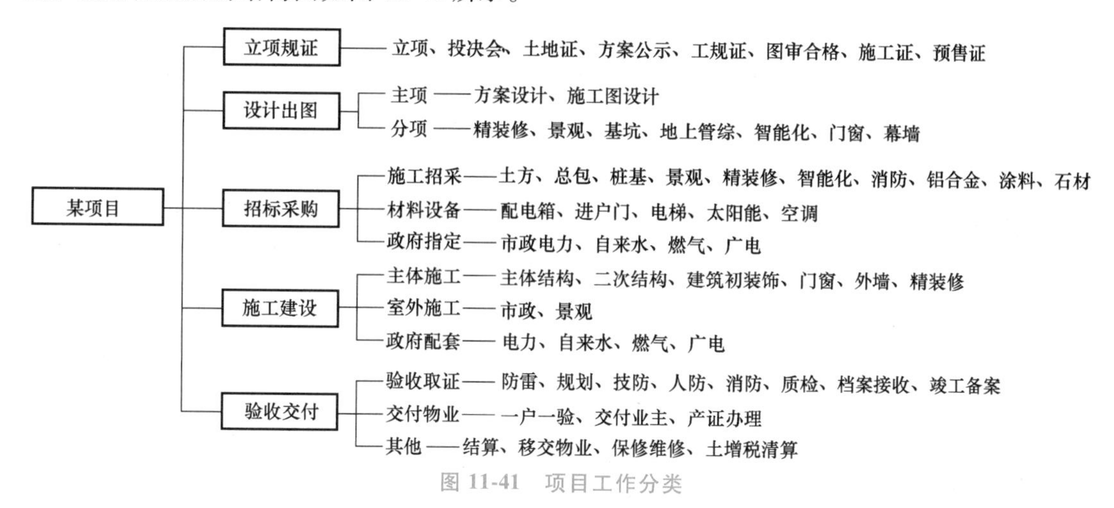

图 11-41　项目工作分类

2）工作分解：在工作分类的基础上，遵循计划编制的系统性原理，采用 WBS 工作分解结构对工作进行进一步细分。

3）项目工作逻辑关系优化：工作结构细分后，对未完成的工作项进行单独分析，确认其逻辑关系，并评估影响程度。工作关系可分为平行、串行等形式。明确这些关系是实现项目有序推进的关键。各项工作间的关系梳理见表 11-6。

表 11-6　各项工作间的关系

| 序号 | 工作名称 | 工作代码 | 紧后工作 | 时间/d |
|---|---|---|---|---|
| 1 | ±0m 以下结构工程 | *A* | *B*,*C*,*D*,*E*,*F*,*G* | 36 |
| 2 | 主体结构工程结项 | *B* | *C*,*D*,*E*,*F*,*G* | 153 |
| 3 | 砌体工程 | *C* | *E*,*G* | 110 |
| 4 | 屋面工程 | *D* | *F*,*G* | 36 |
| 5 | 室内粉刷工程 | *E* | *F* | 105 |
| 6 | 整体外架拆除完成 | *F* | *G* | 50 |
| 7 | 外墙装饰工程 | *G* | *M* | 80 |
| 8 | 机电安装工程 | *H* | *J*,*O*,*P*,*Q* | 353 |
| 9 | 燃气工程 | *I* | *O*,*P*,*Q* | 61 |
| 10 | 供电工程 | *J* | *N*,*O*,*P*,*Q* | 82 |
| 11 | 进户门、防火门安装工程 | *K* | *O*,*P*,*Q* | 31 |
| 12 | 公共区域精装修工程 | *L* | *O*,*P*,*Q*, *K* | 127 |
| 13 | 市政及景观工程 | *M* | *O*,*P*,*Q* | 127 |
| 14 | 配电专项竣工验收 | *N* | *O*,*P*,*Q* | 17 |
| 15 | 取得“规划验收许可证” | *O* | *P*,*Q* | 30 |

（续）

| 序号 | 工作名称 | 工作代码 | 紧后工作 | 时间/d |
|---|---|---|---|---|
| 16 | 取得“消防验收许可证” | *P* | *Q* | 30 |
| 17 | 通过质监竣工验收 | *Q* | *R* | 21 |
| 18 | 竣工备案完成 | *R* | *S* | 15 |
| 19 | 项目交付 | *S* | — | 7 |

4）项目工作线路梳理：根据本工程实际情况，结合工作关系梳理及时间参数估算，可以得出项目存在四条施工主线，汇总见表 11-7。能够对项目进度构成影响的是线路 1、2、3，其中线路 1 影响最大，因此需要对线路 1 进行重点优化。

表 11-7　项目工作线路梳理

| 名称 | 施工路径 | 可施工工期/d | 总工期/d |
|---|---|---|---|
| 线路 1 | *A*→*B*→*C*→*E*→*L*→*K*→*N*→*O*→*P*→*Q*→*R*→*S* | 562 | 791 |
| 线路 2 | *A*→*B*→*C*→*F*→*G*→*M*→*N*→*O*→*P*→*Q*→*R*→*S* | 556 | 785 |
| 线路 3 | *A*→*B*→*D*→*F*→*G*→*M*→*N*→*O*→*P*→*Q*→*R*→*S* | 482 | 711 |
| 线路 4 | *H*→*J*→*N*→*O*→*P*→*Q*→*R*→*S* | 435 | 664 |

4. 项目优化

1）通过将串行工作改为穿插搭接（主体施工与砌体、内墙粉刷与公共区域精装、公共区域精装与门体安装穿插）可以合理前置工作而不增加成本，这主要考验管理人员的现场协调能力。通过这种调整，工期从 791d 缩短至 683d，但仍超出目标工期 15d，需要进一步优化，具体优化如图 11-42 所示。

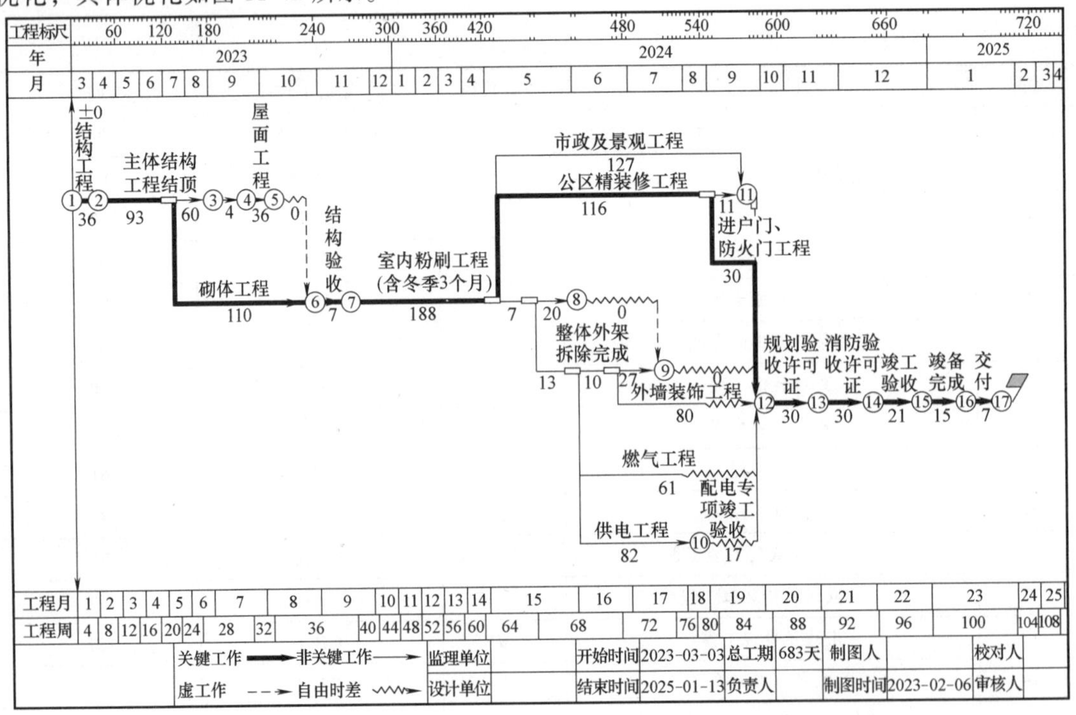

图 11-42　首次项目关键路径优化双代号网络图

2）通过优化施工进度，特别是在砌体和粉刷工作中实行多楼层同步施工，计划压缩砌体工作 8d、粉刷工作 7d，总共缩短 15d。这种方法虽然会略增成本，但能有效优化工期，维持原关键线路不变。具体优化详情如图 11-43 所示。

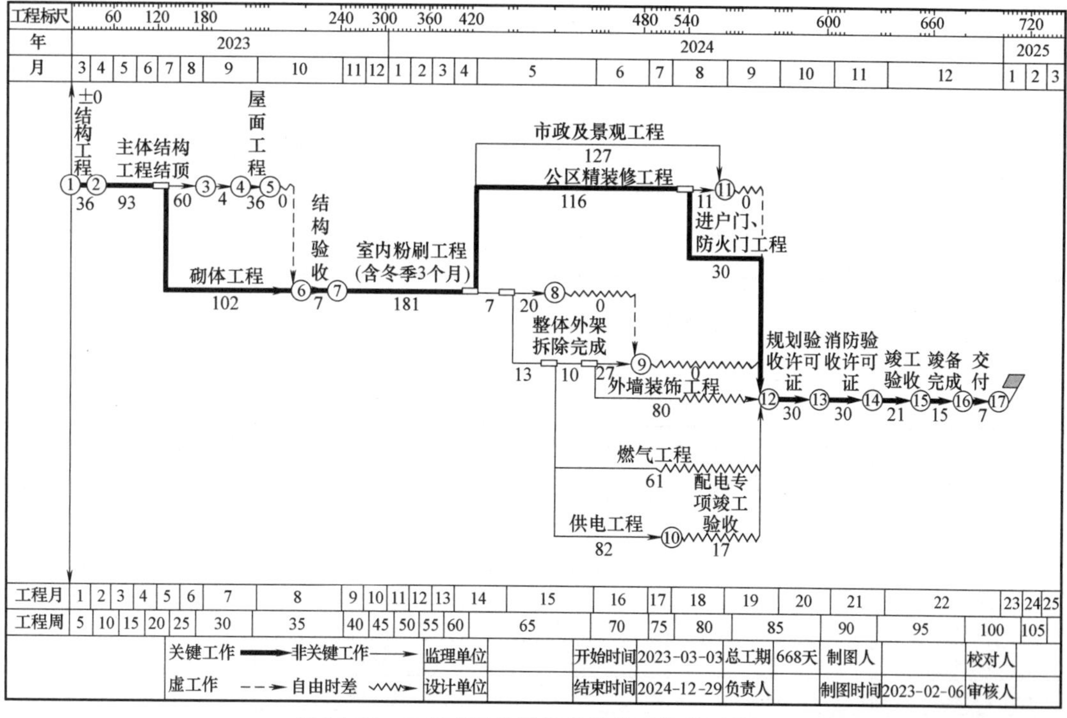


图 11-43　二次项目关键路径优化双代号网络图

综合上述，结合工作关系梳理找出不同的施工线路，通过调整线路上的工作关系以及强制缩短关键工作时间，达成了按时交付的优化目标。

## 思　考　题

1. 双代号网络图和单代号网络图在表达上有什么不同？
2. 简述网络图绘图的基本原则和要求。
3. 什么是虚工作？其作用是什么？
4. 网络计划有哪些时间参数？各参数的含义是什么？
5. 什么是网络优化？网络优化有哪几种？

## 习　　题

**1. 选择题**

（1）某工程计划中，*A* 工作的持续时间为 5d，总时差为 7d，自由时差为 3d，如果 *A* 工作实际进度拖延 10d，则会影响工程计划工期（　　）d。

A. 3　　B. 5　　C. 7　　D. 9

（2）已知某工作 *i*—*j* 的持续时间为 5d，其 *i* 节点的最早开始时间为第 18d，最迟开始时间为第 21d，则该工作的最早完成时间为第（　　）d。

A. 18　　B. 21　　C. 23　　D. 26

**2. 计算题**

(1) 已知某一施工过程各项工作之间的逻辑关系和它们的作业持续时间见表11-8，要求：

1) 绘制双代号网络图。

2) 使用图上计算法计算各工作的时间参数。

3) 试确定计划工期，并标明关键线路。

表11-8　逻辑关系表

| 工作 | A | B | C | D | E | F | G | H | I | J | K |
|---|---|---|---|---|---|---|---|---|---|---|---|
| 紧前工作 | — | A | A | A | C | C、D | B | B、E、F | G、H | H | H |
| 持续时间 | 1 | 2 | 2 | 1 | 3 | 8 | 1 | 4 | 4 | 5 | 4 |

(2) 某网络计划中各项工作的持续时间和直接费用列于表11-9中，已知间接费率为1万元/d。试求工程成本最少时的工期。

表11-9　某网络计划各项工作持续时间和直接费用

| 工作 | 正常情况 | | 极限情况 | |
|---|---|---|---|---|
| | 持续时间/d | 直接费用/万元 | 持续时间/d | 直接费用/万元 |
| 1—2 | 6 | 1.5 | 4 | 2 |
| 1—3 | 30 | 9.0 | 20 | 10 |
| 2—3 | 18 | 5.0 | 10 | 6 |
| 2—4 | 12 | 4.0 | 8 | 4.5 |
| 3—4 | 36 | 12.0 | 22 | 14 |
| 3—5 | 30 | 8.5 | 18 | 9 |
| 4—5 | 0 | 0 | 0 | 0 |
| 4—6 | 30 | 9.5 | 16 | 10 |
| 5—6 | 18 | 4.5 | 10 | 0.5 |

**3. 案例题**

有三栋两层砖混结构住宅，拟采用栋号间分层流水施工。已知其施工顺序及持续时间，试绘制双代号网络图，并计算时间参数，找出关键线路。

1) 基础工程（每栋）：挖槽（2d)—垫层（1d)—砌砖基础（3d)—地圈梁（1d)—回填土及暖沟施工（2d)。

2) 主体结构工程（每栋的每层）：绑扎构造柱筋、砌墙及搭设脚手架等（3d)—支构造柱、圈梁模板，扎圈梁筋（1d)—安装楼板、阳台板等（1d)—浇构造柱、圈梁、板缝混凝土（1d)—二层施工同前—养护（5d)—拆模（0.5d)。

3) 屋面工程（每栋）：铺保温层（2d)—抹找平层（1d)—养护、干燥（10d)—铺贴防水层（2d)。

4) 外装饰工程（每栋）：门窗安装（1d)—外墙抹灰（3d)—养护、干燥（8d)—喷涂、拆脚手架（2d)—勒脚、散水、台阶（2d)。

5) 内装饰工程（每栋每层）：顶板勾缝（1d)—内墙抹灰（3d)—楼、地面铺磨石（2d)—养护（3d)—安门窗（1d)—刷油漆、装玻璃（3d)—刮腻子，喷浆（3d)。

要求：

1) 逻辑关系正确。

2) 符合绘图规则，注意交叉、换行方法。

3) 考虑水、电、暖、卫、气设备安装与土建的关系。

4) 有余力者可改制成时标网络计划，有条件者可再用计算机绘图分析。

# 第12章　施工组织设计

学习目标

了解单位工程施工组织设计编制的程序和内容，合理选择施工方案；掌握施工进度计划的编制和施工平面图的设计；了解施工组织总设计的内容；掌握施工总进度计划的编制和施工总平面图的设计。

建设工程施工组织设计分为单位工程施工组织设计和施工组织总设计。单位工程施工组织设计是以单位工程为对象编制的，用以指导单位工程施工的技术、经济和管理的综合性文件。它是在工程中标、签订承包合同后，由项目经理组织，在项目技术负责人领导下进行编制，是施工前的一项重要准备工作。在开工前，应将其呈报企业批准，并报送总监理工程师审查确认。施工组织总设计是以整个建设项目或群体工程为对象，根据初步设计图、扩大初步设计图、有关资料和现场施工条件编制的，用以指导整个工程各项施工准备和施工活动的综合性技术经济文件，一般是由建设总承包公司或大型工程项目经理部的总工程师主持，会同建设、设计和分包单位的工程技术人员进行编制的。

## 12.1　单位工程施工组织设计概述

单位工程是一个建筑物或构筑物，一般不能独立发挥生产能力，但具有独立设计、独立施工的条件。例如一座桥梁、一条隧道、一段公路、一个车间、一个办公楼、一栋住宅等。单位工程施工组织设计一般有两种：一种是群体工程中的一部分，如工业项目中的一个车间、一个烟囱等；另一种是一个独立的单位工程，如一个新建的生产车间、一栋民用住宅楼、一座桥梁等。所以应根据不同的单位工程的具体条件和要求，进行单位工程施工组织设计。

由于单位工程施工组织设计是施工单位用于指导施工的文件，编制时必须结合工程实际，内容要科学合理。在编制前应会同有关部门和人员，在调查研究的基础上，共同研究和讨论其主要的技术措施和组织措施。单位工程施工组织设计的内容一般包括：工程概况和施工特点分析，施工方案，施工进度计划，施工准备工作计划，劳动力、材料、构件、施工机械等需要量计划，施工平面图，主要技术组织措施，各项技术经济指标。单位工程施工组织设计编制程序如图12-1所示。

单位工程施工组织设计的编制依据主要有：

1）与工程建设有关的法律、法规和文件。

2）国家现行有关标准和技术经济指标。

3）工程所在地区行政主管部门的批准文件，建设单位对施工的要求。

4）工程施工合同和招标投标文件。

5）工程设计文件。

6）工程施工范围内的现场条件、工程地质、水文地质、气象等自然条件。

7）与工程有关的资源供应情况。

8）施工企业的生产能力、机具设备状况、技术水平等。

9）施工组织总设计等。

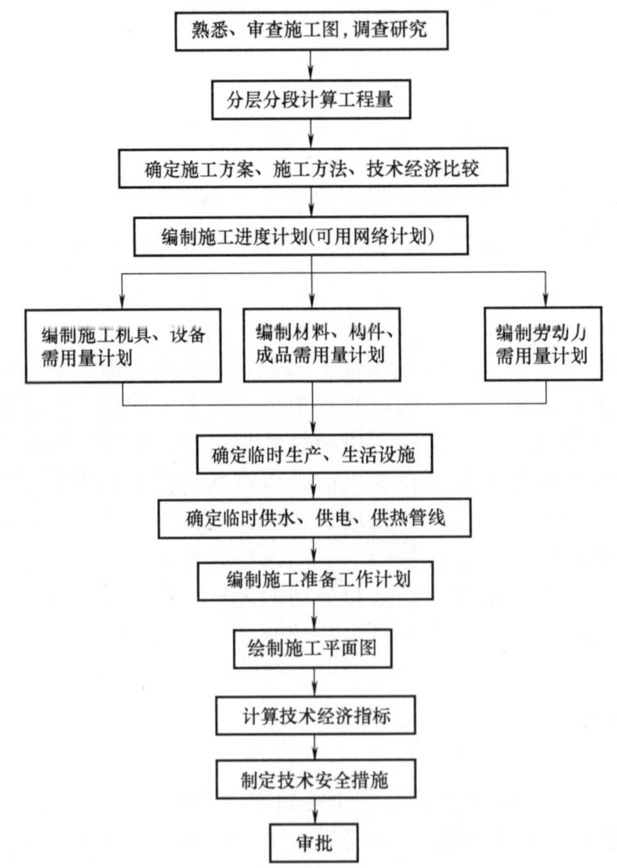


图 12-1　单位工程施工组织设计编制程序

## 12.2　单位工程施工方案设计



### 12.2.1　施工方法和施工机械的选择

由于土木工程产品的多样性、地区性和施工条件的不同，因而相互组合的施工工艺、方法是多种多样的。具体施工方法在前面有关章节里已做了介绍，这里仅就一些需要注意的问题叙述如下：

1）对于影响施工全局的重要分部工程，应着重研究施工方法和施工机械的选择，需着重研究的分部工程有：

① 工程量大、工期长的分部工程。

② 施工技术复杂的或采用新技术、新工艺及对工程质量起关键作用的分部（分项）工程。

③ 不熟悉的特殊结构工程或特殊专业工程。

例如，在多层和高层建筑中的垂直运输设备选择；公路建设中的隧道开挖；桥梁建设中的构件运输和吊装；深基础的开挖和降低地下水方案；装配式建筑构件的预制、运输和吊装；大型设备基础施工等都应详细拟定施工方案，必要时还要编制分部工程施工设计。对于常规施工和工人熟悉的分部工程（如砖墙砌筑和一般装饰工程）无须详细拟定，只需根据实际情况提出有关的注意事项。

2）选择施工方法和机械时，应首选主导工程所需要的，并注重主导机械和辅助机械的配套问题。例如在结构安装工程中，起重机作为主导机械，在保证其连续工作，使其在充分发挥机械效率的前提下，选择一些与之配套的其他运输机械。如在挖土工程中，挖土机应作为主导机械使用，保证挖土机连续工作，再配以与之相适应的汽车等运输工具。

3）选择施工方法和施工机械需考虑技术经济指标，技术上先进，经济上管理有效的施工方法和施工机械应为首选。一般影响技术经济指标的主要因素有以下几个方面，应重点考虑。

① 工期：工期的长短决定经济效益，因此，选择施工方法和施工机械时在保证质量和安全生产的条件下，应尽量缩短工期。

② 劳动消耗量：劳动消耗量反映了施工机械化程度与劳动生产率水平，是生产效率的重要体现，施工方法与施工机械选择的合理，其效率就可以充分发挥，从而减少劳动消耗量。

③ 成本费：施工方法和施工机械的选用直接关系到成本费的高低，采取措施，降低成本，是选择施工方案时应注意的问题。

### 12.2.2 施工流向和施工顺序的确定

#### 1. 确定施工流向

施工流向是解决单位工程在空间上的合理施工顺序问题。例如，生产厂房可按其车间、工段等确定出在平面上的施工流向；对于多层房屋，除确定每层的施工流向外，还需确定其竖向施工流向。确定施工流向的主要因素有：

1）生产工艺流程往往是确定施工流向的关键因素，因此应从影响其他工段试车投产的工段先施工。

2）建设单位对生产和使用的要求是确定施工流向的基本因素，应考虑建设单位对生产和使用急需的工段先施工。

3）从施工技术考虑，应对技术复杂、工程量大、工期长的工段先施工。

4）根据施工条件，现场环境情况，对条件具备的（如材料、图样、设备供应等）工段先施工。

5）从沉降等因素考虑，应按先高后低、先深后浅的顺序进行施工，如楼的高低、厂房的高低跨、基础的深浅等。

2. 确定施工顺序

一般工程的施工顺序可归纳为“先地下，后地上”“先主体结构，后围护装饰”“先土建，后设备安装”。但应指出，由于影响施工顺序的因素很多，上述施工顺序只是一般情况，并非永远不变。施工顺序的确定可以解决各工种之间在时间上的搭接，可以充分利用施工空间，可以保证质量和安全生产，可以缩短工期，减少成本。

1）地下工程的施工顺序。地下工程一般指设计标高（±0.00）以下的所有工程，这些工程的施工，应先考虑地下障碍物、洞穴、软土地基的处理等，然后按流水作业完成施工任务。在一般的多层砖混结构中，地下工程的施工顺序也比较简单，挖土→垫层→基础→回填。若有地下室的建筑，还要做防水工程，关键是施工顺序要紧凑，前后工序搭接要合理。在工业建筑、桥梁等施工中，由于混凝土基础需要养护，故应考虑其所需要的技术停歇时间，当基础混凝土强度达到拆模强度后方可进行拆模，在此期间，为尽快回填土创造条件。如果采用的是桩基，为了缩短工期，可以在准备阶段提前打桩，其打桩、挖土和基础工程可以分别组织施工。地下工程的施工要注意深浅基础的先后顺序、结构基础与设备基础的先后顺序、排水问题等。

2）主体结构工程的施工顺序。主体结构工程施工比较复杂，其主要内容包括搭脚手架，安装垂直、水平运输机械，墙体、砌筑、钢筋工程，模板工程，混凝土浇筑工程，门窗安装，栏杆安装、构件吊装等。在一般多层砖混结构中，墙体砌筑、安装楼板应为主导工程，其他工程应与主导工程紧密配合，合理搭接。在工业建筑、高层框架结构以及桥梁结构中，柱、梁、板施工应为主导工程，且应考虑混凝土的养护时间，楼梯、围护结构等工程应尽量穿插进行不占绝对工期。

## 12.3 单位工程施工进度计划与资源供应计划

### 12.3.1 施工进度计划

施工进度计划是在拟定的施工方案基础上，确定单位工程各个施工过程的施工顺序、施工持续时间以及相互衔接穿插配合关系。同时，它是编制季、月计划的基础，是确定劳动力和物资资源需要量的依据。

编制施工进度计划的依据主要有：

1）经过审批的建筑总平面图、建筑结构施工图、设备布置图及有关文件。

2）施工工期要求及开竣工日期。

3）施工组织总设计对工程的要求。

4）主要分部分项工程的施工方案。

5）施工条件（包括人工、机械、材料等配备，场地条件等）。

6）劳动定额及机械台班定额。

7）其他有关要求和资料。

施工进度计划可用横道图和网络图两种方法表示，由于横道图的编制比较简单，使用直观，因此我国施工单位大多习惯用横道图表示施工进度计划。但是当工程项目分项较多、工序搭接和工种搭配关系较复杂时，横道图难以充分暴露矛盾，尤其是在执行计划过程中，某个分项由于某种原因提前或拖后了工期，对其他分项所产生的影响难以分清，对及时抓主要矛盾，充分组织生产产生不利因素。而用网络图编制的施工进度计划则可以弥补其缺点。

### 1. 确定工程项目

工程项目的确定取决于客观需要，根据施工图和施工顺序把拟建单位工程的各个施工过程，结合施工方法、施工条件、劳动组织等因素，确定编制施工进度计划所需要的工程项目。

工程项目划分的粗细程度也要根据客观需要。对于较大型的单位工程，由于施工工期长，内容多，往往先编制粗线条的控制进度，以控制各分部工程的工期，而在各分部工程施工前再编制该分部工程的施工设计以指导施工。对于一般的单位工程，可以一次编制出能满足指导施工的进度表。例如，在装配式单层厂房的控制性施工进度计划中，只列出土方工程、基础工程、预制工程、安装工程等各分部工程项目。编制实施性施工进度计划时，项目可分得细一些，如构件预制工程可分为支模、绑扎钢筋、浇筑混凝土、养护、拆模等。

在划分工程项目时，要密切结合选择的施工方案。不同的施工方案，不仅会影响工程项目内容、数量的确定，还会影响施工顺序的安排。例如，采用开敞式方案的土方开挖，厂房和设备应分别列出。又如结构安装，采用分件安装法，应按构件来确定施工方案，若采用综合安装法，应按施工单元来确定施工方案，两者在工程项目名称、数量、内容及安装顺序上是不一样的。为简化图表，对于一些辅助性施工过程可进行合并。例如，基础工程中的防潮层项目可以合并在砌基础项目里，又如门、窗、楼梯、栏杆等油漆项目可以合并。

施工进度计划表中还应列出主要的施工准备工作，水、暖、电、卫设备安装等专业工程也应列出，以表示它们和土建工程施工配合关系。但只列出项目名称，不必再细分，由各工作队单独安排各自的施工进度计划。

### 2. 计算工程量和资源需要量

工程量计算应按施工图、施工方案和劳动定额手册进行。如已编制施工预算，可直接引用其工程量数据。当施工预算中某些项目所采用的定额和项目划分与施工进度计划有出入，但出入不大时，要结合工程项目的实际需要做必要的变更、调整、补充。工程量的计算应注意以下问题：

1）各分部分项工程的内容、计算规则和计量单位应与现行定额一致，以避免计算劳动力、材料和机械数量时产生错误。

2）结合选定的施工方法和安全技术要求，计算工程量。

3）结合施工组织要求，分区、分项、分段、分层计算工程量。

4）计算工程量时，尽量考虑编制其他计划时使用工程量数据的方便，做到一次计算，多次使用。

劳动量是指完成某施工过程所需要的工日数（人工作业）和台班数（机械作业）。根据各分部分项工程的工程量、施工方法和现行的劳动定额，结合施工单位的实际情况计算各施工过程的劳动量和机械台班数（$P$）。其计算公式为

$$P=Q/S \text{ 或 } P=QH \tag{12-1}$$

式中　$Q$——某分项工程的工程量（$m^3$、$m^2$、t 等）；

$S$——某分项工程的产量定额（$m^3$、$m^2$、t等/工日或台班）；

$H$——某分项工程的时间定额（$m^3$、$m^2$、t等/工日或台班）。

计划中的一个项目包括了定额中的同一性质的不同类型的几个分项工程。这时可采用其所包括的各分项工程的工程量与其各自的时间定额或产量定额算出各自的劳动量，然后再用求和的方法计算计划中项目的劳动量，其计算公式为

$$P=Q_1H_1+Q_2H_2+\cdots+Q_nH_n=\sum_{i=1}^{n}Q_iH_i \tag{12-2}$$

式中　$Q_1$、$Q_2$、$Q_n$——同一性质各个不同类型分项工程的工程量（$m^3$、$m^2$、t等）；

$H_1$、$H_2$、$H_n$——同一性质各个不同类型分项工程的时间定额（$m^3$、$m^2$、t等/工日或台班）；

$n$——计划中一个工程项目所包括定额中同一性质不同类型分项工程个数。

也可以采用首先计算平均定额，再用平均定额计算劳动量，其计算式为

$$\overline{H}=\frac{Q_1H_1+Q_2H_2+\cdots+Q_nH_n}{Q_1+Q_2+\cdots+Q_n} \tag{12-3}$$

式中　$\overline{H}$——同一性质不同类型分项工程的平均时间定额。

若施工计划中的某个项目采用了尚未列入定额手册的新技术或特殊的施工方法，则计算时可参考类似项目的定额或经过实际测算确定临时定额。

计算各分项工程施工持续天数的方法：

① 根据配备的人数或机械台数计算天数，其计算式为

$$t=\frac{P}{RN} \tag{12-4}$$

式中　$t$——完成某分项工程的施工天数；

$R$——每班配备在该分项工程上的施工机械台数或工人数；

$N$——每天的工作班次。

② 根据工期的要求倒排进度。首先根据总工期和施工经验，确定各分项工程的施工时间；然后计算出每一分项工程所需要的机械台班数或工人数，其计算式为

$$R=\frac{P}{tN} \tag{12-5}$$

### 3. 施工进度计划的编制

各分部工程的施工时间和施工顺序确定之后，可开始设计施工进度计划表。编制施工进度计划时，必须考虑各分部分项工程的合理施工顺序，力求同一性质的分项工程连续进行，而非同一性质的分项工程相互搭接进行。在拟定施工方案时，首先应对主要分部工程内的各施工过程的施工顺序及其分段流水问题做出考虑，而后再把各分部分项工程适当衔接起来，并在这个基础上，将其他有关施工过程合理穿插与搭接，便可以编制出单位工程施工进度计划的初始方案，即先安排主导分部工程的施工进度，再安排其余分部工程各自的进度，最后将各分部工程搭接，使其相互联系。例如，民用住宅工程的主要施工过程有砌墙、绑扎圈梁钢筋、支模板、浇筑混凝土、吊装楼板，其中砌墙应为主导工程，应首先考虑安排施工进度，其他分部分项工程要与之有效搭接，至于拆模板、勾墙缝、室内装修等可以穿插进行。

施工进度计划的初始方案编完之后，需进行若干次的平衡调整，直至符合要求。通过调

整，可使劳动力、材料等需要量较为均衡，主要施工机械的利用较为合理，这样可以避免短期的人力、物力过于集中。应当指出，编制施工进度计划的步骤不是孤立的，而是相互依赖、相互联系的。土木工程施工是一个复杂的生产过程，受到周围客观条件影响的因素很多（如作业空间的限制会导致均衡作业的效益不能充分发挥），所以施工企业应着眼于本企业内部全部工程规范的均衡施工问题，以便充分利用本企业的生产能力，使主要资源得以均衡连续地被使用。在执行施工进度计划时，应注意计划的平衡是相对的，不平衡是绝对的。故在工程进展过程中，应随时掌握施工动态，经常检查、调整计划。

### 12.3.2　资源供应计划

根据施工进度计划，可以编制相应的资源供应计划，提供给有关职能部门，使其按计划要求组织运输、加工、订货、调配和供应等工作，以保证施工按计划正常地进行。

1. 劳动力需要量计划

劳动力需要量计划的主要作用是作为安排劳动力、调配和衡量劳动力消耗指标、安排生活福利设施的依据，其编制方法是将施工进度计划表中所列各施工过程每日（或旬、月）劳动量、人数按工程汇总填入劳动力需要量计划表中见表 12-1。

表 12-1　劳动力需要量计划

| 序号 | 工种名称 | 需要量/工日 | 需要人数 | | | | | | 备注 |
|---|---|---|---|---|---|---|---|---|---|
| | | | ×月 | | | ×月 | | | |
| | | | 上旬 | 中旬 | 下旬 | 上旬 | 中旬 | 下旬 | |
| | | | | | | | | | |
| | | | | | | | | | |
| | | | | | | | | | |

2. 主要材料需要量计划

主要材料需要量计划主要为组织备料、确定仓库、堆场面积、组织运输之用，以满足施工进度计划中各施工过程所需要的材料供应量。材料需要量是将施工进度表中各施工过程的工程量，按材料名称、规格、使用时间、进场量等并考虑各种材料的储备和消耗情况进行计算汇总，填入主要材料需要量计划表中，见表 12-2。

表 12-2　主要材料需要量计划

| 序号 | 材料名称 | 规格 | 需要量 | | 供应时间 | 备注 |
|---|---|---|---|---|---|---|
| | | | 单位 | 数量 | | |
| | | | | | | |
| | | | | | | |
| | | | | | | |

3. 构件和半成品需要量计划

构件和半成品需要量计划主要用于落实加工订货单位，并按照所需规格、数量、时间、组织加工、运输和确定仓库或堆场，可根据施工图和施工进度计划编制。其格式见表 12-3。

表 12-3　构件和半成品需要量计划

| 序号 | 构件半成品名称 | 规格 | 图号型号 | 需要量 | | 使用部位 | 加工单位 | 供应日期 | 备注 |
|---|---|---|---|---|---|---|---|---|---|
| | | | | 单位 | 数量 | | | | |
| | | | | | | | | | |
| | | | | | | | | | |
| | | | | | | | | | |

4. 施工机械需要量计划

施工机械需要量计划主要用于确定施工机具类型、数量、进场时间，据此落实施工机具来源，组织进场。它的编制方法是将单位工程施工进度计划表中的每一个施工过程、每天所需要的机械类型、数量和施工日期进行汇总，即得施工机械需要量计划。它的编制格式见表 12-4。

表 12-4　施工机械需要量计划

| 序号 | 机械名称 | 类型型号 | 需要量 | | 使用起止时间 | 备注 |
|---|---|---|---|---|---|---|
| | | | 单位 | 数量 | | |
| | | | | | | |
| | | | | | | |
| | | | | | | |

## 12.4　单位工程施工平面图设计

单位工程施工平面图设计是对一个建筑物或构筑物的施工现场的平面规划和空间布置。它是根据工程的规模、特点和施工现场的条件，按照一定的设计原则，来正确地解决施工期间所需各种暂设工程、其他业务设施等与永久性建筑物和拟建工程之间的合理位置关系。它是进行现场布置的依据，也是实现施工现场有组织、有计划地进行文明施工的先决条件。

### 12.4.1　单位工程施工平面图的设计内容

1）建筑总平面图上已建和拟建的地上地下的一切建筑物、构筑物以及其他设施（道路和各种管线等）的位置和尺寸。

2）测量放线标桩位置、地形等高线和土方取弃场地。

3）自行式起重机械开行路线、轨道布置和固定式垂直运输设备位置。

4）各种加工厂，搅拌站，材料、加工半成品、构件、机具的仓库或堆场。

5）生产和生活福利设施的布置。

6）场内道路的布置及引入的铁路、公路和航道位置。

7）临时给水排水管线、供电线路等布置。

8）一切安全及防火设施的布置。

### 12.4.2　单位工程施工平面图的设计依据

布置施工平面图，首先应对现场情况进行深入细致的调查研究，对原始资料进行详细的分析，确保施工平面图的设计与现场一致，尤其是要对地下设施资料进行认真的了解。单位工程施工平面图设计的主要依据有：

（1）施工现场的自然资料和技术经济资料

1）自然条件资料包括气象、地形、地质、水文等。它主要用于排水、易燃易爆有毒品的布置以及冬雨期施工安排。

2）技术经济资料包括交通运输、水源、电源、物资资源、生产和生活基地情况。它对布置水、电管线和道路等具有重要作用。

（2）工程设计施工图　工程设计施工图是设计施工平面图的主要依据，其主要内容如下：

1）建筑总平面图中一切地上、地下拟建和已建的建筑物和构筑物，都是确定临时房屋和其他设施位置的依据，也是修建工地内运输道路和解决排水问题的依据。

2）管道布置图中已有和拟建的管道位置，是施工准备工作的重要依据，如已有管线是否影响施工，是利用还是拆除；临时性建筑应避免建在拟建管道上面等。

3）拟建工程的其他施工图资料。

（3）施工方面的资料

1）单位工程施工进度计划。从单位工程施工进度计划中可了解各个施工阶段的情况，以便分阶段布置施工现场。

2）施工方案。据此可确定垂直运输机械和其他施工机具的位置、数量和规划场地。

3）各种材料、构件、加工半成品等配置计划。根据配置计划可以确定仓库和堆场的面积、形式和位置。

### 12.4.3　单位工程施工平面图的设计步骤

一般情况下，可按下列步骤进行单位工程施工平面图设计。

（1）确定垂直运输设备的位置　垂直运输设备（如井架、门架、桅杆、塔式起重机等）的位置受工作面的限制，也受周围环境的限制，故应考虑设计一个合理的位置。它的位置直接影响仓库、堆场、搅拌站、水、电、道路等的设置。

布置垂直运输设备时，主要根据机械性能，建筑物面积、形状，施工段划分情况，材料供应和已有运输道路情况来确定。一般来讲，多层房屋施工中，多采用轻型塔式起重机，塔式起重机应按房屋长边开行，塔式起重机的回转半径应能控制工作面，尽量减少死角。而当多台塔式起重机工作时，应防止发生塔式起重机起重臂碰撞事故。材料和构件应布置在塔式起重机的回转半径以内。

高层建筑施工一般采用自升式和爬升式塔式起重机，这类塔式起重机可以随工程进展而不断自行接高塔身或沿主体结构爬升。由于这类塔式起重机是固定的，所以具有较大回转半径（30~60m）。在高层建筑施工中，往往还配备若干台固定式升降机（或户外电梯）在主体结构施工阶段作为塔式起重机的辅助设备，在装饰工程插入施工时作为主要运输设备。主体结构施工完毕，塔式起重机可提前拆除转移到其他工程。



有时在一般多层房屋施工时，布置固定式垂直运输设备（如门架、井架、桅杆等）。当建筑物高度相同时，布置在施工段的分界线附近；当建筑物高度不同时，布置在高低分界线处，若有可能，应尽量布置在有窗口处，以避免砌墙留槎和减少井架拆除后的修补工作。固定式起重设备中卷扬机的位置不应距起重机太近，以便驾驶员能看到整个升降过程。固定式升降机没有工作半径，只能完成垂直运输，所以布置升降机时应尽量使水平运输距离最小。

（2）确定大宗材料堆场、仓库和搅拌站的位置　材料堆场、仓库和搅拌站的位置应在起重机回转半径范围内或尽量靠近使用地点，并且要运输、装卸方便。

材料堆场、仓库和搅拌站的位置一般取决于垂直运输设备的选择。

当采用塔式起重机时：a. 砂、石、水泥等一般堆放在搅拌站附近，搅拌站出料口一般设在起重机回转半径内。b. 钢筋、构件等大宗材料应堆放在起重机回转半径内。c. 对于一些少量的、轻型材料可堆放稍远一些，以不影响施工为宜。

当采用固定式门架等垂直运输设备时，其材料堆场、仓库以及搅拌站位置应尽可能靠近垂直运输设备布置，减少二次搬运。当采用轻型塔式起重机时，材料堆场、搅拌站应设在塔式起重机运行的线路附近，且在塔式起重机起重臂的有效范围之内。应当注意，材料、构件堆放时应根据施工阶段的不同，让材料分批进场，在不影响施工进度的前提下，尽量少占施工场地。

（3）现场运输道路的布置　现场道路应尽可能利用永久性道路，或先修好永久性道路的路基，在土建工程结束之后再铺路面。现场道路布置时，应保证行驶畅通，使运输道路有回转的余地，因此运输道路最好围绕建筑物布置成一条环形道路。道路宽度一般不小于3.5m，主干道路宽度不小于6m。道路两侧一般应结合地形设置排水沟，深度不小于0.4m，底宽不小于0.3m。

（4）布置行政、生活、福利用临时设施的位置　单位工程现场临时设施很少，主要有办公室、工人宿舍、加工车间、仓库等，临时设施的位置一般考虑使用方便，并符合消防要求；为了减少临时设施费，临时设施可以沿工地围墙布置；办公室应靠近现场，出入口设门卫，在条件允许的情况下最好将生活区与施工区分开，以免相互干扰。

（5）布置水电管网　水电管网的布置应尽量利用拟建工程和市政设施，管线总长度力求最短。施工用水应根据生产和生活要求设置管径大小、龙头数量。消防用水应绝对保证，消防栓距建筑物不应小于5m，也不应大于25m，距离道路边缘不应大于2m。防洪排水问题应提前考虑，为了排除地面水、地下水，应修通永久性下水道，结合现场地形在拟建建筑物四周设置排水沟渠。施工中的临时供电问题，应根据施工总平面图考虑选用变压器。变压站周围应设防护栏，确保安全第一。塔式起重机工作区和交通频繁的道路的电缆应埋在地下。

综上所述，工程施工是一个复杂多变的生产过程，各种机械、材料、构件随着工程的进展不断进场、消耗，施工平面图在各施工阶段会有很大变化，故对于大型工程项目，由于工期长，变化大，就需要按不同施工阶段设计若干施工平面图，以便把不同施工阶段内工地的合理布置具体反映出来。但应注意，对于整个施工阶段都使用的道路、水、电线路等一般不轻易变动，以便节约费用。一般工程只需要对主体结构阶段设计施工平面图，同时考虑其他施工阶段的要求。大型复杂工程的施工平面图应考虑各专业施工单位的相互配合，合理划分施工场地，统筹规划施工平面图，使各专业各行其所，以满足所有专业施工的要求。



## 12.5　施工组织总设计概述

施工组织总设计是以整个建设项目或群体工程为对象，根据初步设计图、扩大初步设计图，以及有关资料和现场施工条件编制，用以指导整个工程各项施工准备和施工活动的综合性技术经济文件。

施工组织总设计的编制依据主要有计划文件及有关合同、设计文件及有关资料、工程勘察资料和调查资料、法规规范、类似建设项目的施工组织总设计和有关总结资料。

施工组织总设计的编制内容主要有：

1）工程概况和特点分析。

2）施工部署和主要工程项目施工方案。

3）施工总进度计划。

4）施工资源需要量计划。

5）施工总平面图和技术经济指标。

施工组织总设计的编制程序如图 12-2 所示。

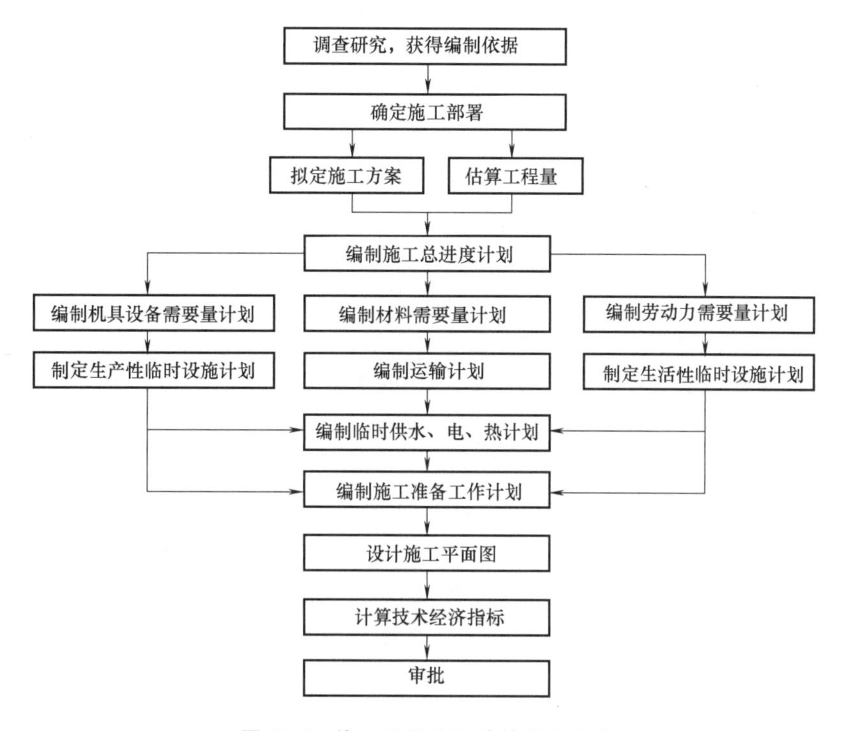


图 12-2 施工组织总设计的编制程序

## 12.6 施工部署和主要项目施工方案

施工部署是对整个建设工程项目进行的统筹规划和全面安排。它主要解决工程施工中的重大战略问题。施工部署的内容和侧重点根据建设项目的性质、规模和客观条件不同而有所不同，一般包括以下内容：

（1）明确施工任务划分和组织安排　施工部署应首先明确施工项目的管理机构、体制，划分各参与施工单位的任务，明确各承包单位之间的关系，建立施工现场统一的组织领导机构及其职能部门，确定综合的和专业的施工队伍，划分施工阶段，确定各单位分期分批的主攻项目和穿插项目。

（2）编制施工准备工作计划　施工准备工作是顺利完成项目建设任务的一个重要阶段，必须从思想上、组织上、技术上和物资供应等方面做好充分准备，并做好施工准备工作计划。其主要内容有：

1）安排好场内外运输，施工用主干道，水、电来源及其引入方案。

2）安排好场地平整方案和全场性的排水、防洪。

3）安排好生产、生活基地。在充分掌握该地区情况和施工单位情况的基础上，规划混凝土构件预制，钢、木结构制品及其他构配件的加工、仓库及职工生活设施等。

4）安排好各种材料的库房、堆场用地、货源供应及运输。

5）安排好冬、雨期施工的准备。

6）安排好场区内的宣传标志，为测量放线做准备。

（3）拟订主要项目施工方案　施工组织总设计中要对一些主要工程项目和特殊的分项工程项目的施工方案予以拟定。这些项目通常是建设项目中工程量大、施工难度大、工期长、在整个建设项目中起关键作用的单位工程项目以及影响全局的特殊分项工程。其目的是为了进行技术和资源的准备工作，同时也为了施工进程的顺利开展和现场的合理布置。其内容应包括：

1）施工方法：要求兼顾技术的先进性和经济的合理性。

2）工程量：对资源的合理安排。

3）施工工艺流程：要求兼顾各工种、各施工段的合理搭接。

4）施工机械设备：能使主导机械既能满足工程需要，又能发挥其效能；使各大型机械在各工程上进行综合流水作业，减少装、拆、运的次数；使辅助配套机械的性能与主导机械相适应。

其中，施工方法和施工机械设备应重点组织安排。

（4）确定工程开展程序　根据建设项目总目标的要求，确定合理的工程建设项目开展程序，主要考虑以下几个方面：

1）在保证工期的前提下，实行分期分批建设。这样既可以使每一具体项目迅速建成，尽早投入使用，又可以在全局上取得施工的连续性和均衡性，以减少暂设工程数量，降低工程成本，充分发挥项目建设投资的效果。

2）各类项目的施工应统筹安排，保证重点，确保工程项目按期投产。

3）一般工程项目均应按先地下后地上，先深后浅，先干线后支线的原则进行安排。例如，地下管线和筑路的程序，应先铺管线后筑路。

4）应考虑季节对施工的影响。如大规模土方和深基础土方施工一般要避开雨季；寒冷地区应尽量使房屋在入冬前封闭，在冬季转入室内作业和设备安装。



## 12.7　施工总进度计划

施工总进度计划是施工现场各项施工活动在时间上所做的安排，它是施工部署在时间上的具体体现。在编制总进度计划时，应根据施工部署中建设工程分期分批投产顺序，将每个交工系统的各项工程分别列出，在控制的期限内进行各项工程的具体安排。当建设项目的规模不太大，各交工系统工程项目不是很多时，也可不按分期分批投产顺序安排，而直接安排总进度计划。施工总进度计划的编制步骤如下：

（1）计算工程项目及全工地性工程的工程量　施工总进度计划主要起控制总工期的作用，因此在列工程项目一览表时，项目划分不宜过细。通常按分期分批投产顺序和工程开展顺序列出工程项目，并突出每个交工系统中的主要工程项目。一些附属项目及一些临时设施可以合并列出。

根据批准的总承建工程项目一览表，按工程开展程序和单位工程计算主要实物工程量。此时计算工程量的目的是为了选择施工方案和主要的施工运输机械；初步规划主要的施工过程和流水施工；估算各项目的完成时间；计算劳动力及技术物资的需要量。因此，工程量只需要粗略地计算即可。工程量可按初步（或扩大初步）设计图并根据各种定额手册进行计算。常用的定额资料有：

1）万元、十万元投资工程量、劳动力及材料消耗扩大指标。这种定额规定了某一种结构类型建筑，每万元或每十万元投资中劳动力消耗数量、主要材料消耗量。根据图样中的结构类型可估算出拟建工程分项需要的劳动力和主要材料消耗量。

2）概算指标和扩大结构定额。这两种定额都是预算定额的进一步扩大（概算指标是以建筑物的每 $100\mathrm{m}^3$ 体积为单位；扩大结构定额是以每 $100\mathrm{m}^2$ 建筑面积为单位）。

3）已建建筑物、构筑物的资料。在缺少定额手册的情况下，可采用已建类似工程实际材料、劳动力消耗量，按比例估算。由于和拟建工程完全相同的已建工程是比较少见的，因此在利用已建工程的资料时，一般都应进行必要的调整。

查定额时，分别按建筑物的结构类型、跨度、高度分类，查出这种建筑物按拟定单位所需要的劳动力和各项主要材料消耗量，从而推出拟计算项目所需要的劳动力和材料的消耗量。除建设项目本身外，还必须计算主要的全工地性工程的工程量，如铁路及道路长度、地下管线长度、场地平整面积。这些数据可以从建筑总平面图上求得。

将按上述方法计算出的工程量填入统一的工程量汇总表中。

（2）确定各单位工程的施工期限　影响单位工程施工期限的因素很多，如施工技术、施工方法、建筑类型、结构特征、施工管理水平、机械化程度、劳动力和材料供应情况、现场地形、地质条件、气候条件等。各施工单位应根据具体条件对各影响因素进行综合考虑，确定工期的长短。此外，也可参考有关的工期定额来确定各单位工程的施工期限。

（3）确定各单位工程的竣工时间和相互搭接关系　在确定了施工期限、施工程序和各系统的控制期限后，还需要对每一个单位工程的开工、竣工时间进行具体确定。通常通过对各单位工程的工期进行分析之后，应考虑下列因素确定开工、竣工时间以及相互搭接关系。

1）保证重点，兼顾一般。在同一时期进行的项目不宜过多，以避免人力、物力过于分散。

2）满足连续性、均衡性施工的要求。尽量使劳动力和技术物资消耗量在施工全程上均衡，以避免出现使用高峰或低谷；组织好流水作业，尽量保证各施工段能同时进行作业，达到施工的连续性，以避免施工段的闲置。为实现施工的连续性和均衡性，需留出一些后备项目，如宿舍、附属或辅助项目、临时设施等，作为调节项目，穿插在主要项目的流水中。

3）综合安排，一条龙施工。做到土建施工、设备安装、试生产三者在时间上的综合安排，每个项目和整个建设项目安排合理化，争取一条龙施工，缩短建设周期，尽快发挥投资效益。

4）分期分批建设，发挥最大效益。在工厂第一期工程投产的同时，安排好第二期以及后期工程的施工，在有限条件下，保证第一期工程早投产，加快后期工程的施工进度。

5）认真考虑施工总平面图的空间关系、建设项目的各单位工程的分布。一般在满足规范的要求下，为了节省用地，布置比较紧凑，从而也导致了施工场地狭小，使场内运输、材料堆放、设备拼装、机械布置等产生困难。故应考虑施工总平面的空间关系，对相邻工程的开工时间和施工顺序进行调整，以免互相干扰。

6）认真考虑各种条件限制。在考虑各单位工程开工、竣工时间和相互搭接关系时，还应考虑现场条件、施工力量、物资供应、机械化程度、设计图等资料的时间、投资等情况，同时还应考虑季节、环境的影响。总之全面考虑各种因素，对各单位工程的开工时间和施工顺序进行合理调整。

（4）施工总进度计划的安排　施工总进度计划可以用横道图表达，也可以用网络图表达。由于施工总进度计划只起控制作用，因此不必过细，计划过细不利于调整。目前，表格形式并不统一，项目和进度的划分也不统一，一般常用的是施工进度计划表。

施工总进度计划完成后，把各项工程的工作量加在一起，即可确定某段时间建设项目总工作量的大小。工作量大的高峰期，资源需求就多，可根据情况，调整一些单位工程的施工速度或开工、竣工时间，以避免高峰时的资源紧张，也保证整个工程建设时期工作量达到均衡。

## 12.8　施工总资源需要量计划

施工总进度计划编制好以后，便可编制各种主要资源的需要量计划。

（1）劳动力需要量计划　劳动力需要量计划是规划临时建筑和组织劳动力进场的依据。编制时根据各单位工程分工种工程量，查预算定额或有关资料即可求出各单位工程重要工种的劳动力需要量。将各单位工程所需要的主要劳动力汇总，即可得出整个建筑工程项目劳动力需要量计划。填入指定的劳动力需要量表中。

（2）各种物资需要量计划　根据工种工程量汇总表和施工总进度计划的要求，查概算指标即可得出各单位工程所需要的物资需要量，从而编制出物资需要量计划。

（3）施工机具和设备需要量计划　主要施工机械的需要量是根据施工进度计划、主要建筑物施工方案和工程量、套用机械产量定额得到的；辅助机械可根据安装工程概算指标求得，从而编制出机械需要量计划。

## 12.9　全场性暂设工程

为满足工程项目施工需要，在工程正式开工之前，要按照工程项目施工准备工作计划的要求，建造相应的暂设工程，为工程项目创造良好的施工条件。暂设工程类型和规模因工程而异，主要包括工地加工厂组织、工地仓库组织、工地运输组织、办公及福利设施组织、工地供水组织和工地供电组织等。



（1）临时加工厂　加工厂属于生产性临时设施，包括混凝土及砂浆搅拌站、临时混凝土预制场、半永久性混凝土预制场、木材加工厂、钢筋加工厂、金属结构加工厂等。工厂的结构形式应根据当地条件和使用期限而定，使用期限较短的，可采用简易的竹木结构，使用期限较长的，宜采用砖木结构或装拆式的活动房屋。所有这类设施的建筑面积主要取决于设备尺寸、工艺流程、设计和安全防火等要求，通常可参考有关经验指标等资料确定。

（2）临时仓库和堆场　土木工程施工中所用仓库有以下几种：

1）转运仓库：设在车站、码头等地用来转运货物的仓库。

2）中心仓库：专门储存整个建筑工地（或区域性建筑企业）所需要的材料、贵重材料及需要整理配套的材料的仓库

3）现场仓库：专为某项工程服务的仓库，一般就近建在现场。

4）加工厂仓库：专供某加工厂储存原材料和加工半成品、构件的仓库。

某种材料的仓库面积与该建筑材料需储备的天数、材料的需用量以及每平方米仓库能储存的定额等因素有关。仓库的面积可通过计算或查有关手册确定。

（3）工地运输道路　工地运输道路应尽可能利用永久性道路，或先修永久性道路路基并铺设简易路面。主要道路应布置成环形或“U”形，次要道路可布置成单行线，但应有回车场。要尽量避免与铁路交叉。

（4）办公及生活福利设施　办公及生活福利设施类型如下：

1）行政管理和生产用房：工地办公室、传达室、车库及各类行政管理用房和辅助性修理车间等。

2）居住生活用房：家属宿舍、职工单身宿舍、食堂、商店、医务室、浴室、卫生间等。

3）文化生活用房：俱乐部、图书室、邮亭、广播室等。

办公及生活福利设施规划首先需要确定工地人数：直接参加施工生产的工人，包括施工工程中的装卸与运输工人；辅助施工生产的工人，包括机械维修工人、运输及仓库管理人员、动力设施管理工人、冬期施工的附加工人等；行政及技术管理人员；为工地上居民生活服务的人员；以上各项人员中随现场迁移的家属等。其次需要确定办公及生活福利设施的建筑面积。工地人数确定后，就可按实际经验或面积指标计算出所需的建筑面积，即

$$S=NP \tag{12-6}$$

式中　$S$——建筑面积（$m^2$）；

$N$——人数；

$P$——建筑面积指标，见表12-5。

表12-5　办公、生活福利建筑面积参考指标　（单位：$m^2$/人）

| 序号 | 临时房屋名称 | | 指标使用方法 | 参考指标 |
|---|---|---|---|---|
| 1 | 办公室 | | 按使用人数 | 3~4 |
| 2 | 宿舍 | 单层通铺 | 按高峰年（季）平均人数（扣除不在工地住人数） | 2.5~3.0 |
| | | 双层床 | | 2.0~2.5 |
| | | 单层床 | | 3.5~4.0 |
| 3 | 家属宿舍 | | | 16~25$m^2$/户 |
| 4 | 食堂 | | 按高峰年平均人数 | 0.5~0.8 |
| | 食堂兼礼堂 | | | 0.6~0.9 |

（续）

| 序号 | 临时房屋名称 | 指标使用方法 | 参考指标 |
|---|---|---|---|
| 5 | 医务所 | 按高峰年平均人数 | 0.05～0.07 |
|  | 浴室 |  | 0.07～0.1 |
|  | 理发室 |  | 0.01～0.03 |
|  | 俱乐部 |  | 0.1 |
|  | 小卖部 |  | 0.03 |
|  | 招待所 |  | 0.06 |
|  | 其他公用 |  | 0.05～0.1 |
| 6 | 小型房屋 | 按工地平均人数 | — |
|  | 开水房 |  | 10～40 |
|  | 厕所 |  | 0.02～0.07 |
|  | 工人休息室 |  | 0.15 |

（5）工地临时供水　工地临时供水主要包括生产用水、生活用水和消防用水三种。生产用水包括工程施工用水、施工机械用水；生活用水包括施工现场生活用水和生活区生活用水。工地临时供水组织包括确定用水量、选择水源、确定供水系统等。

（6）工地供电　建筑工地临时供电组织包括计算用电总量、选择电源、确定变压器、确定导线截面面积并布置配电线路和配电箱。

## 12.10　施工总平面图

施工总平面图是拟建项目的施工现场的总布置图。它是按照施工方案和施工总进度计划的要求，将施工现场的交通道路，材料仓库，附属生产或加工企业，临时建筑，临时水、电管线等进行合理的规划和布置，并以图样的形式表达出来，从而正确处理全工地施工期间所需各项设施与永久性建筑以及拟建工程之间的空间关系。

（1）施工总平面图设计的内容

1）建设项目的建筑总平面图上一切地上地下的既有和拟建的建筑物、构筑物及其他设施的位置和尺寸。

2）一切为全工地施工服务的临时设施的布置位置，包括施工用地范围，施工用道路，加工厂及有关施工机械的位置，各种材料仓库、堆场及取土弃土位置，办公、宿舍、文化福利设施等建筑的位置，水源、电源、变压器、临时给水排水管线、通信设施、供电线路及动力设施位置，机械站、车库位置，一切安全、消防设施位置。

3）永久性测量放线标桩位置。

4）必要的图例、方向标志、比例尺等。

（2）施工总平面图设计的原则　施工总平面图设计的原则是平面紧凑合理，方便施工流程，运输方便通畅，降低临建费用，便于生产生活，保护生态环境，保证安全可靠。

1）平面紧凑合理是指少占农田，减少施工用地，充分调配各方面的布置位置，使其合理有序。

2）方便施工流程是指施工区域的划分应尽量减少各工种之间的相互干扰，充分调配人力、物力和场地，保持施工均衡、连续、有序。

3）运输方便畅通是指合理组织运输，减少运输费用，保证水平运输、垂直运输畅通无阻，保证不间断施工。

4）降低临建费用是指充分利用既有建筑，作为办公、生活福利等用房，尽量少建临时性设施。

5）便于生产生活是指尽量为生产工人提供方便的生产生活条件。

6）保护生态环境是指施工现场及周围环境需要注意保护，如能保留的树木应保留，对文物及有价值的物品应采取保护措施，对周围的水源不应造成污染，垃圾、废土、废料不随便乱堆乱放等，做到文明施工。

7）保证安全可靠是指安全防火、安全施工。

（3）施工总平面图设计的依据

1）设计资料：建筑总平面图、地形地貌图、区域规划图、建设项目范围内有关的一切既有的和拟建的各种地上地下设施及位置图。

2）建设地区资料：当地的自然条件、经济技术条件、资源供应状况和运输条件等。

3）建设项目的建设概况：施工方案、施工进度计划，以便了解各施工阶段情况，合理规划施工现场。

4）物资需求资料：建筑材料、构件、加工品、施工机械、运输工具等物资的需要量表，以规划现场内部的运输线路和材料堆场等位置。

5）各构件加工厂、仓库、临时性建筑的位置和尺寸。

（4）施工总平面图的设计步骤

1）场外交通的引入。一般大型工业企业都设有永久性铁路专用线，通常将其提前修建，以便为工程项目施工服务。由于铁路的引入，将严重影响场内施工的运输和安全，因此一般将铁路先引入工地两侧，当整个工程进展到一定程度，工程可分为若干个独立施工区域时，才可以把铁路引到工地中心区。此时铁路对每个独立的施工区域都不应有干扰，位于各施工区的外侧。

当大量物资由水路运输时，应充分利用原有码头的吞吐能力。当原有码头能力不足时，应考虑增设码头，其码头的数量不应少于两个，且宽度应大于2.5m，一般用石子或钢筋混凝土建造。一般码头距工程项目施工现场有一定距离，故应考虑码头建仓储库房以及从码头到工地的运输问题。

当大量物资由公路运进现场时，由于公路布置比较灵活，一般将仓库、加工厂等生产性临时设施布置在最方便、最经济合理的地方，而后再布置通向场外的公路线。

2）仓库与材料堆场的布置。尽量利用永久性仓库，节约成本。仓库和堆场位置距使用地尽量近些，减少二次搬运。当有铁路时，尽量布置在铁路线旁边，并且留够装卸前线，而且应设在靠工地一侧，避免内部运输跨越铁路。根据材料用途设置仓库和堆场，例如砂、石、水泥等布置在搅拌站附近；钢筋、木材、金属结构等布置在加工厂附近；油库、氧气库等布置在僻静、安全处；设备尤其是笨重设备应尽量布置在车间附近；砖、瓦和预制构件等直接使用材料应布置在施工现场，起重机回转范围内。

3）加工厂布置。加工厂一般包括混凝土搅拌站、预制构件加工厂、钢筋加工厂、木材加工厂、金属结构焊接、机修等车间等。布置这些加工厂时主要考虑来料加工和成品、半成品运往需要地点的总运输费用最小，且加工厂的生产和工程项目施工互不干扰。

① 搅拌站布置。根据工程的具体情况可采用集中、分散、集中与分散相结合三种方式布置。当现浇混凝土量大时，宜在工地设置混凝土搅拌站；当运输条件好时，采用集中搅拌最有利；当运输条件较差时，则宜采用分散搅拌。

② 预制构件加工厂布置。一般建在空闲地带，既能安全生产，又不影响现场施工。

③ 钢筋加工厂布置。根据不同情况，采用集中或分散布置。对于冷加工、对焊、点焊的钢筋网等宜集中布置，设置中心加工厂，其位置应靠近构件加工厂；对于小型加工件，利用简单机具即可加工的钢筋，可在靠近使用地分散设置加工棚。

④ 木材加工厂布置。根据木材加工的性质、加工的数量，采用集中或分散布置。一般原木加工、批量生产、加工量大的产品应集中布置在铁路、公路附近。简单的小型加工件可分散布置，在施工现场设几个临时加工棚。

⑤ 金属结构焊接、机修等车间的布置。由于相互之间生产上联系密切，所以应尽量集中布置在一起。

4）内部运输道路布置。根据各加工厂、仓库及各施工对象的相对位置，对货物周转运行图进行反复研究，区分主要道路和次要道路，进行道路的整体规划，以保证运输畅通，车辆行驶安全，造价低。在内部运输道路布置时应考虑：

① 尽量利用拟建的永久性道路。将它们提前修建，或先修路基，铺设简易路面，项目完成后再铺正式路面。

② 保证运输畅通。道路应设两个以上的进出口，避免与铁路交叉，一般厂内主干道应设成环形，其主干道应为双车道，宽度不小于6m，次要道路为单车道，宽度不小于3m。

③ 合理规划拟建道路与地下管网的施工顺序。在修建拟建永久性道路时，应考虑路下的地下管网，避免将来重复开挖，尽量做到一次性到位，节约投资。

5）临时性房屋布置。临时性房屋一般有办公室、汽车库、职工休息室、开水房、浴室、食堂、商店等。布置时应考虑：

① 全工地性管理用房（办公室、门卫等）应设在工地入口处。

② 工人生活福利设施（商店、浴室等）应设在工人较集中的地方。

③ 食堂可布置在工地内部或工地与生活区之间。

④ 职工住房应布置在工地以外的生活区，一般距工地500~1000m为宜。

6）临时水电管网的布置。临时性水电管网布置时，尽量利用可用的水源、电源。一般排水干管和输电线沿主干道布置；水池、水塔等储水设施应设在地势较高处；总变电站应设在高压电入口处；消防站应布置在工地出入口附近，消火栓沿道路布置；过冬的管网要采取保温措施。

综上所述，外部交通、仓库、加工厂、内部道路、临时房屋、水电管网等布置应系统考虑，多种方案进行比较，当确定之后采用标准图绘制在总平面图上。



## 阅读材料

### 施工组织设计在国内外的发展趋势

施工组织设计是随现代大型工程项目的施工实践和科学技术的发展而发展的。1928年，苏联建造第聂伯河水电站，施工人员编制了第一个较为完善的施工组织设计，随后苏联组建了专门的研究机构，进行施工组织理论研究。随着计算机的发展使用，1950 年，使用计算机统筹安排建筑施工计划的新式管理技术关键线路法（CPM）诞生；1958 年，美国又在北极星导弹计划中提出了计划评审法（PERT）；20 世纪 60 年代后，工程项目逐渐趋于技术复杂化且大型化，在西方发达国家出现了工程项目管理理论并应用于工程项目的建设中。工程项目管理咨询公司也开始在大型工程项目建设领域出现，这种咨询机构或管理公司代表业主进行项目管理的方式是现代大型工程项目管理中最为广泛的一种经营管理方式。

在我国，施工组织设计产生于计划经济年代。在计划经济体制下，施工企业的施工任务全部由政府统一分派，施工企业对建筑工程施工项目的经济效益不需要承担任何责任。因此，当时的施工组织设计是只有单一功能的技术管理文件，只供施工企业内部使用。如今，我国已完成了由计划经济向市场经济的转变，在社会主义市场经济体制下，建筑市场必须按市场经济的运作规律，依照国际惯例办事，施工组织设计的应用环境发生了巨大的变化。施工组织设计的主要作用不只是用于指导工程施工，而是投标书的重要组成部分，是为取得工程承包权而编制的。

无论是国际咨询工程师联合会编制的“土木工程施工合同条件”，还是我国的“建设工程施工合同”，均将投标书列为工程承包合同的组成部分，而投标施工组织设计又是投标书的技术标，因此投标施工组织设计是工程承包合同的组成部分。施工组织设计在投标阶段便已形成，即标前施工组织设计，但合同签订后，承包商还需要根据合同文件的要求不断完善，形成实施性的标后施工组织设计。

以往施工组织设计是按技术需要编制的，其主要内容仅限于工程概况、施工方案、施工进度计划、施工平面布置图、保证施工质量及安全的技术和组织措施。在市场经济体制下，施工组织设计必须适应我国建筑业改革发展的需要，无论是编制方式还是编制内容，都将会有显著的变化。在编制方式上趋于组合化、自动化，在编制技术上趋于竞争特色的规范化，在编制手段上趋于快速化，而这三方面的变化则是协调发展、相辅相成和缺一不可的。另外，施工组织设计作为工程承包合同的一部分，其内容不仅要考虑技术上的需要，更要考虑银行合同的需要，应编成一份集技术、经济、管理、合同于一体的项目管理规划性文件、合同履行的指导性文件、工程结算和索赔的依据性文件，因此施工组织设计的内容应向项目管理方向发展。

从外部市场现状来说，目前建筑市场竞争激烈，施工企业众多，国营和私营并存。从建设者角度来讲，本着少花钱、早见效益的原则，还存在着最低价、最短工期。有时甚至是以不合理的工期和不合理的价格来发包工程，各种条件苛刻，因而施工企业和项目经理部在工程建设中的工期压力往往是很大的，也就是说为了按合同工期完成施工任务，考虑施工重点往往是工期如何保证，对于成本也只是在投标时简单地估算一下报价和工程结束后进行一下收支对比。由于各种原因工程结算的滞后和拖欠款等，使得即使工程结束后也很难及时做出准确的成本分析。因而对于工程质量和成本的控制，往往无合适的方法和手段制定详细的能指导现场施工的质量、成本计划并在施工过程中进行控制。

从施工企业和项目组织施工方面看，项目经理部没有系统性的控制和指导体系，总体管理目标不明确，分目标混乱，从而造成施工管理的盲目性。项目经理部经常处理一些紧急事件，如无施工计划或施工计划不准确造成的材料进厂时间与实际工程进度不相符，滞后或提前较长时间，前者造成施工无法正常进行，后者则造成材料的闲置；无计划性地经常向施工企业提出增加施工人员和施工机械，由于时间紧迫使得施工企业难以立刻协调以满足要求，因而影响现场施工；材料已进场而施工准备没有做好产生窝工，造成浪费。

施工组织中工期的优化是至关重要的，工期的长短影响着项目的质量和成本，反过来施工项目的质量和成本又制约着工期长短。纵观国内外施工组织研究，对于工程项目控制目标的优化研究，最早出现的是对工期的优化，但其研究只限于工期-成本、工期-资源优化等单个影响方面，优化研究往往只考虑问题的一个方面，而没有将工程的质量问题加以考虑。一方面是由于建设工程质量管理本身的复杂性；另一方面是由于进度在建设工程的质量和成本影响下的优化是一个复杂的课题。事实上，工程的质量问题是应该关注的问题。因为工程的质量在很大程度上影响着工程进度，进而影响着施工企业的声誉和发展前途。在成本、质量和安全等影响下的工程进度优化研究实际上是一个迫切需要解决的问题。

## 思考题

1. 简述单位工程施工组织设计编制程序。
2. 单位工程施工组织设计的编制依据有哪些？
3. 确定单位工程的施工顺序时应该考虑哪些因素？
4. 单位工程资源供应计划的内容有哪些？
5. 简述单位工程施工平面图的设计步骤。
6. 什么是施工组织总设计？
7. 简述整个建设工程项目的施工部署的内容。
8. 简述施工总进度计划的编制步骤。
9. 什么是全场性暂设工程？
10. 施工总平面图设计的内容有哪些？

## 习题

**1. 判断题**

（1）施工组织设计的编制，只是为实施拟建工程项目的生产过程提供一个可行性的方案。（　　）

（2）施工组织设计是指导拟建工程施工全过程各项活动的纯技术性文件。（　　）

（3）设计施工总平面图一般应先考虑场外交通的引入。（　　）

（4）工程施工组织设计中，主要施工机械的需要量是根据建筑面积、施工方案和工程量，套用机械产量定额求得的。（　　）

5. 选择好施工方案后，便可编制资源需要量计划。（　　）

**2. 选择题**

（1）由建设总承包单位负责编制，用于指导拟建工程项目的技术经济文件是（　　）。

A. 分项工程施工组织设计　　B. 单位工程施工组织设计

C. 施工组织总设计　　D. 分部工程施工组织设计

（2）编制施工组织总设计首先应（　　）。

A. 拟定施工方案　　B. 编制施工进度计划

C. 确定施工部署　　D. 估算工程量

（3）设计全工地性施工总平面图时，首先应研究（　　）。

A. 垂直运输机械的类型和规格

B. 大宗材料、成品、设备等进入工地的运输

C. 场内材料的运输方式

D. 材料、成品的现场存储方式

（4）编制单位工程施工组织设计的依据之一是（　　）。

A. 施工图　　B. 施工成本

C. 施工进度　　D. 施工环境

（5）单位工程施工组织设计编制程序正确的是（　　）。

A. 施工方案—施工进度计划—资源需要量计划—施工平面图

B. 施工方案—施工进度计划—施工平面图—资源需要量计划

C. 施工进度计划—施工方案—资源需要量计划—施工平面图

D. 施工进度计划—资源需要量计划—施工方案—施工平面图

# 第13章　施工组织课程设计案例

## 13.1　施工组织课程设计

1. 施工组织课程设计的目的

1）使学生了解单位工程施工组织设计的作用，熟悉单位工程施工组织设计的内容、编制依据、编制原则、编制方法和步骤。

2）掌握施工组织设计的全过程，提高独立分析和解决工程施工组织问题的能力。

2. 施工组织课程设计要求完成的内容

(1) 文字说明及计算部分　该部分包括工程概况，施工方案的拟订，工程量、工人数和施工班组数的确定、各施工过程顺序，资源需要量计划。

(2) 图样部分　该部分包括施工进度计划表、施工平面布置图。

设计内容和任务计算书整洁、清晰，一律采用国际单位制，小数点后的位数要求统一。图样按比例绘制，线条清楚，绘图正确，具体图标参照标准图例。

## 13.2　单位工程施工组织设计实例

### 13.2.1　某生产力促进中心办公大楼项目施工组织设计任务书

1. 设计题目

某生产力促进中心办公大楼项目施工组织设计

2. 设计依据

1）本工程设计图，部分建施、结施图（略）。

2）本工程地质勘探报告（略）。

3）国家有关建筑工程施工及验收规范。

4）工程现场条件。

5）施工企业机械设备、劳动力等条件。

3. 基本条件

1）建筑地点：X 市东部。

2）总平面图。

3）自然条件：

① 地形：平坦。

② 土质：亚黏土。

③ 地下水位：最高地下水位在地面以下 2.7m。

④ 雨季：4~5 月。

4）钢筋混凝土部分（基础工程及主体工程）施工工期自 2011 年 7 月 9 日至 2012 年 1 月 24 日。

5）钢筋由加工厂加工成型后运至现场。

6）商品混凝土。

7）木模板、钢管脚手架现场搭拆。

8）交通：厂区内可通汽车。

9）水、电由市区供应。

10）本工程由某建筑工程公司承包。该公司机械设备齐全，技术力量雄厚，劳动力由该公司工程处统一调配。

11）建筑材料齐全，砂、石由本地区供应。

12）本工程由某市某质监站进行质量监督，某监理公司担任工程监理。

4. 设计内容

按工程概况，施工方案，工程量估算，劳动力（机械设备）用量及计划，施工进度计划，施工总平面图，技术、安全、质量保证措施等编制一份完整的施工组织设计，重点是施工方案、施工进度计划及施工总平面图三部分，具体要求如下：

（1）施工方案　确定总的施工流向与施工顺序：

1）土方及基础施工。确定挖土方法、模板支撑及基础浇注。

2）主楼框架结构施工。

① 模板工程施工。梁、柱及楼面（如果有）的模板选择与支撑。

② 钢筋及混凝土工程。钢筋工程施工，混凝土的垂直、水平运输，混凝土的浇筑与养护，施工缝的确定与处理，框架结构施工脚手架，楼地面施工。

（2）施工进度计划　要求按主要施工过程（必须分楼层）编制一份施工进度计划，工期要求控制在 5 个月以内。在该工期内应完成全部施工内容，达到交付使用的要求，进度计划采用横道图表示。

（3）施工总平面图　临时设施及施工道路布置：

① 搅拌机、砂浆机位置。

② 砂、石、水泥堆场及仓库。

③ 木工、钢筋加工车间（如果有）及堆场。

④ 办公、生活临时建筑。

⑤ 施工道路及其他临时设施。

（4）劳动力及主要机械设备一览表　要求列出本工程施工用的劳动力及主要机械设备，

并注明其规格、数量、功率等参数。

### 13.2.2　施工组织设计

#### 1. 工程概况

工程名称：某生产力促进中心办公大楼项目

本工程为框架结构体系，地上9层，地下1层，地上部分为办公楼，地下部分为车库，室外地面到屋面高度为33.750m，基底面积为2029m$^2$，建筑面积为15346m$^2$。结构安全等级为二级，设计施工年限为50年，建筑抗震设防烈度为7度，建筑抗震设防类别为丙类，地基基础设计等级为丙类。基础类型为人工挖孔灌注桩。室内外高差为0.450m，-0.060m以下墙体使用普通混凝土砖，框架填充墙使用200m厚加气混凝土砌块。总平面图如图13-1所示。

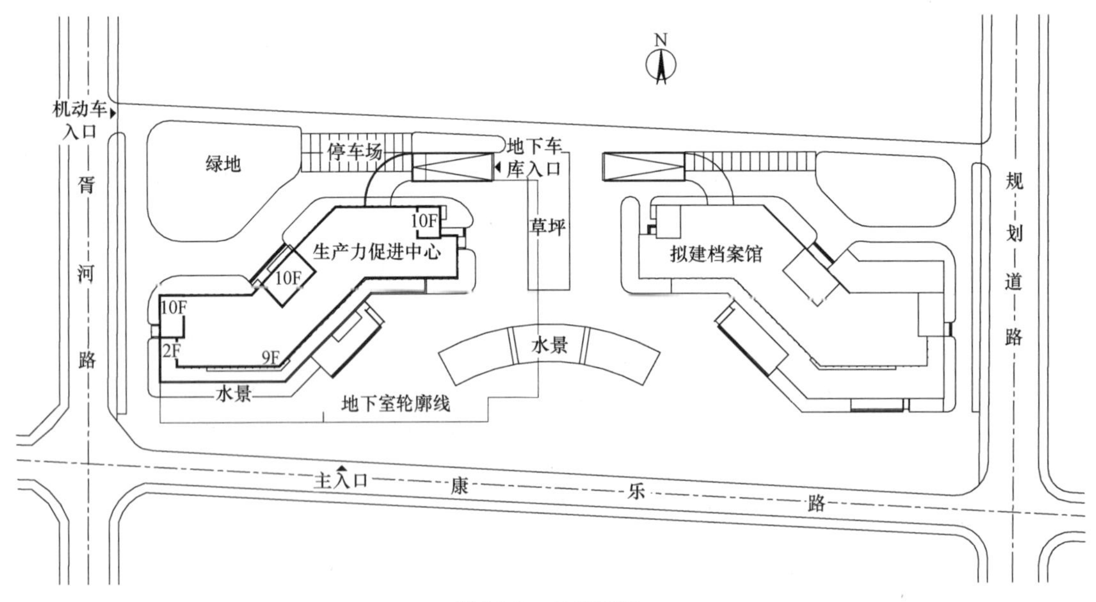


图13-1　总平面图

#### 2. 混凝土工程项目实施的重点、难点及施工现场组织协调控制措施

（1）混凝土工程重点、难点　针对本工程的特点，既要保证工期，又要保证工程质量，混凝土工程有以下几个方面的重点、难点：

1）混凝土工程预计工期为269日历天，工期比较紧，还有专业工程的分包，因此必须编制切实可行的施工方案，确保工程施工质量。

2）本工程的整个地下室面积较大，故其混凝土工程量相对较大，其混凝土浇筑、养护应合理划分施工段，后浇带的质量控制是本工程的重点、难点，能否控制好后浇带的质量是地下室底板开裂及防水质量的关键因素。

3）地下室超长外墙的防裂、防水措施也是本工程的重点。

4）本工程属于政府投资的BT项目，因此总承包单位应严格控制分包单位的施工质量和进度。

5）本工程总的持续时间为1年，必须加强冬期、雨期等施工防护措施。

（2）施工现场组织协调控制措施

1）成立以项目经理为首的现场调度指挥部，合理安排施工顺序，协调疏导现场车辆运输，协调管理各专业施工，使整个施工现场在一个统一的、有序的环境中运行，保证各个管理目标顺利实现。

2）本工程施工场地紧凑，空余场地小，而且有大面积地下车库，因此必须合理组织材料堆放，以提高搬运效率。

3）本工程为框架结构，因此本工程施工顺序的安排、施工段的划分、塔式起重机就位及其他施工机械的布置是本工程的难点。

3. 施工方案及质量控制措施

（1）施工方案

1）划分施工段　本工程地上部分为办公区，地下部分为车库，地上部分根据后浇带分为两个施工段，地下部分面积较大，除了根据地上部分划分的两个施工段外，其他部分地下室也根据后浇带，分为三个施工段，总的来说地下为五个施工段。具体的施工段划分如图 13-2 所示。

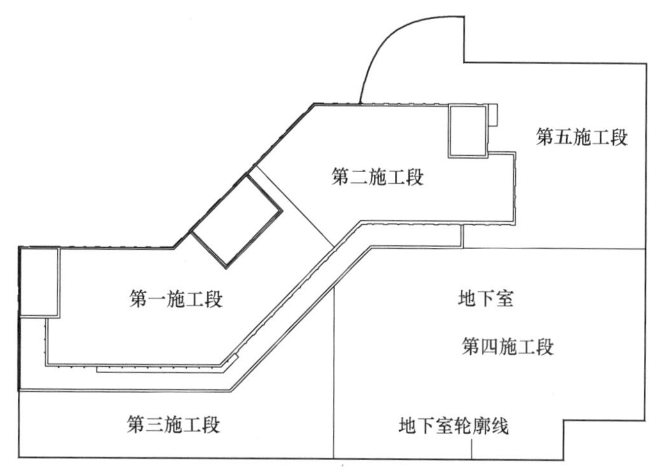


图 13-2　地下人防施工段划分

2）施工阶段　分为基础工程和主体工程两个阶段。

① 基础工程的施工方法：采用桩基础。人工挖孔灌注桩桩身直径为 800mm 和 1200mm，根据持力层界面起伏变化，桩身长度不一，两种直径的桩持力层均为中风化粉砂质泥岩，其中，ZH1（ZH1a）进入该层不少于 0.8m，ZH2（ZH2a）进入该层不少于 1.2m。承台厚为 600mm 和 800mm，地下室底板为抗水板。混凝土强度等级：底板、承台、基础梁为 C40，抗渗等级为 P8，灌注桩为 C30，垫层为 C15。基坑大面积开挖深度为 5.75m。基础及地下工程施工流程图如图 13-3 所示。

② 基础工程的施工顺序。

A. 测量和轴线定位

a. 本工程的测量工作由工程测量小组专门负责，建立健全复测检查制度，确保施工全过程中定位、放线、轴线引测、标高控制的准确性。

b. 测量操作应与设计、施工密切配合，严格遵守施工测量放线工作准则。

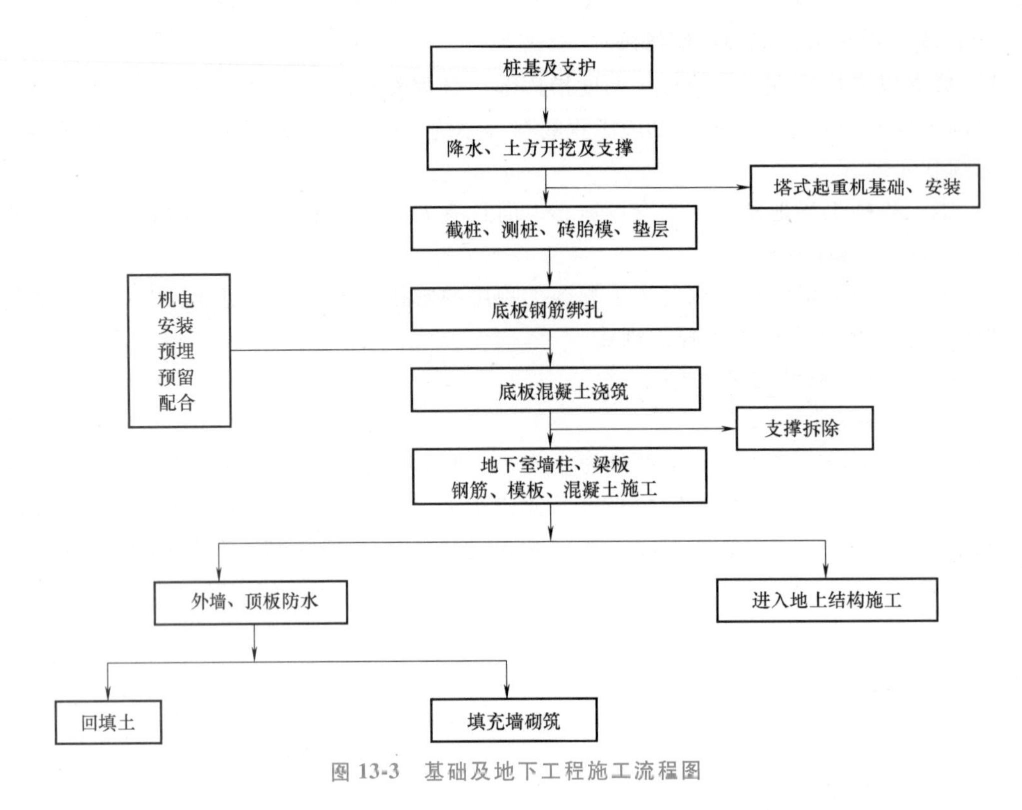


图 13-3　基础及地下工程施工流程图

c. 现场配备激光经纬仪、自安平水平仪等专用仪器。测量放线方法需因地制宜，灵活运用。

d. 使用 DSZ3 水准仪，依据建设方提供的水准点、坐标，引测出工程的±0.00 标高及轴线位置，做到精确无误。场内按图示建立平面定位通视的测量网，作为对上部建筑测量校验的标准。

e. 在建筑物大角的两侧同时或分别架设广角经纬仪，摆平仪器后，物镜上的“+”字竖丝对准首层地面上的轴线，固定水平罗盘，向上转动物镜，仰视观察，找出偏差，检验模板的垂直度。轴线定位控制网布置如图 13-4 所示（见文后插页）。

B. 沉降观测

a. 沉降观测需采用精密水准仪和水准尺。进行观察时，应使用固定的观测工具。每次观察均需采用环形方法或往返闭合法当场进行检查。同一个观察点两次观察之差不得大于 1mm。

b. 沉降观测的次数和时间。第一次观测应在观测点安装稳定后及时进行，根据设计要求，施工期间每施工三层观测一次，结构封顶后，每隔一个月观测一次，结构封顶六个月后，每隔半年观测一次，直至稳定。

c. 沉降观测资料应及时汇总整理，并附各种有关规定数据，将其沉降观测结果绘制成沉降量的分布曲线图表。

d. 沉降观测点可在建筑物沉降缝的两侧及四角转角处进行布置，观测点的布置及做法如图 13-5 所示（见文后插页）。



C. 桩基础施工。桩基工艺流程：整理施工场地→测量放样，设保护桩→桩位复测，护壁施工→挖孔→人工挖孔桩尺寸及测量控制→钢筋笼制作及安装→灌注混凝土。

灌注混凝土施工中，自拌混凝土到达现场时应检验其坍落度（控制在 18~22cm 为宜）是否满足设计要求。灌注过程中随时检查埋管情况并及时拆卸导管（注意提升导管时要避免卡挂钢筋笼）。要防止混凝土拌合物从漏斗顶溢出或从漏斗外掉入孔内，每次提升导管要记录混凝土灌注量、孔内混凝土表面高度及导管埋深，同时要根据混凝土灌注数量，计算、校核导管的埋置深度与实测是否相符，防止误测超拔导管而出现断桩现象。埋管深度控制在 2~6m，拆完导管后埋管深度要大于 2m。混凝土开始灌注后，要紧凑地、连续地进行，严禁中途停工，必须一次性灌注完毕。灌注完成后混凝土面应比设计灌注标高高 0.5m 以上并及时填写“混凝土灌注记录”，真实反映灌注情况。

D. 土方开挖。基坑土方开挖工艺流程：土方开挖→垫层施工→承台、地梁施工→土方回填。

土方开挖时应注意使基坑暴露面积控制在一定的范围内，尽量减少敏感区域的暴露时间。同时，尽量保证基坑开挖的连续施工，减少延搁时间。土方开挖由西向东进行，开挖土方标高至混凝土支撑底，即开始施工基坑混凝土支撑，待混凝土支撑达到设计强度后，开挖下一层土方。土方开挖与支撑施工紧密结合，尽量减少施工周期。

本工程垫层为 100mm 厚 C15 素混凝土垫层。垫层施工紧随土方工程进行，人工清理一块、验收一块、浇筑一块，尽量减少地基土的暴露时间，垫层标高用水准仪严格按设计标高控制，并做好表面压实、抹平、收光工作。混凝土垫层完成，待可上人不变形后立即把轴线、承台、基础梁边线投射到垫层上去，以确保承台、基础梁的正常施工。

承台、地梁施工，根据垫层上所放的承台、基础梁边线砌筑砖胎模，采用 120mm 厚墙加砖柱及 240mm 厚墙加砖柱，采用 M5.0 水泥砂浆砌筑。砖胎模内侧用 1：2.5 水泥砂浆粉刷 15mm 厚。垫层浇筑口将轴线标高引至垫层面，督促桩基单位会同有关单位编制桩位竣工图，及时报请桩基验收。如桩顶标高超过设计要求标高，则按设计标高进行截桩，截桩时，应由专业人员采用切割机切割，严谨用大锤敲打；如桩顶标高未达到设计要求标高，则应进行接桩，接桩时应先查阅压桩记录，如桩基超送深度在 1.5m 以内，则可直接采用人工开挖，将现场多余的半截桩重新焊接，如超过 1.5m，则应报请设计单位、监理进行商讨接桩方案，采用涵管法人工挖孔桩接桩。

承台、地梁钢筋绑扎时，应先绑扎承台钢筋，再绑扎地梁钢筋，地梁模板支护应注意牢固稳定。混凝土浇筑时应注意连续浇筑尽量避免留设施工缝，如无法避免，应留在 1/3 跨至跨中，考虑塔式起重机运输能力有限，在承台、地梁浇筑时可搭设竹篱板通道，用人力手推车运送，以配合塔式起重机运输，提高效率。

土方回填时，根据工程现况，基础回填按照地下室的施工顺序，先回填主楼部分，后回填地下室其他部分，回填时采用自然土分层夯实。本工程土方采用人工回填、铺平，机械打夯，打夯遍数为 3~4 遍，每批回松土 20cm，其夯实厚度在 15cm 左右。填土时，应保证边缘部位的压实质量，填表土后将填方边缘宽度填宽 0.5m。

E. 基坑土方开挖的注意事项：

a. 开挖深度应严格按照地下室结构施工图进行。

b. 及时排除流向土坡的水以防止土体滑坡。

c. 土方开挖时，若发现基坑侧壁冒水、流砂，应及时处理，不得延误。

d. 加强地面的明沟排水及辅助排水设施管理，在基坑顶部四周设置挡水墙，避免地面的水流入基坑，影响基坑稳定。

e. 基坑开挖后如发现坑底土质与勘察报告不符，应及时向业主、监理及设计单位反映。

f. 加强对坑底积水的处理，派专人24h值班抽水。

F. 地下室外墙混凝土浇筑

a. 墙体混凝土浇筑前，先在底部均匀浇筑50~100mm厚与墙体混凝土同强度等级的水泥砂浆，并用铁锹入模，不应用料斗直接灌入模内。

b. 浇筑墙体混凝土应连续进行，间隔时间不得超过2h，每层浇筑厚度控制在500~600mm，因此必须预先安排好混凝土下料点的位置和振捣器操作人员的数量。

c. 振捣器移动间距应小于500mm，每振动一点的移动时间以表面呈现浮浆为度，为使上下层混凝土结合牢固，振捣器应插入下层混凝土50mm。振捣时留意钢筋密集部位及洞口部位，为防止出现漏振，下料高度也要大体一致，大洞口的洞体模板应开口，在洞内伸入振动棒进行振捣。

d. 墙体混凝土浇筑完毕，应将上口甩出的钢筋加以整理，用木抹子按标高线将墙上表面混凝土找平。

G. 超长混凝土施工。本工程地下室底板、外墙、顶板为超长无缝混凝土结构，施工中注意采取相应措施减少水化热的不利影响，采用低热或中热水泥，减少混凝土中水泥用量。黄沙选用中沙，黄沙、石子含泥量一定要小于规范要求。此外现场混凝土坍落度应小于18cm。

a. 承台、底板、外墙、顶板、梁板混凝土中以及后浇带中均应添加混凝土膨胀剂，膨胀剂掺量应根据配合比试验确定。承台、底板、外墙、顶板、梁板膨胀混凝土其限制膨胀率应大于0.015%（水中养护14d条件下），且膨胀剂掺量应不得小于8%。掺膨胀剂混凝土的配合比应符合《混凝土外加剂应用技术规范》（GB 50119—2013）的要求。后浇带中膨胀混凝土其限制膨胀率应大于0.025%，且膨胀剂掺量应不得小于12%。

b. 合理安排施工顺序，分缝分块，采用分层跳打。当分层浇筑时，应在每个浇筑层上、下设有温度筋，添加的温度筋不小于Φ8@150，且上层钢筋的绑扎在浇筑下层混凝土后进行，在上层浇筑前应将层面上的浮浆，松动的砂、石及杂物清除干净并不得有积水。

c. 超长混凝土结构养护是关键，采取保温保湿养护，养护时间不应少于14d。浇筑时混凝土中心温度与表面温度的差值不应大于25℃，混凝土表面温度与大气温度的差值不应大于25℃。拆模后或浇筑完后及时采用塑料薄膜、湿草袋覆盖并保持表面潮湿，筏板采用蓄水养护，外墙采用松模板水管滴淋保湿。

d. 施工中采用后浇带的施工措施。

H. 后浇带混凝土施工。本工程地下室底板面积较大，在主体结构X3~X4轴之间、地下室5~6轴之间、10~12轴之间以及地下室与主体结构结合部位留有宽800mm的后浇带。

a. 后浇带做法。

底板、梁后浇带施工顺序：绑扎底板底层钢筋→固定安放钢板止水带→固定钢丝网→绑扎底板上层钢筋→浇筑一侧的底板混凝土→浇另一侧的底板混凝土→清理后浇带→二次补浇微膨混凝土。

楼板、墙后浇带施工顺序：绑扎板、墙钢筋→固定钢丝网→浇筑一侧的底板混凝土→浇另一侧的底板混凝土→清理后浇带→二次补浇微膨混凝土。

b. 后浇带浇筑前的处理。彻底清除杂物，底板后浇带内的积水尽量抽干，混凝土浇筑时，从一端向另一端推进，这样可以排除无法清除的积水。后浇带两侧混凝土凿毛，并在浇筑混凝土24h前间断浇水润湿。浇筑前清理止水带上的杂物、油污、水泥等，并固定好止水带的位置。地下室后浇带在混凝土强度未达到70%之前，应采取措施保证地下室构件不受水浮力和侧压力的影响。

c. 后浇带混凝土浇筑。后浇带采用比相应结构部位高一级的膨胀混凝土浇筑。施工期间后浇带两侧构件应妥善支撑，以确保构件和结构整体在施工阶段的承载力和稳定性，后浇带（除沉降后浇带外）在封闭后21d方可拆除模板。

后浇带施工时的温度应低于两侧混凝土施工时的温度，且宜选择气温较低的季节施工。浇筑前混凝土表面要凿毛、清洗干净，并保持湿润，再加以接浆（高强度等级水泥砂浆）。后浇带应在两侧混凝土的龄期不少于60d后再浇捣；沉降后浇带应在高层主体封顶后再浇捣。

地下室底板后浇带做法如图13-6所示，后浇带混凝土强度应比原设计强度提高一级，并用微膨胀混凝土掺入12%HEA添加剂浇筑，后浇带内混凝土的浇捣在底板上一层楼板浇筑完成不少于60d后进行。

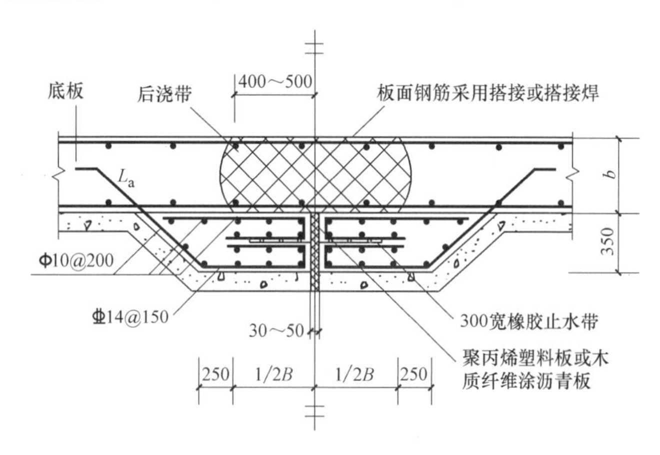


图13-6　地下室底板超前止水后浇带节点大样

地下室外墙后浇带做法如图13-7所示，后浇带混凝土强度应比原设计强度提高一级，并掺入膨胀剂，后浇带内混凝土的浇捣在底板上一层楼板浇筑完成不少于60d后进行。

楼层后浇带构造如图13-8所示。

d. 后浇带补浇的时机问题。后浇带暴露时间越长，将来的清理杂物、钢筋除锈工作就越困难，支撑的费用就越高，有时还可能涉及降水的停滞问题。因此后浇带浇筑的最佳时机应该是待建筑物的荷载加到一定程度后认为沉降接近极限时，这个进度的断定或者沉降值的设置将根据设计单位在图样中明确沉降设计允许值与沉降观测实际数据对比以后确定。原则上是在保证设计要求的前提下尽量提前，以减少对地下室施工的影响。

e. 清理保护措施。待后浇带两侧混凝土终凝后，要及时清理流淌到后浇带中的混凝土、水泥浆，避免混凝土强度提高，造成清理困难。

后浇带强化保护如图13-9所示。

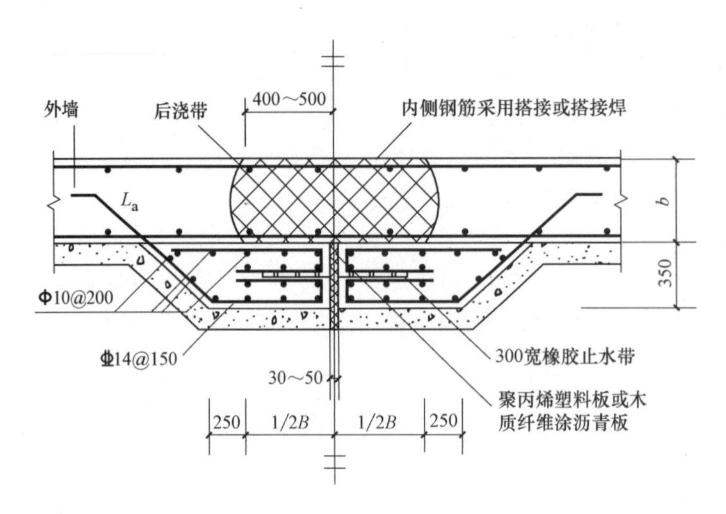


图 13-7　地下室外墙超前止水后浇带节点大样

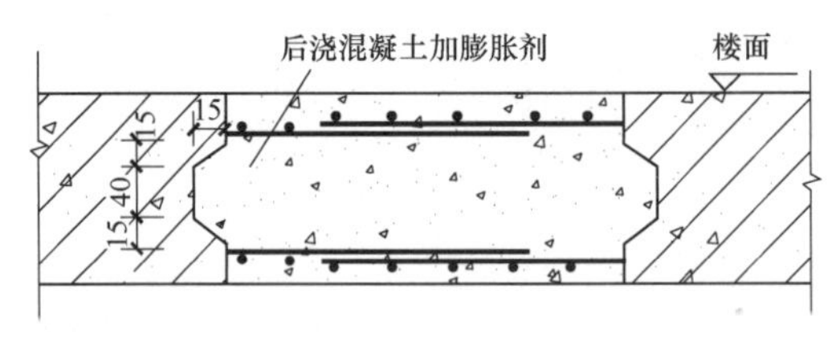


图 13-8　楼层后浇带构造图

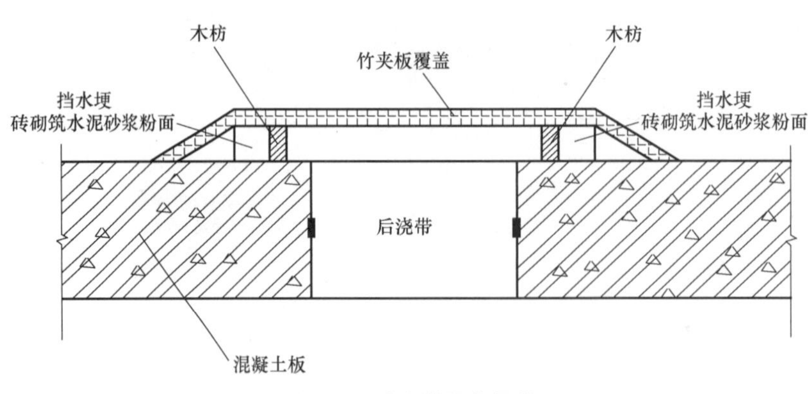


图 13-9　后浇带强化保护

I. 施工缝处理措施。本工程地下室底板向上 300mm 处设置施工缝，采用 6mm 厚止水钢板，如图 13-10 所示。施工缝处理办法如下：

拆模后，清理止水钢板表面浮浆，打扫干净，同时将混凝土表面凿毛，冲洗湿润。在二次浇筑混凝土墙前，在水平施工缝铺设 10～15mm 厚 1∶1 纯水泥浆接浆层。在浇筑混凝土外墙时，该部位混凝土必须细致振捣密实。

J. 地下室超长外墙的防裂措施。本工程地下室外墙长度较大，因此对防裂及防水要求较高，为了防止防水外墙结构部分出现裂缝，将采取以下措施：合理分段施工。控制混凝土的坍落度。掺用磨细粉煤灰替代部分水泥，降低混凝土的水泥用量，降低水化热，减少不均匀收缩。掺用抗渗、防裂增强剂，补偿收缩，减水增强，提高混凝土防水能力。掺用抗裂纤维，提高混凝土抗裂强度。选用级配良好的砂、石（含泥量不超过 1%）。混凝土浇筑时，要加强振捣，提高混凝土的密实度。要保证混凝土的连续浇筑，防止出现冷缝。加强混凝土的养护工作，养护不少于 21d。

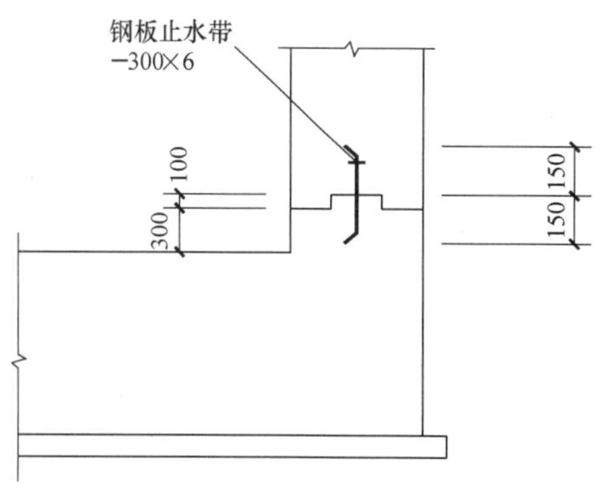


图 13-10　施工缝构造图

③ 主体工程施工顺序：测量轴线定柱位→绑扎一层柱钢筋→支柱模→浇筑柱混凝土→支梁底模→绑扎梁钢筋→支梁侧模→支板模→浇筑梁、板混凝土→进入上一层的测轴线定柱位。

A. 轴线传递。上部主体施工采用内控法向上传递轴线，即在底层内控基点处架设激光经纬仪，对中校正摆平后启动激光电源，激光束通过楼板的预留洞向上投测到测量孔的接收靶上，通过无线对讲机实现上下层人员互相联络，以调校可见光斑直径，使其达到最佳状态，并通知观测人员逆时针旋转准直仪，这样在接收靶处就可见到一个同心圆（光环），取其圆心作为向上的投测点，并将接收靶固定。用同样的办法投测到下一个点，保证每一施工工段至少有两个点作为角度及距离校核的依据。控制轴线投影至施工层后，应组成闭合图形，且距离不得大于所用的钢尺长度。

B. 高程控制。依据水准点引测±0.00 标高线，用钢卷尺量出楼层标高基准点后用水准仪定出轴线的标高。

a. 分别在第 1、9 层设置高程水平控制基线，其间楼层标高均以下部控制基线为准，用通长钢尺和水平仪进行标高传递。

b. 每层楼层内模板及支撑拆除清理后，每道墙面上均弹室内楼面+1.0m 线，作为装饰工程、门窗安装和水电安装的标高控制线。

C. 柱钢筋绑扎工艺流程：套柱箍筋→连接竖向主筋→画箍筋间距线→绑扎箍筋→挂混凝土保护层垫块。柱纵向钢筋直径大于或等于 22mm 时，采用电渣压力焊连接，接头等级不低于Ⅱ级。按钢筋配料单（表）上的钢筋级别、直径、下料长度进行切断下料。柱筋按每两层一个接头进行下料、接头制作。

D. 柱模板安装。本工程主要框架柱尺寸为 600mm×600mm、600mm×800mm、600mm×700mm、600mm×500mm、600mm×550mm 等。柱模板采用 18mm 厚胶合板，内楞 50mm×100mm 木方，间距 150mm；外楞采用 48mm×3.5mm 双钢管，间距 800mm，采用 M20 对拉螺栓，如图 13-11 所示。

矩形柱模板支垫方木肋间距≤300mm，钢管箍夹固，截面大于 600mm×600mm 时，设置对拉螺栓，钢管箍沿柱高度每 500mm 设一道。为防止柱模板根部在浇筑混凝土时移位、胀模，在柱脚周围的混凝土楼板上插置钢筋头，作为柱脚模板支垫的固定锚点。柱支模时注意留置与墙体的拉结筋。

E. 混凝土浇筑（柱混凝土浇筑）。

a. 柱混凝土应一次浇筑完毕，当需要留施工缝时应留在主梁下面，在与梁板整体浇筑时，应在柱浇筑完毕后停歇 1~1.5h，使其获得初步沉实，再继续浇筑。

b. 柱浇筑前，新浇混凝土与下层混凝土结合处，在底面上均匀浇筑 50mm 厚与混凝土

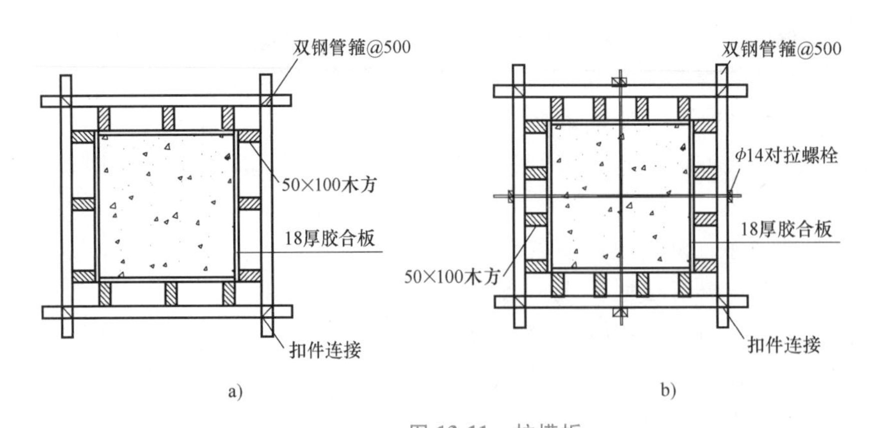


图 13-11　柱模板

a）小于 600mm×600mm 柱模板　b）大于 600mm×600mm 柱模板

配合比相同的水泥砂浆。砂浆应用铁铲入模，不应用料斗直接倒入模内。

c. 柱混凝土应分层浇筑振捣，每层浇筑厚度控制在 500mm 左右。混凝土下料点应分散布置循环推进，连续进行。振动棒不得触动钢筋和预埋件。除上面振捣外，下面要有人随时敲打模板。柱高在 3m 之内，可在柱顶直接浇筑，超过 3m 时应采取措施（用串桶）或在模板侧面开门子洞安装斜溜槽分段浇筑。每段高度不得超过 2m，每段混凝土浇筑后将门子洞模板封闭严密，并用箍筋箍牢。

d. 柱混凝土应一次浇筑完毕，当需要留施工缝时应留在主梁下面。在梁板整体浇筑时，应在柱浇筑完毕后停歇 1~1.5h，使其获得初步沉实，再继续浇筑。

F. 支梁底模。框架梁的主要尺寸有 300mm×750mm、300mm×450mm、200mm×450mm、300mm×700mm、400mm×900mm 等，梁下木枋间距不大于 350mm；梁下支撑立杆横距为 450~600mm，纵距为 800mm。按有关计算和规范要求设置水平和竖向剪刀撑、扫地杆，其质量要求应符合《建筑施工模板安全技术规范》（JGJ 162—2008）的规定。梁侧模、底模均采用 18mm 厚的木胶合板，内楞采用 50mm×100mm 木枋，外楞采用 48mm×3.5mm 钢管。梁侧内楞沿梁方向布置，设计间距为 300mm，外楞采用 48mm×3.5mm 钢管，设计间距为 800mm。梁底内楞沿梁方向布置，设计间距为 400mm，即设两根木枋，外楞采用 48mm×3.5mm 钢管，设计间距为 1000mm。支架采用扣件式钢管支架，48mm×3.5mm 钢管，立杆设计横距为 400mm，纵距为 1000mm，采用单扣件。梁侧模、底模计算过程略，梁模板支架示意图如图 13-12 所示。

G. 支板模板。本工程的板厚主要是 110mm 等。模板采用厚度为 18mm 的木质胶合板，内楞 50mm×100mm 松木方，外楞选用 $\phi$48mm×3.5mm 双钢管，板下采用钢管式扣件脚手架。木方间距取为 500mm，钢管外楞间距为 1000mm，立杆横向间距为 800mm，纵距为 1000mm，板下采用单扣件。

采用 18mm 厚木胶合板做底模板。底模板下铺 50mm×100mm 木枋，通过计算板底模板的强度、刚度来验算木枋楞间距，按照三跨连续梁考虑，取 1m 宽板带梁来计算，荷载取 1000mm 宽板带，计算过程略。板模板支架示意图如图 13-13 所示。



H. 模板支撑安全保证。本工程支模高度最高为 5.0m，其模板支撑的搭设对支模的安全稳定至关重要，搭设过程中要特别注意支撑架（立杆、水平拉结杆、剪刀撑）和排架搭设工艺。

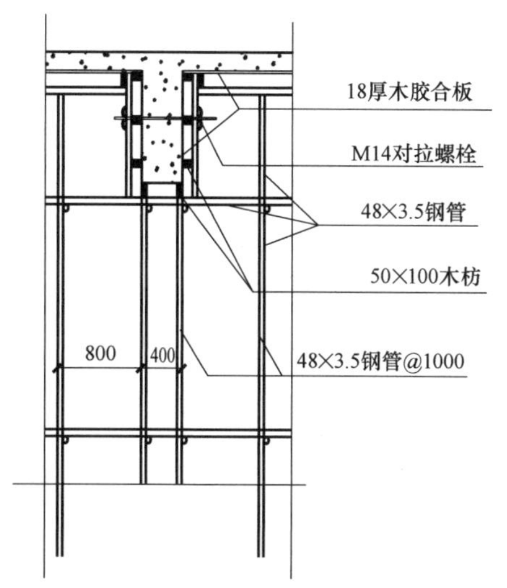


图 13-12　梁模板支架示意图

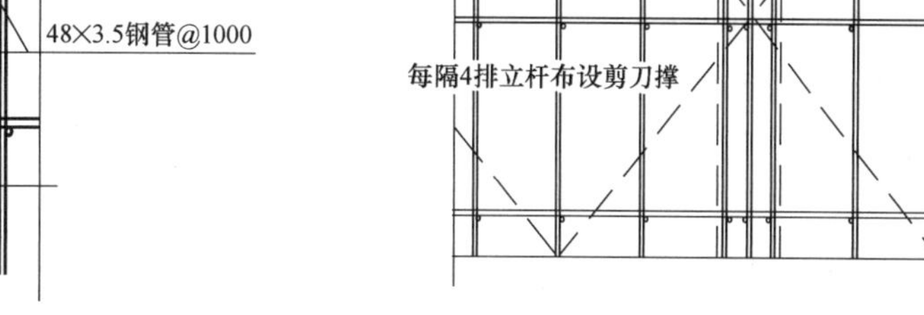


图 13-13　板模板支架示意图

a. 按方案中搭设时，每步立杆的双向水平杆不能少，并作为检查的重点。

b. 大梁底部必须设双扣件，其紧固扭矩为 40~65N · m，并作为检查的重点。

c. 所有立杆底部垫设 5cm 厚木垫板。

d. 支架搭设完成后应做全面检查。

e. 混凝土浇筑时应当沿大梁跨度方向进行浇筑，并注意控制楼面上的施工荷载。

f. 现场素填土应碾压密实，预应力大梁下方浇筑 150mm 厚素混凝土垫层，并做好现场排水防止基础沉陷。

g. 支模施工期间，非工作人员不得进入支模底下，并由安全员设警示标志，现场监护。

h. 高支模施工现场应搭设工作梯，作业人员不得爬支撑系统上下。

i. 跨度大于 4m 的楼板模板应起拱，起拱高度为跨度的 1/1000~3/1000。

j. 支架验收参照有关规范的要求进行。

I. 绑扎梁钢筋。

a. 工艺流程。高度≤1000mm 的梁，钢筋采用模外绑扎。画主次梁箍筋间距→在主次梁模板上口铺横杆数根→在横杆上放箍筋→穿主梁下层纵向受力钢筋→穿次梁下层纵向受力钢筋→穿主梁上层钢筋→按要求间距绑扎主梁箍筋→穿次梁上层纵向受力钢筋→按要求间距绑扎次梁箍筋→挂混凝土保护层垫块→抽出横杆，将梁骨架放入模板内。高度>1000mm 的梁，钢筋采用原位绑扎，即先铺底模，再绑扎钢筋，最后封侧模板。

b. 在梁侧模上划分出箍筋间距，摆放箍筋；先穿主梁下部纵向受力钢筋及弯起钢筋，将箍筋按划分好的间距逐个分开；穿次梁下部纵向受力钢筋及弯起钢筋，并套好箍筋；放主次梁的架立筋，隔一定间距将架立筋与箍筋绑扎牢固；调整箍筋间距使之符合设计要求，先绑扎架立筋，再绑扎主筋，主次梁同时配合进行。

c. 框架梁上纵向受力钢筋应贯穿中间节点，梁下部纵向受力钢筋伸入中间节点锚固长度及伸过中心线的长度要符合设计要求，框架梁纵向受力钢筋在节点内的锚固长度也要符合设计要求。

d. 绑梁上部纵向受力钢筋的箍筋，采用套扣法绑扎；箍筋在叠合处的弯钩，梁中应交错绑扎，箍筋弯钩为135°，平直部分长度为10$d$，当做成封闭箍时，单面焊长度为5$d$。

e. 梁端第一个箍筋应设置在距离柱节点边缘50mm处，梁端与柱交接处箍筋要加密，其间距与加密长度均要符合设计要求。

f. 在主次梁受力筋下挂垫块或卡塑料卡，保证保护层的厚度，当受力筋为双排时，用短钢筋垫在两层钢筋之间，钢筋排间距应符合设计要求。

g. 梁筋的搭接：搭接长度末端与钢筋弯折处的距离，不得小于钢筋直径的10倍，接头不宜位于构件最大弯矩处，受拉区域内Ⅰ级钢筋绑扎接头的末端做成弯钩，搭接处应在中间和两端扎牢。接头位置应相互错开，当采用绑扎搭接接头时，在规定搭接长度的任一区段内有接头的受力钢筋截面面积占受力钢筋总截面面积的百分率，受拉区不大于50%。

J. 板钢筋安装、绑扎。

a. 工艺流程。模板清理→模板上画钢筋间距线→绑扎板下层受力筋→绑扎板上层钢筋→垫混凝土保护层垫块

b. 清理模板上杂物，用粉笔在模板上画好主筋、分布筋的间距；按画好的间距，先放受力主筋，后放分布筋；预埋件、电线管、预留孔等及时配合安装；在现浇板中有板带梁时，应先绑板带梁钢筋，再摆放板钢筋和双向板的底筋，短向筋放在底层，长向筋放在短向筋之上。

c. 绑扎板钢筋用八字扣，单向受力板除外围两根筋的相交点全部绑扎外，其余各点可隔一绑一，双向板相交点应全部绑扎，如板为双层钢筋，两层钢筋之间加钢筋马凳以确保上部钢筋的位置。

d. 钢筋绑好后，在钢筋的下面垫好砂浆垫块，间距为800mm，梅花形布置，垫块的厚度等于保护层厚度，应满足设计要求。双层双向板筋采用马凳按一定间距布置控制上下两层钢筋间距。

e. 板筋的搭接长度和搭接位置必须符合设计和施工规范的要求。

K. 梁、板混凝土的浇筑。

a. 若梁柱节点钢筋较密，浇筑此处混凝土时宜用小粒径石子同强度等级的混凝土浇筑，并用小直径振动棒振捣。

b. 板浇筑的虚铺厚度应略大于板厚，用平板振动器按垂直浇筑方向来回振捣。注意不断用移动标志检查控制混凝土板厚度。振捣完毕，用刮尺或拖板抹平表面。

c. 在浇筑与柱、墙连成整体的梁和板时，应在柱和墙浇筑完毕后停歇1~1.5h，使其获得初步沉实，再继续浇筑。

d. 施工缝设置：宜沿着次梁方向浇筑楼板，施工缝应留置在次梁跨度1/3范围内，施工缝表面应与次梁轴线或板面垂直。

e. 根据本工程结构施工图，梁板与墙柱混凝土强度等级不同时，节点处应使用墙、柱混凝土，并先浇筑。为此，节点处应采取加设钢丝网的措施，如图13-14所示。浇筑时应确保不出现冷缝，即在已浇筑混凝土初凝前完成次层混凝土浇筑。

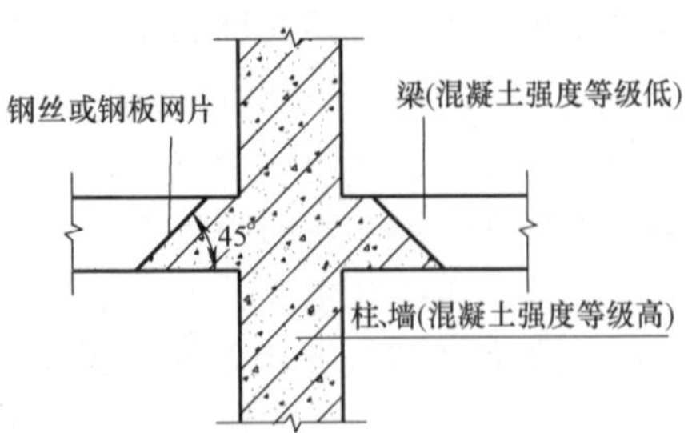


图13-14　梁与柱、墙节点区（混凝土强度不同）构造图

L. 混凝土养护。本工程混凝土采用覆盖浇水养护，混凝土浇筑完毕，在混凝土凝结后即须进行妥善的保温、保湿养护，避免温度、湿度的急剧变

化，并避免振动以及外力的扰动。覆盖浇水养护符合以下规定：

a. 浇筑完毕后，养护前宜避免太阳暴晒，应在浇筑完毕后 6~12h 内开始洒水养护，过 12~20h 后，铺设草袋或薄膜，根据不同季节及温度监测情况（在 1~3d），混凝土内部开始降温之际，再完全铺上需要覆盖厚度。

b. 混凝土连续养护，养护期内始终使混凝土表面保持湿润和适宜的温度。有特殊要求的部位适当延长养护时间；干燥大风天气采取妥善措施防止新浇筑的混凝土因失水干缩开裂；模板拆除时间根据混凝土强度和内外温差确定，并避免在夜间或气温骤降时拆模。在气温较低季节，若预计拆模后气温会骤降，则推迟拆模时间；如必须拆模，应在拆模的同时采取保护措施。

M. 模板拆除。模板拆除均要以同条件混凝土试块的抗压强度报告为依据，填写拆模申请单，由项目工长和项目总工程师签字后报送监理审批方可生效执行。

模板支撑架严格控制拆模时间，禁止混凝土未达到承载强度时拆除底模和支架，否则易导致坍塌事故。现浇结构的模板及支架拆除时的混凝土强度，应符合设计要求，当设计无要求时，应符合下列规定：

a. 侧模，在混凝土强度能保证其表面及棱角不因拆除模板而受损坏时，方可拆除。

b. 底模，在混凝土强度符合表 13-1 要求后，方可拆除。

表 13-1　底模拆除时混凝土强度表

| 结构类型 | 结构跨度/m | 按设计的混凝土强度标准值的百分率计（%） |
|---|---|---|
| 板 | $L \leqslant 2$ | 50 |
| | $2 < L \leqslant 8$ | 75 |
| | $L > 8$ | 100 |
| 梁 | $L \leqslant 8$ | 75 |
| | $L > 8$ | 100 |
| 悬臂构件 | $L \leqslant 2$ | 75 |
| | $L > 2$ | 100 |

④ 机械设备选择。提高机械利用率，降低劳动强度，塔式起重机、电梯、混凝土输送泵等设备是加快整个工程进度的有力保证。随时可以调运现场，保证工程顺利进行。

现场设置 QTZ63 塔式起重机 1 台，施工电梯 1 台，用于人员上下和材料运输。供水供电设备、钢筋加工机械、模板制作机械等本工程必需的机械设备，对各机械设备进行管理，确保它们的正常使用和效率的充分发挥。

施工机械设备的配备必须保证在任何施工阶段都不影响工程的正常进度，并留有适当的余地，作为应急之用。基础结构施工前将塔式起重机安装完毕，保证地下结构开始施工时正常运转。

主要施工机械设备一览表及主要机械设备进场计划表分别见表 13-2 和表 13-3。

（2）保证混凝土工程质量的措施

1）组织措施。施工质量管理体系的设置及运转均要围绕质量管理职责、质量控制来进行，只有做到职责明确、控制严格，才能使质量管理体系落到实处。本工程在管理过程中，将对这两个方面进行严格的控制。施工质量管理体系如图 13-15 所示。项目施工组织架构图如图 13-16 所示。

表 13-2　主要施工机械设备一览表

| 编号 | 名称 | | 数量 | 额定功率/（kW/台） | 备注 |
|---|---|---|---|---|---|
| 1 | 塔式起重机 | QTZ63（6t） | 1 台 | 31.5 | |
| 2 | WY403 液压反铲挖掘机（$1.6m^3$） | | 2 辆 | 216 | |
| 3 | 自卸汽车（15t/台） | | 4 辆 | | 额定质量 |
| 4 | 200L 砂浆机 | | 1 台 | 7.5 | |
| 5 | 40 型钢筋切断机 | | 2 台 | 5.5 | |
| 6 | 150 型钢筋对焊机 | | 2 台 | 150 | |
| 7 | GWB40 钢筋弯曲机 | | 2 台 | 7.5 | |
| 8 | 钢筋直螺纹套丝机 | | 2 台 | 4 | |
| 9 | 交直流两用电焊机 | | 4 台 | 10 | |
| 10 | 砂轮切割机 | | 3 台 | 1.5 | |
| 11 | 氧气设备 | | 2 套 | | |
| 12 | 木工圆盘机 | | 3 台 | 5.5 | |
| 13 | 木工平刨床 | | 3 台 | 5.5 | |
| 14 | ZX50 插入式振动器 | | 4 台 | 11 | |
| 15 | ZWSB8-11 平板式振动器 | | 2 台 | 2.2 | |
| 16 | DJ2 经纬仪 | | 2 台 | | |
| 17 | DSZ3 水准仪 | | 2 台 | | |
| 18 | 汽车泵 | | 1 | | 租用 |
| 19 | 井架 | | 1 台 | | |

表 13-3　主要机械设备进场计划表

| 序号 | 设备名称 | 进场时间 |
|---|---|---|
| 1 | 塔式起重机 | 机械挖完土，即进场安装 |
| 2 | 钢筋机械 | 平整场地后进场 |
| 3 | 其他机械 | 随用随到 |

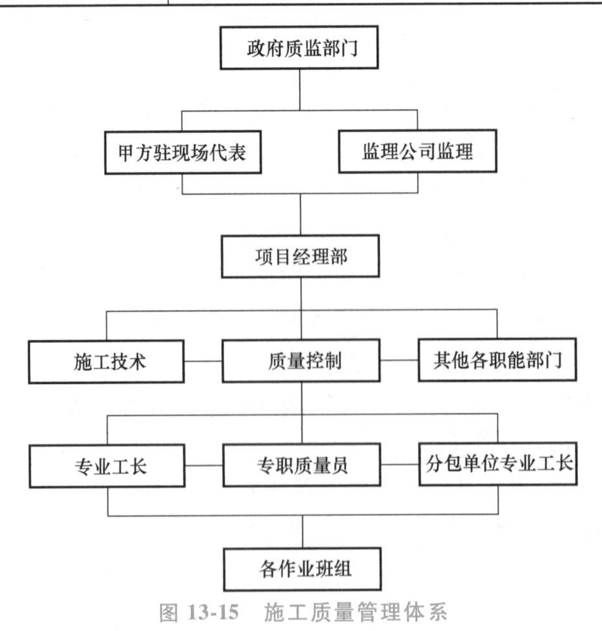


图 13-15　施工质量管理体系

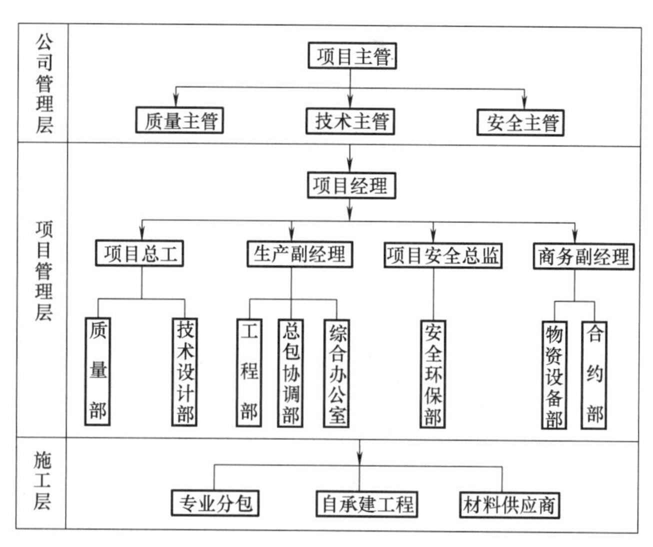


图 13-16　项目施工组织架构图

2）管理措施。图样会审、设计交底制度，加工单、翻样图审批制度，分项工程技术复核、隐蔽工程验收制度，认真进行自检、互检、交接检制度，以项目经理为第一责任者，把施工全过程的工序进行分解，落实质量责任，加强对工序的控制，材料生产厂家、品牌、规格、质量标准和数量供应的保证措施，持证上岗制度，工程技术资料管理制度。

3）技术措施。混凝土既要满足结构构件对混凝土强度的要求，又要满足现代先进施工工艺，如裂缝可控性、可泵性能好的要求。本工程的混凝土设计强度等级为 C15～C40，根据施工单位混凝土的实际施工经验，对地下车库工程中的底板、顶板和基础等的大面积混凝土的运输、浇筑、养护等的质量控制如下：

A. 混凝土从搅拌结束到入泵时间不宜超过 90min。

B. 混凝土用车运送到现场泵车停放点，在运输过程中，运输车装混凝土的筒体要保持一定的转速，到达后要先高速旋转 20～30s，再将混凝土拌合物流入泵车料斗中。

C. 早期保水养护好坏对混凝土的强度发展、变形和耐久性都至关重要，对于墙、柱竖向结构，可喷养护液，对于水平结构，可表面覆盖塑料薄膜并浇水养护，养护时间不少于 14d。

D. 进行工程模拟试验，证明试验结果的正确性，混凝土强度及泵送性能均达到设计要求，找出影响现场混凝土质量的大部分因素，从而加以控制。

E. 严格检验原材料，分析水泥活性指标不应低于 55MPa。另外，石子粒径、级配、压碎指标、针片状含量，砂子的砂率、含泥量均要严格控制并符合有关标准及试验规定。

F. 现场混凝土的检验，主要通过调整配合比将混凝土坍落度控制在规定的范围内，从而保证混凝土的可泵性及强度。

混凝土质量控制体系，如图 13-17 所示。

（3）保证安全的措施　在施工管理中，坚持“安全第一、预防为主”的安全管理方针，以安全促生产，以安全保目标，对施工现场的安全负总责。根据本工程的实际情况落实相关安全防护措施，做到责任到人，落实到位，主动定期检查，排除隐患。安全防护技术措施如下：

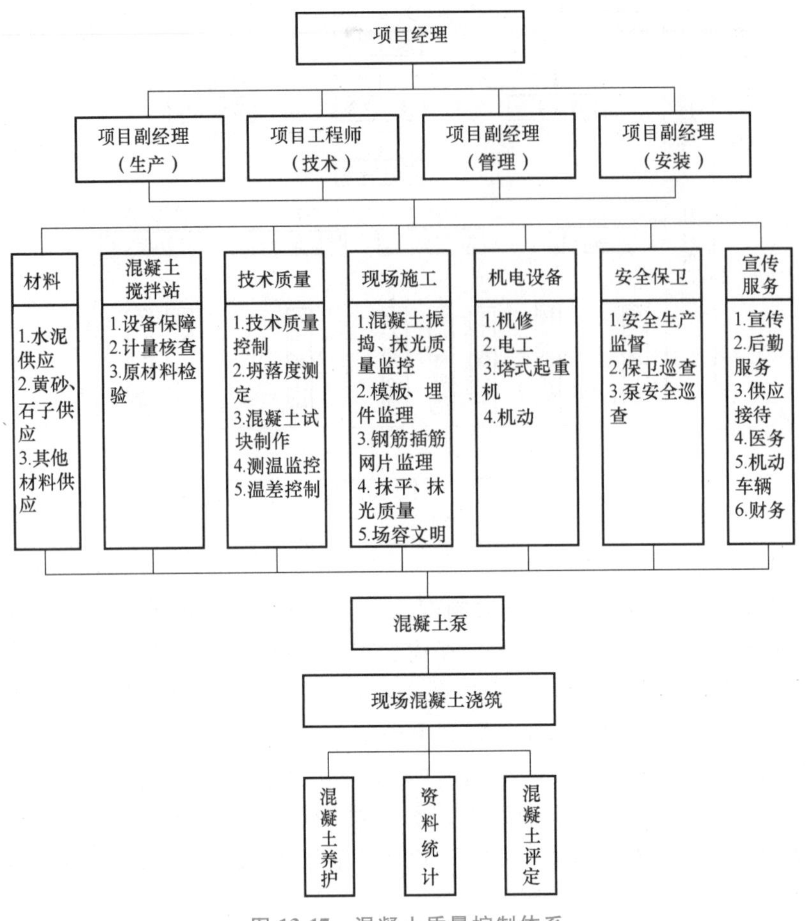


图 13-17　混凝土质量控制体系

1）必须佩戴安全帽、系好安全带、穿安全劳保鞋；带电操作须戴安全手套；进行可能导致眼睛受到伤害的电焊等工作时，必须佩戴护目镜；在有害气体环境中工作时，必须佩戴防护面罩；防止高空坠落和落物伤人。

2）施工现场的作业场所、主要通道及楼梯、地下室内均要设置足够的照明设备，并要求相对固定。洞口、临边及危险部位必须设置醒目的安全警示牌及安全色标，人行通道口上方和甲方、监理办公室的屋顶上必须搭设双层防护棚，确保施工安全。

3）施工现场必须配备足够的消防器材，建立健全各项消防管理制度，现场动用明火，必须要有审批手续，并采取相应的灭火措施。针对高温、梅雨等不同季节的施工特点，有针对性地采取相应的安全预防措施。

4）特种作业人员必须经过培训考试合格持证上岗，操作证必须按期复审，不得超期使用，特种作业人员名册齐全。

5）在施工临时用电前办理临时用电申请，施工过程中所有临时电箱须竖直摆放整齐、临时电缆线须架空敷设，线路要求横平竖直。照明线必须按规定架设，不准乱拉、乱接，由正式电工安装，库房照明灯不准超过100W，住人照明应用低压36V；电气焊作业，工人必须“三证”（操作证、上岗证、动火证）齐全，方可作业。



6）在机械设备使用前，施工技术人员和安全员应向机械操作人员进行施工任务及安全技术措施交底，操作人员应熟知作业环境和施工条件，听从指挥、遵守现场安全规则。夜间作业必须设置有充足的照明。

7）洞口临边防护一般规定：严禁操作人员任意拆除或变更安全防护设施。当施工中必须拆除时，须经工地技术负责人批准后，方可拆除或变更。施工完毕，应立即恢复，不得留有后患。

8）框架结构周边防护：施工用外脚手架时，脚手架应高于操作面，内设操作平台。架子内档与主体结构空隙应用安全网间隔封严。各类架体搭设完毕后，经验收合格方可使用。

9）层层落实安全责任，项目部设一名专职安全员。

### 13.2.3 编制进度计划

（1）进度计划编制原则

1）招标文件对工期要求。

2）遵照工程设计图要求，以现场实施工况，满足设计对施工工艺要求。

3）以关键线路为主线，合理清晰。

4）各区段划分合理，资源需求大致平衡。

5）工程量大，施工交叉作业多，在计划安排中，加快主体结构施工进度，为机电安装和装饰装修施工尽早插入创造条件。

6）在施工过程中，需要为水电、设备安装等其他专业插入施工，以及为业主指定分包提供作业面，计划中需要尽早安排，减少相互严重干扰，减少对各自施工进度的影响。

（2）施工总进度计划安排　施工总进度计划是对本工程全部施工过程的总体控制计划，具有指导、规范其他各级进度计划的作用，其他所有的施工计划均必须满足其控制节点的要求。

××生产力促进中心大楼位于××政府北侧，包括主楼和地下车库部分的土建及水电安装工程。该工程体量不大，但工期比较紧张，所以增加了工程的施工难度，在保证工程质量、安全、文明施工的前提下，合理组织，快速施工，以保证总工期目标的实现。在施工进度计划的安排上根据工程特点、现场情况、社会环境及企业实力等综合因素，编制本工程施工总进度计划。

（3）流水施工计划安排　本工程地上部分根据后浇带分成两个区，基础及地下室停车场部分面积较大，根据地上部分的分区及地下室部分的作用，结合后浇带可分为五个施工段，应严格按照施工段的划分组织流水施工。本工程的主要里程碑控制点：开工时间——2011年6月28日、±0.00结构完成时间——2011年9月26日、主体封顶时间——2012年1月1日、竣工验收时间——2012年6月27日。

（4）各阶段进度计划网络图　施工进度计划、横道图及网络图详见附图。

（5）工期保证措施

1）资金、材料及机械设备上的保证。本工程执行专款专用制度，以避免施工中因为资金问题影响工程进度，同时专款专用制度也为各环节按时完成提供了保证。

充分利用本公司的机械设备优势，提高机械利用率，降低劳动强度，塔式起重机、电梯、混凝土输送泵等设备是加快整个工程进度的有力保证。该公司各类钢材库存充裕，可满足工程急需调换要求，随时可以调运现场，保证工程顺利进行。

提前做好材料计划，保证供货渠道的畅通，在选择供货商时应选择质量和信誉良好的供货商，确保材料的质量合格和及时供货。

2）人员质量与数量上的保证。本工程中配备了搭配合理、素质精良的管理人员。他们参加过较多大型工程的建设并取得优异的成绩，自身素质较高，管理经验足，能力强，是一支能打硬仗的管理干部队伍。为保证计划完成，该公司将选派有丰富的现场施工组织管理经验的优秀项目经理担任该工程的项目经理，由有多年施工经验的高级工程师担任项目工程师，同时集中公司经验丰富、精力充沛的现场工程师任工长。劳动力计划表见表13-4。

表13-4　劳动力计划表

| 工种 | 人数 | 工种 | 人数 | 工种 | 人数 |
|---|---|---|---|---|---|
| 测量工 | 3 | 木工 | 40 | 钢筋工 | 50 |
| 管道工 | 8 | 水电工 | 10 | 油漆工 | 10 |
| 混凝土工 | 25 | 抹灰工 | 20 | 吊装工 | 5 |
| 电焊工 | 6 | 砌筑工 | 50 | 其他 | 30 |
| 防水工 | 15 | 汽车驾驶员 | 10 | 总计 | 342 |
| 灌注桩挖孔工 | 40 | 架子工 | 20 | | |

3）经济措施。根据各期作业计划，向参加施工班组下达任务，充分运用经济杠杆，对按期保质完成的给予奖励，完不成的给予经济处罚，确保每一个分部（项）工程的工期和总进度计划如期实现。

4）施工计划组织与管理上的保证。依据总进度计划，施工前将编制月度进度计划，施工专业队依据月进度计划编制周进度计划并报项目部审批，现场施工工长依据周计划编制日进度计划，并于每天生产例会提出，经各专业队签认后作为第二天计划，发给有关执行人。通过该流程编制的计划，确保了其可操作性及实用性。

建立例会制度：每月一次的工程总结会，做阶段性总结；每周一次的工程例会，安排检查月进度；日巡查会，检查作业进度，并做日报、周报和月报，保证控制计划的层层落实。

施工中影响进度及各专业协调的问题在例会上要及时解决；工期有延误，要找出原因，制定追赶计划。编制施工进度计划的同时也应编制相应的人力、资源需用量计划，如劳动力计划，现金流量计划，材料构配件加工、装运到场计划等，并派人追踪检查，确保人力资源满足计划执行的需要，为计划的执行提供物资保证。

采用先进的信息化施工管理技术，对施工进度实行动态管理，确保工期处于受控状态。合理安排工序穿插和工期，建立主要形象进度控制点，运用网络计划跟踪技术和动态管理方法。坚持月平衡、周调度，确保总进度计划实施。为了充分利用施工空间、时间，应用流水段均衡施工工艺，合理安排工序。

### 13.2.4　施工场地平面布置

1. 概况

考虑到工期紧张，为提高施工效率，本工程采取流水施工。为保证工期要求，在施工现场采取以下保证措施：

1）结合基坑支护设计单位对基坑周边的公路保护以及对地下车库基坑附近的建筑采取

相关的验算，不在基坑边超限额堆载。

2）少量的轻量作业（如模板加工）在得到基坑支护设计单位确认后可在支撑上进行。

3）为强化现场文明施工，所有场地均采用硬地，做法为：一般场地用碎石垫层 80mm 厚上铺 50mm 厚 C10 混凝土面层；主要通道为 100mm 厚碎石垫层上铺 100mm 厚 C15 混凝土面层。

4）现场设置排水沟，地面水经排水沟再由沉淀池沉淀后排入市政下水管道。

5）对施工现场进行封闭管理，场地四周设置临时围墙。现场大门处设有五牌一图及宣传栏；现场出入口设值班门卫，并坚持执行出入制度、场容管理条例、安全管理制度，以教育职工树立遵守纪律和维护良好工作秩序的意识。无关人员一律禁止入内，禁止打架、斗殴等行为的发生。

6）凡进入现场的材料、设备必须按平面布置图堆放整齐，挂牌标识。

7）施工现场的水准点、轴线控制点等要有醒目的标志并加以保护，任何人不得损坏、移动。

8）临时用电和临时用水由建设单位提供，施工时，从水源至施工现场段的水管均埋设在地面以下，沿场地周围设置，每隔 20m 左右设一接水口并安装止水阀以备施工接水之用。施工用电由总电源引出电路至各分电箱，再由分电箱接引至用电设备。

9）现场的塔式起重机设备，已结合模板、钢筋笼等构件的吊装要求进行了综合考虑，能够满足工程的需要。

2. 施工总平面图布置内容

（1）施工道路及排水布置

1）现场的道路要平整、坚实、畅通，有回旋余地，有可靠的排水措施。施工现场首先要尽量利用原有的交通设施，并争取提前修建和利用拟建的永久设施解决现场运输问题，这样不仅能节约临时工程费用，降低施工成本，而且可以缩短施工准备时间。

2）当现场不具备以上条件时，就需要修建临时道路。临时道路的布局，须根据现场情况及施工需要而定，并考虑运输车辆的轮距大小、型号，能够使车辆顺利掉转，以确保现场运输和消防车的畅通，临时道路的等级主要根据现场交通流量和道路建筑规范而定。

3）为解决临时道路排水问题，道路横断面应有 2%~3%坡向路两侧的坡度，沿道路两侧应设排水沟，边沟横断面尺寸下口 40cm，深度依受水面积及最大雨量计算，一般深度不小于 30cm，边坡坡度为 1：1.5~1：1。在道路交会处边沟要用涵管连通。

4）施工现场除了必须做好道路排水以外，现场也要有排水设施，并能够确保现场无积水。现场排水采用自然排水与明沟排水相结合。

（2）机械选择与布置

1）根据本工程的结构特点，选用施工电梯 1 台，配合施工。基础施工、主体结构混凝土施工及其他施工所需机械见表 13-2、表 13-3。现场设置臂长 50m、型号为 QTZ63（6t）的塔式起重机 1 台，用于材料运输。

根据现场条件及建筑结构的特点，考虑到塔式起重机臂有足够的有效覆盖面、塔式起重机的附着、安装与拆除条件等因素，在施工现场布置了 1 台塔式起重机（图 13-18）。塔式起重机基础按厂方提供的标准基础图做，并根据厂方的设计要求在不同高度与主体结构附着，在附着处预埋连接件。每台塔式起重机配备司机和指挥各 1 名，并配备对讲机 1 对。塔式起重机在机械挖土完成后即开始基础施工，在基础施工时能投入正常运转。设置在基坑内的塔式起重机基础布置于底板下方。待塔式起重机基础混凝土强度符合要求后再安装基础节、提升套架、回转机构、驾驶室等，在地面组装好平衡臂安装在塔身上，自升安装标准节至25m高，调试运转塔式起重机正常后即可投入使用。塔式起重机柱身穿越的楼板处预留孔洞，钢筋甩出，洞口待塔式起重机拆除后再进行施工。主体结构完成后可着手拆除塔式起重机，拆除顺序按逆安装顺序。

2）按施工组织设计和施工总进度计划编制各施工阶段施工机械进场需求计划，施工机械的进退场时间按施工总进度计划的要求进行控制，保证随用随到。机械布置主要考虑施工过程中运输、材料周转方便考虑，具体位置如图13-18所示。

（3）材料堆放平面布置

1）在划分材料堆放位置时，考虑到施工进入高峰时的堆放容量，料场、料库等临时设施，道路、排水沟、高压线路等都要统筹安排布置。

2）建筑工程内仓库不可储存易燃、可燃材料，易燃、可燃材料必须单独设专用库房存放，施工材料应按施工进度和作业计划分期分批进场并制定可靠的防范措施。

3）料场、料库、道路的选择不能影响施工流水作业，并以靠近使用地点为原则，减少二次搬运与搬迁。

（4）施工总平面布置图　施工场地布置两个出入口，分别位于场地的西侧和南侧，负责车辆和人员出入，管理人员及工人生活区位于场地西北侧，具体施工总平面图如图13-18所示。

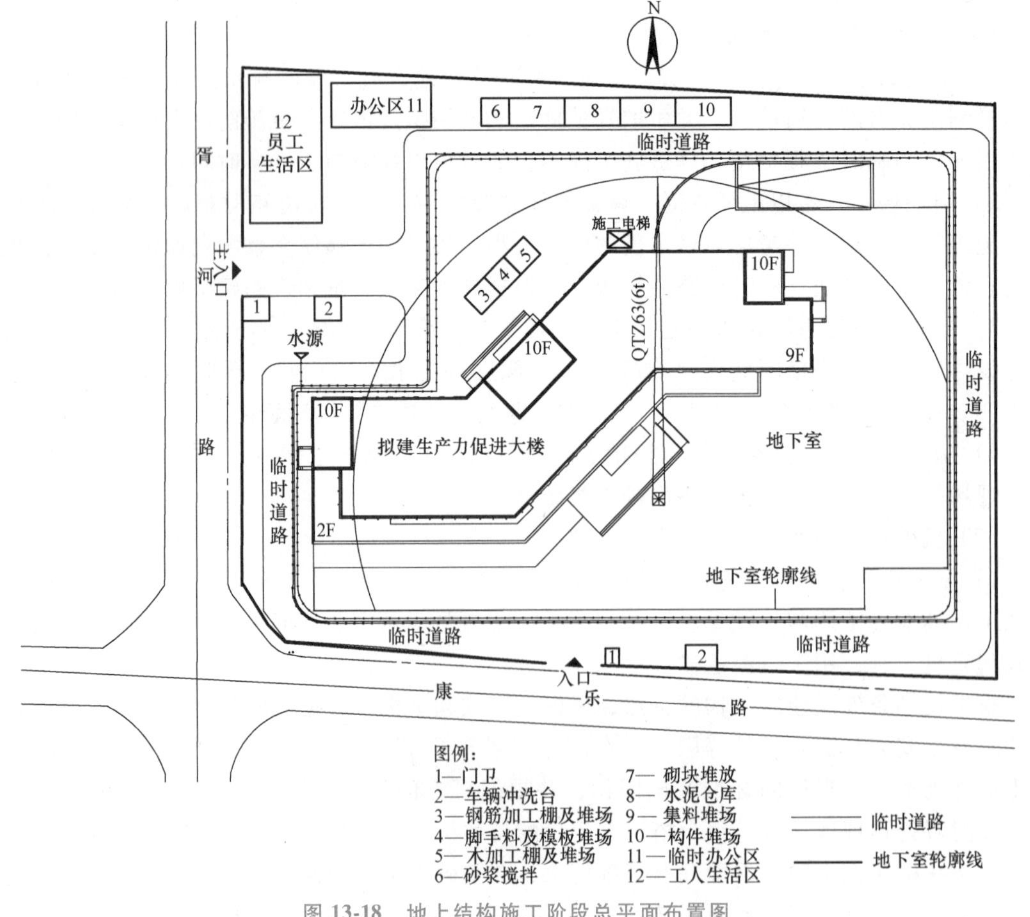


图13-18　地上结构施工阶段总平面布置图

(5) 施工现场具体布置方案

1) 施工现场临时用地见表13-5。

表 13-5　施工现场临时用地

| 序号 | 用途 | 面积/$m^2$ | 位置 | 使用时间 |
|---|---|---|---|---|
| 1 | 钢筋加工棚及堆场 | 200 | 施工现场内 | 开工至竣工 |
| 2 | 木加工棚 | 100 | 施工现场内 | 开工至主体完 |
| 3 | 门卫 | 30 | 施工现场内 | 开工至竣工 |
| 4 | 现场办公 | 180 | 施工现场内 | 开工至竣工 |
| 5 | 工机具库房 | 120 | 施工现场内 | 开工至竣工 |
| 6 | 工人生活区 | 200 | 施工现场内 | 开工至竣工 |
| 7 | 砂浆搅拌 | 15 | 施工现场内 | 开工至竣工 |
| 8 | 砌块堆场 | 30 | 施工现场内 | 墙体砌筑至竣工 |
| 9 | 材料库 | 50 | 施工现场内 | 开工至竣工 |
| 10 | 车辆冲洗台 | 48 | 施工现场内 | 开工至竣工 |
| 11 | 构件堆场 | 100 | 施工现场内 | 开工完至竣工 |

2) 施工现场临时供水。据甲方提供的城市供水网的结点，沿场地四周布置临时供水管网，再设支管提供施工用水。

① 施工用水：

$$Q_1 = K_1 \sum [(q'N')/t] \times [K_2/(8\times3600)] = 4.38\text{L/s}$$

式中　$Q_1$——施工工程用水量（L/s）；

$K_1$——未预见的施工用水系数（取1.05~1.15）；

$q'$——日工程量（$80m^3$）；

$N'$——施工用水定额（2000L/s）；

$t$——每天工作班数（取2班）；

$K_2$——施工工程用水不均衡系数（取1.5）。

② 施工机械用水：

$$Q_2 = K_1 \sum q'N'\ K_2/(4\times3600) = 0.09\text{L/s}$$

式中　$Q_2$——施工机械用水量（L/s）；

$q'$——同种机械台数（取4台）；

$N'$——施工机械台班用水定额（500L/台班）；

$K_2$——施工机械用水不均衡系数（取1.2）。

③ 消防用水：

$$Q_3 = 30\text{L/s}$$

式中　$Q_3$——消防用水量（L/s）。

④ 现场生活用水：

$$Q_4 = K_1 \sum R'NK_2/(8\times3600) = 0.71\text{L/s}$$

式中　$Q_4$——现场生活用水量（L/s）；

$R'$——施工现场高峰人数（取200人）；

$N$——施工现场生活用水定额［取50L/（人·天）］；

$K_2$——施工现场生活用水不均衡系数（取1.3）。

⑤ 现场总需水量：

$$Q=(Q_1+Q_4+Q_2)/2+Q_3$$

因为该工程现场总需水量为：

$$Q=[(4.38+0.09+0.71)/2+30.00]\text{L/s}=32.59\text{L/s}$$

⑥ 管径计算：

$$D=\sqrt{4Q/(1000\pi V)}$$

式中　$D$——配水管直径（m）；

$Q$——耗水量（L/s）；

$V$——管网中水流速度（取2m/s）；

因此该工程配水管直径为：

$$D=\sqrt{4Q/(1000\pi V)}=0.144\text{m}=144\text{mm}<150\text{mm}$$

对于地下车库现场需要总管径为DN100mm的水管与消防泵出水管对接，取150mm。

⑦ 现场水管的布置：从甲方提供的水源引出一路总管沿建筑物外围周圈平面布置，水管暗埋（结合排水沟的布置在排水沟内走管），每隔10～15m设置分水阀以供施工接水使用。

随建筑物的向上施工沿建筑物向上布置竖向水管，竖向布置的水管在每层布设分水阀以供竖向层间施工用接水，分别在两台井架内侧周围布置现场给水管。

施工场地移交以后，即对场地进行平整夯实，平整后的场地向排水沟做0.5%的排水坡，排水沟环绕基坑周边布置上盖铁篦子盖板，地面水经排水沟再由沉淀池沉淀后排入市政下水管道。

3）施工现场临时供电。利用甲方提供的电源，设置配电房和配电柜，布设现场供电电缆。电线、电缆必须架空架设。施工用电负荷计算如下：

$$S_{动}=K_e[\sum P/(n\cos\Phi)]$$

式中　$S_{动}$——动力设备所需的容量（kW）；

$\sum P$——各电动机的功率之和（kW）；

$n$——各电动机的平均效率，$n=0.86$；

$K_e$——所需系数，$K_e=0.7$；

$\cos\Phi$——电动机平均功率因素，$\cos\Phi=0.82$。

因此该工程的动力设备所需容量为：

$$S_{动}=0.7\times[2500/(0.86\times0.82)]\text{kW}=2481\text{kW}$$

考虑照明增加10%

$$S_{总}=1.1\times2481\text{kW}=2729\text{kW}$$

现场理论用电量最大为3000kW，因设备并非同时使用，故现场正常负荷为

$$S_{总}=3000\text{kW}\times55\%=1650\text{kW}$$

现场需提供用电容量为3000kW以上才可满足施工用电需要。

现场线路的设置：动力线路一级送电采用三相五线制；二级送电和现场照明采用三相四线制；在现场设分电箱施工用电均从各分电箱就近引接。

4）围墙、场地、道路。施工现场实行封闭，在施工场地的外围沿建设用地红线边设置 2.5m 高的彩钢板围挡，并保证围挡的稳固性，现场大门高度为 5m，在大门各个入口处设有“五牌一图”及宣传栏。

所有场地均采用硬地，做法为：一般场地用碎石垫层 80mm 厚上铺 50mm 厚 C20 混凝土面层；主要通道为 100mm 厚碎石垫层上铺 100mm 厚 C20 混凝土面层。环绕施工场地做排水沟，地面水经排水沟再由沉淀池沉淀后排入市政下水管道。

5）车辆冲洗平台。为防止施工车辆对市区的污染，在大门处设置宽度为 4m、长度为 12m 的车辆冲洗平台，配备高压冲洗枪，所有从工地出去的车辆均要冲洗干净，泥水经沉淀后将清水排到建设单位规定的排水沟中，沉淀池定期清理。

### 13.2.5　主要技术经济指标

（1）施工工期　本工程施工工期满足招标文件规定要求，确定为 365 日历天。其中，钢筋混凝土部分（基础工程及主体工程）施工工期自 2011 年 7 月 9 日到 2012 年 1 月 24 日止，为 269 日历天。

（2）工程质量　本工程招标文件所要求达到的工程质量为：达到《建筑工程施工质量验收统一标准》（GB 50300—2001）规定的合格标准。

（3）安全与消防　本工程安全目标：确保无重大工伤事故，杜绝死亡事故；轻伤频率控制在 6‰ 以内。消防目标：达到本地区消防部门的验收标准，无火灾隐患，坚决杜绝火灾。

（4）场容管理　现场进行硬化处理，实行 CI 管理，让业主满意。施工噪声控制在许可范围内，采取环保措施，争做省级文明工地。

（5）机械利用率　机械利用率=报告期内机械设备实做台班数/报告期内机械设备制度台班数×100%，各机械利用率要求达到 90% 以上。

### 13.2.6　调整雨期混凝土结构施工技术措施

针对该地区的气候，合理制定雨期施工技术措施，以确保施工生产顺利进行及工程质量。对此，首先对现场机具设备及临时设施等做全面检查和维修，做好防淋防漏工作。重点做好以下工作：

1）做好现场排水系统。将地面及场内雨水有组织地及时排入指定排放口。在塔式起重机基础四周、道路两侧及建筑物四周设排水沟，保证水流通畅，雨后不陷、不滑、不存水。通道入口、窗洞、梯井口等处设挡水设施。

2）所有机械棚应搭建防雨顶棚，机电设备采取防雨、防淹措施。安装接地安全装置，电闸箱要防止雨淋，不漏电，接地保护装置要灵敏有效，各种电线防浸水漏电。

3）在槽、坑、沟等地面以下设排水沟和集水井，备水泵及时排除积水，将排水沟和集水井进行混凝土硬化处理，以保证现场干净、整洁。

4）做好防雷电设施。塔式起重机和电梯安装避雷装置，认真检查接地系统。

5）在暴风雨期间，着重做好防止脚手架连接不牢、滑移等安全检查工作。

6）雨期施工时，在工程质量上注意如下事项：浇筑框架混凝土时，先需了解未来2～3d的天气预报，尽量避开大雨天；浇注混凝土遇雨时，立即搭设防雨棚，用防水材料覆盖已浇好的混凝土；及时测量砂、石含水量，掌握其变化幅度，及时调整配合比；加强对原材料的覆盖防潮工作，尤其对水泥防止变潮，对钢材加强保管，以免锈蚀。

7）防水层施工时尽量避开雨期，且准备好足够的彩条布等防雨器材。

8）下大雨时停止所有吊装作业。

### 13.2.7　冬期混凝土结构施工技术措施

（1）施工准备

1）气象资料。当室外日平均气温连续5d低于5℃时，按冬期施工采取措施。

2）准备工作。进行冬期施工的工程项目，必须复核施工图，核对其是否符合冬期施工要求；进行冬期施工前，专门组织掺外加剂人员、测温保温人员及管理人员进行技术业务培训，学习本工作范围内有关知识，明确职责；指定专人进行气温观测并记录，收听气象预报防止突发寒流；根据实际工程量提前组织有关机具、化学外加剂和保温材料进场；搭建烧热水炉灶，备好煤等燃料，对搅拌机棚应进行保温；对工地的地上临时供水管外包石棉毡做好保温防冻工作；做好冬期施工掺外加剂的混凝土、砂浆的试配、试验工作，提出合理的施工配合比；冬期施工采取有效的防滑措施，特别是外脚手与上人梯架，防止人员滑倒；大雪后将架子上的积雪清扫干净，并检查马道平台，如有松动下沉现象，务必及时加固；亚硝酸钠有剧毒，钠盐（钙盐）派专人保管，防止发生误食中毒。

（2）混凝土工程　混凝土工程的冬期施工，要从施工期间的气温情况、工程特点和施工条件出发，在保证工程质量、加快进度、节约能源、降低成本的前提下，采取适宜的冬期施工措施。

1）为了缩短冬期施工拌制的混凝土的养护时间，选用普通硅酸盐水泥，水泥强度等级不低于32.5级，每立方米混凝土中的水泥用量不宜少于300kg，水胶比控制在0.6内。

2）为了减少冻害，将配合比中的用水量降低至最低限度，主要是控制坍落度，加入早强减水剂，掺量为1.5%～2%，具体由实验室确定。

3）冬期拌制混凝土采用加热水的方法。水可加热到80℃左右，水泥不得与水直接接触，投料时，先投入集料和已加热的水，然后再投入水泥。由于水泥不得直接加热，使用前事先运入暖棚内存放。

4）拌制混凝土时，清除集料中的冰雪及冻块，拌和时间比常温施工时的时间延长50%。对含泥量超标的石料提前冲洗备用。

5）根据试验级配，由专人配制化学外加剂，严格控制掺量。

6）混凝土拌合物的出机温度不宜低于10℃，入模温度不得低于5℃。

7）浇筑混凝土前，清除模板和钢筋上的冰雪和污垢。

8）混凝土拌合物运输时，为尽量减少热量损失，采取下列措施：尽量缩短运距，选择最佳运输路线；运输车辆采取保温措施；尽量减少装卸次数，合理组织装入、运输和卸出混凝土的工作。

9）根据该地区的气温及施工的实际情况，本工程混凝土浇筑成型后采用蓄热法养护。混凝土浇筑后加强测温工作，如发现混凝土温度下降过快或遇寒流，立即采取补加保温层或人工加热等措施，以保证工程质量。模板和保温层，在混凝土温度达到 5℃ 后方可拆除。拆模后的混凝土表面，采用临时覆盖，使其缓慢冷却。

10）混凝土的质量检查和测温。混凝土工程的冬期施工，除按常温施工的要求进行质量检查外，重点检查以下项目：化学外加剂的质量和掺量；水的加热温度和加入搅拌时的温度；混凝土在出模时、浇筑后和硬化过程中的温度；混凝土温度的测量采用蓄热法养护时，养护期间每昼夜测量 4 次；室外温度及周围环境温度每昼夜测量 4 次；除按常温施工要求留置试块外，另增做两组补充试块与构件同条件养护，一组用以检验混凝土受冻前的强度，另一组在与构件同条件养护 28d 后转入标准养护 28d 再测定其强度。为加快施工进度及强度增长，采取搭设暖棚、掺加复合型化学外加剂及提高一级混凝土强度等级等方法。

## 案例附图

附图 1　案例施工进度计划

附图 2　案例横道图（见插页）

附图 3　案例网络图（见插页）

## 附图 1　案例施工进度计划

| 标识号 | 任务名称 | 工期 | 开始时间 | 完成时间 | 前置任务 |
|---|---|---|---|---|---|
| 1 | 某生产力促进中心 | 365 工作日 | 2011 年 6 月 28 日 | 2012 年 6 月 26 日 | |
| 2 | 开工 | 1 工作日 | 2011 年 6 月 28 日 | 2011 年 6 月 28 日 | |
| 3 | 施工准备 | 13 工作日 | 2011 年 6 月 29 日 | 2011 年 7 月 11 日 | |
| 4 | 场地清理及铺设场地道路 | 7 工作日 | 2011 年 6 月 29 日 | 2011 年 7 月 5 日 | 2 |
| 5 | 平整场地 | 5 工作日 | 2011 年 7 月 4 日 | 2011 年 7 月 8 日 | 4FS-2 工作日 |
| 6 | 基坑开挖降水及安装排污设备 | 5 工作日 | 2011 年 7 月 7 日 | 2011 年 7 月 11 日 | 5FS-2 工作日 |
| 7 | 基础工程施工 | 104 工作日 | 2011 年 7 月 9 日 | 2011 年 10 月 20 日 | |
| 8 | 人工挖孔灌注桩 | 37 工作日 | 2011 年 7 月 9 日 | 2011 年 8 月 14 日 | |
| 9 | 第一施工段挖孔桩 | 10 工作日 | 2011 年 7 月 9 日 | 2011 年 7 月 18 日 | 6FS-3 工作日 |
| 10 | 第二施工段挖孔桩 | 10 工作日 | 2011 年 7 月 16 日 | 2011 年 7 月 25 日 | 9FS-3 工作日 |
| 11 | 第三施工段挖孔桩 | 10 工作日 | 2011 年 7 月 23 日 | 2011 年 8 月 1 日 | 10FS-3 工作日 |
| 12 | 第四施工段挖孔桩 | 10 工作日 | 2011 年 7 月 30 日 | 2011 年 8 月 8 日 | 11FS-3 工作日 |
| 13 | 第五施工段挖孔桩 | 9 工作日 | 2011 年 8 月 6 日 | 2011 年 8 月 14 日 | 12FS-3 工作日 |
| 14 | 土方开挖 | 30 工作日 | 2011 年 7 月 24 日 | 2011 年 8 月 22 日 | 10FS-2 工作日 |
| 15 | 桩头处理 | 8 工作日 | 2011 年 8 月 18 日 | 2011 年 8 月 25 日 | 14FS-5 工作日 |
| 16 | 炉渣、混凝土垫层施工 | 10 工作日 | 2011 年 8 月 24 日 | 2011 年 9 月 2 日 | 15FS-2 工作日 |
| 17 | 抗水板施工 | 10 工作日 | 2011 年 8 月 31 日 | 2011 年 9 月 9 日 | 16FS-3 工作日 |
| 18 | 地下室梁柱浇筑 | 14 工作日 | 2011 年 9 月 5 日 | 2011 年 9 月 18 日 | 17FS-5 工作日 |
| 19 | 地下室墙体 | 20 工作日 | 2011 年 9 月 9 日 | 2011 年 9 月 28 日 | 18FS-10 工作日 |
| 20 | 地下室防水处理 | 12 工作日 | 2011 年 9 月 24 日 | 2011 年 10 月 5 日 | 19FS-5 工作日 |
| 21 | 地下室顶板浇筑 | 18 工作日 | 2011 年 9 月 30 日 | 2011 年 10 月 17 日 | 20FS-6 工作日 |
| 22 | 土方回填 | 7 工作日 | 2011 年 10 月 14 日 | 2011 年 10 月 20 日 | 21FF+3 工作日 |
| 23 | 上部结构施工 | 165 工作日 | 2011 年 10 月 16 日 | 2012 年 3 月 28 日 | |

（续）

| 标识号 | 任务名称 | 工期 | 开始时间 | 完成时间 | 前置任务 |
|---|---|---|---|---|---|
| 24 | 一层结构施工 | 14 工作日 | 2011 年 10 月 16 日 | 2011 年 10 月 29 日 | |
| 25 | 一层模板支设 | 8 工作日 | 2011 年 10 月 16 日 | 2011 年 10 月 23 日 | 21FS-2 工作日 |
| 26 | 一层钢筋绑扎 | 6 工作日 | 2011 年 10 月 22 日 | 2011 年 10 月 27 日 | 25FS-2 工作日 |
| 27 | 一层混凝土浇筑 | 2 工作日 | 2011 年 10 月 28 日 | 2011 年 10 月 29 日 | 26 |
| 28 | 二层结构施工 | 14 工作日 | 2011 年 10 月 27 日 | 2011 年 11 月 9 日 | 27FS-3 工作日 |
| 29 | 三层结构施工 | 14 工作日 | 2011 年 11 月 7 日 | 2011 年 11 月 20 日 | 28FS-3 工作日 |
| 30 | 四层结构施工 | 14 工作日 | 2011 年 11 月 18 日 | 2011 年 12 月 1 日 | 29FS-3 工作日 |
| 31 | 五层结构施工 | 14 工作日 | 2011 年 11 月 29 日 | 2011 年 12 月 12 日 | 30FS-3 工作日 |
| 32 | 六层结构施工 | 14 工作日 | 2011 年 12 月 10 日 | 2011 年 12 月 23 日 | 31FS-3 工作日 |
| 33 | 七层结构施工 | 14 工作日 | 2011 年 12 月 21 日 | 2012 年 1 月 3 日 | 32FS-3 工作日 |
| 34 | 八层结构施工 | 14 工作日 | 2012 年 1 月 1 日 | 2012 年 1 月 14 日 | 33FS-3 工作日 |
| 35 | 九层结构施工 | 14 工作日 | 2012 年 1 月 12 日 | 2012 年 1 月 25 日 | 34FS-3 工作日 |
| 36 | 屋面防水及保温施工 | 11 工作日 | 2012 年 1 月 24 日 | 2012 年 2 月 3 日 | 35FS-2 工作日 |
| 37 | 墙体砌筑 | 66 工作日 | 2012 年 1 月 23 日 | 2012 年 3 月 28 日 | |
| 38 | 九层墙体砌筑 | 10 工作日 | 2012 年 1 月 23 日 | 2012 年 2 月 1 日 | 35FS-3 工作日 |
| 39 | 八层墙体砌筑 | 10 工作日 | 2012 年 1 月 30 日 | 2012 年 2 月 8 日 | 38FS-3 工作日 |
| 40 | 七层墙体砌筑 | 10 工作日 | 2012 年 2 月 6 日 | 2012 年 2 月 15 日 | 39FS-3 工作日 |
| 41 | 六层墙体砌筑 | 10 工作日 | 2012 年 2 月 13 日 | 2012 年 2 月 22 日 | 40FS-3 工作日 |
| 42 | 五层墙体砌筑 | 10 工作日 | 2012 年 2 月 20 日 | 2012 年 2 月 29 日 | 41FS-3 工作日 |
| 43 | 四层墙体砌筑 | 10 工作日 | 2012 年 2 月 27 日 | 2012 年 3 月 7 日 | 42FS-3 工作日 |
| 44 | 三层墙体砌筑 | 10 工作日 | 2012 年 3 月 5 日 | 2012 年 3 月 14 日 | 43FS-3 工作日 |
| 45 | 二层墙体砌筑 | 10 工作日 | 2012 年 3 月 12 日 | 2012 年 3 月 21 日 | 44FS-3 工作日 |
| 46 | 一层墙体砌筑 | 10 工作日 | 2012 年 3 月 19 日 | 2012 年 3 月 28 日 | 45FS-3 工作日 |
| 47 | 水电、管道安装 | 174 工作日 | 2011 年 10 月 3 日 | 2012 年 3 月 24 日 | 19FF-4 工作日 |
| 48 | 门窗安装 | 70 工作日 | 2012 年 2 月 2 日 | 2012 年 4 月 11 日 | 38 |
| 49 | 内墙粉刷 | 72 工作日 | 2012 年 2 月 7 日 | 2012 年 4 月 18 日 | 39FS-2 工作日 |
| 50 | 外墙工程 | 50 工作日 | 2012 年 2 月 18 日 | 2012 年 4 月 7 日 | |
| 51 | 外墙保温 | 25 工作日 | 2012 年 2 月 18 日 | 2012 年 3 月 13 日 | 41FS-5 工作日 |
| 52 | 外墙装饰 | 30 工作日 | 2012 年 3 月 9 日 | 2012 年 4 月 7 日 | 51FS-5 工作日 |
| 53 | 楼地面 | 70 工作日 | 2012 年 2 月 6 日 | 2012 年 4 月 15 日 | 40FS-10 工作日 |
| 54 | 空调工程 | 30 工作日 | 2012 年 4 月 6 日 | 2012 年 5 月 5 日 | 53FS-10 工作日 |
| 55 | 装修工程 | 82 工作日 | 2012 年 3 月 29 日 | 2012 年 6 月 18 日 | 46 |
| 56 | 室外工程 | 15 工作日 | 2012 年 6 月 4 日 | 2012 年 6 月 18 日 | 55FF |
| 57 | 竣工收尾 | 12 工作日 | 2012 年 6 月 14 日 | 2012 年 6 月 25 日 | 56FS-5 工作日 |
| 58 | 竣工验收 | 1 工作日 | 2012 年 6 月 26 日 | 2012 年 6 月 26 日 | 57 |

# 参考文献


[1] 郭正兴. 土木工程施工［M］. 3版. 南京：东南大学出版社，2020.

[2] 应惠清. 土木工程施工［M］. 3版. 北京：高等教育出版社，2016.

[3] 穆静波. 土木工程施工［M］. 2版. 北京：机械工业出版社，2023.

[4] 石海均，马哲. 土木工程施工［M］. 北京：北京大学出版社，2009.

[5] 邓寿昌，李晓目. 土木工程施工［M］. 北京：北京大学出版社，2006.

[6] 陈金洪，杜春海，陈华菊. 现代土木工程施工［M］. 2版. 武汉：武汉理工大学出版社，2017.

[7] 李钰. 建筑施工安全［M］. 4版，北京：中国建筑工业出版社，2023.

[8] 建筑施工手册编委会. 建筑施工手册：第2册［M］. 5版. 北京：中国建筑工业出版社，2016.

[9] 中华人民共和国住房和城乡建设部. 砌体结构工程施工质量验收规范：GB 50203—2011［S］. 北京：中国建筑工业出版社，2011.

[10] 中华人民共和国住房和城乡建设部. 混凝土结构设计规范：GB 50010—2010　2015年版［S］. 北京：中国建筑工业出版社，2016.

[11] 中华人民共和国住房和城乡建设部. 混凝土结构工程施工质量验收规范：GB 50204—2015［S］. 北京：中国建筑工业出版社，2015.

[12] 中华人民共和国住房和城乡建设部. 高层建筑混凝土结构技术规程：JGJ 3—2010［S］. 北京：中国建筑工业出版社，2011.